# 混流式水轮发电机组运行与检修

五凌电力有限公司　编

## 内 容 提 要

了解并掌握混流式水轮发电机组的基本理论、基本结构、检修工艺流程、运行与维护技术及故障处理，是电站生产管理人员必备的技能，对提高运营管理能力具有重大意义。

本书主要介绍混流式机组水轮机结构、发电机结构、水轮机检修与试验、发电机检修与试验、检修调试、运行维护、典型故障分析与处理等内容。可供水电技术人员参考使用。

**图书在版编目（CIP）数据**

混流式水轮发电机组运行与检修/五凌电力有限公司编．—北京：中国电力出版社，2020.1（2023.3重印）

ISBN 978-7-5198-4240-6

Ⅰ.①混…　Ⅱ.①五…　Ⅲ.①混流式水轮机—发电机组—电力系统运行②混流式水轮机—发电机组—电力系统—检修　Ⅳ.①TM312

中国版本图书馆 CIP 数据核字（2020）第 023256 号

出版发行：中国电力出版社
地　　址：北京市东城区北京站西街 19 号（邮政编码 100005）
网　　址：http：//www.cepp.sgcc.com.cn
责任编辑：娄雪芳（010－63412375）
责任校对：黄　蓓　常燕昆
装帧设计：郝晓燕
责任印制：吴　迪

印　　刷：三河市万龙印装有限公司
版　　次：2020 年 4 月第一版
印　　次：2023 年 3 月北京第二次印刷
开　　本：787 毫米×1092 毫米　16 开本
印　　张：28.25
字　　数：592 千字
印　　数：2001—2500 册
定　　价：118.00 元

# 编委会名单

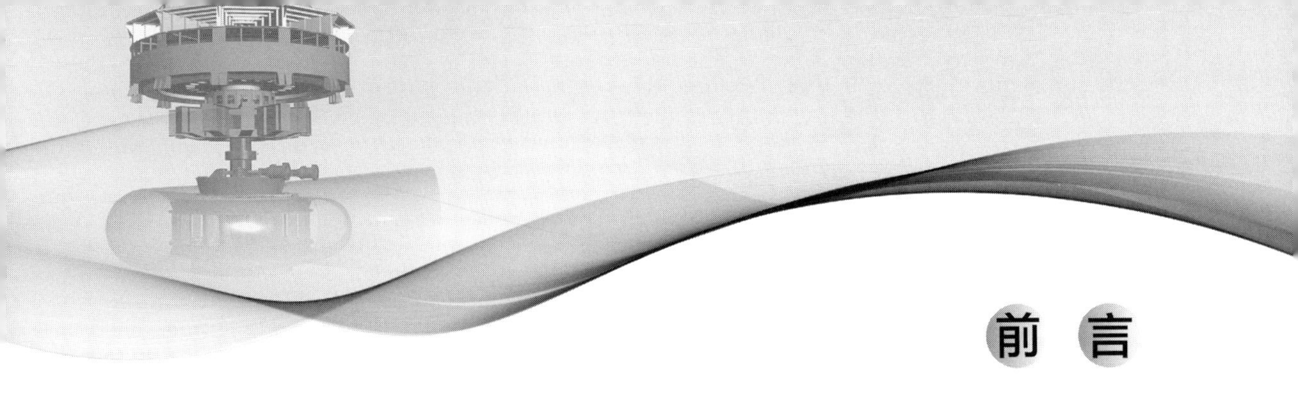

# 前 言

目前，我国水电、风电、光伏发电装机容量已稳居全球首位。水电持续扩容，年发电量超过 1.1 万亿 kWh，自主开工和投产了溪洛渡、向家坝等一批 300 万 kW 以上的大型水电站，特别是白鹤滩水电站 100 万 kW 机组是目前世界上单机容量最大的机组，被誉为“水电珠峰”，全部为“中国创造”，标志着我国水电具备了投资、规划、设计、施工、制造、运营管理的全产业链能力。

水电站的运行与检修十分重要，是确保机组稳定运行，保证电网安全可靠、节能经济、高效稳定运行的基础。目前，国内混流式水轮发电机组相关专业书籍大部分都是从理论角度介绍其主要部件、结构、原理等，而从实践角度编写的专业书籍却比较匮乏。电站生产管理人员在运营过程中缺乏能真正提供运行与检修实践经验的专业书籍。

本书编委会成员长期从事混流式水轮发电机组运行与检修工作，本书汇聚多年生产实践经验，弱理论、重实践，重点讲述了混流式水轮发电机组主要部件检修方法、日常运行与维护工作，并对生产过程中典型故障案例进行了剖析，力求通过通俗易懂的语言，使读者掌握混流式水轮发电机组运行及维护技能，对提高运营管理能力具有极大帮助。

本书在编写过程中参考了大量的书籍、科技文献和技术资料，在此对原作者表示诚挚的谢意！

由于编者经验和理论水平有限，书中不妥之处在所难免，敬请各位专家和同行批评指正！

**编委会**

2019 年 10 月于长沙

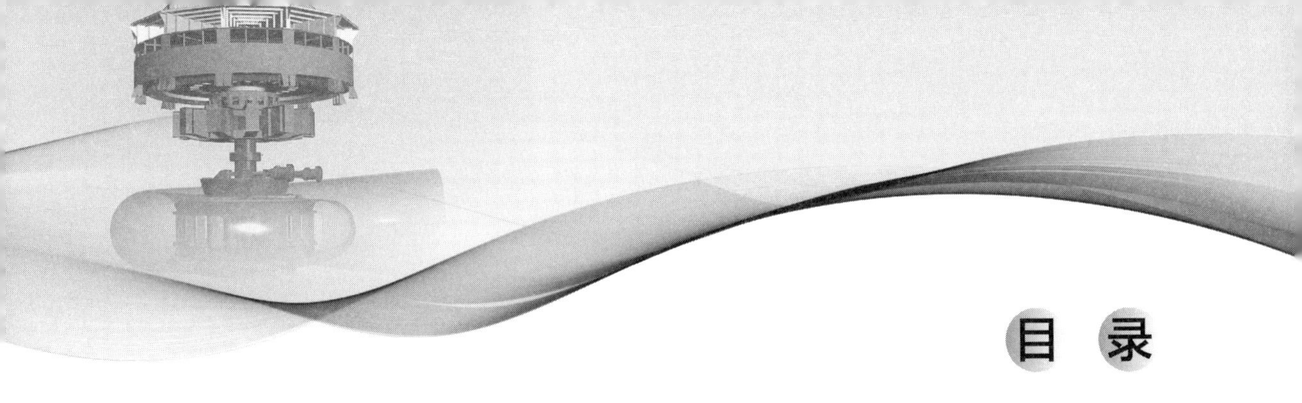

# 目 录

前言
第一章 概述 …… 1
第一节 混流式水轮发电机组发展历程 …… 1
第二节 混流式水轮发电机组典型结构形式 …… 4
第二章 混流式机组水轮机结构 …… 7
第一节 水轮机概述和分类 …… 7
第二节 水轮机工作原理 …… 11
第三节 混流式水轮机的主要部件 …… 17
第四节 水轮机空蚀损坏 …… 47
第五节 水轮机特性与特性曲线 …… 55
第三章 混流式机组发电机结构 …… 59
第一节 发电机原理概况 …… 59
第二节 发电机定子 …… 65
第三节 发电机主轴和转子 …… 81
第四节 发电机推力轴承 …… 90
第五节 发电机导轴承 …… 101
第六节 发电机机架 …… 104
第七节 发电机通风冷却系统 …… 106
第八节 发电机制动系统 …… 110
第九节 发电机辅助设备 …… 114
第四章 混流式机组水轮机检修与试验 …… 118
第一节 检修周期 …… 118
第二节 检修准备工作 …… 119
第三节 检修项目和质量标准 …… 121
第四节 检修工艺与要求 …… 130
第五节 转轮及主轴检修 …… 135
第六节 导水机构和接力器检修 …… 141
第七节 水导轴承检修 …… 152
第八节 主轴密封检修 …… 164

第九节　顶盖等金属结构部件检修 …… 176
第十节　输水管道及蜗壳检修 …… 189
第十一节　尾水管和补气装置检修 …… 195
**第五章　混流式机组发电机检修与试验 …… 205**
第一节　检修项目与质量标准 …… 205
第二节　发电机定子检修 …… 214
第三节　发电机转子检修 …… 235
第四节　机组轴线检查和处理 …… 247
第五节　发电机导轴承检修 …… 252
第六节　发电机推力轴承检修 …… 261
第七节　机架检修 …… 281
第八节　制动系统检修 …… 286
第九节　冷却系统检修 …… 290
第十节　出线设备及中性点设备检修 …… 296
第十一节　发电机电气试验 …… 297
**第六章　混流式机组检修调试 …… 326**
第一节　机组保护传动试验 …… 326
第二节　励磁小电流试验 …… 329
第三节　调速器无水试验 …… 331
第四节　流道充水试验 …… 339
第五节　开停机试验 …… 341
第六节　机组空转试验 …… 346
第七节　机组空载试验 …… 348
第八节　机组过速试验 …… 351
第九节　发电机零起升流试验 …… 353
第十节　发电机零起升压试验 …… 356
第十一节　同期试验 …… 359
第十二节　甩负荷试验 …… 362
**第七章　混流式机组运行维护 …… 365**
第一节　机组正常运行 …… 365
第二节　并网操作 …… 379
第三节　运行维护 …… 386
**第八章　混流式机组典型故障分析与处理 …… 394**
第一节　水轮机常见故障与处理 …… 394
第二节　发电机常见故障与处理 …… 413
**参考文献 …… 442**

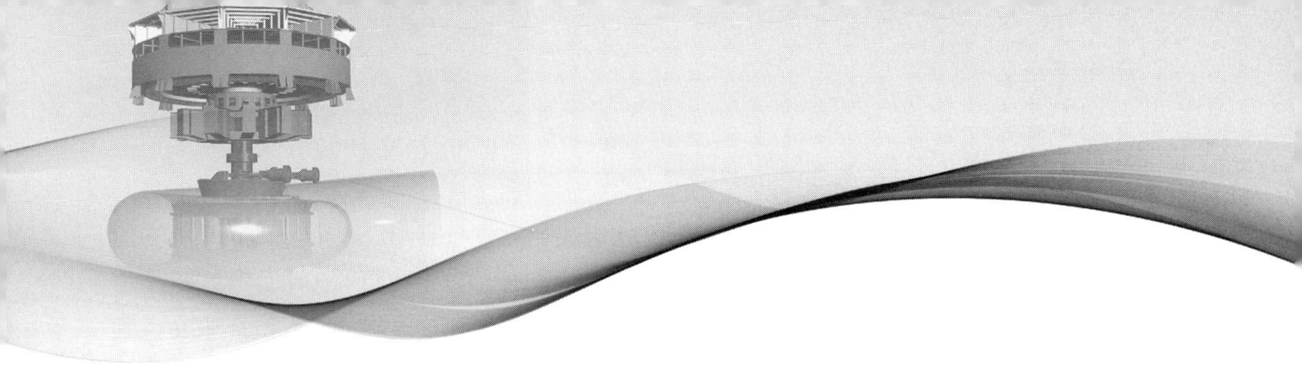

# 第一章 概 述

## 第一节 混流式水轮发电机组发展历程

混流式水轮机（Francis turbine）是指水流从导水机构沿辐（径）向流入转轮，从转轮轴向流出的反击式水轮机。混流式水轮机是美国的弗朗西斯（Francis）于1847～1849年在富尔内龙向心式水轮机基础上改进而成的，故又称弗朗西斯式水轮机，如图1-1所示。

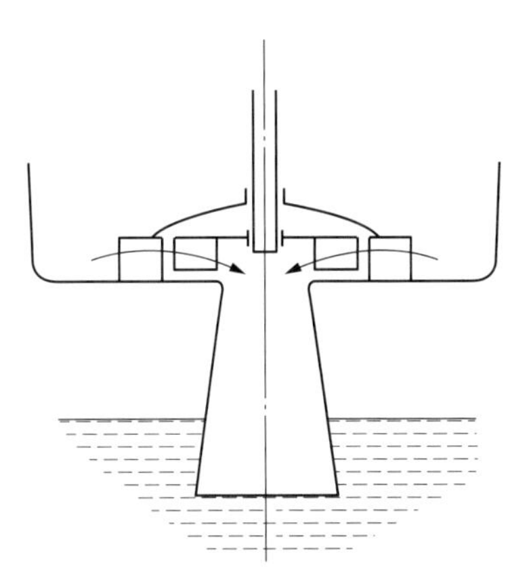

图1-1 弗朗西斯式水轮机

混流式水轮机适用水头范围一般为40～700m，比转速范围为50～350m·kW，是世界上采用最多的一种水轮机。在中国，混流式水轮机约占全部水轮机容量的80%以上。

水轮机狭义上指的是水轮机转轮，但从整体环境效能广义上指的是水轮机整体结构系统。混流式水轮机主要部件包括主轴、导轴承、蜗壳、座环、导水机构、顶盖、转轮、尾水管等（如图1-2所示）。蜗壳是引水部件，形似蜗牛壳体，一般为金属材料制成，圆形断面。座环置

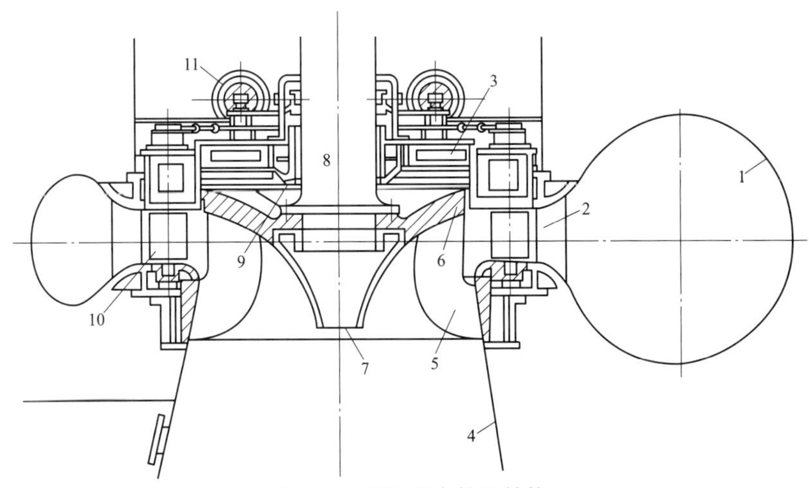


图1-2 混流式水轮机结构

1—蜗壳；2—固定导叶；3—顶盖；4—尾水管；5—转轮；6—止漏环；7—泄水锥；8—主轴；9—导轴承；10—活动导叶；11—接力器

于蜗壳和导叶之间，由上环、下环和若干立柱组成，立柱呈翼形，不能转动，也称为固定导叶，座环的固定导叶包括蜗壳尾部在内，其数量通常为导叶数的一半。导水机构由活动导叶、控制环、拐臂、连杆等部件组成。转轮与主轴直接连接，是混流式水轮机的转动部件，混流式水轮机转轮由叶片、上冠、下环、泄水锥、止漏环组成，叶片通常为12～20片，固定在上冠和下环上，叶片、上冠和下环组成坚固的整体刚性结构。

## 一、世界混流式水轮机发展情况

据文字记载，公元前2世纪希腊就出现了水磨。近代形式的水轮机主要是18世纪后随着工业生产的发展而发展起来的。1754年，瑞士著名数学家、力学及物理学家欧拉奠定了反击式水轮机的理论基础，1834年，法国的富尔内龙造出了第一台功率为4.5kW的向心式水轮机，此后近代形式的冲击式、混流式等水轮机相继出现。经过近两个世纪的不断改进与完善，近代水轮机已发展成性能完善、效率极高的水力机械。

20世纪60年代以来，混流式水轮机在流道设计、材料、制造工艺等方面发展较快，模型最高效率已达94%～95%，真机达96%以上，单机容量和比转速提高十分迅速，如1978年后美国大古力（Grand Coulee）三厂投入的22～24号水轮发电机组，水轮机额定出力71.6万kW，最大出力82.7万kW，是目前世界上最大的混流式水轮机。

## 二、中国混流式水轮机发展情况及研究方向

### （一）中国混流式水轮机发展情况

东汉、魏晋时期，中国就有关于水碓、水排、水磨等的记载，利用水激木轮进行鼓风和灌溉等，这些都是水力原动机的雏形。真正意义上的中国水轮机工业开始于1927年福建南平制造的1台5kW水轮机，20世纪前50年所生产的最大水轮机单机容量也仅有200kW。近50年来，中国水轮机行业共生产了3000kW以上的水轮机33个系列61个品种，并重新整顿淘汰了8个系列17个品种，到1999年底已投产水电站总装机容量7300万kW，在已建成的100座大中型水电站大多安装着自行设计生产的水轮机组的整套设备。

中国混流式水轮机的发展伴随着水轮机工业经过了从小到大独立研究开发的迅速发展过程，1952年哈尔滨电机厂生产了第一台800kW的混流式机组，1958年生产了7.25万kW的新安江机组，1968年和1972年分别研制生产了刘家峡22.5万kW和30万kW机组，且还曾设计生产世界上最大的分瓣转轮和整体转轮——单机容量30.25万kW的岩滩机组分瓣转轮、单机容量24万kW的五强溪机组整体转轮，其转轮的标称直径分别达到了8.0m及8.3m。近年来，国产混流式水轮发电机组也不断刷新着世界之最，从三峡单机容量70万kW机组到溪洛渡单机容量77万kW机组，再到向家坝单机容量80万kW机组，至2019年，目前全球在建最大单机容量水电站白鹤滩电站，单机容量100万kW，属于世界上首批百万千瓦水电机组，标志着我国率先掌握了百万千瓦等级巨型水轮机组的核心技术，中国的水轮机制造工业已站在了世界先进水平行列。我国已建成巨型混流式机组水电站特征数据，见表1-1。

表 1-1 我国已建成巨型混流式机组水电站特征数据

| 电站 | 台数 | 单机容量（MW） | 水头（m） | | | 厂房形式 |
|---|---|---|---|---|---|---|
| | | | $H_{max}$ | $H_{min}$ | $H_r$ | |
| 二滩 | 6 | 550 | 189.2 | 135 | 165 | 地下 |
| 小湾 | 6 | 700 | 251 | 164 | 204 | 地下 |
| 三峡 | 26+4 | 700 | 113 | 71 | 80.6 | 地面 |
| 向家坝 | 8 | 800 | 111.1 | 81.4 | 96 | 地面 |
| 溪洛渡 | 18 | 770 | 241 | 165 | 184 | 地下 |
| 拉西瓦 | 6 | 700 | 220 | 192 | 205 | 地下 |
| 锦屏一级 | 6 | 611 | 240 | 153 | 200 | 地下 |
| 锦屏二级 | 8 | 600 | 318.8 | 279.2 | 288 | 地下 |

（二）中国混流式水轮机研究方向

目前，国内外对水轮机的运行效率、空化空蚀性能、稳定性做了大量的实验和研究，也取得了一定的成效，但是还有许多问题，有待今后深入研究解决。

1. 利用流体动力学软件提高水轮机效率

对于混流式水轮机，由于影响效率的因素很多，如蜗壳、固定导叶、活动导叶、转轮及尾水管等水力流道中的部件，都对水轮机的效率有影响；而转轮是水轮机组的核心部件，对水轮机的效率有着决定性影响，所以水轮机转轮的优化设计是整个水轮机设计中最重要的部分。近几年来，流体力学研究工具——计算流体动力学（CFD）已在流体机械的优化设计中得到广泛应用，成为水轮机转轮设计的主流。使用先进的CFD技术与模型试验技术相结合，可开发出具有优良性能的水轮机转轮，大大缩短了水轮机的设计开发周期。

2. 采用流体耦合分析技术提高水轮机的稳定性

随着水轮机组朝着大尺寸、大容量的方向发展，其自身的固有频率也随之降低，与干扰激振力的频率非常接近。一方面，水轮机在运行过程中，由于卡门涡列、周期性脱流、尾水涡带振动、转轮进口的压力波动等因素产生的周期性干扰激振力，使转轮产生振动，当激振力的频率与转轮的固有频率相同或相近时，将可能引发共振。另一方面，转轮的剧烈振动不仅导致机组结构破坏，减少寿命，同时还会引起水工建筑物的振动，影响机组和厂房安全。近年来，一些科研人员采用流体耦合分析技术，利用有限元分析方法对混流式转轮叶片在空气和工作流道中的固有频率和振型进行对比分析，找出叶片在流固耦合作用下的动态特性和稳定相关性，为水轮机的优化设计与避振提供了理论依据。

3. 水轮机修复专用机器人的研究

水轮机运行中不可避免的存在气蚀、磨损、裂纹等缺陷，需要停机检修。日常采用的手工补焊人工打磨等手段效率低、质量差，因此提出采用自动化设备进行水轮机的修复工作来代替手工操作。研究对水轮机叶片气蚀磨损表面进行全方位补焊与打磨的专用机器人，将具有广泛的应用前景。这种专用机器人涉及机构学、运动学、动力学操作机轨迹规划及控制、传感技术，涉及计算机在焊接控制方面的应用及工艺参数的优化、水轮机转轮叶片线形测绘等诸多科学技术问题，是一个涉及多领域的综合研究课题。

## 第二节　混流式水轮发电机组典型结构形式

### 一、混流式水轮发电机的典型结构

水轮发电机的基本类型，按照水电站水轮发电机组的布置方式不同，水轮发电机可分为立式（主轴与地面垂直）与卧式（主轴与地面平行）两种形式，混流式水轮发电机多为立式结构。

立式水轮发电机，根据推力轴承的位置又分为悬型和伞型两种。

悬型水轮发电机的特点是推力轴承位于转子上面的上机架内或上机架上，如图 1-4 所示，它把整个转动部分悬挂起来，轴向推力通过定子机座传至基础，悬型结构适用于转速较高的机组（一般在 150r/min 以上），它的优点是由于转子重心在推力轴承下面，机组运行的稳定性较好，因推力轴承在发电机层，因此，安装维护检修等都比较方便；悬型水轮发电机的缺点：①推力轴承承受机组转动部分的重量及全部水压力，由于定子机座直径较大，上机架势必增高以便保持一定的强度与刚度，这样定子基座和上机架所用的钢材增加；②机组轴向长度增加，机组和厂房的高度也需要相应的增加。在悬型水轮发电机中，一般选用两个导轴承，如图 1-3（a）、（b）所示，其中一个装在上机架内，称为上导轴承；另一个装在下机架内，称为下导轴承，若运行稳定性许可，悬型也可取消下导轴承，如图 1-3（c）所示。

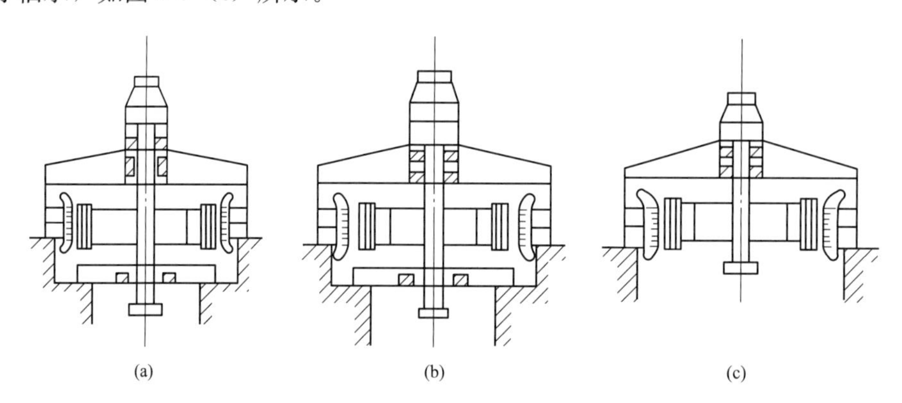


图 1-3　悬型水轮发电机

（a）具有两个导轴承，推力在上导轴承上面；（b）具有两个导轴承，推力在上导轴承下面；（c）无下导轴承

伞型水轮发电机的结构特点是推力轴承位于转子下方，布置在下机架内或水轮机顶盖上，如图 1-4 所示，轴向推力通过下机架或顶盖传至基础。它的优点是结构紧凑，能充分利用水轮机和发电机之间的有效空间，使机组和厂房高度有效降低。由于推力轴承位于承重的下机架上，且下机架所在的机坑直径较小，在满足所需刚度和强度的情况下，下机架不必设计得很高，相应就减轻了机组的重量，降低了造价。伞型水轮发电机的缺

点是由于转子重心在推力轴承上方，使机组运行的稳定性降低，所以只能用于较低转速（一般在 150r/min 以下），另外由于机组高度降低，使推力轴承的安装、维护、检修变得困难。伞型水轮发电机根据轴承布置不同，又分为普通伞型、全伞型和半伞型三种，普通伞型具有上、下导轴承，如图 1-4（a）所示，全伞型只有下导轴承（布置在推力油槽内）而没有上导轴承，如图 1-4（b）所示，半伞型只有上导轴承而没有下导轴承，如图 1-4（c）所示。

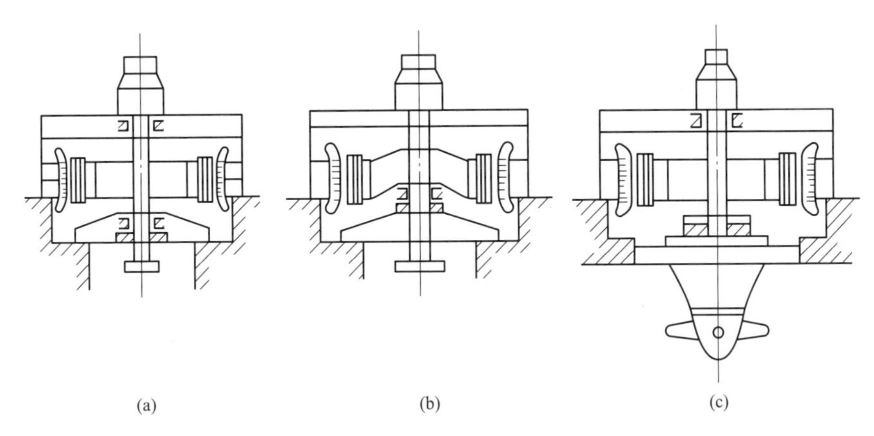


图 1-4 伞型水轮发电机

（a）普通伞型；（b）全伞型；（c）半伞型

## 二、混流式水轮机的布置形式

根据水轮机主轴的布置形式和引水室形式，混流式水轮机主要有以下几种形式。

对于中高水头混流式机组，采用立轴、金属蜗壳、弯肘型尾水管，如图 1-5 所示。

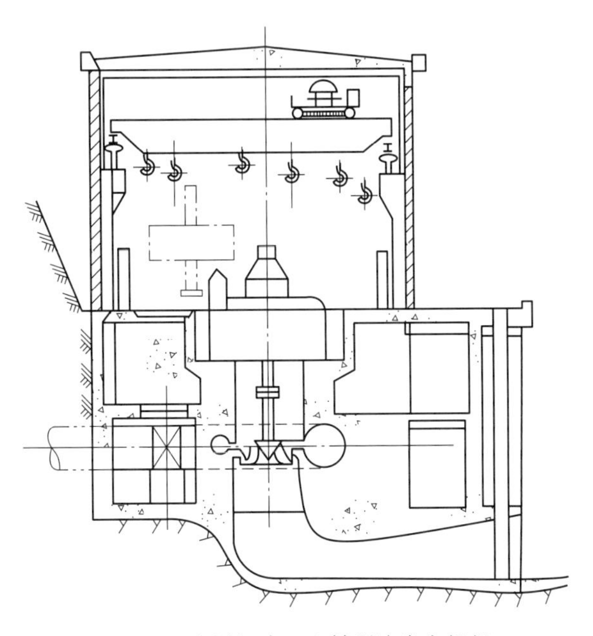

图 1-5 金属蜗壳—立轴混流发电机组

一般中低水头混流式机组采用立轴混凝土蜗壳、弯肘形尾水管，如图 1-6 所示。

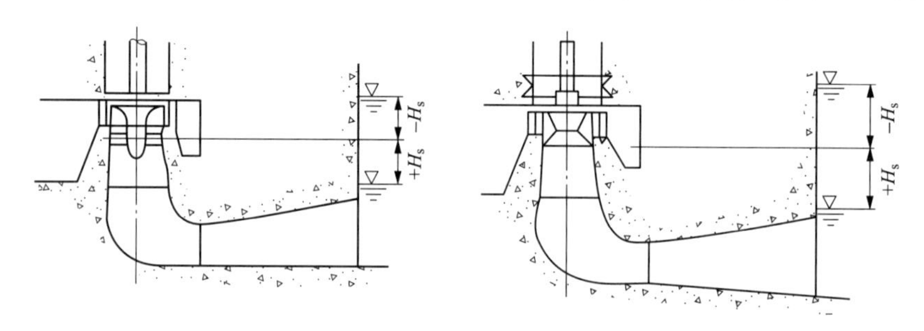


图 1-6　混凝土蜗壳—立轴混流发电机组

$H_s$—水轮机吸出高度

对于中等水头，流量相当小的混流式水轮机，采用卧轴、罐式、肘形尾水管，如图 1-7 所示。

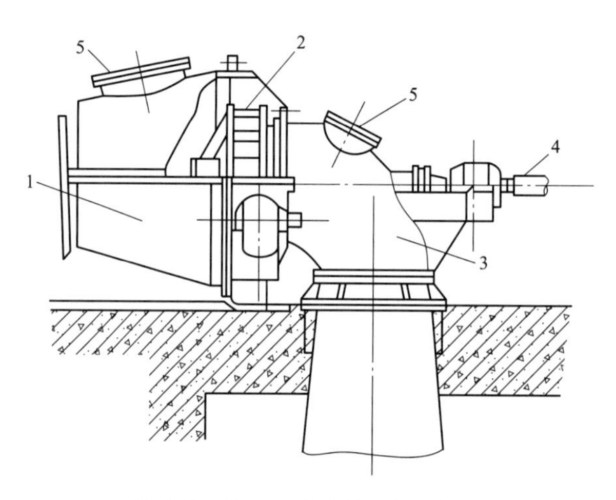


图 1-7　罐式—卧轴混流发电机组

1—水轮机罐；2—水轮机转轮；3—肘形尾水管；4—水轮机主轴；5—检查孔

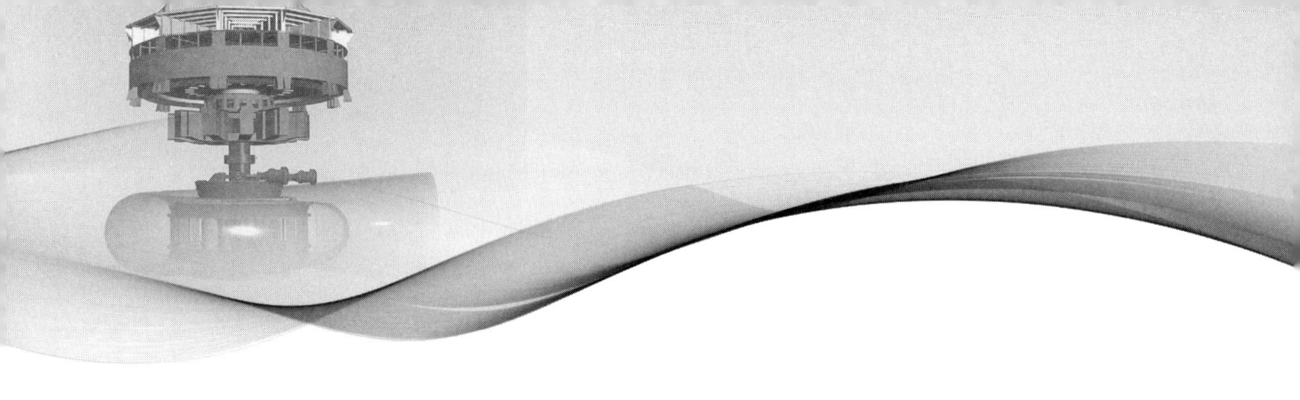

# 第二章　混流式机组水轮机结构

## 第一节　水轮机概述和分类

1997 年，联合国教科文组织和世界气象组织共同给出了水资源的含义：水资源是指可利用或有可能被利用的水源，这种水源应当有足够的数量和可用的质量，并在某一地点为满足某种用途而得以利用。水资源利用不同于其他不可再生能源，大自然的力量通过蒸发、降雨、径流等各种形式保持全球水的循环平衡。水资源开发是人类能源利用史中最清洁、环保的绿色能源，且具有开发成本低、可持续性等特性。

我国现已开发利用的水电总装机容量世界第一，全国水力年发电量已居世界首位。水资源开发利用主要有以下特性。

（1）水资源具有流动性。水分子相对稳定，大气水、地表水、地下水可互相转化。根据大陆架水资源应用经验，水资源开发利用适于按流域及自然单元管理。

（2）水力发电主要利用自然水资源的势能和动能，即水资源水头 $H$ 和水量 $Q$ 的充分利用。

（3）水资源利用具有公共性、安全性，并满足环境保护要求。任何单位和个人引水、蓄水、排水，不得损害公共利益和他人合法利益。

（4）水资源具有周期性。计算水资源量能时，需按多年平均计算。

（5）水资源属自然资源，具有利、害两重性。水资源利用要用其利、避其害。“除水害、兴水利”是水利工作者的光荣使命。水电工程具有发电、防洪、供水、航运、灌溉、保护环境和促进地方经济发展等综合效益。

### 一、水能利用

水力发电是充分利用地域落差建坝抬高水位，这样水就具有了一定势能。因径流有一定流速，即水具有一定的动能。水轮机是将水的势能和动能转换为旋转机械能的机械设备，即水轮机是水力发电的原动机。旋转机械能通过发电机完成电能转换。

如图 2-1 所示，表示自然某一河段，断面 1-1 和断面 2-2 取 $O$-$O$ 为基准面，则按伯努利方程，流经两断面的单位重量水体能耗（$H$）为

$$H=E_1-E_2=\left(Z_1+\frac{p_1}{\gamma}+\frac{v_1^2}{2g}\right)-\left(Z_2+\frac{p_2}{\gamma}+\frac{v_2^2}{2g}\right) \tag{2-1}$$

式中　$E_1$、$E_2$——单位质量水流具有的能量，m；

$Z_1$、$Z_2$——相对某一基准的位置高度，m；
$p_1$、$p_2$——相对压力值，$N/m^2$ 或 $p_a$；
$v_1$、$v_2$——流过各断面的平均流速，m/s；
$\gamma$——水的重度，其值为 $9810N/m^3$；
$g$——重力加速度，$9.81m/s^2$。

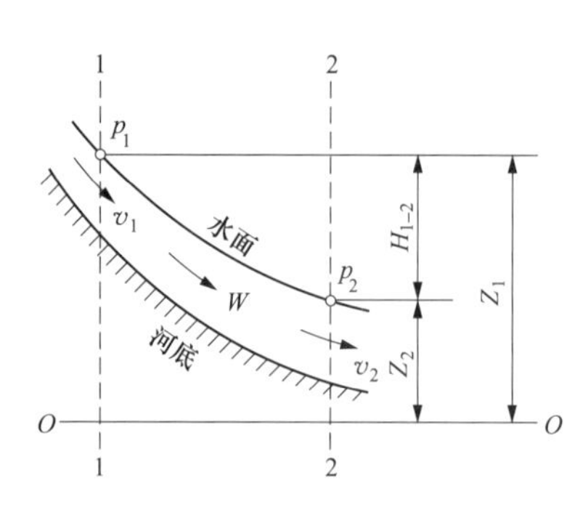

图 2-1　水能与落差

因大气压强 $p_1$ 与 $p_2$ 近似相等，流速水头 $\frac{v_1^2}{2g}$ 与 $\frac{v_2^2}{2g}$ 的差值可忽略不计，即自然条件小单位重量水体能耗为

$$H=E_1-E_2=Z_1-Z_2 \tag{2-2}$$

$t$ 秒内流经此河段的水体重量

$$\gamma W=\gamma Qt$$

$t$ 秒内流经此河段上的水能为

$$P_n=\gamma QH=9.81QH(\text{kW}) \tag{2-3}$$

从以上推算可得出，自然条件下的水资源是可以开发利用的。

拦河坝式水电站坝后厂房布置形式，如图 2-2 所示。

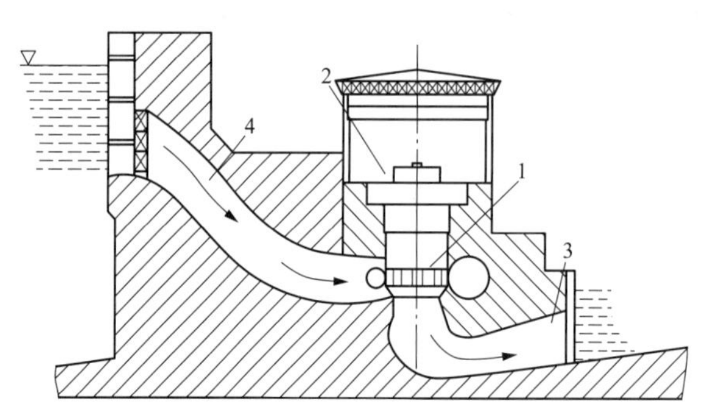

图 2-2　拦河坝式水电站坝后式厂房布置形式

1—水轮机；2—发电机；3—尾水管；4—引水道

现代水轮机大多数安装在水电站内，用来驱动发电机发电。水电站将上游水库中的水经引水管引向水轮机，推动水轮机转轮旋转，带动发电机发电。能量转换后的水则通过尾水管道排向下游。水头越高、流量越大，水轮机的输出功率也就越大。

## 二、水轮机分类

水轮机是一种将河流中蕴藏的水能转换成旋转机械能的原动机，能量的转换是借助转轮叶片与水流相互作用来实现的。根据运行结构上的要求，水轮机按过流形式可分为四大部件：引导水流对称流入转轮的引水部分及蜗壳称为引水部件；使流入转轮的水具有所需要的速度和大小的导向部分为导水部件；把引入水流的水能转换为转动机械能的能量转换部分为工作部件（转轮）；将转轮流出的水引向下游，并利用其余能的泄水部分为泄水部件。

通过转轮内水流运动的特征和转轮转换水流能量形式的不同，水轮机分为反击式水轮机和冲击式水轮机两大类。冲击式水轮机的转轮受到水流的冲击而旋转，主要是动能的转换；反击式水轮机的转轮在水中受到水流的反作用力而旋转，主要是利用水流的势能和动能。世界自然条件千姿百态，水能利用形式各有差异，水轮机应用各不相同。

（一）反击式水轮机

一般反击式水轮机设有引水系统和导水系统，大、中型立轴反击式水轮机的引水系统和导水系统由引水管、蜗壳、固定导叶和活动导叶等组成。蜗壳的作用是把水流均匀对称引到水轮机转轮周围。反击式水轮机一般都设有尾水管，其作用是回收转轮出口处水流的动能，把水流排向下游尾水；当转轮的安装位置高于下游水位时，将此位能转化为压力能予以回收。反击式水轮机主要分为混流式、轴流式、贯流式和斜流式四大类型，如图 2-3 所示。

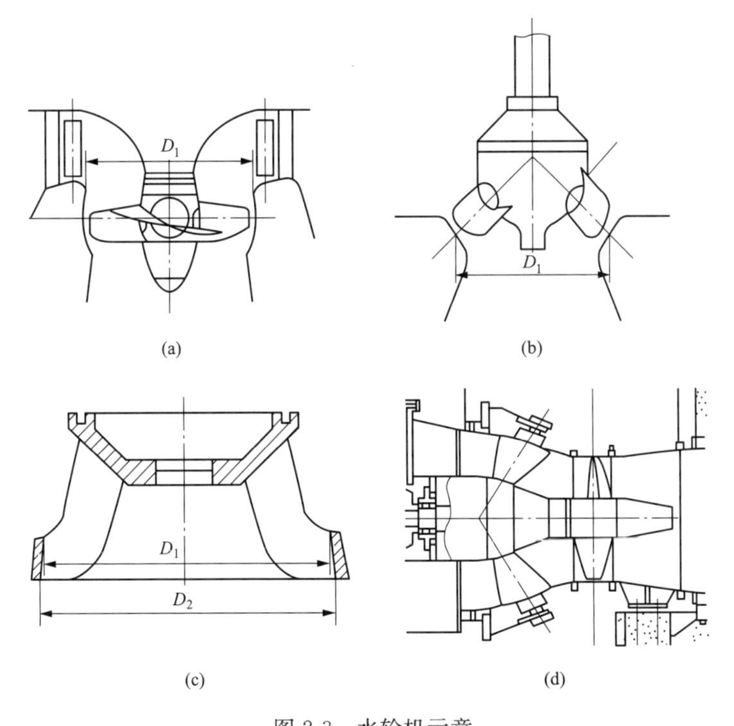


图 2-3　水轮机示意

（a）轴流式；（b）斜流式；（c）混流式；（d）贯流式

混流式水轮机是指轴面水流径向流入、轴向流出转轮的反击式水轮机，又称弗朗西斯式水轮机。

轴流式水轮机是指轴面水流轴向进、出转轮的反击式水轮机。主要机型可分轴流转桨式、轴流调桨式、轴流定桨式。

贯流式水轮机的引水部件、转轮、排水部件都在一条轴线上，水流一贯平直通过。常见机型为灯泡贯流式。

斜流式水轮机是指水流经过桨叶的方向与主轴呈一定倾角的反击式水轮机。

（二）冲击式水轮机

冲击式水轮机是指只利用水流动能做功的水轮机。冲击式水轮机的转轮始终处于大气中，来自压力钢管的高压水流在进入水轮机前，借助特殊的导水机构变成高速自由射流，冲击转轮导叶，从而将大部分动能传递给轮叶，驱动转轮旋转。在射流冲击过程中，射流内的压力近似为大气压。冲击式水轮机又可细分为水斗式、斜击式及双击式水轮机。

水斗式水轮机转轮叶片呈斗形，且射流中心线与转轮节圆相切的冲击式水轮机，又称贝尔顿水轮机或切击式水轮机，如图 2-4 所示。

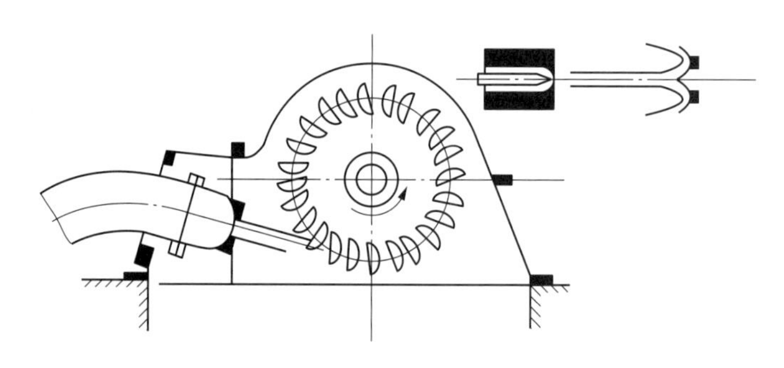

图 2-4　水斗式水轮机

斜击式水轮机转轮叶片呈碗形，且射流中心线与转轮转动平面呈斜射角度的冲击式水轮机，如图 2-5 所示。

双击式水轮机转轮叶片呈圆柱形布置，水流穿过转轮两次作用到转轮叶片上的冲击式水轮机，如图 2-6 所示。

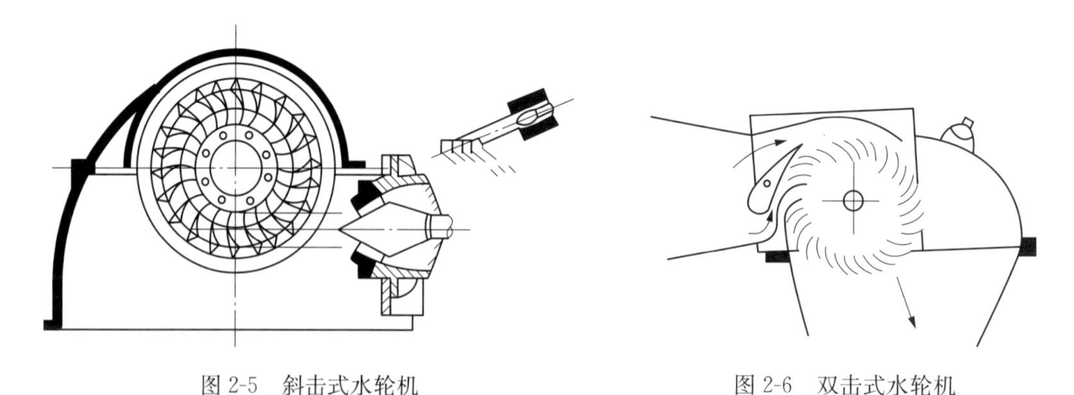

图 2-5　斜击式水轮机　　图 2-6　双击式水轮机

水轮机的形式及适用范围，见表 2-1。

表 2-1　　水轮机的形式及适用范围

| 水轮机的形式 | | | 适应水头范围（m） |
|---|---|---|---|
| 按能量转换分 | 按水流方向分 | 按转轮结构特征分 | |
| 反击型 | 贯流式 | 定桨式/转桨式 | ≤20 |
| | 轴流式 | 定桨式/转桨式 | 3～80 |
| | 斜流式 | 斜流式/可逆式 | 40～200 |
| | 混流式 | 混流式/可逆式 | 30～700 |
| 冲击型 | 水斗式 | | 300～1770 |
| | 斜击式 | | 50～400 |
| | 双击式 | | 10～150 |

# 第二节　水轮机工作原理

## 一、水轮机主要工作参数

水轮机的主要工作参数有水头 $H$、流量 $Q$、出力 $P$、效率 $\eta$、转速 $n$。

1. 水头 $H$

水轮机的水头（也称工作水头）是指水轮机进口截面和出口截面处单位质量的水流具有的能量差，单位为 m。

对于混流式水轮机，进口截面取在蜗壳进口处，出口截面取在尾水管出口处，如图 2-7 所示（其中，Ⅰ-Ⅰ为进口截面，Ⅱ-Ⅱ为出口截面，$H_g$ 为毛水头，$\Delta h$ 为水头损失）。

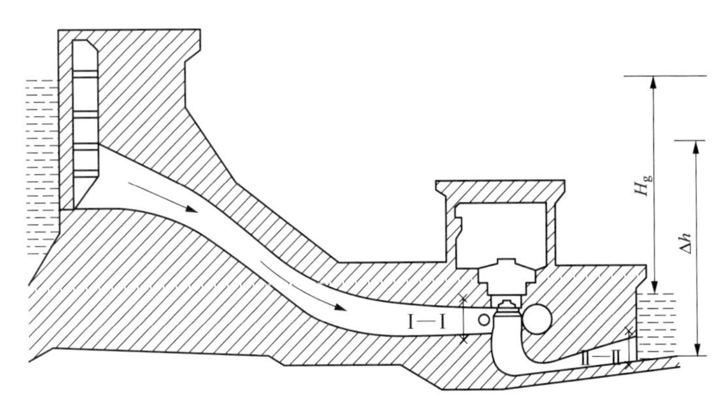


图 2-7　水轮机运行水头示意

根据伯努利方程，水轮机工作水头的基本表达式为

$$H = E_1 - E_2 = \left(Z_1 + \frac{p_1}{\gamma} + \frac{\alpha_1 v_1^2}{2g}\right) - \left(Z_2 + \frac{p_2}{\gamma} + \frac{\alpha_2 v_2^2}{2g}\right) - \Delta h \tag{2-4}$$

式中　$H$——水轮机的工作净水头，即水轮机完成水能转换的有效水头；

$E_1$、$E_2$——单位质量水流所具有的能量，m；

$Z_1$，$Z_2$——相对某一基准的位置高度，m；

$p_1$，$p_2$——相对压力值，$N/m^2$ 或 $p_a$；

$v_1$，$v_2$——流过各断面的平均流速，m/s；

$\alpha_1$，$\alpha_2$——断面动能不均匀系数；

$\gamma$——水的重度，其值为 $9810N/m^3$；

$g$——重力加速度，$9.81m/s^2$；

$\Delta h$——水头损失。

在实际应用中，上游水库的水流须经过坝前进水口拦污栅、工作闸门和引水管、蜗壳、水轮机导叶，到达水轮机转轮，在水轮机转轮上完成能量转换，再经过尾水管排至下游。在整个过程中，水流经过引水部件、导水部件及泄水部件等时不可避免的存在撞击和能量损耗，这部分水力损失称为水头损失 $\Delta h$。

电站上、下游水位差值为水电站毛水头 $H_g$，单位为 m。水轮机的工作水头可表示为

$$H=H_g-\Delta h \tag{2-5}$$

为更好地研究水轮机的工作特性，阐述水轮机水头工作范围，专业上主要特征水头参数分为最大水头 $H_{max}$、最小水头 $H_{min}$、加权平均水头 $H_{av}$、设计水头 $H_r$。

（1）水轮机最大水头 $H_{max}$是允许水轮机运行的最大净水头。它对水轮机结构的强度设计有决定性影响。

（2）水轮机最小水头 $H_{min}$是保证水轮机安全、稳定运行的最小净水头。

（3）水轮机加权平均水头 $H_{av}$是指水电站在一定运行期间内出现次数最多、经历时间最长的水头，通常是将水轮机运行时所有可能出现的工作水头进行加权平均所得到的水头值，在此净水头下，水轮机运行时间最长。其计算公式为

$$H_{av}=\frac{\sum H_i t_i N_i}{\sum t_i N_i} \tag{2-6}$$

式中　$H_i$——各工况下的工作水头，m；

$t_i$——水头 $H_i$ 出现时持续的时间，s；

$N_i$——水头 $H_i$ 出现时对应的出力，$N/m^2$。

（4）水轮机设计水头 $H_r$ 是水轮机发出额定出力时需要的最小净水头。

2. 流量 $Q$

水轮机的流量是单位时间内通过水轮机某一既定过流断面的水流体积，并且随工况的改变而改变，常用符号 $Q$ 表示，常用单位为 $m^3/s$。在设计水头下，水轮机以额定转速、额定出力运行时对应的流量称为设计流量，并且此时的流量值最大。在理想状况下，流量的计算公式为

$$Q=Q_{11}D_1^2\sqrt{H} \tag{2-7}$$

式中　$Q_{11}$——当 $D_1=1m$，$H=1m$ 水轮机的单位流量；

$D_1$——转轮的公称直径，单位：1m；

$H$——水轮机的工作水头，单位：m。

3. 转速 $n$

水轮机转速是水轮机转轮在单位时间内的旋转次数，常用符号 $n$ 表示，常用单位为 r/min。在混流式机组中，水轮机主轴和发电机轴采用法兰和螺栓直接刚性连接，即水轮机与发电机同轴运行，二者转速相同。

水轮机转速与电网频率成正比，与发电机转子磁极对数成反比，即

$$f=\frac{nP}{60} \tag{2-8}$$

式中　$f$——同步频率，其中，机组并网要求是 50Hz；

$n$——发电机同步转速，r/min；

$P$——磁极对数。

电网频率和电压等级是标准值。因此，发电机的磁极对数决定发电机的额定转速。为保证电能质量，并网后的机组运行与电网频率保持稳定，即机组的额定转速 $n_N$，其计算公式为

$$n_N=\frac{3000}{P} \tag{2-9}$$

4. 出力 $P$ 与效率 $\eta$

水轮机出力是指水轮机轴端输出的功率，常用符号 $P$ 表示，常用单位为 kW。

水轮机的输入功率为单位时间内通过水轮机的水流总能量，即当工作水头为 $H$(m)，流量为 $Q$(m$^3$/s) 的水流通过水轮机时，给予水轮机的输入功率 $P_n$，其计算公式为

$$P_n=\gamma QH=9.81QH(\text{kW}) \tag{2-10}$$

因为水流通过水轮机转轮时并不是理想状态，其存在一定的能量损耗，如摩擦损失、撞击损失、容积损失等。水轮机出力值 $P$ 与水轮机的输入功率 $P_n$ 之比称为水轮机的效率，常用符号 $\eta_t$ 表示，其计算公式表示为

$$\eta_t=\frac{P}{P_n} \tag{2-11}$$

目前，水轮机的效率较高，大型混流式水轮机组的效率可达到 90%～95%，小型水轮机组的效率可达到 80%以上。

综上所述，水轮机的出力计算公式可写成

$$P=9.81QH\eta_t \tag{2-12}$$

## 二、流态特性分析

水流流过水轮机转轮时，在沿叶片之间流道流动的同时又随着水轮机转轮的转动而旋转，因此，水流质点的运动是一种复合三维运动。由于不同类型的水轮机转轮的结构不同，水流在转轮中的运动形态也不同。

对于混流式水轮机，转轮的上冠、下环和叶片构成转轮中的流道，水流质点流经转轮时沿着空间曲面流动，为将这种空间曲面展开成平面，可近似地用一个圆锥面来代替

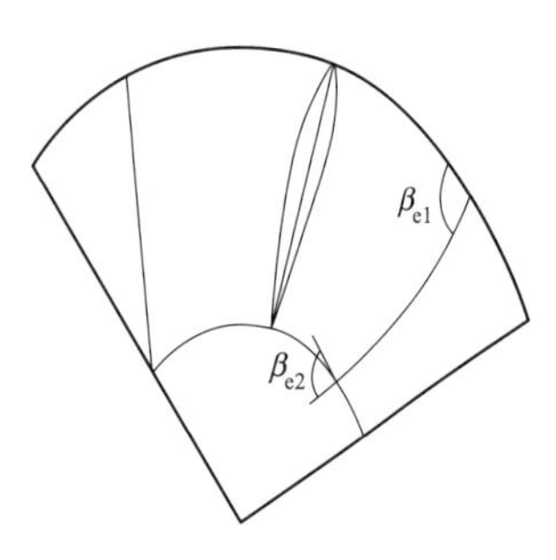

图 2-8　流面近似展开

实际流面。如图 2-8 所示，把圆锥面展开即成扇形平面，展开扇形面上的叶片翼型在一定程度上可代表实际流面上叶片翼型，翼型断面上的中线称为骨线，通常叶片进水边参数用下标“1”表示，出水边参数用下标“2”表示。骨线在进水边处的切线与圆周方向的夹角用 $\beta_{e1}$ 表示，称为叶片的进口角，骨线在出水边处的切线与圆周方向的夹角用 $\beta_{e2}$ 表示，称为叶片的出口角。

水流质点进入转轮后的流动是一种复合运动，其中，水流质点沿叶片的运动称为相对运动，相应的速度称为相对速度，用符号 $\vec{w}$ 表示；水流质点随转轮一起旋转的运动称为牵连运动，相应的速度称为牵连速度（又称为圆周速度），用符号 $\vec{u}$ 表示；水流质点对大地的运动称为绝对运动，相应的速度称为绝对速度，用 $\vec{v}$ 表示。

根据压力分布原理，相对速度 $\vec{w}$ 沿圆周的分布是不均匀的，叶片背面（凸面）的相对速度大于叶片正面（凹面）的相对速度，并且转轮中任一点的水流速度都随其空间坐标位置的变化而变化。由于转轮数量类型繁多，所以近似假定转轮是由无限多、无限薄的叶片组成，这样就可认为转轮中的水流运动是均匀的，而且是轴对称的，其相对运动的轨迹与叶片骨线重合，流经叶片的相对速度 $\vec{w}$ 的方向就是叶片骨线的切线方向。牵连运动是一种圆周运动，圆周速度 $\vec{u}$ 的方向与圆周相切。相对速度 $\vec{w}$ 与圆周速度 $\vec{u}$ 合成了绝对速度 $\vec{v}$，绝对速度 $\vec{v}$ 的方向可通过作平行四边形或三角形的方法求得，如图 2-9 所示。

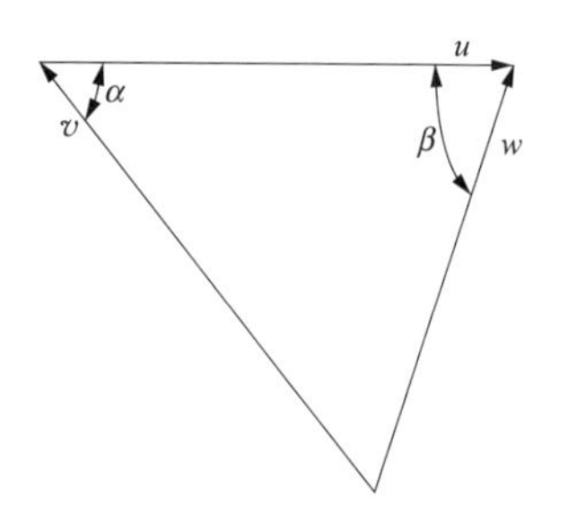

图 2-9　水轮机速度三角形

上述三种速度构成的封闭三角形称为水轮机的速度三角形，相对速度 $\vec{w}$ 与圆周速度 $\vec{u}$ 之间的夹角用 $\beta$ 表示，称为相对速度的方向角；绝对速度 $\vec{v}$ 与圆周速度 $\vec{u}$ 之间的夹角用 $\alpha$ 表示，称为绝对速度的方向角，由此可知每一水流质点在转轮中的速度是矢量速度，其在转轮中任一点的流动性都可用一空间速度三角形表示，并且该速度三角形应满足下列矢量关系式：

$$\vec{v}=\vec{u}+\vec{w} \tag{2-13}$$

由此可知，速度三角形表示了水流质点在转轮中的运动状态，它是分析水轮机水流运动规律的重要方法之一。

### 三、水轮机工作的基本方程式

1. 动量矩定律

在水轮机转轮内，水流从点 1 流向点 2，单位时间内水流对转轮的动量矩改变，应等于作用在该水流上的外力的力矩总和：

$$M=\frac{\gamma Q_{e}}{g}(v_{u1}r_{1}-v_{u2}r_{2}) \tag{2-14}$$

式中　$M$——水流对转轮的力矩；

$Q_e$——有效流量；

$v_{u1}$、$v_{u2}$——点 1 和点 2 的绝对速度圆周方向分速度；

$r_1$——点 1 处的圆周半径；

$r_2$——点 2 处的圆周半径。

式（2-14）表达了水轮机中水流能量转换为旋转机械能的平衡关系。外力形成力矩可分为以下几种情况。

（1）转轮叶片对水流的作用力。该作用力迫使水流改变其运动的方向与速度的大小，对水流质量产生相对主轴的旋转力矩，其反作用力矩就是水轮机转轮能够转动的动力源。

（2）转轮外的水流在转轮进、出口处的水压力。转轮内水流是轴对称的，压力通过轴心，对主轴不产生作用力矩。

（3）上冠、下环内表面对水流压力。由于这些内表面均为旋转面，因此，作用在转轮表面的水流压力也是轴对称的，不产生作用力矩。

（4）重力。水流质量重力的合力方向与轴线重合或平行，对主轴不产生力矩。

2. 水轮机的基本方程式

根据式（2-14），为了应用方便，常将这种机械力矩 $M$ 乘以转轮旋转角度 $\omega$，用功率的形式来表达，在稳定工况下（$n$、$Q$、$H$ 均不变），转轮内的水流运动为相对的恒定流，则可得到转轮的出力计算公式为

$$N_e = M\omega = \frac{\gamma Q_e}{g}(v_{u1}r_1 - v_{u2}r_2)\omega = \frac{\gamma Q_e}{g}(U_1 v_{u1} - U_2 v_{u2}) \tag{2-15}$$

$$N_e = \gamma Q_e H \eta_s \tag{2-16}$$

式中　$\eta_s$——水力效率；

$U$——圆周方向的速度，$U_1$，$U_2$ 为 1、2 两个不同点的圆周方向速度。

将式（2-16）代入式（2-15）可得水轮机基本方程式为

$$H\eta_s g = U_1 v_{u1} - U_2 v_{u2} \tag{2-17}$$

根据图 2-9 中关系可知 $v_u = v\cos\alpha$，所以式（2-17）又可写成

$$H\eta_s g = U_1 v_1 \cos\alpha_1 - U_2 v_2 \cos\alpha_2 \tag{2-18}$$

3. 基本方程式的物理意义

水轮机基本方程式给出了水轮机有效水头与转轮出口水流运动参数之间的关系，表明了水轮机中水能转换为机械能的基本平衡关系，是自然界能量守恒定律的另一种表现形式。反击式水轮机就是依靠流道的约束，不断改变水流的速度大小和方向，将水能不断以作用力的形式传递给转轮，使转轮不断旋转做功。当水流通过水轮机时，水流与叶片相互作用，叶片迫使水流动量矩发生变化，而水流以反作用力作用在叶片上，使转轮获得力矩，迫使水轮机做功。

其中，水轮机水能转换为机械能的必要条件是要保证水流在转轮出口能量小于进口处的能量，即转轮出口和进口必须存在速度矩的差值。

**四、水轮机效率**

水轮机将水流的输入功率转变为旋转轴的输出机械功率，在这个能量转换过程中存在各种损失，其中包括水力损失、漏水容积损失和摩擦机械损失等，因而水轮机的输出功率总是小于水流的输入功率，水轮机输出功率与水流输入功率之比称为水轮机效率，常用 $\eta$ 表示，水轮机总效率由水力效率、容积效率和机械效率组成。

1. 水轮机的水力损失及水力效率

水流经过水轮机蜗壳、导水机构、转轮及尾水管等过流部件时会产生摩擦、撞击、涡流、脱流等水头损失，统称为水力损失。这种损失与流速的大小、过流部件的形状及其表面的粗糙度有关。

设水轮机的工作水头为 $H$，通过水轮机的水头损失为 $\sum h$，则水轮机的有效水头为 $H-\sum h$。水轮机的水力效率 $\eta_s$ 为有效水头与工作水头的比值，即

$$\eta_s=\frac{H-\sum h}{H} \tag{2-19}$$

2. 水轮机的容积损失与容积效率

在水轮机运行过程有一小部分流量 $\sum q$ 从水轮机的固定部件与旋转部件之间的间隙（如混流式水轮机上、下止漏环之间，轴流式水轮机叶片与转轮室之间）中漏出，这部分流量并未对转轮做功，所以称之为容积损失。设进入转轮的流量为 $Q$，则水轮机的容积效率 $\eta_V$ 为

$$\eta_V=\frac{Q-\sum q}{Q} \tag{2-20}$$

3. 水轮机的机械损失及机械效率

在扣除水力损失与容积损失后，便可得出水流作用在转轮上的有效功率 $P_e$ 为

$$P_e=9.81(Q-\sum q)(H-\sum h)=9.81QH\eta_S\eta_V \tag{2-21}$$

转轮将此有效功率 $P_e$ 转变为水轮机轴的输出功率时，还有一小部分功率 $\Delta P_j$ 消耗在各种机械损失上，因此，机械效率 $\eta_j$ 为

$$\eta_j=\frac{P_e-\Delta P_j}{P_e} \tag{2-22}$$

水轮机输出功率为

$$P=P_e-\Delta P_j=P_e\eta_j$$

即

$$P=9.81QH\eta_V\eta_S\eta_j \tag{2-23}$$

假设水轮机总效率为 $\eta$，则

$$\eta=\eta_V\eta_S\eta_j \tag{2-24}$$

$$P=9.81QH\eta \tag{2-25}$$

从以上分析可知，水轮机的效率与水轮机形式、尺寸及运行工况有关，其影响因素

较多，要从理论上准确的确定各种效率的具体数值是很困难的。目前，采用的方法是首先进行模型试验，测出水轮机总效率，然后将模型试验得出的效率值经过理论换算，最后得出原型水轮机的效率。现代大中型水轮机的最高效率可达到95%。由理论分析可知，水轮机最优工况发生在进口水流无撞击、出口水流呈法向的条件下，此时从转轮出来的水流基本沿着轴线平面，其旋转分量很小，并且动能可顺利地由尾水管回收。

## 第三节　混流式水轮机的主要部件

中华人民共和国成立70年以来，我国混流式水轮机制造业经历了从无到有，从小到大的过程。从1951年四川硐水电站800kW混流式水轮机生产开始，现在能制造最大单机容量100万kW的混流式水轮机。

混流式水轮机具有结构简单、运行可靠、效率高、适应范围广、单机容量大等特点，是目前世界各国广泛采用的水轮机之一。应用水头范围为30～700m，比转速范围为50～300m・kW。一般推荐在50～400m水头范围内优选。在与其他水轮机的交叉选择区域，通过技术经济方案的比较确定。

混流式水轮机剖面，如图2-10所示，混流式水轮机在结构上分为引水部件、导水部件、工作部件、泄水部件四类。主要部件有蜗壳、座环、转轮、主轴、底环、顶盖、水导轴承、主轴密封、导叶、控制环等。蜗壳属于引水部件，形似蜗牛壳体而得名，根据不同的应用环境，分为混凝土蜗壳和金属蜗壳，金属蜗壳又分为铸造金属蜗壳和焊接金属蜗壳两种，大型机组采用焊接金属蜗壳。座环布置在蜗壳之后，起导水引流作用，同时承受机组的重量及机组的轴向力。水轮机底环安装在座环的下环部位，底环中心和高程是机组安装的基准。顶盖安装在座环的上环部位。活动导叶安装在底环与顶盖之间，通过控制活动导叶的开度可控制和调节水流的大小，实现调节机组有功的目的，活动导叶布置有上、中、下三个轴领，在底环和顶盖对应位置分别安装轴套，使活动导叶能灵活转动。水轮机转轮由上环、下环、泄水锥及若干翼型叶片组成，大中型水轮机转轮叶片数一般选用13、15或17等奇数。水轮机转轮布置在座环的中心位置，是水轮机能量转换的关键核心部件，水轮机转轮与主轴将旋转机械能传递给发电机。接力器、控制环、顶盖、底环、导叶拐臂、导叶连杆等组成水轮机导水机构；两个接力器与控制环连接，控制环通过拐臂、连杆与导叶连接，操作接力器控制导叶的开度。水导轴承承受主轴的径向力，使主轴保持在中心位置。水轮机主轴密封防止压力水从主轴和顶盖之间渗入水车室，包括工作密封和检修密封，检修密封是为水轮机检修设计的专用密封装置。导叶与顶盖、导叶与底环之间的间隙为导叶端面间隙，相邻导叶之间在关机后存在的间隙为导叶立面间隙；为减少漏水，一般在导叶端面位置设橡胶或可接触的金属密封，导叶的立面间隙与加工精度、安装精度有关。

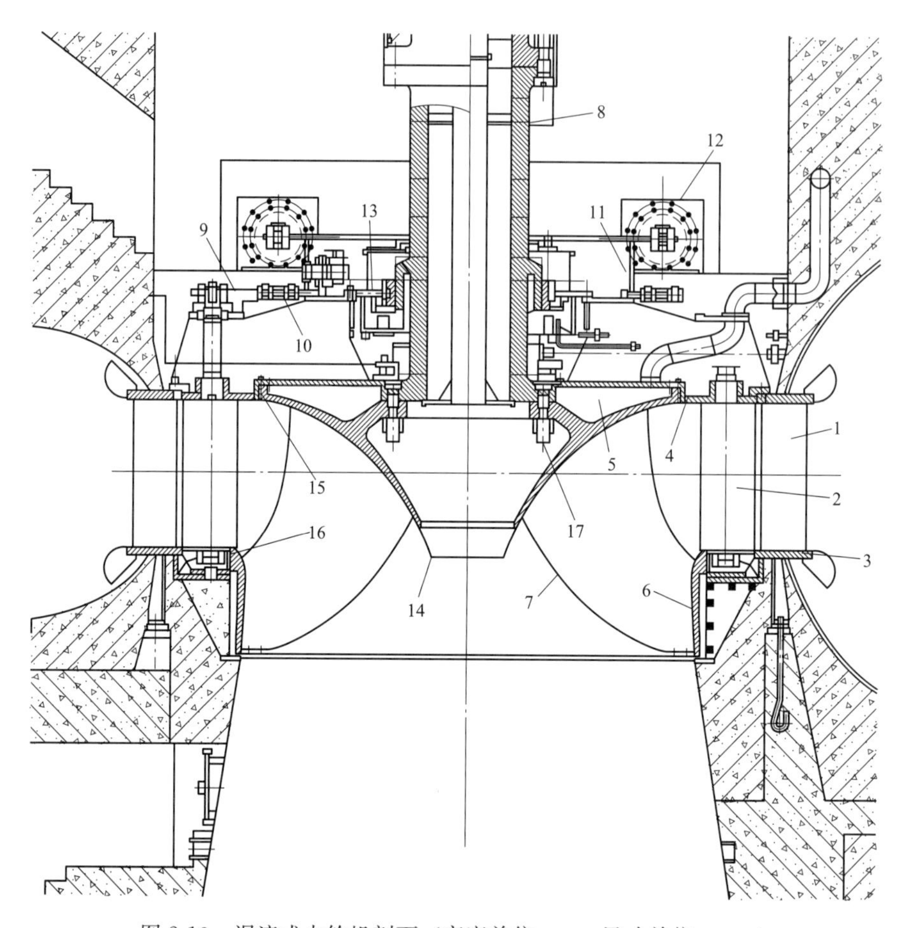


图 2-10 混流式水轮机剖面（高度单位：m，尺寸单位：mm）

1—固定导叶；2—导叶；3—底环；4—顶盖；5—上冠；6—下环；7—叶片；8—主轴；9—拐臂；10—连杆；11—控制环；12—接力器；13—导轴承；14—泄水锥；15—座环上环；16—座环下环；17—连接螺栓

## 一、引水部件

引水部件是将上游水库的水流引到水轮机转轮室内，进入转轮室时水流必须均匀。引水部件应具有合理的断面形状、尺寸、制造工艺，尽量减少水力损失。引水部件应具有足够的强度和刚度，保证结构的可靠和抗水流的冲刷。

混流式水轮机引水部件有明槽式、鼓壳式（即罐式）、蜗壳式几种类型，引水部件主要包括引水管、蜗壳、座环。蜗壳布置在座环的外圈，不同水头和单机容量的水轮机选用金属蜗壳或混凝土蜗壳。

1. 蜗壳

蜗壳是将压力水流以较小的水头损失，经过座环和导水机构，均匀对称地送入水轮机转轮。根据运行工况和工作水头的差异，蜗壳可分为金属蜗壳和混凝土蜗壳两种。一般水头 $H>40$m 的水轮机选用金属蜗壳，水头 $H\leqslant 40$m 的水轮机选用混凝土蜗壳。金属蜗壳的截面形状为 C 形，形状似蜗牛的壳体，从蜗壳的进口到鼻端又像一个断面逐渐收缩的管子。混凝土蜗壳的截面形状为梯形，为钢筋混凝土结构。

（1）金属蜗壳。引水部件是将水引入导水机构的通流部件，又称吸入管。蜗壳是蜗状的有压引水室，断面形状由圆形过渡到椭圆形。金属蜗壳在中、高水头电站或大型混流式水轮机中被广泛选用。蜗壳进口断面至蜗壳鼻端的蜗线部分对应的中心角称为蜗壳包角，用符号 $\varphi_0$ 表示。金属蜗壳的包角 $\varphi_0=340°\sim350°$，一般取 $\varphi_0=345°$。其优点是结构简单紧凑、水力性能好，其强度能保证水轮机在各种工况下压力脉动的要求。常见有铸造金属蜗壳和焊接金属蜗壳两种，铸造金属蜗壳一般应用于小型机组。

1）铸造蜗壳。铸造蜗壳一般都不全部埋入混凝土。根据应用水头不同，铸造蜗壳可采用不同的材料，水头小于 120m 的小型机组一般用铸铁，水头大于 120m 时则多用铸钢，当水头很高而水中含有较多的固体颗粒时，也可用不锈钢铸造蜗壳，材料一般用 ZG230-450 或 ZG270-500。对于大尺寸铸造蜗壳，受制造和运输能力限制，可采用分瓣制造，如图 2-11（a）所示。

2）焊接蜗壳。如图 2-11（b）所示，为解决大中型水轮机蜗壳运输、制造能力等问题，通常把蜗壳与座环分瓣制造，然后运到电站工地进行组焊。

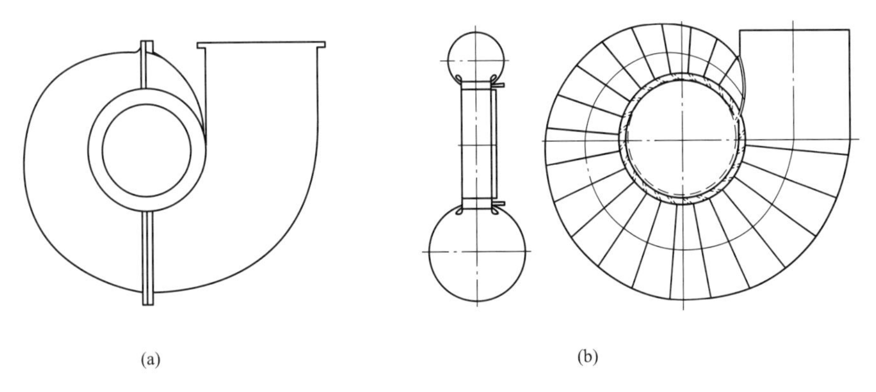


图 2-11　蜗壳单线

（a）铸造蜗壳；（b）焊接蜗壳

焊接蜗壳属于薄壁结构，与铸造蜗壳比，刚性差、弹性好。混凝浇筑前通常在蜗壳的上半部与混凝土之间垫以弹性层，弹性层用沥青、石棉、油毡等材料，厚度约为 50mm。钢蜗壳与外围混凝土结构相互分离，相互不传递力，钢蜗壳承担全部内水压力，外围混凝土结构承担上部结构传来的荷载及自重。

（2）混凝土蜗壳。轴流式水轮机的应用水头相对较低（一般 $H\leqslant40$m），通常采用混凝土蜗壳，蜗壳包角 $\varphi_0=135°\sim270°$，一般取 180°。其断面形状为“T”形或“Γ”形，常见形式有对称式、下伸式、上伸式和平顶式四种断面形状，如图 2-12 所示。

2. 座环和基础环

（1）座环。座环位于蜗壳内侧，一般由上、下环板和固定导叶等组成，是水轮机的基础部件，承载水轮发电机组的所有负荷，并传递到厂房基础。作为关键的基础预埋件，

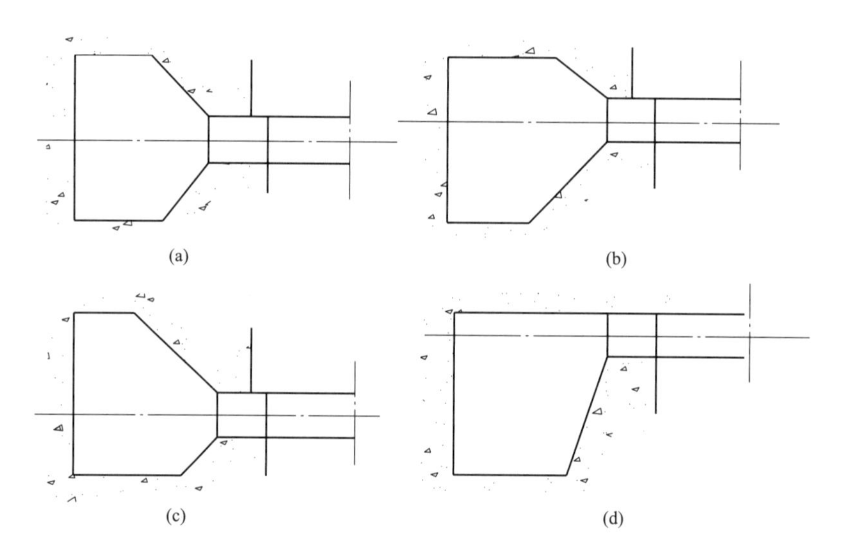


图 2-12　混凝土蜗壳断面形状

(a) 对称式；(b) 下伸式；(c) 上伸式；(d) 平顶式

其强度、刚度必须符合设计规范要求；安装质量直接影响机组的安装质量，高程、水平、中心调整符合设计、规范要求后浇筑混凝土，在浇筑混凝土时必须认真做好防止座环变形和移动的措施。座环是过流部件，必须有良好的水力性能，固定导叶设计为翼型，可减小过水断面的水力损失，固定导叶的数量一般为活动导叶数量的一半。根据水轮机顶盖自流排水的要求，在两片固定导叶内预设排水管。

根据座环与金属蜗壳连接方式的不同，座环可分为带蝶形边的座环和无蝶形边的箱式结构座环。

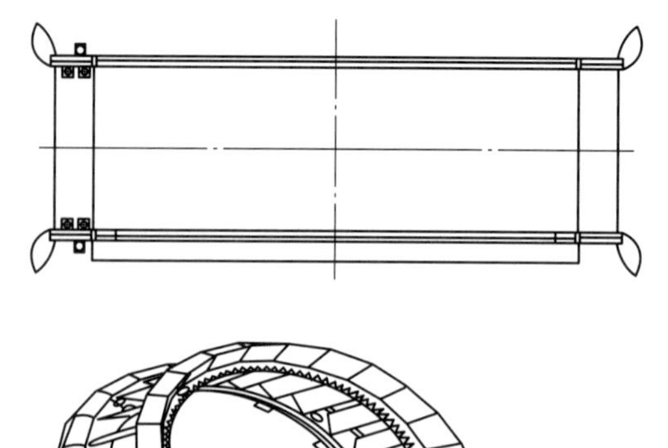

图 2-13　带蝶形边座环的结构

1）带蝶形边的座环。如图 2-13 所示为带蝶形边座环的结构，蝶形边锥角一般取 55°，是常用的一种座环。座环的蝶形边和蜗壳钢板采用对接焊缝焊接。因蜗壳对固定导叶有附加弯矩作用，座环钢板一般采取加厚措施以提高强度。这种座环结构较笨重，径向尺寸较大。结构焊接时，蝶形边需加压成形，工艺复杂，精度要求高。

2）无蝶形边的箱式结构座环。如图 2-14 所示，与带蝶形边座环比较，无蝶形边的箱式结构座环具有以下特点：①径向尺寸小，上、下环为箱型结构，刚度大；②与蜗壳的连接点离固定导叶中心近，改善了蜗壳对固定导叶的弯矩受力条件；③上、下环外圆焊有圆形导流板，改善了座环进口的绕流条件。

图 2-14　不带蝶形边座环的结构工艺

中小型水轮机的座环多采用整体铸造或铸焊结构，大型座环因受设备和运输条件的限制，可采用分瓣制造，在电站工地组焊成整体。

(2) 基础环。基础环是连接座环和尾水管肘管的部件，机组安装和大修时用于承放转轮。基础环埋设在混凝土中，机组运行时转轮的下环在其内转动。大型机组的基础环用钢板焊接而成，上法兰与座环用螺钉连接，下法兰直接与尾水管进口锥管段的里衬焊接，如图 2-15 (a) 所示。中小型水轮机中可将座环下部延伸一段来代替基础环，如图 2-15 (b) 所示。

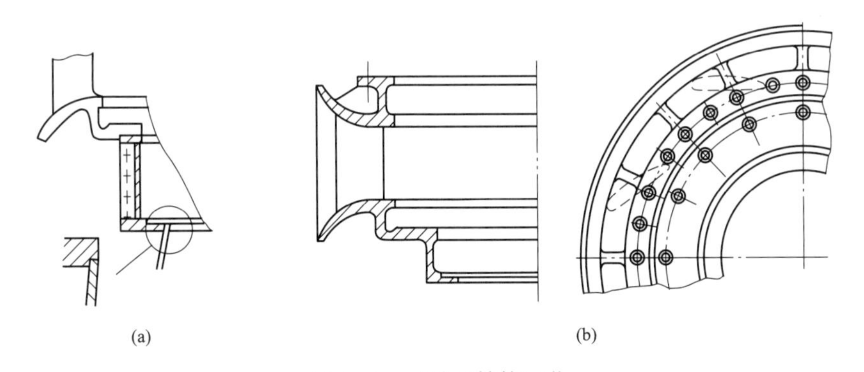


图 2-15　基础环结构工艺
(a) 焊接结构；(b) 铸造结构

## 二、导水机构

导水机构的作用是通过打开导叶和关闭导叶，使水轮发电机组开机和停机；通过改变并调节进入水轮机的水流大小，调整水轮发电机组所带的负荷，满足电网的要求；使水流形成环量后进入转轮。

根据不同的要求，导水机构分为径向式导水机构、斜向式导水机构、轴向式导水机构。下面以混流式水轮机常见的径向式导水机构为例进行说明。

导水机构由底环、顶盖、接力器、控制环、导叶及导叶的传动零件等部件组合而成。套筒式导水机构，如图 2-16 所示。导水机构的操作动力由接力器提供，调速器通过接力器控制导水机构动作，达到水轮发电机组开停机和调整负荷的目的。为防止停机时机组的蠕动，减小导叶全关时的漏水量，一般导叶全关后接力器需预留数毫米的弹性压紧量，称作接力器压紧行程。

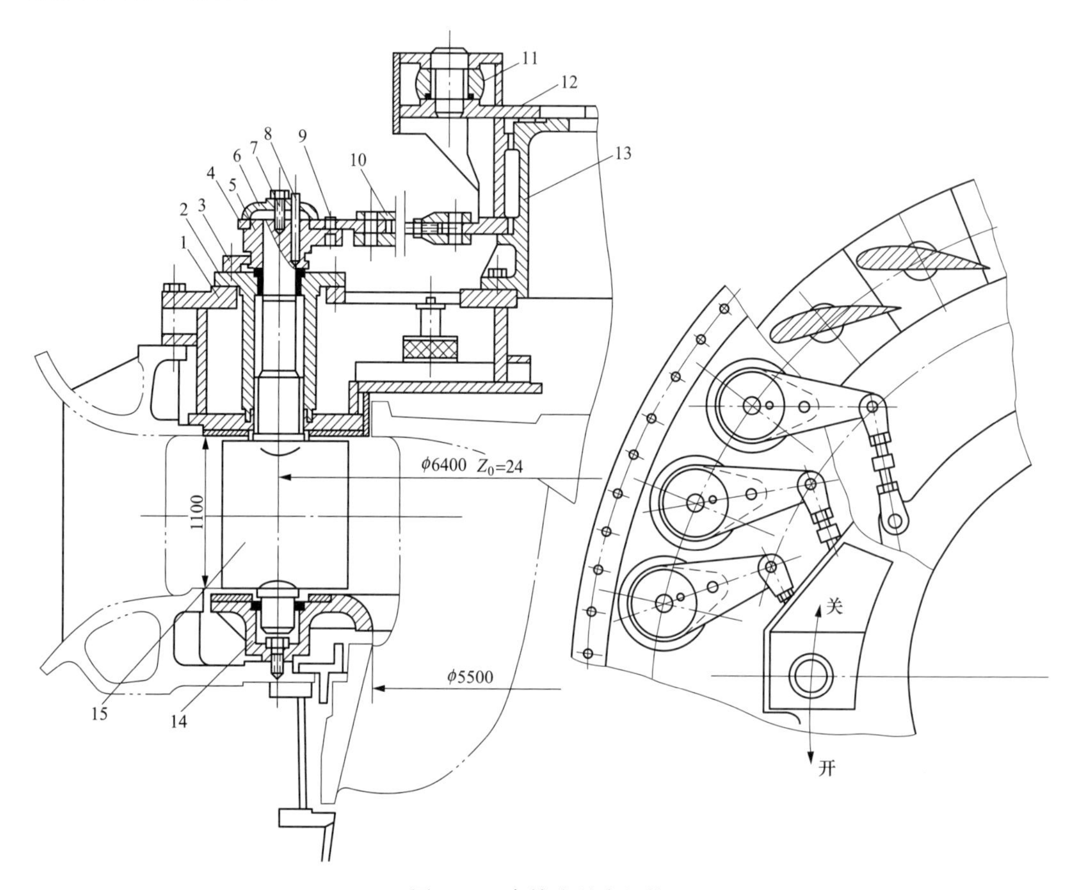


图 2-16 套筒式导水机构

1—顶盖；2—套筒；3—止压板；4—连接板；5—导叶臂；6—端盖；
7—调节螺钉；8—分瓣键；9—剪断销；10—连杆；11—推拉杆；
12—控制环；13—支座；14—底环；15—导叶

1. 底环

底环是一个扁平的环形部件，安装在座环的下环上用于固定导叶的下端轴，它与座环、导叶、顶盖一起形成导水流道。底环初次安装时，需与导叶、顶盖一起进行预装，确保顶盖上的导叶上端轴与底环上的导叶下端轴同心。

底环结构如图 2-17 所示，大型机组因受运输条件限制，可分为两半或多瓣在发电站组合。

2. 顶盖

顶盖与底环一起构成过流通道，同时，固定导叶的上端及布置导水机构的传动部件，安装水导轴承与主轴密封。顶盖应具有足够的强度和刚度，能承受各种工况下顶盖的压力脉动及最大水锤压力。顶盖用螺栓和定位销连接到座环的法兰上。

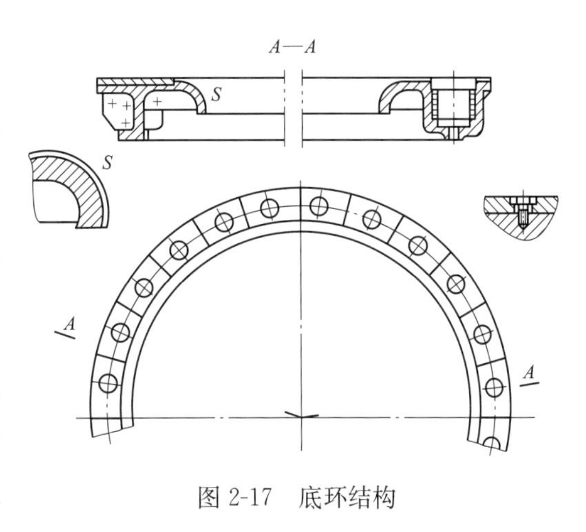


图 2-17　底环结构

顶盖呈圆环腹板箱形结构，如图 2-18 所示。顶盖下腹板设有止漏环间隙检查孔，抗磨板、减压板等。为减小转轮与顶盖之间的压力脉动，大型机组一般设减压管，与尾水管扩散段相连方式进行减压。根据模型试验要求在顶盖上预留强迫补气装置接口和管路。大型机组的顶盖分多瓣制造，在电站组装成整体。

3. 控制环

在导水机构的传动部件中，控制环将接力器的直线运动转换为导叶转动的旋转运动，将接力器的驱动力传递到导叶，通过控制环同时控制所有导叶，实现同步操作导叶开启或关闭的目的。

控制环结构，如图 2-19 所示。控制环上部对称设置两个耳环与接力器推拉杆相连接，下部与导叶叉头或耳柄相连。为减少摩擦和转动灵活，在控制环的底面和侧面装有抗磨板，抗磨板具有自润滑性能，为免维护润滑设计。大型的控制环受运输限制，可设计成分瓣结构。

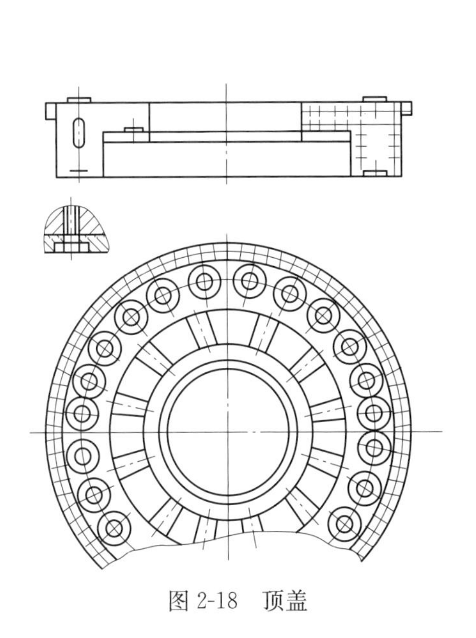

图 2-18　顶盖

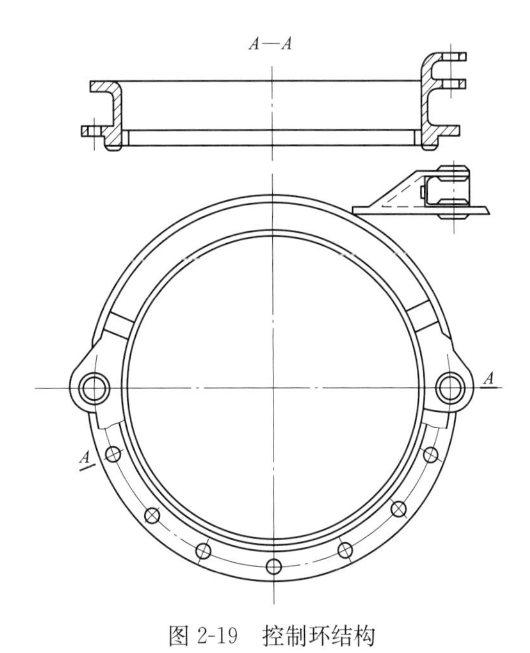


图 2-19　控制环结构

4. 导叶

（1）导叶的布置。导叶沿圆周均匀布置在座环和转轮之间的环形空间内。相邻导叶之间构成水流通道，此通道的最小宽度为导叶开度 $a_0$（如图 2-20 所示）。通过改变导叶的开度，调整水轮机的过流量。当导叶转动时，导叶的转角发生改变，导叶的开度也随之改变，进入转轮的水流方向和大小也发生改变，从而控制水轮机流量的增加或减少，达到机组调节出力的目的。在导叶完全关闭时，相邻两导叶首尾相连，进入水轮机的水流被截断。

导叶的转动由传动机构控制，传动机构主要由导叶拐臂、连杆和控制环等组成。导叶开度的改变是通过导水机构的两个接力器产生的驱动力使推拉杆移动，并带动控制环转动来实现的，如图 2-21 所示。

（2）导叶结构。导叶由导叶体和导叶上、下转轴组成，如图 2-22 所示。

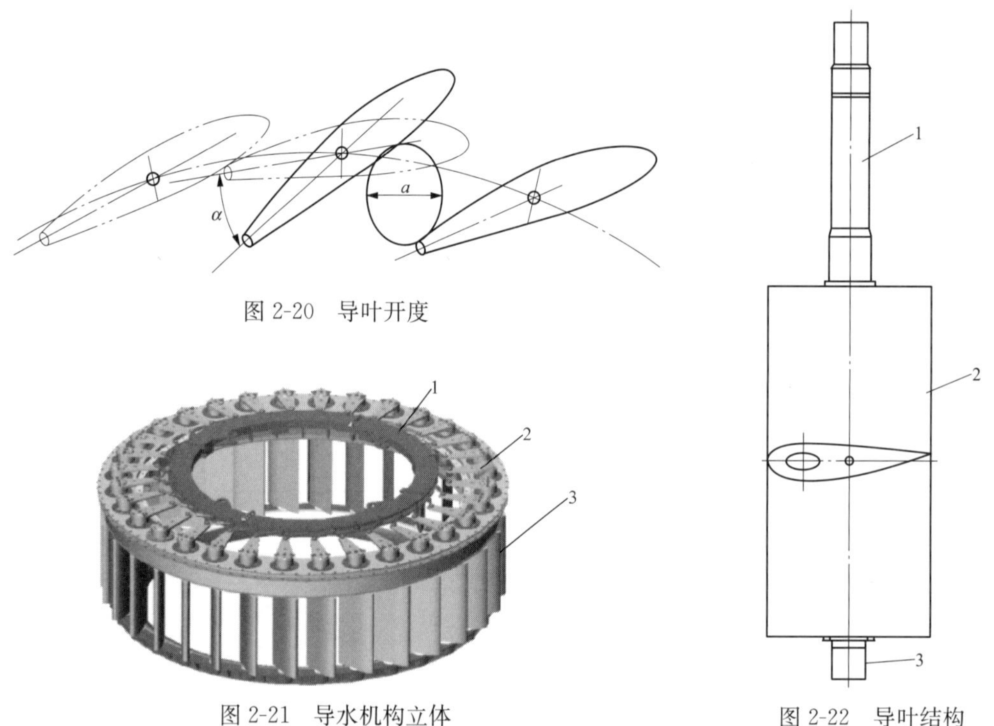


图 2-20　导叶开度

图 2-21　导水机构立体

1—控制环；2—拐臂；3—活动导叶

图 2-22　导叶结构

1—上转轴；2—导叶体；3—下转轴

导叶体断面形状为翼型，在保证强度的基础上能减少水力损失。导叶可采用整铸和焊铸结构。中小型水轮机导叶常做成实心体，采用整体铸造。大型水轮机导叶体常做成内部中空的，可采用铸钢焊接结构方式，导叶分三段铸造（上轴领和导叶上端部、导叶体、下轴领和导叶下端部），然后焊接在一起，导叶端部为一具有导叶形状的平板。

（3）导叶轴密封。在机组停机和正常运行过程中，为防止蜗壳中的水进入顶盖和防止水中的泥沙进入套筒，避免轴颈和轴套磨损，在导叶的轴颈部位必须安装密封。

中轴颈密封大多数安装在导叶导筒的下端。在中低水头机组中，过去多采用U形密封圈，因为结构复杂、制造困难，目前已改用结构简单的L形密封圈，同时封水性好良好。L形密封圈与中轴颈之间靠水压压紧止水，轴套与套筒上开有排水孔，形成水压差，密封圈与顶盖配合端面，靠压紧止水。套筒与顶盖端面配合尺寸必须保证橡胶有一定的压缩量，一般约1mm。密封圈的材料采用中硬橡胶，模压成型。在小型高水头机组中，因为材料强度不够，采用O形密封圈。这种结构的密封圈与中轴颈之间是靠压紧止水，封水性能较好。由于与轴颈接触面积大，导叶转动时摩擦力大，O形密封圈容易磨损，适合在容易更换的场所。在大中型机组上，要求高可靠性和较长的使用寿命，采用U形密封圈，材料采用聚氨酯，抗拉性能是中硬橡胶的3倍，抗磨性能是10倍，综合使用寿命是5～7倍，密封原理与L形密封圈相同。

为防止泥沙进入导叶的下轴颈部位，防止轴颈发生磨损，多数采用O形密封圈。推荐采用Y形密封圈，由于与轴颈接触面积小，使用寿命长。

（4）导叶端面密封和立面密封。导叶全关后的密封效果直接影响机组的使用性能，如果导叶漏水较大，可能导致机组停机困难、机组易发生蠕动或自转。机组低速自转威胁到机组推力轴承的安全，因为低转速下，推力轴承失去了自建油膜的功能，易发生推力轴承烧瓦事故。

导叶的立面间隙是指导叶关闭后，两相邻导叶之间首、尾部接触的间隙。导叶的立面间隙一般靠机加工的精度和导叶的压紧行程来保证。导叶端面间隙是指导叶上端面与顶盖抗磨板之间，以及导叶下端面与底环抗磨板之间的间隙。大中型水轮机导叶端面总设计间隙为0.9～1.2mm。为确保密封效果，一般在底环、顶盖的抗磨板与导叶之间均采取机械接触密封或D形橡胶接触密封等措施。

其中，导叶间隙分配调整又是导水机构安装中的一项重要工作内容。导叶上、下端面间隙应符合图纸要求，上端面间隙一般为实际间隙总和的60%～70%，下端面间隙一般为30%～40%。导叶止推压板轴向间隙不应大于该导叶上端面间隙的50%。导叶在钢丝绳捆紧情况下，要求关闭紧密，立面用塞尺0.05mm检查应通不过。导叶立面允许最大局部间隙，见表2-2。

**表2-2　　导叶立面允许最大局部间隙**

| 测量项目 | 转轮直径（m） | | | 测量方法 |
|---|---|---|---|---|
| | 1～3 | 3.3～4.1 | 4.5～8 | |
| | 允许最大间隙 | | | |
| 带盘根导叶 | 0.1 | 0.15 | 0.2 | 塞尺测量 |
| 不带盘根导叶 | 0.05 | 0.2 | 0.1 | |

（5）导叶开度$\alpha_0$。导叶开度$\alpha_0$是表征水轮机在流量调节过程中导叶安放位置的一个参数。它的大小等于导叶出口边与相邻导叶体之间的最短距离。当导叶处于径向位置时

为最大径向开度值$\alpha_{0max}$。

$$\alpha_{0max}=\frac{\pi D_r}{Z_0}=\frac{\pi}{Z_0}(D_0-2L_1) \tag{2-26}$$

式中　$D_r$——导叶在径向位置时尾水部所处的圆周直径；

$D_0$——导叶轴线分布圆直径；

$Z_0$——导叶数；

$L_1$——导叶轴线至头部长度。

对于大型水轮机，采用标准化导叶，$L_1=(0.06\sim0.087)D_1$，且$D_0=1.16D_1$。将此式代入式（2-26），可得到最大径向开度的近似公式为

$$\alpha_{0max}=\frac{\pi D_1}{Z_0} \tag{2-27}$$

（6）导叶出水口角$\alpha_d$。导叶出口处骨线与圆周方向的夹角称为导叶出口角$\alpha_d$。由于导叶的叶片数较多，其叶栅可视为稠密叶栅，水流的出流角也就是导叶出口角，称为导叶出水角$\alpha_0$。

（7）导叶高度$b_0$。导叶高度$b_0$决定了水流进入转轮的过水断面面积，其值根据导水机构中水力损失最小的原则确定。为消除水轮机尺寸的影响，引入导叶相对高度$\overline{b_0}$，即

$$\overline{b_0}=\frac{b_0}{D_1} \tag{2-28}$$

对几何相似水轮机，$\overline{b_0}$值相同。不同比转速的水轮机具有不同的$\overline{b_0}$值。

由比转速表达式$n_s=\frac{n\sqrt{P}}{H^{\frac{5}{4}}}$可知，在出力（流量）相同的情况下，水轮机水头$H$越小或转速$n(\omega)$越大，则比转速越高。根据水轮机基本方程式$\frac{\eta_h Hg}{\omega}=v_{u1}r_1-v_{u2}r_2$可知，在给定转轮出口速度矩$v_{u2}r_2$的情况下，比转速越高的水轮机要求转轮出口速度矩$v_{u1}r_1$越小。导水机构出口水流应具有相应的速度矩$v_{u0}r_0$，因此，不同比转速的水轮机对导水机构的某些参数（$\overline{b_0}$，$\alpha_0$）有不同的要求。

水轮机的进口速度矩应等于导水机构出口速度矩，即

$$v_{u1}r_1=v_{u0}r_0=v_{u0}r_0\cot\alpha_0=\frac{Q}{2\pi b_0}\cot\alpha_0 \tag{2-29}$$

将式（2-29）代入水轮机基本方程式，并取$v_{u2}=0$，则有

$$b_0\tan\alpha_0=\frac{Qn}{60H\eta_h g} \tag{2-30}$$

用单位流量和单位转速表示，式（2-30）变为

$$\overline{b_0}\tan\alpha_0=\frac{Q_{11}n_{11}}{60\eta_h g} \tag{2-31}$$

由式（2-31）可知，比转速越高（即$Q_{11}$、$n_{11}$越大），要求采用的$\overline{b_0}$和$\alpha_0$也越大。

（8）导叶数 $Z_0$、导叶轴线分布圆直径 $D_0$ 及导叶弦长 $L$。导叶数不但影响进入转轮水流的均匀度，还涉及本身的加工量，并直接影响 $D_0$ 的尺寸，导叶数目应选用合适。大型水轮机为了获得高效率，通常选用较多的导叶数，较小的 $D_0$ 和 $L$，表 2-3 介绍了大中型水轮机的导叶数。

**表 2-3　导水机构导叶数量**

| 转轮直径 $D_1$(m) | 导叶数 $Z_0$（片） | 转轮直径 $D_1$(m) | 导叶数 $Z_0$（片） |
|---|---|---|---|
| ≤1.0 | 12 | 2.5～8.5 | 24 |
| 1.0～2.25 | 16 | ≥9.0 | 32 |

根据实践经验，取相对值 $\frac{D_0}{D_1}=1.13\sim1.30$。大的比值用于小型水轮机，大型水轮机多采用 $\frac{D_0}{D_1}=1.16$。为减小径向尺寸，可取 $\frac{D_0}{D_1}=1.13$，不过应以导叶在最大可能开度下不会与转轮叶片相碰为限。

5. 导叶传动机构

导水机构中，通过传动机构，将接力器的操作功传递到导叶上，使导叶旋转，达到开、关导叶的目的。如图 2-23 所示，常见的导叶传动机构主要由导叶拐臂、连接板、叉头销、叉头、剪断销等组成。

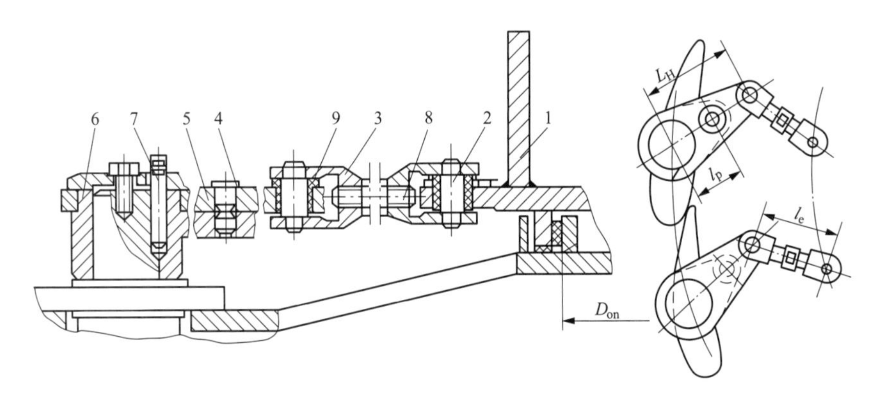


图 2-23　导叶传动机构

1—控制环；2—叉头销；3—叉头；4—剪断销；5—连接板；
6—导叶臂；7—分瓣键；8—连接螺杆；9—补偿环

动作原理如下：当接力器推拉杆推动控制环转动时，通过叉头 3、连接螺杆 8、连接板 5、剪断销 4 带动导叶臂 6 动作，然后使导叶转动，以改变导叶开度，达到调节流量的目的。导叶臂与导叶用分半键 7 连接，直接传递操作力矩。导叶臂上装有端盖，用调节螺钉把导叶悬挂在端盖上。由于采用了分瓣键，因此在调整导叶体上下端面间隙时，导叶上下移动，而其他传动件位置不受影响。叉头式传动机构中，在导叶臂与连接板上装有剪断销，如果导叶间因异物卡住，该导叶传动力将急剧增大，剪断销被剪断，保护其他传动件不受损坏，此外，在连接板或控制环与叉头连接处，为使连接螺杆保持水平，可装补偿环进行调整。安装时调整连杆长度实现导叶立面间隙调整。

**三、转轮**

转轮是将水能转换为旋转机械能的核心部件，混流式水轮机的转轮由上冠、下环、叶片和泄水锥等组成，如图 2-24 所示。转轮叶片之间的通道为转轮叶片流道，水流经过流道时，叶片迫使水流按照叶片流道的形状流动，改变水流的方向和大小，水流反过来给叶片一个反作用力，此反作用力对转轮轴心产生转动力矩带动转轮旋转，完成水能转换为旋转机械能的过程。

混流式水轮机的叶片数随应用水头的提高而增加，大中型水轮机转轮叶片数一般选用 13 或 15 片。为减小水轮机漏水损失，在转轮的上冠和顶盖之间，转轮的下环与基础环之间设有迷宫环。为减小轴向水推力，在上冠与顶盖间设有减压装置。转轮通过上冠与主轴相连，上冠外形与圆锥体相似，如图 2-25 所示。上冠下部装有泄水锥，泄水锥主要用来引导水流均匀流出转轮，减少水流的漩涡或碰击损失，其外形呈倒锥体，结构形式有铸造和钢板焊接两种，还可作为主轴中心补气和部分转轮的顶盖补气通道之用。

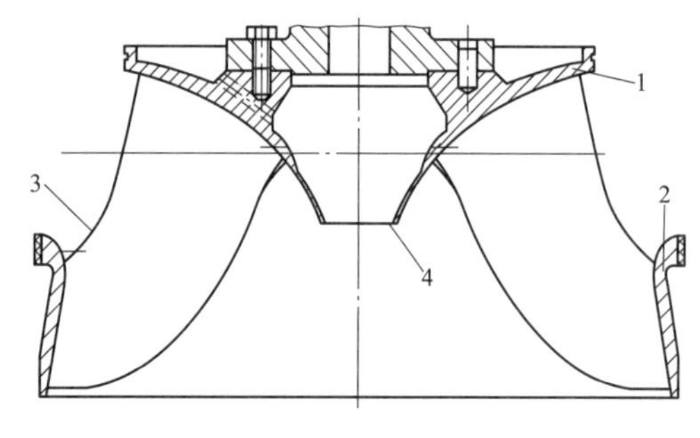


图 2-24　转轮

1—上冠；2—下环；3—叶片；4—泄水锥

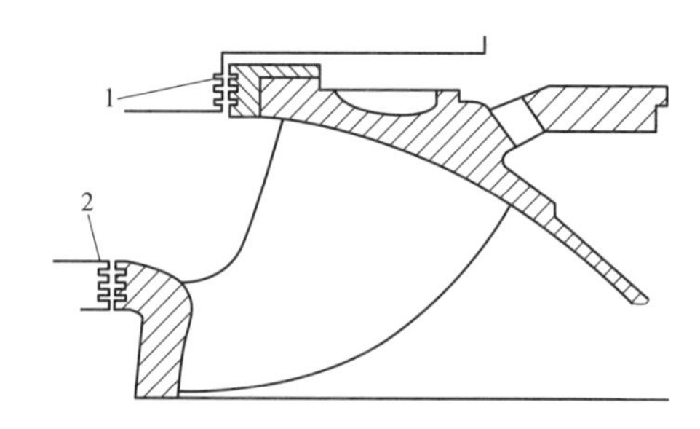


图 2-25　止漏环

1—上止漏环；2—下止漏环

由于混流式水轮机转轮应用水头和尺寸的不同，它们的构造形式、制作材料及加工方法均不同，主要有整铸转轮、铸焊转轮、分瓣结构转轮等。

1. 整铸转轮

整铸转轮是指上冠、叶片和下环一起整体浇铸而成的转轮。低水头中小型混流式转轮可采用优质铸铁 HT20～40 或球墨铸铁整铸；高水头中小型和低水头大型转轮，可采用 ZG30 或 ZG20SiMn、ZG06Cr13Ni4Mo、ZG06Cr16Ni5Mo 等整铸；高水头和多泥沙河流，为保证转轮的强度、增加叶片抗空蚀的能力，与泥沙磨损的性能，转轮宜采用不锈钢材料。对于普通碳钢的转轮，可在其容易空蚀和磨损的过流部位表面进行防护处理，如图 2-26 所示。

2. 铸焊转轮

铸焊转轮是将形状复杂的混流式转轮分成几个单独铸件，经机加工后再组装焊接成整体，如图 2-27 所示。目前，广泛采用将上冠、下环和叶片单独铸造。转轮采用铸焊结构，铸件小，形状较简单，易保证铸造质量，有利于提高铸造精度及合理使用材料，同时降低对铸造能力的要求，缩短铸造工期。为提高转轮叶片性能，俄罗斯生产厂商采用轧制钢板模压成型，数控机床加工，并与上冠、下环全渗透焊接制作，在实际应用中取得良好效果。

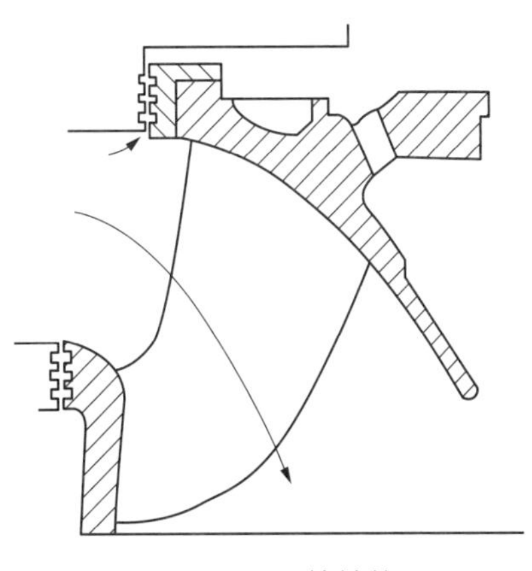

图 2-26　整铸转轮

3. 分瓣结构转轮

当转轮直径较大时，因受铁路运输的限制或因铸造能力不足，必须把转轮分瓣制作，运输到现场后再组合成整体。转轮分瓣形式较多，主要有以下两类。

(1) 过中心面剖分。我国主要采用上冠螺栓连接、下环焊接结构，在上冠连接处有轴向和径向的定位销，如图 2-28 所示。这种结构剖分对称，剖分后形状简单，机械加工量小，但有一对叶片需在工地组装定位后才能焊接，往往会出现变形和错位。

图 2-27　铸焊转轮

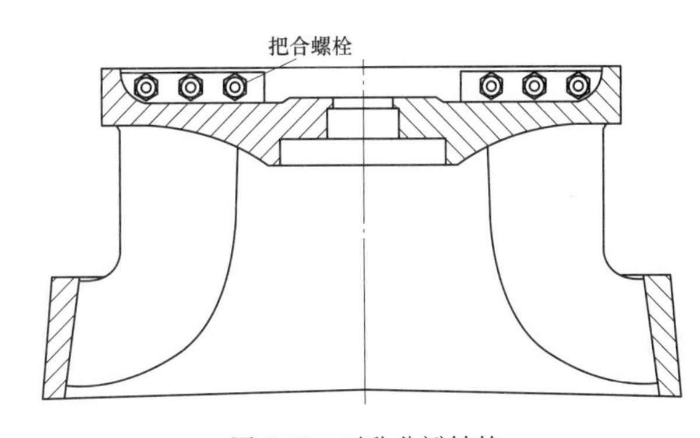


图 2-28　对称分瓣转轮

(2) 阶梯平面剖分。为避免转轮叶片被切，可采用阶梯平面剖分结构，剖分面是阶梯形，并且上冠和下环的分瓣面全部采用螺栓把合结构，以避免在工地组焊时引起错位和变形。

## 四、水轮机主轴

水轮机主轴承受轴向力、径向力及扭矩的综合作用。其结构随机组类型、布置方式、容量大小和导轴承结构形式的不同而异。水轮机主轴按布置方式分为卧轴布置和立轴布置两种形式。

### (一) 水轮机主轴的形式

大中型混流式水轮机主轴采用立轴布置方式，双法兰主轴结构。如图 2-29 所示，主轴由上法兰、轴身和下法兰三部分组成。上法兰与发电机轴连接，下法兰与水轮机转轮固定。两端都采用凹凸止口定位，并用联轴螺栓进行连接。主轴与发电机轴和转轮连接传递扭矩有两种方式：螺栓传递扭矩和法兰连接面摩擦力传递扭矩。主轴直径较小时，采用实心轴；主轴直径较大时，为减轻轴的重量，提高轴的抗弯强度和刚度做成空心轴，不仅可消除轴心部分材料组织疏松等材质缺陷，还便于进行轴身质量检查，满足结构上的需要。混流式水轮机补气管布置在空心轴内，补气管一直通到下游尾水。补气阀设置在机组的顶部，利用大气压开启补气阀，顺着补气管对尾水真空进行补气。补气阀排水管设在补气管道的最低点，与厂房渗漏井连通，将补气管中的积水排至渗漏集水井。

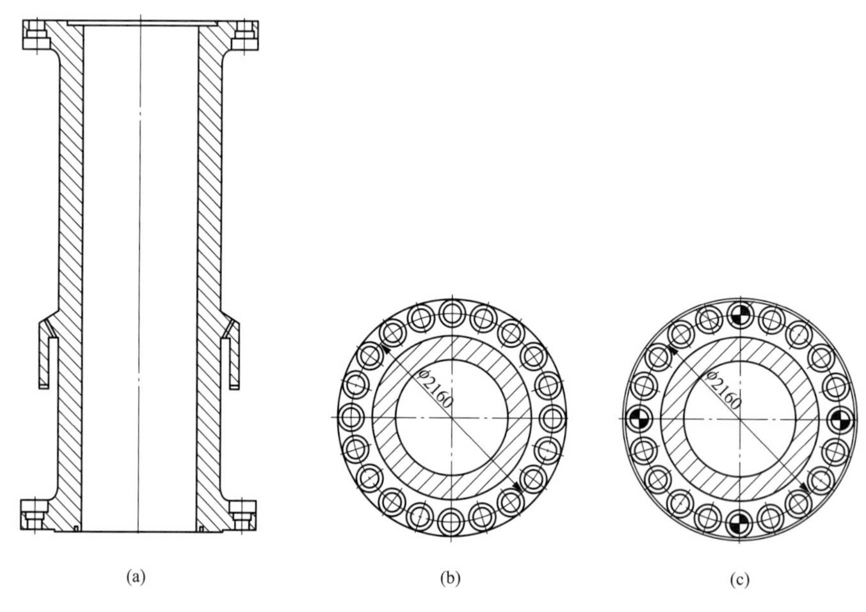


图 2-29　水轮机主轴及上、下法兰

（a）主轴；（b）上法兰；（c）下法兰

一般大轴选用热处理后的 35A、45A、20SiMn、18MnMoNb、20MnMo 材料锻造后加工，包含焊接大轴。加工时，在法兰表面、连轴螺孔、轴颈等处尺寸精度、粗糙度、形位公差等要求较高。主要有三种连接方式：①锻造轴身、铸造法兰，用环形电渣焊连接；②锻造轴身与法兰，再用环形电渣焊连接；③轴身用钢板卷成两个半圆后再焊接，法兰用铸钢，最后用环形电渣焊连接成轴。

主轴轴身有带轴领和不带轴领两种形式。带轴领的主轴适用于稀油油浸式整体瓦或分块瓦式轴承；不带轴领的主轴适用于采用水润滑和稀油润滑的筒式轴承。当采用水润滑导轴承时，为防止主轴锈蚀，在与轴承瓦面相应部分的轴身表面要包焊不锈钢轴衬。

我国水轮机制造厂对主轴的结构形式及尺寸已经标准化，有两种标准系列，一种为轴身壁厚大于法兰厚度的厚壁轴标准，另一种为轴身壁厚小于法兰厚度的薄壁轴标准。近年来设计的大型水轮机广泛采用薄壁轴结构，在新产品设计中，当主轴直径超过

600mm时，建议用薄壁轴结构；当主轴直径小于600mm时，则采用厚壁轴结构。

以某混流式水轮机主轴为例（如图2-30所示），介绍主轴的加工工艺。该主轴直径1.7m，采用锻20SiMn材料，中空外法兰结构。主轴一端法兰面与发电机轴连接，主轴另一端法兰面与转轮连接，两端都采用凹凸止口定位，并用连轴螺栓进行连接。主轴的加工精度要求较高：上端法兰面凹进止口深度为25mm，下端法兰面凸起止口高度为20mm。两端法兰不允许有凸起，局部凹下不得大于0.02mm。水导轴领表面相对于轴线的径向全跳动必须保证在0.06mm以内。联轴螺栓孔加工相对于轴线的圆跳动必须保证在0.06mm以内。锻件按JB/T 1270—2014《水轮机、水轮发电机大轴锻件技术条件》验收。同时，锻件要进行弯曲试验、超声波探伤和磁粉探伤检查。

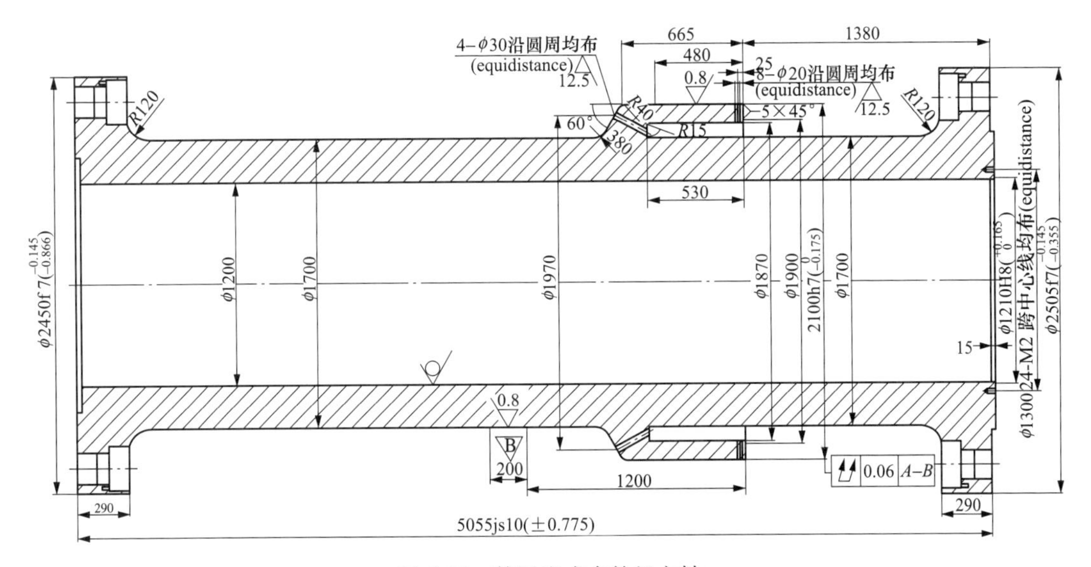


图2-30　某混流式水轮机主轴

（二）水轮机主轴的连接

水轮机主轴与发电机主轴采用联轴螺栓连接起来，联轴螺栓传递扭矩，如图2-31所示。若厂房布置和锻造条件允许，还可把水轮机主轴和发电机主轴设计为整体结构，由于没有中间连接法兰，可减少主轴重量和加工量，并可使主轴受力、轴承载荷等都得到改善，安装时更方便。

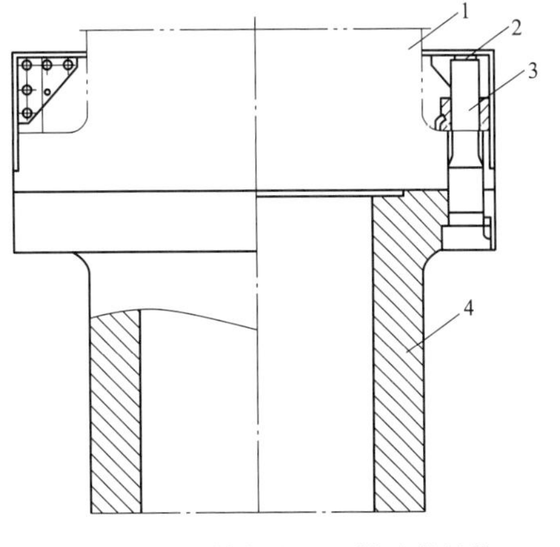


图2-31　主轴与发电机轴连接结构

1—发电机轴；2—护罩；3—联轴螺栓；4—主轴

主轴与混轮式转轮上冠法兰的连接，如图2-32所示。小型水轮机有两种连接方式：一种采用铰孔螺钉连接方式，联轴螺栓同时承受轴向力和扭矩；另一种采用圆柱键传递扭矩的连接方式，联轴螺栓只承受轴向力，用键传递扭矩可节省螺钉孔的铰孔工作，制造上有一定优点，安装较方便。大型水轮机通常采用铰孔螺钉连接方式，联轴螺栓只承受轴向力，主轴与转轮靠法兰连接面产生摩擦力传递扭矩。为保护联轴螺栓，通常在螺母外表面装有护罩。

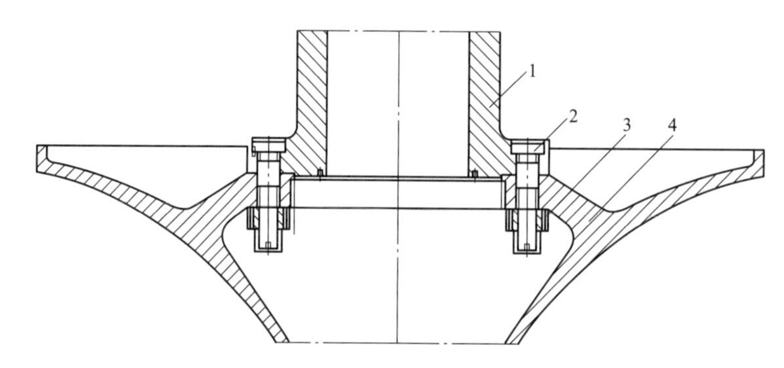


图 2-32　主轴与转轮连接结构

1—主轴；2—联轴螺栓；3—护罩；4—转轮

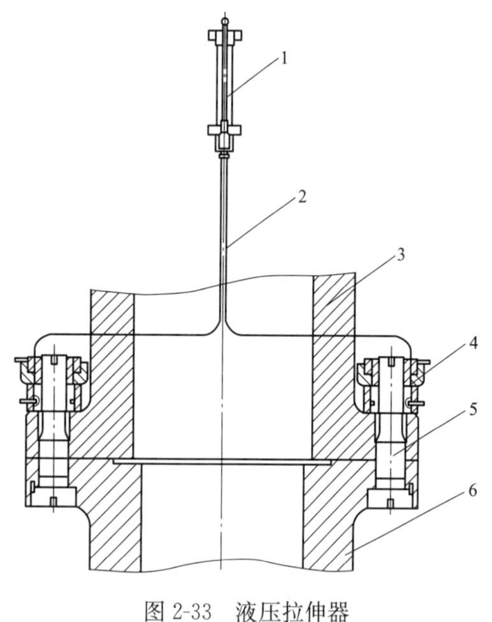


图 2-33　液压拉伸器

1—超高液压泵；2—高压油管；3—发电机轴；4—液压拉伸器；5—联轴螺栓；6—水轮机主轴

水轮机主轴与发电机主轴通常用大型联轴螺栓进行连接，联轴螺栓一般用 35CrMo 合金结构钢材质加工制造，35CrMo 有很高的静力强度、冲击韧性及较高的疲劳极限。主轴螺栓的直径和长度都比较大，联轴螺栓安装和拆卸需要借助专用工具螺栓拉伸器来进行安装和拆卸，如图 2-33 所示。

螺栓液压拉伸器一般由液压泵、高压软管、压力表和拉伸器本体组成。其中，液压泵为动力源，压力表反映液压泵的输出压力。拉伸器本体是将螺栓拉伸的执行元件。利用超高压油泵产生的伸张力将螺栓在其弹性变形范围内拉长，螺栓直径轻微变形，螺母与主轴法兰脱离，使螺母易于松动。拉伸器可使多个螺栓同时紧固和拆卸，由于受力均匀，对螺栓及螺母无损伤，目前，拉伸器是紧固和拆卸各种规格的大螺栓的最佳工具，同时也是精确控制螺栓预紧力的最佳方法。

（三）主轴与转轮喷砂装配工艺

大型水轮机主轴与转轮靠法兰连接面摩擦力传递扭矩时，为增加连接扭矩，采用喷砂装配工艺技术。工艺步骤如下。

（1）清理主轴、转轮把合面。用 13-4 稀释剂将转轮把合面污物清理干净，露出金属本色。主轴、转轮把合孔和止口等处用脱脂纸和无残留胶带覆盖，防止涂覆时油漆和砂子掉入。

（2）摩擦剂配制。羟基丙烯酸树脂、六亚甲基二异氢酸酯缩二脲材料根据具体情况参照 100∶24 进行配制，然后加入 13-4 稀释剂（5%～15%）充分搅拌，使工作黏度达到（涂-4 黏度计）25℃15～20s。调好的摩擦剂在密封的情况下熟化 30min 才能使用。

（3）涂覆摩擦剂。用油漆刷将调好的摩擦剂均匀地涂在转轮把合面上，要求涂覆颜色均匀，不挂不流，干膜厚度接近 0.063mm。涂覆可由两人同时进行，涂覆工作需在 3min 内完成。

（4）撒涂料。将 F220 涂料均匀地撒在涂覆面上，要求从先涂覆的地方撒起，撒砂工作要求在 2min 内完成。

（5）吹砂。撒砂完成后等待 1min，然后进行吹砂工艺。用低压、干燥压缩空气吹砂，将未粘摩擦剂的砂子吹掉或吹到没有砂子的涂覆表面。加工工艺如图 2-34 和图 2-35 所示。要求从后撒砂的地方向先撒砂的地方吹砂。风压不可过大，应只能吹掉表层砂，不能吹掉底层砂。

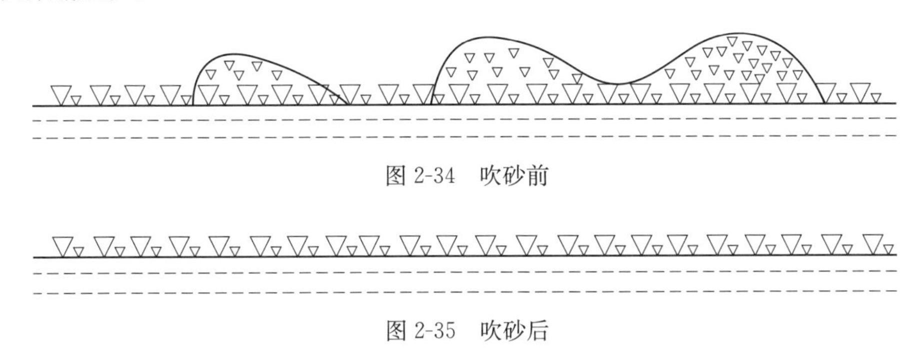

图 2-34　吹砂前

图 2-35　吹砂后

（6）吹砂后检测。完成吹砂的表面目测应均匀，用放大镜检查密度基本为一层均有覆盖，涂层干膜厚度约为 0.063mm。

（7）主轴把合。干燥到一定程度后进行转轮与主轴安装、把合工序。在 22℃的环境下干燥 3～6h。气温高时干燥时间可相应缩短，气温低时干燥时间可相应增加。

**五、水导轴承**

水导轴承的主要作用是传递水轮机主轴的径向力，约束主轴轴线径向位置。水导轴承在结构布置上应尽量靠近转轮，以缩短转轮至轴承的距离，提高机组运行的稳定性和可靠性。水轮机水导轴承的形式很多，按润滑介质可分为水润滑橡胶导轴承和稀油润滑油浸式导轴承两种。

（一）水润滑橡胶导轴承

水润滑橡胶导轴承是在金属基上硫化一层橡胶轴瓦，其橡胶种类有腈基丁二烯橡胶（NBR）和氯丁橡胶（CR）等。橡胶导轴承用水润滑，为确保润滑和冷却效果，橡胶导轴承应有流水槽，流水槽的形状有凹面型、凸面型和平面型三种。橡胶导轴承直接利用水润滑并带走热量，橡胶导轴承对技术供水水质要求较高，针对橡胶导轴承一般单独设有洁净水供水系统。实际工作中技术供水洁净难以满足要求，橡胶导轴承允许微量小颗粒进入瓦面，当微小颗粒进入橡胶轴瓦面时，则轴将其压入弹性橡胶导轴承材料中，所以橡胶导轴承一般不存在烧瓦的问题，但水中微小颗粒对水导轴承轴颈存在磨损现象。

如图 2-36 所示，橡胶导轴承主要由铸铁轴承体 1 和水箱 2 两大部件组成。轴承体内壁镶嵌橡胶轴瓦 3，轴瓦与主轴间隙通过调整螺钉 8 调整，轴瓦面上有沟槽，沟槽方向与轴的转动方向相适应，清洁润滑水经沟槽被带入瓦面，而形成润滑水膜，起到润滑和冷却轴瓦的作用。

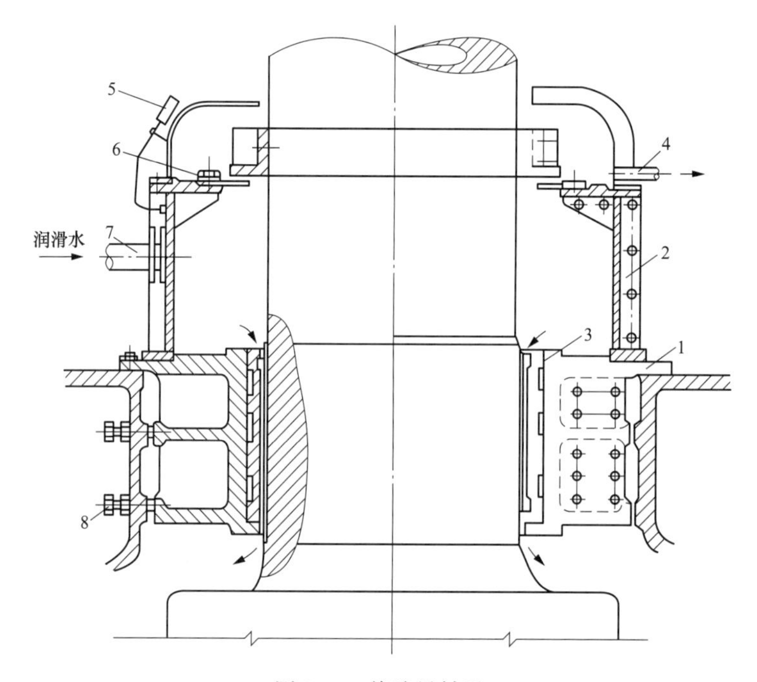


图 2-36　橡胶导轴承

1—轴承体；2—水箱；3—橡胶轴瓦；4—排水管；5—压力表；6—密封；7—进水管；8—调整螺钉

由于橡胶导轴承具有对泥沙不敏感、缓冲抑振等优点，在工作条件恶劣的地方能显示出水润滑橡胶导轴承的优越性。水润滑橡胶导轴承具有以下优点：结构简单可靠，安装检修方便，摩擦系数小、耐磨，抑振、低噪，具有自动调位的能力。缺点：存在磨轴领现象，轴承运行耐用性不如稀油轴承好。

由于水是一种低黏度液体，在 50℃时水的绝对黏度约为汽轮机油黏度的 1/65。同时，润滑液膜的承载能力与黏度成正比，与膜厚的平方成反比，在其他条件都相同的情况下，为获得相同的承载能力，水膜的厚度只能为油膜厚度的 1/8，说明水润滑轴承承载能力比较低，而且很有可能在非流体摩擦工况下工作，容易产生轴瓦和轴颈相配材料间的相互直接接触，因此，水润滑轴承材料的性能是决定其工作性能和使用寿命的一个主要因素。

### （二）稀油润滑筒式导轴承

稀油润滑筒式导轴承常见的结构形式有旋转油盆的筒式导轴承、带毕托管的筒式导轴承和带轴领的筒式导轴承三种结构。

筒式导轴承一般分两半组成，轴瓦高度与轴径之比一般为 0.5～0.8。筒式导轴承的巴氏合金直接浇注在轴承体上。在瓦面上、下部位设有环状的导油油沟，瓦面用 50°～60°斜油沟贯通形成网状油路有利于导轴承瓦油膜的建立。在导轴瓦下部对称设有进油孔与下导油环相通。油从导轴瓦进油孔进入导轴瓦下油沟，机组转动时油被带动沿轴瓦表面的斜油沟上升，在轴瓦与主轴之间形成油膜。油流润滑后形成热油，热油油流汇集到导轴承上油箱，在上油箱安装有冷却器，热油冷却后，经溢油管流回至转动油盆，完成一次油的自循环。

以旋转油盆筒式导轴承为例，其结构如图 2-37 所示。该筒式导轴承一般为分半夹层结构，导轴承的冷却在轴承体内完成。这种导轴承具有结构简单、工作可靠、布置紧凑、使用寿命长、造价低等优点。

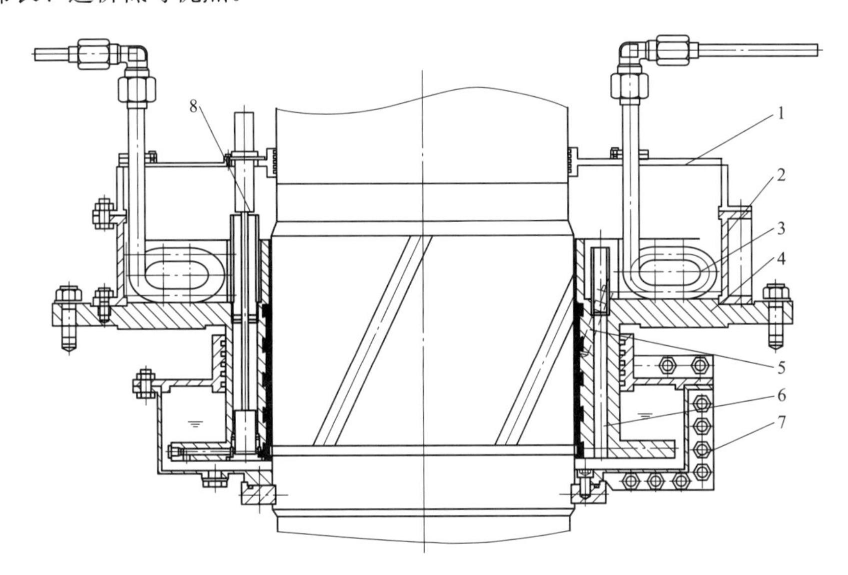


图 2-37　旋转油盆筒式导轴承

1—油箱盖；2—上油箱；3—冷却器；4—轴承体；5—温度信号器；6—回油管；7—旋转油盆；8—浮子信号器

### （三）稀油润滑油浸式导轴承

稀油润滑油浸式导轴承主要用于大中型机组。轴瓦高度与轴径之比一般为 0.2～0.35。轴承为滑动轴承，表面为巴氏合金。巴氏合金可分为锡基合金和铅基合金两种。巴氏合金轴瓦应无密集气孔、裂纹、硬点及脱壳等缺陷，瓦面粗糙度应小于 0.8μm 的要求。每块瓦的局部不接触面积，每处不应大于 5%，其总和不应超过轴瓦总面积的 15%。

如图 2-38 所示，以某电站混流式水轮发电机水导瓦为例，水导轴承的主要部件有主

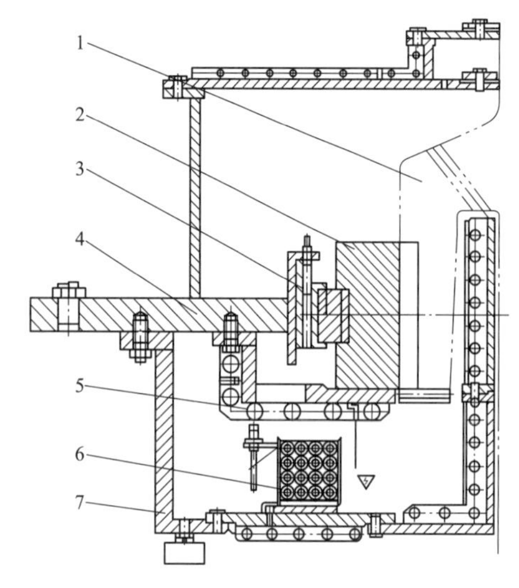


图 2-38　稀油润滑油浸式导轴承

1—主轴轴领；2—分块轴瓦；3—楔子板；4—轴承座；5—导瓦支架；6—油冷器；7—油槽

轴轴领 1，限制大轴径向位移的 10 块分块轴瓦 2，调整水导瓦间隙的楔子板 3，传递径向力的轴承座 4，支撑轴瓦的导瓦支架 5 和冷却润滑油的油冷器 6。每块水导瓦的瓦背上设有球面支柱，机组运行时在球面支柱的作用下轴瓦可左右轻微的摆动，自适应调整与轴领的接触，顺利让润滑油进入轴瓦面建立油膜。球面支柱的背后是抗重块和楔子板，通过调整楔子板的上下位置调整轴瓦与轴的间隙。楔子板将轴瓦传过来的力通过轴承座上的支撑环经顶盖传至基础。主要优点：轴瓦分块，间隙可调，具有一定的自调能力，建立油膜稳定可靠。

1. 水导轴承油冷器系统

轴承油位将轴瓦和轴颈的一半浸泡在汽轮机油中，新检修的机组启动前必须对轴瓦和轴颈之间进行淋油处理。当机组运行时，水导轴承体内的油被轴领带动一起旋转，在离心力的作用下形成压差，冷油经轴颈下部的径向孔或导轴瓦进油边进入轴瓦面形成油膜，油流及油膜对轴瓦面进行润滑和带走热量。油流从轴承轴瓦上半部溢出至轴承上油箱油位，油温上升形成热油。上油箱热油经轴瓦及轴承体内的回油孔流回至水导轴承下油箱。水导轴承油冷器设在水导轴承的下油箱底部，热油经油冷器冷却后油温降低，形成油的一次自循环。设计水导轴承瓦温小于或等于 65℃，油温小于或等于 55℃。为防止油温过高，油槽内装有油温信号器。为防止油和油雾挡油桶外溢，在轴领上部开有斜向通气孔减压。这种结构的导轴承具有受力均匀，轴瓦具有自调节能力，且轴瓦安装、检修间隙调整方便等优点。

2. 水轮机导轴承安装

水导轴承安装程序如下。

（1）在安装间，水导轴承瓦架与顶盖预装，其同心度小于或等于 0.1mm，钻铣销孔。

（2）在安装间，翻转瓦架预装下油箱及底盖，应与瓦架同心，钻铣销孔。

（3）顶盖正式安装后，各部件按顺序吊入机坑，瓦架安装固定在顶盖上，其他部件暂时放置在顶盖上。

（4）机组盘车时，用四块水导瓦调整转动部分中心位置，合格后将瓦松开。

（5）机组盘车后，安装下挡油环、油封，安装下油箱及下盖板，放入水导瓦，一般应根据主轴中心位置，并考虑盘车的摆渡方位和大小进行间隙调整，总间隙应符合设计要求，安装油箱上盖板调整间隙。

（6）安装管路，注入合格的汽轮机油。

3. 水导瓦间隙调整

水导间隙调整前应满足以下条件：将上油箱盖用导链提起，机组中心已调好，水导油槽已清扫干净。水导瓦间隙调整步骤如下。

（1）在水导轴领＋$X$、＋$Y$ 方向装百分表监视主轴，调整过程中主轴不得位移。

（2）用铜棍打紧锲块，使各导瓦紧贴轴领，主轴无位移。

（3）用深度尺测量，并记录各导瓦楔块深度。

（4）在调整斜楔板上架设百分表，如图 2-39 所示，用扳手旋动调整楔的螺杆，带动调整楔上升。

（5）通过观察百分表的数值，按楔子板“斜率法”（一般 1∶50）等比关系式，通过控制楔子板的提升量高度来达到调整间隙的目的。

（6）调节水导瓦与轴的间隙，对称依次进行调整。

（7）用深度尺测量，并记录调整后斜楔板上端与导轴承支撑的距离，以备下次检修时参考。

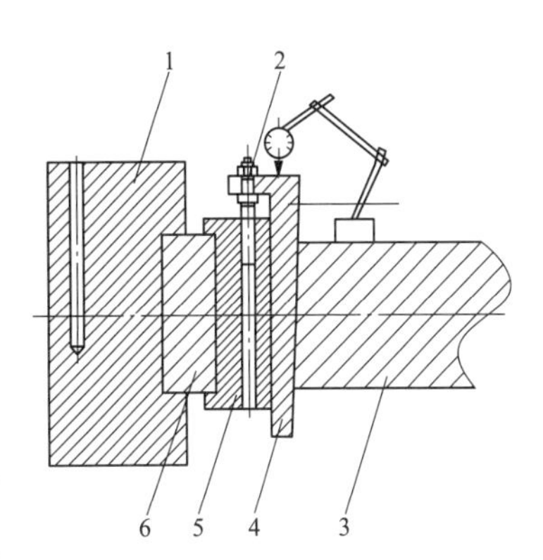


图 2-39　水导瓦间隙调整

1—水导瓦；2—调整螺杆；3—导瓦支撑；4—斜楔板；5—止动块；6—球面支柱

## 六、主轴密封

水轮机转动部分水轮机主轴与固定部分顶盖之间存在间隙，主轴密封阻断漏水从间隙进入水车室，保证水轮机的安全运行。水轮机主轴密封分为工作密封和检修密封。

### （一）工作密封

主轴密封设在水导轴承下方。由于空间狭窄，要求密封装置结构简单、检修方便、工作可靠、寿命长。根据密封结构形式可分为平板密封、盘根密封、端面密封。

1. 平板密封

平板密封有单层橡胶平板密封和双层橡胶平板密封，单层橡胶平板密封如图 2-40 所示，单层橡胶平板密封主要是利用单层橡胶板与固定在主轴上的不锈钢转环端面形成密封，靠水压力将两部分贴紧封水。这种密封结构简单、更换方便、不磨主轴、密封适应性好、摩擦系数小，但抬机时漏水量增大。

单层橡胶平板密封的密封效果没有双层橡胶平板密封效果好，使用寿命也没有双层橡胶平板密封长。双层橡胶平板密封效果好，但其结构复杂，抬机时漏水。

双层橡胶平板密封如图 2-41 所示，上层橡胶平板 6 固定在水箱 5 的上环，下层橡胶平板 4 固定在转架 3，清洁的压力水由进水管 7 引入，靠水压使上、下橡胶平板贴紧抗磨板而封水。同样，这种密封抬机时漏水量增大，其结构也比单层橡胶平板密封结构复杂，调整也较复杂。

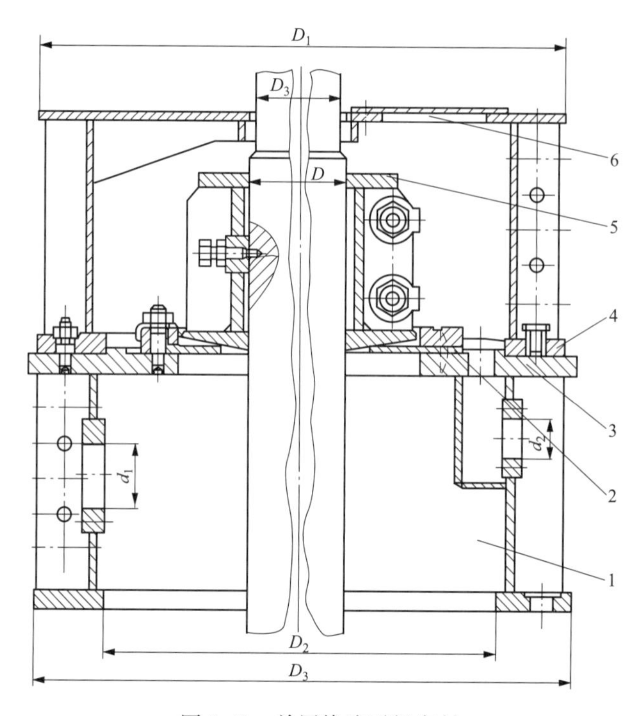


图 2-40　单层橡胶平板密封

1—压力水箱；2—橡胶平板；3—衬垫；4—压块；5—旋转动环；6—观察窗

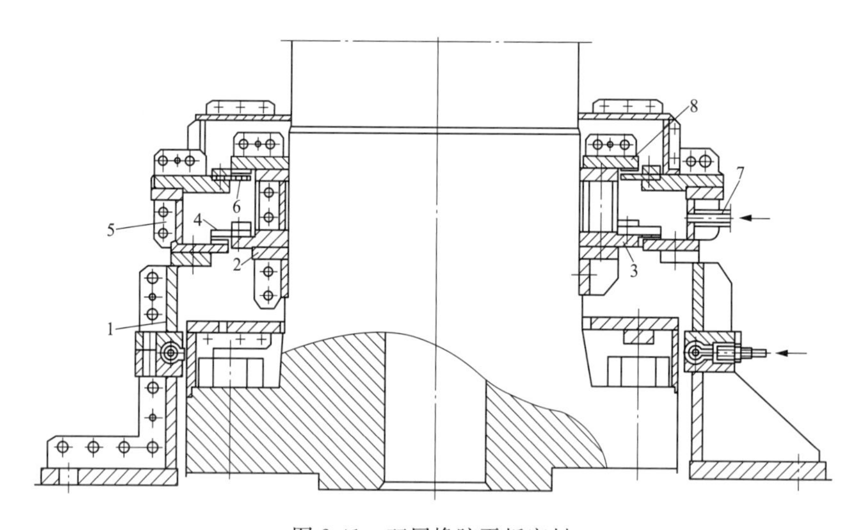


图 2-41　双层橡胶平板密封

1—支架；2—衬架；3—转架；4、6—橡胶平板；5—水箱；7—进水管；8—转环

2. 盘根密封

盘根密封由底环（填料箱）、压环等组成。一般用几层橡胶石棉盘根作填料，放入填料箱 2 中，填料与主轴 3 接触而封住下部的水流上溢。压环 4 调节填料的松紧度，使运行时有少量漏水润滑和冷却填料摩擦面，有的在填料中间加注压力水也是起同样的作用。

其特点是结构最为简单、封水性能好。如图 2-42 所示为盘根密封。

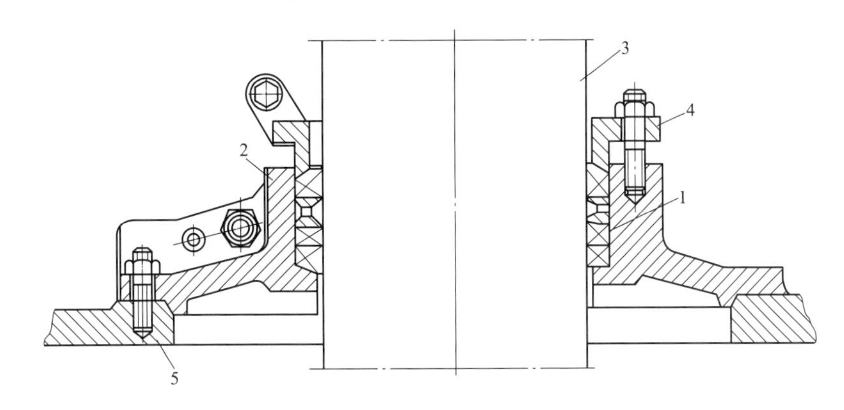


图 2-42　盘根密封

1—填料；2—填料箱；3—主轴；4—压环；5—顶盖

3. 端面密封

端面密封是垂直于旋转轴的端面在流体压力及补偿机构的弹力作用下，在辅助密封的配合下，与另一端面保持贴合，并相对滑动，从而构成防止流体泄露的机械装置。由于两个密封端面的紧密贴合，使密封端面之间的交界形成一微小间隙，当有压介质通过此间隙时，形成极薄的液膜，形成一定的阻力，阻止介质向外泄露，又使端面得以润滑，由此获得长期的密封效果。

（1）机械式端面密封。如图 2-43 所示，托架 5 与支座 8 之间沿圆周布置数个弹簧 7，将装有密封环 3 的托架 5 托起，靠弹簧的弹力使密封环 3 和固定在主轴上的不锈钢转环 2 紧贴，从而起到密封作用。托架 5 在弹簧作用力下可以上下机械滑动对密封环磨损量进行补偿。密封环 3 用密封压环 4 固定在托架 5 上，密封环一般由 2～4 块扇形块组成环，其材料常用橡胶、碳精或工程塑料。主轴密封装置结构简单、密封性好、调整量大，但弹簧作用力不均匀时，密封环容易发生偏卡偏磨。

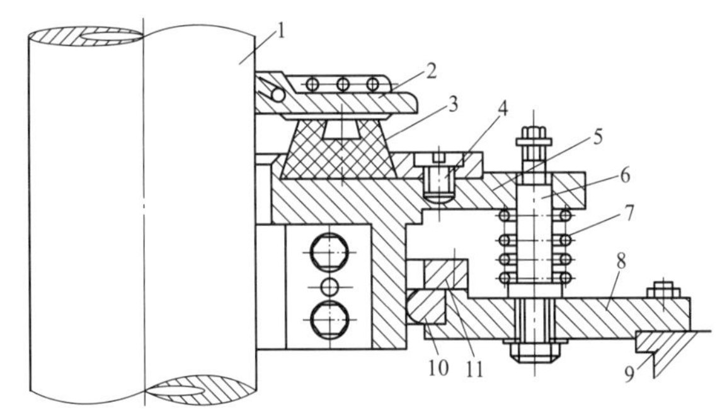


图 2-43　机械式端面密封

1—主轴；2—转环；3—密封环；4—密封压环；5—托架；6—引导柱；7—弹簧；8—支座；9—顶盖；10—封环；11—压圈

（2）水压式端面密封。如图 2-44 所示，利用水压作用使密封环紧贴转动的抗磨板的端面而封水。其特点是结构简单、检修方便、性能可靠，克服了机械端面密封受力不均匀的缺点。缺点：主轴密封在水导轴承的下方，对密封橡胶耐油性提出了更高的要求。

（3）机械与水压共同作用端面密封。如图 2-45 所示，主轴密封主要组成部件包括抗

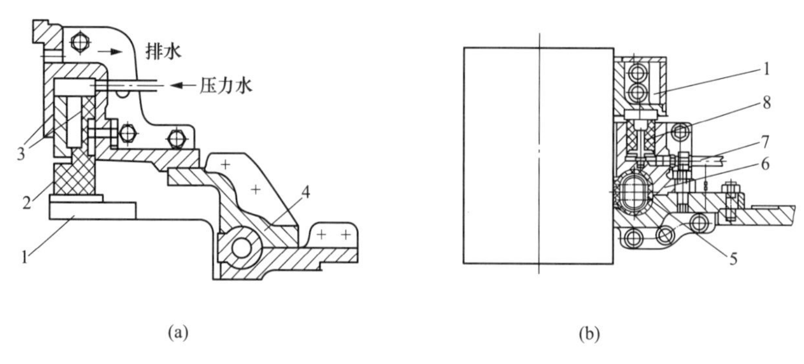


图 2-44　水压式端面密封

1—抗磨板；2—密封环；3—橡皮条；4—检修密封；

5—检修密封；6—密封座；7—供水管；8—密封环

磨板、密封环、密封座、大水箱、小水箱及供排水管等。主轴密封抗磨板 2 直接安装在水轮机主轴下法兰 1 的端面为转动部件；密封环 3 与密封座 4 螺钉紧固为一体可轴向移动；密封环与抗磨板接触，密封座与大水箱接触起到隔离尾水的作用。为防止密封环 3 与密封座 4 部分转动对称均布 4 根导向杆和弹簧，靠弹簧的弹力和密封座自重使密封环 3 与抗磨板 2 接触起到密封作用。同时，密封座 4 在弹簧作用力和自重的作用下对密封环 3 磨损量进行补偿。在主轴密封技术供水的作用下，密封环与抗磨板间形成水膜，运行时必须保证水膜的厚度。过滤后的冷却润滑水从密封环的两个同心环间射出，密封环与旋转的抗磨板接触产生的热量通过冷却润滑水带走。密封环内冷却润滑水不仅带走密封上的摩擦热量，而且还起到润滑作用，同时，阻挡来自转轮与顶盖间隙漏水。清洁冷却润滑水被分为两部分：一部分流向上冠；另一部分则流向水箱，水箱内的水通过排水管排

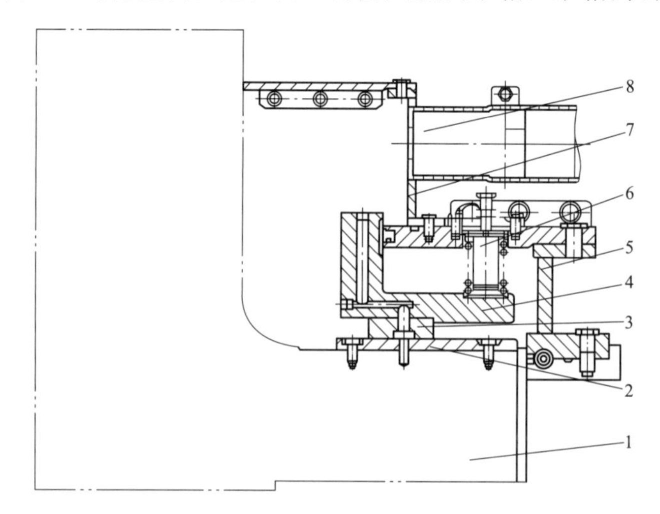


图 2-45　机械和水压共同作用端面密封

1—水轮机轴；2—抗磨板；3—密封环；4—密封座；

5—大水箱；6—弹簧；7—小水箱；8—排水管

到集水井。主轴密封结构简单、密封性能好、检修方便、密封环磨损量小，但导向杆容易卡涩，可能使顶转子后主轴密封的密封环 3 与密封座 4 不能复位，导致主轴密封失效。

（二）检修密封

检修密封是在停机或检修水轮机工作密封时需要的一种密封，它可防止在尾水位较高时水轮机转轮室内的水进入水车室。检修密封主要采用空气围带式检修密封。

空气围带式检修密封结构，如图 2-46 所示，空气围带 2 一般安装在在主轴法兰 1 的部位。空气围带装在顶盖上托板 3 的槽内。在工作时，向空气围带充入 0.5～0.7MPa 的空气压力，使空气围带橡皮膨胀，抱紧主轴，防止水进入；开机时，将空气围带里的压缩气体排除，使其收缩，让空气围带与主轴之间保持 1.5～2mm 的间隙。该密封结构简单、操作容易、密封效果好，大多数混流式机组检修密封都采用该结构。

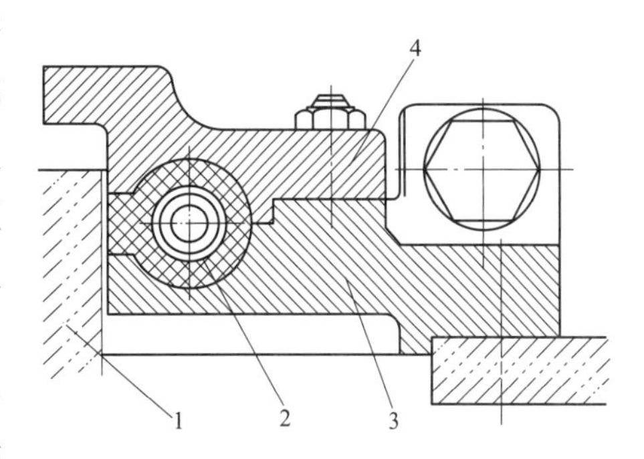


图 2-46　空气围带式检修密封结构
1—主轴法兰；2—空气围带；
3—托板；4—围带压板

## 七、尾水管

泄水部件主要包含尾水管。其主要作用：①将转轮出口水流引向下游；②回收转轮出口处的部分动能。尾水管是一个扩散形的管子，沿着水流方向，其断面面积逐渐扩大，使流速减小，以最小的动能流出尾水管，使转轮出口动能的大部分得以回收，其收回动能的程度与尾水管设计紧密相关，尾水管尺寸直接影响水轮机的经济性和安全性，以及水电站的开挖成本。

对水头小于 40m 的混流式水轮机，一般采用混凝土尾水管，但在直锥段内衬有钢板卷焊而成的里衬，以防止水流冲刷。为增加里衬刚度，在里衬的外壁需加焊足够环筋和竖筋。在混凝土中的里衬要用拉杆和拉筋固定，以防机组运行时引起尾水管的振动。

对于高水头混流式机组，尾水管直锥段不用混凝土浇筑而由钢板焊接而成，一般不埋入混凝土中，而做成可拆卸式，用螺栓把合在基础环上，以便检修转轮时能从下面拆装，而不必拆装发电机。对于高水头水轮机，尾水管内的水流流速较大，在混凝土肘管段内衬有金属里衬以防冲刷。

常用的尾水管有两种形式，一种是直锥型尾水管，主要用于小型机组；另一种是弯肘型尾水管，主要用于大中型机组。尾水管流道示意，如图 2-47 所示。

尾水管立体结构图，如图 2-48 所示。

（1）直锥形尾水管。当尾水管的轴线为直线时，称为直锥形尾水管，这是一种简单的扩散形尾水管。扩散型尾水管出口直径远大于入口直径，呈圆锥状，水轮机出口的水流速度经过扩散管后大幅下降，在尾水管出口处动能大大减小，尾水动能得以充分利用。因为在直锥形尾水管内部水流均匀、阻力小，所以其水力损失小。对于大型水电站，若

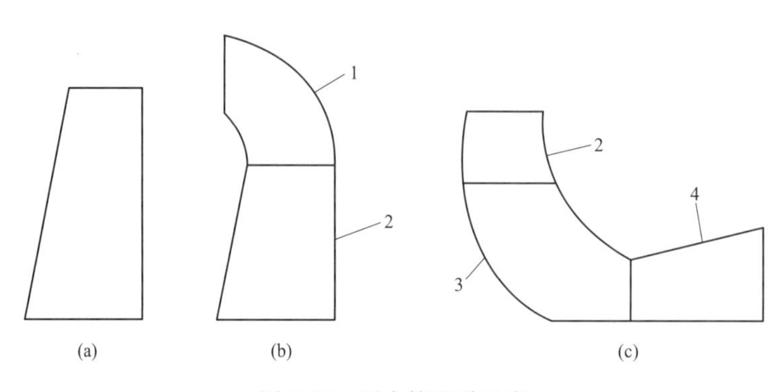


图 2-47　尾水管流道示意

（a）直锥形尾水管；（b）肘形尾水管；（c）弯肘形尾水管

1—弯管；2—直锥管；3—肘管；4—扩散管

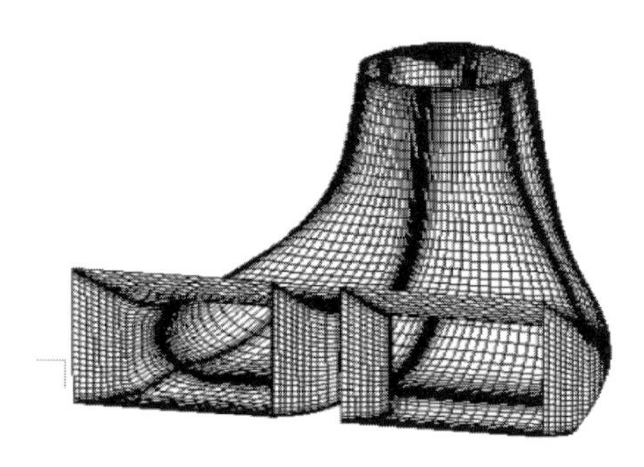

图 2-48　尾水管立体结构

采用直锥形尾水管，将会带来巨大的基础开挖量，这种尾水管广泛地使用在水轮机转轮直径在 0.5～0.8m 的小型水电站中。

（2）弯肘形尾水管。大型水轮机一般选用弯肘形尾水管。它由三部分组成：进口锥管、肘管和出口扩散管，如图 2-49 所示。进口锥管是一个竖直安放的圆锥扩散管。肘管大致是一个 90°的弯管，其进口断面为圆形，出口断面为矩形，肘管由圆环面、斜圆锥面、斜平面、水平圆柱面、水平面、垂直面等组成，出口扩散管是一个水平布置的扩散管，扩散管的进出口断面均为矩形。

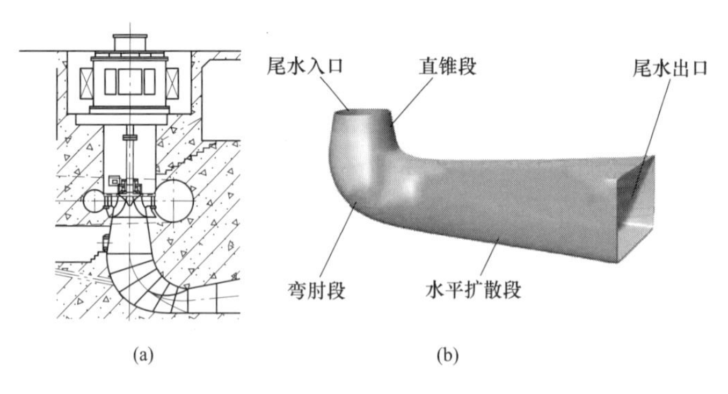


图 2-49　弯肘形尾水管

（a）尾水管流道示意；（b）尾水管立体

大型水电站的尾水管直锥段、弯肘段一般采用钢结构里衬，水平扩散段直接由混凝土浇筑而成。图 2-50 是安装弯肘形尾水管的整体示意。

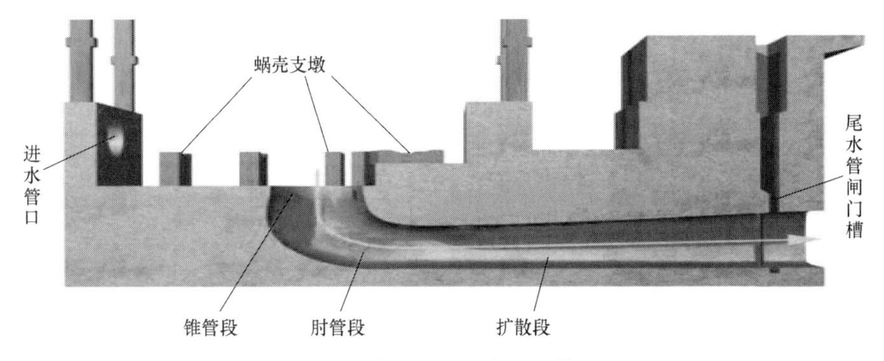


图 2-50 弯肘形尾水管的整体示意

## 八、大轴补气装置

当水轮机在非最优工况运行时，在转轮出口处的水流具有不同方向的环量，从而在转轮出口和尾水管内产生真空或空腔涡带。尾水真空是水轮机转轮产生空蚀的主要原因之一，涡带使尾水管内压力产生脉动，造成水轮机运行的不稳定。目前，减少水轮机空蚀或消除尾水管空腔涡带的最优办法就是减小或消除尾水管真空度。当尾水管产生真空时，利用机组大轴补气装置对尾水管进行补气。大轴补气装置，如图 2-51 所示。

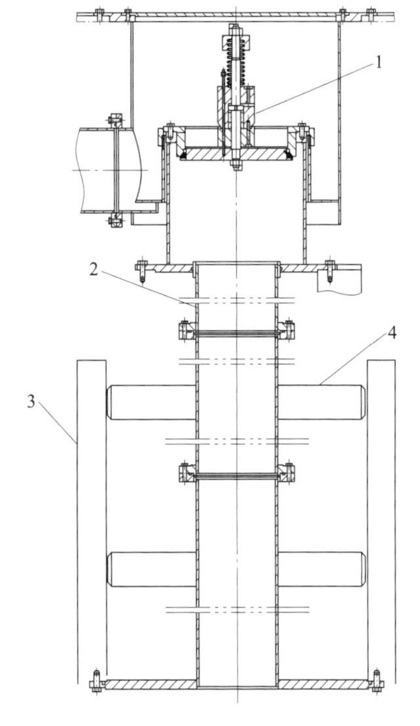


图 2-51 大轴补气装置

1—弹簧式补气阀；2—补气管；3—主轴；4—支架

目前，通常采用的大轴中心孔自然补气装置有液压缓冲弹簧式补气阀、空气缓冲弹簧式补气阀和浮球式补气阀。

### （一）液压缓冲弹簧式补气阀

液压缓冲弹簧式补气阀为真空吸力阀、常闭阀。液压缓冲装置起到慢开、慢关补气阀的作用，如图 2-52 所示。液压缓冲弹簧式补气阀设在发电机组顶部，当尾水管内真空度达到设计值时，真空对补气阀产生的吸力大于弹簧产生的弹力，补气阀自动开启。大气压的作用下，通过补气阀给转轮下方真空区进行自然补气。当尾水管内真空度小于设计值时，补气阀自动关闭，起到切断、隔离尾水的作用，防止尾水倒灌至发电机内或厂房。

液压缓冲弹簧式补气阀结构简单，补气效果不理想，主要存在以下问题：①补气阀阀杆锁定螺母易松动；②补气阀限位螺杆易损坏、螺杆螺母易松脱；③阀杆缓冲油缸体积小、密封效果差，无法对液压缓冲油缸及时补油；④尾水管真空与补气阀弹簧胡克系数密切相关。补气阀在小孔开度时，补气阀补气易产生刺耳的噪声。

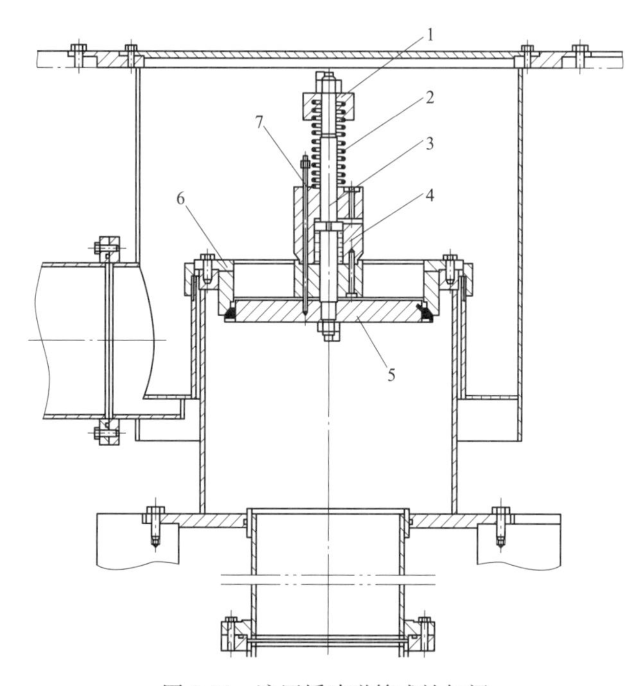


图 2-52　液压缓冲弹簧式补气阀

1—弹簧压块；2—弹簧；3—阀杆；4—缓冲油缸；5—阀盘；6—阀座；7—导向杆

造成液压缓冲弹簧式补气阀缺陷的原因：①补气阀阀杆与阀芯间隙较小且同心度难以保证，经常发生卡涩现象；②补气阀开启后，活塞部分稳定性较差，补气阀阀盘存在撞击固定部件问题，易造成阀杆疲劳及密封失效；③弹簧式补气阀的开启不均匀，补气过程会在局部产生高流速，产生噪声；④弹簧压缩量理论计算与现场实际存在差距，弹簧调整时难以准确把握，容易出现过调或欠调现象。

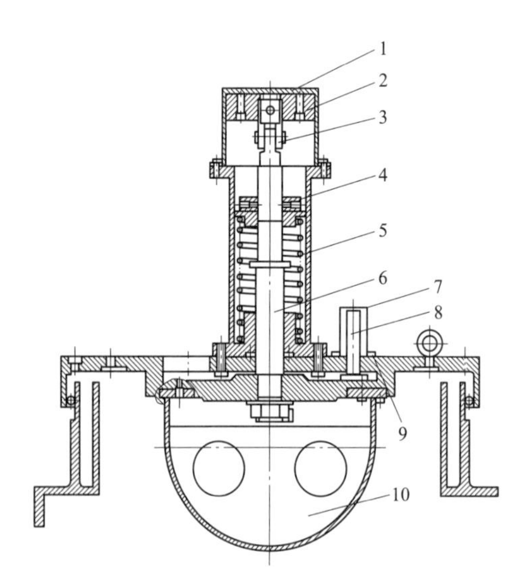


图 2-53　空气缓冲弹簧式补气阀

1—缓冲腔；2—单向阀；3—万向节；4—调节螺母；5—弹簧；6—阀杆；7—防尘罩；8—旋转同步轴；9—导向铜套；10—半球型浮筒

（二）空气缓冲弹簧式补气阀

空气缓冲弹簧式补气阀属于真空吸力阀、常闭阀，采用空缩缓冲技术，补气阻力和关闭阻力很小，如图 2-53 所示。缓冲活塞上设有几个空气止回阀，当缓冲活塞下移时，止回阀全部打开，空气迅速进入缓冲腔；缓冲活塞上移时，止回阀全部关闭，进行压缩空气来实现缓冲后关闭。同时，该补气阀采用万向连接器，阀杆、阀芯套件的同心度极好，不会出现卡涩现象。阀盘能够严密关闭，缓冲器内部空气不会泄露，这种缓冲装置可以长期免维护。

同时，浮筒下面采用了球形设计，对上涌的水冲击力也有很好的缓冲效果，即使上涌的水冲击力很大，对浮筒周向的作用力也可分解成很小。阀杆的轴套采用单轴套自润滑的密封形式。该补气阀的主要缺点：①补气阀开度较小时急速气流容易产生尖锐噪声；②补气时，阀盘上下频繁动作与密封面撞击，容易损坏密封面；③弹簧压缩量难以准确把握。

（三）浮球式补气阀

浮球式补气阀有单浮球式和双浮球式两种。双浮球补气阀是在单浮球补气阀的基础上增加了一套相同装置，两者补气效果相同，双浮球补气装置同比单浮球补气装置相当于双保险，密封水效果更可靠。该补气阀主要由壳体、浮球、缓冲垫、支架、法兰等部件组成，如图 2-54 和图 2-55 所示。机组正常运行时，浮球在自重作用下补气阀处于全开位置，即尾水管与大气相连通。当尾水管内压力大于补气阀安装高程时，浮球在水的浮力作用下补气阀自动关闭。

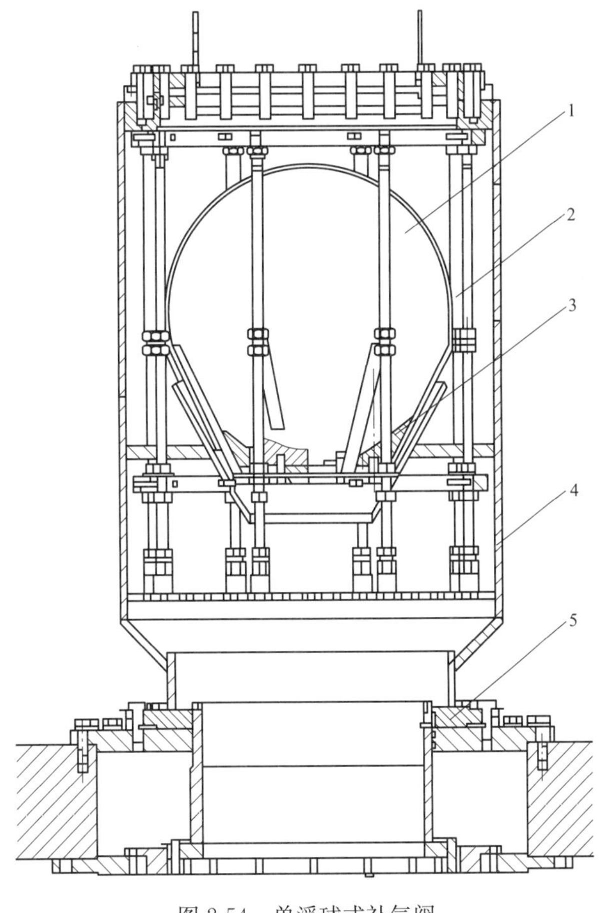


图 2-54　单浮球式补气阀

1—浮球；2—支架；3—缓冲垫；4—壳体；5—法兰

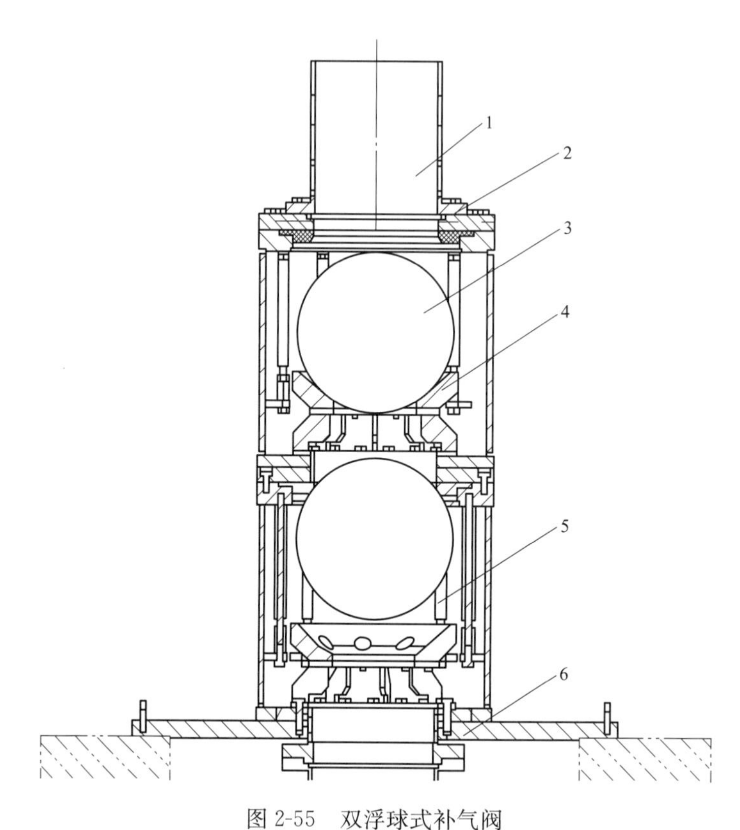


图 2-55　双浮球式补气阀

1—补气管；2—法兰；3—浮球；4—缓冲垫；5—支架；6—腰部支撑板

浮球式补气阀属于浮力球阀，为常开阀。当水轮机转轮室或尾水管形成真空时补气阀就处于全开状态，即尾水管与大气相连通，实现最佳自然补气方式。

浮球式补气阀具有如下特点。

（1）浮球质量轻，开关速度快。球形浮子具有最小的质量，同时由于自由浮球上升阻力小，因此在浮球阀开启和关闭过程中，速度很快。

（2）动作可靠。浮球阀的移动部件为浮球，浮球在浮球阀体之内处于自由状态，有足够的空间间隙，球体动作过程无接触或摩擦。

（3）防止反水效果好。由于浮球密封为线密封，同时，由于浮球的自动定心能力，浮球表面与密封圈表面能充分贴合接触，因此，只需很小的预压力即可实现密封，同时，由于浮球上升速度快，能及时密封，防止反水能力强。

（4）浮球阀补气可最大限度的利用大轴补气管横切面积。浮球阀为常开阀，在补气过程中，补气通道全开。从控制理论来看，自由浮球式空气阀在补气过程中的动态特性为一比例环节，不会因为水流的压力脉动产生振荡，具有良好的补气特性。

（5）浮球阀安装位置比较灵活。浮球阀安装位置所受限制较少，为水轮机结构设计带来方便。

# 第四节　水轮机空蚀损坏

## 一、水流的空化现象

水有水蒸气、水和冰三种状态，压力会影响水的形态。当温度一定时，水的压力下降到某一压力时，在水中就会产生蒸汽，这个压力称为汽化压力。水的压力低于汽化压力时，产生的气化现象就是空化。水流空化后会产生空泡，空泡有很多不同的形态，常见的就是独立的小气泡或由小气泡构成的气泡群，泡内的主要成分是水蒸气。气泡的运动行为主要由压力控制，在外部高压的作用下，气泡会产生强烈的坍缩溃灭，这种溃灭能将整个气泡的势能集中于一个非常小的点上，能量密度非常高，气泡溃灭过程中，形成了高速的射流，会产生巨大的冲击作用。单个气泡虽然很小，但累积起来的威力是巨大的，会对结构产生明显的剥蚀破坏，称为“空化”或“空蚀”。

在工程上，通过采用专门的管路或通道将外部的空气通入水蒸气空泡内部，在气泡的溃灭过程中，这部分掺进来的空气只会被压缩而不会像水蒸气一样凝结产生相变，就像在空泡里增加了“弹簧”“气垫”一样，减弱了溃灭的压力，保护了结构的完整性。

（一）空化的过程

1. 空化的初生

当流速不变而压力降低（或压力不变流速增加 ）时 ，水流内极小区域偶然初次出现微小空穴的临界状态称为空化初生。一般用初生空化数的大小来判断空化发生的难易程度：初生空化数越小表明空化现象越不易发生，初生空化数越大表明空化现象越容易发生。

2. 空化的发展

影响水流空化的因素主要有流速、绝对压强、水中气核（即水中微气泡及固态颗粒等）的含量、黏性、表面张力、流动边界条件、来流条件等，但主要影响因素只有压强和流速，因此，采用无量纲量空化数 $K$ 来描述流体中的空化程度。

翼型空化数：
$$K=\frac{2(p_{\infty}-p_{v})}{\rho v_{\infty}^{2}}$$

式中　$p_{\infty}$、$v_{\infty}$——水流的压力、流速；

$p_{v}$——水流在环境温度下的汽化压力。

水流的压力低于汽化压力后，在水流中开始产生空化气泡，随着压力的降低，空化越严重。空化发生的过程可分为以下几个阶段：初始空化阶段，只出现极微小的气泡，没有明显的分离现象；片状空化阶段，出现连续气相，空化数降低；云状空化阶段，出现大量气泡，空化数继续降低；超空化阶段，它是空化气泡发展的最后阶段，压力降至极低。

3. 空化的溃灭

空化气泡的溃灭是一个极复杂的过程。随着水流压力的升高，空化气泡开始溃灭，直至外界压力高于汽化压力时，空化气泡全部溃灭。空化气泡溃灭时间约为几百分之一秒或几千分之一秒。

（二）空化的分类

根据发生的环境和主要物理特性，空化分为以下四种类型。

1. 游移空化

游移空化是一种由单个瞬态空化气泡形成的空化现象。这种空化气泡在水流中形成后，随水流运动并形成若干次膨胀、收缩的过程，最后溃灭消失。游移空化常发生于壁面曲率很小，且未发生水流分离的边壁附近的低压区，也可出现在移动的旋涡核心和紊动剪切层中的高紊动区域。

2. 固定空化

固定空化是初生空化后形成的一种状态。当水流从绕流体或过流固体壁面脱流后，形成附着在边界上的空腔或空穴。肉眼看到的空腔或空穴相对于边壁而言似乎是固定的，因此称为固定空化。同时，由于产生在水流分离区，因此也称为分离空化。

3. 漩涡空化

在水流的漩涡中，涡中心压强最低，若该压强低于临界压强，就会形成漩涡空化。与游移空化相比，漩涡空穴的寿命可能更长，因为漩涡一旦形成，即使水流运动到压强较高的区域，其角动量也会延长空穴的寿命。漩涡空化可以是固定的，也可以是游移的，尾流中的漩涡空化是不稳定和多变的。

4. 振荡空化

振荡空化是一种无主流空化，一般发生在不流动的水中。在这种空化中，造成空穴生长或溃灭的作用力是水中所受的一系列连续的高频压强脉动。这种高频压强脉动可由潜没在水中的物体表面振动形成，但高频压强脉动的幅值必须足够大，以至于局部水中的压强低于临界压强，否则不会形成空化。

在水轮机中，主要是游移型空化、固定型空化、漩涡型空化三种影响水轮机的性能，并造成材料的破坏，且以固定型空化最为普遍。

## 二、空蚀机理

空蚀的形成与水的汽化现象有密切联系。水在各种温度下的汽化压力值，见表 2-4。为应用方便，汽化压力用其导出单位 $mH_2O$($1mH_2O=9806.7Pa$) 表示。

**表 2-4　水在各种温度下的汽化压力值**

| 水的温度（℃） | 0 | 5 | 10 | 20 | 30 | 40 | 50 | 60 | 70 | 80 | 90 | 100 |
|---|---|---|---|---|---|---|---|---|---|---|---|---|
| 汽化压力（$mH_2O$） | 0.06 | 0.09 | 0.12 | 0.24 | 0.43 | 0.72 | 1.26 | 2.03 | 3.18 | 4.83 | 7.15 | 10.33 |

对于某一温度的水，当压力下降到某一汽化压力时，水就开始汽化。根据水力学能量方程可知，通过水轮机的水流，如果在某些部位流速增高，必然导致该处的局部压力降低，如果在该处水流速度增加很大，使压力降低至在该水温下的汽化压力时，则此低

压区开始汽化，便开始产生空蚀。

空蚀对过流部件造成的破坏，主要有机械作用、化学作用和电化作用三种。

（一）机械作用

水在水轮机流道中流动可能发生局部的压力降低，当局部压力低于汽化压力时，水开始汽化，而原来溶解在水中的极微小的空气泡也同时开始聚集和逸出。水中出现大量的由空气、水蒸气混合形成的气泡。这些气泡随着水流进入压力高于汽化压力的区域时，一方面由于气泡外水压力的增大，另一方面由于气泡内水蒸气迅速凝结使压力变得很低，当泡内外的动水压差远大于维持气泡成球状的表面张力时，气泡瞬间溃裂。空泡溃裂中心辐射出来的冲击压力波，其值可达几十甚至几百个大气压。在此冲击压力作用下，原来气泡内的气体全部溶于水中，并与一小股水体一起急剧收缩成高压“水核”，而后水核迅速膨胀冲击周围水体，并一直传递到过流部件表面，致使过流部件表面受到一小股高速射流的撞击。这种撞击现象是伴随着运动水流中气泡的不断生成和溃裂而产生的，具有高频脉冲的特点，从而对过流部件表面造成材料的破坏，这种破坏就是空蚀的机械作用。

（二）化学作用

气泡使金属材料表面局部出现高温是发生化学作用的主要原因。该高温可能是气泡在高压区被压缩后，汽相高速凝结，从而放出大量的热，或者是由于高速射流撞击过流部件表面而释放出的热量。

（1）热力熔化：释放的大量热量使材料表面融化造成破坏。

（2）氧化腐蚀：局部瞬时高温可达 300℃，高温和高压的作用促进汽泡对金属材料表面的氧化腐蚀。

（三）电化作用

气泡在高温高压作用下产生放电现象，这就是电化作用。因为金属表面被高压液流反复冲击的部位会产生很大的热量，温度升高，形成热端，将会与邻近点的非冲击部位（冷端）构成一个热电偶，在热电偶的回路中产生电势，使金属内部有电流通过，也产生电化腐蚀，使金属表面变暗变毛，加速机械破坏作用。

根据对空蚀现象的观测，空化和空蚀破坏主要是机械破坏，化学和电化作用是次要的。化学和电化的腐蚀加速了机械破坏过程。到目前为止，空蚀机理还远远没有充分认识清楚，原因是它的微观性和高速性。空化和空蚀的存在对水轮机的运行极为不利，其影响主要表现在以下三个方面。

（1）导致能量特性的改变。初生阶段对性能没有明显影响，发展到一定阶段后，水轮机的出力、效率突然下降。

（2）空化和空蚀严重时，引起振动和噪声。

（3）导致过流部件表面产生空蚀破坏，大大缩短了大修周期和使用寿命，严重时可能发生叶片断裂等重大事故。

### 三、水轮机的空蚀

水力机械中水流的运动比较复杂，在不同条件下，空化初生、空化现象可能出现在不同的部位。空化位置经常出现在绕流体表面的低压区或流向急变部位，而最大空蚀区位于平均空穴长度的下游端，整个空蚀区由最大空蚀点在上下游延伸相对宽的一个范围内。因此，导流面的空蚀部分并非是引起空化观察现象的低压点，低压点在空蚀区的上游。

按照发生的部位，水轮机空蚀分为以下四种类型。

1. 翼型空蚀

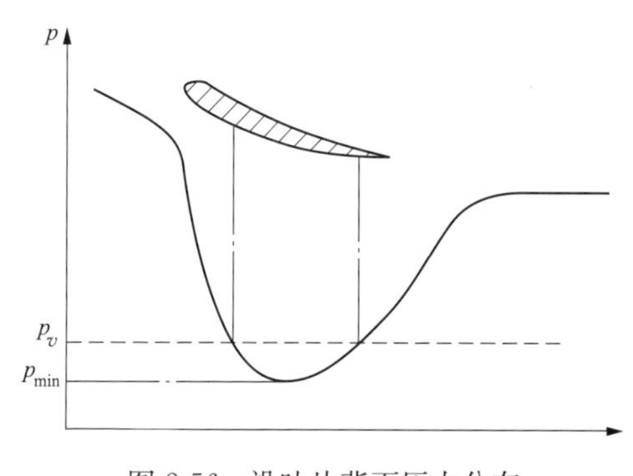

图 2-56　沿叶片背面压力分布

水流绕流叶片时由于压力降低而产生翼型空蚀。叶片背面压力往往为负压，沿叶片背面压力分布如图 2-56 所示。当该压力降低到环境汽化压力以下时，便发生空蚀。这与叶片翼型断面的几何形状密切相关，所以称为翼型空蚀。其与运行工况有关，非最优工况时会诱发或加剧，是反击式水轮机主要的空蚀形态。

根据国内很多水轮机的调查，混流式水轮机的翼型空蚀主要发生在叶片背面下半部出水边、叶片背面与下环连接处、下环立面内侧，以及转轮叶片背面与上冠交界处。

2. 间隙空蚀

它是指水流通过狭窄间隙或绕过固体凹凸表面时，由于流速局部升高引起局部压力降低形成的空蚀，如图 2-57 所示。间隙空蚀经常发生在水轮机的某些局部位置，如轴流式叶片外缘端面与转轮室内壁间隙，导叶立面和端面间隙；混流式转轮和上下冠止漏环间隙；冲击式的针阀和喷嘴口等处。间隙空蚀的破坏范围一般较小。

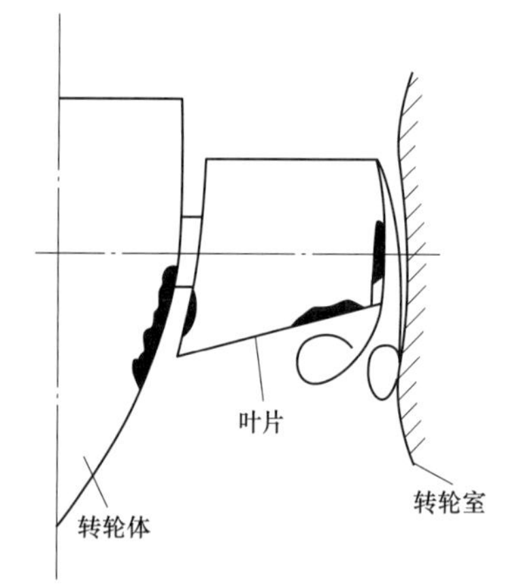

图 2-57　间隙空化和空蚀

3. 空腔空蚀

空腔空蚀是指尾水管中心空腔处由大的水流涡带产生的空蚀。当反击式水轮机偏离设计工况运行时，转轮出口水流具有一定的圆周分速度，旋转的水流汇聚在一起，在尾水管进口处构成带状大涡流。水流涡带中心真空度很大，当压力降低到低于水的空化压力时，首先在涡带中心产生汽泡，随着汽泡的溃裂，发生强烈噪声，并引起机组振动。当涡带中心周期性地触及或延伸到尾水管管壁时，就会造成尾水管空蚀破坏。空腔空蚀主要发生在叶片出口下环处及尾水管进口处，运行人员可直接在尾水管直锥段管壁听到空腔空蚀引起的撞击声。发生空腔空蚀时，往往伴随着发生机组功率摆动和真空表指针摆动，严重时会使机组不能正常运行。

空腔空蚀一般与运行工况有关。

较大负荷时：涡带形状呈柱状形，与尾水管中心线同轴，直径较小，也较为稳定；在最优工况时，涡带甚至可消失，如图 2-58（a）所示。

低负荷时：空腔涡带较粗，呈螺旋形，且自身也在旋转。偏心螺旋形涡带在空间极不稳定，空蚀强烈，如图 2-58（b）、（c）所示。

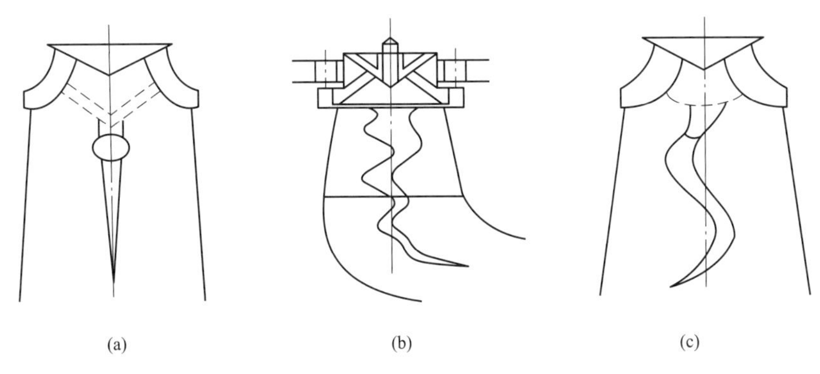


图 2-58　空腔空蚀涡带形状

（a）柱形涡带；（b）、（c）螺旋涡带

4. 局部空蚀

由于过流部件结构或制造上的缺陷引起的局部流态突然变化而造成的空蚀现象，如表面不平整、砂眼、气孔、凹入或突出的叶片固定用螺钉或密封螺钉处、混流式水轮机的减压孔等。

空蚀现象的四大特征如下。

（1）噪声：闷雷样低频噪声（听）。

（2）振动：机组振动明显加剧（感）。

（3）能量指标降低：效率下降或功率摆动（测）。

（4）过流表面损伤：麻坑、蜂窝状（看）。

综上所述，混流式水轮机翼型空化空蚀最普遍、最严重。空腔空蚀主要存在于冲击式水轮机，发生在碰嘴和喷针处，在某些水电站比较严重，以致影响水轮机的稳定运行。间隙、局部空蚀只产生在局部较小范围内，是次要的。

关于评定水轮机空蚀的标准，我国目前采用空蚀指数来反映破坏程度，它是指单位时间内叶片背面单位面积上的平均空蚀深度 $K_h$

$$K_h = V/Ft$$

式中　$V$——空蚀破坏损失的材料总体积，$m^2 \cdot mm$；

$t$——有效运行时间，不包括调相时间，h；

$F$——叶片背面总面积，$m^2$；

$K_h$——水轮机的空蚀指数，$10^{-4}$mm/h。

具体空蚀等级见表 2-5。

表 2-5　　空　蚀　等　级

| 空蚀等级 | 空蚀系数 | | 空蚀程度 |
|---|---|---|---|
| | ($10^{-4}$mm/h) | (mm/年) | |
| Ⅰ | <0.057 7 | <0.05 | 轻微 |
| Ⅱ | 0.057 7～0.115 | 0.05～0.1 | 中等 |
| Ⅲ | 0.115～0.577 | 0.1～0.5 | 较严重 |
| Ⅳ | 0.577～1.15 | 0.5～1.0 | 严重 |
| Ⅴ | ≥1.15 | ≥1.0 | 极严重 |

**四、水轮机空蚀的防止**

水轮机空化发展到一定阶段：过流部件上形成空蚀，叶片的绕流情况变坏，减少水力矩，促使效率降低、功率下降；轻微时只有少量蚀点，在严重情况下，空蚀区金属材料被大量剥蚀，致使表面成蜂窝状，甚至有使叶片穿孔或掉边的现象。伴随着空化、空蚀，还会产生噪声和压力脉动，尤其是尾水管脉动涡带。其频率一旦与相关部件的自振频率吻合，就会引起共振，造成机组振动、出力摆动等，严重威胁机组安全运行。

如何防止和避免空化和空蚀的发生，改善水轮机的空蚀性能已成为水力机械设计及运行人员的重要任务。比转速越高，空化系数越大，要求转轮埋置越深。对于在多泥沙水流中工作的水轮机，选择较低比转速的转轮、较大的水轮机直径和降低 $H_s$（吸出高度）值将有利于减轻空蚀和磨损的联合作用。至目前为止，水轮机空蚀问题还没有从根本上解决，需从水力、结构、材料等各方面进行全面研究，仍是目前水轮机研究的重要课题之一。

（一）改善水轮机的水力设计

翼型空蚀是空蚀的主要类型之一。其与很多因素有关：翼型参数、组成转轮的翼栅参数及水轮机的运行工况等。

翼型优化设计的途径如下。

（1）使叶片背面压力的最低值分布在叶片出口边，从而使汽泡的溃灭发生在叶片以外的区域，可避免叶片发生空化、空蚀破坏。如图 2-59（a）所示，气泡的溃灭发生在 A 点附近，空蚀大多产生在叶片背面的中后部，改变叶型设计至图 2-59（b）时，气泡溃灭发生在叶片尾部之后，可避免或减轻空蚀。

（2）在满足强度和刚度要求的条件下，叶片尽量薄。

（3）翼型最大挠度点移向进口边，并减小出口边附近的挠度，可降低由于转轮翼栅收缩引起的最大真空度。

（4）进水边修圆，与叶片正、背面型线的连接光滑，使在宽阔的工作范围内负压尖

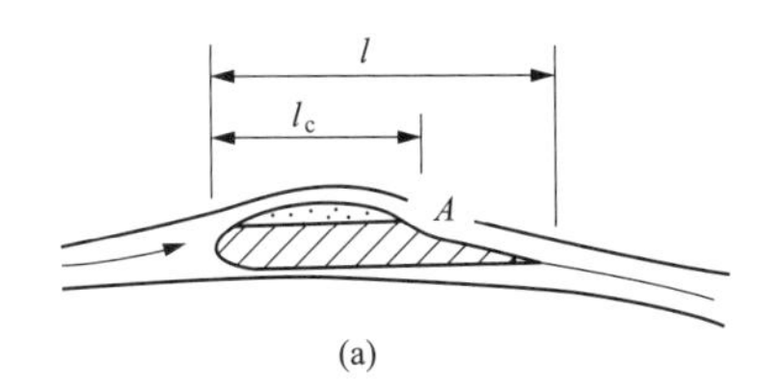

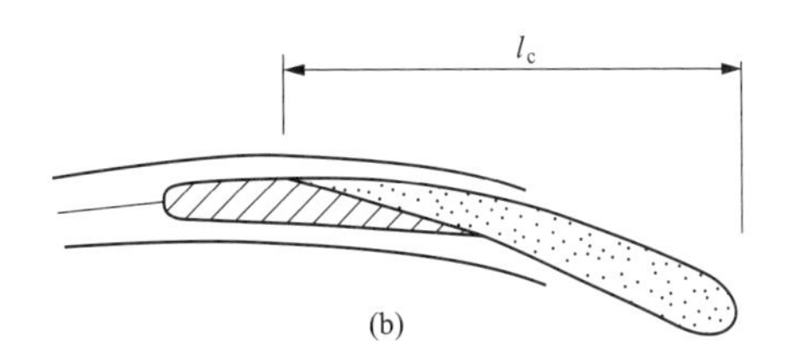


图 2-59　翼型空蚀的绕流

$l$—导叶叶片长度；$l_c$—导叶叶片空蚀区域长度

峰的数值和变化幅度均减小，能延迟空化的发生。

(5) 增加翼型稠密。带襟翼的转轮，如图 2-60 所示，可改善空化、空蚀性能，降低空化系数。

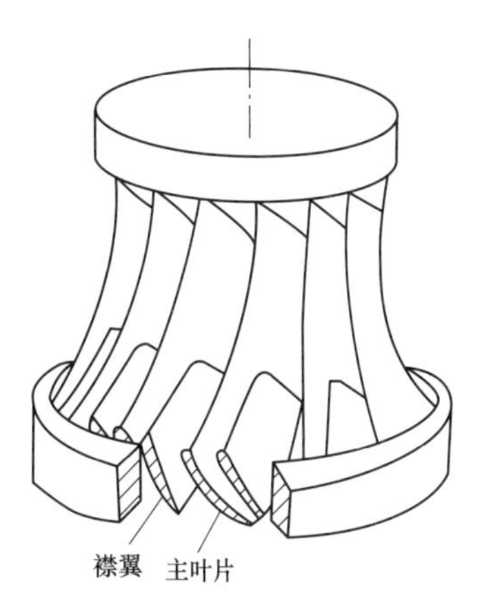


图 2-60　带襟翼的转轮

为减小间隙空蚀的有害影响，尽可能采用小而均匀的间隙。我国采用的间隙标准为转轮直径的千分之一。为改善轴流式水轮机叶片端部间隙的流动条件，采用在叶片端部背面装设防蚀片，使缝隙长度增加，减小缝隙区域的压力梯度，可减小叶片外围的漏水量，并将缝隙出口漩涡送到远离叶片的下游，从而有利于减轻叶片背面空蚀。但防蚀片也局部改变了原来的翼型，将使水轮机效率有所下降。

研究表明，改进尾水管及转轮上冠的设计，能有效减轻空腔空蚀，提高运行稳定性。

(1) 加长尾水管的直锥管部分和加大扩散角。有利于提高转轮下部锥管上方的压力，以削弱涡带的形成。

(2) 加长转轮的泄水锥。对控制转轮下部尾水管进口流速也起到重要作用，并显著地影响涡带在尾水管内的形成及压力脉动。

(二) 提高加工工艺水平，采用抗蚀材料

加工工艺水平直接影响着水轮机的空化和空蚀性能，性能优良的转轮必须依靠加工质量来保证。我国水轮机空蚀破坏严重的重要原因之一，就是加工制造质量较差，普遍存在头部型线不良、叶片开口相差较大、出口边厚度不匀、局部鼓包、波浪度大等制造质量问题，因此，局部空蚀破坏较严重。另外，转轮叶片铸造与加工后的型线，应尽量能与设计模型图一致，保证原型与模型水轮机相似。

另一有效措施：采用优良抗蚀材料或增加材料的抗蚀性和过流表面采用保护层。

(三) 改善运行条件，并采用适当的运行措施

水轮机的空化和空蚀与运行条件有密切的关系。在翼型设计时，只能保证在设计工况附近不发生严重的空蚀现象。

在偏离设计工况较多时，翼型绕流条件、转轮出流条件等将发生较大的改变，并在

不同程度上加剧翼型空蚀和空腔空蚀。因此，应合理拟定水电厂的运行方式，尽量保持机组在最优工况区运行；对于空化严重的运行工况区域应尽量避开，以保证机组稳定运行。

在非设计工况下运行时，可采用在转轮下部补气的方法来破坏空腔空化空蚀，减轻空化空蚀振动。目前，机组常采用主轴中心孔补气和尾水管补气两种方法。

（1）主轴中心孔补气。主轴中心孔补气结构简单，当尾水管内真空度达到一定值时，补气阀自动开启，空气从主轴中心孔通过补气阀进入转轮下部，改善该处的真空度，从而减小空腔空化。

缺点：难于将空气补到翼型和下环的空化部位，对改善翼型空蚀效果不好，补气量又较小，往往不足以消除尾水管涡带引起的压力脉动，且补气噪声大。

（2）尾水管补气。反击式水轮机在某些工况下，在尾水管直锥段中心区水流汽化形成涡带，这种不稳定涡带将引起尾水管的压力脉动，这种压力脉动可通过尾水管补气等措施加以控制。补气效果的三个决定要素：补气量、补气位置、补气装置的结构形状。根据资料表明，最优自由空气补气量约为水轮机设计流量的2%。

强制补气装置：在吸出高度 $H_s$ 值较小，自然补气困难时采用。用尾水管射流泵补气和顶盖压缩空气补气。

目前，补气对机组效率的影响研究得尚不充分。补气削弱了尾水管涡带的压力脉动及稳定了机组运行，故能提高机组效率，但补气又降低了尾水管的真空度及补气结构增加了水流的阻力，会降低机组效率。综上可知，在最优补气量及合理的补气结构下，机组效率有提高的趋势。

## 五、水轮机空蚀术语定义

空蚀是流道中水流局部压力下降到临界压力时，水流中气核成长、积聚、流动、溃灭、分裂现象的总称。空蚀损坏是指空蚀气泡溃灭或分裂时造成的材料损坏。空蚀损坏程度专业上主要指空蚀损坏深度、空蚀损坏面积、空蚀损坏体积及空蚀损坏重量四个指标。空蚀损坏深度指从原始表面量起空蚀区的空蚀损坏深度，空蚀损坏面积深度与空蚀损坏总面积的乘积称为空蚀损坏的材料体积。空蚀损坏重量指空蚀损坏的金属重量。混流式水轮机空蚀损坏保证量一般以8000h为相应于基准运行时间，空蚀损坏保证值包含空蚀损坏量重量或体积、面积、深度。

## 六、空蚀损坏评定

混流式水轮机的空蚀程度主要取决于水轮机的形式和设计、空蚀作用部位的材料和表面状态、水轮机的安装高程或电厂的空化系数、运行持续时间和运行工况、水质等。

空蚀损坏评定根据实际运行时间、基准运行时间、水轮机运行区等综合指标换算空蚀损坏重量或体积、面积、深度值。

混流式水轮机最大保证出力的40%；在8000h内，允许超负荷运行时间为总运行时间的2%，低负荷运行时间为总运行时间的10%；实际运行时间不足或超过8000h，其允许超负荷与低负荷运行时间也按上述同样百分比计算。水轮机应满足各运行点吸出高度（$H_s$）的要求，不满足吸出高度（$H_s$）要求的时间不得超过总运行时间的5%。

空蚀损坏量的测量、计算：空蚀损坏量的测量与计算之前，测量部位的损坏面应清扫干净。空蚀损坏深度的测量：将样板（或其他适当的工具）支持在未受损坏的表面上，用测深尺或其他双方同意的办法进行测量，其误差不得超过最大深度的10%或最大误差不得超过1mm。空蚀损坏面积的测量：对各个空蚀损坏面分别用油漆或其他办法划出边界，并临摹到纸上；量出空蚀损坏面积。测量误差不得超过10%。变色区面积不计。

空蚀损坏体积的测量和质量的计算。

（1）直接测量法。将空蚀损坏面清除到母材后，用一定的塑性物质填塞到未损坏时的表面形状，直接测量剩余的塑性物质体积或质量，即可求得空蚀损坏体积，并换算成空蚀损坏量。测量误差不得超过15%。

（2）近似计算法。可将空蚀区分成各个小块，采用以下公式近似计算空蚀损坏体积：

$$V=\sum V_i=\sum \frac{1}{2}h_{i,\max}A_i \tag{2-32}$$

式中　$h_{i,\max}$——各个空蚀区的最大深度；

$A_i$——各个空蚀区的面积。

（3）体积换算至质量时：

$$W=V\rho \tag{2-33}$$

式中　$\rho$——钢材的密度，可取7.85g/cm$^3$。

空蚀损坏的评定：水轮机空蚀的检查，一般应在投入运行后6000～10 000h内进行，如果在水轮机通流部件上测得的空蚀损坏量没有超过按时间换算的空蚀损坏保证量，则产品的空蚀损坏保证量认为合格。

水轮机空蚀损坏保证量，参考GB/T 15469.1《水轮机、蓄能泵和水泵水轮机空蚀评定 第1部分：反击式水轮机的空蚀评定》。

混流式水轮机转轮的空蚀损坏量包括叶片、上冠、下环和泄水锥之和。混流式水轮机的固定部件包括导水机构与尾水管。全部固定部件空蚀损坏量之和不大于转轮空蚀损坏保证量的1/4，深度的允许值可取转轮的1/2。

## 第五节　水轮机特性与特性曲线

### 一、水轮机特性曲线的类型

水轮机各个主要参数之间存在数学上的关系，表明水轮机工作参数之间关系的曲线称为水轮机的特性曲线。特性曲线分为线性特性曲线和综合特性曲线。线性特性曲线表明水轮机某两个参数之间关系的参数，包括工作特性曲线、转速特性曲线、水头特性曲线。综合特性曲线表明水轮机多个主要参数之间关系的曲线，包括模型综合特性曲线和运转综合特性曲线。

以下重点介绍混流式水轮机模型综合特性曲线和运转综合特性曲线。

**二、混流式水轮机模型综合特性曲线**

目前，还没有确认的理论通过科学计算得出水轮机各主要参数之间的关系。制作一个水轮机模型，在水力试验台上进行各种试验，根据试验数据，绘制各参数之间关系的曲线，这些曲线称为水轮机的模型综合特性曲线。混流式水轮机模型综合特性曲线由等效率曲线、等开度曲线、等空化系数曲线与出力限制曲线组成。HL180/A194 水轮机模型综合特性曲线，如图 2-61 所示。

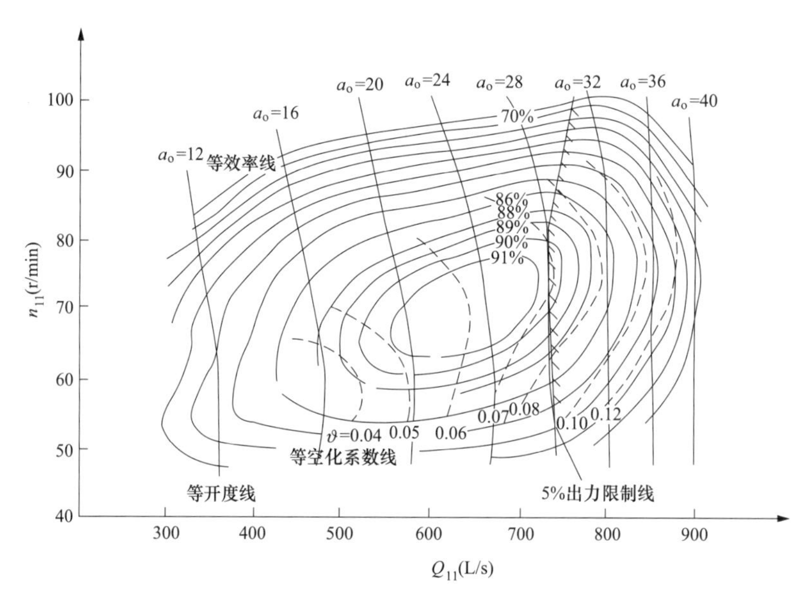


图 2-61　HL180/A194 水轮机模型综合特性曲线

（1）等效率线：图 2-61 中呈现“鸭蛋”型的线，每条线上的效率值都相等，由内向外，效率逐渐降低。

（2）等开度线：曲线呈规则型，每条曲线上导叶的开度值都相等。

（3）等空化系数线：曲线呈现不规则型，每条曲线上的空化值都相等，空化值随单位流量的增加而增加，单位流量越大，水轮机越容易发生空蚀。

（4）5%出力限制线：5%出力限制线为各单位转速下 95%最大出力工况点的连接线。曲线呈不规则型，出力限制线将特性曲线分为两部分，左边为工作区域，右边为非工作区域，出力限制线上的工况为限制工况。现在运行的大部分水轮机中，当超过 95%最大功率运行时，流量增加较多的同时出力增加较少或出力减少，因此，将水轮机限制在最大出力的 95%（或 97%）范围内运行。随着技术的进步，此限制线有取消的趋势。

**三、水轮机运转综合特性曲线**

绘制水轮机运转特性曲线的目的是指导水轮机合理运行。以功率 $P$ 为横坐标、水头

$H$ 为纵坐标，在图中绘制等效率曲线、出力限制线、等吸出高度线等。如图 2-62 所示。

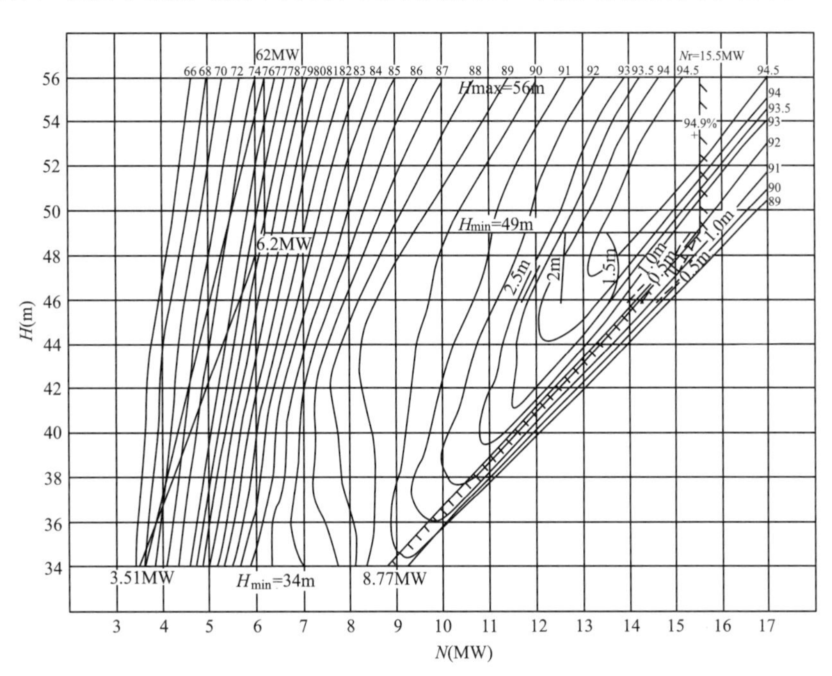


图 2-62　HL(FF133)-LJ-195 水轮机运转综合特性曲线

水轮机运转综合特性曲线是根据模型综合特性曲线换算得到的，一般由水轮机制造厂提供。

## 四、飞逸特性

### （一）水轮机飞逸概述

水轮发电机组由于故障等原因突然甩去全部负荷，此时又因为某种原因（如调速器失灵）使水轮机导叶不能正常关闭，导致机组转速迅速升高超过额定转速，当水轮机转轮产生的功率与转速升高相应的机械损失功率相平衡时，转速达到某一最大值，此时的转速称为飞逸转速，用符号 $n_{\mathrm{R}}$ 表示。其中，飞逸转速由水轮机制造厂提供，一般为额定转速的 1.5～2.7 倍。冲击式水轮机的飞逸转速是额定转速的 1.8～1.9 倍，混流式水轮机的飞逸转速是额定转速的 1.7～2.2 倍。水轮机的飞逸转速可由模型试验测定，在每个开度下，负载为零时测得的转速即为该开度时的飞逸转速，根据飞逸转速可绘出飞逸特性曲线。水轮机的飞逸特性一般用单位飞逸转速来表示，由相似公式可得到单位飞逸转速的表达式。

### （二）水轮机飞逸特性

水轮机飞逸特性常用飞逸系数 $K_{\mathrm{R}}$ 表示，飞逸系数是水轮机的飞逸转速与额定转速之比，即

$$K_{\mathrm{R}}=\frac{n_{\mathrm{R}}}{n} \tag{2-34}$$

水轮机飞逸特性也可用单位飞逸转速 $n_{11R}$ 表示，水轮机飞逸转速计算式可写成

$$n_{11R} = \frac{n_R D_1}{\sqrt{H}} \tag{2-35}$$

因为不同形式、不同比转速水轮机的流道几何形状与流动特性不同，水轮机的飞逸转速特性与水轮机的形式及比转速有关。对于低比转速的混流式水轮机，发生飞逸时，转速升高使转轮流道的离心力大幅增大，阻止水流大量进入水轮机，低比转速混流式水轮机的飞逸转速也较低。

（三）水轮机飞逸危害及保护措施

机组出现飞逸转速时，转动部件的离心力急剧增加，机组的振动与摆度明显加剧，甚至会大幅超过机组规定承受的允许值，可能引起转动部分与静止部分发生碰撞，如发电机转子与定子的碰撞，转轮与转轮室的碰撞等，使机组运行部件遭到破坏。此外，飞逸现象的产生也可能造成各部轴承损坏、基础螺栓松动、蜗壳及尾水管产生裂纹等现象，严重时甚至造成设备的破坏和人员伤亡。

水轮发电机组防止飞逸的保护措施有多种，它们大体上可分为两大类：①当调速系统失灵时，采用其他途径切断水流的防止措施；②不切断水流，而由转轮自身或其他附加装置，使机组退出飞逸的措施。常见的保护措施如下。

（1）快速事故闸门。在水轮机的引水管道进口、低水头轴流式水轮机和贯流式水轮机尾水管出口，安装特殊的允许动水快速下落的闸门，以切断水流的防飞逸保护措施，具有很高的动作可靠性，是工程上常见的一种保护措施。

（2）事故配压阀。在调速系统中安装事故配压阀，控制主接力器的油路。当调速系统失灵时，机组过速达到限定值，自动保护系统强迫事故配压活塞动作，接通接力器的关腔回路，使接力器关闭导水机构，机组停机。

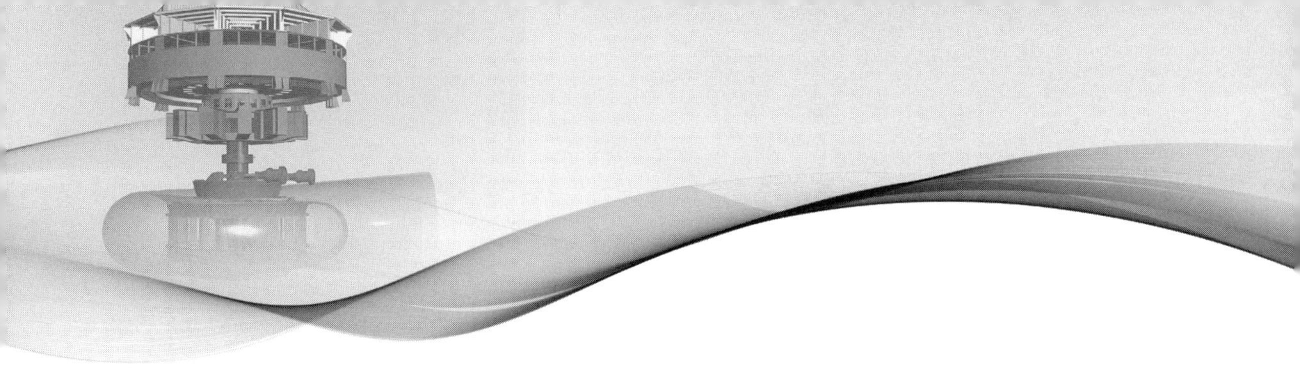

# 第三章　混流式机组发电机结构

## 第一节　发电机原理概况

### 一、概述

水轮发电机是一种将机械能转换成电能的设备，一般采用凸极同步发电机。转子中装有励磁绕组，通过转轴上的集电环将直流电流引入，电流在转子磁极上产生磁通并形成旋转磁场，磁场穿过定、转子之间的空隙覆盖定子绕组，当水轮机拖动发电机旋转时，定子绕组线棒切割磁力线产生感应电动势，当电枢绕组与三相负载连接形成闭合回路时，在电枢绕组中产生交流电流。发电机转速 $n$ 和感应电动势频率 $f$ 存在严格的关系，即 $n=60f/p$，其中，$p$ 为转子磁极对数。

大中型水轮发电机一般采用立式布置，主轴为垂直方向，总体布置，如图 3-1 所示。

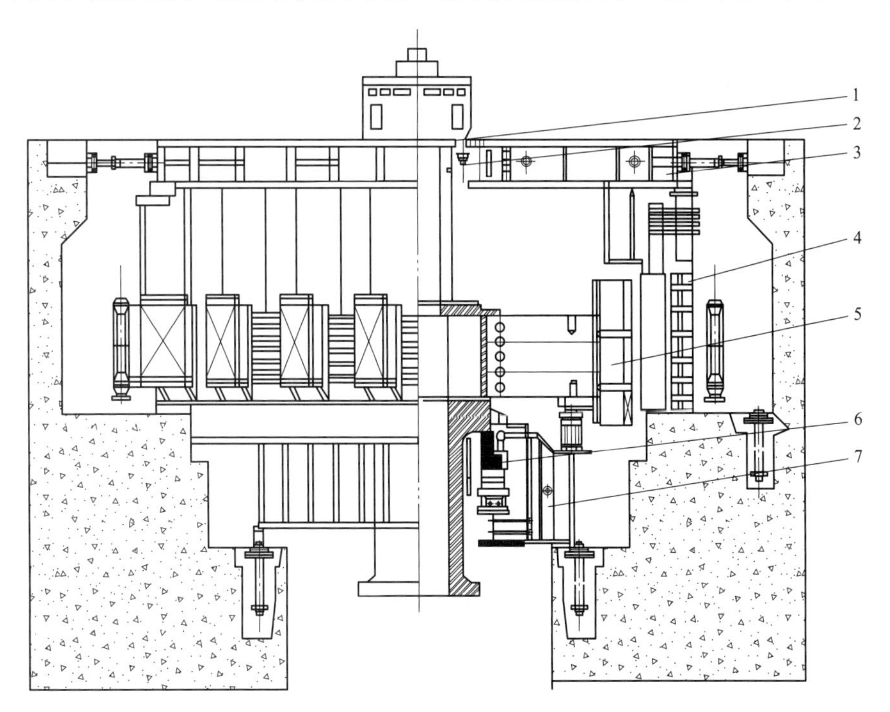


图 3-1　大中型水轮发电机总体布置

1—集电环；2—电刷装置；3—上导轴承；4—定子；5—转子；6—推力轴承；7—下机架

大中型水轮发电机主要部件包括定子、转子、导轴承、机架、推力轴承、空气冷却器、制动系统、油水气管路和辅助部件等。

定子主要部件有机座、定子铁芯、绕组。转子主要部件有中心体（或主轴）、转子支架、磁轭、磁极。主轴系主要部件有顶轴、转子中心体、发电机主轴。推力轴承主要部件有镜板、推力头、轴承座及支承、轴瓦、支撑系统、油槽、高压油顶起装置及冷却装置。

**二、立式发电机分类**

（1）根据推力轴承布置位置，立式发电机可分为悬吊式水轮发电机（推力轴承位于转子上方）、伞式水轮发电机（推力轴承位于转子下方）。在伞式水轮发电机中，有上导无下导的称为半伞式，有下导的称为全伞式。

悬吊式水轮发电机（如图 3-2 所示）的特点：推力轴承位于转子上方的上机架内或上机架上，它把整个转动部分悬挂起来，机组轴向推力通过定子基座传至基础。这种结构适用于转速较高的机组（一般在 150r/min 以上）。由于转子重心在推力轴承下方，稳定性比伞式好，推力轴承尺寸小、损耗小，安装维护方便。由于推力轴承承受的力需通过机架传递，上机架强度和刚度需加强，使用钢材多，上机架的高度需增加，厂房的高度需增加。

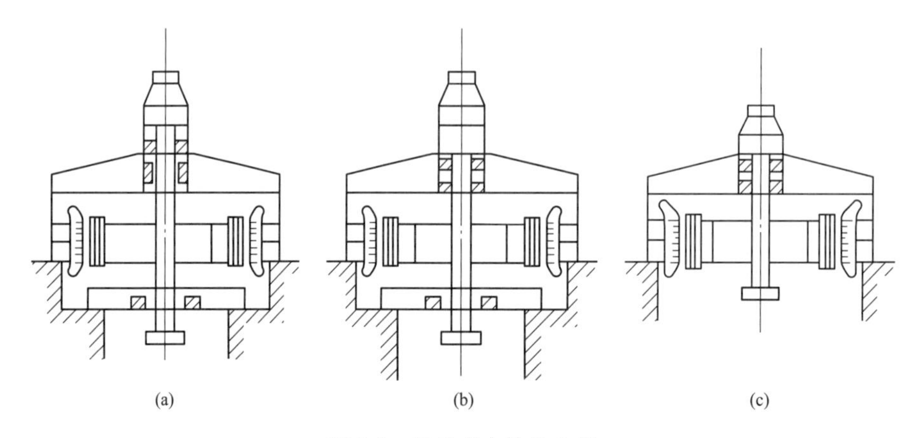


图 3-2　悬吊式水轮发电机

（a）具有两个导轴承，推力在上导上面；（b）具有两个导轴承，推力在上导下面；（c）无下导轴承

伞式水轮发电机（如图 3-3 所示）的特点：推力轴承位于转子下方，布置在下机架上或顶盖上，轴向推力通过下机架或顶盖传至基础。优点是结构紧凑，能充分利用水轮机和发电机之间的有效空间，使机组和厂房高度降低。由于转子重心位于推力轴承上方，机组稳定性降低。推力轴承安装、检修、维护较困难。因为不需要尺寸较大的上机架，使用钢材较少，结构更经济。

（2）按照水轮发电机的冷却方式，可分为空气冷却、水冷却、蒸发冷却等形式。目前，空气冷却应用较为广泛。

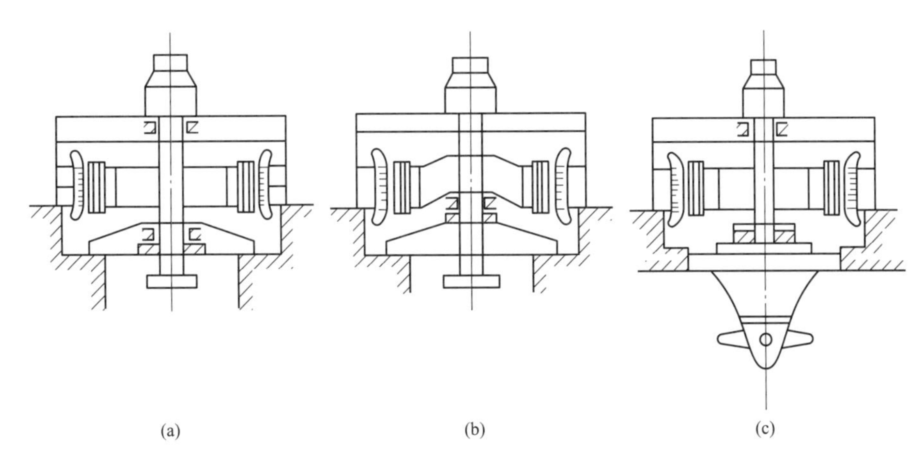


图 3-3　伞式水轮发电机

(a) 具有上导和下导轴承的伞式；(b) 只有下导轴承的伞式；(c) 只有上导轴承的伞式

空气冷却是利用空气循环来冷却水轮发电机。空气冷却又分为封闭式、开启式和空调式三种。目前，大中型水轮发电机多采用封闭式，小型机组采用开启式通风冷却，空调冷却很少采用，仅在一些特殊场所下采用。水冷却包括双水内冷却和半水冷却。双水内冷却是将经过处理的冷却水通入定子和转子绕组空心导线内部，直接带走发电机产生的热量。由于定子与转子绕组的结构复杂，一般不采用。半水冷却是将定子绕组水冷却而转子仍为空气通风冷却，目前，大容量水轮发电机采用半水冷却方式。蒸发冷却式是将液态冷却介质通入定子空心铜线内，通过液态介质蒸发，利用汽化传输热量进行发电机冷却，这是我国具有自主知识产权的一项新型的冷却方式。

(3) 按水轮发电机的功能不同，分为常规水轮发电机和非常规的蓄能式水轮发电机两种，常规水轮发电机一般为同步发电机；而蓄能式水轮发电机为发电电动机，有双向运转的要求，通常转速较高。

**三、发电机的主要性能参数**

同步发电机“同步”是指发电机转子的转速和定子中产生的旋转磁场转速一致，电枢磁场和转子磁场无相对运动，不会在转子绕组中产生感应电动势。当同步发电机的转子旋转时，在发电机定子绕组中将感应空载电压 $E_A$。当负载接至发电机端点时，在回路中产生电流。三相定子电流的流通将使发电机绕组中产生磁场，此定子磁场造成原本的转子磁场失真，改变其相电压，此效应称为电枢反应。同步发电机等效电路是分析发电机性能参数的基础和模型，同步发电机等效电路，如图 3-4 所示。

发电机定子三相绕组为Y形接法，因为发电机的定子感应电动势中存在高次谐波，特别是三次谐波，各基波之间的相位差是 120°，三次谐波电动势之间的相位差则为 360°，即三相绕组中三次谐波的电动势是同相位的。若此时定子绕组接成三角形，就相当于三个电压源串联，在三相绕组中产生较大的循环电流。

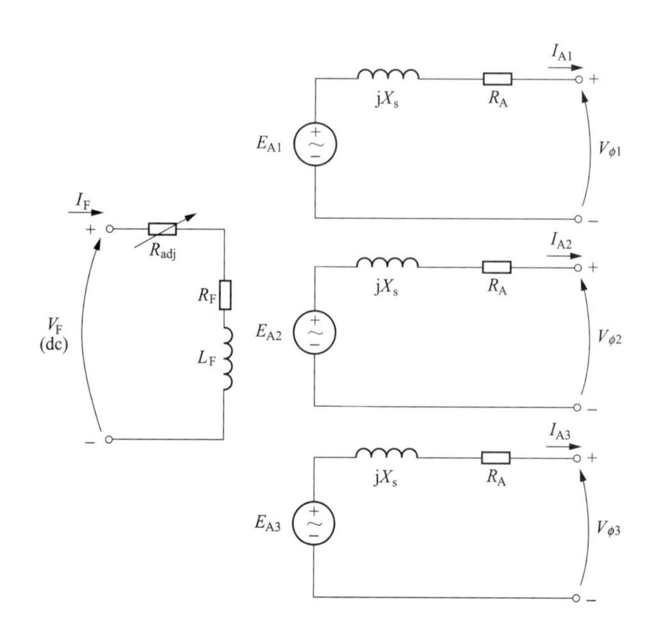


图 3-4　同步发电机等效电路

$V_F$—励磁电压；$I_F$—励磁电流；$R_F$—励磁内阻；$E_A$—空载电动势；
$V_\phi$—定子绕组端电压；$R_A$—定子绕组内部电阻；$jX_s$—定子绕组漏抗

1. 短路比 $K_c$

短路比是指同步发电机在空载额定电压下对应的励磁电流 $I_f$ 下三相稳态短路时的短路电流 $I_{ko}$ 与额定电流 $I_N$ 之比，也等于产生空载额定电压和额定短路电流所需的励磁电流之比。

$$K_c = \frac{I_{ko}}{I_N}$$

短路比小，负载变化时发电机的电压变化较大，并联运行时发电机的稳定度较差，增大气隙可减小同步电抗 $X_d$，使短路比增大，电机性能变好，但励磁电动势和转子用铜量增大，造价增高。随着单机容量的增大，为提高材料利用率，希望短路比有所降低，短路比是根据电站输电距离、负荷变化情况等因素提出的。短路比大，可提高发电机在系统运行的静态稳定，发电机的充电容量也相应增大。水轮发电机的短路比一般为0.9～1.3。对于要求电压变化率很小或充电容量较大的电机，可采用较高数值。

2. 同步发电机的效率和额定功率因素 cos$\phi$

水轮发电机组在运行时必然会产生能量损耗，水轮机输入的机械功率不能完全转化为发电机输出功率，即功率因数不能等于 1。同步发电机的损耗按性质可分为四大类：铜损耗，铁损耗，机械损耗和附加损耗。

$$P_1 = P_2 + P_{Cul} + P_{mec} + P_{Fe} + P_{ad}$$

同步发电机的效率 $\eta$ 一般在 95%以上，大容量发电机效率更高。

功率因数 $\cos\phi$ 是指有功功率和视在功率的比值，即

$$\cos\phi = P/S$$

式中　$S$——视在功率，V·A 或 kV·A；

$P$——有功功率，W 或 kW。

$$S^2 = P^2 + Q^2$$

式中　$Q$——无功功率，var 或 kvar。

$$P = \sqrt{3} UI\cos\phi$$

$$Q = 3UI\sin\phi$$

式中　$U$、$I$——发电机额定电压、额定电流。

3. 飞轮力矩 $GD^2$

飞轮力矩直接影响发电机在甩负荷时的转速上升率和系统负荷突变时发电机的运行稳定性，因此，它对电力系统的暂态过程和动态稳定也有很大影响。当水轮发电机组的部分负荷被切除时，水轮机的驱动转矩与发电机的电磁转矩失去平衡，机组的转速上升，此时 $GD^2$ 越大，机组转速变化率越小，电力系统运行的稳定性就越高。但是 $GD^2$ 过大，发电机重量增加，导致成本提高。$GD^2$ 由水轮机的调节保证计算确定。

4. 机械（或惯性）时间常数

机械（或惯性）时间常数表示发电机在额定转矩作用下，把转子从静止状态加速到额定转速所需的时间，与飞轮力矩 $GD^2$ 成正比。

5. 飞逸转速 $n_f$

水轮发电机飞逸转速 $n_f$ 表示发电机在最高水头 $H_{max}$ 下带满负荷运行时突然甩去负荷，调速器系统失灵，机组可能达到的最高转速。水轮发电机转子的机械压力按照飞逸转速校核。飞逸转速越高，水轮发电机对材质的要求越高，材料消耗越多。

**四、同步发电机的功角特性和运行 V 曲线**

接在电网上运行的同步发电机，机端电压 $U$ 和电源频率 $f$ 都保持不变，如果发电机的励磁电流 $I_F$ 不变，定子绕组切割转子磁场产生的电动势 $E_d$ 也是常数，发电机的有功功率 $P$ 和功角 $\delta$ 呈函数关系（如图 3-5 所示），当功角 $\delta$ 变化时，有功功率 $P$ 也随着变化。同步发电机的功角特性是指发电机的有功功率 $P$、无功功率 $Q$ 与发电机电抗（$X_d$、$X_q$）、内电动势 $E_d$、机端电压 $U$ 和功角 $\delta$ 的关系特性。

$$P = E_d \times U \frac{\sin\delta}{X_d} + \frac{1}{2}\left(\frac{1}{X_q} - \frac{1}{X_d}\right) U^2 \sin 2\delta$$

$$Q = E_d U \frac{\cos\delta}{X_d} + \frac{1}{2} U^2 \cos 2\delta \left(\frac{1}{X_q} - \frac{1}{X_d}\right) - \frac{1}{2} U^2 \left(\frac{1}{X_q} + \frac{1}{X_d}\right)$$

功角有两重含义：一表示 $E_d$ 和 $U$ 这两个时间相量之间的时间相位差角；二表示产生

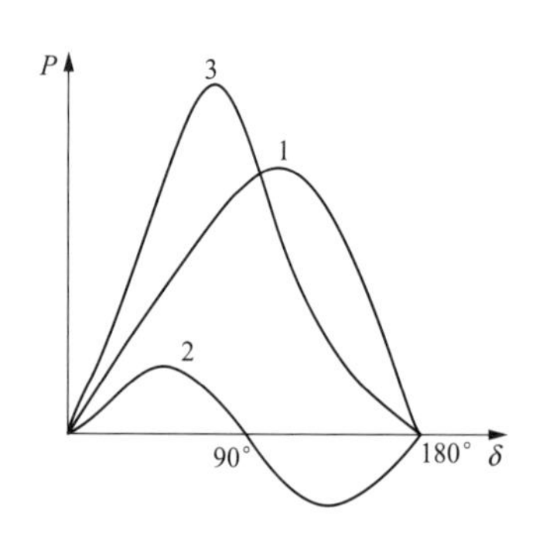

图 3-5　凸机发电机功角特性
1—基本电磁功率曲线；2—附加电磁功率曲线；
3—凸机发电机功率曲线

$E_d$ 的转子主磁极磁势 $F_f$ 与产生端电压 $U$ 的定子气隙合成磁势 $F_u$ 之间的空间相位角，即转子磁极轴线与定子气隙合成等效磁极轴线之间的空间夹角。功角特性是同步发电机的基本特性之一。通过功角特性，可确定稳态运行时发电机所能发出的最大电磁功率和发电机功角稳定运行区间。功角特性还是研究同步发电机并联运行时的重要特性。

发电机运行 V 形曲线指当电源电压与频率均为额定值，在输出功率不变的条件下，调节励磁电流 $I_f$，定子电流 $I$ 会相应的变化，绘制成 $I=f(I_f)$ 曲线，形状像“V”，称为 V 形曲线。发电机 V 形曲线，如图 3-6 所示。

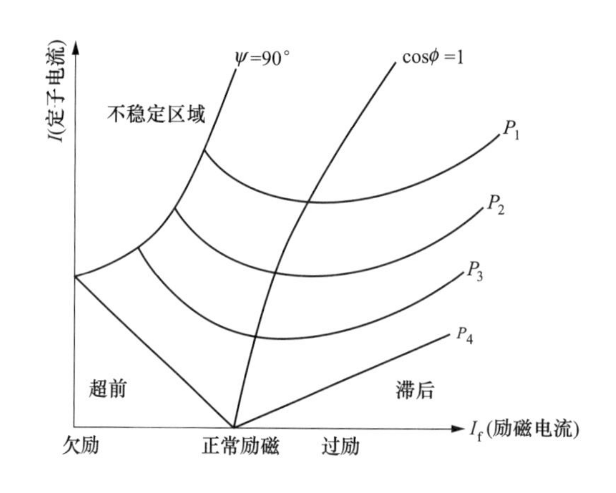

图 3-6　发电机 V 形曲线

在原动机输入功率不变，即发电机输出功率 $P$ 恒定时，改变励磁电流将引起同步发电机定子电流大小和相位的变化。将 $\cos\phi=1$ 时的励磁电流定义为“正常励磁”点，此时发电机输出纯有功功率，定子电流最小，且与端电压同相位。

发电机“过励”状态：从“正常励磁”点开始，励磁电流增大，$\cos\delta$ 减小，定子电流增大，并滞后于端电压，发电机输出滞后感性无功功率和有功功率，也称滞相运行。

发电机“欠励”状态：从“正常励磁”点逐步减小励磁电流，$\cos\delta$ 减小，定子电流增大，并超前于端电压，发电机向电网输出超前的无功功率（容性无功），或者说吸收滞后的无功功率，也称进相运行。

调相运行：是指发电机不发出有功功率，只向电网输送感性无功功率的运行状态，起调节系统无功、维持系统电压水平的作用。本质上是一种电动机运行工况。

发电机不同运行状态，如图 3-7 所示。电动机状态时，电磁转矩 $T$ 和转速 $n$ 都为正，方向相同，$0<S$(转差率)$\leqslant 1$。发电机状态时，$S$(转差率)$<0$，电磁转矩 $T$ 为负值，为制动转矩；电磁制动状态时，电磁转矩 $T$ 和转速 $n$ 方向相反，转差率 $S>1$，转速 $n<0$。

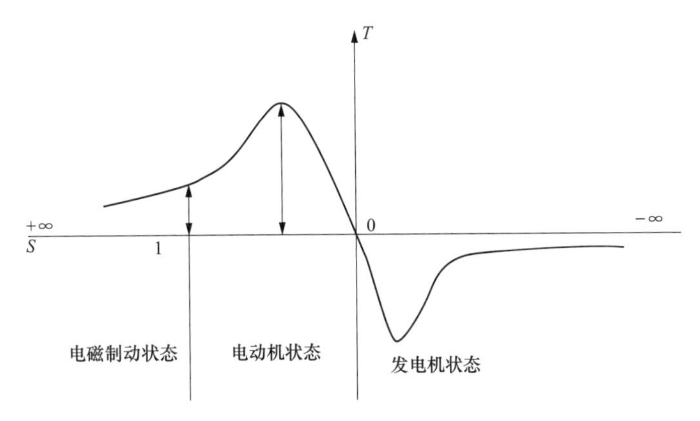


图 3-7 发电机不同运行状态

**五、立式水轮发电机的发展趋势**

随着单机容量向巨型机组发展，为提高可靠性和耐久性，在结构上采用不少新技术。

(1) 为解决定子的热膨胀问题采用定子浮动结构。定位筋采用浮动式双鸽尾筋时，定位筋与托板间留有适当的间隙，允许铁芯在热状态下自由膨胀，不会出现铁芯的变形。

(2) 为解决定子线圈的松动问题，采用弹性楔下垫条以防线棒绝缘磨损。

(3) 改进通风结构，减少风损和端部涡流损耗，进一步提高机组效率。

(4) 采用双水内冷发电电动机，定子线圈、转子线圈及定子铁芯用水直接内冷方式提高发电电动机的制造界限。

(5) 应用磁推力轴承。随着机组容量增大和转速升高，机组的推力负荷及启动转矩也在增加，使用磁推力轴承后，推力负荷由于加上了与重力反方向的磁吸引力，减少了推力轴承的荷载，减少了轴面阻力损失，减小了启动阻力矩，降低了轴承温度，提高了机组效率。

## 第二节 发电机定子

定子，也称电枢，是水轮发电机的主要部件之一，主要由发电机定子机座、铁芯和三相绕组组成。立轴水轮发电机定子结构，如图 3-8 所示，铁芯固定在机座上，三相绕组线圈嵌装在铁芯的齿槽内。

**一、定子机座**

定子机座俗称定子外壳，主要作用是承受定子的自重，承受上部机架及布置在上面的其他部件的重量，承受电磁扭矩和不平衡磁拉力，承受绕组短路时的切向剪力。定子

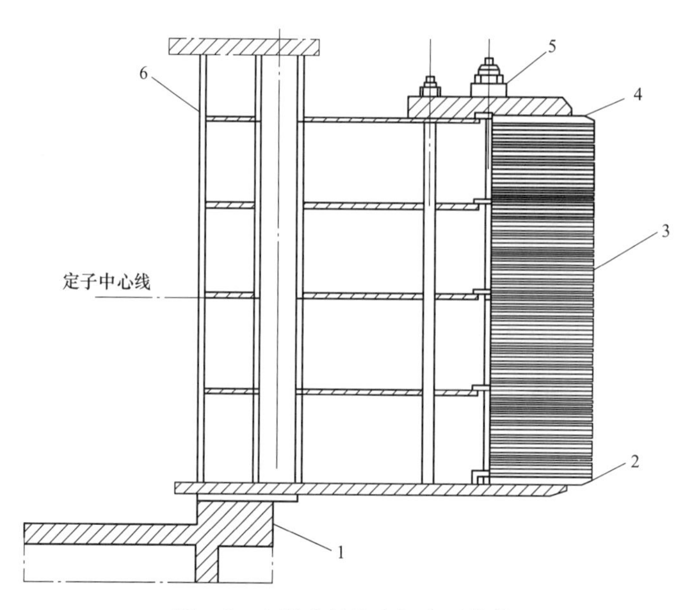


图 3-8　立轴水轮发电机定子结构

1—定子机座；2—下齿压板；3—定子铁芯；4—上齿压板；5—穿心螺杆；6—焊接机架

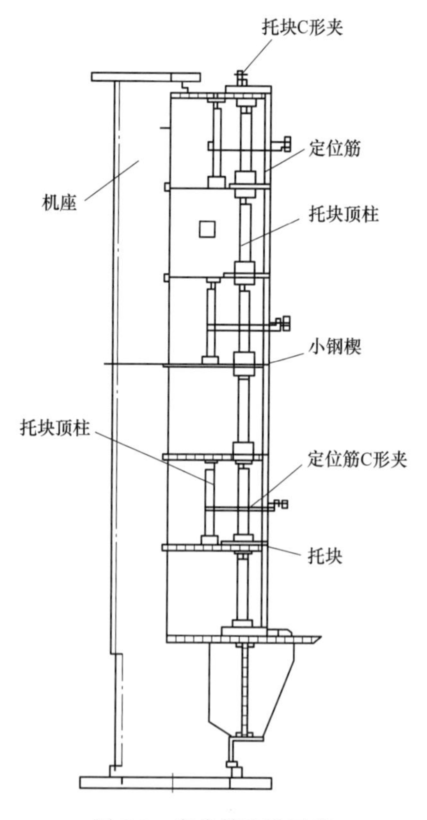


图 3-9　定位筋安装示意

机座一般呈圆形，小容量水轮发电机多数采用铸铁整圆机座，也有采用钢板焊接的箱形结构，容量较大的水轮发电机的机座由钢板制成的壁、环、立筋及合缝板等零件焊接组装而成。机座应有足够的刚度，同时还能适应铁芯的热变形。

大型水轮发电机机座多采用盒型结构，上环与上机架相连，下环与基础板相连，基础板埋入混凝土内。近年来，为避免发电机运行时机座和定子铁芯的热膨胀不一致使定子产生翘曲变形，有些大尺寸定子采用所谓“浮动式”机座，机座放置在基础板上，取消了基础螺栓，用固定在基础板上的定位销和机座上的径向槽定位。机座膨胀或收缩时，机座仅需克服与基础板之间的摩擦力，可自由收缩，而不变动机组中心，保持了定子圆度，避免了定子变为椭圆导致铁芯冲片破坏。

一般在定子机座上均匀布置有定位筋，定位筋安装示意，如图 3-9 所示。定位筋由方钢加工而成，呈鸽尾形。定位筋主要是克服扇形片切向力和轴向力的作用。定子铁芯的扇形冲片和通风槽片都是通过定位筋固定在机座上，一般每张扇形片上布置两根定位筋。定位筋的安装工艺对定子铁芯后期安装特别重要，安装时，通常选择一根直线度和平面度较好的定位筋作为基准，用托块C形夹、定位筋C形夹、托块顶柱及小钢楔等工具，将定位筋固定在基座上。检查定位筋与托块径向无间隙，托块与鸽尾右侧无间隙，托块与环板的间隙小于1mm，间隙大于1mm时应打磨处理直至满足要求。

齿压板由数量不等的齿压片与压板焊接而成，主要用来固定和压紧定子铁芯。固定方式有两种，一种是铁芯上部和下部均采用小齿压板结构，另一种是铁芯上部用小齿压板，下部用大齿压板结构。大齿压板是将铆接或焊接有齿压片的下齿压板与机座下环板连为一体。为减少端部涡流损耗，一般大容量发电机的齿压板采用不锈钢非磁性材料。

穿芯螺杆安装示意，如图3-10所示，在穿心螺杆的上端部安装有蝶形弹簧，将定子铁芯进行压紧。蝶形弹簧为圆锥形盘状，既可单个使用，也可多个串联或并联使用，在上内缘和下外缘处承受沿轴向作用的静态或动态载荷，被压缩后产生变形，直至被压平，以储存能量形式作为活载荷。在发电机运行时，定子铁芯会发生热胀冷缩，碟形弹簧可减少铁芯对机座的压力，减少机座受力变形。

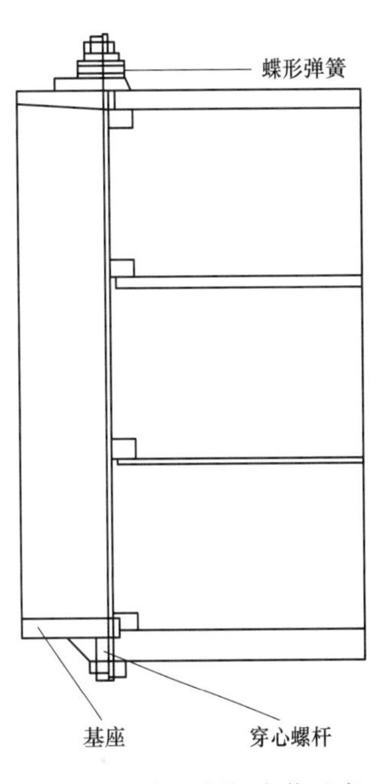


图3-10　穿心螺杆安装示意

蝶形弹簧多用冷轧或热轧带钢、板材或锻造坯料（锻造比不小于3）制造，常用材料60S2MA、50CVA等弹簧钢。对于蝶形弹簧的材料，在热处理后应具备高的强度极限、屈服极限、弹性极限和疲劳极限，同时，要求具有较高的冲击韧性、塑性和尽量高的屈强比。

**二、定子铁芯**

定子铁芯是水轮发电机磁路的主要组成部分，其作用是为发电机提供磁阻很小的磁路，它和转子铁芯、定子和转子之间的气隙一起组成发电机完整磁路。定子铁芯主要由扇形冲片、通风槽片、定位筋、齿压板、拉紧螺杆及固定片等零部件装压而成，如图3-11所示。

近年来，为减少机座承受的径向力和减小铁芯轴向波浪度，发电机采用所谓“浮动式铁芯”，其特点是在冷态时，铁芯与机座定位筋间预留一较小间隙，当铁芯受热膨胀时，此间隙减小或消失，当机座与铁芯温度不一致时，相互之间可自由膨胀，从而大幅减小机座承受径向力。为使铁芯能相对于机座自由膨胀或收缩，铁芯上下两端采用小齿压板，并在齿压板调整螺栓和机座接触处加二氧化钼润滑。

绕组固定在铁芯上，发电机运行时，铁芯受到机械力、热应力及电磁力的综合作用。发电机定子铁芯叠片时应严格按照工艺要求进行，防止叠片松动。

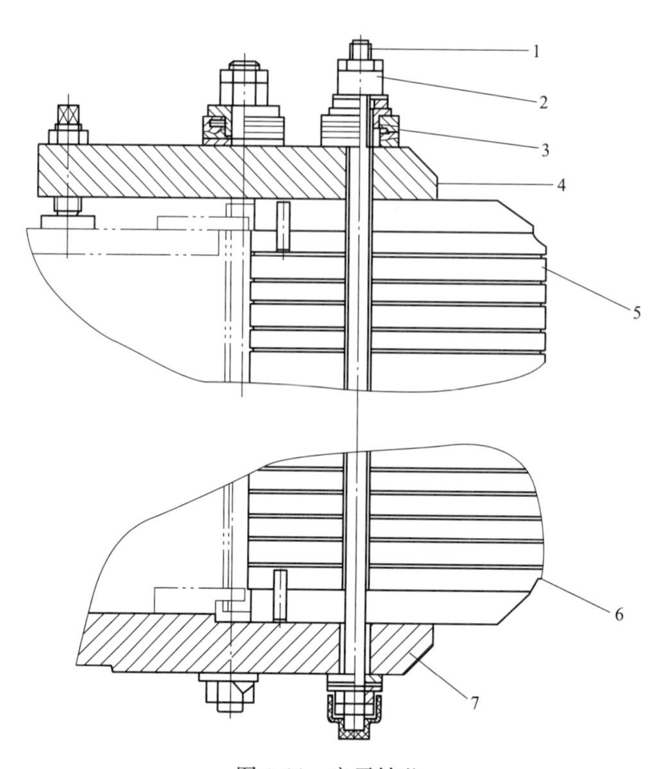


图 3-11　定子铁芯

1—穿心螺杆；2—穿心螺母；3—碟形弹簧；4—上齿压板；
5—定子叠片；6—定子端片；7—下齿压板

（一）定子铁芯扇形冲片

定子铁芯扇形冲片如图 3-12 所示。

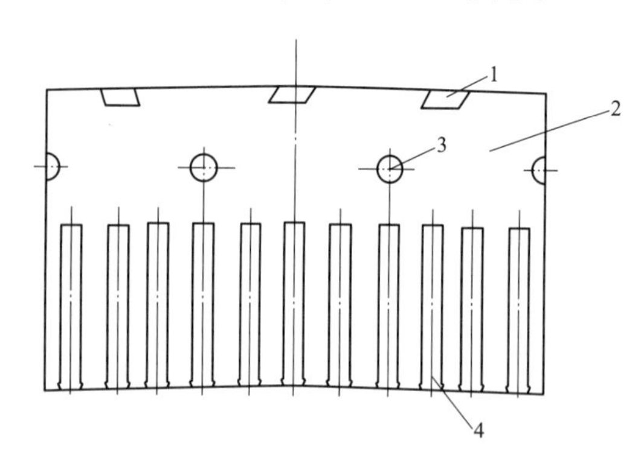


图 3-12　定子铁芯扇形冲片示意

1—鸽尾槽；2—齿部；3—穿心螺杆孔；4—槽部

发电机在发电状态下工作时，功率损耗不仅在线棒的电阻上，也产生在交变电流磁化的铁芯中。通常把铁芯中的功率损耗叫“铁损”，铁损由两个原因造成：磁滞损耗、涡流损耗。磁滞损耗是铁芯在磁化过程中，由于存在磁滞现象而产生的铁损，这种损耗的大小与材料的磁滞回线所包围的面积大小成正比。硅钢片的磁滞回线狭小，用它做发电机的铁芯磁滞损耗较小，可使发热程度大大减小。

硅钢片是一种含碳量很低的薄型钢板。为保证低磁滞损耗，在特殊的控制条件下进行生产。一般纯铁不适用于交变磁场中，因为其电阻率小，会引起大的涡流损耗。加入硅元素后，由于硅与铁形成固溶体型合金，提高了电阻率。硅钢片就是利用电阻率增加，减少由于厚度方向引起的涡流损耗。涡流损耗与硅钢片的厚度成比例，通常铁芯用的硅钢片厚度为0.35～0.5mm。在发电机中应用的硅钢片分冷轧和热轧两种。冷轧的硅钢片又分为有取向和无取向两种。有取向硅钢片即是各向异性，当磁通方向与轧制方向平行时，其单位损耗特别低，因此是变压器铁芯的一种理想材料，但在发电机内应用时，其范围极其有限。无取向硅钢片即是各向同性，用与各向异性硅钢片类似的方法轧制而成，在轧制质量、电气性能等方面与有取向的硅钢片相比较，具有优越性。因此，在水轮发电机的定子铁芯冲片上采用各向同性的冷轧硅钢片，已成为普遍的做法。

片状硅钢片可减小发电机另外一种铁损——涡流损耗。发电机在工作时，线棒中有交变电流，它产生的磁通是交变的。这个变化的磁通在铁芯中产生感应电流，在垂直于磁通方向的平面内环流着，所以叫涡流。涡流损耗同样使铁芯发热。为减小涡流损耗，发电机定子的铁芯用彼此绝缘的硅钢片叠成，使涡流在狭长形的回路中，通过较小的截面，以增大涡流通路上的电阻；同时，硅钢中的硅使材料的电阻率增大，也起到减小涡流的作用。

因此，为减少发电机的磁滞损耗和涡流损耗，硅钢片必须具有以下性能指标。

（1）铁损低，导磁性能好，损耗低。

（2）硅钢片表面光滑、平整，厚度均匀，叠装系数高。

（3）在结构布置上有良好的通风效果。

（4）表面对绝缘膜的附着性和焊接性良好。

（5）叠压后铁芯内径和槽型尺寸应满足设计精度要求。

大型发电机定子铁芯均采用表面涂有绝缘漆的硅钢片叠压而成，运行状态下对定子铁芯片间绝缘的要求很高，绝缘涂层不但要有适当电阻率，还要有较高的表面附着力，在高温和压力的作用下不发生塑性变形，油漆膜也需要有均匀的厚度，硅钢片使用性能要求见表3-1。

**表3-1　　定子铁芯的质量要求**

| 类型 | 项目 | 要　求 |
|---|---|---|
| 机械 | 外观 | 冲孔及边缘无毛刺；扇形片平整，无弯曲痕迹 |
| | 漆膜柔性 | 试样沿直径为10mm的圆棒弯曲90°，漆膜无开裂和剥落 |
| | 附着力 | 使用百格刀将试样涂层划出100个正方形，在划痕处贴透明胶带，然后撕下胶带，划痕范围无剥离 |
| | 硬度试验 | 用2H硬度铅笔以45°用力划试验片的双面涂层，漆膜无破损 |
| 化学 | 耐溶剂性 | 使用丙酮溶剂擦拭表面，漆膜未露出底材 |
| 电气 | 击穿强度 | 满足GB/T 1408.1—2016《绝缘材料电气强度试验方法　第1部分：工频下试验》要求 |
| | 油漆 | 漆膜无损伤或脱落 |

每层硅钢片由数张扇形片组成一个圆形，为防止涡流，每张扇形片都涂了耐高温的无机绝缘漆，为保证定子通风散热，每隔高度 40mm 左右有一层通风槽片。冲片上冲有嵌放线圈的下线槽及放置槽楔用的鸽尾槽。扇形冲片利用定子定位筋定位，通过螺杆、碟形弹簧、压指、压板夹紧成一个刚性圆柱形铁芯，用定位筋固定在内机座上。齿部是通过压圈内侧的非磁性压指来压紧。边段铁芯涂有黏接漆，在铁芯后加热，使其黏接成一个牢固的整体，进一步提高铁芯的刚度。

（二）通风槽片

大中型水轮发电机大都采用径向通风系统，在定子铁芯段设计有一定数量的由通风槽片构成的通风沟。通风槽片由扇形冲片、通风槽钢及衬口环组成。通风槽片用的扇形冲片材料一般为 0.65mm 厚的酸洗钢板。酸洗钢板表面要求平整、光滑、不得有氧化皮或其他污迹。通风槽片在点焊通风槽钢时，齿部易产生变形而碰上定子绕组，因此，通风槽片的槽型需要扩孔，以避免损伤绕组。一般槽型扩孔在直径方向增加 2mm，槽宽方向也增加 2mm 左右。通风槽片在齿部槽楔部分的尺寸通常依据比例图来选取，倒角为 60°，选取尺寸的原则是通风槽片在槽口部分不碰槽楔。

通风槽钢是形成定子通风沟的主要零件，采用的通风槽钢高度规格有 4、6、8mm 和 10mm 四种，材料有普通 Q235 钢和非磁性钢两种。通风槽钢表面要求光滑，没有纵向擦伤、裂缝、毛刺和其他外部缺陷；钢条必须平直，无论是侧面或水平面都不允许有波浪形弯曲；钢条上不允许有氧化膜妨碍点焊；每米长度内钢条绕纵轴扭转角度不允许大于 5°。

过去，中小型水轮发电机通风槽钢常用的材料为低碳钢。近年来，在大中型水轮发电机中，特别是内冷发电机，电磁负荷值越来越高，端部漏磁通和电枢电流在绕组边中产生的漏磁通，使通风槽钢中存在着相当大的漏磁通。尤其是当齿部的磁通密度很高（$B_0>1.5\mathrm{T}$）时，在冲片齿部的通风槽钢对磁通形成相当大的分支路，造成通风槽钢内损耗增加和发热。采用非磁性的合金钢作为通风槽钢，对减少损耗将起到很大的作用。因此，一些电磁负荷较高的水轮发电机，都采用非磁性的合金钢作为通风槽钢。为降低成本，非磁性通风槽钢可只用于齿部。由于铁芯轭部的漏磁通是很小的，可采用普通的通风槽钢。

通风槽钢和衬口环现都采用点焊的方法固定于扇形冲片上，点焊间距一般在 50～60mm 为宜。为减小风阻，靠近齿部通风槽钢应弯成内径为 $R14$ 的圆弧。焊通风槽钢时的槽钢弯头不能伸出冲片，以免损伤绕组。衬口环位于扇形冲片的鸽尾槽处，点焊 3 点。点焊通风槽钢和衬口环后，在通风槽钢表面喷铁红醇酸底漆和浅灰色硝基内用磁漆各一层，或者按工厂的专门规范喷漆。

**三、定子绕组**

（一）概述

定子绕组是发电机动脉，主要作用是产生电势和输送电流。定子三相绕组由绝缘导线绕制而成，均匀地分布于铁芯内圆齿槽中。三相绕组接成Y形，它的作用是当转子磁极旋转时，定子绕组切割磁力线而感应出电势，定子绕组装配，如图3-13所示。

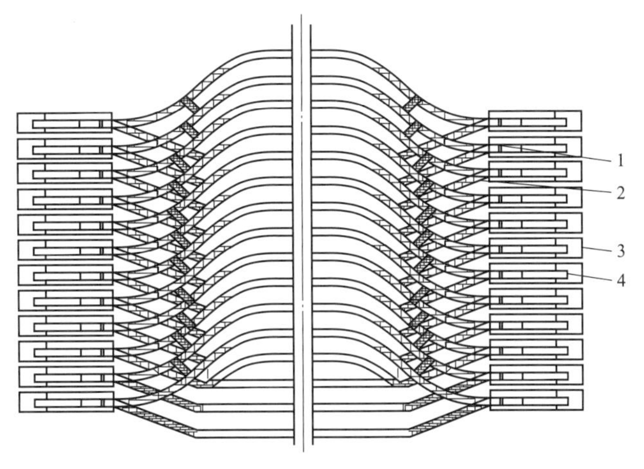


图3-13　定子绕组装配

1—上层线棒；2—下层线棒；3—绝缘盒；4—焊接接头

发电机的定子绕组分为单层和双层两种，一般采用双层绕组。双层绕组的每个槽内有上、下两个线圈边。线圈的一条边放在某一槽的上层，另一条边则放在相隔一个线圈节距的下层，整个绕组的线圈数恰好等于槽数。双层绕组的主要优点为：①可选择最有利的节距，并同时采用分布绕组，来改善电动势和磁动势的波形；②所有线圈具有同样的尺寸，便于制造；③端部形状排列整齐，有利于散热和增强机械强度。

双层绕组又可分为叠绕组和波绕组。叠绕组嵌线时，相邻的两个串联线圈中的后一个线圈紧叠在前一个线圈上，这种绕组称为叠绕组。在绕组中，每个极相组内部的线圈是依次串联的。不同磁极下的各个极相组之间视具体的需要既可结成串联，也可结成并联。

大多数大型水轮发电机都是采用波绕组连接，其优点是接线简单美观，连接线少。每条支路的路径通过绕组的自然连接分布定子全圆周，又称为分布绕组。而叠绕组连接成集中绕组，它的每条支路集中在圆周的各独立区域内。集中绕组每条支路局部分布，由于转子偏心的存在，每条支路感应的电势略有差别，这使支路间产生微小的环流。该电流将产生一个力，阻止磁通的变化，也就阻止了转子的进一步偏心。在理论上被称为发电机电磁刚度的下降。

水轮发电机定子绕组主要采用圈式和条式两种。

（1）圈式线圈。圈式线圈由若干匝组成，每一匝又可由多股绝缘铜线组成。圈式线圈的两个边分别嵌入定子槽内上下层，多个圈式线圈嵌入定子槽内后，按照一定的规律连接起来组成叠绕组。双层圈式线圈多用于中小型水轮发电机。大型水轮发电机也有采用单匝叠绕线圈，为便于制造，工艺上可将线圈分成两半，分别弯曲成杆型线棒，包扎绝缘并经处理后下线，然后把有关的两个边连起来焊在一起。

（2）水轮发电机普遍采用条式线圈。在定子铁芯槽中沿高度方向放两个线棒，嵌线后，用钎焊方式将线棒彼此连接起来，组成双层绕组。每个线棒由小截面的单根铜股线组成。线棒中的股线沿宽度方向布置两排，高度方向彼此间要进行换位，以降低涡流损耗和减小股线间温差。

对定子绕组的基本要求如下：合成电动势和合成磁动势的波形要求接近于正弦曲线，数量上力求获得较大的基波电动势和基波磁动势。对三相绕组，要求各相的电动势和磁动势对称；绕组的电阻、电抗要求平衡。绕组结构要求简单、省铜，绕组铜耗要小。绕组绝缘可靠，机械强度、散热条件好，制造简单、方便。

（二）定子线棒换位

线棒是组成发电机定子绕组的基本构件，一个线圈由两根条式线棒组合而成。条形线棒由多股铜导线和主绝缘构成，线棒的股线较多，水轮发电机定子线棒处于复杂的槽部漏磁场和端部漏磁场之中，两种磁场均会在股线中感应出漏感电势产生定子线棒环流，会造成股线间不均匀温升，并对线棒的绝缘造成危害，同时，环流损耗会造成发电机效率降低、使用寿命缩短。换位就是充分利用股线在槽部漏磁场中感应不平衡电势，最大限度的抵消股线在端部漏磁场中感应的不平衡电势以减小环流和附加损耗。

国内外制造厂制造的定子线棒都采用槽内股线换位措施，过去一般采用 360°完全换位方式，即 Roebel 完全换位。线棒中的各股线在定子槽部实行 360°扭转换位，而在线棒的端部部分不采用任何换位。因此，0°/360°/0°换位线棒也称为 Roebel 线棒，Roebel线棒因其换位结构简单，线棒制作工艺难度小被广泛应用于水轮发电机定子线棒，但理论分析与实践都表明，Roebel 线棒换位虽然线棒槽部漏磁场产生的漏感电势可相互抵消，但由于端部没有换位，使各股线在复杂的端部磁场中感应的电势仍然不同，各股线之间依然存在较大的环流损耗，股线发热不均，而使局部温度升高，影响线棒的绝缘性能。

由于水轮发电机定子铁芯轴线与端部较短，水轮发电机定子线棒换位方式一般不超过 360°，且端部一般不参与换位。为改进 360°完全换位，水轮发电机采用定子线棒不足 360°换位、0°/360°/0°空换位，360°延长换位三种方式。

（1）定子线棒不足 360°换位（如图 3-14 所示）。换位原理是槽部换位角小于 360°，端部不换位，便于利用槽部的不平衡漏感电势去抵消端部的不平衡漏感电势。其优点为换位角度减小，换位节距增大，便于制造。如果选取合适的换位角，降损效果明显；缺点是，股线根数为整数，不能任意选取换位角，当股线根数较少时，实际换位角与最佳换位角之间出现较大差别，影响降损效果。

（2）0°/360°/0°空换位（如图 3-15 所示）。换位原理是在槽部设置空换位段，其余部分仍然进行 360°换位，利用槽部的不平衡漏感电势去抵消端部的不平衡漏感电势。优点是空换位段长度选取合适时，可有效抑制环流。缺点是换位节距减小，制造工艺难度增大。

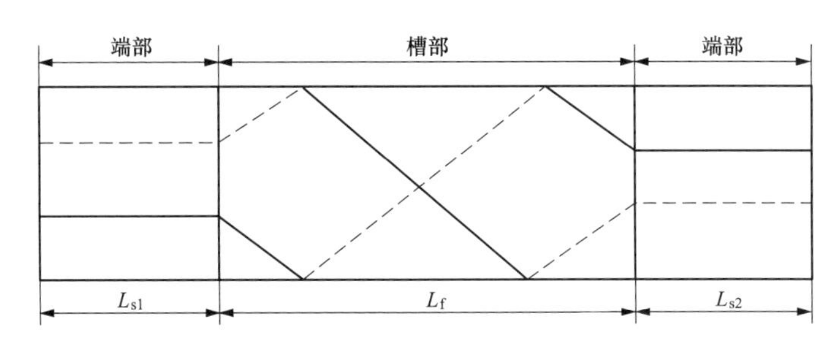


图 3-14　定子线棒不足 360°换位示意

$L_{s1}$，$L_{s2}$—线棒两端端部长度；$L_f$—线棒槽部长度

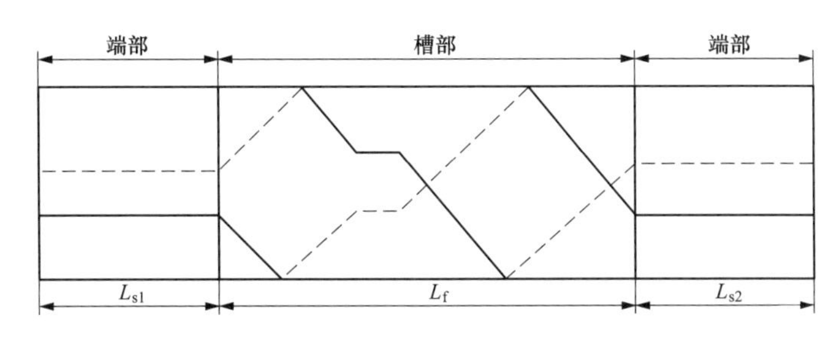


图 3-15　0°/360°/0°空换位示意

$L_{s1}$，$L_{s2}$—线棒两端端部长度；$L_f$—线棒槽部长度

（3）360°延长换位（如图 3-16 所示）。换位原理仍然按 360°换位，但股线换位长度大于定子铁芯长度，即端部也有一部分股线进行了换位，槽部相当于进行不足 360°换位。优点是换位节距增大，编织与股间绝缘改善，便于制造，如果延长换位长度选取合适，降损效果明显。缺点是股线延长部分不宜超过线棒直线部分，否则端部导线绝缘易受损坏，从而造成股线间短路。

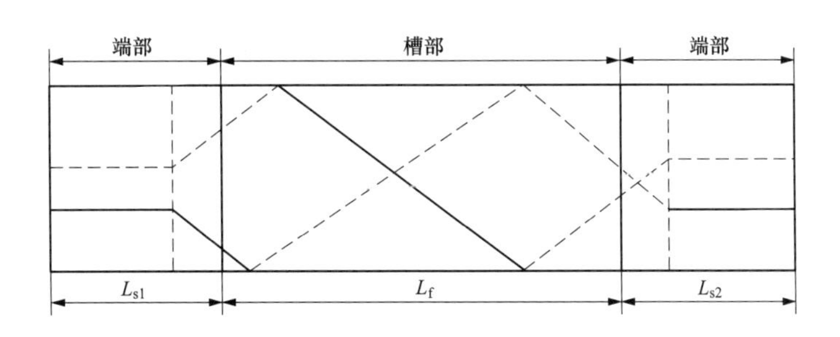


图 3-16　360°延长换位示意

$L_{s1}$，$L_{s2}$—线棒两端端部长度；$L_f$—线棒槽部长度

（三）定子绕组绝缘结构

定子绕组的绝缘主要包括股间、匝间、排间、换位和对地防晕层等。典型的圈式和条式高压定子绕组绝缘结构，见表 3-2。

表 3-2　　典型的圈式和条式高压定子绕组绝缘结构

| 绕组形式 | 绝缘结构 | 序号 | 名称 | 材料 |
|---|---|---|---|---|
| 圈式 | | 1 | 股线绝缘 | 玻璃丝 |
| | | 2 | 匝间绝缘 | 薄膜三合带 |
| | | 3 | 对地绝缘 | B、F 级环氧粉云母带 |
| | | 4 | 防晕层 | 半导体漆或带 |
| 条式 | | 1 | 股间绝缘 | 双玻璃丝/涤纶双玻璃丝 |
| | | 2 | 排间绝缘 | 环氧浸渍玻璃坯布 |
| | | 3 | 对地绝缘 | B、F 级环氧粉云母带 |
| | | 4 | 防晕层 | 半导体漆或带 |
| | | 5 | 换位绝缘 | 环氧柔软云母板 |
| | | 6 | 换位凹陷填充 | 粉云母换位填充板 |

表 3-2 中，环氧粉云母带一般分为多胶和少胶两种，目前世界上大部分知名厂家都采用少胶云母带。少胶云母带中粉云母含量高，绝缘性能更好，在相同电压等级下，用少胶云母带工艺主绝缘的厚度比多胶云母带厚。

在机组长期运行过程中，由于线棒受到电、热、机械力的作用和不同环境条件的影响，绕组绝缘逐渐老化，因此，绕组绝缘应具有产品所要求的耐热等级，足够的耐电强度，优良的机械性能和良好的工艺。绝缘材料的使用温度分级，见表 3-3。

表 3-3　　绝缘材料的使用温度分级

| 耐热等级 | Y | A | E | B | F | H | 200 | 220 | 250 |
|---|---|---|---|---|---|---|---|---|---|
| 使用极限温度（℃） | 90 | 105 | 120 | 130 | 155 | 180 | 200 | 220 | 250 |

温度超过 250℃时，按间隔 25℃相应设置耐热等级。此外，将使用极限温度超过

180℃的定位 C 级。

现在大中型混流式水轮发电机组绝缘多使用 B、F 级绝缘，其最高允许工作温度分别为 130、155℃，但设计发电机时，为留有余量，常采用 120、140℃。20 世纪 50 年代，国内外常用的是沥青云母带浸胶绝缘（俗称黑绝缘），其属于热弹性绝缘材料，但制造、安装工艺复杂。随着发电机单机容量不断增长，20 世纪 70 年代前后，国内外都改用热固性的环氧粉云母绝缘（俗称黄绝缘），其优点是耐点强度高、介质损耗低，且粉云母的原材料来源更广、更便宜，得到了更广泛的应用。

（四）定子绕组防晕结构

电晕指带电体表面在气体或液体介质中发生局部放电的现象，常发生在高压导线的周围和带电体的尖端附近。气体放电会发生化学反应，主要产生臭氧、二氧化氮、一氧化氮。其中，臭氧对金属及有机绝缘物有强烈氧化作用，二氧化氮、一氧化氮会溶于空气中的水形成硝酸类，具有强腐蚀性。在 110kV 以上的变电站和线路上，时常出现与日晕相似的光层，发出"嗤嗤""哔哩"的声音。电晕会消耗电能，并干扰无线电波。电晕是极不均匀电场中所特有的电子崩——流注形式的稳定放电。电晕的产生是因为不平滑的导体产生极不均匀电场，当在不均匀的电场周围曲率半径小的电极附近的电压升高到一定值时，由于空气游离而发生放电，形成电晕。定子绕组在通风槽口及直线出槽口处、绕组端部电场集中，当局部位置场强达到一定数值时，气体发生局部电离，在电离处出现蓝色荧光，即是电晕现象。电晕产生热效应，与臭氧、氮的氧化物综合作用，使线圈内局部温度升高，导致胶黏剂变质、碳化，股线绝缘和云母变白，进而使股线松散、短路，绝缘老化。

电晕产生的位置如下。

（1）线棒出槽口处。绕组出槽口处属典型的套管型结构，槽口电场非常集中，是最易产生电晕的地方。

（2）铁芯段通风沟处。通风槽钢处属尖锐边缘，易造成电场局部不均匀。

（3）线棒表面与铁芯槽内接触不良处或有气隙处。

（4）端箍包扎处。

（5）端部异相线棒间。绕组端部电场分布复杂，特别是线圈与端箍、绑绳、垫块的接触部位和边缘。

由于工艺的原因，往往很难完全消除气隙，在这些气隙中也容易产生电晕。因此，定子绕组绝缘还应有一定的耐电晕能力，我国规定，额定电压在 6kV 以上的定子绕组，绕组的端部和槽部绝缘表面要做防晕处理。根据发电机绕组电晕的特点，发电机线棒的防晕结构采用的都是直线段防晕和端部防晕相结合的方式，如图 3-17 所示为线棒防晕结构示意（图中高阻防晕保护区的厚度已做放大处理）。

定子线棒的防晕处理常用的方式有刷包型、涂覆型和随线棒主绝缘一次成型等。

线棒的防晕结构与发电机额定电压有关，不同电压等级的发电厂采用的材料和防晕方式也不同。

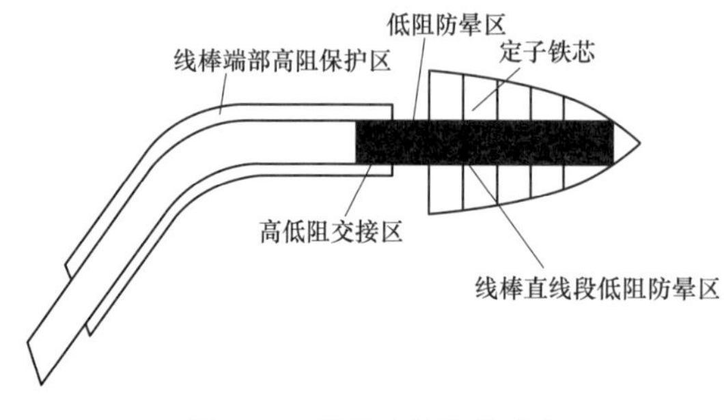


图 3-17　线棒防晕结构示意

（五）线棒的接头连接

条式线棒是以单根形式安装在定子铁芯线槽内，因此，线棒间必须有很好的电气连接，才能连接成电气回路。目前，大型水轮发电机组线棒接头根据接头钎焊材料的不同，分为锡焊和硬铜焊两种连接方式。锡焊是在两根线棒的接头上套上铜质并头套，然后楔紧，整形完成后整体加热灌满锡焊，形成较好的电气连接。由于锡焊的熔点温度较低，一般为183～264℃，使用温升有一定的限制，接头通过的电流不能太大。目前，硬铜焊有对接和搭接两种方式。首先，在每根线棒上焊有铜质连接接头，上、下层需连接的线棒接头在下线完成后就已靠拢在一起，在接触面上夹上银焊片，然后加热，使银焊片熔化，达到使两接头良好接触的目的。由于银基钎焊焊料的熔点温度一般高于 600℃，因此，接头允许温升较高，流通能力很强，广泛用于大容量机组的定子接头连接中，如图 3-18 所示为线棒铜焊接头示意。

（六）绝缘盒

目前，定子线棒接头绝缘均采用接头绝缘盒方式，绝缘盒有盒内注胶和不注胶两种方式。对空冷发电机的定子接头，一般采用接头绝缘盒注胶工艺，上下接头绝缘盒的基本结构相同，只是从现场角度看，上部的绝缘盒无底，也称通低绝缘盒。水内冷线棒的接头由于有水接头，因此没有采用注胶成为实体的方式，而是将绝缘盒加长，然后固定在接头上，以满足相邻接头的绝缘要求，对地的绝缘主要靠线棒本身的绝缘距离实现。这种非注胶结构的发电机定子，其端部的洁净度要求比接头注胶式结构高，其散热能力及运行维护的可检查性比注胶结构好。

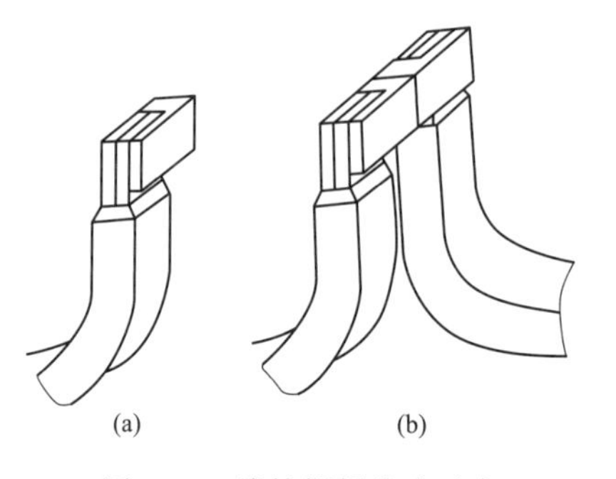


图 3-18　线棒铜焊接头示意

（a）铜焊电接头；（b）对接焊

水轮发电机绝缘盒采用 879、881 灌注胶，是由环氧树脂、特种无机填料和固化剂配制成的室温固化双组分灌注胶。它们具有储存期长、使用方便的特点，固化后具有良好的机电性能。879 用于线棒下端、881 用于线棒上端。每种系列灌注胶由甲、乙组份均分别装于密闭良好的塑料盒或瓶中，总净重 2.845kg，其中，甲组分每盒净重 2.5kg，乙组分每瓶净重 0.345kg。使用过程中将甲组分搅拌均匀，注意搅拌速度不宜过快，避免产生气泡，如有气泡产生，则须放置一定时间待气泡消失后加入乙组分（一盒对一瓶），立即用机械搅拌方法充分混匀，然后迅速灌入绝缘盒中。若环境温度过低，最好先将甲组分加热至30℃左右再使用。

（七）定子线棒的固定

在发电机中运行时，定子线棒承受温度变化、湿度、振动及突然短路产生的巨大电磁力的作用，为避免损伤线棒绝缘、提高机组运行寿命，发电机定子槽部固定结构尤为重要。大型水轮发电机定子线棒槽内固定的作用包括：①消除槽内电晕腐蚀及“电腐蚀”；②承受电机运行时的电磁力和振动对线棒的磨损，防止线棒轴向下沉。

根据槽部防电晕及防“电腐蚀”的要求，理论上定子线棒与铁芯槽壁的间隙越小越好。目前使用的环氧绝缘为热固性材料，热膨胀性小，在发电机运行时绝缘本身无法补偿线棒与铁芯槽壁的微小间隙。据研究，当线棒与槽壁间隙在0.4～1.0mm时产生电腐蚀的概率最大。虽然槽部电晕的放电能量不是很大，故热效应对绝缘的影响也不大，但产生的臭氧与氮反应生成的酸将腐蚀线棒主绝缘，最终影响线棒寿命。因此，控制线棒低阻层和半导体槽衬的表面电阻率，弥补线棒与槽壁的间隙尤为重要。

线棒低阻层和槽衬的表面电阻要求既不能太大也不能太小，太大易造成槽内电晕腐蚀，太小易在其表面产生涡流，损耗会增大。因此，线棒低阻层及半导体槽衬的表面电阻率控制在103～105Ω较为合理。水轮发电机在安装过程中对于槽内固定结构的考核通常采用测量线圈槽部表面电位的办法。在线圈嵌入定子铁芯槽中并固定后进行。测试时，电机绕组加上额定交流电压，用连接电压表的金属触头（操作者通过绝缘棒控制）接触线圈表面，同时读取电压表上读数，要求槽电位不大于10V。

定子线棒固定主要包括线棒槽内固定和线棒端部固定。线棒在槽内必须考虑切向和径向两个方向的位移。线棒在槽内的切向固定，主要是结合线棒槽部防晕处理进行的，下线时将导电腻子和导电槽衬包绕在线棒表面，使线棒表面和铁芯槽壁间紧密接触。线棒在槽内径向固定大都采用槽楔和楔下波纹板的固定结构。中小型发电机，也常采用全槽斜面对头楔。

线棒的端部固定主要由端箍、槽口垫块、线棒斜边垫块及端部绑扎等部分组成，条式线棒端部绑扎示意，如图3-19所示。线棒嵌装后用经浸润胶处理的无纬玻璃丝带将口部垫块，斜边垫块，端箍（也称支持环）牢牢地与线棒绑扎在一起，固化后成为一个整体。

（八）定子绕组的汇流环及引出线

水轮发电机定子电流，通过绕组的出线经铜环引线和铜排引出到发电机机座外壁，再由铜母线（或离相封闭母线）连接到变压器，送到系统。典型的铜环引线结构示意，如图3-20所示。

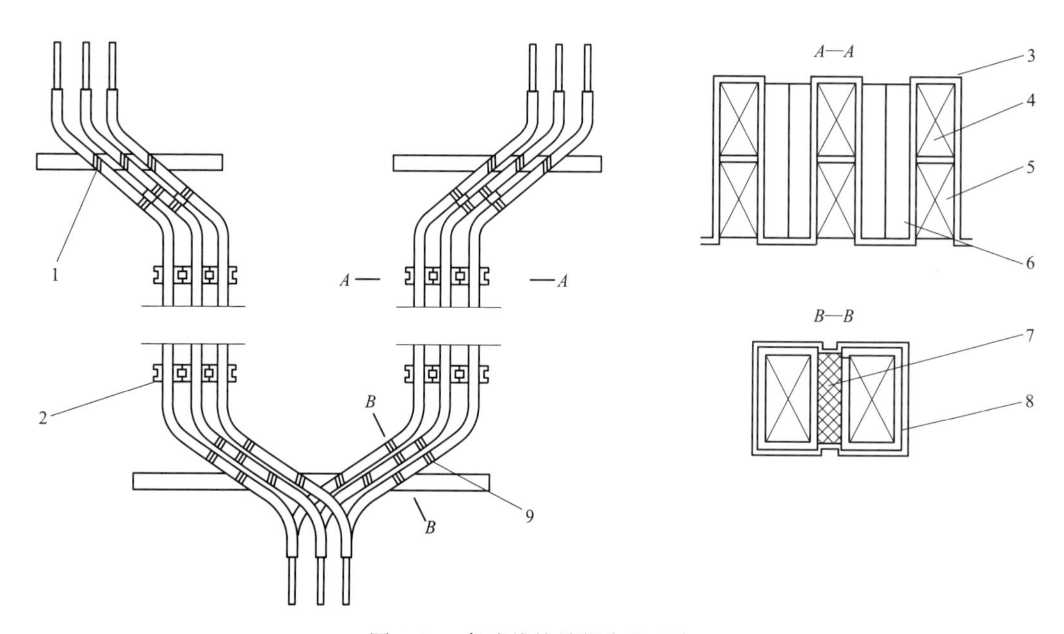


图 3-19　条式线棒端部绑扎示意

1—绕组与端部绑扎；2—槽口垫块固定；3—适形材料；4—下层线棒；5—上层线棒；6—槽口垫块；7—斜边垫块；8—玻璃丝带；9—绕组斜边绑扎

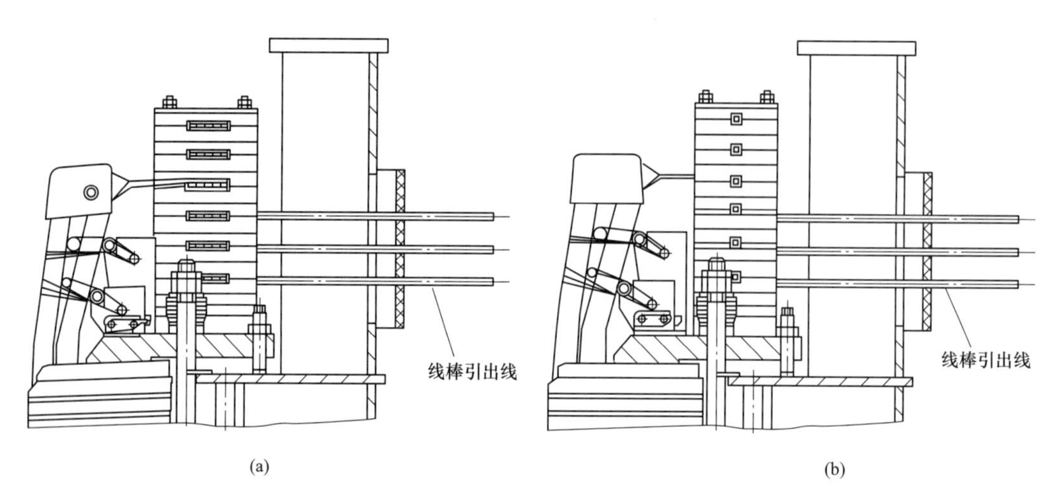


图 3-20　典型铜环引线结构示意

（a）水平截面布置；（b）竖直截面布置

目前，水轮发电机铜环引线的布置结构有竖直截面布置、水平截面布置和组合结构布置三种。竖直截面布置一般用于接线简单的水轮发电机，它可免去将铜母线扭弯成麻花状的复杂工艺。

（九）定子绕组及铁芯测温

发电机运行时，本身要消耗一部分能量，这部分能量包括机械损耗、铁芯损耗、铜损耗和附加损耗。这些损耗转换成热能，使发电机各部分的温度升高。发电机冷却系统将热量带走，使各部分的温度不超过相应的允许温度。为防止发生发电机主设备损坏事故，《防止电力生产重大事故的二十五项重点要求》对其做出了严格规定：定子线棒层间测温元件的温差和出水支路的同层各定子线棒引水管出水温差应加强监视。温差控制值应按制造厂规定，制造厂未明确规定的，应按照以下限额执行：定子线棒层间最高与最低湿度间的温差达 8℃，或者定子线棒引水管出水温差达 8℃时应报警，应及时查明原因，此时可降低负荷。定子线棒温差达 14℃或定子引水管出水温差达 12℃，或者任一定子槽内层间测温元件温度超过 90℃或出水温度超过 85℃时，在确认测温元件无误后，应立即停机处理，温度量作为发电机稳定运行的一个重要参数，为监视发电机的安全可靠运行，必须对发电机定子铁芯和绕组进行测温，并将测温数据上传至电厂监控设备，进行监视。

测量定子绕组温度一般采用埋入式检温计。埋入式检温计可以是电阻式的，也可以是热电偶式的。目前，发电机用的大部分是电阻式的。电阻式检温计的测量元件一般埋在定子线棒中部上、下层之间，即安装在层间绝缘垫条内一个专门的凹槽里，并封好。用两根导线将其端头接到发电机侧面的接线盒里，再引至检温计的测量装置。利用测温元件在埋设点受温度的影响而引起阻值的变化，来测量埋设点即定子绕组的温度。由于埋入式检温计受埋入位置、测温元件本身的长短、埋入工艺等因素的影响，往往测出的温度与实际温度差别很大，故对检温计应定期校对，当确定合格后，再用它来监视定子绕组的温度。

测量定子铁芯温度所用的也是埋入式电阻检温计。首先把测温元件放在一片扇形绝缘连接片上，一个与其相适应的凹槽里，然后用环氧树脂胶好。在叠装铁芯时，把扇形片像硅钢片一样叠入铁芯中某一选定部位，电阻元件用屏蔽线引出。对于水冷式发电机，因为定子铁芯运行温度较高，边端铁芯可能会产生局部过热，因此，一般埋设的测温元件较多，有的沿圆周均匀地埋设许多个。沿轴向来说，端部的测点较多，中部的大部分埋设在热风区段。沿着径向可放在齿根部或轭部，放在齿根部测的是齿根铁芯的温度，放在轭部测的是轭部铁芯的温度。

（十）定子绕组中性点接地

由于发电机端所连设备和装置存在大小不等的对地电容，当发电机绕组发生单相接地故障时，接地点流过的故障电流为上述对地电容电流。发生故障时，故障处电弧时断时续，产生间歇性弧光过电压，将损伤发电机定子绝缘，可能造成匝间或相间短路，严重时将烧伤定子铁芯。发电机中性点采取不同的接地方式，主要目的是防止发电机及其他设备遭受单相接地故障的危害。

发电机定子绕组中性点接地方式分为中性点不接地、中性点直接接地、中性点经消弧线圈接地。定子绕组中性点接地方式，如图 3-21 所示。

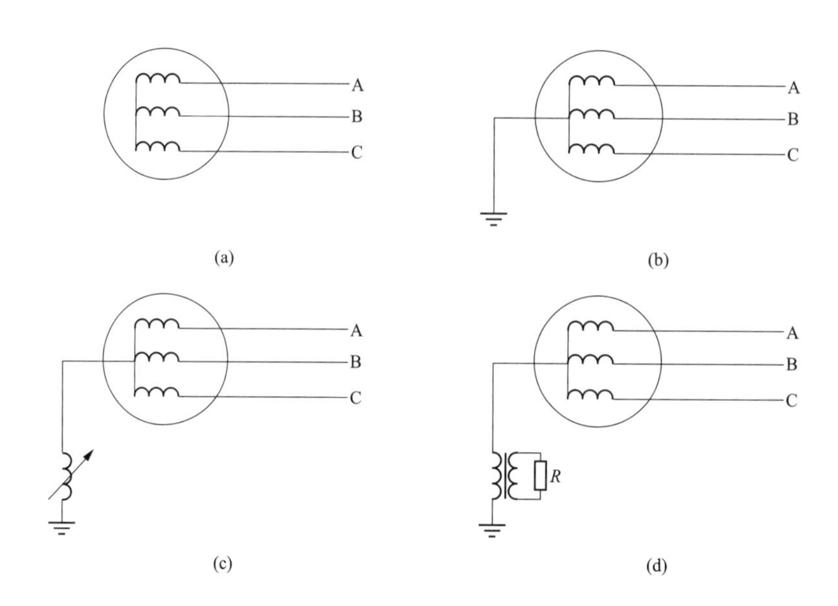


图 3-21　定子绕组中性点接地方式

（a）中性点不接地；（b）中性点直接接地；

（c）中性点经消弧线圈接地；（d）中性点经配电变压器接地

1. 中性点不接地

中性点不接地方式最简单，其主要特点是当系统发生单相接地时，各相间的电压大小和相位保持不变，三相系统的平衡没有遭到破坏，因此，在短时间内可继续运行。但是，单相接地时容性电流难以熄灭，易恶化为相间短路故障，或者单相弧光接地时，使系统产生谐振而引起过电压，导致系统瘫痪，一般规定单相接地带故障点运行时间不得超过 2h，供电连续性好，这样较长时间带故障点运行给生产和调度造成很大的压力。接地电流仅为线路及设备的电容电流，但由于过电压水平高，要求发电机拥有较高的绝缘水平。接地电容电流不能超过允许值，否则接地电弧不易自熄，易产生较高弧光间歇接地过电压，波及整个电网。

2. 中性点经消弧线圈接地

顾名思义，消弧线圈就是灭弧的，是一种带铁芯的电感线圈。它安装在变压器（或发电机）的中性点与大地之间，构成消弧线圈接地系统。电力系统输电线路经消弧线圈接地，为小电流接地系统的一种。正常运行时，消弧线圈中无电流通过。而当电网受到雷击或发生单相电弧性接地时，中性点电位将上升到相电压，这时流经消弧线圈的电感性电流与单相接地的电容性故障电流相互抵消，使故障电流得到补偿，补偿后的残余电流变得很小，不足以维持电弧，从而自行熄灭。这样，就可使接地故障迅速消除而不致引起过电压。系统发生单相接地故障时，接地电流与故障点的位置无关。由于残流很小，接地电弧可瞬间熄灭，有力地限制了电弧过电压的危害作用。继电保护和自动装置、避雷器、避雷针等，只能保护具体的设备、厂站和线路，而消弧线圈却能使绝大多数的单相接地故障不发展为相间短路，发电机可免供短路电流，变压器等设备可免受短路电流的冲击，继电保护和自动装置不必动作，断路器不必动作，对所在系统中的全部电力设备均有保护作用。

3. 中性点直接接地

中性点直接接地系统，也称大接地电流系统。这种系统发生单相接地故障时，由于系统中性点的钳位作用，使非故障相的对地电压不会有明显的上升，可减少绝缘方面的投资。但这种系统一相接地时，出现除中性点外的另一个接地点，构成了短路回路，接地故障相电流很大，为防止设备损坏，必须迅速切断电源，因而供电可靠性低，易发生停电事故。为提高供电的可靠性，在中性点直接接地系统的线路上，广泛装设自动重合闸装置，当发生单相短路时，继电保护将电路断开，经一段时间后，自动重合闸装置再将电路重新合上。如果单相短路是暂时性的，线路接通后对用户恢复供电，如果单相短路是永久性的，继电保护将再一次断开电路。据统计，有70％以上的短路是暂时性的，因为重合闸的成功率在70％以上。发生单相短路时，相当于将电源的正负极直接短路，短路电流很大，须选用大容量的开关，增加了投资。同时，发生单相接地时，很大的单相电流在一相内流过，在三相导线附近产生较强的单相磁场，对附近的通信线路产生电磁干扰，故在设计电力线路时要考虑与通信线路保持一定的距离，避免与通信线路平行。

## 第三节 发电机主轴和转子

### 一、发电机转子

水轮发电机转子是将旋转机械能转换为电能的重要部件，主要由转子支架、磁轭、磁极等组成，立式水轮发电机转子装配，如图3-22所示。

（一）转子支架

转子支架主要用于固定磁轭，通常有以下四种结构形式。

1. 与磁轭圈合为一体的转子支架

这种转子支架由轮毂、幅板和磁轭圈三部分组成。整体铸造或由铸钢磁轭圈、轮毂与钢板组焊而成。转子支架与轴之间靠键传递转矩。这种结构用于中、小容量水轮发电机。

2. 圆盘式转子支架

圆盘式转子支架由铸造轮毂与上、下圆盘，撑板和立筋等焊接而成。对于采用径向通风系统的发电机，需要在圆盘上开孔，以满足循环冷却风量的需要。这种转子支架具有刚度大、传递扭矩大及通风损耗小等优点，用于中、低速大、中容量水轮发电机。当圆盘支架尺寸受运输条件限制时，需分别运到工地组焊或用螺栓连接成整体。

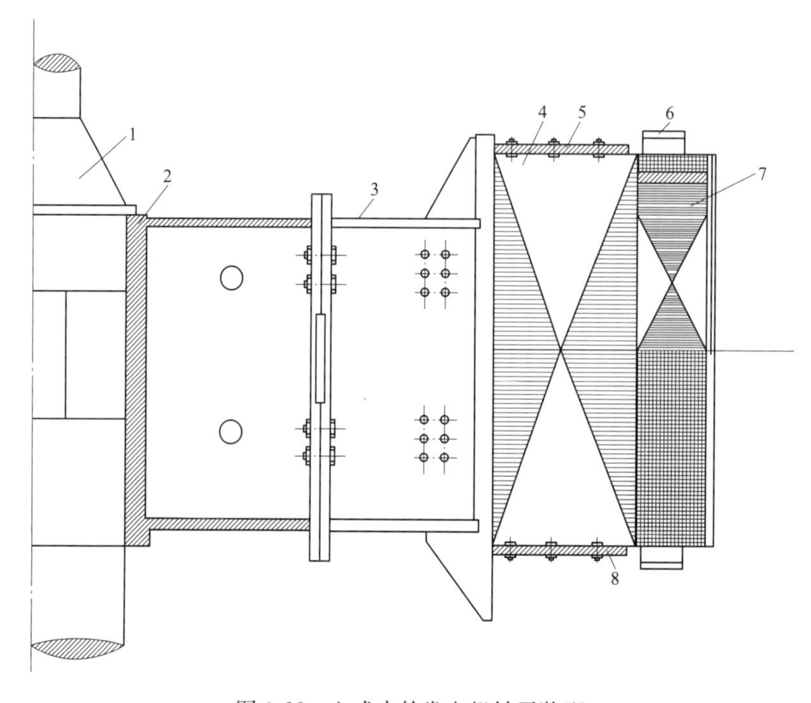


图 3-22 立式水轮发电机转子装配

1—主轴；2—轮毂；3—转臂；4—磁轭；5—压板；6—风扇；7—磁极；8—制动风闸

3. 整体铸造转子支架

整体铸造转子支架，即轮毂和轮臂一体浇铸而成，采用整体铸造转子支架，结构紧凑、简单，用于高速大容量水轮发电机。目前，这种结构已逐渐被焊接结构取代。

4. 组合式转子支架

组合式转子支架由中心体和支臂组成，通过合缝板连成一体。中心体用铸造轮毂与钢板焊接而成，或者用钢板焊接结构。支臂结构有工字形和盒形两种。组合式转子支架可分为穿轴式和分段轴式两种，穿轴组合式转子支架的轮毂与轴采用热套结构。分段轴组合式转子支架（或称无轴结构）的中心体下端与主轴（或与推力头整锻的主轴）通过螺栓连接，这样就可不采用热套轮毂的复杂工艺，便于推力轴承拆装，同时转子起吊高程也可降低，并减轻了锻件重量。为得到较好的稳定性，轮臂可做成向下倾斜，以降低机组重心。分段组合式转子支架用于大容量伞式水轮发电机。

（二）磁轭

磁轭也称轮环。它的作用是产生转动惯量和固定磁极，同时也是磁路的一部分。磁轭在运转时承受扭矩和磁极与磁轭本身离心力的作用，在机组运行中还承受扭矩、离心力及热打键引起的配合力等。直径小于 4m 的磁轭可用铸钢或整圆的厚钢板组装而成，直径大于 4m 的磁轭则由 3～5mm 的钢片冲成扇形片，交错叠装成整圆，并用双头螺栓紧固成一个整体，然后用键固定在转子支架上。磁轭外圆有 T 形槽，用于固定磁极，这种磁轭主要由扇形冲片、通风槽片、拉紧螺杆、定位销、上压板、下压板、磁轭键、锁锭板和卡键等部件组成。扇形冲片的厚度为 3～5mm，常用的材质有 Q235，16Mn，15MnVn 等高强度低合金钢板。扇形片上有均匀分布的销钉孔和拉紧螺杆孔内侧有与转子支臂相连接的尾槽，以及固定磁极之间连接线的螺栓和供轴向通风的小 T 尾槽。

磁轭结构如下。

（1）无支架磁轭结构。磁轭通过键或热套等方式与转轴连成一个整体，用于小容量水轮发电机。

（2）与支架合为一体的磁轭。

（3）有转子支架的磁轭结构。磁轭是通过支架与轮毂和轴连成一体的。这种结构的磁轭由扇形铁片交错叠成整圆，并用拉紧螺栓紧固，磁轭外缘设有 T 形槽或鸽尾槽，用以固定磁极。大、中容量水轮发电机转子磁轭一般均为此结构形式。

（4）扇形叠片磁轭结构。它是利用交错叠片方式一层一层进行叠装，层与层之间相错一定的极距值（一个或半个），在叠装过程中用销钉定位，沿轴向分成若干段，每段的厚度约为 250～500mm，段间用通风沟片隔开，以形成通风沟。为减小磁轭的倾斜度和波浪度，在磁轭上、下端装有压板（也有用制动环代替下压板的），用拉紧螺栓将磁轭紧固。

磁轭和转子支架的固定连接有径向键（如图 3-23 所示）和切向键两种结构。径向键是在磁轭和转子支架键槽中打进一对斜度为 1∶200 的楔形键（称磁轭键），使磁轭和支架连成一体，传递扭矩。为保证磁轭和支架径向胀量，打键时必须加热磁轭。为防止磁轭轴向移动，常用卡键固定，卡键由锁定板固定，锁定板通过磁轭拉紧螺杆固定在磁轭压板上。切向键是由固定在转子支架上的键梁（凸形键）与固定在磁轭上的侧面楔组成。当磁轭受离心力和热力作用时，磁轭可自由膨胀，使转子支架与磁轭间既可传递扭矩，又可保持同心。这样可解决因热力和离心力作用使磁轭产生椭圆而引起的机组振动和出

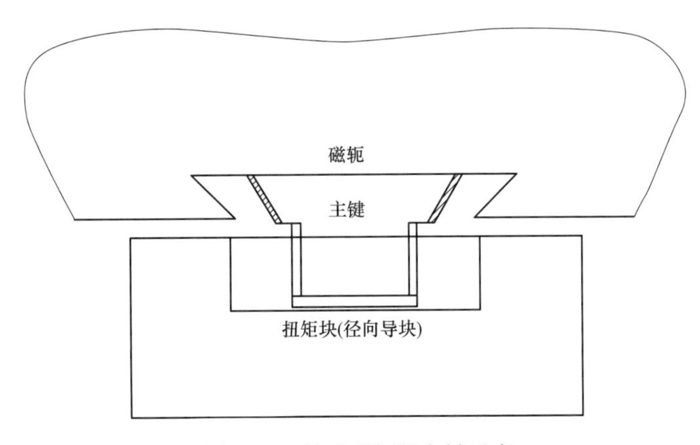


图 3-23　转子磁轭径向键示意

力摆动问题，从而增强了机组的稳定和运行安全，但这种结构对磁轭的整体性要求更高。

机组特别是大容量高转速机组在运行过程中会产生巨大的离心力，磁轭发生显著的径向变形，磁轭与支臂发生径向分离间隙，且转速越高，径向分离间隙越大，这不仅使机组产生过大的振动和摆度，甚至使支臂挂钩受到冲击而断裂，造成严重的事故。因此，在组装转子时，采用磁轭打键的方法，预先给磁轭与支臂预紧力，使磁轭和支臂的径向膨胀量达到能满足机组安全运行的需要。目前，打磁轭键分两次进行，先在冷状态下打键（冷打键），然后在热状态下进行热打键。打磁轭键可在磁极挂装前进行，也可在磁极挂装后进行。

1. 磁轭冷打键

磁轭冷打键主要是调整磁轭圆度，减少磨圆工作量。通过冷打键可消除磁轭螺孔与螺杆的配合间隙，使热打键时能获得准确的预紧量。冷打键的工序如下：

（1）先用测圆架及千分表测量磁轭叠片外圆的圆度。

（2）用压缩空气清扫键槽，并按照配对编号将另一根支臂大键斜面涂上白铅油或汽轮机油、二硫化钼等作为润滑剂，插入已作定位的短键和支臂之间。

（3）根据磁轭圆度记录，先打入半径方向偏小的几个区域的磁轭键，借以调整圆度和偏心度，然后均匀、对称地用大锤把全部磁轭键打紧。重复上述动作 3 遍，当键下落高度为 0.5～1mm 时即为合格。

（4）打紧过程中，应注意测量转子圆度变化，随时进行调整。

2. 磁轭热打键

磁轭热打键是根据已选定的分离转速（一般为额定转速的 1.4 倍），计算出磁轭径向变形增量，再按此变形增量计算出磁轭与支臂的温差，加热磁轭使之膨胀，在磁轭冷打键的基础上，再在热打状态下打入与其径向变形增量相等的预紧量。依靠该预紧量，来抵消机组运行时磁轭的径向变形量。磁轭加热的方式有铁损法、电热法和综合法。

（1）铁损法。在挂装磁极前，在磁轭上绕以励磁线圈，通入工频交流电加热，使磁轭内部产生铁损发热，整个磁轭用石棉布或篷布覆盖保温。此方法适用于大、中型容量的发电机。

（2）电热法。用特制的电路加热，均匀布置在磁轭通风沟内，整个磁轭以石棉覆盖保温。此方法简单易行，使用范围广。

（3）综合法。选择几种加热方法共同加热。

磁轭在加热过程中，应在磁轭与支臂的适当位置上布置一些温度计，以便测量磁轭与支臂的温差。加热磁轭时要均匀，并要控制温度，防止转子支臂受热膨胀而影响与磁轭的温度。热打键时，尽管磁轭热打键温差不高，一般不会超过 100℃，但因传导作用，使支臂温度也上升而膨胀，致使磁轭与支臂间隙不容易达到而往往会造成热打键困难。此时，可在支臂腹板上慢慢地吹压缩空气或喷水雾，使支臂降温收缩。

磁轭热打键后，待转子冷却，再用测圆架复查磁轭外圆圆度，测出最终值。如果在磁极挂装前进行热打键，则要求打键后磁轭圆度、各磁极配合面的半径与平均半径之差不大于空气间隙设计值的±3.5%。合格后，将磁轭键留有能拔键的余量长度后，即把其他多余长度割掉，再两键搭焊，并点焊在磁轭上。

（三）磁极

1. 概述

转子磁极是构成励磁绕组的基本单元，当直流励磁电流通入磁极线圈后就产生发电机磁场，因此，转子磁极是发动机建立旋转磁场的磁感应部件。磁极有鸽尾，T形或双T尾结构，通过磁极键固定在磁轭上。混流式水轮发电机多使用凸极式转子，磁极单独制造，挂装在磁轭的外圆上，磁极由磁极铁芯、磁极线圈、阻尼环、阻尼条等部件组成，如图3-24所示。磁极线圈固定于磁极铁芯上，磁极铁芯通常由薄冲片叠压而成，由螺杆和压板压制成一个整体。

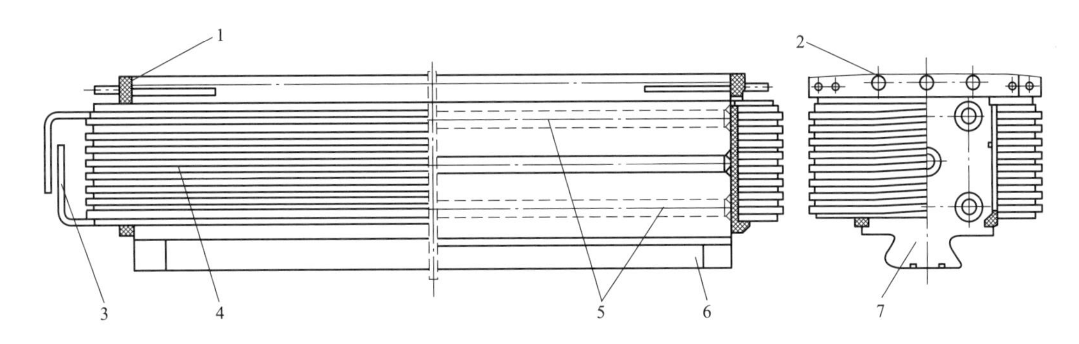


图3-24　磁极结构示意

1—拉紧螺栓；2—阻尼环；3—磁极引线；4—磁极绕组；5—阻尼铜条；6—磁极铁芯；7—燕尾铁芯冲片

磁极线圈应符合IEC标准的F级绝缘。磁极线圈导体采用矩形半硬铜，铜材纯度不得低于99.9%。匝间用高性能聚酯复合绝缘材料，通过环氧胶黏结，并热压成一体。线圈极身绝缘采用聚酯玻璃纤维材料，线圈的上、下绝缘法兰（托板）由聚酯玻璃纤维材料制成，在线圈和绝缘托板之间还设有滑动不锈钢法兰以适应线圈热胀冷缩。磁极线圈装配采用热压处理，以保证组装紧固。磁极线圈结构应确保有效的冷却，在保证磁极满足强度要求的前提下，优先考虑在磁极线圈靠铁芯面也有冷却空气通过的结构以增加总的冷却面积，也可在线圈表面设计突出的散热翅。磁极绝缘框能在各种工况下稳定运行，不产生位移及有害变形，不产生裂痕。

2. 磁极铁芯

磁极是提供励磁磁场的磁感应部件，磁极铁芯分实心和叠片两种结构。中、小容量高转速水轮发电机的转子常采用实心磁极结构，整体锻造或铸造而成。转速大于或等于750r/min的小型水轮发电机，常采用磁极铁芯连同转子的磁轭与主轴整体锻造加工。磁极固定方式通常采用螺钉、T尾和鸽尾结构。

磁极铁芯一般由1.5mm厚钢板冲片Q235，16Mn或45钢叠压而成，而转子磁轭扇形片多采用2～4mm厚的A3，16Mn或15MnVN等薄钢片冲成。两端设有磁极压板，通过拉紧螺杆与冲片紧固成整体。磁极铁芯尾部为T形或鸽尾形，磁极铁芯尾部套入磁轭T尾槽或鸽尾槽内，借助于磁极键将磁极固定在磁轭上。磁极线圈多采用裸扁铜排或铝排绕成，匝间用环氧玻璃上胶坯布作绝缘。极身（对地）绝缘采用云母烫包结构或由环氧玻璃布板加工而成。

3. 阻尼绕组

发电机阻尼绕组主要是防止发电机在负载突然变化时对发电机绕组的冲击。发电机在负载变化时，其绕组内的电压电流会形成一个振荡的过程。阻尼条就是对该振荡过程增加阻力，形成阻尼振荡，从而形成一定的缓冲作用。阻尼绕组装在磁极极靴上，由阻尼铜条和两端的阻尼环组成。转子组装时，将各极之间的阻尼环用铜片制成软接头搭接成整体，形成纵横阻尼绕组。它的主要作用是当水轮发电机发生振荡时起阻尼作用，使发电机运行稳定。在不对称运行时，它能提高不对称负载的能力。

阻尼绕组由极靴中的阻尼条，磁极上、下阻尼环及连接片组成。阻尼环与阻尼条以银铜焊连接，阻尼环可用销钉固定在磁极压板上或用磁极压板的凸台固定。高速水轮发电机，一般采用固定在磁轭上的无磁性拉杆固定阻尼环。阻尼环材质多为紫铜。

4. 磁极绕组

大型水轮发电机的磁极绕组多采用多边形截面的裸铜排绕制而成，以利于散热，为增大散热面积，有的线匝还设计为特殊外形，使绕组外表面形成带散热筋的冷却面。为更好地散热，有些上下相邻匝的导线还采用了不等宽的铜排交错排列。此外还有异性铜排，如带散热翅的铜排，以增大散热面积。上下层线匝间绝缘采用环氧玻璃布（不同的厂家采用的材料不一样，国外发电机磁极绕组匝间绝缘多采用环氧杜邦上胶纸，与铜排导线一起压制而成型）。为简化工艺，有时磁极绕组的上下托板也与绕组一起压制而成。

磁极绕组的引出线有软、硬两种方式。软接头的引出是采用多层软铜片叠装组成，截面大于铜排面积的连接线，与磁极绕组导线铆接后再采用锡焊连接固定；硬连接的引出线是采用硬铜排与导线焊接后引出。上下绝缘托板一般采用环氧玻璃布板加工而成，运行中可起到加强绕组对地绝缘的作用。磁极托板大都采用铆接式结构，这种结构可提高材料利用率。现在也采用玻璃纤维模压的整体式托板和采用环氧板加工成的整体式托板等。

磁极线圈常用裸扁紫铜排绕成，匝间垫以多层环氧玻璃坯布，并用铜排热压成一体，是励磁绕组的组成部分。托板由环氧玻璃布板加工而成，用于承受线圈对地绝缘。为防止离心力过大而使磁极连接部分损坏，转速高的发电机磁极接头，包括阻尼接头还采用固定在磁轭上的拉杆装置来加强固定。

5. 磁极引出线

发电机转子磁极引出线是指集电环将励磁电流引入转子磁极形成励磁回路的导线，转子引出线一般由扁铜排制成，从集电环通过大轴引至转子磁极绕组引入点，其中，穿过发电机大轴的那部分也称大轴引线。

## 二、主轴

主轴的作用是传递扭矩，并承受转动部分的轴向力，承受单边磁拉力和转动部分的机械不平衡力，承受机组在各种工况下的转矩，如果发电机主轴与转子轮毂采用热套结构，还要承受径向配合力。因此，主轴应具有一定的强度和刚度，主轴一般由 35 号、40 号、45 号或 20SiMn 等钢整锻而成。小容量水轮发电机一般采用整锻实心轴，也有的采用无缝钢管作为轴；大、中型容量的发电机采用整锻空心轴（上端轴），混流式水轮发电机上端轴，如图 3-25 所示，中心孔还可作为混流式水轮机的补气孔和轴流式水轮机操作油管的通道。

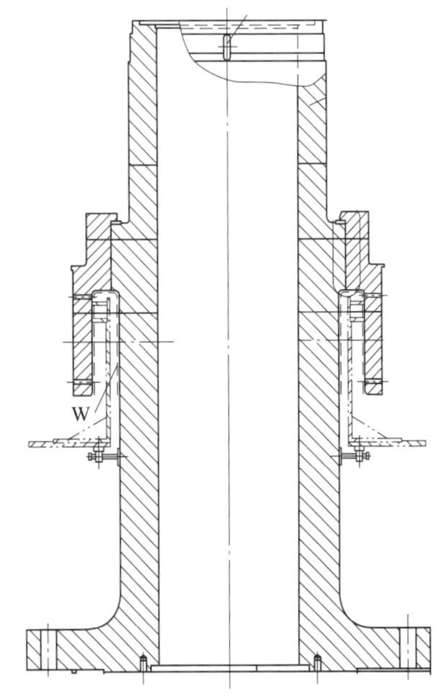


图 3-25 混流式水轮发电机上端轴

混流式水轮发电机主轴有一根轴和分段轴两种结构形式。一根轴是发电机自身共一根轴，结构简单，加工精度高，有利于机组轴线的处理和调整工作，在这种结构中，水轮机主动力矩的传递是通过主轴与转子轮毂之间的键和主轴与轮毂之间过盈配合实现，一般地，小型水轮发电机用键结构，大中型水轮发电机多用热套和键结构。分段轴结构是指在转子支架中心体的上端部装有上端轴，下部装有下端轴，转子支架中心体分别用螺栓与上端轴和下端轴连接，下端轴与转子中心体之间多采用销钉和键来传递扭矩。该结构的中间段是转子支架中心体，没有轴，俗称“无轴结构”。如果厂房内起吊高度和结构布置允许，也可将下端轴和水轮机主轴合为一根轴，这样，既可节省连接法兰，缩短机组高度，又可保证主轴加工的同心度，从而减小轴线摆度，提高安装精度和运行质量。分段轴结构的突出优点是主轴便于锻造、运输和轮毂不需要热套等。

多段轴结构中，发电机主轴如图 3-26 所示，发电机转子和水轮机转轮通常用主轴连接，大型竖立主轴通常将两端制作成法兰，一端法兰与水轮机大轴法兰连接，一端法兰与发电机转子连接，承受水轮机重量、水推力、轴承径向力、拉压力、扭应力，主轴是传力的关键部件，对主轴加工尺寸精度、形位公差、粗糙度等要求很高，主轴应具有足够的强度，保证任何转速及最大飞逸转速都能安全运转而不产生有害的变形和振动。

发电机转子和主轴的大型联轴螺栓，如图 3-27 所示，一般用 35CrMo 合金结构钢材质加工制造，这种材料具有很高的静力强度、冲击韧性及较高的疲劳极限，淬透性较 40Cr 高，高温下有高的蠕变强度与持久强度，淬透性良好，无过热倾向，淬火变形小，冷变形时塑性好，常用在高负荷下工作的重要结构件。发电机转子靠螺栓来传递力矩，因此螺栓的直径和长度都比较大，需要借助专用工具螺栓拉伸器来进行安装和拆卸。

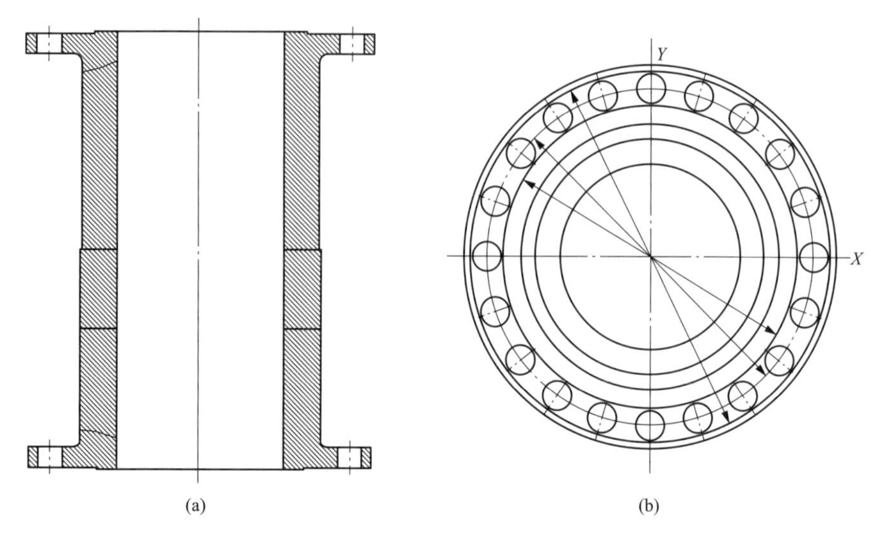


图 3-26　发电机主轴

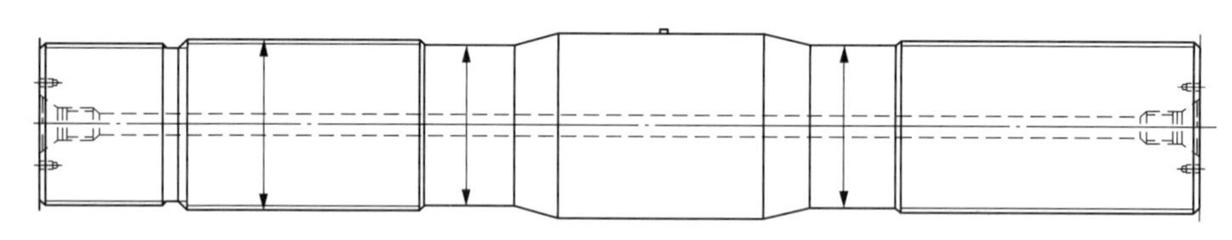

图 3-27　发电机转子和主轴的大型联轴螺栓

螺栓拉伸器是利用超高压油泵产生的高油压，将螺栓在弹性变形区内拉长，螺栓直径轻微变形，使螺母松动和安装。拉伸器可使多个螺栓同时拆卸和紧固，受力均匀，是一个安全、高效、快捷的工具。螺栓拉伸器使用纯拉力直接拉长螺栓，无扭剪力和侧向力，对连接的螺栓接触面无摩擦损伤，是精确控制螺栓预紧力的最佳方法。其缺点是工具较大，在轴向空间狭窄的使用场合受到很大限制。

## 三、集电装置

集电装置是给转子提供励磁的重要部件，由集电环、电刷和刷架等组成。集电环固定在转轴或集电环支架上，经电缆或铜排与励磁绕组连接。电刷装置则固定在刷杆座支架或外罩或上盖板等结构件上。水轮发电机在运行中，集电装置易产生机械磨损、电火花腐蚀和电化学腐蚀。

### （一）集电环结构

集电环由金属环、绝缘垫和固定支撑等部分组成，其固定在主轴上，经电缆或铜排与励磁绕组连接，集电环示意，如图 3-28 所示。大容量悬式水轮发电机组的集电环一般布置在励磁机上，而伞式水轮发电机组集电环多布置在导轴承上或机组顶端。小容量水轮发电机组的集电环通常安装在励磁机内（有励磁结构的机组）、换向器上。

水轮发电机组滑环的结构根据发电机结构形式和容量的不同，分为套筒式和支架式两种结构形式。对于大直径、高转速滑环，为改善并联各个电刷之间的电流分配，避免滑环与电刷形成气流层而引起不稳定状态，使接触电压降变得很不均匀，常在滑环的外圆上加工出螺旋沟槽。

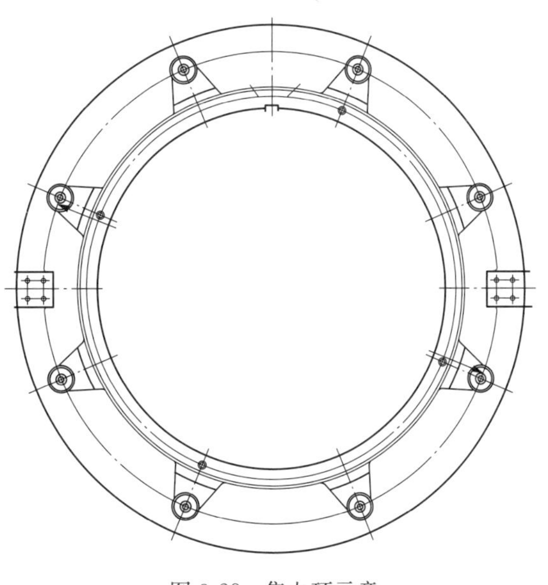

图 3-28 集电环示意

（二）电刷装置结构

电刷装置主要由导电环、绝缘螺杆、电刷和刷握等部件组成，其作用是使外电路和转子绕组相连接，构成发电机的正常回路。

集电环通常用 Q235 钢板制作，集电环通过绝缘螺杆固定在上机架中心体内或刷杆支架上。根据电刷的数量和尺寸，导电环可做成半圆形或扇形。正、负导电环沿周向应交错布置，以防止碳粉引起短路。

电刷主要有天然石墨电刷和电化石墨电刷两种。国内传统的水轮发电机组多使用电化石墨碳刷，但不少水电厂也逐渐采用天然石墨电刷。

握刷和刷架主要用来保持电刷在径向和轴向及圆周方向所在的位置。握刷通常直接或通过绝缘架固定在刷杆上，刷杆一般固定在上机架中心体内或专门支架上。刷杆是刷握与刷架之间的连接件。刷杆由绝缘材料压制，金属材料外包层压绝缘或金属材料制成。前两种与刷杆座间不需要另加绝缘，而金属材料制成的刷杆与刷杆座之间必须加绝缘垫。

刷握由刷盒、弹簧和压指等主要零件组成，其构成材质一般有铸铁、铁板、铸铜、铜板、铸铝等。它是安装电刷，并使其在压力下与滑动面保持接触的部件。刷握按弹簧结构的不同可分为可调式压簧刷握、恒压弹簧刷握、蜗形弹簧刷握（又称盘型弹簧）及杠杆式拉簧刷握等。

（三）电刷磨损腐蚀形式

电刷磨损主要包括机械磨损、电火花腐蚀和电化学腐蚀。

（1）机械磨损。机械磨损是指发电机运行过程中，由于集电环和电刷之间接触长期机械相对运动而产生物理磨损，如果电刷的材质均匀，各部位的硬度一致，且电刷和集电环之间没有任何杂质，则二者之间相对运动产生的机械磨损为均匀磨损，不会对集电环光洁度带来负面影响，由于集电环室内清洁度较差，以及电刷材质很难保证均匀，机械磨损对集电环光洁度产生负面影响，机械磨损是集电环损失的初级形式。

（2）电火花腐蚀。当电刷和集电环之间不能充分接触，或者存在跳动，二者之间会产生火花，火花会使接触点产生瞬间高温，在接触点造成集电环灼烧。

发电机在运行过程中，集电环难免会随着主轴摆动，由于摆动过程中电刷和集电环之间压力会周期增大或减小，当压力减小时，二者之间的接触电阻会增加，当遇到集电环表面粗糙不平时，会引起尖端放电，从而产生火花，火花灼烧集电环环面，灼烧点周围会出现凸起，凸起会再次导致集电环和电刷接触面之间尖端放电，再次引起火花，再次灼烧集电环环面，如此往复导致损伤恶性循环。电火花腐蚀通常表现为集电环表面点状腐蚀，较严重的为斑状腐蚀，值得注意的是机械磨损越严重，电火花腐蚀出现问题越早，概率越大，集电环腐蚀越严重。

（3）电化学腐蚀。电化学腐蚀通常发生在发电机停机状态下，主要是指集电环和电刷在潮湿的空气中发生的原电池反应对集电环面的腐蚀，一般情况下，集电环安装在发电机上方，空间狭小，里面充满潮湿的空气，在潮湿的环境中，会在金属表面形成一种微电池，也称腐蚀电池，集电环可做阳极，碳刷可做阴极，集电环上发生氧化反应表现为金属的溶解，电刷上发生还原反应，但电刷只起到传递电子的作用，如果集电环和电刷长期紧密接触，使腐蚀不断进行，遭到腐蚀的集电环会产生黑色粉末腐蚀。

一般采取以下措施来减缓和防治集电环表面腐蚀。

（1）选择天然石墨碳刷。天然石墨碳刷质地较软，且由于添加物较少，质地较为均匀，对集电环造成机械磨损较小，减缓机械磨损造成的损失。

（2）及时消除碳刷之间打火现象。打火现象会影响集电环表面粗糙度，避免集电环受到电火花腐蚀。

（3）加强停运维护。在枯水期或其他原因导致发电机组长期停运时，应对停运机组碳刷做好保护，如果停运时间达到数月，应将碳刷涂凡士林，待机组投运前，将凡士林消除。

（4）改善集电室运行环境。加强集电环室通风，破坏集电环室电解环境，减少电化学腐蚀对集电环表面的影响。

（5）保持集电环表面平整。集电环表面有明显不平整或零星凸点，应及时打磨，消除电刷和集电环之间的机械磨损。

## 第四节　发电机推力轴承

推力轴承是应用液体润滑承载原理的机械结构部件，主要由镜板、推力头、轴承座及支承、轴瓦、支撑系统、油槽、高压油顶起装置及冷却装置等部件组成，推力轴承装配，如图3-29所示。其主要作用是承受立轴水轮发电机组转动部分全部重量及水推力等负荷，并将这些负荷传给负荷机架，传递到混凝土基础上。伞式机组推力轴承位于转子下方，悬式机组推力轴承位于转子上方。

### 一、推力轴承分类

按结构分类，推力轴承有以下几种。

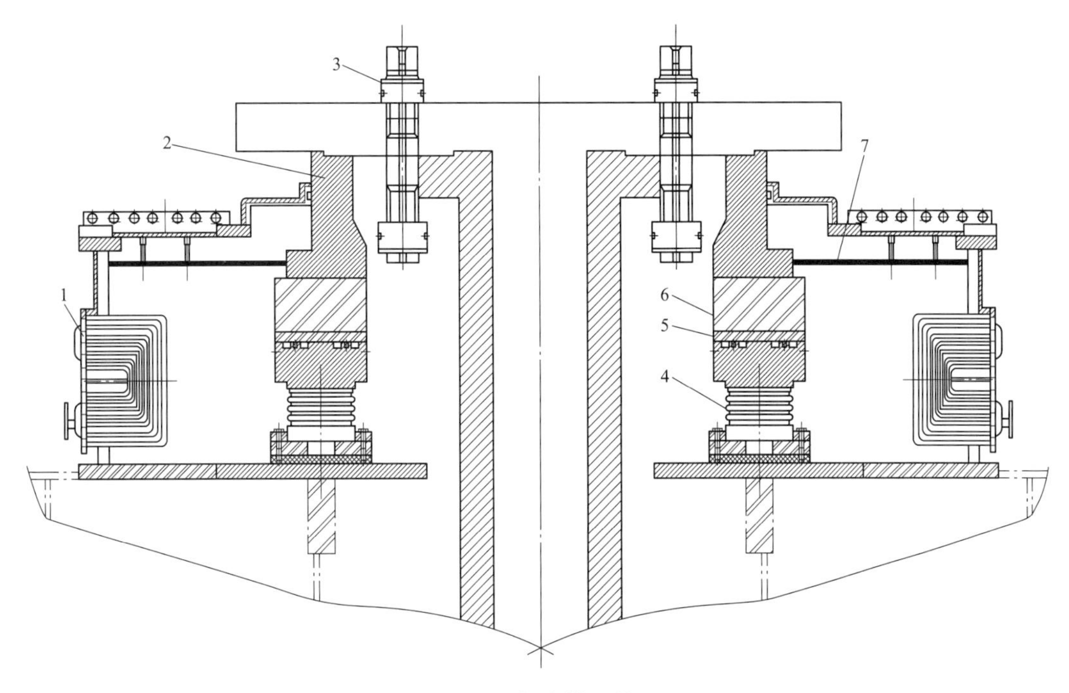


图 3-29　推力轴承装配

1—推力轴承油冷却器；2—推力头；3—大轴连接螺栓；4—平衡弹簧；5—推力瓦；6—镜板；7—稳油板

（1）刚性支柱式（抗重螺栓支承）。刚性支柱式推力轴承，一般由推力头、镜板、轴瓦、支柱螺栓、轴承座、油槽及冷却器组成。其特点是推力瓦由头部为球面的支柱螺栓支承，通过调整该螺栓的高度使轴瓦保持在同一水平面上，各瓦块受力均匀。刚性支柱式优点是结构简单，加工容易；缺点是安装时调整水平较难，受力调整较难均匀，调整工作量较大。运行时各瓦块的负荷不均衡（这种现象是由加工和安装误差，以及负荷变化引起的），一般应用在中、小容量机组。

（2）液压支柱式（弹性油箱支承）。液压支柱式推力轴承结构，如图 3-30 所示，特点是推力瓦由弹性油箱支承，各油箱由充油的管道相连。安装时，各瓦面的高度和水平调整精度要求不高，各瓦之间的不均匀负荷通过油压平衡。运行时，各瓦的不均匀负荷由弹性油箱均衡，使各块瓦受力均匀。因此，液压支柱式推力轴承具有自动调整轴瓦负荷、承载能力大、调整简单、维护方便、瓦温温差小（一般为 1～3℃）、寿命长等优

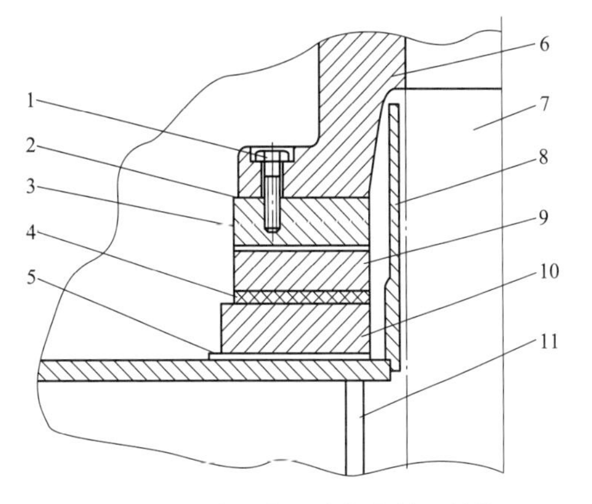


图 3-30　液压支柱式推力轴承结构

1—螺钉；2—调整垫；3—镜板；4—弹性垫；5—绝缘垫；6—机架；7—轴承座；8—推力瓦；9—挡油管；10—主轴；11—推力头

点。这种形式的推力轴承在大型机组中，已得到越来越多的应用。

(3) 平衡块支柱式。平衡块支柱式推力轴承是利用上下两排平衡块互相搭接（上、下平衡块接触面和下平衡块与油盘上垫板接触面，均为圆柱面与平面接触），当推力轴承受力时，由于杠杆原理，平衡块互相动作，连续自动调整每块瓦的受力，使各瓦负荷达到均匀。它的优点是结构简单、加工方便、安装调整容易；缺点是在运行时，压应力很高的铰支点（线）由于限位销钉精度的影响会出现滑动摩擦现象，从而使均衡负荷的能力不稳定。在试验中发现，平衡块的灵敏度随着转速的增加而有所降低。平衡块结构推力轴承在我国经过多年运行考验，证明这种结构能适应中、低速推力轴承的各种工况，运行性能是良好的。我国某电厂 170MW 水轮发电机推力轴承，就是这种结构形式。

(4) 弹簧束推力支承。这是一种多支点支承，推力瓦放置在一簇具有一定刚度、高度又相等的支承弹簧上，弹簧束推力支承结构，如图 3-31 所示。支承弹簧除承受推力负荷外，还能均衡各块瓦之间的负荷和吸收振动。弹簧束支承结构具有较大的承载能力，较低的轴瓦温度和运行稳定性等优点。其不仅适用于低速重载轴承，也适用于高速轴承，可适用于一般水轮发电机和发电电动机。

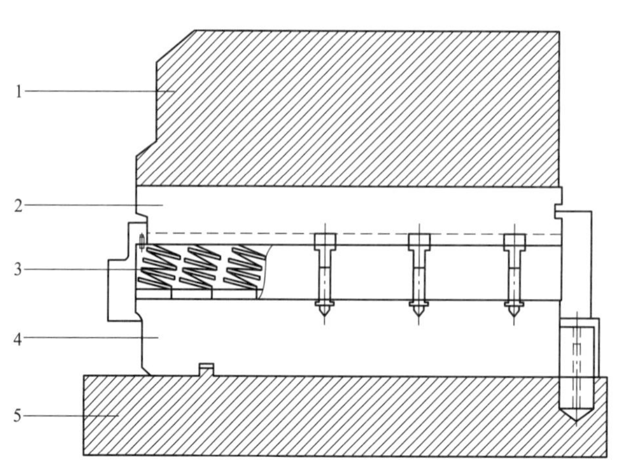


图 3-31　弹簧束推力支承结构

1—镜板；2—推力瓦；3—弹簧束；4—底座；5—支架

(5) 弹性杆支承。弹性杆支承属于多支点支承，采用双层轴瓦，其中，薄瓦支承在装有若干不同直径销的厚瓦上。薄瓦的变形主要取决于支承销钉在荷载下的变形（缩短），由轴瓦温度梯度引起的销钉缩短是次要的，这样有利于薄瓦散热，减少温差并使受力均匀，可大幅降低轴瓦的热变形和机械变形。此种支承结构，国外已在多个电站使用。

(6) 弹性圆盘支承。推力瓦支承在由两个相对组合在一起的弹性圆盘上，弹性圆盘呈蝶形，采用专门工艺的高强度合金钢制作而成。弹性圆盘具有一定的弹性，以确保推力负荷在轴瓦上均匀分布，弹性圆盘表面做成平头的圆锥体，头部呈球形，可使轴瓦自由偏转，以形成楔形的油膜。

(7) 弹性垫支承。推力瓦支承在橡胶弹性垫上，弹性垫采用耐油橡胶板制成，其尺寸比轴瓦略小，在径向支承轴线上有两个定位销孔，以限定轴瓦的位置，也有弹性垫做成圆形的，此时承载面积较小，装配时将 3～4 片弹性垫放在圆形槽内；但弹性垫支承长时间使用后，容易塑性变形，在周边胀出并形成鼓形，材料也易老化。弹性垫支承虽然结构简单，安装维护方便，但只能适用于小负荷推力轴承。

(8) 支点-弹性梁支承。支点-弹性梁支承兼有支点型和弹簧型两种支承的优点，既能使负荷均匀分布在各块轴瓦上，又使轴瓦极易倾斜，油膜容易形成。支点-弹性梁支承一般用于大负荷、径向宽度大的推力轴承。

## 二、镜板和推力头

推力轴承镜板结构，如图 3-32 所示，作为推力轴承的关键部件，推力轴承固定在推力头的下方，与推力瓦一起构成一对摩擦副，将机组的轴向负荷传递给推力瓦，并通过推力瓦支承及底座，再传递到机组基础。

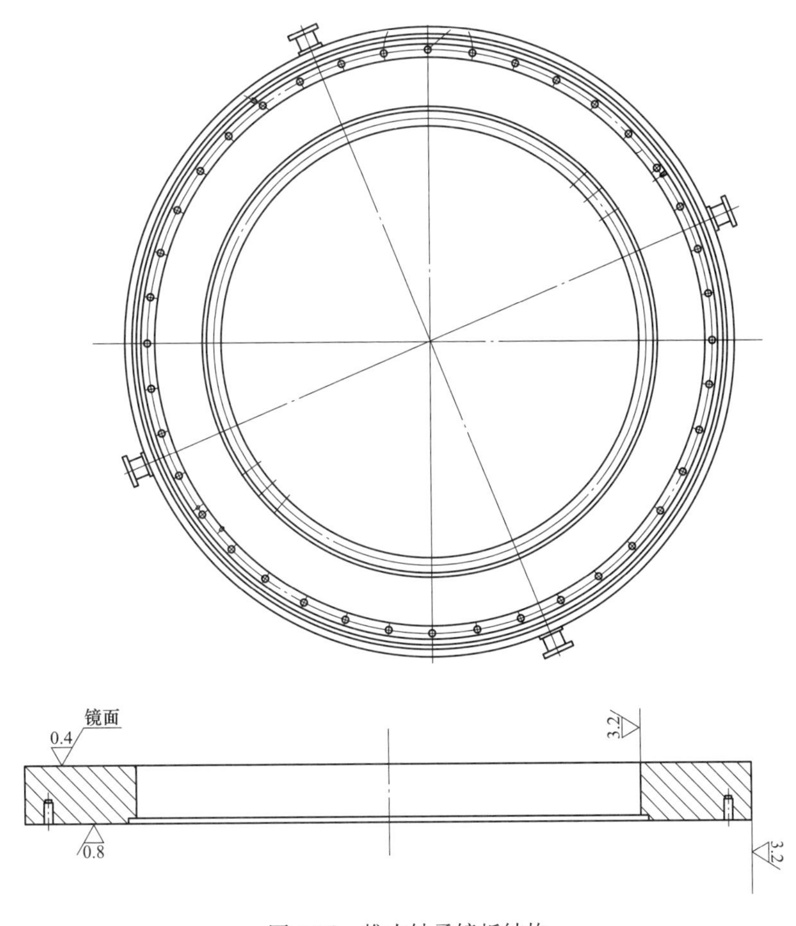


图 3-32 推力轴承镜板结构

发电机运行时，镜板与推力瓦之间会形成润滑油膜，由于有很高的轴向负荷需要传递，润滑油膜的厚度很薄，一般为 0.05～0.07mm，镜板与推力头的组合结构必须有足够的刚度保持镜板不变形，镜板的表面加工精度必须很高，平面度高于0.02mm/m，表面粗糙度 $Ra$ 高于0.4μm。否则，在发电机旋转时，镜板与推力瓦形成干摩擦，造成两个部件的烧毁。镜板多采用45号锻钢制造。

推力头是将发电机的轴向负荷传递到推力轴承的基础部件，与机组转动部分连接，随机组转动。推力头一般使用平键和卡环固定在主轴上，也有采用热套方法固定在主轴上的。在伞式发电机中直接固定在轮毂下面，或者与轮毂铸造成整体。推力头必须有足够的刚度和强度，以承受机组轴向推力产生的弯矩作用，防止产生有害的变形和损坏。

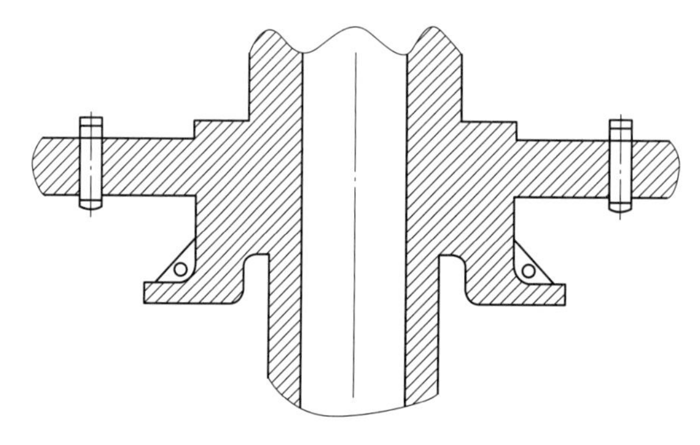

图3-33　推力头与转子中心体大轴为整体结构

推力头一般为铸钢件，悬式机组推力头与转子上端轴连接，伞式机组的推力头则与主轴或转子连接。不同容量的机组，推力头安装方式也不一样。由于转子和主轴尺寸较小便于加工制造，小型混流式水轮机组的推力头通常与主轴或转子中心体加工成一体，如图3-33所示。由于中型和大型机组的主轴结构尺寸较大，不宜整体加工，推力头一般采用热套的方法安装在主轴上，如图3-34所示。也有厂家将推力头和转子中心体加工为一体以简化机组结构。大型和特大型伞式机组采用分离式结构，推力头通过螺栓与转子中心体连接。

推力头的结构一般分为以下几种。

（1）普通型推力头。普通型推力头，如图3-35所示。这种推力头的纵剖面的一半形状似L形，故称L形推力头。其一般采用平键与主轴连接，为过渡配合。对于单独油槽的悬式水轮发电机推力轴承，多采用这种结构。

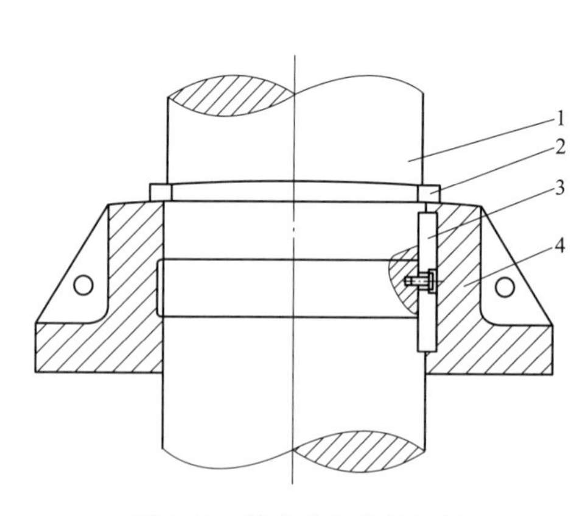


图3-34　推力头与主轴连接

1—主轴；2—卡环；3—切向键；4—推力头

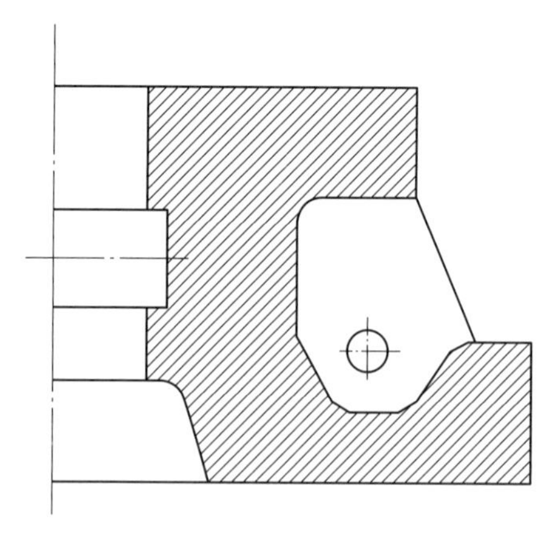

图3-35　普通型推力头

（2）混合型推力头。混合型推力头，如图 3-36 所示。中、小型悬式水轮发电机的推力轴承与导轴承设在同一油槽内，一般采用这种结构。

（3）组合式推力头。组合式推力头如图 3-37 所示。推力头与转子支架轮毂把合在一起，通过螺钉和止口方式与轴连接。大、中型伞式水轮发电机推力轴承多采用这种结构。

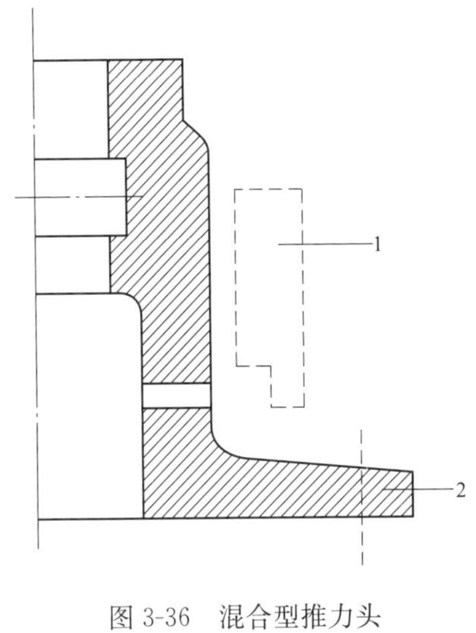


图 3-36　混合型推力头

1—导瓦；2—推力头

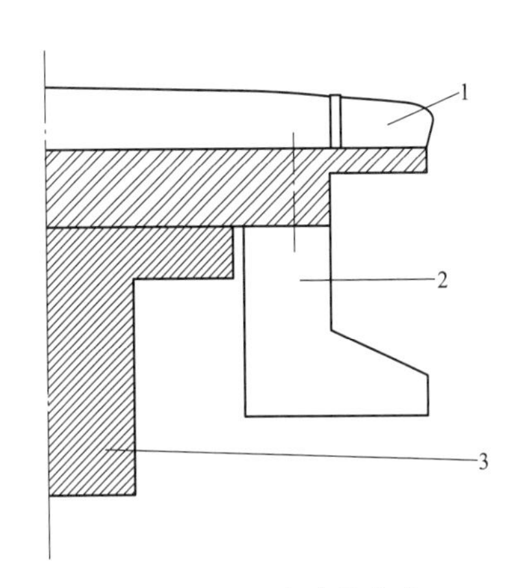


图 3-37　组合式推力头

1—转子支架；2—推力头；3—大轴

（4）与轮毂一体推力头。这种推力头多采用热套法套在轴上，常用于大型伞式水轮发电机。

（5）与轴一体推力头。分段轴结构的伞式水轮发电机，常将推力头与大轴做成一体，保证推力头与大轴之间的垂直度，消除推力头与大轴间的配合间隙，免去镜板与推力头配合面的刮研和加垫，便于安装调整和大轴找正。

（6）弹性锁紧板结构推力头。沿推力头圆周装设 6～10 个辐射排的弹性锁紧板，在板端固定点上加垫进行调整，使其受力均匀，并具有一定的预紧力，以适应轴向不平衡负荷。国外工程曾采用过这种结构。

**三、推力瓦及支撑结构**

推力瓦是推力轴承的主要部件，在推力轴承的整个圆周上，一般均匀布置 8～16 块扇形推力瓦，扇形推力的分布示意，如图 3-38 所示。

推力瓦一般做成扇形分块式结构。分单层瓦（如图 3-39 所示）和双层瓦（图 3-40 所示）两种结构，单层瓦较厚，一般大于 200mm，多用于小型机组；双层瓦由薄瓦和厚瓦组成，用于大中型机组。

推力瓦由瓦面和钢制瓦坯组成。按推力瓦的瓦面材料划分，推力瓦主要有钨金瓦和氟塑料瓦。钨金瓦通常在钢坯上浇铸一层约 5mm 的柔软巴氏合金，钨金瓦需刮瓦；可手工研刮，要求每平方厘米 2～3 点接触，瓦面设有高压油出口和油池。氟塑料瓦通常采用

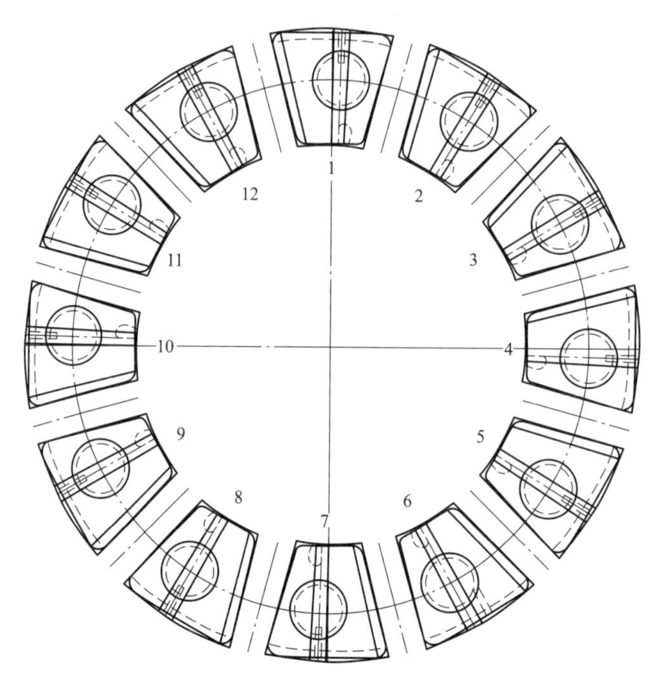


图 3-38　扇形推力瓦分布示意

金属板为基体，改性聚四氟乙烯材料为表面摩擦材料，并在改性聚四氟乙烯材料中，加入一定的弹性金属丝，经特殊工艺制作而成，不可手工研刮，瓦面没有高压油出口和油池。

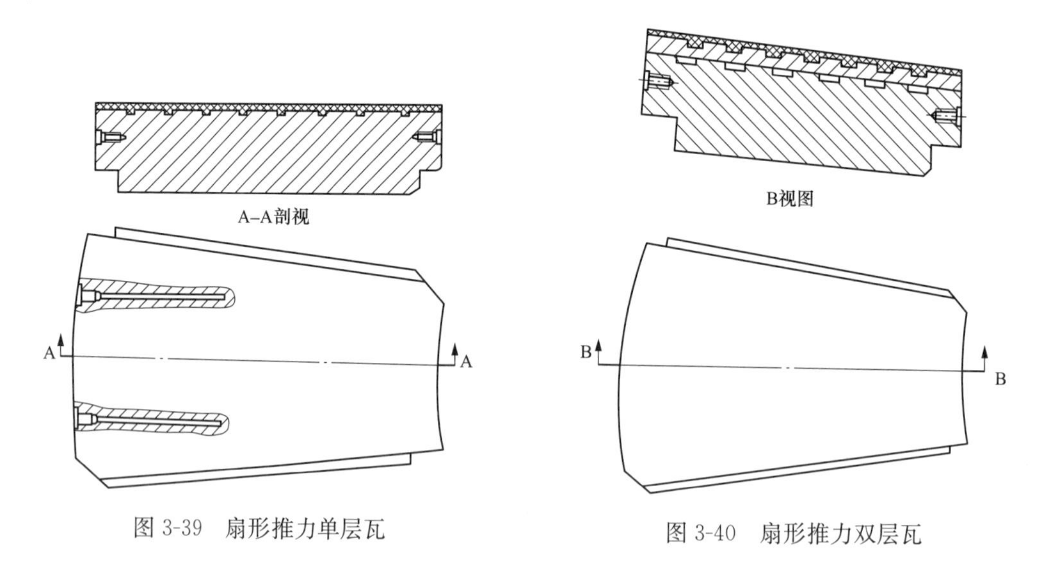


图 3-39　扇形推力单层瓦

图 3-40　扇形推力双层瓦

钨金瓦结构，如图 3-41 所示，氟塑料瓦结构，如图 3-42 所示，两种瓦相比，氟塑料瓦的磨损较小、寿命长，检修时不需要刮瓦，简化了检修工艺。目前，很多机组已开始采用。

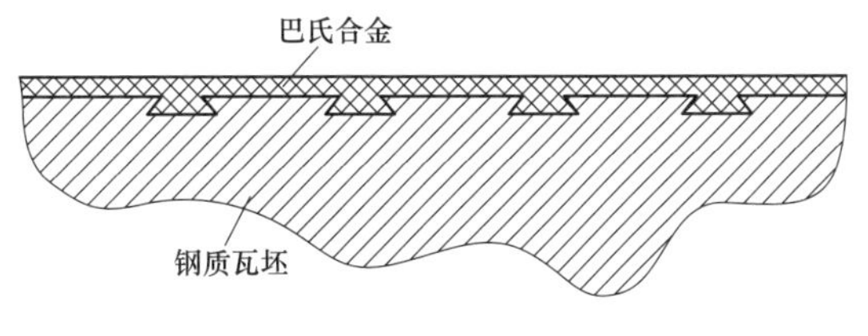


图 3-41　钨金瓦结构

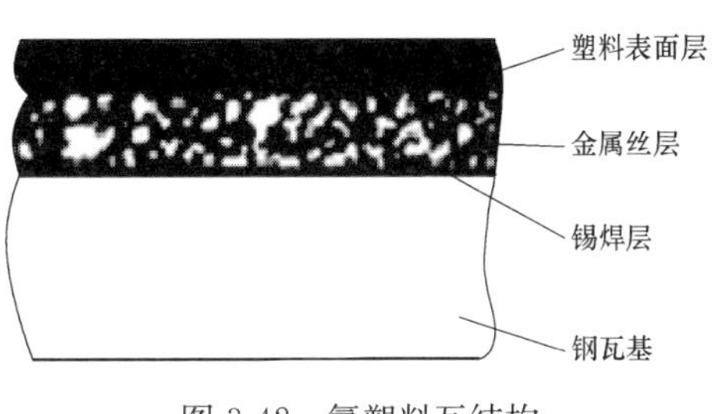


图 3-42　氟塑料瓦结构

推力瓦有多种支撑结构，传统结构刚性支柱式支承是将支柱螺栓垂直拧入一装有螺纹套筒的轴承座，在安装时，轴承调整好后，用锁片紧固支柱螺栓，以防止运行时松动。新型支撑液压支柱式支承有两种结构，一种是推力瓦下面的托瓦直接由弹性油箱支撑，另一种是在弹性油箱上部安装支柱螺栓，轴承的高程由油箱上部支柱螺栓调整。同时，部分结构油箱外面装有套筒，使油箱不受机械损伤。在安装调整轴承时，拧动套筒让其与底面接触，可作为刚性盘车支承。有的机组采用平衡块支柱式支撑，由平衡块支承。

推力瓦具有一定的扇形面积，润滑理论可证明，瓦面油膜压力不是均匀分布的，瓦的四周没有压力，瓦面上的压力从中间向四周降低，油膜压力最高点在瓦面中间。推力瓦支撑点与其几何中心不重合（即偏心瓦结构），机组运行中可自由倾斜，这样可使推力瓦的倾角随负荷和转速的变化而改变，产生适应轴承润滑的最佳楔形油膜。

钨金瓦以往常采用燕尾槽使钨金与钢坯不脱开，但由于钢和钨金的热膨胀系数不同，受热后易变成起伏不平，特别是在燕尾槽处的合金有明显的凸起。现已采用精密铸造法来改善瓦的结合。

目前，普遍采用的是薄型推力瓦结构（即双层瓦结构），它将厚瓦分成薄瓦和刚性较大的托瓦两部分，由于轴瓦较薄，沿瓦的厚度方向的温度变化较小，因而热变形小、托瓦刚度大，可减小轴瓦的机械变形。

大型水轮发电机为减小瓦的变形，提高轴瓦承载能力，还采用双排推力瓦结构和在瓦内直接通水冷却的水内冷推力瓦结构，水内冷瓦冷却效果好，瓦温较一般瓦低，故可提高轴瓦的承载能力，并可使油冷却器的容量减少一半以上。推力瓦上都开有温度计孔，用于安装温度计，运行时可监测轴瓦温度。

**四、绝缘垫**

当发电机运行时，由于存在不对称磁场中的交变磁通，在主轴中产生感应电势，通过主轴、轴承、机座而接地，形成环形短路轴电流，破坏轴瓦良好工作面，引起轴承过热，甚至把轴承合金融化。轴承绝缘垫，如图3-43 所示，通常在轴承座下面或推力头与

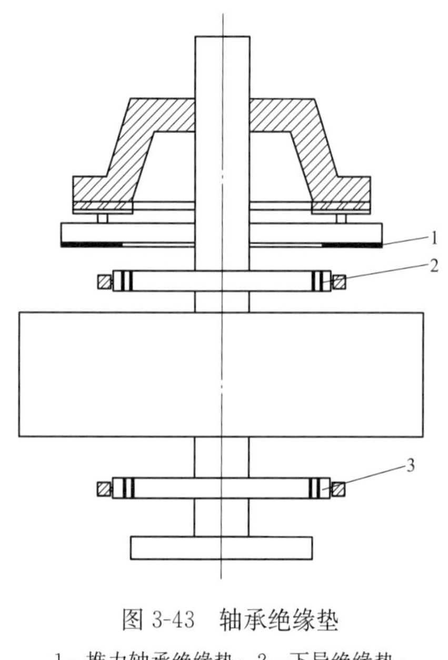


图 3-43　轴承绝缘垫

1—推力轴承绝缘垫；2—下导绝缘垫；
3—水导绝缘垫

镜板结合面之间装设绝缘垫，切断轴电流回路，保护轴瓦工作面，起到绝缘和调整轴线的双重作用。

### 五、冷却系统

水轮发电机在运行过程中，镜板与推力瓦摩擦产生热能，若不进行冷却，推力瓦温将持续上升，上升到乌金的熔点后导致推力瓦磨损和烧毁，目前，采用的方法是通过油冷却器冷却推力油槽中的润滑油，冷却方式有体内自循环水冷式，体外强迫循环水冷式等。

（1）体内自循环水冷式。体内自循环水冷是指推力油冷却器安装在推力油槽内部，由于汽轮机油黏性较大，机组运行中推力头和镜板带动汽轮机油循环，通过冷却器热交换铜管，热量被冷却器铜管内的冷却水带走。这种冷却方式的优点是冷却器安装在油槽内部，汽轮机油循环通过冷却器，循环回路中无电气控制，从而减少了故障可能性，油槽外围设备少、布置简单；缺点是冷却器的大小受油槽空间限制，冷却器容量小、数量多，油槽体积大，对冷却器的密封性能要求很高，因为一旦冷却器泄漏，冷却水就会进入油槽，从而影响轴承正常运行。

（2）体外强迫循环水冷式。体外强迫循环水冷是指推力冷却器安装在推力油槽外围，通过管道与油槽内部连通，用油泵强迫汽轮机油经过油冷器冷却后再回到油槽的冷却方式，这种冷却方式的优点是油槽小，方便结构布置和抽瓦检查，冷却器热交换效率高，油温低，并且节水，冷却器放置在机坑外，方便检修，由于油冷器安装空间不受油槽限制，可根据需要选择大容量冷却器，以减少冷却器个数；同时，油槽内部布置简洁，油循环阻力较小，油槽体积小；缺点是油泵必须处于运行状态，对电气控制回路和监控系统的可靠性要求较高，一旦油泵停电或控制回路出现故障，就会导致推力轴承温度迅速升高，甚至发生烧瓦事故。油槽内转动部件黏滞泵等循环动力没有被利用，仅成为搅拌摩擦损耗，冷却器占用外部空间较大，电动油泵需增加一套备用。

21 世纪，随着技术的发展，自泵轴承的出现打破了体外循环必须靠电动泵驱动的局面。自泵轴承是在一种倾斜轴承的基础上开发出来的，瓦块浸在油中与转动表面接触；瓦块与转动表面间有一个泵间隙，该间隙比正常的瓦块润滑间隙大几倍。运转的轴把黏附的油挤进泵间隙，间隙远处的油膜突然减至正常油膜厚度，且有一个连通的泄油孔来排泄过多的油。由于结构上的原因，只有很少的一部分油能进入瓦块间隙，大部分油则被排掉。被泵出去的油流量将主要依赖排油沟的油压力实现。这种结构无须另外安装油泵及电气控制装置，可靠性较高，适用于导轴承与推力轴承安装在一个油槽内，即推导联合轴承。

推力油冷却器的冷却管一般采用 $\phi19$ 和 $\phi17$ 紫铜管，应避免采用易脱锌腐蚀的黄铜管，冷却管与承管板一般采用胀管进行固定密封。油槽内全部冷却器的冷却管长度按轴承每千瓦损耗 3～6mm 选择。严禁冷却器漏水，以免影响润滑油质量。油冷却器包括半环式油冷却器、弹簧式油冷却器、盘香式油冷却器三种形式。

（1）半环式油冷却器。这是一种带承管板的结构，一般采用紫铜管弯成，用承管板连成一体。半环式油冷却器，如图 3-44 所示。这种冷却器制造较复杂，冷却用水量大。

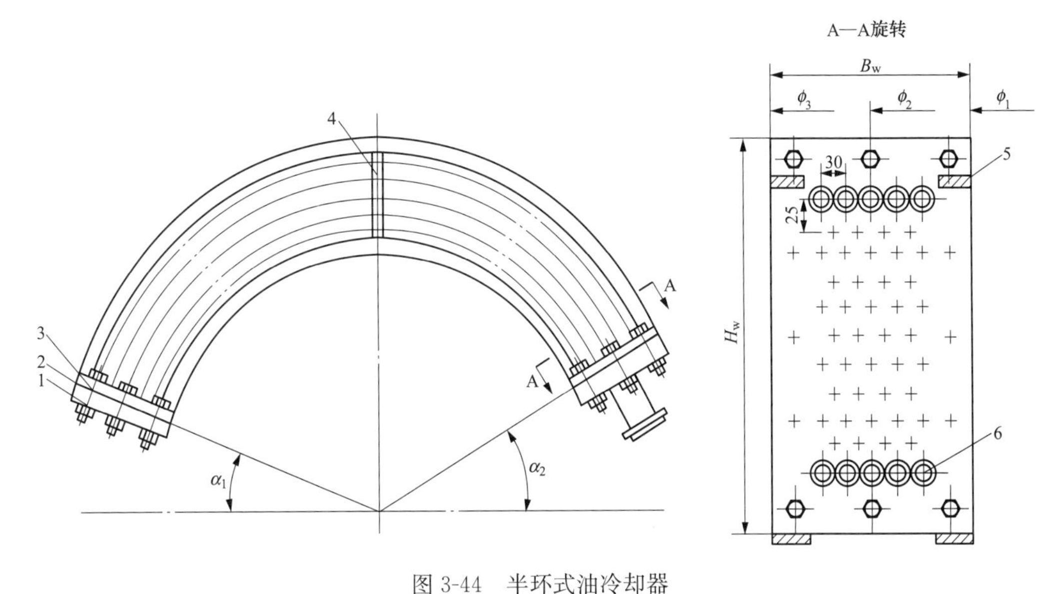


图 3-44　半环式油冷却器

1—水箱盖；2—橡皮垫；3—胀管承管板；4—承管板；5—加固环；6—冷却管

（2）弹簧式油冷却器。如图 3-45，这种油冷却器两端没有水箱，结构较简单，但水阻力较大，冷却用水量小。

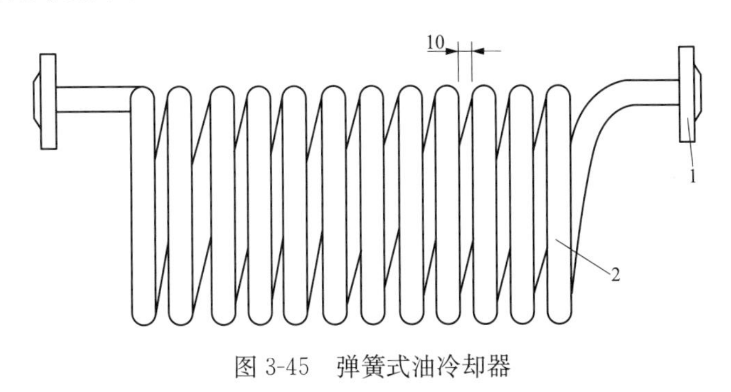


图 3-45　弹簧式油冷却器

1—连接法兰；2—冷却管

(3) 盘香式油冷却器。盘香式油冷却器，如图 3-46 所示。这种冷却器没有水箱结构，制造简单，但水阻力较大，冷却用水量小。

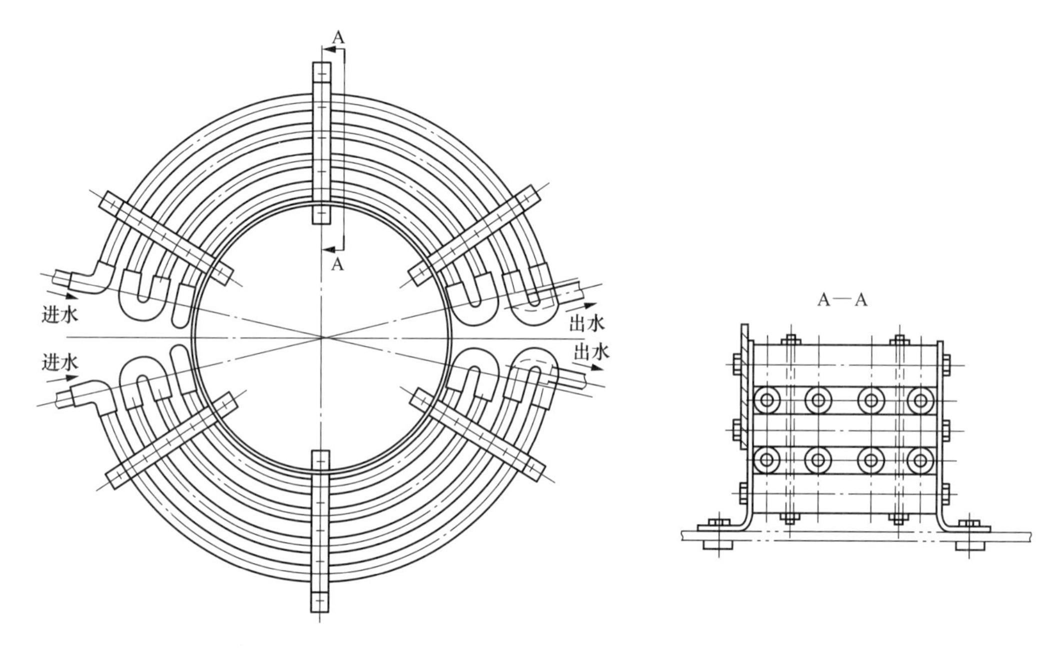


图 3-46　盘香式油冷却器

## 六、推力轴承的高压油顶起装置

对于启动频繁的水泵水轮发电机及单位荷载较大的推力瓦，为改善推力轴承在启动和停机时的工作条件，还在轴瓦中专门设置了液压减载装置，液压减载装置也称高压油顶起装置。在机组启动和停机过程中不断向推力瓦油槽孔打入高压油，将镜板顶起，在推力瓦和镜板间预先形成约 0.04mm 厚的高压油膜，改善了开停机时推力轴承的润滑条件，降低了摩擦系数，减少了摩擦损耗，提高了推力瓦的可靠性。采用这种装置不仅可缩短启动时间，而且机组检修时可能方便盘车。

高压油顶起装置包括以下几部分。

(1) 高压油润滑部分。推力瓦及布置在瓦上面的高压油室和高压油喷嘴，每个推力瓦相连的直通单向阀、节流阀和防止高压油室漏油及轴电流的密封绝缘装置。

(2) 高压供油系统。包括高压油泵、高压油管，压力表，溢流阀，压力继电器，大直通单向阀，粗、精滤油器及截止阀，三通、四通接头等波压元件。

(3) 液压减载装置。设有溢流阀，用于调整总管上油的压力高低，同时将溢流出来的油由管子送回油槽。

为保证进入推力瓦面的油质干净，在油路中装有滤油器。装置中的节流阀是用来调节，并均匀分配去各块瓦的油量，使各块瓦获得同样厚度的油膜。在推力瓦摩擦面上，根据瓦面积的大小加有 1～2 个油室，其形状有圆形和环形两种。环形油室比圆形油室好，在同样的油膜厚度和承载能力情况下，它可减少 20% 的油室面积和油室压力。机组正常运行时，为避免压力油膜通过油室从装置的管道中漏失，液压减载装置在撤除状态降低油膜的承载能力，装有单向阀，单向阀具有很好的单向密封性能。装置中的进油孔与接头连接处，高压管路的所有接头处都必须绝对密封，因为一旦某处漏油，动压油将大量进入高压油室的油孔内。此时该处的油压下降，正常的油膜遭到破坏，推力瓦的动压承载能力降低，沿推力瓦出油边的油膜逐渐变薄，使推力瓦钨金表层与镜板处于半干摩擦状态，推力瓦破损。

整套液压减载装置的安装高度应比油槽面低，这样管道内不易积存空气，以保证装置正常工作。吸入油泵的油应在油流较稳定的油槽底部吸取，油质应干净，油中泡沫应尽量少，因为泡沫打入瓦面对轴承运行是不利的。

## 第五节 发电机导轴承

### 一、导轴承的分类

发电机在运行过程中，存在径向不平衡力，为保证发电机的稳定运行，应安装导轴承，约束发电机径向移动，防止发电机过度摆动。发电机的径向不平衡力主要有机械不平衡力和电磁不平衡力。

导轴承的布置方式和数量与发电机的容量、额定转速及结构形式等因素有关。例如，伞式水轮发电机多采用一个导轴承，即上导轴承或下导轴承；悬式水轮发电机组采用两个导轴承，即上导轴承和下导轴承。位于发电机转子上方的导轴承称为上导轴承，下方的称为下导轴承，悬吊式发电机的上、下导瓦都是分块式结构。

根据瓦的结构，导轴承有浸油分块瓦式、筒式和楔子板式三种。现在大多数水电厂的水轮发电机均采用分块瓦式导轴承，有的导轴承具有单独的油槽，有的则与推力轴承共用一个油槽。

根据发电机导轴承的油槽结构，导轴承的结构形式分为以下几种。

(1) 具有单独油槽的导轴承。它一般都有滑转子（热套于轴上，并与轴一起加工），导轴承瓦直径较小，瓦块数也较少，在滑转子下缘开径向供油孔，在离心力作用下向轴瓦供油，并使油路经油冷却器形成循环。这种结构适用于大、中容量悬式水轮发电机或半伞式水轮发电机的上导轴承。

(2) 与推力轴承合用一个油槽的导轴承。它常将推力头兼作滑转子，具有结构紧凑的特点，但导轴承直径较大，瓦块数也较多。为加强导轴承瓦的润滑冷却，通常在镜板或推力头上开若干个径向孔。此种结构适用全伞式水轮发电机的下导轴承和中小容量悬式水轮发电机的上导轴承。

### 二、分块瓦式导轴承的结构

发电机导轴承主要是分块瓦式导轴承。根据支撑方式可分为抗重螺栓支撑式导轴承

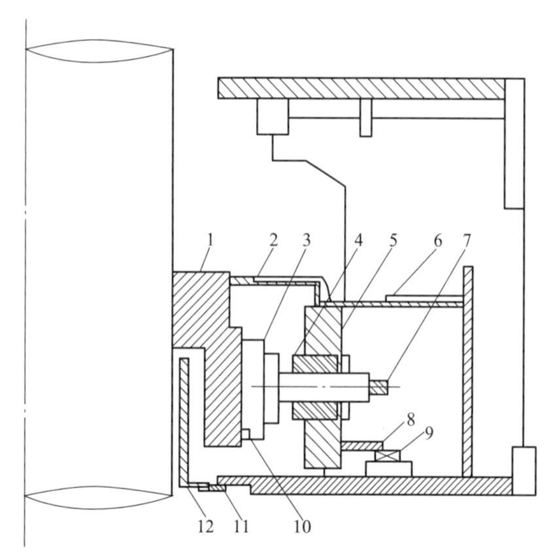


图 3-47　抗重螺栓支撑式导轴承结构

1—轴领；2—密封盖；3—上导瓦；4—套筒；5—轴承座圈；6—油槽盖板；7—抗重螺栓；8—分油板；9—冷却器；10—油槽；11—绝缘垫板；12—挡油筒

和楔子板式导轴承。

（1）抗重螺栓支撑式导轴承。抗重螺栓支撑式导轴承结构，如图 3-47 所示。这种轴承具有结构简单、平面布置较紧凑、刚性好等优点，但该结构的导瓦背处有支持座、铬钢垫、槽型绝缘等部件，如果这些部件安装不正确或机组长时间运行时，会造成槽型绝缘损坏、支持座变形。同时，顶瓦螺丝与轴承体之间用螺母固定，运行中易松动。这些都将导致导瓦间隙变化，从而影响轴承摆度；检修时，抱瓦及间隙调整均需要采用大锤作业，工作量大且存在一定的安全隐患。

分块瓦式导轴承瓦支撑结构，如图 3-48 所示。瓦体 1 的背部自上而下开偏心矩形槽，在槽内对应巴氏合金纵向对称也嵌入瓦背支座 2（简称瓦座），上下用两个螺栓固定在瓦背上，在瓦背和瓦座之间夹有用环氧玻璃布热压成型的槽形绝缘垫 3（简称槽形绝缘垫），在瓦座中部开有圆形沉孔，并镶有用 30Cr 圆钢制成的垫块 4（也称铬钢垫），瓦座 2 的固定螺栓上也有绝缘套和绝缘垫圈 5。轴瓦的下部置于托板上（有的直接置于轴承座圈的法兰上），轴瓦下端面与托板之间视需要设绝缘垫板，轴瓦下端面与托板之间视需要加绝缘垫板，绝缘板里缘与轴领的间隙不小于 0.5mm。轴承座圈与轴承支架如用法兰连接，视需要设绝缘垫圈，用于切断轴电流回路。冷却器有的装于轴瓦下方，如挡油筒上；有的则装在轴瓦外围油槽里。油冷器有的采用分为两瓣的环形结构，也有的采用分体式结构。冷却器内管路采用紫铜或镍合金材料制作。

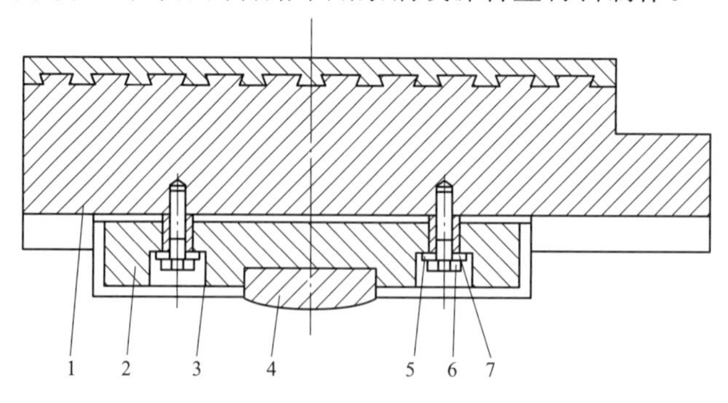


图 3-48　分块瓦式导轴承瓦支撑结构

1—瓦体；2—瓦座；3—槽型绝缘垫；4—铬钢垫；5—绝缘垫圈；6—螺钉；7—绝缘套管

分块瓦式轴承瓦分为巴氏合金瓦和弹性塑料瓦。弹性塑料瓦已研制成功，并应用于大型水轮发电机组，巴氏合金瓦分为研刮瓦和免刮瓦（即非同心轴承）两种。目前新建机组均采用免刮瓦，减轻了检修维护工作量。上述三种形式导轴瓦的瓦体结构、间隙调整方式、润滑方式、冷却方式、外形等均基本相同。

（2）楔子板式导轴承。楔子板式导轴承结构示意，如图 3-49 所示。与分块瓦式导轴承结构相比，楔子板式导轴承的突出特点是采用楔子板 6、固定支架 5、调节螺杆 3 及固定螺母 4 等代替了抗重螺栓；用顶头 9 代替了铬钢块；用支撑环板 7 代替了轴承座圈或轴承支架；其余组成部件基本类似。

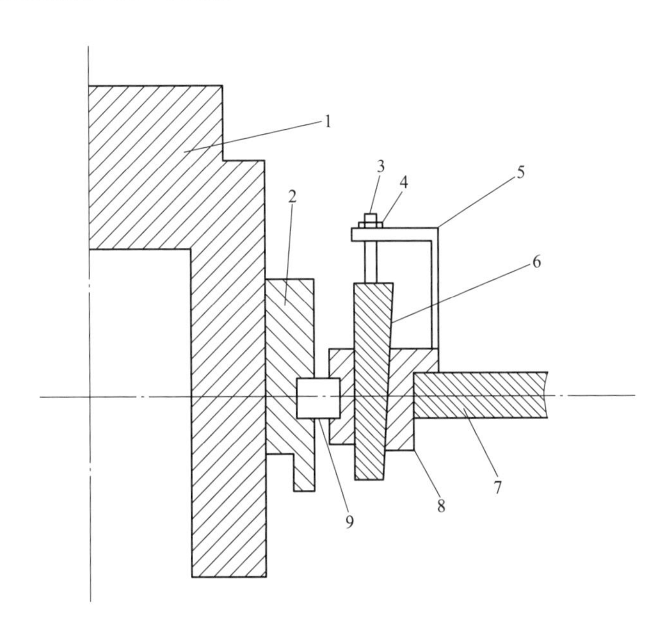


图 3-49　楔子板式导轴承结构示意

1—轴领；2—导轴瓦；3—调节螺杆；4—固定螺母；5—固定支架；
6—楔子板；7—支撑环板；8—垫块；9—顶头

调整导轴瓦间隙时，将楔子板 6 向下楔紧，使导轴瓦 2 顶靠轴领，然后将要求的径向间隙换算成调节螺杆 3 的轴向上升距离，将该距离再换算成调节螺母旋转的圈数即可。

根据电站实际运行经验，楔子板支撑结构与抗重螺栓支撑结构相比，具有以下优点：由于楔面的自锁性及调节装置的定位，机组运行时，导瓦间隙能够得到保持；调整螺栓位于支撑环上，轴瓦间隙易于调整；楔子板与垫块成面接触，在机组运行中，轴承受力均匀、刚性好，可提高机组的运行稳定性。调好间隙后不变；运行可靠；无抗重螺栓，增加了径向刚度，结构简单，加工容易，有利于轴承制造质量的提高；安装、检修方便，调节导轴瓦间隙花费的时间比抗重螺栓结构少。

## 第六节 发电机机架

机架是水轮发电机的重要部件。机架按照放置的位置不同，一般分为装在发电机定子上部的上机架，以及定子下部的下机架，机架是混流式水轮发电机安置推力轴承、导轴承、制动器、励磁机定子及转桨式水轮机受油器的支撑部件。

机架的结构形式通常根据水轮发电机的总体布置（即悬式、伞式或半伞式结构）确定，上机架结构布置，如图 3-50 所示。机架是由中心体和数个支臂组成的钢板焊接结构。由于运输尺寸的限制，当机架支臂外端的对边尺寸小于 4m 时，可采用中心体与支臂焊为一体的结构；当机架支臂外端的尺寸大于 4m 时，应采用可拆卸支臂的机架，也可采用部分拆卸支臂或井字形结构的机架。

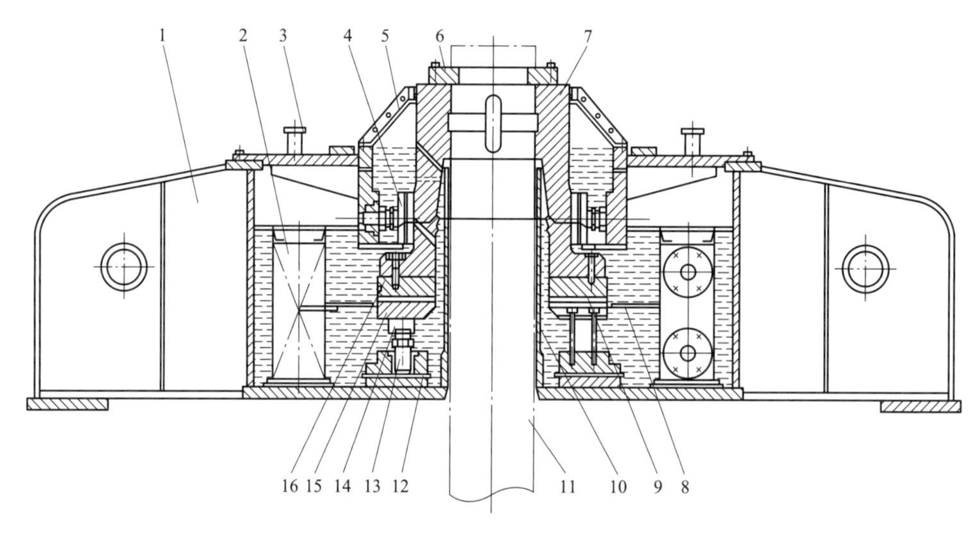


图 3-50 上机架结构布置

1—上机架；2—冷却器；3—气窗；4—导轴承装配；5—密封盖；6—卡环；7—推力头；8—隔油板；9—镜板；10—挡油管；11—主轴；12—轴承座；13—抗重螺栓；14—托盘；15—推力瓦；16—绝缘垫

按负荷性质分类，机架可分为负荷机架与非负荷机架两种。

（1）负荷机架。放置推力轴承的机架统称为负荷机架。它承受机组转动部分的全部重量，水轮机的轴向水推力、机架自重及作用在机架上的其他负荷。

悬吊式发电机的上机架、伞式或半伞式发电机的下机架都属于负荷机架。根据结构布置要求，有时也将导轴承装设在负荷机架内，所以这种负荷机架除承受轴向负荷外，还承受径向负荷。悬吊式发电机的上机架固定在定子机座上。这种机架的跨度较大，为满足其挠度值在允许范围内，需增加机架的高度。

伞式发电机的负荷下机架位于转子下面，它通过基础板用地脚螺栓固定在基础上，机架的跨度较小，因此在挠度值相同的条件下，可降低高度。

（2）非负荷机架。非负荷机架一般只放置导轴承，主要承受转子径向机械不平衡力和由于定子、转子气隙不均匀而产生的单边磁拉力，非负荷机架承受的轴向负荷有导轴承油槽励磁机定子、上盖板重量及自重等。悬吊式发电机的下机架和半伞式发电机的上机架均属于非负荷机架。

按机架支臂结构形式分类，机架可分为辐射型机架、井字型机架、斜支臂机架、多边形机架和三角环形机架。

（1）辐射型机架。这种结构受力均匀，适用于负荷机架、非负荷下机架和跨度较大的低速大容量发电机的非负荷上机架。

（2）井字型机架。机架的各个支臂与中心体间构成井字型式称为井字形机架，由于受力的原因，一般用于大、中型水轮发电机的非负荷机架。井字形机架支臂外端对边尺寸超出（大于 4m）运输限制尺寸时，可将 4 个支臂做成可拆式的结构，以满足运输的要求。

（3）斜支臂机架。机架的每个支臂沿圆周方向都偏扭一个支撑角，使支架支臂在运行时具有一定的柔性，支撑角的大小由机架需要的柔性而定，由此定子铁芯的热膨胀可不受上机架的影响，同样，上机架采用斜支臂也可减少机架与基础件由于热膨胀而引起的应力，而刚度仍与径向式支臂的机架相同。此结构适用于大容量水轮发电机的上、下机架。

（4）多边形机架。两个相邻支臂间用工字钢连接成整体，构成多边形的机架，每对支臂的连接处焊有人字形支撑架，采用键（切向键）与基础板连接，键与支撑架之间留有一定间隙以适应热变形的需要。支撑架与上机架焊接前，在间隙处应根据间隙的大小，垫上临时垫片以确保间隙值，并在键两侧放入侧键，以调节支臂中心。此结构最大特点是可以把导轴承传出的径向力，经连接的支撑架转变为切向力，可减少径向力对基础壁的作用，适用于大容量水轮发电机的上机架。

（5）三角环形机架。三角环形机架没有支臂，重量轻，与支臂式机架相比重量可轻一半，而强度相同，当高速大容量水轮发电机转子下部没有足够空间安置支臂式机架时，可采用此结构，目前国内还未采用。

通常，机架是由中心体、支臂组成的钢板焊接结构，中心体是由上、下圆板和若干条立板组成的焊接部件。根据发电机总体布置的不同，中心体的结构形式各有差异。支臂按截面不同，分成“I”字形支臂和盒型支臂两种。“I”字形支臂由上、下翼板和腹板组成，可根据机架的功能选择不同的形式。盒型支臂用钢板焊接，强度大、重量轻。当机架超出运输尺寸限制时，可做成可拆式结构，组合形式有大合缝板结构和小合缝板结构两种，大合缝板结构形式是在工地用合缝螺栓把合成一体，小合缝板结构是先在工厂用小合缝板加工定位，运到工地后再焊接成整体。

此外，为减小水轮发电机的径向振动，对于高速水轮发电机，常在上机架支臂外端与机坑之间装设千斤顶。

## 第七节　发电机通风冷却系统

发电机的发热部件，主要是定子绕组、定子铁芯（磁滞与涡流损耗）和转子绕组。为使绕组和铁芯的温度不至于过高而引起绕组绝缘损坏，必须采用高效的冷却措施，使这些部件发出的热量散发除去，以使发电机各部分温度不超过允许值。发电机通风冷却系统主要以密闭自循环空气冷却和水冷为主。

**一、密闭自循环空气冷却**

发电机运行时，冷却空气由转子支架、磁轭、磁极旋转产生的风扇作用进入转子支架入口，流经磁轭风沟、磁极极间、气隙、定子径向通风沟，冷却气体携带发电机损耗散热经定子铁芯背部汇集到冷却器与冷却水热交换散热去热量后，重新分上下两路流经定子线圈端部进入转子支架，构成密闭自循环空气冷却系统，为形成上、下进风道在转子支臂上方装设盖板，为减少漏风量，在空气气隙上、下部位置设置旋转挡风板。在运行中对定子线棒、定子铁芯、空气冷却器进出风温、冷却水进出温度进行监测，发电机密闭自循环空气冷却示意，如图 3-51 所示。

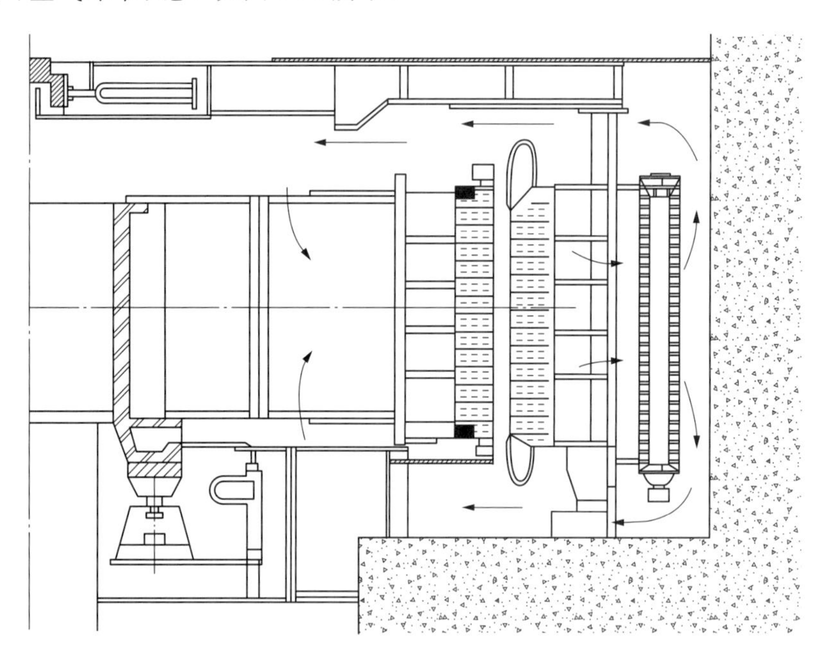

图 3-51　发电机密闭自循环空气冷却示意

密闭自循环通风特点：通风阻力小，通风路线短，散热面积较大及转子、定子轴向温度分布比较均匀，转子无径向风沟，支臂无轴向风孔，通风损耗小，风路简单，转子转动时鼓动的气流足以使定子端部得到充分冷却，因而在转子两端可不装设风扇，发电机转子风扇被认为是一个潜在风险。

通风系统按空气流动的方向，一般有径向、轴向及径轴向3种方式。

（1）径向通风方式。由转子旋转产生风压，迫使冷空气流经转子铁芯、定子铁芯的通风沟，将热空气带走。

（2）轴向通风方式。这种方式装有轴流式风扇，使冷空气轴向进入转子、定子，轴向流出。

（3）径轴向通风方式。使冷空气径向流入，轴向经转子、定子流出。

中、大容量水轮发电机，一般装设4～18个空气冷却器，空气冷却器也称热交换器，空气冷却器分布示意如图3-52所示。空气冷却器的散热余量取10%～15%为宜，这样，当某个冷却器检修时，其他冷却器仍能带走全部损耗，不影响发电机正常运行。各冷却器通过并联方式通过阀门连接至环形进出水管上，其中一个冷却器发生故障时，不影响其他冷却器运行。发电机内部的热空气，通过空气冷却器进行冷却，温度降低后，进入发电机内部冷却铁芯和绕组，然后再经空气冷却器冷却，再进入发电机内部。

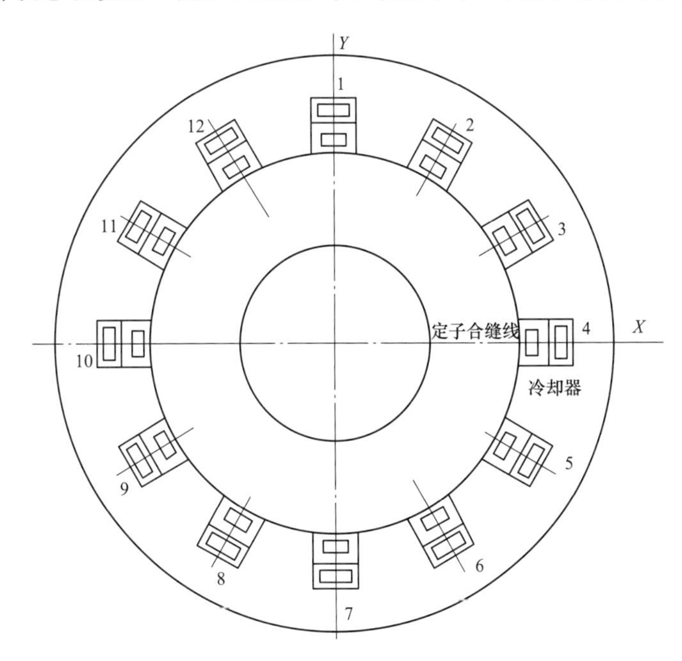


图3-52　空气冷却器分布示意

对于具有12个或12个以上空气冷却器的混流式水轮发电机，允许停用1个空气冷却器时发电机仍能以额定负载长期运行。对于空气冷却器少于12个的发电机，当停用1个空气冷却器时的允许负载应在专用技术条件中规定。空气冷却器应按工作水压不低于0.2MPa进行设计。试验水压为工作水压的2倍，试验时间60min，不渗漏；当空气冷却器工作水压超过0.2MPa时，在专用技术条件中说明。在每个空气冷却器上均应装置测量冷风温度的电阻温度计1个，并在每台电机的2个空气冷却器上分别装置测量冷风温度的信号温度计和测量热风温度的电阻温度计各 1 个。

空气冷却器和油冷却器应采用紫铜管、铜镓（银）合金的无缝管或其他能防锈蚀的管材油冷却器及轴瓦应能在不拆卸整个轴承的情况下进行更换或检修。空气冷却器应设计成能防止泥沙堵塞和便于清洗的结构。冷却系统管路应有隔热措施，并应采取措施使冷却器的结露排到风罩外。风罩内要考虑防潮、加热问题，水冷水轮发电机定子、转子冷却水管应有检漏装置。

**二、发电机水冷却系统**

大型、巨型水轮发电机一般采用水冷。水内冷是在发电机线棒中安装水管，水管中通冷却水进行冷却。这种冷却法是发电机的定子绕组大都采用单波绕组，因为这种绕组端部接头间距离大，便于安装引水管。

水内冷机组的线棒内部设有空心导线或空心不锈钢冷却水管。目前，水内冷机组定子线棒内部导线应用较多的有两种：一种是实心铜导线和空心不锈钢的组合，另一种是实心铜导线和空心铜导线（即冷却水管）的组合，在设计上，空心铜导线考虑其导电，空心不锈钢管不参与导电，只提供冷却，优点是线棒的附加损耗低，不锈钢导热性能优越，长期运行过程中，基本无导电离子在水中溶解，相应地，定子槽利用率低，但线棒本身刚度得以提高。

定子水内冷环形管一般布置在线棒上端头的上部和下端头下部。在水接头和环形管之间用绝缘引水管连接。励磁绕组可采用水冷或强迫空气冷却。采用水冷式，每个磁极绕组的首尾引出空心线与相邻磁极绕组的空心导线串接。在磁极中加装冷却水管，带有压力冷却水进入磁极，将热量带走。定子绕组进、出水示意，如图 3-53 所示。

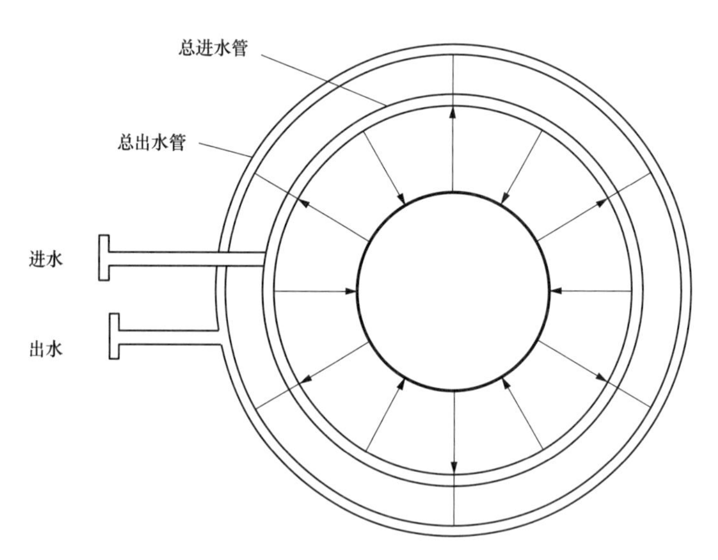


图 3-53　定子绕组进、出水示意

进入定转子磁极的冷却水是经过阳离子、阴离子交换处理过的软化水，靠水泵来驱动，循环流动。在定子内部的进水常采用中心孔进水，转轴表面出水，这样可利用转子旋转时本身产生的离心力，顺势流动，达到外加压力小，流量较大的效果。一般采取一个线圈一个支路，当一个线圈为一支路，总进出水管可放在发电机一端[如图 3-54（a）所示]。有的发电机为了增加冷却效果，即增加水量降低温度，也有半个线圈为一支路，这时总进出水管就得放在发电机的两端，一端进水，一端出水[如图 3-54（b）所示]。

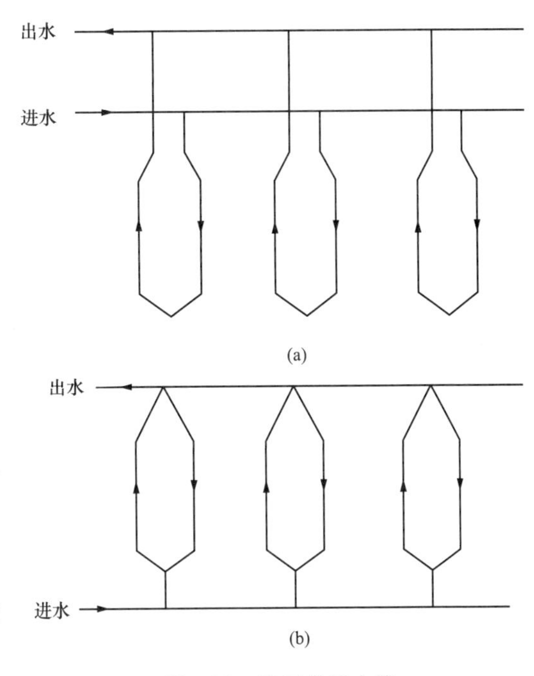


图 3-54　定子线棒水路
（a）每圈一水路；（b）半圈一水路

定子绕组的水路和电路是不一样的，从降低影响线圈的绝缘的角度出发，最好水路的进出口都连在电位的最低处，可是这样对散热不利，水要流很长的一段路程，且冷却水要保持很高的压力。综合散热与绝缘来考虑，水路串联的数目要减小，需要增加从绕组出来进、出水抽头，即增加并联水路，通常采用一个线圈一个支路，总进出水管可放在发电机一端。对冷却水管的要求：绝缘、耐电、耐震、耐水压、耐腐蚀、水管用不锈钢接头。

**三、空气冷却器**

空气冷却器的分类如下。

（1）按空气冷却器管束布置形式分类：水平式空气冷却器、斜顶式空气冷却器、混流式空气冷却器、圆环式空气冷却器。

（2）按空气冷却器通风方式分类：自然通风式空气冷却器、鼓风式空气冷却器、引风式空气冷却器。

（3）按空气冷却器冷却方式分类：干式空气冷却器、湿式空气冷却器、干-湿联合空气冷却器、两侧喷淋联合空气冷却器。

（4）按空气冷却器风量控制方式分类：百叶窗调节式空气冷却器，可变角调节式空气冷却器，电机调速式空气冷却器。

通常，空气冷却器的冷却管分为绕簧式、挤翼式、套片式和针刺式四种。

1. 绕簧式

绕簧式冷却管由直径为 17～19mm 的黄铜管（或紫铜管）外绕以螺旋铜丝圈而成，螺旋铜丝圈由直径为 0.2mm 的铜丝环绕而成。在绕制过程中，同时把焊锡丝呈螺旋状绕在管壁上，绕弯后在铜管两端通大电流使焊丝熔化，这样可将铜丝焊在铜管上。

2. 挤翼式

挤翼式冷却管由厚壁铝（或铜）管经过扎挤成为带螺旋状散热翅的散热管。为增强散热的抗腐蚀能力，在装配前需经氧化处理，有的在内孔中衬以铜管（铜管不用处理），以防止水的腐蚀作用。

3. 套片式

套片式冷却管是由冲制的散热片套在黄铜管上组成的散热器。

4. 针刺式

水电厂用空气冷却器的工艺流体（热风）流速都不高，一般在 1.5～3.5m/s，这就要求冷却管的表面助化系数要大且传热系数 $K$ 要高，高效针刺冷却管就能达到这个要求。通过葛洲坝水力发电厂真机测试，高效针刺冷却管的传热性能就优于其他冷却器 15%，而制造成本却没有增加。

针刺式冷却管的规格，见表 3-4。

**表 3-4　　针刺式冷却管的规格**　　mm

| 规格 | $\phi22/\phi27$ | $\phi18/\phi14$ | $\phi16/\phi12$ | $\phi14/\phi10$ |
|---|---|---|---|---|
| 长度 | 3000～8000 | 3000～8000 | 3000～8000 | 3000～8000 |
| 外径 | 44/54 | 28/44 | 20/28 | 16/20 |
| 螺距 | 2.0～5.5 | 2.0～3.5 | 2.0～3.5 | 2.0～3.5 |
| 每圈针数 | 31～35.5 | 31～35.5 | 31～35.5 | 31～35.5 |
| 齿高 | 12～20 | 6～14 | 3～7 | 1.5～3 |

**注**　冷却管材料为 304、316L、321、T（不锈钢、紫铜、白铜、黄铜、铝合金）。

承管板是冷却器的骨架，用以固定冷却水管，由钢板加工而成。为保证承管板与水箱盖接触密封性能良好，承管板表面粗糙度应不高于 $Ra6.3\mu m$，边缘不得有毛刺，胀接的孔不得有贯通性刻痕，承管板加工后镀锌。

上、下水箱盖与承管板组成冷却器的上、下水箱。水箱与冷却水管构成冷却水通路。水箱盖为钢板焊接结构。水箱盖与橡皮垫接触表面的粗糙度不高于 $Ra6.3\mu m$。考虑到水箱盖的互换性与通用性，水箱盖进、出水法兰的中心距允许误差为±1mm。水箱盖加工面对法兰平面的不平行不得大于法兰外径的 1%，最大不大于 2mm。

## 第八节　发电机制动系统

水轮发电机组在停机过程中，为降低轴承磨损及防止低转速下摩擦引起的过热烧瓦，进行制动以减少停机时间。水轮发电机组制动系统分为机械制动、电气制动两种。机械制动气源来自低压气系统压缩气体，经过制动装置后送到制动风闸，风闸摩擦片与制动环直接接触产生摩擦阻力，起制动作用，迫使机组停机。因机械制动产生的粉尘会污染发电机，现大多增设了电气制动。

目前，水轮发电机组的制动方式有机械制动、电气制动、机械制动和电气制动混合制动方式。混合制动方式是当机组转速下降到额定转速的60%时，投入电气制动，当机组转速下降到额定转速的15%时，投入机械制动；当机组发生电气故障或制动电源消失时，不投电气制动，投机械制动。

**一、机械制动**

机组机械制动系统由制动器、油气管路、手动和自动控制装置组成。在机组安装或检修期间，风闸可作为千斤顶顶起转子；在机组运行期间，可在机组长时间停机后开机前顶起转子建立推力油膜时使用；在机组停机时，可作为制动器使用。

1. 制动器结构

弹簧复归制动器结构，如图3-55所示。制动器结构简单，在缸内有一个能上下运动的活塞。机组制动时，活塞下腔供气，上腔排气，风闸顶起。风闸退出时，活塞上腔供气，下腔排气，风闸下落。顶转子时，在活塞下腔通入压力油能将活塞顶起。在活塞上面配置摩擦系数较大的制动板，活塞下部设置密封，以免压缩空气和压力油泄漏，缸外还有液压锁定装置，当转子顶起时能可靠地锁在较高位置。

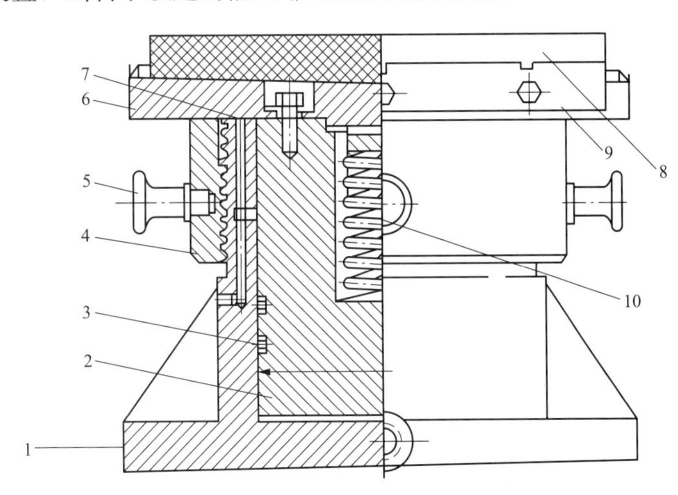


图3-55　弹簧复归制动器结构

1—底座；2—活塞；3—O形密封圈；4—螺母；5—手柄；
6—制动板；7—螺钉；8—制动块；9—夹板；10—弹簧

2. 制动器风闸

制动块是制动器的摩擦部件，又称风闸。由于发电机组制动时风闸与制动环摩擦起到制动作用，因此，风闸的材质必须满足耐磨，摩擦系数高，抗压强度高，粉尘量小等要求。另外，由于发电机风洞内油污较多，风闸在接触汽轮机油后还必须保持足够大的摩擦系数，以满足发电机组制动要求。原来使用较多的是石棉制动风闸，该制动风闸制动时会产生大量的石棉粉尘，影响发电机风洞内的运行环境，并且石棉是致癌物质，不利于人体健康。另外，石棉制动风闸受油雾污染后摩擦系数有所降低，导致发电机组制动时间有所延长。

随着技术的进步，对人体健康影响较小的非金属无石棉制动风闸在水电厂里大量使用。非金属无石棉风闸主要是由树脂（起结合作用）、丁腈橡胶（增加抗磨性和韧性）、氧化铁（起综合作用）、促进剂（促进成型）、酸锌（增加强度）、硅石粉（增加耐磨性和冲击性）、针状粉（增加抗拉力及抗拉性能）等配方组成。非金属无石棉制动风闸表面粗糙度相对于 $Ra$12.5μm，抗压强度大于 30MPa，冲击强度大于 2.530MPa，布氏硬度为 HB25～HB35；浸水 24h 的吸水率小于 0.09%；浸油 24h 的吸油率小于 0.05%，在 0.7MPa 气压下连续制动，线速度为 20m/s，温度为 300℃时，摩擦系数大于 0.45，磨耗系数小于 0.04mm/h，在 300℃保温 30min，没有烧伤、裂纹及永久变形。实践应用表明，非金属无石棉制动风闸效果良好，具有摩擦粉尘量小、环保等优点。

为消除制动时制动块与制动环板摩擦产生的粉屑污染定子，在制动器外设置集尘装置，集尘装置由集尘盒、吸尘柜、控制箱和管路四部分组成。在制动器托班上安装集尘盒，随风闸的抬升而抬升，制动器的运行带动集尘盒的操作。集尘盒的两边直接与制动环相接触，出口边则是一锥形盒，盒的上部与制动环相接，盒的底部为一通风孔。通风孔处安装软管与吸尘柜相连，吸尘柜设两级过滤装置——容器和真空泵，真空泵受控制箱控制实现自动操作。机组制动时，制动器顶起带动集尘盒上升，集尘盒收集风闸摩擦产生的粉尘，同时，集尘柜内真空泵自动启动，起到吸尘作用。设置吸尘装置后，可有效减少风洞内设备集尘量，改善设备运行环境。

3. 制动风闸的投退

制动风闸的投退一般设有手动回路和自动回路。在水电厂中，制动风闸安装在风洞层，围绕定子座环均匀布置。制动风闸的行程开关的常开接点以并联的方式用屏蔽电缆连接，屏蔽电缆连接至现地控制单元，现地控制单元对信号进行采集处理后，以通信的方式把采集到的信号送至 LCU（现地控制系统），LCU 负责把风闸的机械位置以图表的形式表现给监控系统；另一方面，LCU 内部通过流程执行，在条件满足时，由开出模块发投/撤风闸令，开出模块接通开出继电器线圈励磁电源继电器的常开接点闭合，连通电磁铁动作的 220V 直流回路，驱动电磁铁动作，电磁铁动作带动电磁阀阀芯移动，低压气经由阀芯移动产生的孔洞进入制动风闸的下/上腔，制动风闸在气压存在的情况下，上/下移动，以完成对 LCU 发令的任务执行。如图 3-56 所示为某水电厂上位机投退机械制动程序。

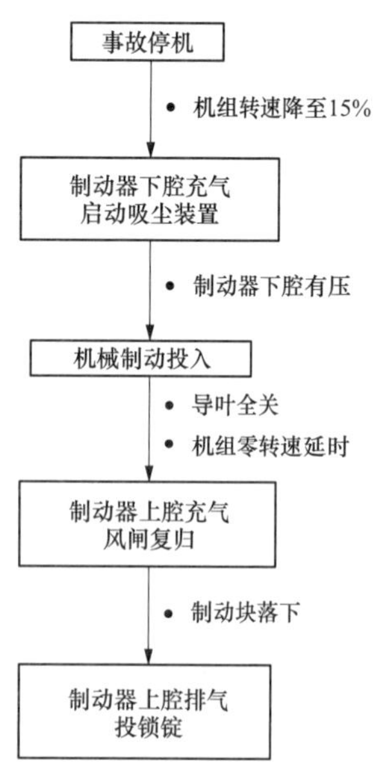


图 3-56　某水电厂上位机投退机械制动程序

## 二、电气制动

### （一）制动原理

在机组停机过程中，发电机出口断路器断开后，当转速下降到额定转速的60％时，合上电气制动三相短路开关，短接定子三相绕组，然后在转子中投入励磁，利用发电机定子绕组短路后形成的短路电流在发电机内产生一个与原动力矩反向的电磁力矩，依据同步发电机的电枢反应原理，电枢反应的直轴分量仅体现为加磁或去磁，不反应有功转矩。而电枢反应的交轴分量则体现为一个有功转矩，其方向与原有速度方向相反，达到机组制动的目的。制动过程中，定子电流和转子电流均保持恒定，制动力矩随转子转速的降低而增大。

$$T_{et}=I_F^2\times X_d^2RS\div(R^2+S^2X_d^2)$$

式中　$T_{et}$——电气制动转矩；

$I_F$——发电机电气制动短路电流；

$X_d$——发电机同步电抗；

$R$——发电机定子绕组电阻；

$S$——转速比。

从上面公式可看出电气制动特点如下。

（1）制动力矩与定子短路电流的平方成正比。

（2）制动力矩与机组转速成反比，在制动过程中，因为定子短路电流基本不变，因此伴随转速下降，制动力矩反而增大，制动力矩最大值出现在机组停止转动瞬间。

在电气制动过程中，由于给转子绕组加的是恒定励磁电流，则随着转速的降低，发电机的感应电势和直轴同步电抗按比例减小，使发电机定子绕组上的制动电流幅值保持恒定，而频率逐渐减小。如图3-57所示为某水电厂上位机投退电气制动程序。

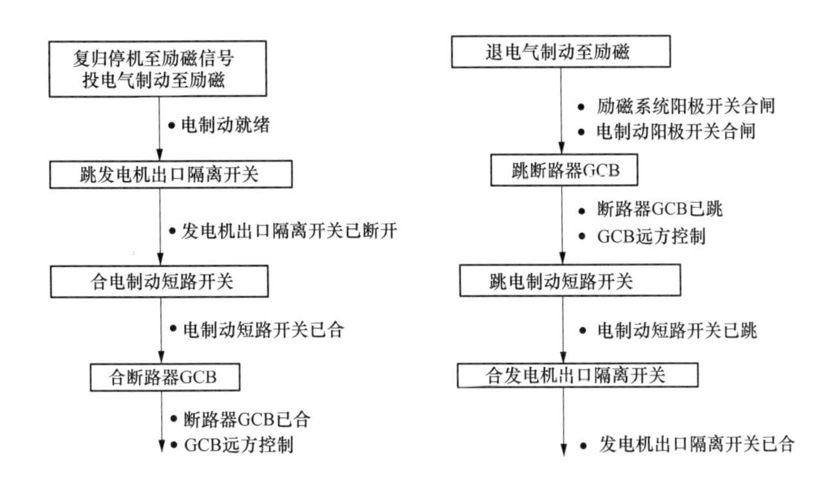


图3-57　某水电厂上位机投退电气制动程序

（二）电气制动投入条件

（1）有停机令，导叶全关。

（2）发电机出口断路器断开。

（3）发电机无电气事故。

（4）转速小于额定转速的60%。

（5）励磁系统具备投入电气制动条件。

## 第九节　发电机辅助设备

### 一、发电机测温装置

发电机运行中，需要对轴承等处温度进行监视，目前大部分水电厂使用PT100温度传感器进行测量。PT100温度传感器将温度变量转换为可传送的标准化输出信号。其主要由两部分组成：传感器和信号转换器。传感器主要是热电偶或热电阻，信号转换器主要由测量单元、信号处理和转换单元组成，有些变送器增加了显示单元，有些还具有现场总线功能。PT100是铂热电阻，它的阻值会随着温度的变化而改变。PT后的100即表示它在0℃时阻值为100Ω，在100℃时它的阻值约为138.5Ω。PT100的阻值会随着温度的上升而匀速增长。它的输出信号为0～10mA和4～20mA（或1～5V）的直流电信号。PT100温度传感器常用接线方式，如图3-58所示。

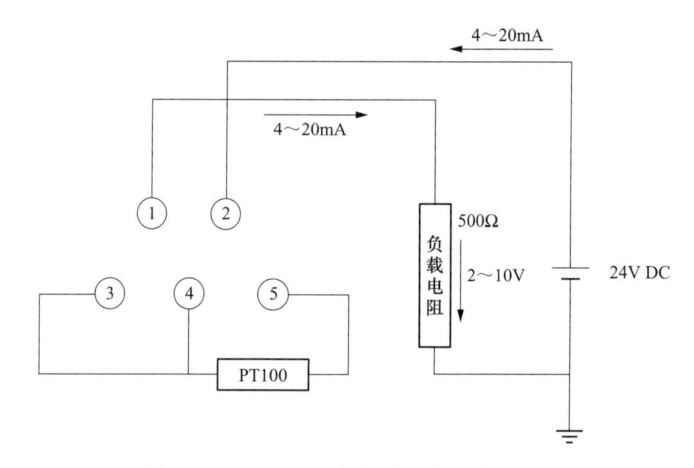


图3-58　PT100温度传感器常用接线方式

### 二、发电机油雾收集装置

水轮发电机组在运行过程中，导轴承油槽中的润滑油会被高速运转的部件甩出，使油飞溅和雾化。当油雾聚集到一定程度时，油槽内空气压力升高，油雾就会从密封部件与转动部件结合的薄弱处溢出，包括轴承油槽盖与大轴间缝隙、呼吸孔、油槽盖板接缝处、内挡油筒等，导致大量油雾在发电机内部弥漫，在定子、转子绝缘层上形成油雾附着层而造成腐蚀，使绝缘性能下降，极易造成发电机定子及转子线圈短路或击穿，威胁发电机的运行安全。油雾附着灰尘在定子铁芯通风沟和转子磁极通风沟处堆积，造成发电机通风散热变差，严重影响发电机散热效果。另外，也会与碳刷粉末在滑环室结合形成油污，附着在刷架和集电环支架上，造成接地短路。

通常采用以下两种方式消除油雾。

（1）在上、下导轴承油槽的上、下部和推力轴承油槽都安装了接触式油挡，与转动部件表面接触，形成无间隙运行，发电机冷却油槽盖外壁上安装呼吸器，由于呼吸器内部有互相交错的挡板，延长油雾的溢出路线，使部分油雾凝集在呼吸器挡板壁上沿着挡板排出，对减少油雾溢出会产生一定的效果。

（2）在发电机风洞内安装油污收集装置收集油雾，某水电厂油雾收集装置示意，如图 3-59 所示。每个油槽都配有吸油雾装置。在机组运行时，吸油雾装置自动投入，将油槽内的油雾吸出，机组停机时，吸取油雾装置自动关闭。

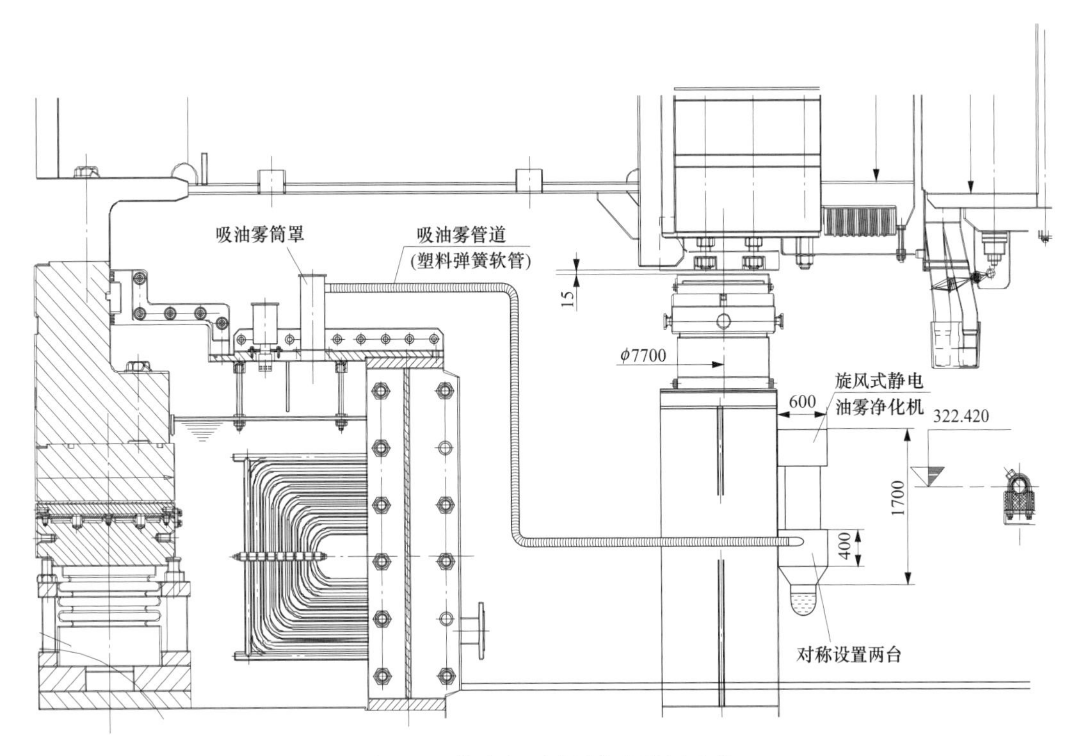


图 3-59　某水电厂油雾收集装置示意

油雾收集装置采用四个对称吸油雾筒罩使油槽内部负压均衡，吸油雾筒罩采用离心吸入技术，保证有效的吸入油雾，同时使油雾与空气初步分离。油雾净化机采用超速缓冲旋风技术，对大粒径的油雾与空气进行第二次分离，然后将小粒径的油雾经过静电荷电凝聚技术进行捕捉，达到油雾与空气的第三次分离，提高油雾分离的效率，避免了油雾对机组的污染。

静电油雾净化机内设排油泵，当集油箱中油位达到上限时，自动启动油泵，将油排入推力油槽内。两台旋风式静电油雾净化机由一台主控柜进行控制，当机组启动时，油雾净化机开始工作；当机组停止工作时，油雾净化机延时停止工作。旋风式静电油雾净化机设有阻力传感器、故障传感器及各种工作状态指示。

## 三、轴电流与检测互感器

当水轮发电机磁路不对称，励磁绕组发生两点接地，主轴附近存在漏磁等情况时，在主轴两端间将出现感应交变电动势，这个电势称为轴电压，导轴承轴电流示意，如图3-60所示。如果轴承油膜被击穿，并形成电流通路，电流会使轴承润滑油逐渐劣化，放电电弧会使轴颈和轴瓦烧出麻点，严重时会造成事故。因此，主轴要通过电刷接地，轴瓦和轴承座要绝缘，通常将导轴承用绝缘垫与轴承座绝缘，在不充油的情况下，导轴承对地绝缘电阻值应不低于1MΩ。

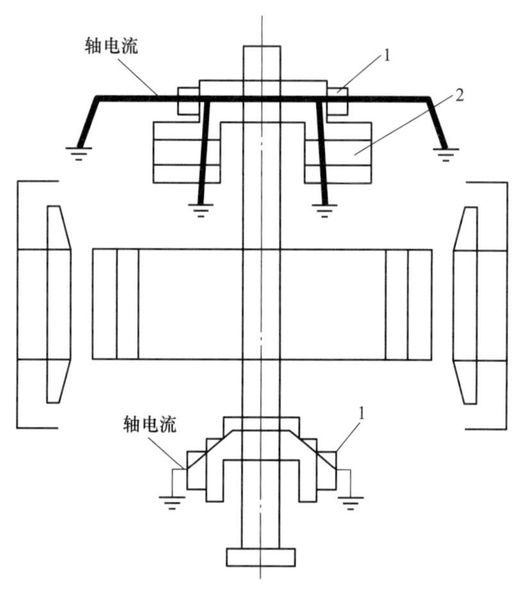


图3-60　导轴承轴电流示意

1—导轴承；2—推力轴承

### （一）轴电流防范措施

（1）在主轴端安装接地电刷，以降低轴电位，使接地碳刷可靠接地，并且与转轴可靠接地，保证转轴电位为零电位，以此消除轴电流。

（2）为防止磁场不平衡等原因产生轴电流，往往在非轴端的轴承座和轴承支架处加装绝缘板，以切断轴电流回路。

（3）为避免其他电动机附件导线绝缘破损产生轴电流，往往要求检修人员细致检查，并加强导线或垫片绝缘，以消除不必要的轴电流隐患。

### （二）轴电流检测装置

轴电流检测装置的作用是在轴承绝缘被破坏，轴瓦尚未受损时就能进行报警，采取处理措施，对主轴承起着重要的保护作用。在运行的水轮发电机中存在以下三个轴电压源。

（1）转子轴磁化引起的极电压。

（2）不对称的发电机铁芯叠片，不均匀的气隙与转子偏心，分瓣定子或转子铁芯，扇形硅钢片磁导率差异引起的不对称电压。

（3）励磁系统电容耦合电压。

轴电流互感器是轴电流监测装置的重要组成部分，安装在主轴上，发电机励磁用的导线一进一出通过主轴，起励时，起励电流从几百安培增大到一千多安培，对称分部的电流产生的磁场完全抵消，不会使轴电流检测装置误发信号。轴电流在不同负载下的输出曲线，如图 3-61 所示。

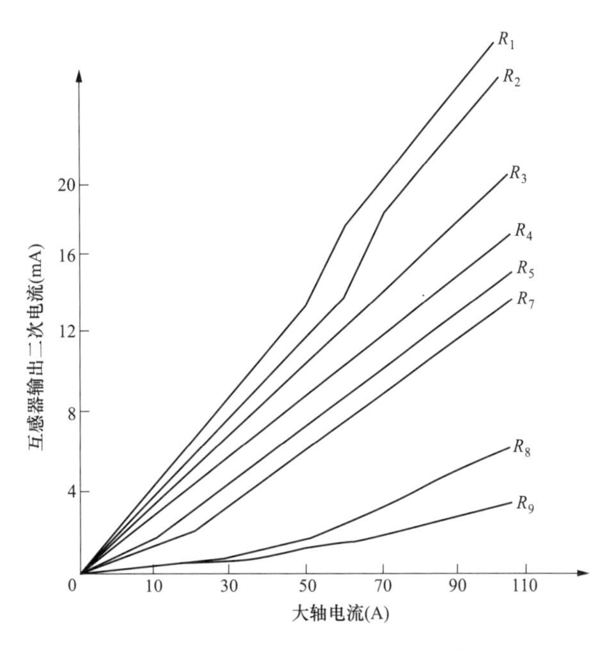


图 3-61　轴电流在不同负载下的输出曲线

悬式机组轴电流互感器的安装受发电机结构的影响，需要吊装在上层设备的下底板上或支撑在下层设备上。有些轴电流互感器是通过螺杆座焊在发电机上机架中心体下部或套在主轴上。

**四、发电机基坑加热器和除湿机**

水轮发电机组所处的环境空气湿度较大，发电机的转子和定子绕组绝缘易受湿热空气影响，且水轮发电机运行受季节影响较大，尤其在冬季，机组长时间停机时，湿气影响机组绝缘，甚至使机组绝缘为零，威胁设备稳定运行。

通常在发电机机坑内配置加热器和除湿机，防止发电机停机时绝缘受潮结露，并可维持机坑内温度不低于 10℃，以利于轴承随时启动。加热器和除湿机的功率根据风洞空间大小和环境温度来决定。在机组停机时，加热器和除湿机自动启动进行加热除湿。

# 第四章　混流式机组水轮机检修与试验

## 第一节　检　修　周　期

设备检修周期的确定与设备的设计、制造、安装，以及运行管理水平有关。目前，大部分运行管理单位以计划性检修为主，状况检修作为一种先进的设备维护手段正在少数单位推进和试行。

计划性检修是指根据行业规范，按一定的检修时间周期对设备进行检修。行业规范对设备的检修等级、检修时间间隔、检修项目、检修等级组合方式等都有明确的指导。水轮发电机组的计划性检修分为A、B、C级与D级四个等级。

A级检修是对水轮发电机组进行全面解体，对所有部件进行检查检修，将部件恢复到设计状况或最佳状况，对整机进行试验检查，使机组的各项参数达到最优状况。B级检修是介于A级和C级之间的检修，水轮发电机组的某些重要部件存在重要或重大缺陷需要进行修理，主要针对这些特定部件进行的检修。同时，根据设备的磨损、老化规律，对设备进行维护性检查和修理。C级检修是一种日常维护性检修，水轮发电机组整体运行状况良好，检修时，对水轮发电机组一些主要参数进行试验检查调整，修复设备一般缺陷，对易损件进行更换，对磨损的部件进行修理。D级检修主要是消除水轮发电机组的一般部件和辅助部件存在的缺陷。水轮发电机组主要运行参数良好，主要部件不存在一般及以上缺陷。

状态检修是指不以设备检修时间间隔为依托，只根据设备的定期状态评估结果安排设备检修。水轮发电机组状况评估结果较好时，安排一般性检修消除一般性缺陷；当设备存在重要或重大缺陷和主要运行参数存在明显偏离时，安排较大规模的检修。

水轮发电机组A、B、C、D各个等级的检修可依据行业规范按某种组合方式进行，也可根据设备的运行规律和特点设定某种组合检修方式。

DL/T 1066—2007《水电站设备检修管理导则》对水轮发电机组的检修组合方式和停用时间做了推荐性安排，检修间隔和等级推荐组合方式，见表4-1。混流式水轮发电机组标准项目检修停用时间，见表4-2。

**表 4-1　　　　检修间隔和等级推荐组合方式**

| 机组类型 | A级检修间隔（年） | 检修等级组合方式 |
|---|---|---|
| 多泥沙水电站<br>水轮发电机组 | 4～6 | 在两次A级检修之间，安排1次机组B级检修；除有A、B级检修年外，每年安排1次C级检修，并可视情况，每年增加1次D级检修。如A级检修间隔为6年，则检修等级组合方式为A—C（D）—C（D）—B—C（D）—C（D）—A（即第1年可安排A级检修1次，第2年安排C级检修1次，并可视情况增加D级检修1次，以后照此类推） |
| 非多泥沙水电站<br>水轮发电机组 | 8～10 | |

注　1. 根据设备的技术状况和部件的磨损、劣化和老化等规律，可适当调整A级检修间隔，采用不同的检修等级组合方式，但应进行论证，并经主管部门批准。
2. 新机组第一次A、B级检修可根据制造厂要求、合同规定及机组的具体情况决定。若制造厂无明确规定，一般安排在正式投产后1年左右。
3. 对进口或技术引进的设备及状态稳定的国产设备，根据设备状态评价结果，可延长检修间隔。

**表 4-2　　　　混流式水轮发电机组标准项目检修停用时间**

| 转轮直径（mm） | 检修停用时间 | | |
|---|---|---|---|
| | A级（天） | B级（天） | C级（天） |
| ＜1200 | 30～45 | 20～25 | 3～5 |
| 1200～2500以下 | 35～45 | 25～30 | 3～5 |
| 2500～3300以下 | 40～50 | 30～35 | 5～7 |
| 3300～4100以下 | 45～55 | 35～40 | 7～9 |
| 4100～5500以下 | 50～60 | 40～45 | 7～9 |
| 5500～6000以下 | 55～65 | 45～50 | 8～10 |
| 6000～8000以下 | 60～70 | 50～55 | 10～12 |
| 8000～10 000以下 | 65～75 | 55～60 | 10～12 |
| 10 000以上 | 75～85 | 60～65 | 12～14 |

注　1. 对于多泥沙河流、磨蚀严重的水轮发电机组，其检修停用时间可在表中规定的停用时间上乘以不大于1.3的修正系数。
2. 若因设备更换重要部件或其他特殊需要，经主管部门批准，机组检修停用时间可适当超过表中的规定。
3. 转轮叶片材质为不锈钢的机组停用时间按下限执行。
4. 检修停用时间已包括带负荷试验所需的时间。
5. 机组D级检修的停用时间约为其C级检修停用时间的一半。

## 第二节　检修准备工作

在全面启动水轮发电机组检修前，为确保检修工作安全顺利进行，应成立专门的检修组织机构，确定检修事项，同时做好以下工作。

1. 资金保障

机组检修等级和主要检修项目确定后，应做好预算，向资金管理部门和上级单位申请检修费用，资金落实到位后，立即进行检修准备工作。

2. 组织保障

机组A、B、C级检修前，应以检修文件和检修制度的形式，明确检修组织机构，明确行政管理、安全管理、技术管理人员，明确所有人员的工作任务和职责，明确所有人员的工作程序。

3. 安全保障

(1) 编制安全管理制度。从保证检修人员安全保障和设备检修安全管理出发，参考相关工程的管理经验，编写各种安全管理制度。

(2) 购买安全工器具。对现有工器具进行造册检查和试验，清点数量，补充购买需要的安全工器具。

4. 技术保障

(1) 做好机组状态评估。机组检修应做到应修必修、修必修好。在检修项目编制前或过程中，应做好检修前机组的检查试验，测试主要技术参数。如果技术参数异常或突变，应查出原因，在检修中进行处理。查阅以往的检修记录，认真讨论检修记录中的运行提示事项和检修遗留的缺陷等，做好处理这些缺陷的准备。查阅上个检修周期至检修前的运行记录，对发生的主要缺陷进行分析，对未处理的缺陷进行统计，编制检修项目，将运行中发生的缺陷处理好。安装有测振测摆装置的机组，应对上次检修后特别是近一年的数据进行分析，如果数据有异常，应进行原因分析。

(2) 检修前检查试验。为全面了解机组的实际状况，检修前应进行相关试验。试验严格按标准进行，对试验报告进行分析，找出需要在检修中解决的问题。

(3) 确定检修项目。参考国家和行业标准，按照检修等级编制标准项目，根据机组状况评估情况增加特殊检修项目。对实施状态检修的单位，检修标准项目可根据设备实际情况进行调整。

(4) 编制检修管理文件。按照检修管理组织的形式，编制检修管理文件，包括组织保障准备工作要求的内容、安全保障工作要求的内容、检修作业计划等。

(5) 编制技术方案和检修工艺文件及质量验收卡。按照检修项目的要求，编制检修技术方案，明确技术要求。按照技术方案的要求，编制各种工艺文件，如作业卡等。编制检修质量验收卡，按照质量管理体系的要求进行。在检修工作中，必须严格执行这些文件。如果有疑问，应及时提出，向上级部门反映，按审批后的检修要求进行工作。

(6) 做好人员培训。检修前，组织所有参加检修的人员学习检修管理文件、安全管理文件、检修技术方案和检修工艺文件。全体人员应熟悉并掌握相关内容，在学习中发现的问题应及时修订。必要时，对重要内容进行考试。检修前，检修人员应熟悉设备的原理、结构及性能，熟悉并掌握检修规程，了解运行规程的相关部分。特种作业人员应通过取证考试。

5. 物资保障

检修项目确定后，按照项目的要求，编制消耗性材料、备品备件和专用工器具清单；对缺少的物资及时购买；对专用工器具在检修前应进行试验检查，保证在检修中能可靠使用。主要材料必须有检验证和出厂合格证。必要时，定制的关键备品配件应参与工厂监造。

6. 检修场地规划

在检修准备阶段，应编制定置图。检修开工前，按照定置图的要求，对检修现场进行清理。检查和清理检修通道，确保检修通行安全。

7. 现场重大起重设备和设施检查

检修前，对厂房内桥机设备、进水口拦污栅清理设备、机组进水口起重设备、进水口检修闸门、机组尾水起重设备和尾水检修闸门进行检查，对发现的缺陷应在检修前修理好，老化的闸门水封在检修前进行更换。检修排水水泵及附属设备在检修前应进行检查和修理，确保设备可靠使用。检修前应对低压检修气系统进行检查维护，检修时做好检修用气与运行设备制动用气的隔离措施及检查。临时电源的使用与管理必须规范，厂房内临时用电一律从检修屏柜取电，禁止在其他设备屏柜上搭接电源。禁止使用无漏电保护器或检验不合格的临时电源板或卷线盘，临时用电电器使用时必须可靠接地。

8. 机组检修条件

（1）水轮发电机组停机。

（2）关闭进水口检修闸门。

（3）关闭尾水流道检修闸门。

（4）流道消压，并排空积水。

（5）调速器压油槽消压至零。

## 第三节 检修项目和质量标准

检修项目包括标准项目和特殊项目。编制标准项目可依据行业推荐意见结合水轮发电机组的具体特点进行。在检修前，对水轮机一年时间的运行特性进行分析，结合运行期间发现的设备缺陷编写非标准项目。

### 一、检修项目的编制

1. A 级检修项目的主要内容

（1）设备制造厂家要求的项目。

（2）全面解体项目。

（3）部件清扫项目。

(4) 部件检修项目。
(5) 需要更换部件的项目。
(6) 部件改造项目。
(7) 部件缺陷消除项目。
(8) 设备回装项目。
(9) 设备试验项目。
(10) 技术监督规定检查项目。
(11) 执行反事故措施、节能措施。

2. B级检修项目的主要内容

B级检修是介于C级和A级之间的检修，B级检修的重点项目主要是完成修理个别重要部件的缺陷，同时完成C级项目的检修，或者完成个别重要部件的改造。

3. C级检修项目的主要内容

(1) 对主要参数进行检查和试验。
(2) 更换简单的易损部件和老化部件，修复简单的磨损部件。
(3) 对一些关键部件进行清扫和检查。
(4) 消除运行中发现的缺陷。
(5) 技术监督规定的检查项目。
(6) 较小的设备改造项目。

## 二、设备检修质量

质量标准主要按制造厂要求、行业规范、发电厂检修规程要求编写。

## 三、检修项目编制举例

某大型水电厂水轮机A、B、C级检修项目，见表4-3～表4-5。

**表4-3　　某大型水电厂A级检修项目**

| 序号 | 项　目 | 检修单位 | 验收等级 | 质量标准 |
| --- | --- | --- | --- | --- |
| 1 | 导水机构 | | | |
| 1.1 | 检修前、后导叶立面、端面间隙测量记录与调整 | | 三级 | 上端面间隙1.0～1.4mm，下端面间隙0.6～1.0mm，测24个导叶。接力器无油压时，导叶上端间隙1.0mm，中端间隙0.5mm，下端间隙0mm。接力器有油压时全部为0mm，测24个导叶 |
| 1.2 | 检修前、后24个导叶连杆两轴孔距离测量记录 | | 三级 | 测量准确、记录完整 |
| 1.3 | 检修前、后接力器100%开度时导叶实际开度记录 | | 三级 | 测上、中、下三个位置，24个导叶全部测量，用表格记录数据 |
| 1.4 | 检修前、后连杆销与销孔配合间隙测量记录 | | 三级 | 测量准确、记录完整 |

续表

| 序号 | 项　目 | 检修单位 | 验收等级 | 质量标准 |
| --- | --- | --- | --- | --- |
| 1.5 | 连杆销轴套更换 | | 三级 | 安装前用游标卡尺对轴套厚度进行测量，符合要求后对各部件进行清扫，干净后安装轴套 |
| 1.6 | 检修前、后偏心销与销孔配合间隙测量记录 | | 三级 | 用外径千分尺和量缸表测量，测量准确、记录完整 |
| 1.7 | 偏心销轴套更换 | | 三级 | 安装前用游标卡尺对轴套厚度进行测量，符合要求后对各部件进行清扫，干净后安装轴套 |
| 1.8 | 剪断销配合间隙测量 | | 三级 | 用外径千分尺和量缸表测量，数据用表格记录 |
| 1.9 | 检修前、后底环水平、高程、中心测量与调整 | | 三级 | 用游标卡尺测量调整垫的厚度，符合调整值，误差在0.02mm内。用图记录加垫位置和用表格记录加垫的厚度。用塞尺测量座环基准面的间隙，误差在平均值的8%以内 |
| 1.10 | 底环密封装置更换 | | 三级 | O形密封圈安装前检查无老化、开裂等缺陷，硬度符合要求，安装面清扫干净 |
| 1.11 | 24个导叶下轴套密封装置更换 | | 三级 | V形密封圈安装前检查无老化、开裂，形状不规则等缺陷 |
| 1.12 | 检修前、后24个导叶下轴套间隙测量记录 | | 三级 | 检修后间隙0.19～0.39mm，用表格记录数据 |
| 1.13 | 导叶下轴套更换 | | 三级 | 下轴套装配前间隙0.34～0.39mm，旧轴套拆出不得损坏底环 |
| 1.14 | 导叶下密封装置检修 | | 三级 | 密封条平滑，不得凹凸不平。压板平整 |
| 1.15 | 导叶吊装 | | 三级 | 外观完好、无损坏 |
| 1.16 | 检修前、后24个导叶中轴套间隙测量记录 | | 三级 | 用外径千分尺和量缸表测量，用表格记录数据 |
| 1.17 | 导叶中轴套更换 | | 三级 | 轴套安装前彻底清扫内孔表面，并进行检查，不得有突出点、毛刺 |
| 1.18 | 24个导叶中套筒V形、O形密封更换 | | 三级 | V形、O形密封圈安装前检查无老化、开裂，形状不规则等缺陷 |
| 1.19 | 检修前、后24个导叶上轴套间隙测量记录 | | 三级 | 用外径千分尺和量缸表测量，用表格记录数据 |
| 1.20 | 导叶上轴套更换 | | 三级 | 轴套安装前彻底清扫内孔表面，并进行检查，不得有突出点、毛刺 |
| 1.21 | 24个导叶中套筒安装 | | 三级 | 用塞尺检查套筒与顶盖的结合面，无间隙 |

续表

| 序号 | 项　目 | 检修单位 | 验收等级 | 质量标准 |
|---|---|---|---|---|
| 1.22 | 24个导叶上套筒安装 | | 三级 | 用塞尺检查与顶盖对结合面，无间隙。螺栓预紧力合格，用表格记录数据 |
| 1.23 | 24个导叶止推装置检修 | | 三级 | 上钢背瓦和下钢背瓦更换；测量钢背瓦的厚度，保证安装后上部最大间隙不大于0.1mm，下部最大间隙不大于1.3mm |
| 1.24 | 24个导叶臂安装 | | 三级 | 导叶臂安装到位，分半键结合面清扫干净，分半键打紧 |
| 1.25 | 24个导叶上部垫片厚度测量、调整值计算及调整垫更换 | | 三级 | 用游标卡尺测量，与调整值相差不超过0.02mm，垫片两平面必须平整，无毛刺 |
| 1.26 | 24个连接板安装 | | 三级 | 摩擦面清扫干净，不得黏附有润滑剂 |
| 1.27 | 24个剪断销安装 | | 三级 | 结合面清扫干净 |
| 1.28 | 24个连接板M56螺栓预紧力调整 | | 三级 | 最大预应力403kN |
| 1.29 | 控制环推力轴承检修 | | 三级 | 更换全部铜背复合轴承材料 |
| 1.30 | 控制环防腐处理 | | 三级 | 彻底除锈，刷2次防锈漆后再刷面漆 |
| 1.31 | 控制环中心调整 | | 三级 | 轴承间隙0.6～1.1mm，沿圆周均匀测8个点 |
| 1.32 | 24对上下连板安装 | | 三级 | 与控制环及连接板均匀接触 |
| 1.33 | 24个偏心销安装 | | 三级 | 安装时的状态：控制环在全关位置(不考虑压紧行程)，导叶在全关位置用钢丝绳捆紧 |
| 2 | 水导轴承 | | | |
| 2.1 | 检修前、后轴承间隙测量 | | 三级 | 10块瓦全部测量，用表格记录数据 |
| 2.2 | 检修前、后轴领与轴承座间距测量 | | 三级 | 用图示法记录数据 |
| 2.3 | 检修前、后挡油筒与主轴间隙测量 | | 三级 | 测8个点，用表格记录数据 |
| 2.4 | 轴瓦磨损情况检查、记录、处理 | | 三级 | 无脱壳、划痕、硬点 |
| 2.5 | 楔子板、抗重块磨损情况检查 | | 三级 | 楔子板安装牢固，磨损严重则更换 |
| 2.6 | 挡油筒检查清扫 | | 三级 | 干净，无明显损伤 |
| 2.7 | 挡油筒防腐处理 | | 三级 | 除锈，刷2遍防锈底漆，刷面漆2次。内部刷耐油漆 |
| 2.8 | 油位计检修 | | 三级 | 更换密封垫，油位计清扫干净，外观检查无明显损伤 |
| 2.9 | 油冷却器更换 | | 三级 | 外观无明显损伤，清扫干净。固定螺栓无明显松动 |
| 2.10 | 油冷却器强度试压 | | 三级 | 0.5MPa压力，30min无渗漏 |

续表

| 序号 | 项 目 | 检修单位 | 验收等级 | 质量标准 |
| --- | --- | --- | --- | --- |
| 2.11 | 呼吸器清扫 | | 三级 | 干净 |
| 2.12 | 上油槽、下油盆防腐处理 | | 三级 | 无锈蚀，刷二次防锈漆后再刷面漆。内部刷耐油漆 |
| 2.13 | 测温计电缆扎带更换 | | 三级 | 强度好，可靠 |
| 2.14 | 上油箱、下油盆O形密封条更换 | | 三级 | 中硬耐油橡皮条 |
| 2.15 | 水导轴承油处理 | | 三级 | 油质合格 |
| 2.16 | 外部水管解体检查清扫、防腐处理及全部密封垫更换 | | 三级 | 无锈蚀损坏，锈蚀损坏超过10%更换。表面处理干净，刷二次防锈漆后再刷面漆。更换为2mm厚的纸垫 |
| 3 | 主轴密封 | | | |
| 3.1 | 外部水管检查及清扫、密封更换 | | 三级 | 锈蚀厚度超过10%，则更换。密封垫全部更换 |
| 3.2 | 内部水管接头完好情况检查 | | 三级 | 无明显锈蚀，螺栓连接情况好 |
| 3.3 | 橡胶水管检查和清扫 | | 三级 | 无明显老化和损坏，否则更换 |
| 3.4 | 密封块、滑块完好情况检查及磨损量测量 | | 三级 | 无裂纹、老化。平滑，外观无明显损坏。磨损量少于5mm |
| 3.5 | O形密封圈更换 | | 三级 | 无老化现象，表面平滑 |
| 3.6 | 轴颈、上水箱和下水箱防腐处理 | | 三级 | 锈蚀面彻底清理干净后，再刷2遍防锈漆 |
| 3.7 | 压紧弹簧及螺栓完好检查 | | 三级 | 无明显变形，螺栓无明显磨损 |
| 3.8 | 工作密封安装 | | 三级 | 弹簧位置正，压紧螺帽彻底压紧 |
| 3.9 | 供水软管及接头通水试验 | | 三级 | 整体无渗漏 |
| 3.10 | 检修密封围带充气检查 | | 三级 | 外面无明显损伤，无老化现象。充0.7MPa低压气不漏气 |
| 3.11 | 围带与主轴之间的间隙测量 | | 三级 | 间隙均匀 |
| 4 | 主轴与水涡轮 | | | |
| 4.1 | 检修前、后上、下迷宫环间隙测量 | | 三级 | 下迷宫环4.5～5.5mm，测8个点。上迷宫环4.0～4.5mm，测4个点 |
| 4.2 | 转轮各部汽蚀、裂纹和磨损情况检查及处理 | | 三级 | 无裂纹、汽蚀 |
| 4.3 | 主轴检查清扫 | | 三级 | 干净，无划痕、毛刺、锈蚀 |
| 4.4 | 转轮吊装 | | 三级 | 吊前检查水平度在0.02mm/m，不损坏转轮 |
| 4.5 | 主轴法兰面水平记录 | | 三级 | 水平最大误差0.025mm。测4个点 |
| 4.6 | 主轴与水涡轮连接螺栓超声波探伤检查 | | 三级 | 无裂纹 |

续表

| 序号 | 项　目 | 检修单位 | 验收等级 | 质量标准 |
|---|---|---|---|---|
| 5 | 顶盖与座环 | | | |
| 5.1 | 检修前、后顶盖高程、水平度测量 | | 三级 | 测量准确、记录完整 |
| 5.2 | 检修前、后顶盖与座环径向间隙 | | 三级 | 8个点测量。最大值6.5mm，最小值3.5mm |
| 5.3 | 顶盖焊缝着色探伤检查 | | 三级 | 无裂纹 |
| 5.4 | 顶盖合缝间隙测量、法兰螺栓拉伸值检查 | | 三级 | 检查合缝间隙符合要求，螺栓无松动 |
| 5.5 | 顶盖防腐处理 | | 三级 | 彻底除锈，刷2遍防锈漆后，刷2遍面漆 |
| 5.6 | 顶盖密封装置检修 | | 三级 | 更换O形密封条 |
| 5.7 | 顶盖压力测嘴检查 | | 三级 | 无堵塞，管路疏通 |
| 5.8 | 座环与蜗壳连接部位、固定导叶外观完好情况检查 | | 三级 | 无裂纹，无明显损伤 |
| 5.9 | 顶盖泄压管检查及防腐处理 | | 三级 | 无锈蚀穿孔 |
| 5.10 | 顶盖排水泵及回路检查 | | 三级 | 水泵运转正常、管路畅通 |
| 6 | 蜗壳及尾水管 | | | |
| 6.1 | 蜗壳、压力钢管、尾水管外观检查及防腐处理 | | 三级 | 无裂纹、汽蚀和严重锈蚀，按规范进行防腐处理 |
| 6.2 | 蜗壳、尾水管内压力测嘴检查 | | 三级 | 无堵塞，管路疏通 |
| 6.3 | 蜗壳、尾水盘形阀检查 | | 三级 | 无渗漏，操作灵活 |
| 6.4 | 蜗壳、压力钢管、尾水管空鼓检查及处理 | | 三级 | 全面检查。用混凝土修复，灌浆孔封堵牢固 |
| 6.5 | 蜗壳人孔门螺栓检查 | | 三级 | 螺栓紧固，门体无渗漏 |
| 6.6 | 尾水盘形阀及拦污栅检修 | | 三级 | 检查固定部位，损坏部位修复。彻底清理锈蚀，刷2遍防锈漆，刷2遍面漆 |
| 6.7 | 蜗壳及尾水管人孔门螺栓检查 | | 三级 | 螺栓紧固，门体无渗漏 |
| 6.8 | 压力钢管伸缩节焊缝探伤检查 | | 三级 | 全部检查无遗漏 |
| 6.9 | 伸缩节螺栓探伤 | | 三级 | 全部检查无遗漏 |
| 6.10 | 伸缩节盘根更换 | | 三级 | 更换新盘根 |
| 6.11 | M24以下螺栓更换 | | 三级 | 更换相同规格、等级的新螺栓 |
| 7 | 主轴补气装置 | | | |
| 7.1 | 补气阀解体检查、密封件更换 | | 三级 | 无磨损，密封可靠 |
| 7.2 | 补气阀动作灵活性检查 | | 三级 | 动作灵活、可靠 |
| 8 | 技术供排水系统 | | 三级 | |
| 8.1 | 机械部分 | | | |
| 8.1.1 | 主轴密封加压泵解体检修 | | 三级 | 叶片无裂纹，打压正常；止回阀动作可靠，润滑水流量正常 |

续表

| 序号 | 项 目 | 检修单位 | 验收等级 | 质量标准 |
|---|---|---|---|---|
| 8.1.2 | 止回阀解体检查 | | 三级 | 密封面接触良好，不漏光，弹簧弹性好 |
| 8.1.3 | 水力旋流器解体清扫 | | 三级 | 干净，无渗漏，滤斗无损坏 |
| 8.1.4 | 示流器清洗 | | 三级 | 清洁、无杂物 |
| 8.1.5 | 所有阀门解体检修 | | 三级 | 操作灵活，动作到位，不漏水 |
| 8.1.6 | 滤水器解体清污 | | 三级 | 清洁、无杂物 |
| 8.1.7 | $\phi$500 电动闸阀操作机构解体检查 | | 三级 | 动作灵活，不漏油 |
| 8.1.8 | 液控蝶阀阀组清洗 | | 三级 | 无损伤，清洁 |
| 8.1.9 | 液控蝶阀换油 | | 三级 | 油质合格 |
| 8.1.10 | 所有管道防腐处理 | | 三级 | 彻底清理锈蚀，刷 2 遍防锈漆后，刷 2 遍面漆 |
| 8.1.11 | 所有小管道吹扫，管路检查、处理 | | 三级 | 用 0.7MPa 压缩空气吹扫。外观无明显损坏 |
| 8.1.12 | 所有管道密封垫更换 | | 三级 | 更换为 2mm 的纸垫 |
| 8.1.13 | 各种压力表计复核检查 | | 三级 | 合格 |
| 8.1.14 | 供水系统充水试验 | | 三级 | 合格 |
| 8.1.15 | 水车室内主轴密封供水管路进行改造，改为厚壁不锈钢管 | | 三级 | 0.5MPa 耐压试验合格 |
| 8.1.16 | 水导，上导，推力供水管检查或更换为厚壁无缝钢管 | | 三级 | 0.5MPa 耐压试验合格 |
| 8.1.17 | 励磁冷却器清扫 | | 三级 | 干净、冷却效果好 |
| 8.1.18 | 主变压器冷却水净水池清扫 | | 三级 | 干净，无泥沙、杂质 |
| 8.2 | 电气部分 | | | |
| 8.2.1 | 加压泵电动机及端盖风扇检查清扫 | | 三级 | 绝缘合格、干净 |
| 8.2.2 | 加压泵绝缘测量 | | 三级 | 绝缘合格、干净 |
| 8.2.3 | 电气回路检查 | | 三级 | 回路正确 |
| 8.2.4 | 元器件检查 | | 三级 | 运行无异常声音、干净 |
| 8.2.5 | 各继电器表计检查 | | 三级 | 准确 |
| 8.2.6 | 各指示灯、转换开关及屏柜检查清扫 | | 三级 | 正常、干净卫生 |
| 8.2.7 | 通电试运行 | | 三级 | 能正确动作 |

**表 4-4　　某大型水电厂 B 级检修项目**

| 序号 | 项 目 | 检修单位 | 验收等级 | 质量标准 |
|---|---|---|---|---|
| 1 | 水导轴承 | | | |
| 1.1 | 轴承间隙测量检查、记录 | | 三级 | 测量准确，对比分析，并调整 |
| 1.2 | 轴瓦磨损情况检查、记录 | | 三级 | 无脱壳、划痕、硬点 |

续表

| 序号 | 项　目 | 检修单位 | 验收等级 | 质量标准 |
|---|---|---|---|---|
| 1.3 | 楔子板、抗重块磨损情况检查 | | 三级 | 楔子板安装牢固，磨损严重则更换 |
| 1.4 | 挡油筒检查清扫 | | 三级 | 干净，无渗漏、掉漆 |
| 1.5 | 油冷器检查、清扫、试压 | | 三级 | 无损伤，1.25 倍额定压力 30min 无渗漏 |
| 1.6 | 油槽、呼吸器清扫 | | 三级 | 干净无异物 |
| 1.7 | 轴领与轴承座间距测量 | | 三级 | 结构完整，干净 |
| 1.8 | 测温计电缆扎带检查 | | 三级 | 无松脱，可靠，不合格扎带要更换 |
| 1.9 | 水导轴承油处理 | | 三级 | 油质合格 |
| 1.10 | 油位校核与调整 | | 三级 | 上限 593mm，下限 653mm，事故油位≤573mm 或≥703mm，以水导油槽盖板为基准 |
| 2 | 导水机构 | | | |
| 2.1 | 顶盖卫生清扫 | | 三级 | 干净，无油迹 |
| 2.2 | 导叶、底环检修 | | 三级 | 无空蚀、裂纹、机械损伤 |
| 2.3 | 导叶连杆机构检修 | | 三级 | 销可靠，连接牢固 |
| 2.4 | 止水装置检查 | | 三级 | 无机械损伤 |
| 2.5 | 导叶轴承检修 | | 三级 | 无重大磨损，密封良好 |
| 2.6 | 活动导叶端面、立面间隙测量检查 | | 三级 | 带压、不带压情况下均满足设计值 |
| 2.7 | 调速器调节环抗磨块间隙检查，压块螺丝检查，抗磨块面加油 | | 三级 | 压块螺丝连接紧固 |
| 3 | 转轮及主轴 | | | |
| 3.1 | 转轮各部空蚀、裂纹和磨损情况检查及处理 | | 三级 | 无裂纹、空蚀 |
| 3.2 | 主轴及轴领清扫检查 | | 三级 | 干净，无划痕、毛刺、锈蚀 |
| 3.3 | 上、下迷宫环间隙测量检查 | | 三级 | 测量准确，比较设计值、最大值、平均值符合要求 |
| 4 | 蜗壳及尾水管 | | | |
| 4.1 | 蜗壳及尾水管人孔门螺栓检查 | | 三级 | 螺栓紧固，门体无渗漏 |
| 4.2 | 尾水、蜗壳盘形阀检查 | | 三级 | 无渗漏，操作灵活 |
| 4.3 | 蜗壳、压力钢管空鼓、外观检查 | | 三级 | 无空鼓、裂纹、空蚀和严重锈蚀 |
| 4.4 | 尾水管空鼓、外观检查 | | 三级 | 无空鼓、裂纹、空蚀、掉混凝土 |
| 4.5 | 各压力测嘴检查 | | 三级 | 无堵塞，管路疏通 |
| 5 | 补气装置 | | | |
| 5.1 | 补气阀解体检查、密封件更换 | | 三级 | 无磨损，密封可靠 |
| 5.2 | 补气阀内部除锈、清扫 | | 三级 | 干净，无异物 |
| 5.3 | 补气阀动作灵活性检查 | | 三级 | 动作灵活、可靠 |

续表

| 序号 | 项　目 | 检修单位 | 验收等级 | 质量标准 |
|---|---|---|---|---|
| 6 | 主轴密封 | | | |
| 6.1 | 润滑水加压泵、止回阀解体检查 | | 三级 | 水泵联轴器正常、转动灵活无卡阻，叶片无裂纹，打压正常；止回阀动作可靠，润滑水流量正常 |
| 6.2 | 水力旋流器解体清扫 | | 三级 | 干净，无渗漏，滤斗无损坏 |
| 6.3 | 工作密封解体检查检修 | | 三级 | 干净，无异物 |
| 6.4 | 工作密封磨损量测量 | | 三级 | 磨损量满足要求 |
| 6.5 | 检修密封解体检修 | | 三级 | 各部完好，安装位置（水平和高程符合要求） |
| 6.6 | 检修密封间隙测量 | | 三级 | 间隙满足要求 |
| 6.7 | 供水软管及接头通水试验 | | 三级 | 无锈蚀，整体无渗漏 |

**表 4-5　　某大型水电厂C级检修项目**

| 序号 | 项　目 | 检修单位 | 验收等级 | 质量标准 |
|---|---|---|---|---|
| 1 | 水导轴承 | | | |
| 1.1 | 轴承间隙测量检查、记录 | | 三级 | 测量准确，对比分析，并调整 |
| 1.2 | 轴瓦磨损情况检查、记录（抽查3块） | | 三级 | 无脱壳、划痕、硬点 |
| 1.3 | 楔子板、抗重块磨损情况检查 | | 三级 | 楔子板安装牢固，磨损严重则更换 |
| 1.4 | 油冷器检查、试压 | | 三级 | 无损伤，1.25倍额定压力30min无渗漏 |
| 1.5 | 油槽清扫 | | 三级 | 干净，无异物 |
| 1.6 | 呼吸器清扫 | | 三级 | 结构完整，干净 |
| 1.7 | 测温计电缆扎带检查或更换 | | 三级 | 无松脱，可靠 |
| 2 | 导水机构 | | | |
| 2.1 | 顶盖卫生清扫 | | 三级 | 干净，无油迹 |
| 2.2 | 导水叶间隙检查测量、压紧行程检测 | | 三级 | 带压、不带压情况下均满足设计值 |
| 3 | 转轮及主轴 | | | |
| 3.1 | 转轮各部汽蚀、裂纹及磨损情况检查处理 | | 三级 | 无裂纹、汽蚀 |
| 3.2 | 主轴轴领清扫检查 | | 三级 | 无划痕、毛刺、锈蚀 |
| 3.3 | 泄水锥固定情况检查 | | 三级 | 无裂纹，牢固可靠 |
| 4 | 蜗壳及尾水管 | | | |
| 4.1 | 涡壳及尾水管人孔门螺栓紧固 | | 三级 | 无渗漏 |
| 4.2 | 尾水盘形阀检查 | | 三级 | 无渗漏，操作灵活 |

续表

| 序号 | 项　目 | 检修单位 | 验收等级 | 质量标准 |
|---|---|---|---|---|
| 5 | 补气装置 | | | |
| 5.1 | 补气阀密封件更换 | | 三级 | 无磨损，密封可靠 |
| 5.2 | 补气阀内部除锈、清扫 | | 三级 | 干净，无异物 |
| 5.3 | 补气阀动作灵活性检查 | | 三级 | 动作灵活、可靠 |
| 6 | 主轴密封 | | | |
| 6.1 | 润滑水加压泵、止回阀解体检查 | | 三级 | 叶片无裂纹，打压正常；止回阀动作可靠 |
| 6.2 | 水力旋流器解体清扫 | | 三级 | 干净，无渗漏，滤斗无损坏 |
| 6.3 | 工作密封磨损量测量 | | 三级 | 磨损量满足要求 |
| 6.4 | 主轴密封供水管路清扫 | | 三级 | 管道畅通、干净 |
| 6.5 | 供水软管及接头通水试验 | | 三级 | 无锈蚀，整体无渗漏 |
| 7 | 供水系统 | | | |
| 7.1 | 各检修阀及调节阀解体检查处理 | | 三级 | 开启、关闭可靠；更换UFO盘根，密封良好 |
| 7.2 | 滤水器及排污阀解体检查清扫，排污管疏通 | | 三级 | 干净，滤网无破损，排污管无堵塞，排污阀操作灵活可靠 |
| 7.3 | 液控蝶阀检修 | | | |
| 7.3.1 | 油箱清扫、换油 | | 三级 | 油箱干净，更换新油 |
| 7.3.2 | 手/自动启闭试验 | | 三级 | 动作灵活可靠 |
| 7.4 | 电动阀检查 | | 三级 | 不漏油、漏水，齿轮无损坏，动作灵活可靠 |
| 7.5 | 上导、水导、推力、空冷器、主变压器冷却器、主轴密封示流信号计解体检查、清扫，管路疏通 | | 三级 | 干净，示流准确 |
| 7.6 | 励磁冷却器清扫，并疏通管路 | | 三级 | 干净，管路无堵塞 |
| 7.7 | 技术供水系统整体充水试验 | | 三级 | 流量压力正常，管路阀门无渗漏 |

## 第四节　检修工艺与要求

与通用机械设备类似，水轮发电机组具有传动、连接、转动、轴承及机座等部件。因此，许多零部件的检修工艺与大部分机械设备基本相同，包括部件的解体和起重吊运、钳工作业、组装作业及校验调试等工作。除此以外，水轮发电机组检修还包含一些特殊检修工艺。

### 一、部件解体前的准备工作

（1）检修人员必须熟悉设备的原理和结构及装配关系，严禁盲目拆卸。

(2) 检修场地必须平整、清洁，照明充足。

(3) 拆卸工器具准备齐全，并且规格合适；同时，现场准备有放置零件的台架、油桶、分隔盆等。

(4) 设备图纸和说明书等。

(5) 经过批准的技术方案和工艺方案。

(6) 检修记录本。

## 二、一般注意事项

(1) 开工前做好安全措施，每天工作前对安全措施进行复查。断开设备的工作电源，隔离水源、气源和油源。

(2) 开工前对现场施工环境进行检查，每天工作前应进行复查。现场照明应充足，通风良好。

(3) 开工前做好技术方案交底。

(4) 交叉作业时做好工作面的沟通协调工作。

(5) 工作中及时做好有关记录。

(6) 遇到困难时不能蛮干，分析清楚后再进行下一步工作。

(7) 做好现场文明施工，保持文明的生产环境。

## 三、钳工作业

### 1. 一般注意事项

在水轮发电机组的检修中，存在大量的钳工作业，如切割、铲削、锉削、刮研、钻孔、攻丝及套丝等工艺。

连接部件解体前，首先需找到连接部件与被连接部件之间的位置记号。例如，两个零件用螺栓连接在一起，连接部位标记，如图 4-1 所示，四个螺孔可能有四个配合位置。在安装时或在厂家预装时，只在打有标记 $X$-$X$ 的方向组装才是正确位置，换成其他方向可能不能完成安装，或者安装完成后间隙不符合要求。若无标记或找不到标记时，应使用扁铲或钢字码先打上位置方位标记，要求较高时，应用画一字线或画交叉线的方法标记位置记号。同时，将位置记号及时记录在检修记录本上，然后开始拆卸工作。

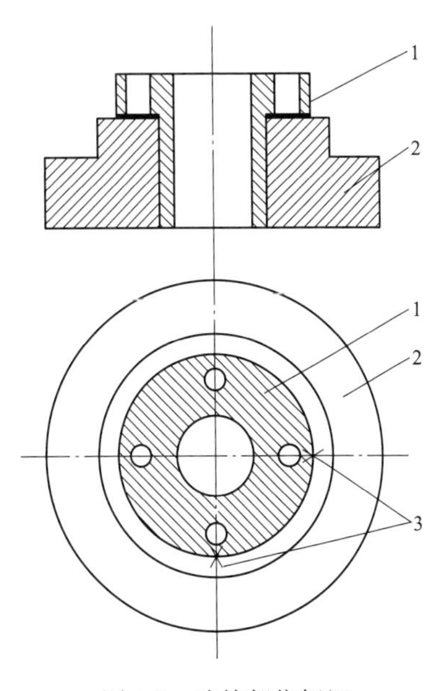


图 4-1　连接部位标记

1—导轴承体；2—底座；3—标记线

配合要求较高的部件，如行程限制螺栓、螺母、键、销钉等，应在拆前找到安装位置记号，否则应重新打上标记。

连接件一般设有顶丝孔，应对称拧入顶丝，将两零件慢慢分开。

拆同一部件的零件时，拆完后应整齐摆放。同一型号的螺栓、垫圈、销钉、弹簧等，应存放在同一布袋或木箱中，并贴上标签，标明安装部位和数量，便于在安装时查找，防止丢失。

被拆卸零部件的重量较大时，可利用滑轮、电动葫芦或桥机进行吊运。吊运过程中，对于吊具的选择、捆绑的方法及大件吊运时的注意事项等，专业人员应配合起重人员进行吊装。

为防止损坏零件表面，在吊绳和零件夹角接触处，必须垫上木板或破布。当放下零件时，应事先用木方或其他东西垫好，以免损坏零部件的加工表面和地面。

设备分解后，对油槽、轴颈等部位应用白布盖好或缠好，保持清洁，防止灰尘落入。对于管路或地脚螺孔，应用木塞堵严，重要地方使用白布缠好或封严。当部件拆开后，应及时检查各零件磨损情况，如有破坏或缺损，立刻进行修复或更换。部件解体后，及时把工作场所清扫干净。

螺纹连接件在安装前必须对螺纹进行清洗、攻丝或套丝处理，防止装配时螺纹滑丝。

检修时，对接触面有配合要求的精加工面及时做好检查。例如，如果阀芯与阀座的配合面精度达不到要求，阀门易发生关闭不严问题，导致漏油、漏气或漏水缺陷，同时在阀芯精加工面易出现空蚀等缺陷。因此，对油、气、水管路阀门在解体检修时，对精加工面进行配合情况的检查，组装完成后对阀门进行耐压试验检查。

对表面粗糙度、光洁度有较高技术要求的零部件表面做好检查及修复。例如，推力轴承镜板表面的波峰、波谷高差超标时，镜板与推力瓦之间的油膜在运行中容易破坏，造成润滑不良，易发生摩擦或半干摩擦现象甚至烧瓦。检修中，应进行检查、刮瓦、研磨，将表面处理至合格。

选择研磨膏时，应根据被研磨金属的硬度确定。研磨截止阀上的精加工组合面时，可采用人造刚玉、人造白刚玉，其颗粒度一般为 M5；研磨推力轴承镜板时，可用颗粒度为 M5～M10 的 Cr2O3。研磨工艺为，先剔除毛刺，用红丹膏研磨寻找精加工面高点。研磨后用刮刀刮去高点，用酒精或煤油把零件表面擦洗干净。研磨时，注意添加适量研磨膏。磨具纵向或横向移动，也可转动。上述步骤反复进行，直至精度达到要求。

焊接是不可拆卸的连接，往往用于埋设部件或不可拆的零件。此外，在转轮裂纹处理和空蚀破坏补焊时，也采用焊接修复。

2. 组装作业和调试工作

零部件组装时，应按原来的标高、水平及中心进行安装。同时，必须遵守图纸中规定的尺寸、偏差等技术要求，不得擅自更改。如果确需更改，应经技术部门同意，并得到工厂技术负责人的批准。

两零件采用螺纹连接时，如果尺寸装配无精度要求，一般螺栓孔直径大于螺栓杆直径。如果两零件配合精度高，宜采用带销螺栓。紧固后螺栓受力以拉应力为主，一般不使用螺栓传递扭矩。当组合面扭矩不足时，一般可采用喷砂工艺增加摩擦系数或可增加接合面压力（通过增加组合面面积或增加螺栓直径等）的工艺，如水轮机轴与水轮机转轮连接、水轮机轴与转轮的法兰连接等。

小于 M24 的螺母，最好用单头或双头扳手拧紧。这种扳手的开口尺寸准确，能保护螺母立面。它的手柄长度也是根据螺纹所能承受的力矩设计的，不允许人为地用套筒加长手柄。对于拧螺栓不方便的地方，可使用短柄扳手以锤击力量旋紧。

在拧法兰和顶盖的螺栓时，一定要均匀、对称、交叉地进行，防止螺栓与零件产生偏卡、变形和过应力。初步拧紧之后，再采用对称交叉的拧法把螺栓拧紧。螺栓是否已拧紧，一般可用小锤或铜棒敲击螺杆的头部听声音判别。

一般设备安装时先装销钉后装螺栓，拆卸时先拆销钉后拆螺栓，以防止销钉变形，拆装时禁止用力直接锤击销钉。部件初次安装完成后，在两个零件之间安装定位销，如筒式水导轴承加装定位销，以便小修、抢修时工件准确定位。

组装零件之前，应把结合面清洗干净。锈斑、毛刺及焊渣等，应使用细砂布打磨清理掉，并用布擦拭干净。

对滑动配合面（如轴颈）上的油污，只能用白布、绸布擦拭干净，不能使用刮刀或砂纸，否则容易破坏零件表面的粗糙度、光洁度。

对于一些油管、导水机构接力器的活塞缸内表面、轴承与轴瓦等精加工零件的表面，应使用干净的白布擦洗，最后使用绸布擦拭干净，直至绸布不变脏为止，同时，应防止布纤维留在零件上。对于轴承油槽等，除使用抹布外，还应使用面粉将油槽内细小碎屑全部粘出。

为使两零件连接严密，不漏油、漏气、漏水，往往要在两零件之间加密封垫或盘根。装配各类盘根时应注意，无论是圆盘根、方盘根或平盘根，下料时要防止尺寸过长或过短。其截面尺寸应根据图纸规定或根据盘根槽的面积来选取。盘根搭接方式要合理，以防止漏水或漏油。加多层盘根垫时，彼此搭接的位置要错开。

安装管路前，一般要以 1.25 倍工作压力进行渗漏耐压试验，并保压 30min，合格后方可安装。

管路连接时，往往有法兰连接或丝扣连接两种形式。采用法兰连接时，要注意两点，即垫（石棉纸垫、橡胶垫）的内径要大于管的通径。采用丝扣连接时，应缠几圈生料带或魔绳，装配时不宜反转，防止生料带或魔绳松动渗漏。

零部件装配成整体后，要进行校验工作，并记录下装配所在位置是否符合图纸要求，配合尺寸是否正确，间隙值是否在允许范围内，以及试运行中的部件和数据是否符合规范等。

**四、焊接工作**

在水轮机发电机组的检修过程中，常采用的焊接方法是手工电弧焊。电弧焊分直流电弧焊和交流电弧焊两大类。直流电焊机比较复杂，但电弧均匀且较易控制，一般情况下对金属的熔化较深，即容易“焊透”；而交流电焊机比较简单，尺寸不大，便于移动和使用。

电弧焊的原理和工艺都比较复杂，焊接工作必须由经过专门培训的合格焊工来进行。

（一）焊接的一般要求

（1）焊缝的高度、宽度等尺寸应符合设计要求，整条焊缝应均匀一致。

（2）焊缝不允许有气孔及夹渣，冷却后不得产生裂纹。对承压焊接工件，应进行压力试验。

（3）焊接零部件时，应做好防变形措施。

（二）焊接的基本程序

1. 准备焊接坡口

当制造厂对焊接坡口有具体要求时，应按图纸的规定执行。否则，可参照一般情况来确定坡口的形状和尺寸：壁厚小于 6mm 的可不用坡口，壁厚 8～16mm 的通常采用单面坡口，壁厚大于 16mm 的则常用双面坡口。坡口可用乙炔焰切割，砂轮机磨削，或者用人工方法加工形成，但应均匀一致、表面平整。

2. 预热

重要工件在焊接之前必须预热。焊接是用电弧加热，并熔化基本金属和焊条，靠金属溶液填补缝隙，并在冷却后连成整体的过程。施焊时，在焊缝附近将形成小范围的高温带。若工件壁厚及尺寸较大，焊缝与其他部分会形成很大的温差，将会因为膨胀和收缩的不均匀而引起变形，也会在工件内部形成不均匀的受力（焊接应力）。为减小变形和内力，应在焊接前使工件缓慢加热。由于工件的预热需要一定的设施和条件，因而只对一些重要的工件预热。

3. 焊接

按照焊接工艺规范进行操作。

4. 退火

对转轮等重要工件，应在焊接后进行退火处理，以便进一步消除焊接内应力和减小变形。方法是将焊接后的工件加热到较高的温度（如 500～600℃），然后在保温条件下很缓慢地冷却至室温。对于一般的工件，焊接后用乙炔焰或喷灯烘烤焊缝及周围的金属，同时用小手锤敲打，然后自然冷却，也可在一定程度上起到消除焊接应力的作用。

5. 质量检查

焊缝的质量检查有外观检查、无损探伤及水压试验等方法。

**五、起重作业**

在水电厂水轮发电机组安装检修工作中，起重工作十分重要。为保证起重工作的顺利进行，必须做好起重作业的技术安全工作。吊装工作应重点注意以下安全事项。

（1）工作前应认真检查使用的工具，如钢丝绳、滑车等是否超过报废标准，凡超过报废规定的不准使用。吊运重物所使用的机具，应经计算和试验，合格后方可使用。

（2）在钢丝绳与机件棱角的接触位置，应垫以钢板护角或木块。捆绑重物的钢绳与垂直方向的夹角，一般不得大于45°。

（3）吊运重物必须找准重心，平起平落。

（4）两台起重机吊装同一重物时，其重量（包括重物和吊具）不得超过两台起重机的公称起重量之和。悬吊点应分配合理，以不超过每台起重机的公称起重量。

（5）起吊重物前，应先提起少许，使其产生动荷重，以检查绳结是否牢靠，同时用木棍或撬棍敲打钢绳，使其靠紧。

（6）吊绳应系在起重物件的牢固部位，数根吊绳的合成着力点应通过吊物的重心，各吊绳应均衡拉紧。

（7）起重机正在吊物时，任何人不准在吊杆和吊物下停留或行走。

（8）起重运输工作应由专人统一指挥。

## 第五节 转轮及主轴检修

转轮及主轴是水轮机的主要转动部件。

混流式水轮机转轮主要由上冠、下环、叶片和泄水锥组成，叶片一般为13～15片。水轮机轴通过下法兰与转轮连接，上部通过法兰与发电机转子（一根轴结构）或发电机轴（两根轴结构）相连。为减小转动部分与固定部分间隙的漏水，在转轮的下部边缘和上部边缘分别设有上止漏环和下止漏环，而在固定部分的对应位置上，对应布置固定止漏环。泄水锥呈圆锥台形，通过螺栓连接或焊接在上冠上。

混流式水轮机主轴一般为中空结构，两端设计有法兰。水轮机轴通常采用能进行热处理的碳钢锻制或钢板卷焊接制成。轴中心通常设有自然补气设备及相应的水密封装置。

当机组进行C级及以上检修时，在尾水管内搭设检修平台，对转轮各部件的空蚀、裂纹和磨损情况进行仔细检查，修复发现的缺陷，检查泄水锥的固定情况，测量转轮的上、下止漏环间隙。

以某水电厂为例，介绍A修时转轮主轴检修情况。

某水电厂水轮机转轮为铸焊结构的整体转轮，上冠、下环采用抗空蚀、抗腐蚀和具有良好焊接性能的ZG0Cr13Ni5Mo不锈钢材料制成，该材料在机坑内能在常温条件下补焊，并不需要做焊接前后预热和保温处理。名义直径$\phi$5050，最大外径$\phi$5154，高度2290mm，重量58.6t。水轮机主轴采用双法兰中空薄壁轴，主轴整锻结构，材料为锻钢20SiMn，法兰外径$\phi$2180，轴身外径$\phi$1400，内孔直径$\phi$1000，长度4530mm，质量38.14t，主轴下法兰用20-M140×6螺杆与转轮连接，上法兰用20-M140×6螺杆与发电机轴法兰连接。

转轮与基础环间隙为25mm，转轮下环与底环之间的迷宫环间隙为3.2～2.68mm，转轮上冠与顶盖之间迷宫环间隙为2.145～2.525mm。

## 一、水轮机轴与发电机轴连接法兰分解和回装

1. 检修准备

（1）检修场地布置妥当，各部件放置地点已确定。

（2）检修所用的工器具及材料已全部到位。

（3）水车室内搭设临时检修平台，并验收合格。

2. 应具备的条件

（1）主轴法兰装配位置做详细标记，联轴螺栓及螺栓孔做好编号标记，同时使用记号笔、钢印做双重标记，以后的拆卸步骤中，也应做详细的标记，标记应清晰、规范，在检修记录本上绘制示意图并详细说明。

（2）检查活动导叶开度，活动导叶不能妨碍转轮上升。

（3）发电机顶轴及第一级补气管已拆除、吊出。余下的两段补气管不影响主轴螺栓的拆除和转子的吊装。

3. 连接法兰分解

（1）测量迷宫环间隙：采用塞尺测量转轮上、下迷宫环间隙。沿圆周方向均匀测量 8 点，实测间隙与平均间隙之差不应超过平均间隙值的±10％。

（2）测量发电机轴和水轮机轴法兰面距离（厚度）值，并做好记录。

（3）测量每个螺栓的上端和下端长度值，并做好详细记录。

（4）在转轮和基础环之间的垫衬好楔子板（整个圆周上均匀选 8 个点），并打紧；将楔子板用电焊机点焊牢固。

（5）在下迷宫间隙处对称焊 4 块导向板；导向板与转轮下环间隙约 1mm。

（6）将转子顶起，锁紧风闸。顶起高度要保证主轴螺栓拆除后法兰止口能顺利全部脱离，法兰止口高度为 16mm。

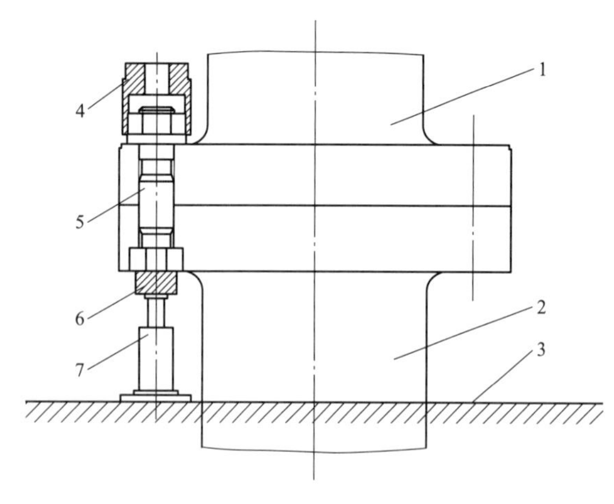


图 4-2　联轴螺栓拆卸示意

1—发电机轴；2—水轮机轴；3—检修平台；4—液压拉伸器；5—联轴螺栓；6—枕木；7—千斤顶

（7）安装液压拉升器，联轴螺栓拆卸示意，如图 4-2 所示。先用液压拉升器分两次对称卸掉所有联轴螺栓的拉升值（第一次 0.5mm，第二次 0.6mm）后，对称留四个螺栓不拧松，将其余的主轴连接螺栓全部用液压拉伸器拧松，在拆除过程中，带有测量孔的螺栓使用专用的螺栓拉升值测量器测量原拉升值，并做好记录。

（8）在下机架上自制环形吊上悬挂手拉葫芦，在主轴螺栓上端面的吊耳孔内装好吊耳，用钢丝绳将葫芦的吊钩和主轴螺栓上的吊耳连接，操作

手拉葫芦使钢丝绳略带紧，然后拆掉螺母，操作手拉葫芦把主轴连接螺栓缓慢放下（由于主轴螺栓与法兰孔配合间隙较小，只有0.05～0.1mm，运行多年后，配合面可能存在锈蚀、咬合，拆卸可能会比较困难，如果主轴螺栓靠自重不能放下，则在主轴螺栓下端面吊耳孔内安装自制的顶升用吊耳，使用两个1.6t的千斤顶将主轴螺栓向下拉出安装位置，如果仍然不能松脱主轴螺栓，则在主轴螺栓的上端面和下机架间安装5t的千斤顶，将主轴螺栓向下顶出安装位置)，搬运到指定位置。

(9) 对称将液压提升器安装好，操作液压提升器，使转轮的全部重量由液压提升器受力杆承受。

(10) 用液压拉伸器将四个预留的主轴连接螺栓拆除；然后，操作液压提升器将转轮缓缓下放，直到转轮完全落在座环与转轮间的楔子板上。

(11) 将液压提升器拆除。

(12) 转子吊出机坑后，测量水轮机主轴与发电机主轴连接法兰止口的配合间隙（设计值为0.03～0.06mm)。

4. 连接法兰回装

(1) 测量全部连接螺栓与孔的配合间隙，符合检修规程的要求。

(2) 将法兰结合面清洗干净，检查接合面，应平整无毛刺。在法兰结合面上涂抹一层凡士林，敷盖一层油纸，防止锈蚀。

(3) 对连接螺栓进行超声波探伤检查，更换不合格的螺栓。

(4) 将主轴连接螺栓清洗干净，涂抹一层洁净的润滑油。

(5) 转轮吊入机坑，并调整至中心位置后，调整水轮机主轴上法兰的水平，不大于0.02mm/m。

(6) 将转子以下部件吊入机坑，并回装就位。

(7) 吊入发电机转子，调整好发电机主轴的水平中心，待水轮机主轴与发电机主轴法兰螺孔对正后，将转子落放到风闸上。

(8) 用液压提升器首先将转轮提起，并对称装复四个带有测量孔的主轴连接螺栓，提升过程中应密切注意法兰的止口配合；然后将其余的主轴连接螺栓全部装复。先用液压拉升器将带有测量孔的螺栓进行紧固拉伸，达到螺栓的设计伸长值1.11mm时，记录此时的把紧力。然后用相同的把紧力对称紧固其余螺栓。螺栓全部紧固后用塞尺检查法兰间隙，要求用0.05mm的塞尺检查不能通过。主轴法兰水平不超过0.02mm/m。

5. 装复后检查

(1) 用超声波无损探伤的方法对联轴螺栓进行检验，确认螺栓无损伤。

(2) 沿圆周均匀8点测量发电机轴和水轮机轴联接法兰厚度值，无明显差异。

(3) 各项数据验收合格后，拆除转轮和座环间垫衬的楔子板。

## 二、转轮吊出和回装

在立式混流式机组检修中，水轮机轴与转轮作为一体吊出和吊进机坑。通常在水轮机轴上端法兰处安装起吊工具，厂房桥机连接起吊工具。对特大型机组，水轮机转轮与水轮机轴因结构尺寸大、重量重，需单独吊装，在基坑内解体和连轴。

1. 转轮与主轴吊出

（1）活动导叶和其他影响转轮吊出的设备部件已拆除。

（2）布置在安装场的转轮支撑按要求摆放到位。

（3）将转轮的起吊架用 2 个 $\phi$450 的专用吊轴销与桥机主钩连接牢固，操作桥机将起吊架吊运至水轮机轴正上方，并将起吊架落至水轮机轴上法兰处，对好螺孔。

（4）将 6 个 M140 的专用垫圈及 6 个 M140×6 起吊螺柱装入螺孔，使起吊架与水轮机主轴法兰连接牢固，检查吊具上所有连接点的连接和固定情况安全可靠。

（5）操作桥机主钩使钢丝绳稍稍受力，检查钢丝绳、起吊架和连接销的受力情况正常，准备正式起吊。

（6）操作桥机主钩将转轮起升 10mm，检查转轮下迷宫环间隙，用桥机将转轮调整至起吊中心位置，保证迷宫环间隙均匀。然后在行走机构的大、小车车轮与轨道中心处，用红色油漆做好定位记号，方便回装时，容易找准中心位置。

（7）操作桥机主钩将转轮起升到 100mm 后，停止 5min，检查桥机制动器抱闸和起吊平衡梁有无异常情况。

（8）操作桥机主钩将转轮起升到高于发电机层高程位置（高程：▽328.2m）停止起升，然后操作桥机大车向安装场运行，在操作桥机大车运行时，应控制运行速度，保证转轮的平稳。

（9）将转轮吊至安装场转轮支撑位置，操作主钩下降。当转轮降至刚接触转轮支撑位置时，检查转轮和支撑装置的受力情况，应保证各个支撑受力均匀。

（10）当主钩钢丝绳不受力时，检查转轮和主轴的垂直度情况，保证转轮和主轴垂直摆放。

（11）松掉吊轴销将主钩与起吊架分离，起吊工作完成。

（12）在基础环处，用胶带将转轮水平调整紫铜垫固定在基础环上。

2. 转轮与主轴回装

（1）转轮与主轴在吊入机坑前的方法步骤与吊出的方法步骤相反。

（2）将转轮与主轴平移到机坑正上方时，操作主钩慢慢下降，当转轮与主轴降至底环平面时，将转轮和底环位置对正。

（3）在底环迷宫环处对称 8 个点设专人插入 1mm 的塞尺用于监视迷宫环间隙，然后慢慢落下转轮。

（4）当转轮底环将要接触基础环时，在基础环 $X$、$Y$ 对称四个方位测量，调整转轮到中心位置，下迷宫环间隙应在设计允许范围以内。

（5）操作主钩继续慢慢下降，使转轮与主轴的重量全部落在基础环上，用水平仪在水轮机主轴法兰上端面沿 $+X$、$+Y$、$-X$、$-Y$ 方向检查转轮水平情况，主轴水平值应不大于 0.05mm/m。

（6）当转轮迷宫环间隙、水平都调整合格后，操作主钩下降，使钢丝绳不受力，松开 6 个起吊螺柱，用桥机将起吊架吊运至安装场。

**三、转轮空蚀、裂纹处理**

1. 检修准备

（1）场地布置妥当，各部件放置地点已确定。

（2）检修所用的工器具及材料已全部到位。

2. 应具备的条件

（1）机组停机。

（2）落下进水口和尾水检修闸门。

（3）压力钢管及蜗壳消压，排尽内部余水。

（4）搭设检修平台，并验收合格。

3. 转轮检查

（1）将转轮清扫干净。

（2）用眼睛对外观进行全面检查。

（3）对应力集中易产生裂纹的区域进行无损探伤检查，采用超声探伤和渗透探伤的方法检查。

（4）查询检修记录，对上一检修周期记录的空蚀点着重进行检查。

（5）对泄水锥的焊接部位及连接螺栓进行检查。

（6）检查完成后，将检查情况记录清楚。

4. 空蚀、裂纹处理

（1）用手电钻在裂纹末端钻 $\phi10$ 的止裂孔。

（2）根据检验结果标出需要刨除的区域，从裂纹端部开始，至少包括附近的 80mm 内区域，以得到一个平缓的过渡区，裂纹刨除区域，如图 4-3 所示。

（3）刨除裂纹前运用火焰或电热装置对裂纹部位进行预热处理，预热温度为 80～120℃。

（4）采用碳弧气刨刨除裂纹，并用砂轮机对碳弧刨处进行清根，以清除气刨时产生的渗碳层，刨除方向是由标识区的端部（无裂纹处）向裂纹方向刨除（如图 4-3 所示）。刨出的坡口必须符合图 4-4 和图 4-5 的要求，坡口角度可根据空间限制等实际情况进行调整。

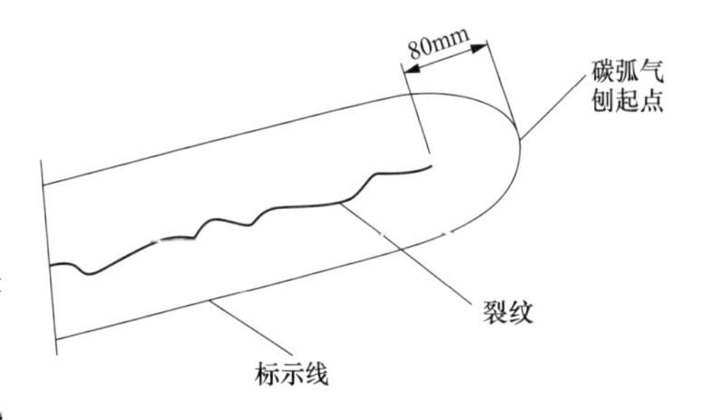

图 4-3　裂纹刨除区域

（5）用合金钢磨头打磨气刨范围内的渗碳层，深度 2～5mm。

（6）以上工作完成后，用 PT 着色探伤检测裂纹是否已清除干净；如未清除干净则重复前一步工作，直至裂纹全部清除。

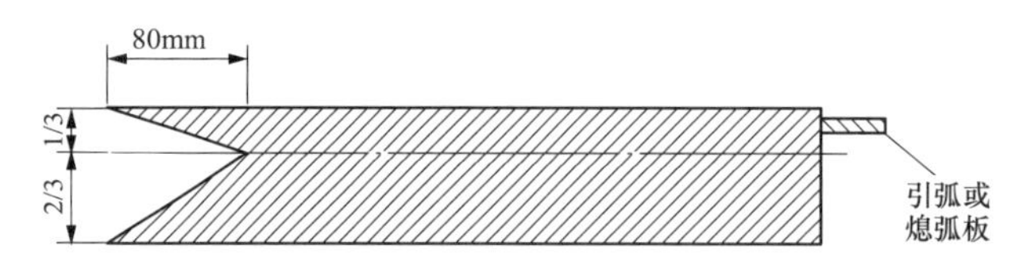


图 4-4　裂纹刨除深度及端部过渡角

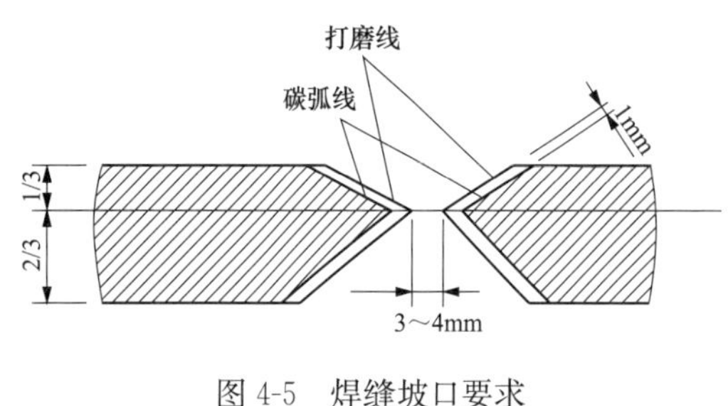


图 4-5　焊缝坡口要求

（7）焊前准备。

1）焊前去除所有对焊接质量有影响的油、水、锈等有害杂质。

2）根据现场的实际情况选择采用氧乙炔火焰加热或履带式电加热均匀加热。

（8）按缺陷具体深度情况决定采用不同的焊接方法。

1）深度小于 15mm 采用钨极氩弧焊，用 AWS：ER309L 钨极电弧焊焊丝。焊接时尽量采用小电流（80～120A），焊接时宜采用多层多道焊接。

2）深度大于 15mm 以上宜采用手工电弧焊，采用 A307 焊条补焊缺陷部位。

（9）焊接前需进行预热处理，从坡口边缘起，加热至少 100mm 范围内的区域，预热温度控制为 80～100℃。

（10）手工焊修复。

1）对于较深的裂纹，在清根后选用 A307 焊条对缺陷部位采用多层多道工艺补焊。焊前焊条要在烘箱内烘干至 320℃，并保温 2h，随后用保温筒保存，边用边取，以免受潮。转轮焊接规范，见表 4-6。焊接速度控制在 100～150mm/min，层间温度控制在 20℃左右，焊接时尽量采用小电流焊接（90～120A），每层厚度不超过 3mm，焊接过程中每焊完一道都须用风铲锤击焊道使焊缝得到压延，以消除内应力。控制好层间温度继续焊接，直至焊接完成。

**表 4-6　　　　转轮焊接规范（TS309 焊条）**

| 焊条直径（mm） | 平焊电流（A） | 立焊电流（A） | 仰焊电流（A） | 横焊电流（A） | 施焊电压（V） |
|---|---|---|---|---|---|
| 3.2 | 80～120 | 80～110 | 80～110 | 80～120 | 21～24 |
| 4.0 | 110～140 | 120～140 | 120～150 | 110～145 | 21～25 |

2）焊后保温 2h 自然冷却至室温，减少焊接应力。

3）进行焊接时必须用引弧板（或熄弧板）与焊缝的端部相连，每个起弧点或熄弧点都必须在引弧板上或在坡口外。

4）按照焊接操作步骤（如图 4-6 所示）的要求依次完成以下操作：焊接Ⅰ区、背部清根、PT 检验、焊接Ⅱ区、焊接Ⅲ区。

(11) 气体保护焊修复。对于较深、较长的裂纹修复，因为焊接修复量非常大，补焊区在冷却过程中处于拉伸应力状态，由于拉伸应力的存在，极易使修复部位重新产生裂纹。为缓解焊接过程中因焊缝收缩产生过大的应力，推荐选用熔化极混合气体保护焊接工艺。这种方法与手工电弧焊相比，具有热量集中、熔敷效率高、稀释率低、焊接变形小及抗裂性好等优点。富氩混合气体保护焊可明显改善熔滴过渡，具有飞溅少、焊道美观等特点。根据母材选用直径 1.2mm 的 ER50S-6（AWS SFA5.28 ER70S-6）焊丝。富氩混合气体选用 78%Ar+22% $CO_2$。焊接工艺参数，见表 4-7。

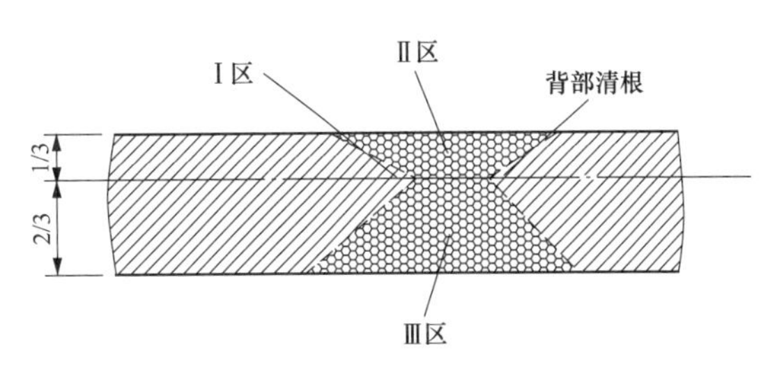

图 4-6 焊接操作步骤

表 4-7 焊接工艺参数

| 焊丝直径 (mm) | 焊接电压 (V) | 电弧电流 (A) | 层间温度 (℃) | 保护气体 | 气体流速 (L/min) | 焊接速度 (mm/min) |
|---|---|---|---|---|---|---|
| ER50S-6$\phi$1.2 | 110～230 | 22～32 | ≤250 | 78%Ar+22%$CO_2$ | 150～200 | 150～330 |

(12) 焊接速度不宜过快，每层焊后需停留一段时间，当焊接区域温度冷却到 30℃ 以下（在焊缝背面监测）时，再进行焊接。

(13) 注意焊接熔合区附近、层间焊道及接头部位的打磨清理，避免产生夹渣等缺陷。

(14) 除第一层焊道外，其他焊道焊后立即进行逐层锤击，消除焊接过程中产生的焊接应力。锤击后的焊缝表面应产生明显的塑性变形，可减少焊缝拉应力，防止焊接裂纹的产生，但锤击应保持均匀、适度。锤击后的焊缝表面如有焊波折叠现象，应进行打磨清理干净。

(15) 被焊接修复的部位焊后需覆盖上保温隔热材料，以使焊接区域缓慢冷却至室温以避免出现延迟裂纹。

(16) 补焊结束后，焊缝表面打磨光滑，做 PT 检测，对存在的缺陷按上述方法处理。

(17) 用砂轮机和抛光机打磨施焊部位，使粗糙度达到要求，无损探伤检验合格。

## 第六节 导水机构和接力器检修

导水机构是导叶及其传动机构的总称。混流式水轮机导水机构主要采用圆柱式导水机构。导水机构的检修，主要包括立面间隙和端面间隙的测量与调整、接力器压紧行程的测量与调整、导叶的检修、导叶传动部件的检修、接力器的检修等。

## 一、导水机构检修

某水电厂水轮机导水机构为立轴混流式水轮机常见机构，由顶盖、底环、导叶、导叶轴承、传动机构等部件组成。24 只导叶均布，分布圆为 $\phi$5644，导叶最大开度为 350mm。导叶采用三支点自润滑轴承支承，导叶上、中、下轴套采用自润滑轴套：DEVA-BM。导叶由不锈钢 06Cr13Ni5Mo 整铸而成。导叶立面密封为相邻导叶间的机加工面紧密接触型，端面在顶盖和底环上设有弹性金属密封装置，以便在导叶处于全关位置时，其漏水量尽可能小于保证值。机组 A 修中导水机构的检修工艺介绍如下。

1. 检修准备

（1）检修前的测量。

1）将导叶全关后，测量左、右接力器的压紧行程，并做好记录。

2）测量导叶在有油压及无油压状况下全关时的导叶立面间隙，并做好记录。

3）测量导叶端面间隙及导叶止推压板处间隙，并做好记录。

4）检查导水机构动作的灵活性，测量导水机构的最低动作油压。测量方法：首先将导叶置于某一开度位置，调速系统消压至零，再慢慢将调速系统升压，同时观察导水机构的动作，调速系统油压升到某一值时，导水机构就会动作，此时调速系统的油压就是导水机构的最低动作油压。

5）测量导叶在 25%、50%、75%、100%的开度，其中，25%、75%时测四个位置上互成 90%的四个导叶的开度，50%、100%时测全部导叶的开度（导叶最大开度偏差不超过最大平均开度的±3%）。

6）测量控制环的水平。

7）对各拆卸部件做好相对位置标记，并做好相关记录。

（2）检修的必备措施。

1）压力钢管及蜗壳已消压至零，尾水管水位在人孔门以下。

2）确认拆卸前测量工作已全部完成。

3）手动操作调速机构，将导叶开至合适开度，调速器压油槽消压至零。

4）对所有部件的装配位置做详细标记，记号笔难以标示的部位，使用钢印标记。标记应清晰、规范，必要时应在记录本上绘制示意图，并详细说明。

2. 导水机构拆卸

（1）拆卸程序为拔出导叶连板与控制环相连的圆柱销，拆卸导叶连板、偏心销及剪断销，拆除摩擦装置连接板，用专用工具拔出导叶分半键，拆卸导叶拐臂，拆卸导叶上、中轴套，吊出控制环，吊出顶盖，吊出活动导叶，拆卸导叶下轴套。

（2）连板拆卸，先拆下偏心销、圆柱销的限位端盖，磨除偏心销扳手焊点，拆卸 48 块连板，做好连板补偿垫的编号标记及安装位置标记，并妥善保管好，拔出 24 个圆柱销和 24 个偏心销。

（3）所有柱销及偏心销应统一编号保存。测量圆柱销及偏心销直径，分上、下两个位置成 90°错开测量，测量导叶连杆两轴孔距离、连板长度及连板与圆柱销、偏心销配合孔位，所有测量数据应做好记录。

（4）拆除 24 个导叶剪断销信号报警器。

（5）使用专用工具顶出剪断销，并编号保管。

（6）对应导叶号对端盖进行编号，松开端盖上面与导叶相连的抗重螺栓 24-M36×120，使导叶落在底环上面。

（7）拆除端盖上面与拐臂相连的螺栓 72-M30×90，拆除 24 个端盖。

（8）标记各导叶止推压板与上轴套之间的相对位置，并做好记录，拆除导叶止推压板上的固定螺栓 144-M30×170，将止推压板拆除。

（9）用专用工具，拔出 24 个分半键，对应导叶号编号保存。

（10）标记导叶摩擦装置连接板与导叶臂间相对位置，松开导叶摩擦装置连接板的锁固螺母 24-M48×500，并将其吊出，放置于指定位置。

（11）利用水车室内电动葫芦配合专用拐臂拔除工具将导叶臂拔出，编号保存，利用轨道小车用卷扬机将导叶臂运出水车室搬运到指定位置。

（12）拆卸导叶上轴承。标记上轴套与顶盖相对位置，拆除上轴套定位销钉 96-$\phi$30×160 及上轴套与顶盖连接的固定螺栓 144-M30×100，在轴套顶丝孔内装入顶丝将轴套顶出，使用电动葫芦将导叶上轴套垂直吊出。

（13）拆卸中轴承。分别标记中轴套与顶盖、中轴套密封压垫盖与轴套之间的相对位置。松开中轴套压垫盖的紧固螺栓 192-M10×20，将压垫盖拆除，使用取盘根工具勾出中轴套 $\phi$275×$\phi$259.1×8.6 的 O 形密封圈。拆除中轴套与顶盖间定位销钉 96-$\phi$16×100 及固定螺栓 288-M16×50，在轴套 4-M20 顶丝孔内装入顶丝将轴套顶出（对于顶丝难以顶出的中轴套可使用专用工具拆卸），使用电动葫芦将导叶中轴套垂直吊出。

（14）整体吊出控制环。

（15）主轴密封解体拆除。

（16）整体吊出顶盖。

（17）吊出导叶。将 24 片活动导叶（单个质量 1.45t）做好标记，将 M36 的吊耳安装在导叶顶部，并拧紧，防止导叶起吊过程中由于旋转导致吊耳松脱。将桥机电动葫芦上固定的 3t 手拉葫芦、吊带与吊耳连接好，先用人力拉升葫芦使导叶轴完全脱离下轴套，然后使用电动葫芦，吊出导叶，吊运至发电机层指定地点。

（18）拆卸下轴套。将轴套内侧的钢背聚甲醛层去除，在钢套内侧对称位置焊接 2 个角铁作为支点，使用专用工器具配合空心千斤顶将下轴套整体拔出。

3. 导水机构检修

（1）连板、圆柱销、偏心销、剪断销及偏心销扳手检修。检查连板销孔应无锈蚀及毛刺，否则用细砂布打磨光滑，并涂黄油保护。连板不得变形及开裂，否则应予以校正或更换。测量连板销孔直径，如果与销配合间隙过大，应将圆柱销更换。检查圆柱销、偏心销、剪断销表面，如果发现裂纹，更换新备品。锈蚀部位用油石打磨，清洗干净后涂黄油保护。

（2）连接板、导叶臂检修。用细砂布打磨光滑连接板销孔上的锈蚀及毛刺，涂黄油保护。如果连接板存在变形及开裂，应予以校正或更换。测量连接板销孔直径的配合间隙过大，应予以更换。导叶臂的轴孔清洗后进行检查，用细砂布打磨光滑，并涂黄油保护，检修后导叶臂外表面应除锈刷漆。

（3）止推压板检修。止推压板接触面应无锈蚀、裂纹及磨损，如果磨损严重或有裂纹、变形时应更换。

（4）上、中、下轴承检修。检查上轴套抗磨环、各轴套的磨损情况，测量并记录各轴套内径及导叶轴颈直径，检查配合间隙应符合图纸要求。根据测量的数据将上、中轴套筒送专业厂家进行内孔修磨处理；彻底清理内孔表面，不得有突出点及毛刺，压装24个导叶上、中轴套，压装后复测轴套尺寸，更换中轴套及下轴套的U形及O形密封盘根。

4. 导水机构回装

（1）导水机构回装顺序：下轴套、活动导叶、顶盖、控制环、中轴套、上轴套、拐臂、活动导叶立面间隙调整、连接板装配、活动导叶端面间隙调整。

（2）下轴套安装：采用冷装工艺，将干冰100kg用一个大木箱装好，需要安装的下轴套放入干冰箱内，用棉被覆盖保温30min拿出后立即安装，用铜棒往下敲击轴套安装专用工器具，将下轴套安装到位，压装后复测下轴套尺寸。

（3）活动导叶安装：导叶及下轴套清扫干净后，将二硫化钼锂基脂加适量汽轮机油稀释搅匀，用毛刷涂抹在导叶下轴颈上，在桥机电动葫芦上固定一个3t的葫芦，吊钩下部与导叶顶部安装的M36吊耳连接，通过电动葫芦将导叶吊放至靠近下轴套，人力下降葫芦至导叶下轴颈完全进入下轴套。下放过程中，必须适当转动导叶，保持下轴套与导叶下轴颈配合良好，并尽量将导叶置于全关位置。

（4）安装顶盖。

（5）安装控制环。

（6）中轴承安装。更换中轴套上的U形及O形密封圈。将已检修好的中轴承套内壁及密封圈涂抹黄油，沿导叶轴颈垂直吊入，并注意对好轴承螺孔，到位后对称拧紧螺栓。

（7）上轴承安装。在上轴承轴套内臂上抹上黄油后，沿导叶轴领垂直吊入上轴承。

（8）在机坑外将导叶拐臂及止推装置组装好。

（9）导叶拐臂与连接板吊入机坑后安装好。

（10）摩擦装置连接板安装。在回装连接板时，不得有油脂等脏物留在青铜瓦面上，导叶拐臂上部孔内壁应干净。拧紧M48锁紧螺栓，此螺栓采用专用扭矩扳手分两次拧紧，最终使螺栓预紧力为3655N。

（11）安装完毕后，用超声波无损探伤的方法对导水机构螺栓进行抽检，确认螺栓无缺陷。

5. 导叶端面间隙调整

（1）利用导叶臂端盖上 M64 调节螺栓进行导叶端面间隙的调整。

（2）导叶端面间隙分配原则。上端面为总间隙的 60%～70%，下端面为总间隙的 30%～40%，设计总间隙为 2mm，即上端间隙为 1.2mm，下端间隙为 0.8mm，偏差 ±0.2mm。导叶端面间隙测量，如图 4-7 所示。

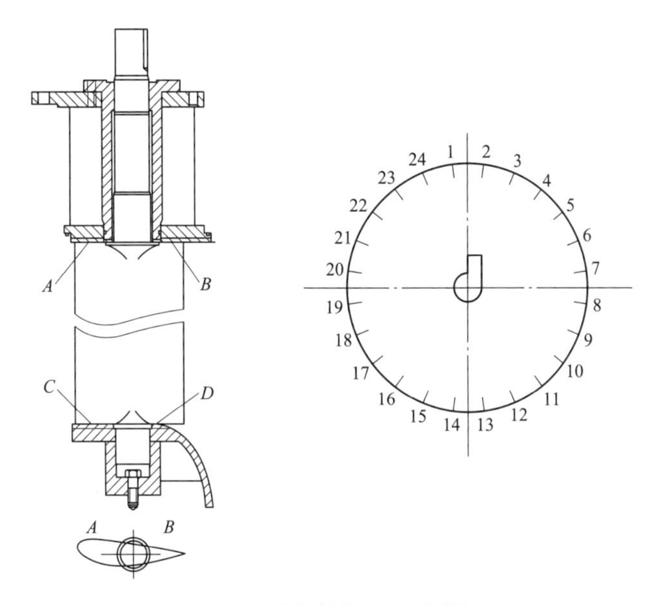


图 4-7　导叶端面间隙测量

*A*—导叶大头上端间隙；*B*—导叶小头上端间隙；*C*—导叶大头下端间隙；*D*—导叶小头下端间隙

（3）导叶端面间隙调整方法。在端盖和导叶轴上端面之间加上铅块，不断打紧螺栓，直至端面调整间隙合格，取出铅块，测量铅块受压变形后的厚度，做好记录，按此厚度配制垫块。

（4）安装导叶端板顶固螺栓，打紧分瓣键。

6. 导叶立面间隙调整

（1）应具备的条件。

1）接力器处于全关位置、无压状态。

2）控制环已安装完成，中心调整符合技术要求。

3）测量并调整偏心销孔与连杆销孔孔距，偏心销可调范围为±6mm。

（2）导叶立面间隙的标准。

1）在接力器处于无压状态下，立面间隙值从上 1.0mm 到下递减至 0，公差范围 ±0.20mm。在接力器加压紧行程后，上、中、下均应为 0，允许局部间隙存在（不超过 0.05mm，总长度值不超过 20%×1190=238mm）。

2）导叶最大开度标值为（350±1.5%）mm。

（3）间隙调整。

1）将控制环关至导叶全关时的位置。

2）按原始记录计算出偏心销孔与连杆销孔孔距的平均值，然后旋转拐臂调整孔距至平均值。

3）用2个5t的手拉葫芦和$\phi$22的软钢丝绳捆绑在导叶外缘中部靠上的位置，操作手拉葫芦收紧钢丝绳将导叶捆紧至全关位置，然后继续收紧葫芦使导叶相互压紧，测量各导叶立面间隙（如图4-8所示），在此种情况下，导叶的立面间隙标准为上部应为1mm，中部为0.5mm，下部为0mm。如果不符合要求，根据实际情况对相邻导叶的接触面进行修磨或轻微调整导叶的位置。

4）检查控制环在全关位置，安装导水机构的上、下连板，紧固偏心销锁定板的紧固螺栓。

5）操作调速系统使导叶动作数次，然后关闭导叶，在调速环不受接力器推拉力的情况下，用塞尺测量导叶立面间隙，应符合接力器无油压时导叶立面间隙的要求，个别数据有少许差异的，可通过偏心销进行调整。

6）操作调速系统使接力器带压，关闭导叶，测量导叶立面间隙应为零，如个别数据不合格，则调整偏心销。

7）测定25%、50%、75%、100%开度下，测量导叶实际开度值，并绘制导叶开度与接力器行程关系曲线。

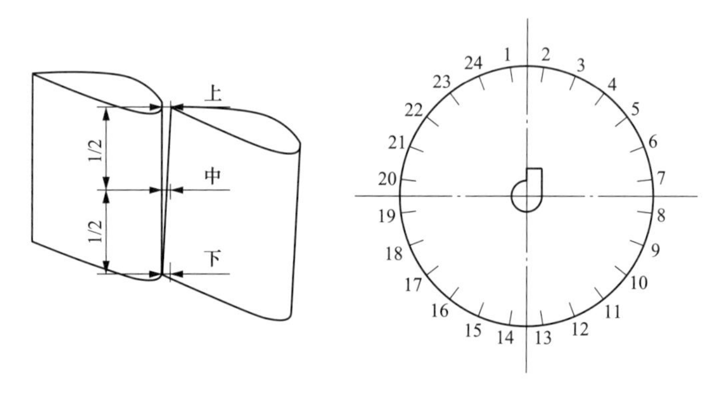


图4-8　导叶立面间隙测量

7. 安全注意事项

（1）起重工作必须专人指挥，专人操作，并有专人监护。

（2）起吊前检查所有拆卸部位是否与连接部分彻底脱离。

（3）起吊重物下，严禁站人。

（4）起吊前检查钢丝绳的受力情况与起吊重物的接触情况。

（5）桥机操作人员在没有听清楚起重信号时，严禁操作。

（6）起重指挥人员，指挥信号必须清楚。

（7）检修过程中，应对各部件的装配工作做详细的标记和记录，避免错装。

（8）工作现场的油渍应及时清理，避免人员滑倒、摔伤。

（9）操作导叶前仔细检查水车室及蜗壳，应无遗留工器具、材料、人员，并有专人监护。

检修过程中，所有拆下的部件必须定置摆放整齐。

**二、接力器检修**

某水电厂调速器接力器为直缸活塞式导叶接力器，共 2 台。接力器油缸直径为 $\phi$550，行程 550mm，额定工作油压为 6.3MPa。机组 A 级检修中，接力器的检修工艺介绍如下。

1. 检修准备

（1）拆装前的测量。

1）测量左、右接力器活塞杆行程，做好记录。

2）测量左、右接力器的压紧行程，做好记录。

3）测量接力器活塞杆的水平值，调速环支耳两侧与连杆配合的间隙值，做好记录。

（2）场地布置。位于发电机层的接力器检修区域已布置完成。

2. 接力器拆吊、回装应具备的条件

（1）压力钢管及蜗壳已消压至零。

（2）导叶开至合适开度，方便接力器各部件拆卸。

（3）压油槽消压至零。

（4）接力器拆吊前发电机部分（下机架已吊出机坑）已全部拆除，上部空间无妨碍接力器吊出的部件。

（5）接力器安装前，顶盖已安装完毕，水轮机各大部件（主轴密封、水导轴承、控制环、导叶轴套、拐臂连板等）均已调入机坑，且不妨碍接力器安装。

3. 接力器拆除

（1）对接力器及各油管的装配位置用钢印做详细标记，做好记录。

（2）拆除现场妨碍接力器移出的过道盖板。

（3）接力器排油。打开接力器有杆腔及无杆腔下部排油阀门，排出接力器及控制油管内的汽轮机油。如果接力器内形成真空，造成排油困难，可松开接力器油管连接螺栓，将法兰密封面稍稍撬开，对管路和接力器补气，以利于快速排净接力器内余油。

（4）反馈装置拆除。

1）拆除导叶接力器开度机械反馈装置。

2）拆除导叶接力器开度电气反馈主令开关、压力表等。

3）将拆卸下来的反馈装置搬运到指定位置。

（5）接力器油管路拆除。

1）拆除液压锁锭、调速器过速保护装置等控制油管。

2）拆除接力器操作油管及接力器缸之间的法兰连接螺栓，拆下来的操作油管各管口、调节板等用白布包好，将操作油管、油管支架、U形管箍及螺栓等搬运到水车室外的指定位置，摆放整齐。

3）拆除接力器开启腔、关闭腔排油管，接力器前端盖渗漏排油管，拆下来的接力器排油管、接力器前端盖渗漏排油管各管口等用白布包好搬运到水车室外指定位置，摆放整齐。

（6）接力器拆除与吊出。

1）液压锁锭接力器总重6.485t，机械锁锭接力器总重6.004t，单个分别吊出。

2）接力器拆前，做好左、右接力器安装高程、方位、水平记录、标记。

3）起吊前必须做好接力器活塞杆锁定措施，防止起吊过程中接力器活塞滑动失去重心平衡。

4）利用接力器开、关腔法兰孔安装两个M30吊耳。

5）在主厂房桥机10t电动葫芦上挂一个10t链条葫芦有利于吊装时调整接力器受力。挂2根5t的吊带通过卸扣与接力器的吊点连接。

6）电动葫芦稍微带紧后用链条调整接力器受力，根据现场情况在接力器缸下方架设一辅助千斤顶。

7）松开接力器基础螺栓，调整钢丝绳受力，用顶丝或铜棒敲打接力器缸体后法兰使接力器与基础脱离，待接力器完全脱离后拆除下方的辅助千斤顶。

8）接力器基础上调整垫清扫后按标记放回原处，并带好2～4颗螺帽防止调整垫掉下伤人。

9）操作电动葫芦向机组中心侧移动，同时调整链条葫芦，使接力器缸保持水平状态，然后将接力器吊出机坑，水平放置到指定位置。

4. 接力器解体检修

左、右两接力器，一个带液压锁定，一个带机械锁定。两个接力器解体检修过程基本相同。下面以带液压锁定的接力器为例介绍其检修工艺。

（1）拆除液压锁定接力器上导叶开度传感器、导叶位置开关等相关部件。

（2）用专用扳手松开连接块前的M140螺母，使用加力杆旋转连接块，将连接块从活塞杆顶部旋下，同时拆下M140的螺母。

（3）将接力器竖立摆放，并固定牢固，做好防止接力器在作业过程中发生倾覆的措施。

（4）拆除接力器前缸盖。

1）拆除锁紧螺母与止动块之间的连接片，松开锁紧螺母，依次向外旋出以上部件。

2）拆除定位环、密封压盖，取出密封环。

3）拆除液压锁定接力器前缸盖锁紧螺栓及螺母，用桥机上的电动葫芦将前缸盖从活塞杆上退出，并水平放置于枕木上。

（5）拆卸活塞、活塞杆。

1）在活塞杆前端部的吊孔内装上吊耳。

2）用桥机上的电动葫芦将活塞连同活塞杆竖直向上吊出接力器活塞缸，具体操作过程中，在活塞杆密封圈即将脱离缸体时改用手拉葫芦缓慢向外拉出活塞杆，水平放置于枕木上，并做好活塞杆和活塞表面的保护工作，做好防止活塞杆滚动的措施。

3）拆除活塞与活塞杆锁定的卡环，退出活塞。

4）用吊带将活塞杆捆扎牢固，然后用桥机上的电动葫芦将活塞杆水平吊运到指定位置。

（6）接力器后缸盖拆除。

1）拆除接力器四周的防倾倒措施，将接力器缸竖直吊起到一定高度。

2）拆除后端盖连接螺栓（M42×380），拆卸过程中暂保留对称两颗连接螺栓，完成拆卸后在后端盖下放置一千斤顶向上升起并受力，防止螺栓拆卸完成后后端盖突然坠落；拆除剩余的2颗连接螺栓，缓慢降下千斤顶，使后端盖与缸体分离，随后将后端盖转移至检修位置。

（7）各部件检查清洗。

1）拆除各部件上原有的密封，检查分析密封件磨损情况及原因。

2）将油缸、前后缸盖、活塞、活塞杆、销钉、密封支撑等零部件及螺栓清洗干净。

3）测量活塞、缸体等部件的配合尺寸，做好记录。

4）检查缸体内部、活塞、活塞杆配合面及密封面，对毛刺、划伤等进行打磨处理，确保所有结合面和接触面光滑、平整。

（8）液压锁定解体检修。

1）拆除行程开关座，拆除锁锭杆顶部的指针和锁定块。

2）拆除液压锁定上部端盖的4颗M16×55内六角圆柱头螺钉，取出活塞，检查活塞与油缸的配合表面是否光洁，有无锈蚀、划痕，弹簧有无损坏，性能是否符合要求。

3）清洗活塞及油缸内部，处理存在的划痕、毛刺，保证配合面光滑。

4）更换液压锁锭各部位密封，包括上端盖的O形密封圈，油缸下端盖处的V形密封，活塞上的组合密封环；在滑动部位表面均匀涂抹洁净的汽轮机油，装复各部件，装复过程中，活塞应无卡涩现象。

5）对液压锁定做耐压试验，试验压力9.5MPa，保压30min，无压降，各密封部位无渗漏。

6）装复行程开关、锁锭杆顶部的指针及锁定块。

（9）后缸盖装复。

1）更换后缸盖O形密封圈，检查密封条应无破损、老化等不良现象。

2）按照与拆卸相反的步骤装复后缸盖。

（10）活塞与活塞杆装配。

1）装配前在活塞与活塞杆的配合面上均匀涂抹一层洁净的汽轮机油以减少装配时的阻力。

2）按照与拆卸时相反的顺序连接活塞与活塞杆，更换活塞与活塞杆之间O形密封圈，装复过程中需保证该密封圈在对应的密封槽内。

（11）活塞及活塞杆装复。

1）将接力器缸体竖立摆放并固定牢固，做好防止工作过程中发生倾倒的安全措施。

2）将装配好的活塞与活塞杆竖立，更换组合密封圈。

3）按照与拆卸时相反的顺序装复活塞与活塞杆，装复时应在活塞表面及缸体内部均匀涂抹洁净的汽轮机油，将活塞及活塞杆吊至缸体的正上方，使用手拉葫芦缓慢下放活塞杆，活塞对准缸体，依靠装配自重徐徐滑入缸体内部，不可强行压入，装配过程中若发现卡涩现象需停止作业，重新调整活塞杆位置后再继续装复。

（12）前缸盖装复。

1）将前缸盖吊起，找正中心后使用手拉葫芦缓慢套入活塞杆顶端，吊装时在活塞杆表面与轴套内圈均匀涂抹洁净的汽轮机油，前缸盖与缸体连接螺栓把合力矩为2000N·m。

2）更换密封压盖处的密封环，装复过程中检查密封无破损老化现象，保证装复工艺，按照与拆卸过程相反的顺序装复定位环。

3）依次装复止动块、锁紧螺母及连接片。

4）装复M140×4螺母。

5）检查活塞杆顶部螺纹，确保无损伤后回装连接块。

（13）耐压试验。

1）将竖立的接力器水平放在枕木上。

2）通过接力器上部的关闭侧压力油口向接力器有杆腔加注汽轮机油直至注满，然后使用专用的闷板将无杆腔开启压力油口严密封闭。

3）打开无杆腔底部丝堵，在无杆腔底部丝堵处放置量杯，用以测量接力器有杆腔与无杆腔之间的泄漏量；在有杆腔关闭侧压力油口处安装高压软管，与配套的电动试压泵相连，打压至试验压力9.45MPa，30min应无压降，各密封面应无渗漏，开启试压泵上的泄压阀，将接力器内的汽轮机油消压至零；封堵无杆腔底部丝堵，打开有杆腔底部堵头，拆除有杆腔关闭压力油口处的高压管路，打开闷板时，应先打开人所在位置对侧的螺栓，防止余压伤人；排尽有杆腔内汽轮机油，同时，注意做好场地保护。

4）通过接力器上部开启侧压力油口向无杆腔内加注汽轮机油直至注满，然后使用专用闷板将有杆腔关闭侧压力油口严密封闭，随后在开启压力油口处安装高压软管，与电动试压泵相连，通过电动试压泵向无杆腔内继续加注汽轮机油，此过程观察活塞杆应缓慢向外伸出，由于存在空气可能会出现窜动的情况，直至活塞杆不再向外移动；打开试压泵上的泄压阀，将无杆腔内的汽轮机油消压至零，随后打开无杆腔处闷板，向无杆腔内加注汽轮机油将内部的空气排尽，使用闷板封堵，并打压至试验压力9.45MPa，30min应无压降，各密封面应无渗漏，开启试压泵上的泄压阀，将接力器内的汽轮机油消压至零；打开无杆腔底部丝堵，拆除无杆腔开启侧压力油口处的高压管路，打开闷板时，应先打开人所在位置对侧的螺栓，防止余压伤人。

5）在接力器上部有杆腔关闭侧压力油口处安装高压软管，通过电动试压泵向有杆腔内注入汽轮机油，检查活塞杆在收回的全行程中有无异常，随后打开有杆腔底部堵头，排尽接力器内余油；在接力器上部无杆腔开启侧压力油口安装高压软管，通过电动试压泵向无杆腔内注入汽轮机油，检查活塞杆在伸出的全行程中有无异常，随后打开无杆腔底部丝堵，排尽接力器内汽轮机油。

6）拆除相关的试压管路，更换各丝堵、堵头处的密封后装复相关部件，对开启、关闭侧压力油口进行封堵保护，防止杂物进入。

（14）接力器吊装及安装水平调整

1）按照与拆卸步骤相反的顺序吊装接力器，保证接力器各螺栓孔与基础板对正，24颗螺栓均能够轻松拧入，无憋劲，所有螺栓做到基本紧固。

2）将接力器活塞杆拉出至全行程的一半（275mm左右），测量活塞杆水平度及高程，水平度应不大于0.10mm/m。水平度如果超出此标准，根据现场的实际情况，用单梁葫芦将接力器稍稍吊起，适当拧松接力器与基础板连接螺栓，在接力器与基础板间加铜垫片，然后根据活塞杆抬起（下沉）情况拧紧相反方向的螺栓，不需将螺栓拧到最终力矩值。

3）再次测量水平度及高程，如果仍然超标，重复以上步骤，用桥机将接力器稍稍吊起，适当拧松接力器与基础板连接螺栓，在接力器与基础板间加铜垫片，然后紧固螺栓。

4）重复以上步骤直至活塞杆水平度符合标准。

5）将活塞杆前端稍稍向上抬起，对称拧紧接力器与基础板连接螺栓。连接螺栓把合力矩为2000N·m。

（15）接力器与控制环连接。

1）将连杆吊至控制环大耳朵处，在接触面上涂抹少量润滑脂，向内推入连杆与控制环上孔找正，过程中可用铜棒敲击对正，孔对正后向下放入连接销，用风闸固定连接销位置。

2）接力器连接块与连杆相连，并安装风闸。

5. 接力器调试

（1）手动、自动操作调速系统，检查接力器运行是否平稳，有无窜动及异常振动。

（2）检查调整机械反馈、行程开关等反馈控制部件。

（3）参照检修准备中的步骤，操作接力器，将导叶置于全关、全开位置，测量各项技术数据，并与检修前测量值比较。

6. 其他

（1）对接力器外表面进行防腐刷漆，油漆颜色与控制环一致。

（2）对接力器控制油管和排油管进行防腐刷漆，着色应符合技术标准，重新喷涂介质流向标志。

7. 安全注意事项

（1）安装过程中应做好防止异物进入接力器缸体的措施，避免检修质量问题的出现。

（2）接力器渗漏试压过程中，应做好防护措施，避免油液四溅和余压伤人。

（3）工作现场的油渍及时清理，避免人员滑倒、摔伤。

（4）检修中的起重作业应由专业起重人员指挥、操作，作业中应采取保护措施，避免部件损伤、变形。

（5）起吊四周设置临时围栏，并悬挂警示语。

（6）大件起吊须有相关领导或安监人员到场。

## 第七节　水导轴承检修

水轮机导轴承的主要结构形式有分块瓦油润滑导轴承、筒式瓦油润滑导轴承、橡胶瓦水润滑导轴承等。橡胶轴承一般用于线速度较小的机组，在大中型机组中广泛使用油润滑导轴承，最常见的是分块瓦油润滑轴承。油润滑导轴承可靠性高，但制造、加工、安装及检修工艺较为复杂。油润滑导轴承为金属轴承，相对橡胶轴承，具有耐磨性好、润滑冷却效果优、检修维护简单、运行稳定、使用周期长等特点。

在大、中型机组中，分块瓦导轴承是最常用的一种形式，这种轴承的主要优点是轴瓦为分块瓦，轴瓦间隙调整灵活、方便，瓦与轴的接触面小，润滑条件好，轴承结构简单，制造成本低，安装方便。分块瓦导轴承按照支撑方式的不同可分为抗重螺栓式导轴承和楔子板式导轴承两种，后者较为常见。筒式瓦常出现在中小机组中，其特点是轴瓦间隙比较稳定，缺点是间隙调整较困难。

水导轴承检修项目主要有轴承拆装、轴瓦检查与处理、轴瓦间隙测量及调整等。

水导轴承检修主要包括以下工作。

（1）拆卸，并检查。检查轴颈、轴瓦、调节螺栓及垫块的损伤情况，拟定处理方法。检查冷却器、油箱及油位和油温的测量装置等。

（2）研刮轴颈、轴瓦及检查处理。对瓦表面存在局部缺陷的巴氏合金轴瓦，一般采取补焊方式。对严重磨损及已发生烧瓦的巴氏合金轴瓦一般采取重新浇铸或更换新的轴瓦。

（3）重新组装，并按设计规范要求调整间隙。

（4）回装冷却器及其他附属装置，并进行通水试验检查。

楔子板式分块瓦油润滑导轴承和筒式瓦油润滑导轴承的检修过程介绍如下。

## 一、楔子板式分块瓦油润滑导轴承检修

分块瓦油润滑水导轴承，如图4-9所示，它由若干块轴瓦包围轴颈，从而形成相对固定的转动中心。轴瓦和轴颈的一半浸泡在轴承内的润滑油中，新检修的机组启动前必须将轴瓦和轴颈之间进行淋油处理。油冷却器设在轴承的底部，机组运行时油流从轴领甩油孔或导轴瓦进油边进入分块轴瓦面螺旋上升建立油膜，上油箱油位上升将轴瓦淹没。油流起润滑及冷却作用。油流随着机组旋转不停的进入上油箱，上油箱的油从轴承体溢出通过回油孔又流回至轴承的下油箱，经冷却器冷却实现油的自循环。这种轴承结构的主要优点：轴瓦分块，间隙调整方便，具有一定的自调能力，建立的油膜稳定可靠；制造、检修和维护较方便。缺点：主轴上要套装轴颈，制造工艺复杂，造价高。

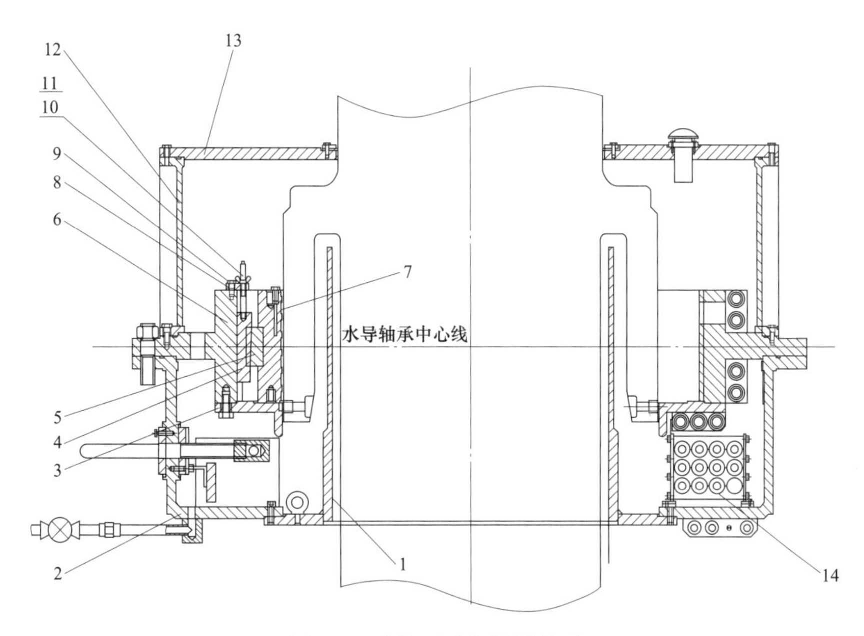


图4-9　分块瓦油润滑导轴承

1—内油箱；2—外油箱；3—瓦座；4—斜楔；5—抗压块；6—轴承体；7—轴瓦；8—压板；9—螺栓；10—蝶形螺母；11—调节螺栓；12—上油箱；13—油箱盖；14—冷却器

某水电厂水轮机导轴承采用斜楔油浸式分块瓦轴承，轴承直径1750mm，轴瓦数量为10块，每块瓦重178kg，由轴承体，上、下油盆，冷却器，油槽盖板等部件组成，轴承座是钢板焊接的重型结构，有足够的刚度承受最大径向力，并将负载传递至水轮机顶盖。轴瓦浇注巴氏合金。导轴承能承受任何运行工况（包括飞逸转速工况）的径向负荷。导轴承单边径向间隙为0.18～0.22mm。

1. 检修准备

（1）场地布置好，各部件放置地点已确定。

（2）检修所用的工器具及材料已全部到位。

2. 应具备的条件

(1) 机组停机。

(2) 落下进水口、尾水检修闸门。

(3) 蜗壳消压至零。

(4) 蜗壳和尾水管内的积水已排干尽。

(5) 做好防止控制环误动的安全措施，调速器压油槽消压至零。

(6) 抽干净水导轴承内的润滑油。

(7) 切断水导轴承油冷却器的冷却水源。

(8) 对所有部件装配位置用钢印做详细标记，做好记录。

3. 水导轴承拆卸

(1) 附件拆除。

1) 拆除过速保护装置及管路。

2) 拆除主轴蠕动装置及管路。

3) 拆除油混水报警装置及电缆。

4) 拆除油位计及其附属部件。

5) 拆除齿盘测速装置。

6) 拆除测振测摆探头。

7) 拆除水导油槽油温探头。

(2) 水导油槽盖板拆除。

1) 将6块油槽盖板与油槽的相对位置做好标记，做好记录。

2) 在水车室环形吊导轨上布置2t手拉链条葫芦，在油槽盖板起吊孔内装上M16吊耳，在各个吊点上挂好链条葫芦。

3) 拨出水导油槽盖板的定位销钉，拆除水导油槽盖板与油槽连接螺栓44-M12×30和分块盖板间把合螺栓42-M12×35，放到指定的油盆内。

4) 缓慢起吊链条葫芦，分块将盖板吊离油槽，然后搬运出水车室，放到指定位置。

5) 将油槽密封面清理干净。

(3) 测量水导瓦间隙。

1) 将油盆余油清扫干净。

2) 拆除10块水导瓦测温探头。

3) 将水导瓦编号，并标注在对应的油槽内壁位置，做好记录。

4) 测量每块水导瓦楔子板顶端至楔子板止动卡板上端面之间的距离 $H$（如图4-10所示），做好记录。

5) 在轴领 $+X$、$+Y$ 方向分别架设一块百分表，并将表对零，松开每块水导瓦楔子板限位螺母，监视百分表数据，对称地用瓦抱紧轴领。

6) 参考图4-10，测量每块水导瓦楔子板顶端至楔子板止动压板之间的距离 $H_1$，做好记录。

7）根据 $\delta=(H-H_1)/50(\mathrm{mm})$ 计算出每块瓦单边间隙，以及双边间隙，做好记录。

（4）水导瓦吊出。

1）拆出止动压板固定螺栓 20-M12×30，抽出楔形板，取出扛压块。将每块水导瓦对应的楔形板、止动压板及扛压块按对应导瓦编号做好标记，并在其表面涂抹薄层汽轮机油稀释的黄油用蜡纸包好，按类别保存。

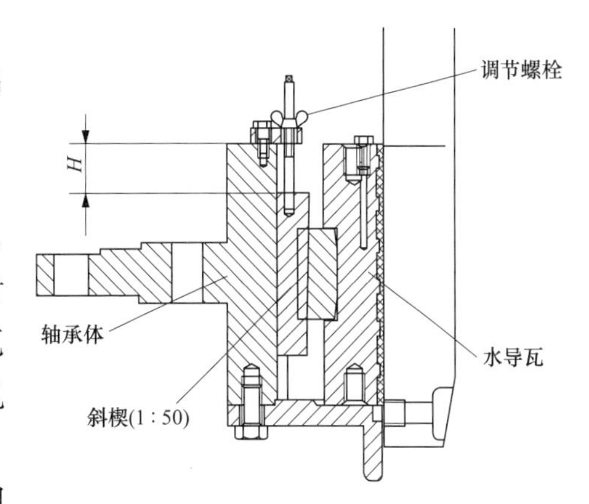

图 4-10　水导轴承间隙测量示意

2）将 M24 吊耳拧紧在水导瓦吊孔内，用吊带和卸扣通过 2t 手拉葫芦将水导瓦逐块吊出，放置到铺有羊毛毡的指定位置，瓦面涂抹薄层汽轮机油稀释的黄油，用蜡纸将轴瓦包起来，并在瓦面上放置羊毛毡或橡皮垫做保护。

（5）挡油筒拆除。

1）拆除挡油筒排油孔堵头，将下油盆油排净，并将余油清扫干净。

2）拆除油冷却器供、排水管路，用布把接口包扎好放到指定位置。

3）做好挡油筒与冷却器托板之间相对位置标记。

4）对称拆除挡油筒与冷却器托板之间的 4 颗连接螺栓，安装 4 个全螺纹的 M20×1000 导向杆，每个导向杆带有两个螺母，然后紧固螺帽。

5）拆除挡油筒与冷却器托板之间的紧固螺栓 30-M20×45，用布包好，放在指定的油盆内。

6）缓慢松 4 个导向杆上的螺母，挡油筒在自重作用下沿导向杆慢慢下降，将挡油筒降落在下方对称布置的枕木上，然后松掉导向杆。

7）将挡油筒固定在轴领上。

（6）轴承体拆除。

1）做好轴承体与顶盖之间的相对位置标记。

2）在油槽壁对称四个方向（$\pm X$ 和 $\pm Y$）各选一个测量点，用砂布将油槽上测点部位打磨平滑一小块，作为永久测量点，用内径千分尺，在永久测点处测量轴承体内壁与轴领之间的间距，做好记录。

3）使用拔销工具拔出轴承体与顶盖之间的定位销钉 20-$\phi$25×160，放于指定存在位置。

4）用气动扳手及 S55 重型套筒子拆除轴承体与顶盖之间的连接螺栓 40-M36×140，放于指定位置。

5）分别在检修环形吊轨 $+X$、$+Y$ 方向对称布置 4 个 3t 手拉葫芦（轴承体与瓦座总重为 5402kg），在轴承体起吊孔上对称装入四个 M56 的吊耳。

6）挂上手拉葫芦与吊耳，手抓链条同步使轴承体受力，在瓦座与轴领间插入 1mm 厚环氧条，防止起吊过程中刮伤轴领，在经验丰富的起重人员统一指挥下同步起吊。轴承体高于控制环水平位置约 700mm 时，在控制环上放置四块 500mm×500mm 的枕木，将两根长 4.5m 的 10 号工字钢对称布置在轴承体下方，并平稳放置到枕木上，将轴承体平稳落到支撑上。

7）做好瓦座与轴承体的相对位置标记，拆下瓦座与轴承体紧固螺栓 M20×70，将瓦座与轴承体分离。

8）做好水导轴承下油箱与轴承体间相对位置标记，拆除轴承体下部的水导轴承下油箱放置到枕木上。

9）分别分解水导瓦托架、油冷却器。

10）将油冷器做好保护措施，防止吊运过程中损伤铜管，拔出冷却器托板与顶盖定位销钉 $\phi$12×85，紧固螺栓 M20×35。将冷却器及托板吊出，放于指定位置。用同样方法拆除另一个冷却器及托板。

11）将顶盖与轴承体各组合面清理干净，测量密封槽尺寸，选配合适的耐油 O 形密封条。

12）待下机架吊走后，利用桥机将轴承体及分瓣后的瓦座吊出水车室。

4. 水导瓦检修

（1）检查轴瓦表面合金层应无密集气孔、裂纹、硬点、脱壳现象。

（2）轴瓦表面应无烧瓦变色痕迹。

（3）检查轴瓦表面磨损情况，瓦面硬点可用刮刀挑除，把瓦面的接触点、亮点铲掉，对瓦面磨损的检修情况应做好记录。

（4）如果轴瓦有烧瓦痕迹、裂纹、脱壳等严重缺陷，应予以更换，或者利用现有瓦体，按原来技术规格，重新浇铸合金层。

（5）抗重块表面应光洁、无麻点和斑坑；检查楔子板无严重磨损、变形，检查调整垫应无损坏现象；锈蚀处用细砂纸或细油石沾上汽轮机油打磨，碰痕用油石研磨，并用无水工业酒精清洗，使用白布包好。

5. 水轮机主轴轴领检修

（1）用细油石按旋转方向轻轻打磨轴领，确认无划痕、毛刺、裂纹、锈蚀等缺陷。

（2）将轴领用无水工业酒精清洗干净，然后用不起毛的干净棉布擦干，抹上汽轮机油稀释的黄油，使用蜡纸敷盖。最后，用橡皮或毛呢将轴领包裹一个圈并绑扎牢固，起防潮、防锈、防碰撞作用。

6. 水导油冷却器、水导油槽检修

（1）将水导油冷却器用毛刷仔细清扫，通清水将冷却盘管内外壁清洗干净。注意：所使用的除垢剂应对冷却盘管无损害。

（2）水导油冷器供、排水管道法兰面上粘有的残余垫片应用刮刀铲干净。

（3）油冷却器回装前，做0.5MPa水压试验，30min。无渗漏。

（4）呼吸器滤网清扫：将呼吸器浸泡到除垢溶剂中，用毛刷反复清扫，再用清水冲洗干净。

（5）检查水导油槽各部件组合法兰应完好，油槽壁应无砂眼、裂纹，螺纹孔无滑丝、错牙现象。

（6）对所有螺栓、螺杆进行清理，并攻丝、套丝处理。

（7）更换所有密封条、密封垫。

7. 水导轴承装复

水导轴承的装复在主轴密封装复好后进行。

（1）轴承体及油冷却器安装。

1）将瓦座结合面清理干净，应平整、光滑，无高点、毛刺等现象。

2）在安装场按照轴承体和瓦座解体之前标注的记号位置将分瓣瓦座与轴承体组合到位。

3）分别安装轴承体下部的水导瓦托架、水导轴承下油箱、油冷却器。

4）装复油冷却器及冷却水管路后进行0.5MPa水压试验，时间30min，无渗漏。

5）将顶盖与轴承体结合面清理干净，测量顶盖内圈密封槽尺寸，选用并安装合适的耐油O形密封条。

6）设有O形密封槽的分瓣法兰组合面禁止使用油脂或平面密封胶。使用O形密封条时，O形密封条不能人为拉长，切割时预留1～2mm，避免装配后密封条收缩导致油箱漏油。按照标号位置调整好水平及方位，组合在一起，打入销钉螺栓，拧紧所有的把合螺栓。

7）在控制环上面支撑两根平行放置且宽度适中的工字梁，将分瓣吊入轴承体放到梁上，并组合成整体。

8）在顶盖内部支好枕木和千斤顶，将固定在轴领上的挡油筒落下。

9）对照轴承体和顶盖解体之前标注的记号位置，将轴承体落到顶盖上，打入锥销，拧紧螺栓。

10）测量轴承体瓦座与轴领之间的间距，做好记录，与检修前数据作对比。

（2）挡油筒装复。

1）因顶盖空间受限，挡油筒安装一般在主轴密封安装前完成。

2）将固定在轴领上的挡油筒放下，清扫挡油筒及组合面。

3）测量挡油筒密封槽尺寸，选用并安装合适的耐油O形密封条（设计值：$\phi 6$）。

4）将顶盖与水导油冷却器托板结合面清扫干净，清除高点、毛刺，测量密封槽尺寸，选用并安装合适的耐油橡皮密封条（设计值：$\phi 6$）。

5）在托板分瓣法兰面均匀涂抹乐泰厌氧性平面密封胶598。

6）按照挡油筒解体之前标注的记号位置，对称在四个位置安装导向杆，4人同时操作导向杆均匀使挡油筒缓慢上移。上移过程中严密监视四个方向的上移高度，随时调整上移速度，防止因上移速度不一致发生挡油鳖劲受阻导致工件变形、密封条脱落等现象。

7）待挡油筒随导向杆到位后，安装所有螺栓后拆掉导向杆，分2～3次对称拧紧所有螺栓。

8）将水导下油盆清扫干净后做8h煤油渗漏试验，无渗漏。

（3）水导瓦吊入。

1）将水导瓦对应初始位置分别吊入油槽。

2）对应瓦号安装抗重块、楔子板及限位板。

（4）水导瓦间隙调整。

1）将水轮机调整到机组中心位置。

2）根据机组盘车数据计算各水导瓦应调间隙数据。

3）在水导轴领$+X$、$+Y$方向安装百分表监视主轴，调整过程中主轴不得移动。

4）用铜棒对称打紧楔形板，使各导瓦紧贴轴领，百分表监视主轴位移不能超过0.01mm。

5）测量，并记录各导瓦楔形板深度。

6）计算各楔块最终理论深度。

7）调整各楔块到最终理论深度。

8）装复锁紧螺母后将楔形板牢固锁定。

9）装复测温探头等附件。

（5）回装水导油槽盖板。

1）将轴承体与盖板结合面清理干净，使用3mm耐油橡皮垫制作、安装油槽密封垫。

2）将水导油槽全面清理干净，确认无细小物件、材料遗留在内。

3）回装油槽盖板。

4）安装测速、测振、测温、过速装置、油位计、油混水装置及有关管路。

（6）水管安装。

1）根据拆卸前标注的记号，回装冷却器供、排水管路。

2）将各管道金属表面除锈刷漆，刷上流向标示。

## 二、筒式瓦油润滑导轴承检修

筒式导轴承一般分两半组成，起到限制水轮机转动部件径向移动的作用。在筒式导轴瓦面上、下部位设有环状的导油油沟，瓦面又用60°斜油沟贯通形成网状油路保证建立导轴承瓦油膜。在导轴瓦的下部，对称的进油孔与下导油环相通；油从导轴瓦进油孔进入导轴瓦下油沟，机组转动时油被带动沿轴瓦表面的斜油沟上升，从而在轴瓦与主轴之间形成油膜。油流润滑后形成热油，热油油流汇集到导轴承上油箱冷却后，经溢油管流回至转动油盆。汽轮机油将在下部转动油盆和上部固定油箱之间不断地循环，从而保证轴承正常工作。

与分块瓦导轴承相比，筒式瓦导轴承无轴颈，因而可降低造价。

筒式瓦导轴承是由两半块组成的整体，轴承总间隙调整较困难。

现将筒式瓦油润滑导轴承检修工艺简述如下。

某水电厂筒式瓦油润滑导轴承的结构，如图 4-11 所示。它采用稀油润滑筒式结构，轴瓦为巴氏合金材料，轴承采用自润滑循环方式，润滑油为 L-TSA46 号汽轮机油，轴瓦在工地安装时不需刮瓦。轴承由轴承体、转动油盆、上油箱、冷却器、油箱盖等部件组成。轴承体组合螺栓为不锈钢材料。轴承冷却器管采用紫铜管材料，设计压力为 0.4MPa，试验压力为 0.6MPa。

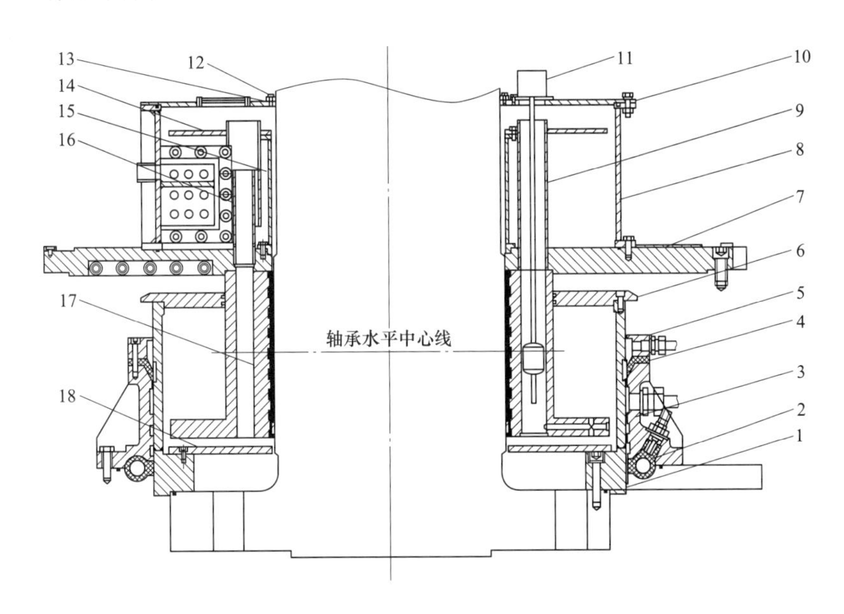


图 4-11　某水电厂筒式瓦油润滑导轴承

1—转动油盆；2—检修密封圈；3—主轴密封座；4—L 形密封圈；5—密封压盖；6—转动油盆盖；7—轴承盖；8—上油箱；9—挡油管；10—油箱盖；11—浮子信号器；12—压板；13—毡圈；14—溢流板；15—溢流架；16—回油管；17—轴承体；18—护盖

1. 检修准备

参考分块瓦油润滑导轴承检修准备内容。

2. 水导轴承拆卸

(1) 拆除油箱盖、毡圈、压板、观察孔板、浮子信号器等零部件。

(2) 初步清理上油箱，拆除溢油板、溢油架。

(3) 在水导上油箱、轴承盖表面做好记号，拆卸上油箱及油冷器，使用水平仪测量，并记录水导轴承盖水平度。

(4) 在水导轴承盖表面圆周均布 8 个点，并标上编号，在 8 个点对应处用长塞尺测量记录水导轴承单边间隙。

（5）拆卸水导轴承盖把合螺栓。

（6）吊起轴承盖200mm，检查并记录水导轴承盖所垫铜垫的位置及厚度，拆卸转动油盆盖。

（7）继续吊起水导轴承盖，吊至一定位置后，在水导轴承下方垫上方木，拆卸水导轴承盖与水导轴承把合螺栓，使水导轴承盖与轴承分离。

（8）继续吊起转动油盆盖至一定位置，分半拆卸水导轴承并吊出。

（9）拆除水导轴承体下方护盖，对转动油盆进行清理，用抹布、面粉将油盆清扫干净后，倒入一定量的汽轮机油清洗油盆，再用抹布、面粉将油盆清扫干净，重复数次，直至检查油盆未存留油渣。

（10）检查水导轴领表面是否光滑、有无划痕，用油石顺着旋转方向打磨磨损发毛的地方。

（11）检查水导油冷器供排水管及接头，对接头锈蚀、松动及管路渗漏等缺陷进行处理。

3. 轴瓦间隙处理

（1）轴瓦总间隙计算。

1）根据所测筒式瓦水导轴承单边间隙值计算水导轴承总间隙。总间隙等于对面间隙之和。

2）将总间隙与设计允许总间隙值进行比较，判断总间隙是否合格。一般来说，筒式瓦导轴承磨损量不大，但机组长期运行后，轴承可能因为磨损的原因使得总间隙变大。

（2）总间隙合格时轴瓦处理。

1）总间隙合格时只要将轴瓦局部高点刮去，并全部重新刮花即可。

2）若在厂家加工主轴和轴承时，其尺寸、精度、表面粗糙度、椭圆度及锥度均符合技术要求，则检修时可不做任何刮研处理。

（3）总间隙过大时轴瓦处理。

1）若轴承结合面有垫，可将垫撤去；若没有垫，则可将把合面刮去（最好是铣去）某一尺寸，然后再把合在一起。

2）轴承内径处理，如图4-12所示，结合面处理后，原来轴承是以$O$点为中心的正圆，现在是以$O'$点为中心、$R \approx 480.31$mm为长轴、$R_1=479.31$为短轴的椭圆，必须进行修正处理，以$O'$点为圆心，按轴承允许间隙值求得半径$R'$，重新镗轴承孔。

3）进行镗孔时，一定要按照规定的同心度和粗糙度加工。对于重新加工出来的孔$\overset{\frown}{NMN'}$部分在半圆内能与轴颈相接触，但$\overset{\frown}{NK}$、$\overset{\frown}{N'K'}$部分不能接触，应通过计算求出接触面积。一般认为，筒式瓦本身的接触面积足够大，这样处理满足工程要求。

4）如果镗孔时的表面粗糙度不好，那么在镗最后一刀时，应给内径尺寸留0.1mm的裕量，以备刮研处理时用。把轴承放在主轴轴颈上进行研磨，先把个别高点、硬点削

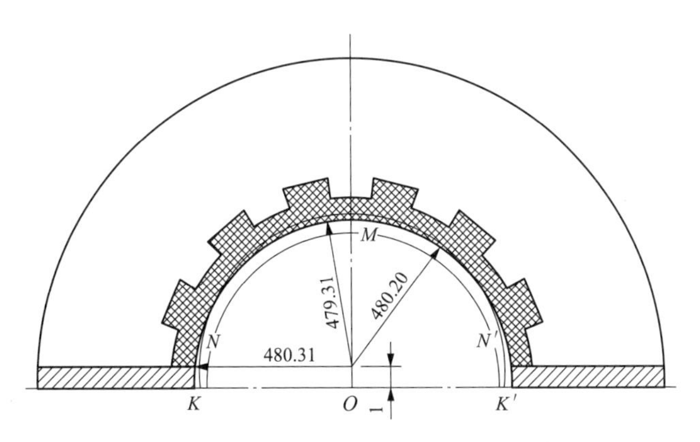


图 4-12　轴承内径处理

除，并注意第一次刮花的方向与第二次刮花的方向互成 90°，两次刮研的方向，如图 4-13 所示。有点部分占可接触部分的 90%，每平方厘米内有 3～5 点为合格。

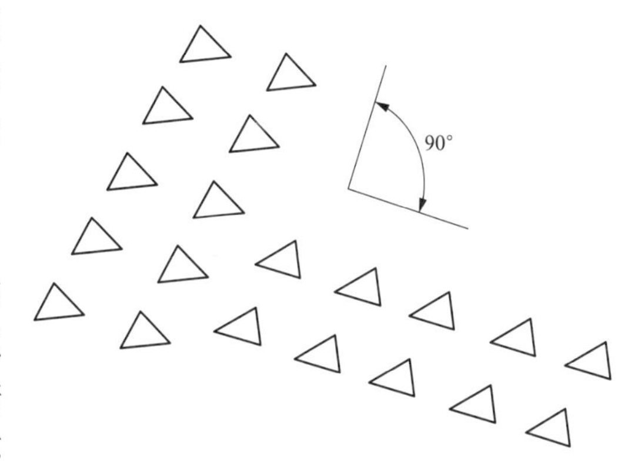


图 4-13　两次刮研的方向

（4）轴瓦间隙分配调整。

由于筒式瓦轴承体与轴承盖连接，轴承盖与顶盖连接，并用销钉定位，筒式瓦间隙检修时一般不进行调整。当轴承重新镗孔后，轴瓦各点单边间隙偏差过大，不满足设计规范要求时，可考虑按以下方法进行调整。

1）以水轮机迷宫环间隙数据为基准，结合发电机上、下空气间隙数据，调整机组中心。

2）在水导＋$X$、＋$Y$ 处架设百分表，监视轴瓦间隙调整过程中主轴的移动。

3）按拆除时相反步骤和方法装入水导轴承护盖、水导轴承体、转动油盆盖、水导轴承盖。装入前仔细检查各部件是否有异物，检查转动油盆是否清理干净，安装轴承体与轴承盖连接螺栓、销钉时检查错孔情况，必要时重新对孔进行钻铰。

4）对称检查 4～8 点水导轴承与主轴转动工作面间隙，设计总间隙为 0.28～0.35mm。

5）根据机组盘车数据计算水导瓦应调数据。

6）根据水导瓦应调间隙数据计算筒式瓦各点调整的大小与方向。

7）在轴承盖上径向方向架设千斤顶，按照各点数据用千斤顶压轴承盖调整轴瓦间隙。反复测量调整，保证各瓦间隙在合格范围内。

8）安装轴承盖与顶盖连接螺栓、销钉等，必要时重新对孔进行钻铰。

(5) 水导轴承装复。装复过程与拆卸过程相反。

1) 在安装间将水导轴承油冷却器安装在上油箱上，做水压试验，试验压力0.375MPa，试验时间为30min，油冷却器应无渗漏。

2) 安装好上油箱与轴承盖之间的$\phi 4$密封盘根，用32个M12×30螺栓将上油箱把合在轴承盖上，装入轴承盖，用24个M20×45内六角圆柱头螺钉把合轴承盖。

3) 先装入$\phi 4$溢油架密封盘根，再安装溢油架，用16个M6×20螺栓把合溢油架。

4) 彻底清扫上油箱，清扫完成后安装溢油板，用12个M6×12螺栓把合溢油板。

5) 安装油箱盖、毡圈、压板、观察孔板、浮子信号器等零部件。

## 三、导轴承修复

### 1. 轴承的常见故障

油润滑的轴承，最常见的故障是巴氏合金磨损、烧损。分块瓦式的轴承，还可能发现调节螺栓（抗重螺栓）及垫板磨损、变形；螺栓的松紧程度不均匀也经常见到。

(1) 巴氏合金轴承瓦面磨损。轻微的磨损一般不影响机组安全运行，当机组因磨损导致瓦温同比升高时，需及时安排机组检修，对瓦面进行刮瓦处理。当机组导轴瓦严重磨损时，需更换新瓦。

(2) 巴氏合金轴承烧瓦事故。巴氏合金熔点低，一般机组水导瓦温高于65℃时极易发生烧瓦事故。引起导轴承发生烧瓦事故的原因很多，如导轴承润滑不良、冷却效果差、机组振动和摆度超标、轴瓦单位荷载过大，以及导轴瓦间隙分配不合理或其他检修安装质量原因等均可能导致轴瓦温度升高，严重时发生机组烧瓦事故。对于巴氏合金轴承来说，机组烧瓦后果很严重，直接影响机组的安全运行。

(3) 分块瓦式轴承调节螺栓及垫块磨损。调节螺栓或抗重螺栓的球形头磨平，轴瓦垫块凹陷或变形，螺栓螺纹部分松紧不匀等，都会影响轴瓦温度升高。

### 2. 轴瓦的刮研

目前，导轴瓦有采用弹性金属塑料瓦的趋势，弹性金属塑料瓦不需要研刮。这里主要介绍巴氏合金导轴瓦的研刮。

(1) 分块式巴氏合金导轴瓦的研刮。

1) 分块式巴氏合金导轴瓦主要用于立式机组上，检修中一般只进行简单的修刮，更换巴氏合金轴瓦或磨损严重时则应进行仔细的研刮。

2) 检修中的研刮一般是在主轴竖立状态下进行。研刮前，将主轴轴颈清洗干净，在轴颈上装设轴瓦的地方搭设一个简易磨瓦平台，并调整好平台水平，用酒精清洗轴颈、轴瓦，然后把瓦扣在轴颈上，双手应均匀施加垂直于轴的力，使轴瓦紧贴轴颈，且不能轴向串动，以免出现假磨。往复研磨6～10次，然后就将瓦放在刮瓦工作台上刮削，导轴瓦检修刮研，如图4-14所示。反复多次，直至合格为止。

3) 对于更换的新瓦，刮削时，首先粗刮，经过几次研刮后，瓦面与轴颈总接触面积大于或等于95%，局部不接触面积小于或等于2%；达到要求后，进行精刮。精刮时，按照接触情况用刮刀依次刮削，刀痕要清晰，前后两次刮削的花纹应大致呈 90°，刮瓦基本方法是刮除瓦面高点，挑开接触面积较大的接触面，小点暂时不刮。经过几次研刮后，会使大点分解成多个小点，小点变大点，无点处出现小点。每刮完一遍都需把瓦面擦干净，再次研磨。经过多次刮削，瓦面接触面积达设计要求。

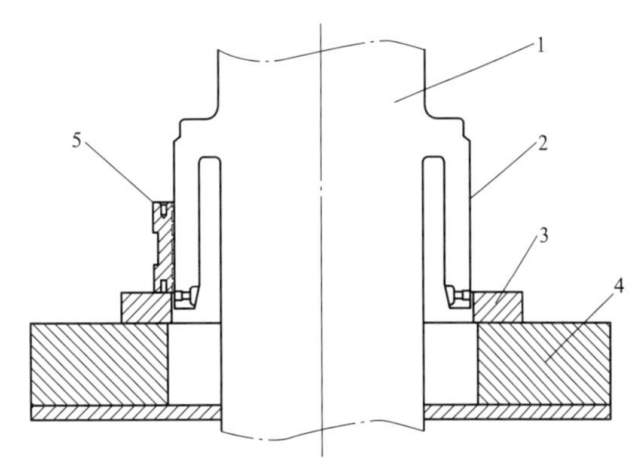

图 4-14 导轴瓦检修刮研

1—主轴；2—轴颈；3—磨瓦平台；4—研磨工作台；5—导轴瓦

(2) 筒式导轴瓦的研刮。

1) 筒式导轴瓦一般用于中小型立式机组的水轮机导轴承及卧式机组的发电机径向轴承和径向推力轴承。

2) 对于立式机组的水轮机导轴瓦，现场刮削中需要刮削的量较大时，应与主轴磨合，在主轴横放状态下进行研磨刮削工作，刮削工作与分块瓦相同，对于旧瓦，检修时只需将磨亮的大点挑开，并进行刮花。

3) 对于卧式机组的筒式径向瓦，上瓦只需进行挑花，下瓦应在机组盘车合格后进行研磨和刮削。在机组的实际运行位置进行研磨，将主轴顶起，并固定、抽瓦、刮削、轴瓦装复、解除主轴固定、盘车研磨，反复进行。研刮工作较为繁重。瓦的刮削与立式机组筒式导轴瓦相似。

3. 轴瓦的重新浇铸

浇铸巴氏合金也称为“搪瓦”，由专业厂家完成。巴氏合金常用牌号为 ZCHSnSb11-6。在有条件的情况下，应采用离心法浇铸，气孔、夹渣等缺陷较少。

4. 轴瓦的熔焊修补

对不需要重新挂瓦，但有较大的孔洞、凹坑等缺陷的轴瓦，可用熔焊巴氏合金的方法进行修补。

(1) 准备工作。

1) 准备烙铁、焊剂。

2) 准备熔炉及巴氏合金，使巴氏合金加热、熔化，温度控制到 460～470℃。

3) 将烙铁放入合金液体内加热，达到同样的温度。

(2) 熔焊巴氏合金。

1) 在需要修补的地方刷一层焊剂，用烙铁作表层的局部加热，直到表层合金熔化。

2) 浇入一点已熔化的巴氏合金，用烙铁反复熨烫，使新加入的合金与原有合金充分混匀。对补入合金较多的地方，应逐次补充合金，逐次熔焊。

5. 调节螺栓及垫块的修整

(1) 如果螺栓的球形头及垫块的表面磨损或变形，用油石修磨。打一点红丹粉（氧化铁粉末）检查它们的接触情况，接触面应正对螺栓中心且面积要小于直径5mm的圆形表面。

（2）如果发现调节螺栓或抗重螺栓松紧不均匀，一般有两种解决办法：一是以螺套为准选配螺栓，各螺栓松紧基本一致。二是以螺栓为准，对偏紧的螺套用丝攻重新攻丝。对局部的螺纹缺陷可用什绵锉或小油石修整。

## 第八节　主轴密封检修

水轮机主轴密封一般安装在顶盖的上部、水轮机导轴承的下方。主轴密封的主要作用是阻止转轮室内的水通过水轮机转动部分与固定部分之间的间隙进入水车室。对于含沙量大的电站，主轴密封材料的耐磨性直接影响密封装置的使用效果。对于安装稀油润滑水导轴承的机组，主轴密封橡胶材料容易老化变形。为保证密封装置的安全可靠及使用周期，主轴密封材料需满足耐磨、耐油、抗腐蚀的技术要求。

主轴密封一般包括两部分：①工作密封是在机组运行时投入使用的密封，属于旋转式动密封，主要结构形式有盘根密封、橡胶平板密封、端面密封、径向密封和水泵密封及无接触式密封等，端面密封又分为机械式和液压式两种密封形式；②检修密封，顾名思义，其只用于水轮机检修，属于静止密封，主要结构形式有机械式、围带式和抬机式等几种，空气围带密封最为常见。

工作密封除单层平板密封、无接触式密封外，一般都需要清洁润滑水。

混流式水轮机几种常见主轴密封的检修工艺介绍如下。

### 一、机械式端面主轴密封检修

机械式端面主轴密封属接触性密封，抗磨板安装在水轮机轴下法兰的背面随机组转动，若干碳精块或尼龙抗磨块等材料组成环形密封圈固定住浮动环上与抗磨板接触形成密封。在碳精块或尼龙内部设有若干润滑水进水孔进行润滑和冷却。这种密封结构具有自补偿功能，补偿量大、耐磨性能好，适用于各种水头的立轴式大、中型水轮发电机组。这种密封需要均匀的弹力，对弹簧的加工要求较高。

某水电厂机械端面弹簧补偿式动压密封，如图4-15所示。其主要部件有浮动环、密封圈、抗磨板、上盖板、水箱、上盖、密封箱。

工作时依靠固定在上盖上的弹簧使密封圈与抗磨板紧密接触，达到密封止水的作用。当密封圈出现一定磨损后，均布在圆周方向上的弹簧会将浮动环下压，浮动环带动密封圈向下贴紧抗磨面，始终进行有效的止水。在每个弹簧的上方都设有调整螺栓，用来调整弹簧的弹力。弹簧力通过上盖传递到密封箱，再传到顶盖上。浮动环上方有测长杆，可监测密封圈的下沉量。

密封圈为高分子聚合物，抗磨板为不锈钢材质。密封圈与抗磨板之间的工作面采用水润滑和水冷却。密封处的水压力大约为0.35MPa。它所需的清洁润滑水取自机组技术

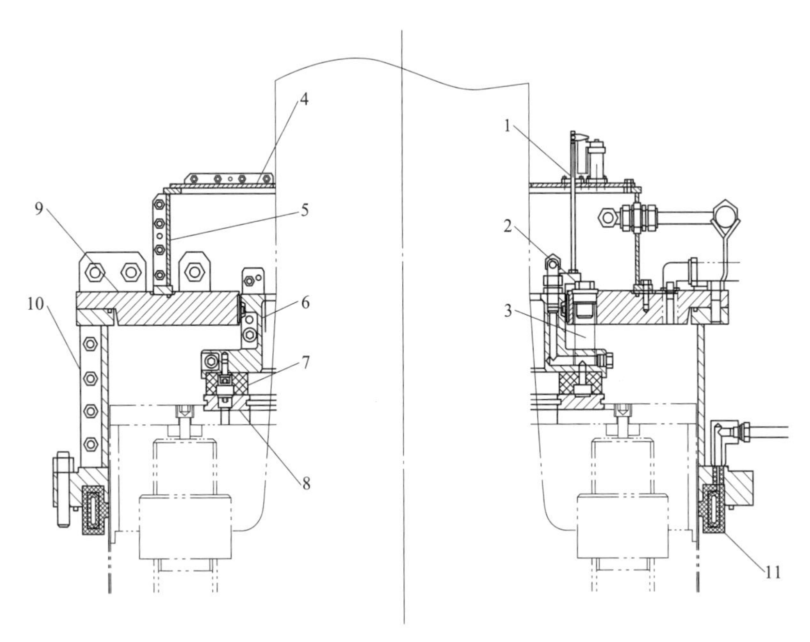


图 4-15　某水电厂机械端面弹簧补偿式动压密封

1—测长杆；2—弹簧堵头；3—弹簧；4—上盖板；5—水箱；6—浮动环；7—密封圈；8—抗磨板；9—上盖；10—密封箱；11—空气围带

供水系统的清洁水，经水力旋流器过滤后引至密封副，含杂质的水引至密封箱用作冲沙水，将转轮止漏环进入密封箱的浑水反冲回顶盖通过减压管排走。引至密封副的清洁水分为两路，一路流入密封箱，另一路流入集水箱经排水管排至渗漏集水井，这部分水量也就是主轴密封的漏水量。水力旋流器进口水压力为 0.4～0.6MPa，清洁水的流量大约为 200L/min。密封环的最大允许磨损量设计值为 12mm。

检修密封采用静压式空气围带结构，安装在工作密封的下部。工作时，橡胶围带内充满压缩空气，将橡胶围带紧密地压紧在护罩上，从而起到止水作用。空气围带的工作气压为 0.5～0.7MPa，由检修低压气系统供气。

1. 检修准备

（1）场地布置妥当，各部件放置地点已确定。

（2）检修所用的工器具及材料已全部到位。

（3）机组停机，关闭进水口、尾水检修闸门，蜗壳已消压至零。

（4）做好防止控制环误动的安全措施，调速器压油槽消压至零。

（5）可靠地切断主轴密封润滑水源。

（6）对所有部件装配位置做详细标记，记号笔难以标示的部位，应用钢印标记，做好详细的标记，标记应清晰、规范，必要时应在记录本上绘制示意图，并详细说明。

2. 主轴密封拆卸

（1）附件及水箱拆卸。

1）将工作密封润滑水环管做好标记后拆除，环管接头用白布包好，妥善保管接头内的节流片，将管路放到指定位置。

2）将 $\phi$100 集水箱排水管做好标记后拆除，管道接头用白布包好，放到指定位置。

3）拆除测压管及 $\phi$20 检修密封供气管路，管道接头用白布包好，放到指定位置。

4）拆除工作密封磨损指示装置，用白布包好，放到指定位置。

5）做好集水箱盖板与集水箱相对位置标记填写记录，拆除盖板分瓣组合螺栓，用破布包好，注明位置，放到油盆内，将水箱盖板抬出。

6）拆除水箱内润滑水供水软管，管道接头用白布包好，妥善保管。

7）做好集水箱与密封箱相对位置标记，并填写记录，拆除集水箱定位销钉及固定螺栓 40—M12×30，拆除分瓣组合定位销钉及把合螺栓，用破布包好，注明位置，放到油盆内。

8）将 4 瓣水箱抬出，保护好密封面，搬运到指定位置。

（2）密封箱拆除。

1）做好浮动环与导向环、密封箱上盖与密封箱、密封箱与顶盖间的相对位置标记，并填写记录。

2）在对称均匀 8 点，测量浮动环与水轮机主轴间距，做好记录。

3）用千斤顶配合扳手拆除浮动环 24 颗弹簧堵头，取出 24 个弹簧，放到油盆内。

4）拔出浮动环 2 块定位板上 4 颗 $\phi$12×55 定位销钉，拆除定位板固定螺栓，取出定位板，拔出上盖上的定位销，放到指定位置。

5）拔出上盖与密封箱定位销钉 4-$\phi$16，拆除上盖与密封箱连接螺栓 36-M20×60，以及分瓣组合把合螺栓，用破布包好，注明位置，放到油盆内。

6）将 2 瓣上盖吊出，保护好密封面，搬运到指定位置。

7）拔出密封箱与顶盖定位销钉 4-$\phi$12，拆除密封箱与顶盖连接螺栓 40-M24×100，用破布包好，注明位置，放到油盆内。待水导轴承解体吊出后，再将密封箱整体吊运至安装场指定位置。

（3）工作密封拆卸。

1）拔出浮动环分瓣结合面定位销钉，拆下浮动环连接螺栓，用破布包好，注明位置，放到油盆内。

2）将浮动环分瓣吊出，保护好密封块，放到指定位置，妥善保管，防止损坏。

3）拆除抗磨板。拆除前做好每块抗磨板的安装位置记号，并做好记录。拆除时不得损伤抗磨板表面，拆下的抗磨板用羊毛毡分块包好，运出水车室。

（4）检修密封拆卸。

1）检修密封拆卸前，对称 8 点测量空气围带与水轮机主轴法兰护罩的周边间隙，并做好记录。

2）将空气围带整体取出，搬运到指定位置。

3）做好护罩与主轴相对位置标记，并做好记录。

4）用割枪清理20-M30×40内六角螺钉上封堵的环氧树脂胶。拆下螺钉，用破布包好，注明位置，放到油盆内。

5）拆卸护盖把合螺栓，用破布包好，注明位置，放到油盆内。

6）将护罩吊出，做好保护，放到指定位置。

3. 工作密封及检修密封检修

（1）密封箱检修。

1）将各管路接口清洗干净，备好密封材料或密封件。

2）将上盖和密封箱各结合面清理干净，研磨高点、毛刺。

3）将上盖与集水箱之间的密封面清理干净，测量密封槽尺寸，选用合适的密封条（设计值$\phi 6$）。

4）将上盖与密封箱之间的密封面清理干净，测量密封槽尺寸，选好合适的密封条（设计值$\phi 6$）。

5）将密封箱与顶盖之间的密封面清理干净，测量密封槽尺寸，选好合适的密封条。

6）将上盖、密封箱分瓣的密封面清理干净，测量密封槽尺寸，选好合适的密封条。

（2）工作密封检修。

1）将浮动环各组合面清理干净，研磨高点、毛刺。

2）检查各弹簧堵头、弹簧。弹簧堵头为细螺纹，丝口完好，否则应予以更换或用什锦锉精细修整。承压弹簧应弹性良好，不得出现断裂、锈蚀及屈服变形现象。弹簧体不得出现较大幅度的弯曲，弹簧两端面应平行。测量弹簧在自由状态下的伸长值，标准值为175mm，所有承压弹簧的长度应相同，在自由状态下长度变化很大的弹簧应予以更换。

3）检查定位板、定位销钉、螺栓，情况应正常，否则应进行更换。

4）将浮动环与导向环之间的密封面清理干净，并用金相砂纸打磨导向环密封面，去除高点、锈蚀及毛刺。测量密封槽尺寸，选用合适的密封条（设计值$\phi 8$）。

5）检查密封环尼龙块的磨损程度，磨损量达到10mm时应予以更换。

（3）检修密封检修。

1）将密封箱安装空气围带槽清理干净，研磨高点、毛刺。

2）将顶盖安装空气围带槽清理干净，研磨高点、毛刺。

3）检修空气围带，情况应正常，无破损、漏气等异常现象，否则应进行更换。

4）制作新的空气围带。精确量取检修密封橡胶条长度，用专用夹具卡住检修密封橡胶条须黏接的部位，成90°切割后，用砂布打磨黏接面直至接口能良好吻合。用无水工业酒精清洗接合面，晾干后用黏接剂黏牢。

4. 主轴密封装复

（1）护罩装复。检查转轮水平应合格，在转轮上安装$\phi 5$密封条（根据实际测量确定），装复护盖并用扳手紧固把合螺栓，装复20-M30×40内六角螺钉，并用内六角扳手预紧，测量护盖水平，并调整水平至合格。

（2）抗磨板更换。将4块抗磨板的内六角沉头螺钉32-M16×40用内六角扳手紧固，检查螺钉头部不能超过抗磨板，抗磨板结合部位不得有错位、高低不平等现象。测量抗磨板水平，抗磨板不水平时可用磨光机进行修理，直到合格为止。内六角螺钉可用环氧树脂进行封堵或点焊固定，防止发生松动。

（3）检修密封装配。安装密封箱与顶盖之间的密封条，然后将空气围带放入凹槽内，落下密封箱，插入销钉，用塞尺检查空气围带与主轴螺栓护罩间隙应符合设计要求：2～2.5mm。最后拧紧密封箱与顶盖之间的连接螺栓。安装完成后，连接供气管路，进行围带压力试验，试验压力为0.7MPa，试验过程中围带与主轴间用塞尺检查应无间隙，12h后，空气围带内压力仍保持在0.6MPa以上为合格。检查检修密封投、退情况，投退正常。

（4）工作密封装配。在机组盘车工作完成后进行工作密封装复。将浮动环组合成整体，各组合面平整、无错位；根据磨损情况确定是否更换尼龙密封块；安装浮动环与导向环之间的$\phi 8$密封条，在导向环密封面均匀的抹上一层黄油。

（5）上盖装配。按照标记的位置记号，将上盖组合成整体。各组合面应平整、无错位。安装上盖与密封箱之间的密封条；将上盖按照标记放落到密封箱上，注意不要碰坏导向环与浮动环之间的密封条，插入销钉，拧紧固定螺栓。

（6）浮动环定位板装复。对照标记调整好浮动环与导向环的相对位置，装入定位板的圆柱销钉，拧紧固定螺栓；将浮动环定位销点焊牢固。

（7）弹簧及堵头装复。承压弹簧及压塞安装时，压塞上丝口上涂上白铅油后置于承压弹簧之上，用专用工具或千斤顶靠住水导油盆底部，将压塞压下，在压塞接近护环时，用扳手缓慢转动压塞，同时利用千斤顶使压塞小幅下移；测量浮动环与水轮机主轴间隙，与检修前测量数据进行比较。

（8）水箱装复。按照标记的位置记号，将水箱组合成整体，各组合面平整、无错位。安装水箱与上盖之间的密封条；将水箱落入上盖上，插入销钉，拧紧固定螺栓；连接水箱内润滑水管，安装好的软管应与主轴保持一定距离，软管可弯曲但不可扭曲。恢复清洁水管路、接滤水器冲砂水管路、检修密封供气管路等的管道，安装完毕后试压检查所有接头应无渗漏。

（9）上盖板装复。安装工作密封磨损指示杆，固定牢固；安装上盖板，组合成整体，各组合面应平整、无错位。

（10）将各管道和金属表面按照要求着色刷漆，并标示流向，外表应美观。

**二、液压端面加平板辅助主轴密封检修**

液压式端面密封的结构与机械式端面密封类似，只是利用水压力代替弹簧力，避免了弹簧弹力不均匀的缺陷。这种密封在运行时一般较稳定，但由于水压腔的容积较小，随机组工况发生变化，压力摆动较大，因此往往会出现密封烧损现象。

液压端面加平板辅助密封，如图 4-16 所示，采用液压端面密封加平板辅助密封，抗磨环采用耐磨不锈钢材料。密封冷却润滑水压为 0.15～0.25MPa。

水流流动情况如图 4-16 箭头所示，设计情况下，转轮下方上窜的水流极大部分被 H 形密封和抗磨环组成的第一道密封所阻断，少量水流通过 H 形密封与抗磨环间的间隙流入主轴侧，这部分水除一部分成为 H 形密封与抗磨环的润滑水外，其余被平板辅助密封所拦截，阻止了水流外溢进入顶盖，达到密封效果。

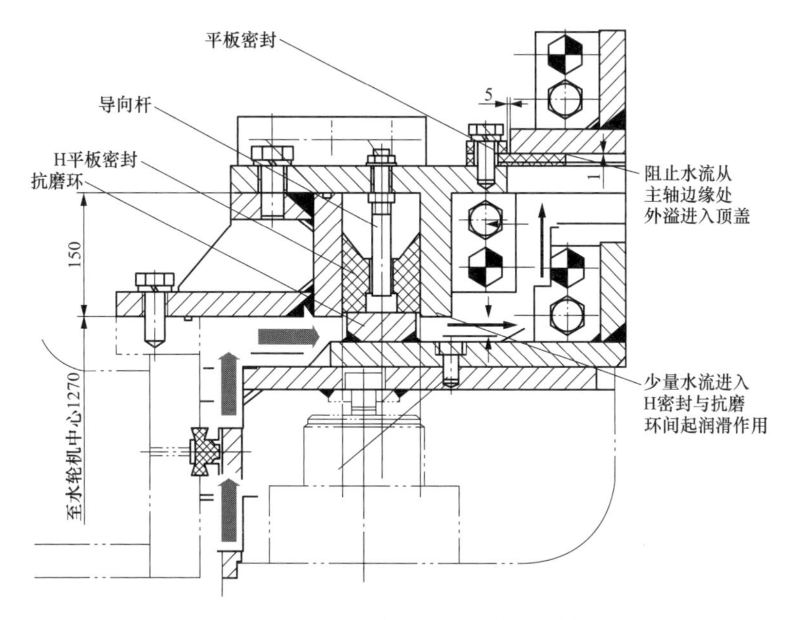


图 4-16 液压端面加平板辅助密封

检修密封采用静压式空气围带结构，安装在工作密封的下部。密封材料为实心橡胶，工作时，橡胶围带周围充满压缩空气，将橡胶围带紧密地压紧在水轮机主轴的下法兰圆周上，从而起止水作用。空气围带的工作气压为 0.6～0.7MPa，由检修低压气系统提供。

1. 检修准备

（1）场地布置妥当，各部件放置地点已确定。

（2）检修所用的工器具及材料已全部到位。

（3）机组停机，关闭进、尾水检修闸门，蜗壳已消压至零。

（4）做好防止控制环误动的安全措施，调速器压油槽消压至零。

（5）可靠地切断主轴密封润滑水源。

（6）对所有部件装配位置做详细标记，记号笔难以标示的部位，应用钢印标记，标记应清晰、规范，必要时应在记录本上绘制示意图，并详细说明。

2. 工作密封及检修密封拆卸

（1）拆除工作密封润滑水供水管，所有管道的接头要用白布包好，并妥善保管，以防止变形。

(2) 测量工作密封的平板密封上环高度指针，并在水轮机主轴上标记平板密封上环位置记号后，拆卸平板密封紧固螺钉、组合面连接螺栓，平板密封压环板螺栓，分瓣吊出至指定位置。

(3) 在水导油槽底部吊孔位置装设4个M16吊耳，安装4个2t手拉葫芦作为起吊工具，拆下水封压盖支座连接螺栓，端面密封导向螺杆，做好相应记号与记录，解体分瓣后吊出至指定位置。

(4) 拆除密封支座与顶盖连接螺栓，利用密封支座上的吊点吊起一定高度。

(5) 取出端面密封并检查磨损情况，落下密封支座，解体分瓣吊出至指定位置。

(6) 检查抗磨环紧固螺栓及组合面连接螺栓有无松动，抗磨环磨损是否在允许范围内，抗磨环上部水槽是否完整，组合缝焊接部位是否光滑和裂纹。如果检查无异常，不对抗磨环进行解体拆卸。

(7) 检修密封拆卸前，测量空气围带与水轮机主轴法兰护罩的周边间隙，并做好记录。

(8) 拆除检修密封供、排气管路，所有管道的接头用白布包好，并妥善保管，以防止变形。

(9) 检修密封采用实心橡胶，与顶盖一起吊出至指定位置，检查密封材料磨损情况。

3. 工作密封及检修密封装复

(1) 装复空气围带，在顶盖吊入安装前安装好空气围带，与顶盖一起吊入安装。空气围带安装好后，用塞尺测量主轴与顶盖间检修密封处间隙应为2mm。

(2) 装复检修密封供气管路，并做压力试验，空气围带试验压力为0.7MPa，经1h后，压力不低于0.6MPa，试验过程中围带与主轴间应无间隙。

(3) 装复抗磨环，将密封支座组合拼装好后，在水导油槽底部吊孔位置装设4个M16吊耳，安装4个2t手拉葫芦，配合密封支座上的吊点吊起300mm，安装4个专用支座，将密封支座固定后安装端面密封。

(4) 新端面密封需先用锯弓沿旋转方向按45°斜角锯开，锯时要保持切口两端尽量水平，将锯开的端面密封放入抗磨环上，用氯丁胶将接口黏接好，氯丁胶固化时间约24h，把黏接好的端面密封装复。

(5) 装复密封支撑，水封压盖，装复前应将主轴密封内腔卫生清扫干净。

(6) 装复平板密封，平板密封压环及上环，调整平板密封与平板密封上环间隙在1～1.5mm。

(7) 回装主轴密封进、排水管道。

(8) 安装完毕后，打开主轴密封供水阀检查各管路应无渗漏。

### 三、橡胶平板式密封检修

单层橡胶平板式密封主要是利用一层平板与固定在主轴上的抗磨面之间形成的密封

面，在水压的作用下，密封平板与抗磨面接触而起到密封效果，如图 4-17 中Ⅰ部分。密封橡胶不与主轴直接接触，不会像盘根密封一样磨损主轴，缺点是机组出现抬机时漏水量会增大。这种密封只适用于中低水头机组，橡胶导轴承压力水箱的密封和水质较清洁的水电厂。

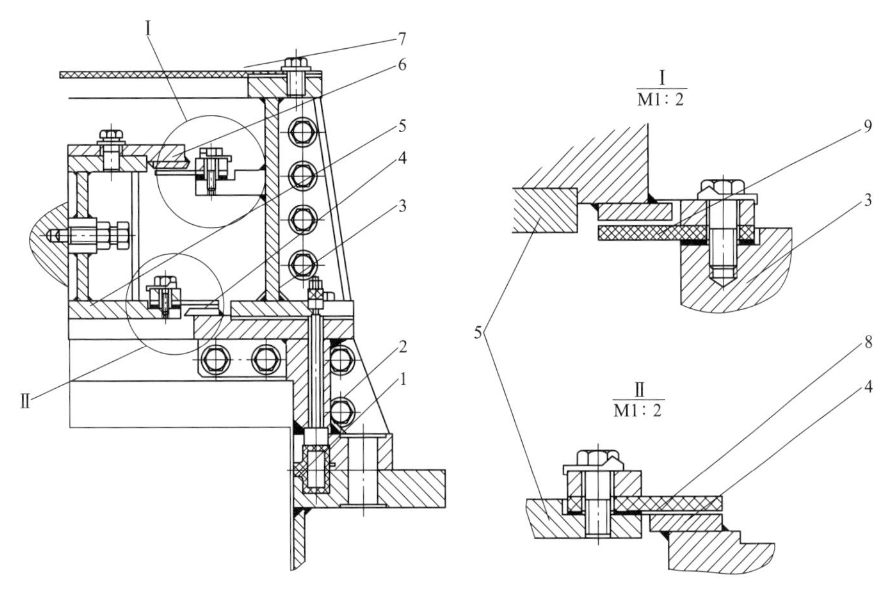


图 4-17　双层橡胶平板式密封

1—空气围带；2—水箱底座；3—水箱；4—下抗磨面；5—密封环；
6—上环板；7—上盖板；8—下密封平板；9—上密封平板

双层橡胶平板式密封（如图 4-17 所示）是将清洁水注入两层平板之间，上平板为固定部件，上表面和转动的上抗磨面接触，下平板为旋转部件，下表面和固定的下抗磨面接触，清洁压力水的注入会顶起上平板贴紧上抗磨面，同时压下下平板贴紧下抗磨面，阻止下游水进入水车室。与单层橡胶平板式密封比较，双层橡胶平板式密封安全性能提高，但结构较复杂，机组出现抬机时漏水量也会增大，调整也比较复杂。这种密封形式主要适用于水质较差、多泥沙的水电厂。

下面介绍双层橡胶平板式密封检修的一般方法，单层橡皮平板式密封的检修方法与其相似。

1. 主轴密封拆卸

（1）机组停机，并做好防止转动部件转动的措施。

（2）将压力表、各管路、压力继电器、保护罩及水箱盖板等附件拆去。

（3）拆卸上环板与密封环的连接螺栓，分瓣拆除上环板，检查上抗磨面的磨损情况。

（4）拆除上平板连接螺栓，取出上压板，取下橡皮板，并检查磨损情况，同时取出橡皮板下的托板。

（5）拆卸密封水箱，分解成两瓣。

（6）松密封环组合螺栓，取下密封环与主轴之间的连接定位销，分瓣调出密封环。

（7）拆除水箱底座平面及立面的组合螺栓，分解水箱底座，并吊出。

（8）拆除空气围带，并检查磨损情况。

2. 各易损部件修复

主轴密封的上、下抗磨面材料为不锈钢，拆卸后应进行详细的检查，如果磨损较严重，应进行车削加工或修复处理，常用的方法是将磨损较严重的抗磨面组合成整圆，利用车床加工磨损表面。在进行多次加工后，抗磨面整体厚度会越来越薄，这时不合适采用车削的方法，可将抗磨面整体更换，车削加工到设计的尺寸。

3. 主轴密封回装

（1）安装水箱底座。

1）各部件清扫完成后，如果检查合格便可进行回装。首先，把水箱底座吊装到位进行组合，再把其余部件吊放到主轴密封的相应部位，注意摆放位置不能影响主轴转动和人员测量空气围带间隙。

2）待机组盘车结束发电机推力轴承调整完毕后，可进行主轴密封的全面回装。在对称的 4 个方向各悬挂 1 个 2t 手动葫芦，将水箱底座吊起到一定高度，把经过压缩空气试压合格的空气围带安放到工作位置，缓缓落下水箱底座，在水箱底座下落过程中不得挤压空气围带，打紧底座连接螺栓，使底座与基础面之间的配合间隙符合要求。

（2）安装密封环，并调整水平。

1）水箱底座安装到位后进行密封环的安装和调整工作，要求密封环的倾斜度在 0.20mm/m 以内，且旋转时的跳动量小于或等于 0.20mm。将密封环分瓣吊入后，在每一瓣的下平面上安装 2 个专用垫块，该垫块有两个作用：①将密封环提起，使其不至于下沉到下抗磨面下方；②可利用它调整密封环水平面与下抗磨面的相对高度。

2）密封环安装需要和水平、高度调整同时进行。具体操作是首先将密封环分 2 瓣组装，在每半圈密封环的上表面上各放置 1 个水平仪，观测密封环的水平度；然后利用专用垫块调整每瓣密封环的高度，要求密封环平面的高度高于下抗磨面 0.5～1.5mm，且水平仪的水平度应在 0.20mm/m 以内，打紧密封环组合螺栓，安装密封环与主轴之间的定位销。

（3）安装水箱。将 4 瓣水箱分别吊起到水箱底座上，并进行组合，组合面涂平面密封胶，要求组合面处不能有错位和大于 0.05mm 的穿透性间隙等。

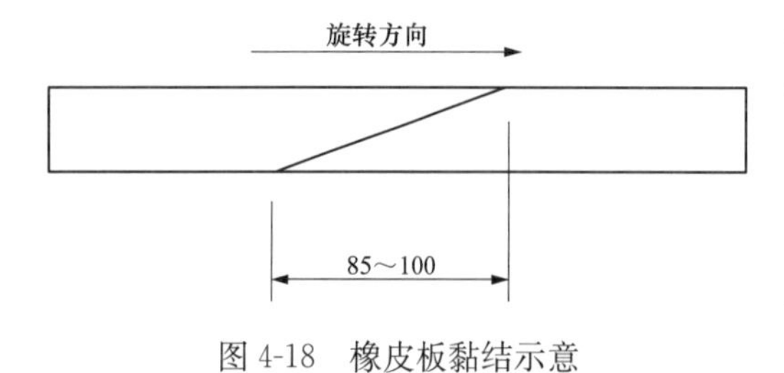

图 4-18　橡皮板黏结示意

（4）安装下平板，并黏结。

1）若橡皮黏板严重磨损或老化变硬，则应更换。按长度割下橡皮板后，再以如图 4-18 所示的形式削好接头，带到现场进行热黏。目前，大多采用黏结性能良好的专用补胎胶水黏结或专用胶水冷粘。

2）热黏的方法：用锉刀将位于接头处的五个面（特别是斜面）打毛并吹扫干净，在两结合斜面上涂1～2层胶浆（此胶浆是由未经硫化的生胶片泡在甲苯中制成的，并要求生胶片应与被黏的橡皮板是同一材料，一般取生胶：甲苯=1：2.5，放置24h即可）。

3）待胶浆晾干时，把事先按切口形状剪好的生胶片先贴在一个斜面上，用手压紧后，再把另一斜面压紧，两端便可黏合在一起。用剪刀剪去露在接头外面的生胶片，把接头放入模具中，加热至130～150℃，保持1h即可黏牢。为防止模具外的橡皮板被烤焦，可用石棉布包好，并淋少许冷水，以降低温度。实践证明，这种热黏方法效果较好。

（5）调整上平板密封间隙。

1）测量上平板与上环板的间隙，采用间接测量的方法计算出上平板间隙。具体方法是测量出密封环上表面与水箱上平板密封安装面之间的高度差$H$，为减小测量误差，应在圆周均分的8个方向分别测量，该高度差减去上环板的高度、平板密封的厚度，以及托板的厚度就是计算的间隙，该间隙应在$(1.0\pm0.5)$mm之内，否则将进行调整。调整的具体方法是若测得的间隙过大，则可在上环板下加相应厚度的垫板；若测得的间隙过小，则可调整密封平板下面垫板的厚度。

2）密封间隙调整的好坏直接影响主轴密封的工作性能。密封间隙调整过大则漏水量加大，严重时将引起水淹水导轴承事故；密封间隙调整过小，则直接增加密封与抗磨面之间的摩擦力，严重时会烧损密封平板。调整间隙时应尽量保持均匀，既可降低不均匀甩水量，又可减小密封平板的磨损。

（6）安装上平板密封组件。

1）黏结上平板，黏结方法与下平板相同。

2）依次安装平板下的托板、上平板、上压板。

3）安装上环板，并连接定位销，以确保抗磨面平整。注意上压板与上环板之间应有2mm以上的径向间隙，以免主轴旋转后上环板与上压板之间产生撞击或摩擦。

（7）充水试验。

1）主轴密封安装好后进行充水试验，即在静止状态下投入空气围带，打开主轴密封供水阀门，观察主轴密封的漏水情况，漏水量应不大于$1m^3/h$；开启和关闭供水阀门，阀门后的压力表应有相应的压力变动，且最大压力应大于0.15MPa才能保证运行中的主轴密封压力正常。

2）如果压力较低，密封漏水量会较大，此时应对主轴密封的上、下平板间隙进行调整。调整方案可根据具体情况调整上平板间隙或同时调整上、下平板间隙。由于密封环已相对固定在主轴上，因此下平板能够调整的难度非常大，一般只调整上平板间隙，使漏水量和压力两方面均达到要求。

**四、其他类型主轴密封检修**

混流式水轮机除上述常见的主轴密封结构外，还有以下结构。

1. L 形主轴密封

L 形主轴密封多见于小型机组。L 形工作密封贴合在筒式瓦水导轴承的转动油盆上。L 形工作密封，如图 4-19 所示，水导轴承为筒式瓦结构，主轴密封即采用 L 形密封结构，通有清洁润滑水。主轴密封下方有一套检修密封，采用空气压迫橡胶围带式密封结构。机组检修时，向空气围带管路充入 0.5～0.7MPa 压缩空气，橡胶围带受压迫而使围带的密封唇边与转动油盆贴紧，起到密封作用。

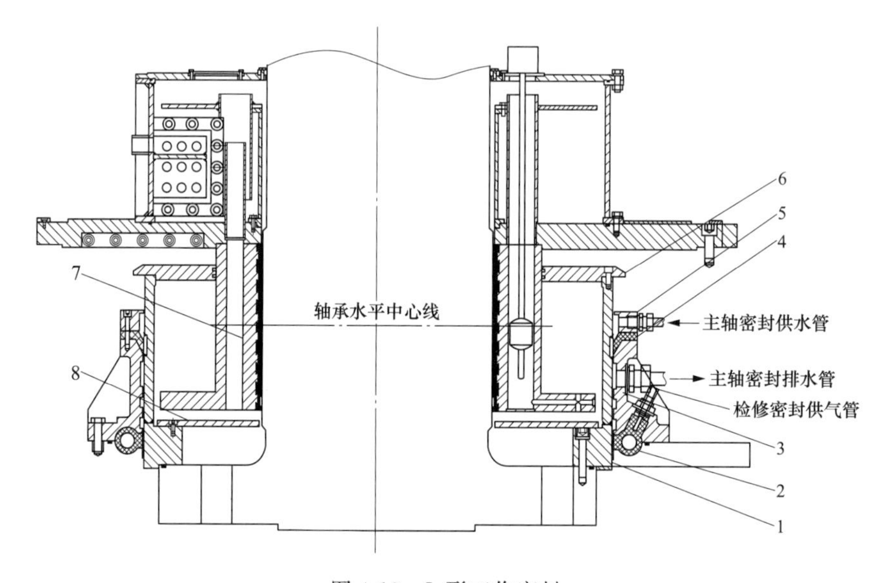


图 4-19　L 形工作密封

1—转动油盆；2—检修密封圈；3—主轴密封座；4—L 形密封圈；
5—密封压盖；6—转动油盆盖；7—轴承体；8—护盖

（1）主轴密封更换。

1）主轴 L 形工作密封更换：水导轴承拆卸后，拆开主轴工作密封压盖，取出 L 形密封圈，检查转动油盆摩擦面是否严重磨损，检查并记录 L 形密封圈磨损情况。更换 L 形密封圈，装复密封压盖并压紧到位，将其他拆除的部件全部回装。机组流道充水后，退出空气围带，投入主轴密封润滑水，检查主轴工作密封位置，漏水量是否正常，密封效果是否良好。

2）主轴密封润滑水 Y 形过滤器滤网检查、清扫。将 Y 形过滤器清扫干净，检查滤网是否完好。

3）主轴密封供水管路疏通、清扫。清扫疏通主轴密封供水管路，管路及阀门畅通、无堵塞。

4）供水管及接头通水试验。通水检查供水管及接头有无漏水。

（2）主轴密封装复。

1）装入主轴密封座与顶盖组合面之间 $\phi 6$ 密封盘根，先安装检修密封圈，再安装主轴密封座，用 M16×55 螺栓把合，检查主轴密封座与转动油盆间隙。

2）安装检修密封供气管，对检修密封做气密性试验和检查检修密封与转动油盆间隙，检修密封应保持 30min 无渗漏，与转动油盆之间无间隙。

3）装入 L 形工作密封，装入密封压盖，用 16 个 M10×55 内六角圆柱头螺钉把合密封压盖。

2. 盘根式主轴密封

盘根式主轴密封，如图 4-20 所示。轴上抱有不锈钢抗磨环，工作密封为聚四氟乙烯织制盘根，盘根规格为 25mm×25mm，共四圈，上面两圈，下面两圈，中间为支撑环，不锈钢制造，径向开有润滑水小孔，润滑水能够到达盘根与旋转抗磨环的接触面，起到润滑及冷却作用。密封座上接有润滑水进水总管。润滑水压力为 0.12～0.15MPa。

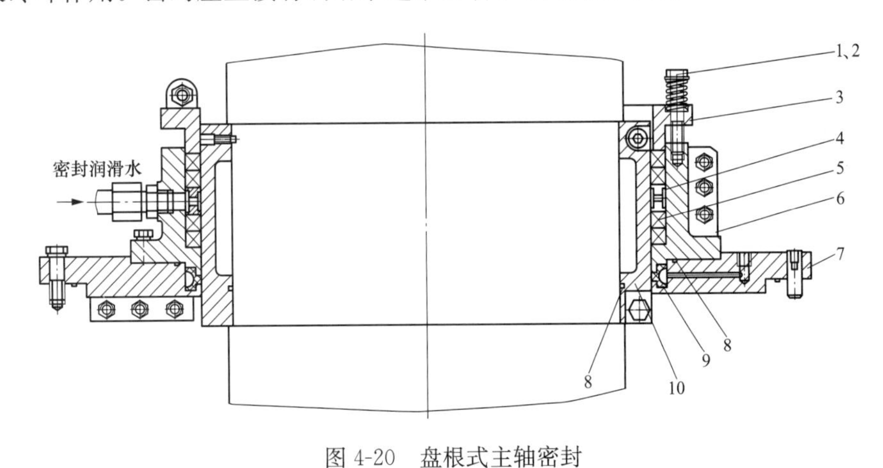


图 4-20　盘根式主轴密封

1—调整螺栓；2—弹簧；3—压盖；4—支撑环；5—盘根；6—密封座；7—底座；8—密封条；9—空气围带；10—抗磨圈

压盖压紧盘根产生压紧量。压盖通过螺栓连接在密封座上，每个螺栓上设有压缩弹簧，盘根压紧量的大小，通过弹簧的压缩量进行调整。盘根磨损后，由于弹簧弹力的作用，盘根始终处于压紧状况，确保良好的密封效果。

这种水封有两个严重缺点：一是盘根填料会严重磨轴（抗磨圈）；二是盘根填料寿命短，每次检修时都需要检查或更换新的盘根。盘根填料的压缩量应适宜，需保证一定润滑水过水量。如更换的填料压得过紧，运行时会冒烟，甚至烧毁，如填料压得太松，则漏水量过大，密封效果差。

盘根式检修工艺与上述 L 形密封类似，不再详述。

3. 径向密封

径向密封是指由若干块扇形碳精块在钢扇形块内靠弹簧紧压在主轴上，形成一层层的密封，在密封圈内开有小排水孔，漏出的水由此排出。目前，混流式抽水蓄能电站中常用自补偿型径向密封。

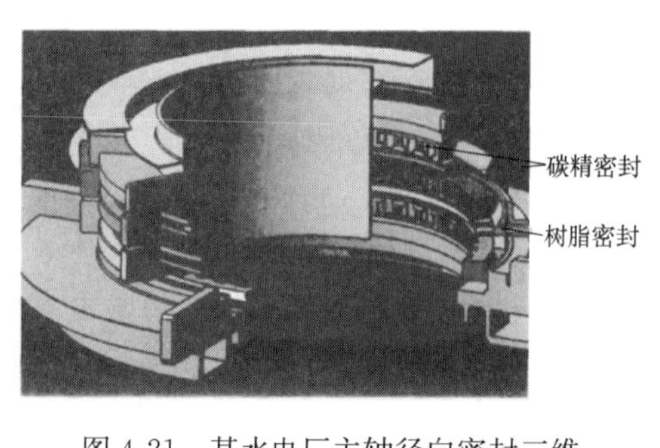

图 4-21　某水电厂主轴径向密封三维

某水电厂主轴径向密封三维，如图 4-21 所示，自补偿型径向密封由主轴抗磨环、三道工作密封环及弹簧组成。第一道密封环为树脂密封环，后面的两道密封环为碳精密封环。机组运行时，三道密封环在弹簧力作用下与主轴抗磨环之间保持一定的径向压力，密封润滑清洁水在三道密封环与主轴抗磨环之间形成一层均匀的水膜，保持“非接触式”密封，有效地阻止流道至密封水压腔的压力水或压缩空气流入顶盖中，达到良好的封水、封气效果。

4. 金属非接触密封

金属非接触密封结构，如图 4-22 所示。在水轮机转轮的顶部安装有泵板装置，机组在额定转速下运行时，由于泵板的吸出作用，转轮室往上的大部分水不会向上流动，少部分的漏水通过排水管排走，主轴下法兰始终处于大气之中。在开机和停机速度降低的工况下，水流可能达到轴封，此时由于迷宫环的扩散作用使漏水压力大幅度下降，同时，位于迷宫环处的主轴密封排水管可将漏水排走，水流不会流到密封箱上。其主要部件有紧靠着轴上的转动套、密封箱和主轴密封排水管。该主轴密封与主轴不接触，轴与轴封间只有一层空气，使主轴密封有极长的使用寿命。该种密封只适用于转轮室上腔水压不高的场所。

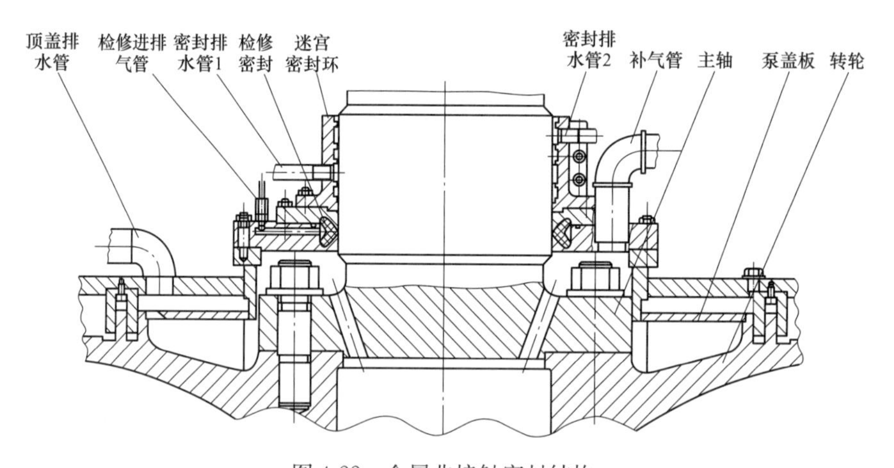

图 4-22　金属非接触密封结构

# 第九节　顶盖等金属结构部件检修

混流式水轮机除上述部件外，其余主要大的金属部件还有顶盖、底环、控制环、座环、基础环、蜗壳、尾水管等，其中，顶盖、底环、控制环也属于导水机构，其余部件为埋件。

本节主要对前五个部件的检修工艺进行介绍。

## 一、顶盖检修

顶盖一般为箱式结构，中小型机组顶盖一般采用整体铸造，大中型机组顶盖一般采用分瓣结构。分瓣组装顶盖一般为焊接结构。顶盖作为导水机构的一部分，支撑着控制环、水导轴承及主轴密封，顶盖与相关部件之间的密封效果直接影响着机组的安全稳定运行。

顶盖检修的内容一般包括顶盖的清扫、排水管路的疏通、防腐处理，以及顶盖与导轴承的结合面的修复。对于焊接结构的顶盖，还要检查焊缝的质量，焊接不好的部位应及时补焊。顶盖的把合面用 0.05mm 的塞尺检查，允许的间隙不能超过组合面长度的 20%；检查把合螺栓的松紧程度，松的螺栓要及时拧紧。

在机组 A 修时，需将顶盖拆卸并吊出，进行彻底清理检查，更换密封件等。

以某机组为例，顶盖为箱式结构，最大直径 $\phi$6630，高度 1550mm，重量 70 474kg，顶盖通过 144 颗 M42×150 的双头螺柱固定在座环上。检修工艺介绍如下。

1. 检修准备

（1）场地已布置完毕，各部件已指定摆放位置。

（2）检修所需要的工器具、材料均已准备就绪且转运至施工现场。

（3）接力器，控制环，拐臂，导叶连板，导叶上、中轴套，水导轴承，主轴密封等设备和部件已拆除，并吊出。

（4）顶盖内相关油气水管路已全部拆除，并转运出水车室。

（5）拆除顶盖内 6 根 $\phi$219 减压管与基坑间的连接管路。

（6）测量顶盖高程、水平、中心，并做好相关记录。

（7）测量转轮上迷宫环间隙，并做好相关记录。

（8）在 $+X$、$+Y$ 方向做好顶盖与座环相对位置的记号，并做好记录。

（9）在 $X$、$Y$ 坐标轴方向分 4 点测量顶盖至底环的垂直间距，并做好相关记录。

2. 顶盖拆卸

（1）拆除顶盖最外圈与座环连接的 144 颗 M42×150 双头螺柱，拔出 12 颗 $\phi$30×220 圆锥销。

（2）安装场顶盖放置支墩已就位，并且用水平仪将水平调至合格，支墩上放置 200mm×200mm×500mm 枕木。

（3）将 2 根 $\phi$36×31 200mm 的钢丝绳穿到顶盖对称位置的吊孔内，共 4 个吊点，顶盖高 1550mm，钢丝绳穿好后桥机主钩至顶盖吊点中心的垂直距离为 7339mm。

（4）起吊钢丝绳穿好后，在顶盖吊孔和钢丝绳接触处垫好保护垫，顶盖吊装示意，如图 4-23 所示。

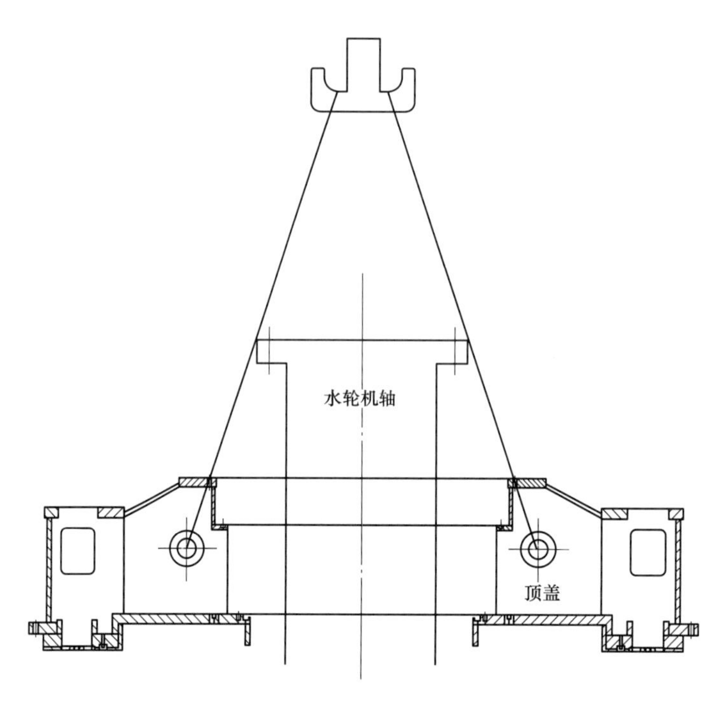


图 4-23 顶盖吊装示意

(5) 操作桥机主钩上升，使钢丝绳稍受力后，停止上升。检查钢丝绳与吊点间的接触和受力情况。

(6) 彻底检查顶盖与其他部件的连接情况，确保顶盖已完全与座环分离。确认无连接部分后开始试起吊。

(7) 操作桥机主钩上升，将顶盖起升 100mm 后，停止上升，检查钢丝绳的受力情况和顶盖的水平度（用水平仪测量，在 0.4mm/m 以内）。

(8) 操作桥机主钩上升，将顶盖起升到 300mm 后，停止 5min，检查制动器抱闸和起吊钢丝绳有无异常情况。

(9) 操作主钩上升和下降重复三次，检查钢丝绳受力情况及制动器抱闸有无溜钩现象，如无异常情况，正式起吊顶盖。

(10) 将顶盖起吊至一定高度，检查基础调整垫情况，并根据方位做好详细记录。待顶盖吊出后及时将松脱的垫块复位至原处，并电焊固定。此项工作是导水机构预装的一项重要工作内容。

(11) 操作桥机主钩上升，将顶盖吊出机坑，停止起升，操作桥机将顶盖转运至安装场指定位置。在操作桥机大车运行时，要保证顶盖的平稳，控制运行速度。

(12) 当桥机大车行走到安装场指定位置上空时，停止行走。操作桥机主钩下降，将顶盖降落至安装场布置的 8 个支墩上，检查顶盖与各支撑点接触牢固。最后，在顶盖中心位置均匀布置 6 个 15t 螺旋千斤顶，顶盖摆放支撑，如图 4-24 所示。

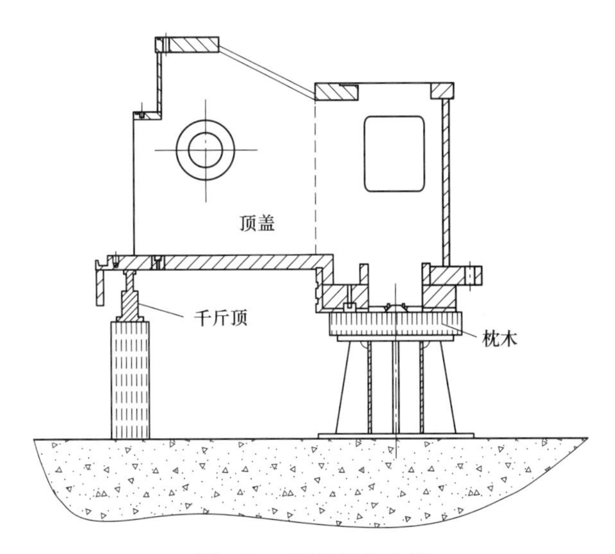


图 4-24　顶盖摆放支撑

(13) 检查顶盖和受力支墩的接触面情况、支墩受力均匀情况。

(14) 操作桥机主钩下降，当主钩上的钢丝绳不受力时，松掉主钩上的钢丝绳。

(15) 顶盖起吊受力分析（下述计算中采用的公式取自《起重工》，2008 年版。

1) 计算方法。利用吊车起吊重物时，拴系物件的绳索所承受的拉力可按下式进行计算，即

$$S=Q/(M\cos\alpha)$$

式中　$S$——每根绳索的拉力，N；

$Q$——起吊荷重，N；

$M$——拴系的绳索分支根数；

$\alpha$——拴系的绳索与垂直方向所成的角度。

在任何情况下，绳索中的最大工作拉力不应超过它的最大容许拉力。

钢丝绳的安全系数可在 GB/T 3811—2008《起重机设计规范》表 44 中选取，也可以根据下述一般原则选择：

a. 用于固定起重设备的拖拉绳为 3.5。

b. 用于人力开动的起重设备为 4.5。

c. 用于机器动力的起重设备为 5～6。

d. 用以绑扎起重物的绑扎绳为 10。

e. 用于载人的升降机为 14。

钢丝绳的工作荷重＝抗拉强度/安全系数。

2) 钢丝绳受力及选型。顶盖起吊重量 72t。拟选用一对 6×37＋FC 圆股纤维芯钢丝绳起吊，公称抗拉强度 1670MPa，钢丝绳直径 $\phi$36，单根长 31 200mm，4 个吊点，共 8

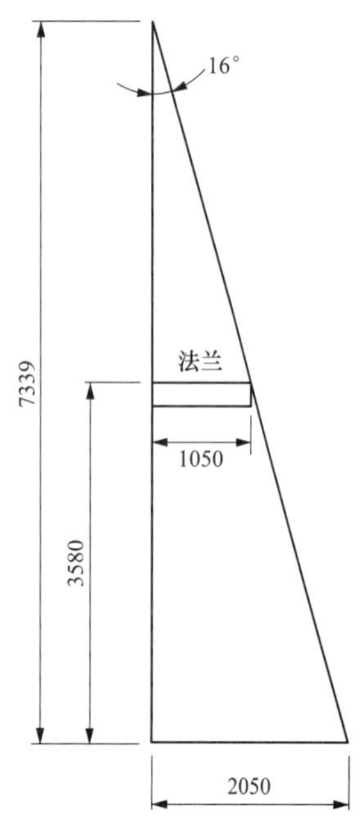


图 4-25　单根钢丝绳绳长及角度示意

股，每股净长 7800mm。单根钢丝绳绳长及角度示意，如图 4-25 所示。

单股钢丝绳受力($S$)＝起吊荷重($Q$)/[钢丝绳股数($M$)·$\cos\alpha$]

$$=720/(8\times\cos16°)=93.63\text{kN}$$

单股钢丝绳最小破断拉力($F$)＝单股钢丝绳受力($S$)·安全系数($K$)

$$=93.63\times6=561.78\text{kN}$$

钢丝绳直径的选择参考《GB/T 20118—2017 钢丝绳通用技术条件》8.13 钢丝绳破断拉力中推荐的计算公式

$$F_0=KD^2R_0/1000$$

式中　$F_0$——钢丝绳最小破断拉力，单位为千牛（kN）；

$D$——钢丝绳公称直径，单位为毫米（mm）；

$R_0$——钢丝绳级；

$K$——给定某一类别钢丝绳的最小破断拉力系数。

根据公式得到 $561.78=0.295\times D^2\times1670/1000$

钢丝绳直径 $D^2=561.78/0.49$　可算得 $D=33.77$mm

因此，应选用直径大于 33.77mm 的钢丝绳，实际选用 $\phi$36。

3）吊装高度计算。顶盖起吊时，考虑到除 1 号机外的机组吊装过程中需要越过机组机帽。

顶盖高度 1550mm，吊点为顶盖加强筋板上的吊孔，吊点至顶盖底部最低点距离 950mm，机帽高度 2820mm，桥机主钩极限起升高度 9000mm，故顶盖起升高度 $H=9000-2820-950=5230$mm。

顶盖吊装用钢丝绳不能与水轮机联轴法兰面接触，据此可计算出桥机需要的起升高度为 7339mm＞5230mm，因此不可能直接将顶盖起吊越过机帽，考虑到顶盖最大直径 $\phi$6630，经测量机组机帽距离过道旁屏柜 7600mm，因此，实际起吊过程中可不越过机帽顶部而从过道处绕行至安装场。

实际起吊过程中桥机起升高度：7339＋950＝8289mm＜9000mm。

因此，此处选取的钢丝绳长度符合起吊要求。

3. 顶盖检修

（1）全面清扫、修磨顶盖与座环及顶盖与导叶间的配合面，对顶盖整体进行除锈防腐处理，并重新涂刷防锈底漆和环氧沥青超厚浆型防锈漆。

（2）使用热风枪对顶盖底部用于封堵黄铜止水带压板螺孔中的环氧树脂烘烤，并清除。

（3）拆除导叶上部端面止水黄铜带的压板螺丝，拆除压板、黄铜带及内部的橡胶垫，对压板及安装槽进行全面清扫，更换新的黄铜带和内部橡胶垫，视锈蚀情况更换压板螺丝（涂乐泰 243 螺纹锁固胶），安装完成后使用环氧树脂封堵螺孔。

（4）检查、测量顶盖端面及立面抗磨板磨损情况，更换顶盖端面及立面抗磨板。

（5）将控制环吊起后在顶盖上进行预装，测量、调整控制环立面、端面间隙，间隙不合格处吊出后对抗磨板进行修磨，间隙合格后将控制环吊至安装场指定摆放位置。

（6）检查、清扫顶盖与座环结合面。结合面应无毛刺、高点，检查密封槽无高点、缺口，检查完成后用面粉团清理结合面。

（7）安装顶盖底部 $\phi$10（21m 长，氟橡胶）密封条。

4. 顶盖回装

（1）顶盖装复应在转轮及水轮机主轴、底环、导叶等设备安装就绪后进行。

（2）顶盖吊入机坑的步骤与吊出前步骤相反。

（3）悬挂顶盖吊装用钢丝绳，吊起后调整各钢丝绳长度，检查水平在 0.10mm/m 以内，起吊顶盖至机坑，缓慢下降顶盖至座环约 600mm 处。

（4）再次检查结合面无异物，$\phi$10 密封条确已安装到位，并在密封条接头处涂抹乐泰 598 平面密封胶。

（5）检查顶盖与座环间的相对位置记号，调整顶盖正对记号位置，操作主钩缓慢下降，当顶盖与座环距离 500mm 左右时停止下降，通过调整导叶的方法使顶盖轴承孔与导叶轴同心；继续操作主钩缓慢下降，当顶盖距离座环 10mm 时停止下降，安装全部 12 颗 $\phi$30 定位销。

（6）当顶盖与座环结合面贴合后，打紧全部定位销，继续下放顶盖，直到顶盖重量完全由座环支撑，再次打紧全部定位销，拆除顶盖吊具。

（7）安装全部顶盖与座环连接螺栓。

（8）对称紧固 4 个方位的顶盖连接螺栓（可选择对称位置的定位销，紧固定位销两侧的顶盖连接螺栓），紧固过程中需注意螺栓顶部螺纹的露出量一致且满足紧固要求，4 个方位的螺栓紧固后按顺序拧紧剩余的螺栓。

（9）按设计扭矩值一半的扭矩对全部顶盖连接螺栓进行拧紧，仍先拧紧对称 4 个方位的螺栓再按顺序紧固剩余的螺栓，随后按设计扭矩值以相同的方法再次紧固所有的顶盖连接螺栓，螺栓全部紧固后检查打紧所有的销钉。

（10）螺栓紧固后将顶盖静置 12h，12h 后再次按设计扭矩值拧紧全部顶盖螺栓，拧紧方式与上部操作一致。

（11）测量此时顶盖的高程、水平及中心，与拆前数据进行对比，并做好相关记录。

（12）测量顶盖至底环距离，数据满足图纸设计要求 $1180^{+0.310}_{+0.109}$ mm，并与拆卸前数据进行对比。

（13）安装完毕后，用超声波无损探伤的方法对顶盖连接螺栓进行检验，检查螺栓应无异常。

## 二、控制环检修

控制环又称调速环，由接力器牵引，使控制环顺/逆时针转动，通过传动机构，控制活动导叶的开启和关闭。

某水电厂水轮发电机组控制环为钢板焊接结构，装配重量11 050kg，外径为$\phi$4360，最大外形尺寸4890mm，高为750mm。控制环的设计有较好的刚度，控制环侧面和底面设有分块的自润滑导向瓦，为防止控制环上、下跳动，设有止推压板。检修工艺介绍如下。

1. 检修准备

（1）将接力器及其管路进行消压、排油处理，排净接力器及管路内的汽轮机油。

（2）对控制环、压板、导叶连杆及各管路的装配位置及编号做详细标记，记号笔难以标示的部位，应用钢印标记，标记应清晰、规范，必要时应在记录本上绘制示意图，并详细说明。

（3）对控制环与接力器的连接销，使用数字钢印进行标记。

2. 数据测量

（1）测量控制环与顶盖水平摩擦面间隙，对称测量8点，并做好记录。

（2）测量控制环内圈与顶盖竖直摩擦面之间的间隙，对称测量8点。

（3）测量左右接力器水平度，设计标准为小于0.10mm/m。

（4）测量控制环止推压板间隙，设计间隙为0.1～0.3mm。

（5）测量控制环左右接力器处的高程（以顶盖适当位置为基准），计算出左右接力器的高差。

（6）测量控制环水平，对称测量4个位置。

3. 控制环拆卸

（1）拆除控制环与接力器的连接销轴、耳板。

（2）拆除导叶连杆等部件。

（3）松开控制环内侧压板固定螺栓120-M20×60，拆下24块压板，并放到指定位置。

（4）控制环起吊孔内装入吊环螺钉4-M64，穿入2根长20m，$\phi$24钢丝绳。控制环起吊示意，如图4-26所示。

（5）检查控制环与其他设备已无连接部分，确定控制环已具备起吊条件。

（6）操作桥机主钩上升，使钢丝绳稍受力后，停止上升。检查钢丝绳、卸扣与吊环的接触受力情况。

（7）操作桥机主钩上升，将控制环起升10mm后，停止上升。检查钢丝绳受力情况及控制环的水平度，检查控制环起吊后水平度在正常范围内，各钢丝绳受力均匀。

（8）起吊控制环，当控制环底部高于发电机层时，停止起升。

（9）将控制环往安装场方向吊运。当吊运至发电机层安装场指定位置上空时，停止

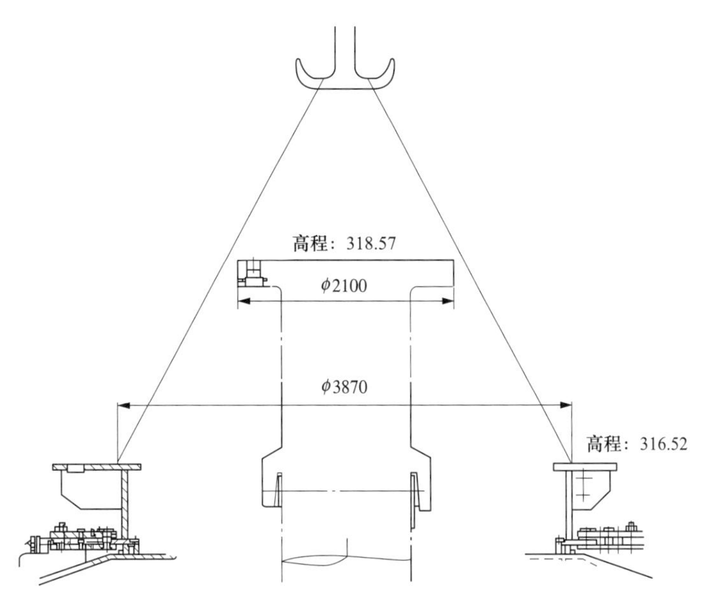


图 4-26　控制环起吊示意

桥机行走，操作桥机主钩下降，将控制环降落至对称布置的四根 500mm×500mm×1000mm 的枕木上，检查控制环与枕木接触牢固（此时起吊钢丝绳未松钩）。

（10）控制环放置稳妥后，操作桥机主钩下降，当主钩上的钢丝绳不受力时，检查控制环变形情况，如果控制环的变形无明显异常时，拆除钢丝绳及卸扣。

（11）控制环起吊受力分析（下述计算中采用的公式取自《起重工》，2008 年版。

1）钢丝绳受力及选型。控制环装配重量 11 050kg。拟选用一对 6×37＋FC 圆股纤维芯钢丝绳起吊，公称抗拉强度 1670MPa，单根长 12 000mm，4 个吊点，一共 4 股，每股净长 6000mm。单根钢丝绳绳长及角度示意，如图 4-27 所示。

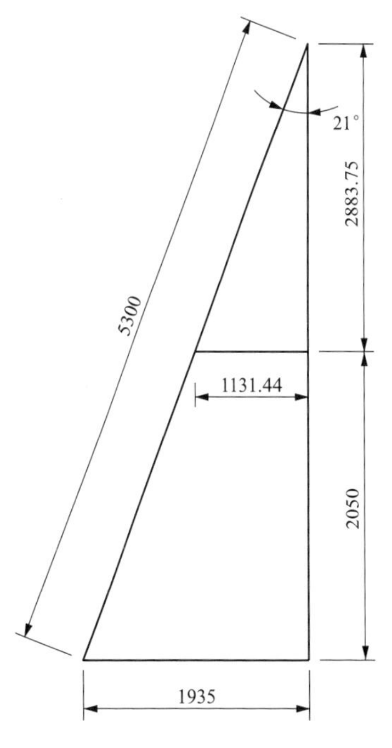


图 4-27　单根钢丝绳绳长及角度示意

根据图 4-27 计算单股钢丝绳受力为

单股钢丝绳受力($S$)＝起吊荷重($Q$)/[钢丝绳股数($M$)·cos$\alpha$]

＝11 050×9.8/(4×cos21°)＝≈28 999N≈29kN

单股钢丝绳最小破断拉力($F$)＝单股钢丝绳受力($S$)·安全系数($K$)

＝29×6＝174kN

根据本章相关例子的计算方法，钢丝绳直径通过计算得 $d=18.84$mm。

因此，选用的钢丝绳直径应大于 $\phi18.84$，实际选用 $\phi22$ 钢丝绳。

2）起吊高度计算。控制环起吊考虑钢丝绳起吊过程中不能与水轮机主轴法兰面接触，吊钩与水轮机轴法兰处距离应不小于 2432m，选用 1 对 10.6m 长的钢丝绳，通过计算后得知钢丝绳受力后吊钩与水轮机轴法兰处距离为 2.88m＞2.43m，不影响正常起吊控制环起吊时，吊钩至控制环底面的高度 $h=4934+750=5684$mm。

桥机主钩的极限起升高度（钩底至发电机层地面）为 9000mm＞5684mm。

因此，此情况下控制环可顺利吊出机坑后摆放到达控制环定置摆放区域。

4. 控制环回装

（1）控制环的装复在转轮及水轮机主轴、底环、导水叶、顶盖等设备安装正确以后进行。

（2）控制环吊入机坑前的步骤与吊出的步骤相反，并在原始状态下按原标记进行装复。

（3）用压缩空气吹扫顶盖与控制环的结合面。

（4）将控制环水平吊入机坑，对正记号位置后，操作副钩慢慢下降，当起吊钢丝绳不受力时，测量顶盖与控制环的立面间隙，调整控制环中心位置。

（5）操作主钩下降，使钢丝绳不受重量，松掉卸扣和起吊钢丝绳。

（6）安装控制环止推压板。

**三、底环检修**

根据水轮机的大小，底环有整体铸造式和分块组装式两种。底环一般很薄，从机坑吊出后，必须平放在枕木上，以防止变形。底环上布置有导叶下轴套，因此，在安装导叶下轴套之前，必须将底环彻底清扫干净。底环是水轮机的过流部件。对于泥沙含量大的水电厂，运行较长时间后，必须检查底环的磨损量。底环与座环的结合部位密封不好时，可能会对底环产生汽蚀损害，因此，要检查这些结合部位的完好性。

某水电厂机底环为轻型薄壁结构，在厂家分成四瓣生产并预组装。底环的外径为 $\phi10\ 820$，高 435mm。底环安装在座环的下部，底环与座环之间安装有 O 形橡胶密封条，在底环与座环之间安装有调整垫，通过改变调整垫的厚薄达到调整底环高程和水平的目的，底环通过 144 个螺栓固定在座环上，底环重 33.7t。

1. 检修准备

（1）机组检修前，测量所有活动导叶上、下端面间隙及上、下迷宫环间隙做好记录。

（2）转轮等部件已拆除。

（3）尾水检修平台已搭设完成。

（4）松开底环固定螺栓前测量底环水平度、同心度、底环与座环径向间隙，并做好记录。

2. 底环拆卸

（1）将每个固定螺栓及定位销进行编号。

（2）拔出定位销，拆除螺栓，并妥善保管。

（3）在底环对称的 4 个点用 M64×125 的双头螺杆固定 4 个专用吊环，安装 4 个 20t 卸扣和 6×37+FC$\phi$46 圆股钢丝绳。底环起吊示意，如图 4-28 所示。

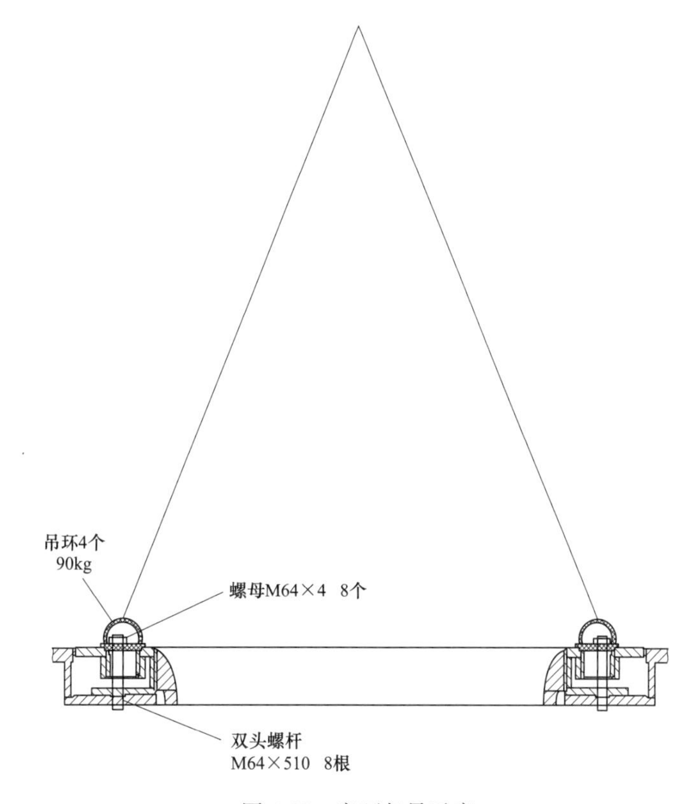


图 4-28　底环起吊示意

（4）在钢丝绳的转折处和吊点摩擦处垫以较厚的橡皮或破布。将钢丝绳稍受力，检查钢丝绳与卸扣的接触情况。

（5）检查有无妨碍底环吊出的部件、管道。

（6）将底环吊起 10mm，检查底环的倾斜度，用水平仪调整底环起吊水平。调整底环起吊水平到允许范围内。

（7）底环吊起 100mm 后在下部对称 8 个点垫入枕木检查底环的垫板情况。有移动的要放回原位，黏在底环上的用长起子撬下，保证所有的垫板都在原有的位置。

（8）将底环起升到 300mm 时，停止 5min，检查制动器抱闸和起吊钢丝绳有无异常情况。

（9）将主钩上下操作三次，检查钢丝绳受力情况及制动器抱闸有无溜钩现象。

（10）将底环起升到机帽以上位置，停止起升，操作桥机向主安装场行走。

（11）将底环降落至指定地点，必须平放在枕木上，以防止变形。

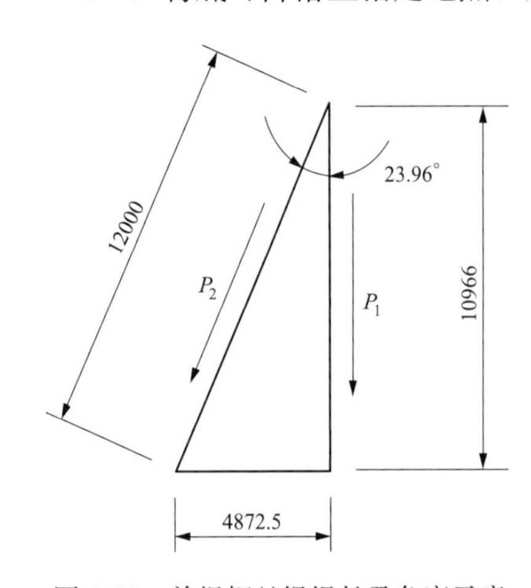


图 4-29　单根钢丝绳绳长及角度示意

（12）由专人测量记录底环垫板厚度尺寸，并进行编号，编号应与紧固螺栓的编号相同，同时取出垫板妥善保管。

（13）底环起吊受力分析。

下述计算中采用的公式取自《起重工》，2008 年版。

1）钢丝绳受力及选型。底环装配 33.7t 加上止漏环及抗磨环底环的起吊重量 50t。拟选用一对 6×37＋FC 圆股纤维芯钢丝绳起吊，公称抗拉强度 1670MPa，单根长 24 000mm，4 个吊点，共 4 股，每股净长 12 000mm。单根钢丝绳绳长及角度示意，如图 4-29 所示。

根据图 4-29 计算单股钢丝绳受力为

单股钢丝绳受力$(S)$＝起吊荷重$(Q)$/［钢丝绳股数$(M)$ • $\cos\alpha$］

$$=50\times1000\times10/(4\times\cos23.96^\circ)\approx136\ 787\text{N}\approx136.8\text{kN}$$

单股钢丝绳最小破断拉力$(F)$＝单股钢丝绳受力$(S)$ • 安全系数$(K)$

$$=136.8\times6=820.8\text{kN}$$

可算得钢丝绳直径 $d=40.93$mm。

因此，选用的钢丝绳直径应大于 $\phi40.93$，实际选用 $\phi46$。

2）起吊高度计算。底环起吊时，吊钩至底环底面的高度为 $h=10\ 966+435=11\ 401$mm。

桥机主钩的极限起升高度（钩底至地面）为 10 948mm＜11 401mm。

因此，此处选用的钢丝绳长度在此种吊挂方式下，底环无法吊出机坑。

改变钢丝绳的吊挂方式为 4 个吊点，共 6 股，每股净长 8000mm。此时，钢丝绳与竖直方向成 37.52°，此时单股钢丝绳最小破断拉力为 424.9kN。

钢丝绳直径 $d=29.447$mm＜40.93mm。

因此，初始选用的钢丝绳在此种吊挂方式下仍然适用。

底环起吊时，吊钩至底环底面的高度为 $h=6344.98+435=6779.98$mm。

桥机主钩的极限起升高度（钩底至地面）为 10 948mm。

上机架摆放在安装场定置位置时，其顶面距地面高度为 2700mm。

10 948mm＞6779.98mm＋2700mm＝9479.98mm。

因此，在此情况下，底环可顺利吊出机坑，并越过安装场定置摆放的上机架到达底环定置摆放区域。

3. 底环检修

(1) 将底环清扫干净，检查底环、止漏环及抗磨环有无异常。

(2) 将座环与底环结合面清扫干净。

(3) 清洗螺栓，已滑丝的螺栓进行更换。

(4) 根据已测量的所有活动导叶上下端面间隙、上下迷宫环间隙、底环水平度、同心度、平行度及底环与座环径向间隙的记录对照以前的检修记录及原始安装记录和安装要求来判定是否要调整底环水平及中心（底环水平度允许偏差±0.05mm，平行度允许偏差±0.2mm/m，圆柱度允许偏差±1mm）。

(5) 若底环水平度不符合要求，可调整底环垫板的厚度。

4. 底环回装

(1) 底环吊入机坑前的步骤与吊出的步骤相反。根据记录和记号将底环落在座环的原位置。底环落下前所有的垫板已放在原位置且已更换O形密封圈。

(2) 在底环下部50mm处对称焊接8个20mm厚的钢板制作L形部件用千斤顶来校正底环位置。

(3) 将底环吊起5mm高检查垫板摆放情况，如垫板有移动移回原位，按原记号对准销钉孔降下底环打入销钉，测量底环与座环径向间隙，对照检修前和原始安装记录数据应无大的变化，否则应重新进行调整。

(4) 检查底环中心的方法。

1) 利用顶盖或发电机机架挂上十字钢琴线，以下部固定止漏环作为机组中心的基准，调整钢琴线到中心位置。几何中心偏差小于0.05mm。

2) 利用调整好的十字钢琴线，沿圆周8～16点测量底环到钢琴线的尺寸，计算出半径偏差。

3) 调整底环中心到合格。

(5) 紧固螺栓。在紧固螺栓时需对称先预紧一遍，再紧固所有螺栓。

(6) 固定螺栓紧固后，测量底环的水平度。若水平度不符合要求，面积小可用角磨机进行打磨，面积大需重新调整垫板直至符合要求。重新安装时注意不要移动中心。

(7) 安装完毕后，用超声波无损探伤的方法对底环紧固螺栓进行抽检，检查螺栓是否正常。

(8) 所有螺栓和螺钉用厌氧胶固定。

**四、座环检修**

座环作为基础部件承受水轮发电机组的重量，并将其传递到厂房混凝土基础上。机组安装以它作为中心、高程的基准。

某水电厂的座环在厂家分四瓣制造，在工地组装焊接。座环高4.61m，最大直径12.9m，最大板厚（环板）150mm，重约300t。检修工艺介绍如下。

1. 检修准备

（1）场地布置妥当，各部件放置地点已确定。

（2）检修所用的工器具及材料已全部到位。

2. 检修应具备的条件

（1）机组停机，关闭进、尾水检修闸门，压力钢管及蜗壳已消压至零，尾水管水位在人孔门以下。

（2）对所有部件装配位置做详细标记，记号笔难以标示的部位，应用钢印标记，标记应清晰、规范，必要时应在记录本上绘制示意图，并详细说明。

（3）转轮、底环等设备已拆除，并吊出。

3. 座环检查

（1）检查固定导叶顶盖自流排水孔的通畅情况。

（2）检查座环各焊缝部位有无裂纹、锈蚀穿孔、外部防腐有无大面积脱落现象。

（3）检查座环上部 $\phi$11 080 圆周上 144 个 M56 螺栓与 24 个 $\phi$60 的锥销紧固情况，如有松动则拧紧，并按要求做好防护。

（4）在检修装复前复测座环上部与顶盖间隙值控制在±4mm 以内。

（5）在检修装复前复测座环与底环间隙值控制在±2mm 以内。

（6）检查座环底部 $\phi$11 050 圆周上 72 个 M48 地脚螺栓的固定情况，如有松动则拧紧，并按要求做好防护（此处地脚有可能检查不到，在现场根据实际情况处理）。

（7）检查座环上安装在活动导叶下部的座环固定螺栓 144 个 M56，锥销 $\phi$50 的紧固情况，检查 M56 螺栓上部 $\phi$120 圆形平台面，并清理干净。

（8）检查座环底部圆周 $\phi$11 500 上的锥端紧定螺钉 96 个 M12×16。

（9）检查下部座环 24 个 $\phi$200 的灌浆孔，有无裂纹、锈蚀穿孔、外部防腐有无大面积脱落现象。

（10）座环整体外观检查，无严重变形及表面渗水等异常现象。

4. 防腐处理

（1）座环金属表面处理是防腐工作中最重要的一道工序，为保证工程质量，首先对钢结构表面用抛光机进行机械除锈，无法清除的角、边等用铲刀和钢丝刷进行人工清除，再用砂布进行打磨，直至将锈蚀和原油漆涂层全部清除干净，有油垢的地方要进行清洗。

（2）金属结构表面旧漆层、铁锈、油垢、毛刺清除后，用破布擦拭干净，然后涂上防锈底漆，固化后再刷二道面漆，涂刷面漆时应将油漆仔细调对，并搅和均匀，涂刷油漆时要均匀，不遗漏、流淌。

（3）施工完毕后应仔细检查，整体色泽要均匀，表面无起鼓、脱层现象。

**五、基础环检修**

混流式水轮机的基础环上端面与座环或底环的底部相连，下端面与尾水管里衬的上端面相连。基础环按永久埋入混凝土中设计，采用外加肋板来增加强度和刚度，防止变形，并确保基础环上的荷载可靠地传至混凝土基础。

基础环的检查条件与检查内容均参考座环检查部分，不再详述。

## 第十节 输水管道及蜗壳检修

水电厂输水管道主要指压力钢管，主要作用是从水库、前池或调压室向水轮机输送发电用水。根据使用的管壁材料有以下几种类型。

（1）钢管：强度高，抗渗性能好；主要应用在中、高水头水电站。

（2）钢筋混凝土管：刚度较大、经久耐用，能承受较大外压，管壁承受拉应力能力较差，造价低；主要应用在水头较低的中小型水电站。

（3）钢衬钢筋混凝土管：强度高，主要应用在水头较高的水电站。

（4）玻璃钢管：水流摩阻系数小，重量轻；主要应用在水头不高、流量较小的中小型水电站。

蜗壳是水轮机引水室的一种类型，它是水流进入水轮机的第一个部件，作用是将水流对称地引入导水机构，并送入转轮。水头 $H<40$m 的低水头大、中型水电厂通常采用混凝土蜗壳。水头 $H>40$m 时一般采用金属蜗壳。根据水头和出力的不同，金属蜗壳的材料可使用铸铁、铸钢或钢板焊接。

### 一、常规检修项目

水电厂输水管道及蜗壳检修的主要工作内容是止漏和防锈。在钢管、蜗壳内工作，需要有足够的照明。所有的电气设备应按电力系统安全工作规定“在金属容器内工作”的安全条件要求，保证电气设备的安全使用。当需要登高作业时，应搭设可靠的脚手架和工作平台。

下面介绍常规的检修项目。

1．压力钢管锈蚀处理

一般每次机组 A 修中，都需对压力钢管防腐做彻底的处理。首先，用刨锤等工具刨铲钢管内表面，检查锈蚀的深度、锈蚀面积及原防锈漆的变质程度。若锈蚀严重，特别是明管段（包括主阀阀壳及蜗壳进口部分），应先除锈，直至露出金属光泽，然后按技术要求涂上防锈漆。如果锈蚀较轻，表面只做局部处理。

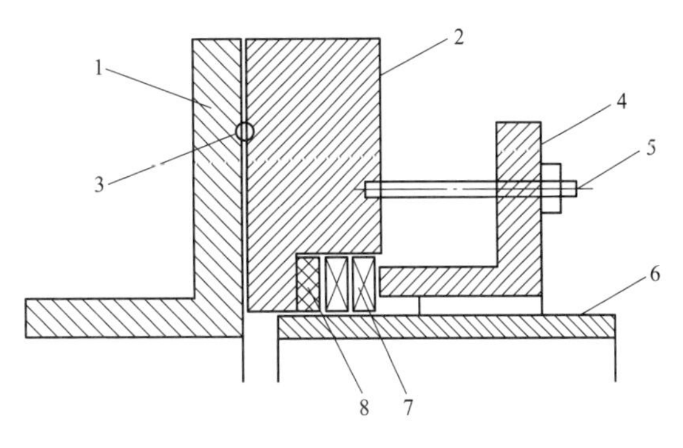


图 4-30 伸缩节结构

1—阀壳法兰；2—活动法兰；3—橡皮圆盘根；4—压环；5—螺母；6—钢管；7—石棉盘根；8—橡皮盘根

2．伸缩节检修

压力钢管通常用钢板卷焊而成。它与主阀连接时，往往带有伸缩节，伸缩节结构，如图 4-30 所示。

在伸缩节中，通过将石棉盘根压紧达到止水目的，同时，两端的钢管可以自由伸缩。

伸缩节漏水比较常见，主要原因是盘根老化或挤压不均匀。检修时，应将压环移至一边，扒出前面的几道石棉盘根和最后一道橡皮盘根，如发现盘根有破损或严重老化无弹性时，需更换新盘根，然后将压环压入。除更换盘根外，为保证伸缩节轴线与前后钢管轴线对正，压盖的压紧螺栓必须均匀压紧。

图 4-31 所示为钢管无伸缩节而与主阀直接连接的形式。

钢管与主阀阀壳之间用压板压住，胶板带起缓冲作用，垫环和压环起支撑作用。

检修时，如果发现胶板带破损，更换前需先将压板编号，然后逐块拆去，装上新的胶板带后，再按编号逐块上紧压板。

高水头机组往往采用如图 4-32 所示的高水头伸缩节。为了便于检修，钢管的端部只含半个耐油橡皮密封环。

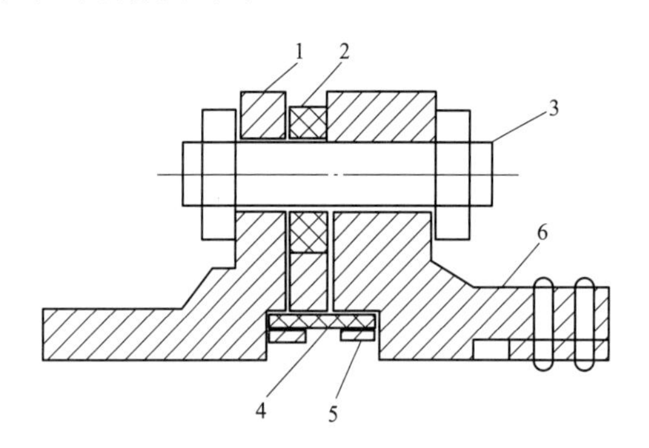


图 4-31　钢管无伸缩节而与主阀直接连接的形式

1—阀壳；2—压环；3—螺杆；4—胶板带；5—压板；6—钢管

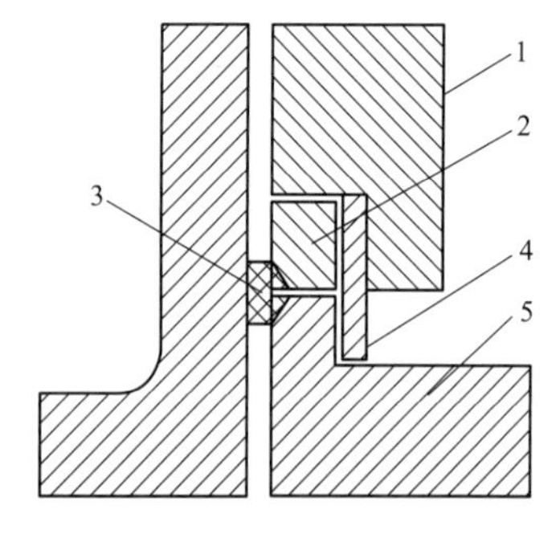


图 4-32　高水头伸缩节

1—法兰；2—盘根压环；3—橡皮密封环；4—圆环；5—钢管

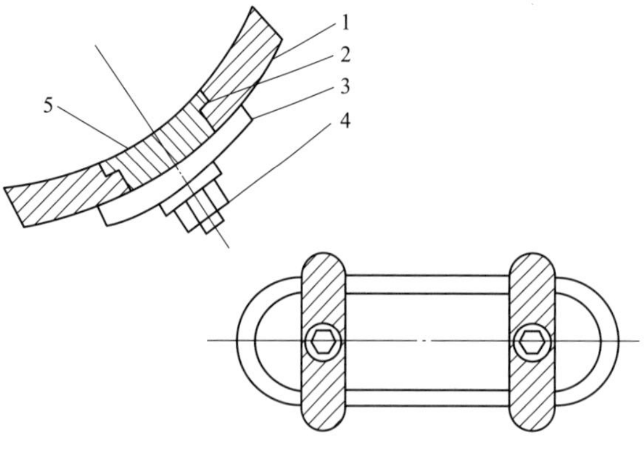

图 4-33　钢管进人孔

1—钢管；2—橡皮盘根；3—横梁；4—螺母；5—进人孔门

如果漏水需要检修时，依次拆除法兰、圆环、盘根压环，更换橡皮密封环。回装时，按拆除的相反次序依次装复各部件。

3. 钢管进人孔检查

一般进人孔均布置在压力钢管向下斜 45°处，进人孔门向里开，钢管进人孔，如图 4-33 所示。检修时，要搭设牢固的平台。拆开时，先松开螺母，取下横梁，将人孔门向里推，把人孔门槽清扫干净，检查盘根是否损坏。安装时，将两侧涂铅油的盘根用绳子吊住，并在人孔门槽内摆正（不要碰跑盘根），架上横梁，拧紧螺母。

4. 钢管排水阀检查

钢管排水阀一般布置在进人孔的上游侧。钢管与蜗壳的排水阀大都采用盘型阀，使用移动式油压装置操作，应检查阀的连接部位是否漏水、操作是否灵活，其余检修工作与一般阀门相同。

5. 蜗壳检查

有部分早期的蜗壳采用铆接，目前的蜗壳大部分是钢板卷焊件。如果是铆接件，应用锤子逐个锤击钉头，检查有无松动。如有松动，要重新铆紧。用刨锤检查锈蚀情况，如锈蚀严重，应除锈涂漆。

**二、输水管道、蜗壳性能检测与评估**

对于常见的金属输水管道（即压力钢管），在机组A修过程中，除完成上述管道除锈工作外，还应对金属结构进行检查，检查压力钢管有无明显变形和裂纹，检测焊缝质量是否合格等；除此以外，由于混凝土终凝后的收缩或因钢衬自身结构原因妨碍混凝土浇筑振捣、机组长期运行振动等因素，使钢衬与混凝土接触面间或多或少会出现一些随机的、不同面积大小和不同深度的脱空现象。为确保钢衬与混凝土良好受力和安全运行，了解机组输水管道在运行多年后的安全状况，及时发现输水管道可能存在的隐患，消除可能存在的各种缺陷，提高机组运行的安全性和可靠性，根据压力钢管安全检测相关的技术规程，结合水电厂机组的实际情况，还应开展输水管道性能检测评估项目。

对水轮机的过水部件，蜗壳、尾水管等，也应做类似的脱空检查、无损检测等，不再详述。

**三、输水管道、蜗壳缺陷处理**

当检查发现输水管道存在缺陷时，必须进行处理。

某水电厂输水钢管基本情况为输水钢管直径为$\phi$11.2m，共43节大小节，对输水管道脱空现象，采用了接触灌浆方法处理。

1. 灌浆设备材料

（1）灌浆材料和浆液。

1）灌浆工程采用25号超细硅酸盐水泥。对水泥细度的要求为通过71μm方孔筛的筛余量不宜大于2%。应严格防潮和缩短存放时间。

2）灌浆用水应符合拌制水工混凝土用水的要求。

（2）制浆。

1）拌制超细水泥浆液采用高速搅拌机。高速搅拌机搅拌转速应大于1200r/min。搅拌时间宜通过试验确定。

2）超细水泥浆液自制备至用完的时间宜大于2h。

（3）灌浆设备和机具。

1）灌注浆液采用多缸柱塞式灌浆泵。灌浆管路保证浆液流动畅通，并应能承受1.5倍的最大灌浆压力。

2）灌浆泵和灌浆孔口处均应安装压力表。使用压力宜在压力表最大标值的1/4～3/4。压力表应经常进行检定，不合格的和已损坏的压力表严禁使用。压力表与管路之间应安装隔浆装置。

3）所有灌浆设备应注意维护保养，保证正常工作状态，并备有易损件。

2. 脱空部位灌浆处理

输水管道脱空部位灌浆处理内容包括输水管道钢衬脱空检查、布孔、钻孔、安管、压水连通试验、吹气、配浆、灌浆、封孔、现场清理。施工内容与工艺要求如下。

（1）施工准备。施工前在机组流道内搭设满堂脚手架，满足各项工作需要，脚手架平台的搭建与验收标准符合JGJ 130—2011《建筑施工扣件式钢管脚手架安全技术规范》和水电厂的要求。

（2）施工前检查。确定脱空深度和脱空范围。前者主要采用锤击敲打法，即用锤子敲打钢衬确定，并按抽样方法用小钻头（$\phi$12）将钢衬钻穿，用塞尺插入孔内测量脱空深度；后者采用边锤击边用颜色笔圈画出脱空范围。两者在现场立即绘制成图，以指导开孔和灌浆施工。锤击敲打时如响声为“咚咚咚”，则可判断该处钢衬脱空较严重，如响声为“嗒嗒嗒”，则可判断该处存在脱空，但深度较浅；如响声为“当当当”，则钢衬与混凝土接触良好。检查完成后利用钻孔用卷尺量测脱空深度。

（3）锤击敲打法操作时要求钢衬表面上的堆物清理干净，敲打者尽量不穿软底鞋，必要时保持锤击敲打者的脚不踩在被锤击敲打的钢衬上。所有这些均是保证钢衬被锤击敲打发出的响声真实清楚的有效措施。

（4）布孔。每个独立的脱空区布孔不应少于2个，最低处和最高处都应布孔，孔径不宜小于16mm。孔距根据实际情况布置，尽可能地使孔距达到最大，并在脱空部位周边布孔，确保灌浆浆液能够到达灌浆区域边缘。

（5）钻孔。用磁力电钻在钢板上钻出孔径$\phi$16的圆孔，每孔宜测记钢衬与混凝土之间的间隙尺寸。然后用电锤通过钢板圆孔在混凝土内继续钻孔，孔深5～10cm。

（6）通过对脱空面积、脱空深度及脱空区串通情况的计算分析，来估算每个独立脱空灌区的需浆量，依据需浆量确定钻孔的数量及孔径。如果脱空灌区面积较大、脱空深度浅，则钻孔数量多、孔径小；反之如果脱空灌区面积小，脱空深度大，则钻孔数量少、孔径大。

（7）如脱空区相连通，则位于低处的脱空区布孔径较大的灌浆孔；位于高处的脱空区布孔径较小的排气孔。钻孔的布设位置要避开钢衬的接头、加筋环等部位。

（8）孔内套丝。采用丝攻对钢板钻孔进行攻丝，攻丝后孔径为$\phi$18。

（9）装管。用空心外丝接头缠生料带后拧入钢衬钻孔内，外丝一端接特制专用高压灌浆短管，压风检查密封质量，对有漏风部位进行涂胶处理，确保不发生漏浆。

（10）吹气、冲水清扫（充气、贯通检查）。吹气、冲水采用12mm左右的铁管插入钻孔内，压力不超过0.15MPa。钢衬底部冲洗时遵循先水洗后风吹的顺序。水洗时，水从脱空高处孔注入，脱空低处孔排除污物积水；风吹时风从脱空低处孔通入，从脱空高处排出污物积水。水、风循环冲洗各两次直至回水清洁、积水全部清除为止。

（11）配浆。钢衬接触灌浆浆液水灰比可采用1∶1、0.8∶1、0.6（或0.5）∶1三个比级，必要时可加入减水剂，增强浆液可灌性，并尽量多灌注较浓级浆液。

（12）灌浆。灌浆泵布置在配浆站旁，灌浆采用多缸柱塞式灌浆泵。灌浆压力控制钢衬变形不超过设计规定值为准，控制在0.1MPa左右（目前设备只能从伸缩节的孔洞内进行运输，孔洞直径为$\phi$50cm）。查阅水电厂的钢衬的壁厚等实际情况后，确定灌浆压力最大不超过0.15MPa，主要是防止钢衬变形。查阅DL/T 5148－2012《水工建筑物水泥灌浆施工技术规范》，灌浆压力一般不宜大于0.1MPa。根据孔内吸浆量调整灌浆压力，吸浆量小时采用较大的灌浆压力，反之采用较小的灌浆压力。灌浆应自低处孔开始，并在灌浆过程中敲击振动钢衬，待各高处孔分别排出浓浆后，依次将其孔口封堵，同时应记录各孔排出的浆量和浓度。在规定的压力下，拧入孔内封孔，拧入深度以丝堵外端低于钢里衬表面5mm左右，表面再采用E5015（牌号CHE507）焊条分两次封焊，电焊条使用前必须进行烘烤，放入保温筒内，随取随用。由具有焊工操作证的电焊工施焊，焊缝饱满、平顺，然后采用砂轮机打磨平整后涂环氧树脂进行保护。

（13）质量检查与补灌。在灌浆结束14天后，对脱空范围和脱空深度进行质量检查。检查方法仍采用锤击敲打法，检查脱空范围，并根据敲击的响声，初步判断脱空范围和深度，对脱空区域，布设一些小孔，检查脱空深度，最后利用钻孔进行注水试验，了解脱空区的灌后串通情况。通过计算注水试验时的纯注入量得出脱空体积。对灌后脱空面积大于1.0$m^2$的脱空区进行补灌，并根据检查结果确定补灌措施。

（14）清理现场。经水电厂、施工方联合检查验收，修补后的混凝土表面平整度应达到有关规范和设计文件规定的平整度标准，与老混凝土结构连接紧密，锤击声音清脆，无气泡孔洞。确认脱空部位全部灌注密实合格，撤出流道内所有工器具和材料及人员，确认流道内无任何遗留物后立即关闭机组蜗壳人孔门。

3. 流道破损混凝土修补

（1）基层处理。水泥砂浆基层混凝土凿除1cm厚，并用清水冲刷，去除松动的混凝土块。

（2）丙乳修补。在表面涂刷丙乳基液，最后用丙乳砂浆粉刷收光，与原混凝土面平，养护时间不小于7天。丙乳砂浆配合：灰砂比1∶1～1∶2；灰乳比1∶0.15～1∶0.3，水灰比40%；水泥采用超细硅酸盐水泥，水泥标号425号以上；砂子选用细度模数1.6，粒径小于2.5mm的过筛细砂。

（3）养护。丙乳砂浆抹压后约4h（表面略干后），采用农用喷雾器进行水喷雾养护或用薄膜覆盖，养护1天后再用毛刷在面层刷1道丙乳净浆（1kg丙乳加2kg水泥搅拌成浆），要求涂匀、密封，待净浆终凝结硬后继续表面净浆终凝并且结硬后继续喷雾养护，使砂浆面层始终保持潮湿状态 7 天。

4. 压力钢管焊缝处理施工方法

（1）如果压力钢管焊缝在检测中发现缺陷，应选用碳弧气刨进行清理。

（2）刨除裂纹前运用火焰或电热装置进行预热处理，预热温度为 80～100℃。

（3）采用碳弧气刨刨除裂纹，并用角向磨光机和砂轮机对碳弧刨清理过的表面进行打磨，其打磨深度至少在 1mm 以上，以清除气刨时产生的渗碳层，刨除方向是由标识区的端部（无裂纹处）向裂纹方向刨除，刨除并经过打磨后的坡口必须符合要求，坡口角度可根据空间限制等实际情况进行调整。

（4）继续进行焊接前的预热处理，从坡口边缘起，加热至少 100mm 范围内的区域，预热温度控制为 80～100℃。

（5）施焊采用 TS309（A062）不锈钢焊条，焊前焊条要在烘箱内烘干至 320℃，并保温 2h，随后用保温筒保存，边用边取，以免受潮。焊接速度控制在 100～150mm/min，层间温度控制在 20℃左右，焊接过程中每焊完一道都须用风铲锤击熔敷金属表面，直至出现麻点，以消除内应力。

（6）盖面层焊完后再在坡口两侧压边 2～3mm 焊两道回火焊缝，然后用砂轮机和抛光机打磨施焊部位，使粗糙度达到要求，无损探伤检验合格后即告完成。

5. 压力钢管局部防腐

（1）对需要防腐的部位（探伤部位、焊缝处理部位、防腐涂层严重脱损部位）进行表面预处理。将钢管表面的铁锈、油污、积水、遗漏的焊渣和飞溅等附着污物清除干净。

（2）涂料涂装。对除锈后的钢材表面进行防腐涂刷，经除锈后的钢材表面宜在 4h 内涂装，晴天和正常大气条件下，最长不应大于 12h，使用的涂料应符合图样规定，涂装层数、每层厚度、逐层涂装间隔时间、涂料调配方法和涂装注意事项，应按设计文件或有关规定进行。

（3）涂料涂层质量检查。涂装时若发现漏涂、流挂、皱皮等缺欠应及时处理，每层涂装前应对上一层涂层外观进行检查；涂装后进行外观检查，涂层表面应光滑、颜色均匀一致，无皱皮、起泡、流挂、针孔、裂纹、漏涂等缺欠。

6. 质量保证措施

（1）必须全面逐块用铁榔头敲击蜗壳里衬所有灌浆范围，确保不发生遗漏区域。

（2）灌浆孔严格按要求进行布孔，特别是灌浆区域边缘位置布孔必须合理，确保浆液能够饱满密实。

（3）严格控制洗孔质量，特别是对不能完全吹洗干净的孔口，通水清洗时，必须待回水完全变清后，方能停止压水，再送气吹干积水。

（4）对配浆比级进行计量控制，尽量多灌注较浓级浆液。

（5）灌浆时必须待高处孔口分别排出浓浆后在规定的压力下，延续灌注 5min 以上，才能结束灌浆，依次封闭孔口，每一灌浆区域的灌浆必须保证连续性，因故停止灌浆 2h 以上时，必须重新进行洗孔后再进行灌浆。

（6）灌浆压力应根据灌浆部位而变，并非是统一的灌浆压力。

（7）根据脱空响声判断脱空，同时可结合锤击敲打钢衬时，钢衬表面上泥沙的振动程度来判断钢衬的脱空，若钢衬表面的泥沙振动激烈则为脱空，钢衬表面的泥沙振动不够激烈则为密实。

（8）锤击敲打时应顺着某一方向逐一敲打，杜绝漏打。

## 第十一节 尾水管和补气装置检修

混流式水轮机一般采用弯肘形尾水管，由直锥管、肘管和水平扩散管三部分组成。尾水管的主要作用有汇集转轮出口的水流，并平顺地引向下游；利用转轮出口处至下游水面的吸出高度 $H_s$（$H_s$>0m），形成转轮出口的静力真空；回收转轮出口水流的大部分动能。

### 一、常规检修项目

尾水管主要的检查部位有尾水管里衬、进人孔和盘形排水阀。

（1）尾水管里衬的检查方法参照本章第十节输水管道及蜗壳检查方法，不再详述。

（2）检查进人孔门框应平整，止水盘根完好，位置正确，关闭后充水时不漏水。

（3）尾水管盘形排水阀一般设置在尾水管最低位置，当水位低到规定值时，可穿上防水衣下去检查尾水管盘形排水阀的拦污栅网是否完好，盘形排水阀的密封性能若有破损，应及时修复。

在尾水管内从事检修工作时，需注意以下事项。

（1）尾水管检修时，应检查尾水检修门的漏水情况，密切监视检修集水井、尾水管水位变化，确保检修期间检修集水井排水正常工作，防止因进水口检修门、尾水管检修门漏水量过大或检修排水故障等导致水淹厂房事故。

（2）在尾水管内工作，必须有足够的照明。所有的电气设备应满足安全工作规定“在金属容器内工作”的安全要求，临时电源电压小于或等于 12V。需要登高作业时，搭设的脚手架应安装牢固。

### 二、尾水管空蚀处理

混流式机组，若吸出高度选择适宜，且安装质量合格，则尾水管里衬发生空腔空蚀不很严重时，可参照转轮叶片空蚀衬焊的方法，用堆 277 等焊条来补焊处理。

水电厂应高度重视尾水管的检修工作。若某水电厂吸出高度理论计算应该是－2m，实际安装是＋2m，同时，尾水管进口直径（3460mm）大于转轮出口直径（3410mm），而尾水管进口扩散角与转轮出口扩散角不一致（某水电厂的尾水管出口，如图 4-34 所示），这一切加剧了空腔空蚀破坏、局部空蚀破坏及振动，使尾水管里衬大面积剥落（约

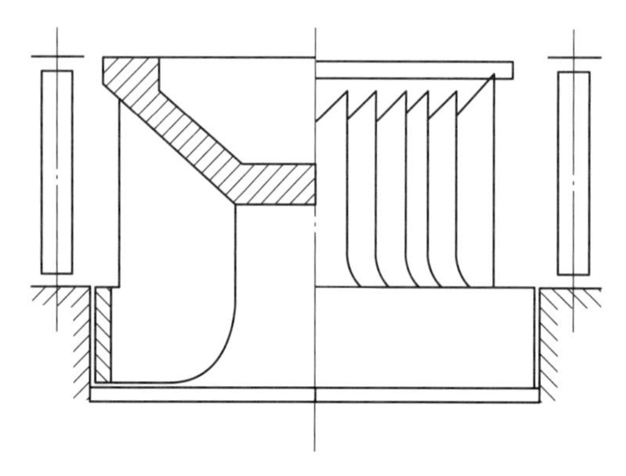

图 4-34　某水电厂的尾水管出口

占总面积的 70%），里衬后面的钢筋混凝土基础大部分被掏空。类似这样的严重破坏，需进行综合处理。现将该水电厂的处理方法介绍如下。

首先，设法抬高下游水位，改善吸出高度，以增大水电厂的空蚀系数，并使里衬进口直径由 3460mm 减到 3420mm，切除转轮下环处的多余不平整部分以减小脱流，从而减轻局部空蚀，尽量避免低负荷运行，以躲开空腔空蚀和振动，加强补气等。同时，对里衬的处理也采用新工艺。过去，曾大面积地用不锈钢板来铺焊，但焊缝易产生裂纹和剥落，且很难磨平。而用低碳钢板条，虽焊接性能好，但不耐空蚀，20mm 厚的钢板在运行 20 000h 后就被穿透。虽也曾做过环氧树脂涂料试验，但效果也不理想。最后改用抗空蚀复合钢板，其步骤如下。

（1）将压力钢管中的漏水排至检修井，尾水管内水位低于工作面高程，在尾水管内架设牢固的检修平台。

（2）用气焊割除损毁剥离的钢板。

（3）将剥落的钢筋混凝土表面打毛，并根据每块复合钢板尺寸打出插筋孔，插筋直径 $\phi 25$ 左右，孔深大于或等于 600mm。插筋插入后，打紧劈口楔，孔内灌满高强度快干水泥砂浆，待凝固后铺设复合钢板。

（4）在 150cm×510cm×(16～20)cm（宽×长×厚）的扇形钢板表面，堆焊 5mm 厚堆 277 焊层，然后经退火、平整及磨平，表面粗糙度达 $Ra0.63$～$Ra0.32$，再冷压成弧形，沿整个里衬圆周共用 20 块组合。

（5）先在复合钢板上用气焊割出插筋孔，将复合钢板按顺序铺设，利用专用工具将复合钢板压紧后，将插筋与复合钢板焊在一起。专用工具，如图 4-35 所示。

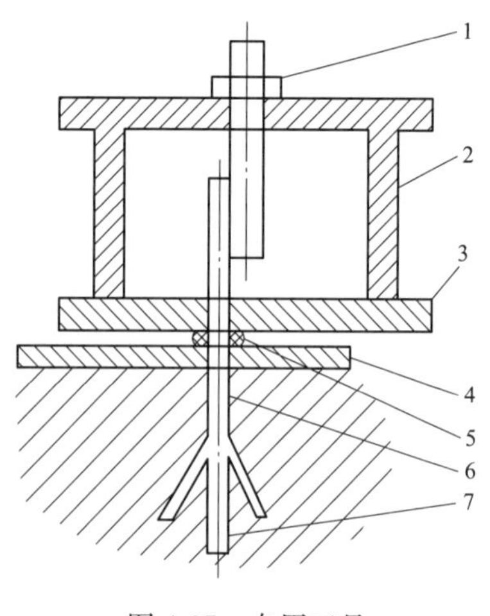


图 4-35　专用工具

1—螺母；2—套筒；3—压板；4—复合钢板；5—固接块；6—插筋；7—劈口销

（6）为消除焊接应力，在各块钢板焊接时，采用如图 4-36 所示的形式来处理。焊缝坡口处先以结 507 打底，后焊两层堆 277，并用砂轮打磨光滑。

（7）水泥灌浆时焊缝应不漏浆，用手锤敲打里衬钢板，检查是否灌满。

（8）在堆焊复合钢板时，必须保证尾水管内通风良好，防止含锰烟尘对人体的危害。

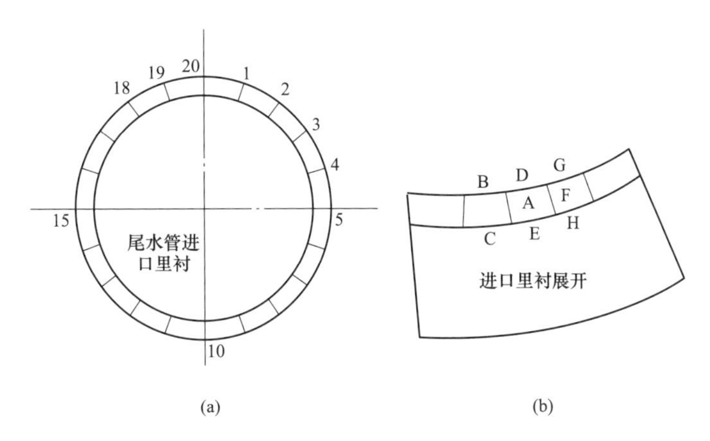


图 4-36 某水电厂尾水管里衬复合钢板的焊接

(a) 复合钢板焊接顺序；(b) 焊缝焊接顺序

(9) 运行 14 000h 的结果表明，堆焊层绝大部分仍保持光滑，只在尾水管进口处有一点不超过 0.2mm 深的弱空蚀区。

## 三、补气装置检修

### 1. 尾水管压力脉动及减振措施

水轮机尾水管是能量回收的重要部件，对机组的整体能量特性和稳定运行具有很大的影响。由于水轮机叶片出口水流存在圆周方向的速度分量，因此，内部水流从垂直方向转向水平方向，水流受离心力的作用，过流断面沿流向存在扩散、收缩、再扩散的过程，其流动复杂，常常产生局部脱流和回流等现象。尤其在偏离最优工况运行时，进入尾水管的流动更加复杂，水流夹带着空化气泡在离心力的作用下形成同水流共同旋进的尾水管涡带，涡带在周期性非平衡因素的影响下产生偏心，这种偏心涡带大大降低了水轮机效率，其诱发的压力脉动频率接近机组的某个固有频率时，会引起强烈共振，威胁机组运行的安全性。尾水管的压力脉动特性是水轮机振动与稳定性的重要评价指标。

为减轻尾水管涡带对尾水管壁的撞击作用，通常采取以下几种措施。

(1) 改变水流的流动和旋转状况。采用加隔导流板的办法来消除环流或减弱偏心涡带常常是有效的。虽然加设这些导流板对改善振动有一定效果，但它有时会对机组的运行产生一些不利的影响，如降低机组效率、改变最优工况区等，有时导流板还会被冲掉。尾水管导流隔板（如图 4-37 所示）大致有以下几类。

1）在尾水管直锥段进口部位加装十字形隔板，如图 4-37（a）所示。

2）在直锥段进口管壁处加短导流板，如图 4-37（b）所示。

3）在弯肘段前后加装导流板，如图 4-37（c）所示。

(2) 控制涡带的偏心距。如在尾水管中装同轴扩散管。

(3) 引入适当的阻尼。如各种补气方式均属于此类。减小涡带影响的方法有很多，但对于大型和巨型机组来说，目前最现实和可行的方法仍为补气。

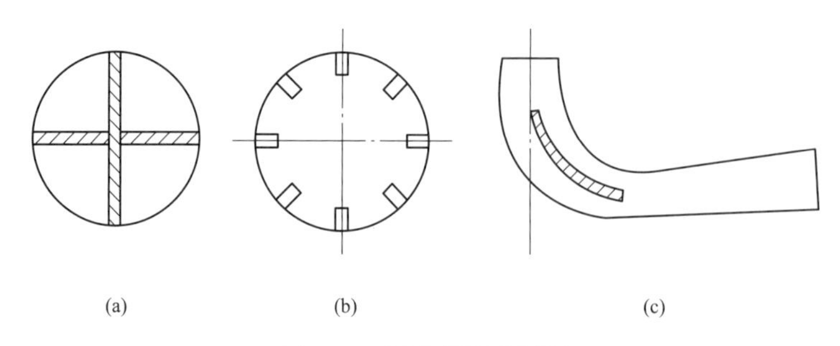


图 4-37　尾水管导流隔板

（a）在尾水管直锥段进口部位加装十字形隔板；（b）在直锥段进口管壁处加短导流板；（c）在弯肘段前后加装导流板

出于不同的目的，补气既可在稳定运行时，也可在过渡过程中进行。

稳定运行时补气的目的如下。

1）降低尾水管内的真空度，减轻转轮的空蚀。

2）破坏共振或流体的自激振动。

3）避免尾水管中产生不稳定（旋涡状）流态。

4）缓冲因涡带区气泡溃灭引起的冲击。

5）吸收水流的噪声。

国内外大量试验得出的经验表明，低负荷时补气可提高机组效率；当负荷 70%左右时补气，效率无明显影响；高负荷状态下补气则导致效率下降。因此，在不同状态下选择合适的补气方式是设计的重点。

补气一般是向尾水管进口或叶片出口边补气。补气一般有自然补气和强迫补气两种方式。当补气部位的压力低于大气压力时，采用自然补气，否则需要利用空气压缩机将气体压入补气部位。强迫补气方式用于尾水位较高的水轮机。虽然补气对减振、消振有明显效果，但是补气过多会导致尾水压力增大，水轮机效率下降。

按补气装置安装位置来分，补气方式有以下几种。

（1）尾水管补气。尾水管补气有十字架补气、短管补气和射流泵补气等。前两种较常见，短管补气适用于转轮直径 $D \geqslant 4$m 的水轮机，十字架补气适用于中小型水轮机。这两种补气方法在涡带工况下会减小尾水管压力脉动对尾水管边壁的作用力，同时，装置本身也可起到减弱尾水涡带的作用；但短管补气装置离转轮出口太远，补气补不到中心位置，十字架补气装置对于大型水轮机来说显得刚度不够，且在不需补气的工况对转轮出口水流有扰动，对效率有影响。

（2）主轴中心孔补气。通常，主轴中心孔补气方式对大多数转轮而言是唯一有效的稳流方式，目前几乎所有的大机组都采用这种方式，但这种补气方式结构复杂，用于中小型机组时布置较困难，同时进气管和排水管都裸露在发电机层，影响了美观。

（3）顶盖补气。混流式机组中真空破坏阀安装在顶盖上（轴流式为支持盖），作用是防止抬机，也属于补气部件。除此以外，也有机组设计有顶盖强迫补气，将带压气体从压缩空气罐引入水轮机顶盖和转轮上冠之间，这种方法补气量小、要求压力较高且分布均匀。

2. 早期补气系统

（1）主轴中心孔补气。图 4-38 所示为早期的主轴中心补气装置。补气阀 3 安装在水轮机法兰下面，当发生真空时，胶皮球在上面大气压的作用下压缩弹簧，打开通道，使空气进入，通过泄水锥 4 排入水流中，破坏了真空，起到减振和降低漩涡强度的作用。实际上，由于弹簧本身材质不良和长期在水中运行易锈蚀发卡，往往在补气之后，胶皮球不能复位。因此，当紧急停机时，尾水管中的反水锤就会使压力水由主轴中心向上窜。某水电厂的机组就从发电机轴头往外喷水，发生水冲击事件而被迫停机，另外，还需要长时间地进行发电机定子、转子绝缘处理。另一个水电厂的机组，压力水从发电机与水轮机连接法兰中间的径向孔（30mm）冒出，也造成了不利后果。

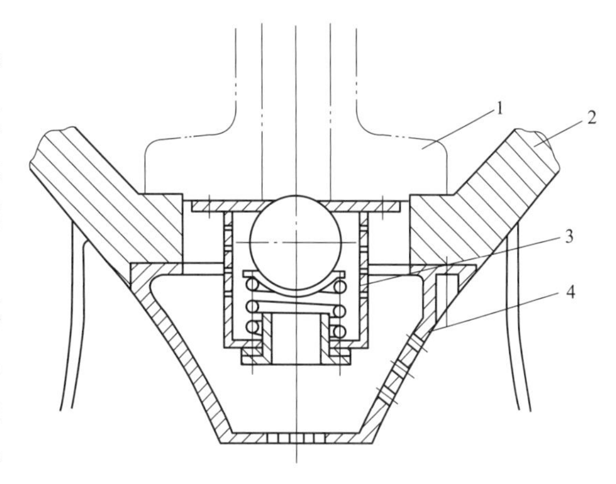

图 4-38　早期的主轴中心补气装置

1—主轴；2—转轮；3—补气阀；4—泄水锥

有的机组进行了改进，取消了下边的补气阀，改在连接法兰的下部走台上设一个带纱网的补气室，并在两法兰的 4 个径向孔上安装止回阀，补气止回阀结构，如图 4-39 所示。

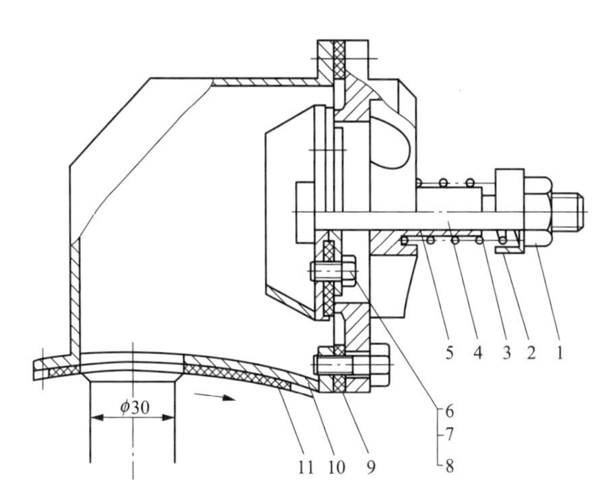

图 4-39　补气止回阀结构

1—螺母；2—弹簧压盖；3—弹簧；4—阀杆；5—阀座；6—橡皮板上盖、螺钉；7—橡皮板；8—橡皮板下盖；9—胶垫；10—外壳；11—油毛毡

止回阀外壳10用螺钉拧在法兰上，油毛毡11起密封止漏作用。螺母1调节弹簧3的预压量，以此控制橡皮板7的力量。当水轮机转轮室内发生真空时，补气室内的大气压与真空压间的压差克服了弹簧的压力，止回阀打开，空气从轴心进入转轮。当发生反水锤时，止回阀关闭，水无法流出。

检修时，主要检查平板阀门的橡皮板7是否磨坏，如磨坏则应更换。检查阀座止口是否磨坏或锈蚀，并进行相应的处理。阀杆不弯曲、憋劲。检查弹簧3是否出现塑性变形或锈蚀，它应有足够的行程，如不能用，可更换新的。油毛毡11应无断裂破损，投入运行前必须进行通气试验，要求尾水管气压保持在15～20Pa，时间在1h以上。

(2) 尾水管十字架补气。图4-40所示为尾水管中心十字架补气装置及补气管路。该装置有强行补气和自然补气两种形式。此处为自然补气形式。一般进气口开在水轮机室内，南方的电站也可将进气口开在尾水外墙上。由止回阀控制进气，检修时，特别是在冬天，要检查止回阀是否被冻住。如果止回阀被冻在开启位置上，也会发生倒喷水现象(天冷，开机少时易出此故障)。止回阀检修与上述补气阀检修相同。

由于十字架补气装置本身可阻挡尾水涡带，受力方向与涡带旋转方向相反，且根部受空蚀破坏频率较高，十字架补气装置很容易脱落，因此，采用中心孔和十字架背水边补气（十字架迎水边不设计补气孔），同时十字架加工成流线型，可减小水流阻力和涡带反作用力，并选用不锈钢材料。补气管引至厂房外，同时在锥管门处装设一阀门，用作开关补气装置。

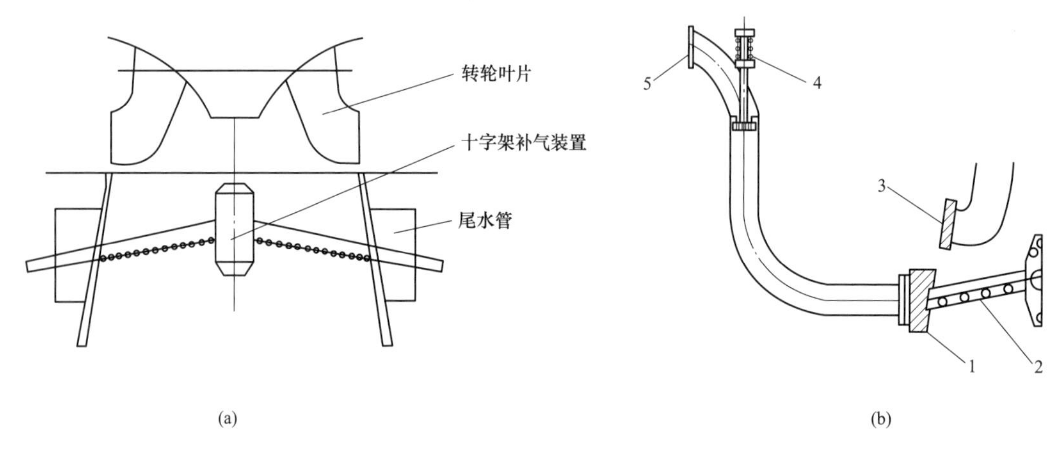


图4-40 尾水管中心十字架补气装置

1—尾水管；2—十字补气架；3—转轮：4—止回阀：5—进气口

(3) 尾水管强迫补气。射流泵补气，如图4-41所示。短管补气，如图4-42所示。这两种均为尾水管强迫补气的方式。图4-41是用射流泵，从压力钢管上引来压力水，通过喷嘴变成高速射流，带进空气，一并喷入旋涡中心的装置；图4-42是把压缩空气由补气短管引入旋涡中心的方式。

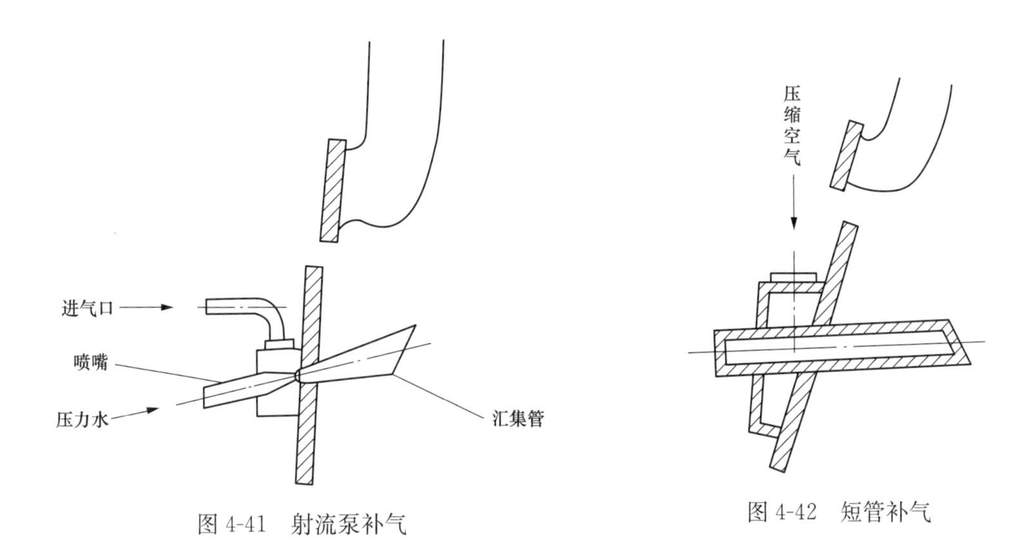


图 4-41　射流泵补气　　图 4-42　短管补气

3. 现代补气系统

(1) 现代补气系统介绍。混流式水轮机转轮无法实现水流调节，难以保证机组在最优工况下运行。为防止机组运行时尾水管内产生涡带、真空导致机组振动，设计时常采用压缩空气补气措施。

压缩空气补气一般在转轮叶片出水的基础环位置周向均布 8 个补气孔，主要破坏机组运行时叶片出水边可能出现的频率与叶片固有频率相近的卡门涡；在活动导叶出水边处顶盖和底环上各有 24 个补气孔（活动导叶约全开工况）。顶盖补气管绕顶盖外圈布置，24 根支管上各装一阀门，安装完成后做 3.0MPa 的水压试验。

主轴中心孔补气的主要目的是破坏尾水管真空，降低尾水管压力脉动，防止机组在不良工况下的振动和水轮机转轮、尾水管空蚀。主轴中心孔补气阀在机组盘车、轴线调整合格后进行安装。安装时，补气管随水轮机主轴、发电机主轴、转子、发电机顶轴同步进行。更换补气管连接密封，整体做水压试验。盘车检查、调整补气管摆度不大于 0.30mm。以上工作验收合格后转入主轴补气阀阀体安装工序，补气阀体、补气管和排水管等安装。

(2) 主轴中心补气装置检修。补气阀装配，如图 4-43 所示，主轴中心补气装置检修主要包括补气阀、补气管路及相关附件。

1) 补气系统的拆卸。

a. 拆卸补气室端盖的紧固螺栓，吊出补气室端盖。

b. 拆卸补气阀上的紧固螺栓，吊出补气阀，放置在规定位置做解体检查。

c. 拆卸补气阀弹簧压盖的紧固螺栓，分别取下弹簧压盖、弹簧，检查弹簧应无裂纹，弹性良好，否则应更换弹簧。

d. 拆卸阀盘导向杆螺栓。

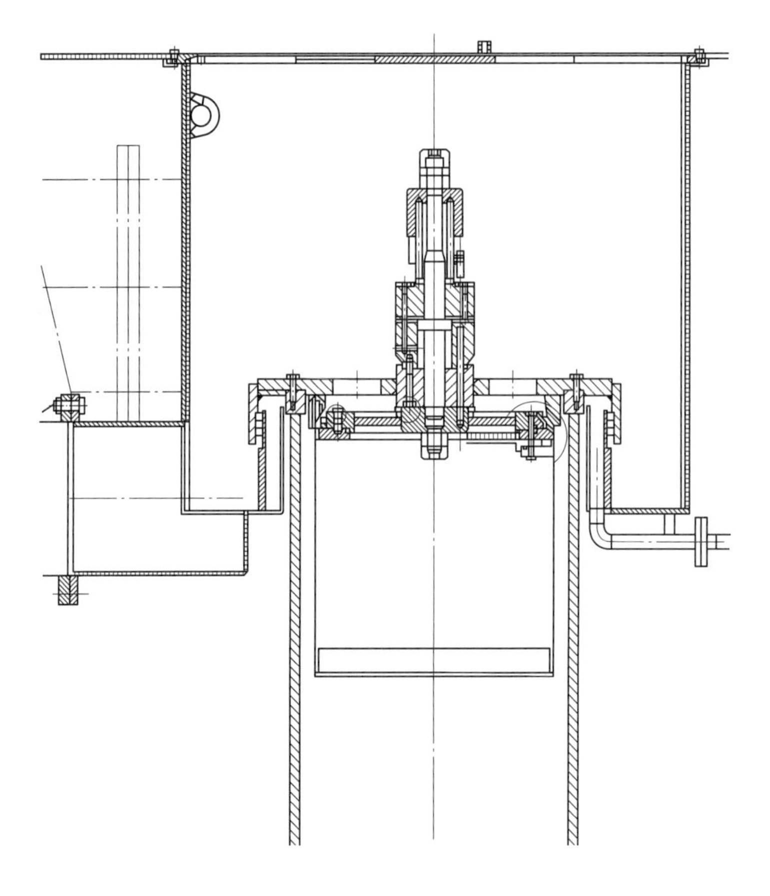

图 4-43　补气阀装配

e. 拆卸浮筒与阀盘的连接螺栓，取下浮筒，检查浮筒有无破损，如果有则应予以更换。

f. 拆卸阀盘的紧固螺栓，取出阀盘。

g. 拆卸补气阀阀盘密封的固定螺栓，检查阀盘密封的磨损情况，如果磨损严重，应予以更换。

h. 检查补气阀密封腔有无泄漏，如果有，应做解体处理，并更换密封盘根。

i. 检查补气阀滑环的磨损情况，如果磨损严重，应予以更换。

2）补气系统的回装。

a. 补气阀的回装按拆卸的逆顺序进行。

b. 补气阀回装后，按要求调整弹簧预紧力和补气阀行程，即调整限位块至密封腔顶部的距离。

3）补气系统验收检查项目及标准，见表 4-8。

4）补气系统常见故障现象、故障原因和处理，见表 4-9。

表 4-8　　补气系统检查项目及标准

| 序号 | 项目 | 标　　准 | 备注 |
|---|---|---|---|
| 1 | 补气阀A级检查 | 动作灵活；阀盘不漏水 | |
| 2 | 补气阀分解检修 | 动作灵活；阀盘不漏水；弹簧无裂纹，弹性良好；密封腔无泄漏；行程调整为设计值 | |
| 3 | 浮筒 | 无破损 | |
| 4 | 滑环 | 无破损 | |

表 4-9　　补气系统常见故障现象、故障原因和处理

| 序号 | 故障现象 | 故障原因 | 备　　注 |
|---|---|---|---|
| 1 | 补气阀漏水 | 阀盘密封磨损或破断 | 更换阀盘密封 |
| 2 | 补气阀动作频繁 | 补气阀密封腔泄漏 | 更换补气阀密封腔盘根 |
| 3 | 补气阀发卡 | 阀轴磨损或有毛刺 | 修理或更换阀轴 |
| 4 | 补气阀不能复位 | 弹簧预紧力不够，后断裂 | 调整弹簧预紧力或更换弹簧 |

4. 真空破坏阀检修

机组紧急事故停机时，导叶快速关闭，转轮室内的水流被截断，转轮室内的水随惯性和转轮的甩水作用，在转轮室内出现真空。尾水管内易发生反水锤，严重时或产生抬机现象，可能对主设备造成损坏。为防止转轮室内产生真空，一般在顶盖上装设真空破坏阀。该阀门为吸力式真空破坏阀，如图 4-44 所示。

真空破坏阀一般安装在顶盖或支持盖上，每台机组有 2～4 个。滚轮 1 上面是一块斜铁，每块斜铁均位于控制环的下面，随着控制环的旋转，下部斜铁把滚轮 1 压下（或提升）。当紧急关机时，斜铁很快地将滚轮压下（一般为 50～60mm），小油杯活塞 5 压缩弹簧 2 向下运动，由于大油杯与小油杯之间的油不能立即从节流油孔内排出，下腔油压升高，推动大油杯活塞 6 向上运动，使大弹簧 7 的弹力随之下降。打开阀门 9，空气从滤网 8 进入顶盖下部。由于大油杯和小油杯之间的油压比小油杯上的油压高，因此油通过节流孔流入上腔，大油杯活塞在弹簧的作用下向上移动，经 30～60s 后，阀门 9 又压紧在阀座上。

检修时，控制环应处于全开位置。将真空破坏阀从顶盖上拆下，放在一个铁架上进行分解，拔出滚轮销轴，拿下滚轮及耳环，取下弹簧盖及弹簧，旋下阀盖结合螺母，取下阀盖，拿出阀杆 3 及小油杯活塞 5。用压杆压住大油杯活塞，松开阀门 9 上的螺母，慢慢地松开压杆，取出大油杯活塞 6 及活塞杆和大弹簧 7。

检查阀门与阀座止口，应严密不漏气，如有锈蚀不平处，应进行研磨。检查各弹簧应无破坏或锈蚀，阀杆 3 及大油杯活塞杆应无弯曲憋劲现象。大油杯活塞、小油杯活塞及阀壳 4 的内壁应光滑无磨损，如有磨损，应用细油石打去毛刺；如有锈斑，应用汽油擦洗干净。检查滤网是否破损，如破损，应更换新的。各零件要清洗干净，大弹簧 7 上

涂一层黄油，装入阀壳 4 内，把大油杯活塞 6 放入并用压杆压紧，从下面装好阀门 9，并拧上螺母，然后在大油杯内充入 2/3 深度的 30 号汽轮机油，随即装上小油杯活塞 5、阀盖、弹簧 2、弹簧盖、耳环、滚轮、阀杆等，最后应进行回复时间试验。

新型的真空破坏阀（补气阀）结构，如图 4-45 所示。

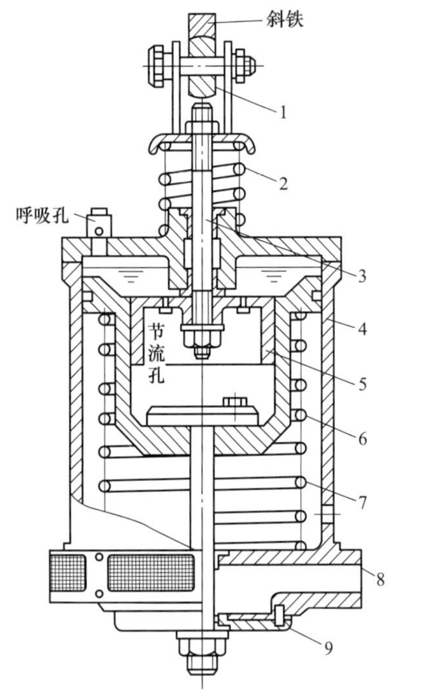


图 4-44　吸力式真空破坏阀

1—滚轮；2—弹簧；3—阀杆；4—阀壳；
5—小油杯活塞；6—大油杯活塞；
7—大弹簧；8—滤网；9—阀门

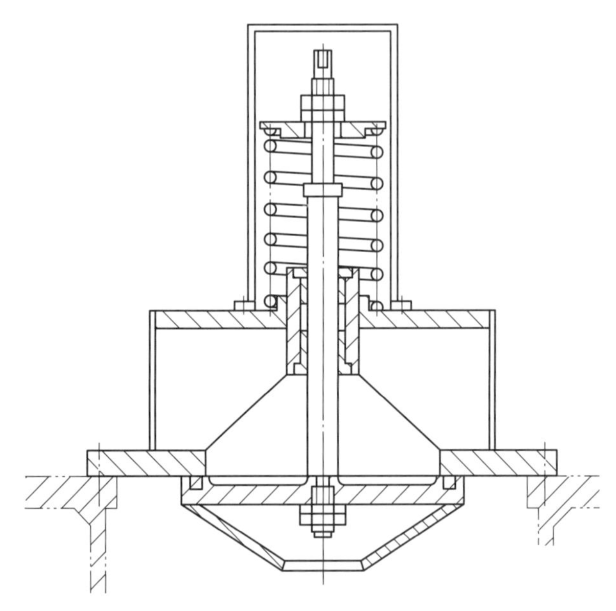

图 4-45　新型的真空破坏阀（补气阀）结构

弹簧的作用力应在真空为 5～10Pa 时能打开。当转轮室真空值超过 25～30Pa 时，阀门全开；靠弹簧或水的浮力自动关闭。这种补气阀也用在蝶阀后面的压力钢管上。充水时用它排掉空气；当蜗壳阀门的水放空时，用它来补进空气，防止真空。不过，用在此处的补气阀要把弹簧压力调小，使阀门在自重作用下能打开，充水后能关闭。这种补气阀检修工艺较简单，主要检查弹簧和阀门止口、更换盘根等。发现弹簧锈蚀或失去弹性时应更换，对阀门止口发生锈蚀，要进行研磨处理。

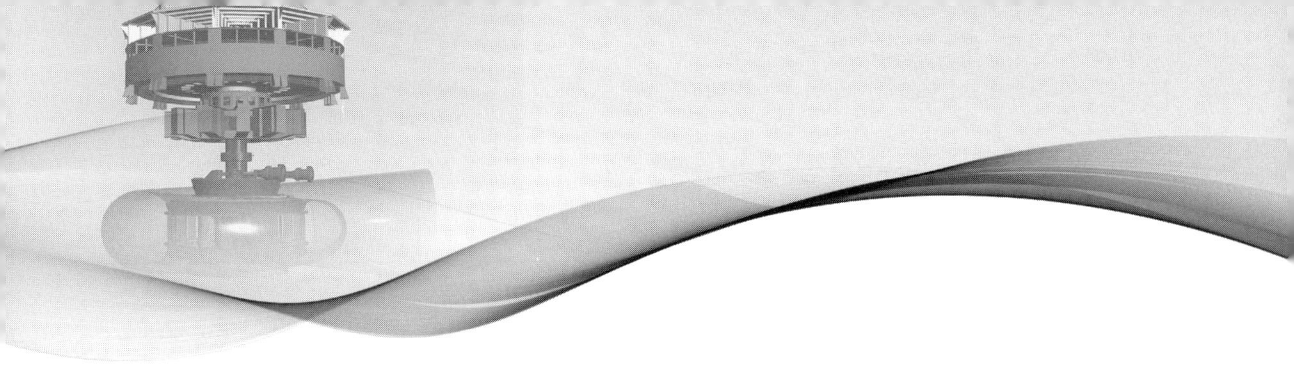

# 第五章　混流式机组发电机检修与试验

## 第一节　检修项目与质量标准

检修项目包括标准项目和特殊项目。编制标准项目可依据行业推荐意见结合水轮发电机组的具体特点进行。在检修前，对发电机最近一年内的运行特性进行分析，结合运行期间发现的设备缺陷编写非标准项目。编制项目时，对有怀疑的项目，可咨询设备制造厂家。

### 一、检修项目的编制和质量标准

具体检修项目的编制原则参考第四章。

### 二、检修项目编制举例

某大型水电厂发电机 A、B、C 级检修项目如下。

（一）发电机机械部分检修项目

发电机机械部分 C、B、A 级检修标准项目及质量要求，见表 5-1～表 5-3。

**表 5-1　　发电机机械部分 C 级检修标准项目及质量要求**

| 序号 | 检修项目 | 验收等级 | 质量要求 |
|---|---|---|---|
| 1 | 转子上、下磁极各部螺丝松动情况检查 | 三级 | 无松动变形，固定可靠 |
| 2 | 转子上、下盘导风板各螺丝松动情况及上部吊架焊缝检查 | 三级 | 紧固、无松动 |
| 3 | 空气冷却器阀门解体检查及清扫 | 三级 | 清洗干净，不掉阀芯，无渗漏，操作灵活 |
| 4 | 风闸磨损情况检查 | 三级 | 测量准确，无重磨损 |
| 5 | 风闸动作灵活性检查或处理 | 三级 | 动作灵活、不发卡、完好 |
| 6 | 吸尘器管道检查 | 三级 | 管道无松脱 |
| 7 | 上机架固定顶螺丝检查 | 三级 | 紧固、无松动 |
| 8 | 下机架各部螺丝检查 | 三级 | 紧固、无松动 |
| 9 | 发电机各部清扫 | 三级 | 干净 |
| 10 | 上导轴承检修（抽瓦 2 块） | 三级 | 油槽干净，轴瓦无脱壳、划痕、硬点，间隙符合要求 |

续表

| 序号 | 检修项目 | 验收等级 | 质量要求 |
| --- | --- | --- | --- |
| 11 | 推力轴承检修（抽瓦 6 块） | 三级 | 油槽干净，镜板无锈蚀划伤，轴瓦无脱壳、划痕、硬点 |
| 12 | 推力油冷器检查清扫试压（抽 3 组） | 三级 | 试压 0.4MPa，30min 无渗漏 |
| 13 | 上导油冷器检查清扫试压 | 三级 | 试压 0.4MPa，30min 无渗漏 |
| 14 | 空气冷却器检查 | 三级 | 清扫干净，无渗漏 |
| 15 | 大轴补气阀检查 | 三级 | 大轴补气阀加润滑油，清扫干净 |
| 16 | 发电机“三漏”检查处理 | 三级 | 无三漏 |

**表 5-2　　发电机机械部分 B 级检修标准项目及质量要求**

| 序号 | 检修项目 | | 验收等级 | 质量要求 |
| --- | --- | --- | --- | --- |
| 1 | 定子 | 上部齿压板及其调整螺栓检查 | 三级 | 无松动变形，固定可靠 |
| | | 定子各部清扫检查 | 三级 | 干净，无异常 |
| | | 消防管道及喷嘴检查 | 三级 | 无损伤、堵塞 |
| | | 定子铁芯松动情况检查 | 三级 | 无松动 |
| | | 定子所有紧固螺栓检查及处理 | 三级 | 紧固、无松动 |
| 2 | 转子 | 发电机上、下部空气间隙测量检查 | 三级 | 测量准确，数据分析，满足要求 |
| | | 转子各部检查清扫 | 三级 | 干净，焊缝无裂纹，螺丝无松动，锁锭良好 |
| | | 制动环裂纹及磨损情况检查 | 三级 | 无裂纹、松动 |
| | | 转子磁轭下沉情况检查 | 三级 | 测量准确、数值对比 |
| | | 转子所有紧固螺栓检查及处理 | 三级 | 紧固好、无松动 |
| 3 | 推力轴承 | 镜板表面光亮度及磨损情况检查、清扫 | 三级 | 无锈蚀、划伤 |
| | | 推力瓦磨损情况检查，并清扫 | 三级 | 无脱壳、裂纹、划伤，厚度测量准确，磨损量在要求范围内，用丝绸布、甲苯清扫瓦干净 |
| | | 油槽内部全面清扫（包括推力瓦、弹性油箱等）检查 | 三级 | 干净，无异物 |
| | | 油冷器检查清扫、试压 | 三级 | 干净，铜管无损伤变形，试压 0.4MPa，30min 无渗漏 |
| | | 弹性油箱变形值测量检查 | 三级 | 测量准确，数值分析满足要求，小于 1mm |
| | | 推力轴承油处理 | 三级 | 化验合格，否则进行油处理或更换新油，直至合格 |
| | | 油箱液位检查与调整 | 二级 | 上限 896mm，下限 810mm，事故油位小于或等于 772mm 或大于或等于 1000mm，以油槽底部为基准 |
| | | 推力油箱漏油处理 | 三级 | 不漏油 |

续表

| 序号 | 检修项目 | | 验收等级 | 质量要求 |
|---|---|---|---|---|
| 4 | 上导轴承 | 轴领表面光亮度及磨损情况检查 | 三级 | 无划痕、毛刺、锈蚀 |
| | | 轴瓦磨损情况检查 | 三级 | 无脱壳、划痕、硬点 |
| | | 油槽内部全面清扫检查 | 三级 | 干净，无异物 |
| | | 油冷器检查清扫、试压 | 三级 | 干净，铜管无损伤变形，试压 0.4MPa，30min 无渗漏 |
| | | 上导瓦扛重支柱及调整垫检查 | 三级 | 无严重磨损、变形，调整垫无损坏 |
| | | 上导间隙测量调整 | 三级 | 测量准确，对比分析后调整至正常范围，单边间隙 0.15mm |
| | | 轴领与轴承座间距测量 | 三级 | 结构完整，干净 |
| | | 上导轴承油处理 | 三级 | 化验合格，否则进行油处理或更换新油，直至合格 |
| | | 油箱液位检查与调整 | 三级 | 油位在液位计 0 的位置，与检修前油位一样 |
| 5 | 机架 | 上、下机架各部检查清扫 | 三级 | 卫生干净，焊缝无裂纹 |
| | | 上、下机架固定螺栓检查 | 三级 | 牢固，锁锭良好 |
| | | 上风洞盖板螺丝检查 | 三级 | 无松动，锁锭良好 |
| | | 下风洞盖板螺丝检查 | 三级 | 无松动 |
| | | 上机架千斤顶检查 | 三级 | 无松动，碟片弹簧防腐处理合格 |
| 6 | 制动系统 | 风闸动作灵活性检查处理 | 三级 | 不发卡，无渗漏 |
| | | 油气管道检查 | 三级 | 无渗漏，固定可靠 |
| | | 风闸闸瓦磨损情况检查 | 三级 | 测量准确，无重磨损 |
| | | 风闸外壳及支墩清扫 | 三级 | 干净 |
| | | 吸尘器管道检查 | 三级 | 无堵塞、损伤 |
| | | 闸瓦与制动环之间间隙测量检查 | 三级 | 测量准确，大于 5mm |
| 7 | 通风系统 | 上、下部挡风板吊架焊缝及螺丝检查、清扫 | 三级 | 无裂纹、松动，锁锭良好、干净 |
| | | 玻璃钢引风板裂纹及螺丝松动情况检查、清扫 | 三级 | 无裂纹、损伤、松动，锁锭良好、干净 |
| | | 空气冷却器阀门解体检修 | 三级 | 清洗干净，不掉阀芯，无渗漏，操作灵活 |
| | | 空气冷却器解体清扫、整体试压 | 三级 | 铜管无堵塞、损伤、变形，清扫干净，无渗漏 |
| 8 | 大轴补气阀检修 | | 三级 | 密封件更换、已除锈，动作灵活，干净，无异物 |
| 9 | 机组中心测量 | | 三级 | 测量准确，符合设计要求 |
| 10 | 检修前后机组振动与摆度测量 | | 三级 | 测量准确，符合设计要求 |

表 5-3 发电机机械部分 A 级检修项目及质量要求

| 序号 | 检修项目 | | 验收等级 | 质量要求 |
|---|---|---|---|---|
| 1 | 定子 | 上部齿压板及其调整螺栓检查 | 三级 | 无松动变形，固定可靠 |
| | | 定子各部清扫检查 | 三级 | 用压缩空气吹扫，间隙清洁，无阻塞，锈蚀部分刷绝缘漆 |
| | | 消防管道及喷嘴检查 | 三级 | 无损伤、堵塞 |
| | | 定子铁芯松动情况检查 | 三级 | 无松动 |
| | | 定子内膛检查 | 三级 | 用压缩空气吹扫，间隙清洁，无阻塞，无其他异常情况 |
| | | 定子线圈上、下端部及绑线检查、清扫 | 三级 | 清洁，无油垢，绑扎牢固，绝缘无损伤及异常现象 |
| | | 上、下端槽契检查打紧 | 三级 | 槽契及垫条无松动，绑线牢固 |
| | | 定子所有紧固螺栓检查及处理 | 三级 | 紧固、无松动 |
| 2 | 转子 | 检修前机组盘车检查 | 三级 | 测量准确 |
| | | 检修后机组盘车检查 | 三级 | 测量准确，摆度符合要求 |
| | | 检修后机组中心调整 | 三级 | 水轮机上迷宫环和下迷宫环及发电机空气间隙合格 |
| | | 检修前顶轴法兰高度测量记录 | 三级 | 在圆周方向均匀测 8 点 |
| | | 检修后顶轴法兰高度测量记录 | 三级 | 在检修前的测量位置测量 |
| | | 检修前水轮机与发电机轴连接法兰高度测量记录 | 三级 | 在圆周方向均匀测 8 点 |
| | | 检修后水轮机与发电机轴连接法兰高度测量记录 | 三级 | 在检修前的测量位置测量 |
| | | 发电机上、下部空气间隙测量检查 | 三级 | 测量准确，数据分析，满足要求 |
| | | 转子吊出 | 三级 | 无损坏 |
| | | 转子焊缝无损检测 | 三级 | 无裂纹 |
| | | 制动环裂纹及磨损情况检查 | 三级 | 无裂纹、松动 |
| | | 顶轴连接螺栓超声波探伤检查 | 三级 | 无裂纹 |
| | | 发电机轴与转子连接螺栓超声波探伤检查 | 三级 | 无裂纹 |
| | | 发电机轴与水轮机轴连接螺栓超声波探伤检查 | 三级 | 无裂纹 |
| | | 转子安装 | 三级 | 连接可靠，高程及水平符合规程要求 |
| | | 顶轴安装 | 三级 | 螺栓预紧力合格 |
| | | 发电轴与水轮机轴连接 | 三级 | 螺栓预紧力合格 |
| | | 转子各部检查清扫 | 三级 | 干净，焊缝无裂纹，螺丝无松动，锁锭良好 |
| | | 转子磁轭下沉情况检查 | 三级 | 测量准确、数值对比 |
| | | 转子所有紧固螺栓检查及处理 | 三级 | 紧固好、无松动 |

续表

| 序号 | 检修项目 | | 验收等级 | 质量要求 |
|---|---|---|---|---|
| 3 | 推力轴承 | 推力瓦磨损情况检查，并清扫 | 三级 | 无脱壳、裂纹、划伤，厚度测量准确，磨损量在要求范围内，用丝绸布、甲苯清扫瓦干净 |
| | | 弹性油箱变形值测量检查 | 三级 | 测量准确，数值分析满足要求，小于1mm |
| | | 18个弹性油箱无损探伤检查 | 三级 | 无裂纹，无明显变形 |
| | | 18个定位螺钉与厚瓦间隙检查及调整 | 三级 | 间隙7mm |
| | | 18个定位螺钉备紧螺母紧固 | 三级 | 用手动扳手紧固，无明显松动 |
| | | 18个限位块间隙检查及调整 | 三级 | 间隙3mm |
| | | 18个限位块备紧螺母紧固 | 三级 | 用手动扳手紧固，无明显松动 |
| | | 镜板与推力头之间的O形密封圈更换 | 三级 | 更换为$\phi$8的耐油橡皮条，橡皮条中硬度，无明显老化 |
| | | 挡油管圆度测量 | 三级 | 分上，中、下测量 |
| | | 挡油管$\phi$8O形密封圈更换 | 三级 | 更换为$\phi$8.7的耐油橡皮条，橡皮条中硬度，无明显老化 |
| | | 油槽盖O形橡皮条更换 | 三级 | 改为$\phi$9的O形橡皮条 |
| | | 油槽盖橡皮垫更换 | 三级 | 使用耐油橡皮垫 |
| | | 稳油板防腐处理 | 三级 | 用耐油防腐漆 |
| | | 油槽盖检修 | 三级 | 各合缝处均匀涂平面密封胶，紧固后无明显缝隙，无渗漏 |
| | | 镜板检修 | 三级 | 镜板下平面检查，光洁度、平整度符合图纸要求。紧固螺栓预紧力符合图纸要求 |
| | | 18个油冷器检修 | 三级 | 外观检查，铜管无明显变形、损伤，密封垫用耐油橡皮板更换，油冷器与推力油箱之间的密封用$\phi$9的耐油橡皮条 |
| | | 推力冷却器强度试验 | 三级 | 试验压力0.5MPa，时间1h，无渗漏 |
| | | 推力瓦检修 | 二级 | 外观检查，无明显变形，无脱壳，各瓦磨损量一致，无铜丝露出 |
| | | 托瓦检修 | 三级 | 外观检查，无明显变形、损伤 |
| | | 推力油箱防腐处理 | | 清理干净锈蚀，内部刷2遍耐油漆，外面刷2遍防锈漆后，刷2遍面漆 |
| | | 推力轴承油处理 | 三级 | 化验合格，否则进行油处理或更换新油，直至合格 |
| | | 油箱液位检查与调整 | 二级 | 上限896，下限810，事故油位小于或等于772或大于或等于1000，以油槽底部为基准 |
| | | 推力油箱漏油处理 | 三级 | 不漏油 |

续表

| 序号 | 检修项目 | | 验收等级 | 质量要求 |
|---|---|---|---|---|
| 4 | 上导轴承 | 轴领表面光亮度及磨损情况检查 | 三级 | 无划痕、毛刺、锈蚀 |
| | | 轴瓦磨损情况检查 | 三级 | 无脱壳、划痕、硬点 |
| | | 油槽内部全面清扫检查 | 三级 | 干净，无异物 |
| | | 上导冷却器外观检查 | 三级 | 无损伤，无明显变形 |
| | | 上导冷却器强度试验 | 三级 | 试验压力 0.5MPa，时间 1h，无渗漏 |
| | | 检修前上导瓦间隙测量调整 | 三级 | 测量准确，用表格记录数据 |
| | | 上导瓦扛重支柱及调整垫检查 | 三级 | 无严重磨损、变形，调整垫无损坏 |
| | | 轴领与轴承座间距测量 | 三级 | 结构完整，干净 |
| | | 上导轴承油处理 | 三级 | 油质合格 |
| | | 上导油箱密封垫更换 | 三级 | 更换为耐油橡胶板 |
| | | 上导油箱防腐处理 | 三级 | 彻底清理锈蚀，内部刷 2 遍耐油漆，外面刷 2 遍防锈漆后，刷 2 遍面漆 |
| | | 上导间隙测量调整 | 三级 | 测量准确，对比分析后调整至正常范围，单边间隙 0.15mm |
| | | 油箱液位检查与调整 | 三级 | 油位在液位计 0 的位置，与检修前油位一样 |
| 5 | 上机架 | 上机架各部检查清扫 | 三级 | 卫生干净，焊缝无裂纹 |
| | | 上机架固定螺栓检查 | 三级 | 牢固，锁锭良好 |
| | | 上风洞盖板螺丝检查 | 三级 | 无松动，锁锭良好 |
| | | 检修前上机架中心测量记录 | 三级 | $+x$，$-x$，$+y$，$-y$ 方向，顶轴与上导油槽壁的距离 |
| | | 检修前上机架高程测量记录 | 三级 | 测上导瓦中心高程 |
| | | 检修前上机架水平测量记录 | 三级 | ▽59.959 高程处测量 |
| | | 上机架千斤顶蝶形弹簧压缩值测量记录 | 三级 | 用百分表测量，用表格记录数据 |
| | | 上机架外观缺陷检查及处理 | 三级 | 无裂纹，无明显损坏 |
| | | 上机架焊缝无损探伤检查 | 三级 | 着色探伤检查 |
| | | 上机架防腐处理 | 三级 | 彻底清理铁锈，刷 2 遍防锈漆后，刷 2 遍面漆 |
| | | 检修后上机架中心测量记录 | 三级 | 以大轴为基准测量 |
| | | 检修后上机架高程测量记录 | 三级 | 用水准仪测量 |
| | | 检修后上机架水平测量记录 | 三级 | 用合像水平仪测量，记录测量方位 |
| | | 上部盖板弹性垫更换 | 三级 | 彻底清理旧弹性垫 |

续表

| 序号 | 检修项目 | | 验收等级 | 质量要求 |
|---|---|---|---|---|
| 6 | 下机架 | 检修前中心测量记录 | 三级 | 以大轴为基准测量 |
| | | 检修前高程测量记录 | 三级 | 用水准仪测量 |
| | | 检修前水平测量记录 | 三级 | 用合像水平仪测量，记录测量方位 |
| | | 检修前下机架挠度测量记录 | 三级 | 用百分表测量，顶转子和落转子测 2 次 |
| | | 下机架外观缺陷检查 | 三级 | 无裂纹，无明显损坏 |
| | | 下机架焊缝无损探伤检查 | 三级 | 着色探伤检查 |
| | | 下机架卫生清扫及防腐处理 | 三级 | 干净。彻底清理铁锈，刷 2 遍防锈漆后，刷 2 遍面漆 |
| | | 检修后中心测量记录 | 三级 | 以大轴为基准测量 |
| | | 检修后高程测量记录 | 三级 | 用水准仪测量 |
| | | 检修后水平测量记录 | 三级 | 用合像水平仪测量，记录测量方位 |
| | | 检修后挠度测量记录 | 三级 | 用百分表测量，顶转子和落转子测 2 次 |
| 7 | 制动系统 | 风闸动作灵活性检查处理 | 三级 | 不发卡，无渗漏 |
| | | 油气管道检查 | 三级 | 无渗漏，固定可靠 |
| | | 风闸闸瓦磨损情况检查 | 三级 | 测量准确，无重磨损 |
| | | 风闸外壳及支墩清扫 | 三级 | 干净 |
| | | 吸尘器管道检查 | 三级 | 无堵塞、损伤 |
| | | 闸瓦与制动环之间间隙测量检查 | 三级 | 测量准确，大于 5mm |
| 8 | 通风系统 | 上、下部挡风板吊架焊缝及螺丝检查、清扫 | 三级 | 无裂纹、松动，锁锭良好、干净 |
| | | 玻璃钢引风板裂纹及螺丝松动情况检查、清扫 | 三级 | 无裂纹、损伤、松动，锁锭良好、干净 |
| | | 空气冷却器阀门解体检修 | 三级 | 清洗干净，不掉阀芯，无渗漏，操作灵活 |
| | | 空气冷却器解体清扫、整体试压 | 三级 | 铜管无堵塞、损伤、变形，清扫干净，无渗漏 |
| 9 | 大轴补气阀检修 | | 三级 | 密封件更换、已除锈，动作灵活，干净，无异物 |
| 10 | 机组中心测量 | | 三级 | 测量准确，符合设计要求 |
| 11 | 检修前后机组振动与摆度测量 | | 三级 | 测量准确，符合设计要求 |

## （二）发电机电气部分检修项目

（1）发电机电气部分内部检查、清扫项目及质量要求，见表 5-4。

表 5-4　　发电机电气部分内部检查、清扫项目及质量要求

| 序号 | 检修项目 | 质量标准 |
| --- | --- | --- |
| 1 | 检查定子铁芯齿部 | 见检修规程工艺 |
| 2 | 检查定子铁芯轭部 | 见检修规程工艺 |
| 3 | 检查磁极线圈及接头 | 见检修规程工艺 |
| 4 | 检查阻尼环及其接头 | 见检修规程工艺 |
| 5 | 检查转子引入线 | 见检修规程工艺 |
| 6 | 检查汇流环及引出线 | 见检修规程工艺 |
| 7 | 检查环形空气罩和密封圈 | 无异常现象，绑绳紧固 |
| 8 | 检查中性点及其电流互感器 | 中性点接头无过热、松动现象，互感器绝缘电阻、直流电阻合格，外壳清洁，电极及引线良好，运行正常 |
| 9 | 检查出口电流互感器 | |
| 10 | 检查清扫压油泵电动机 | 清洁 |
| 11 | 检查吸尘器 | 工作正常 |
| 12 | 清扫检查定子线圈上、下端部 | 清洁，无油垢、无积灰 |
| 13 | 封风洞门前的清扫、检查 | 清洁，无油垢、无积灰 |
| 14 | 消弧线圈清扫、检查 | 接头紧固，清洁无异常，耐压合格 |

（2）滑环检修及质量要求，见表 5-5。

表 5-5　　滑环检修及质量要求

| 序号 | 检修项目 | 质量标准 |
| --- | --- | --- |
| 1 | 清扫检查滑环各部 | 清洁、无异常 |
| 2 | 更换滑环电刷 | 表面吻合，接触 3/4 以上，安装正确，碳刷长度达 2/3 以上，动作灵活 |
| 3 | 刷握检查 | 清洁、无裂纹 |
| 4 | 电刷卡簧检查 | 检查卡簧弹力大于 0.15MPa |

（3）机组 A 级检修电气部分增加项目及质量要求，见表 5-6。

表 5-6　　机组 A 级检修电气部分增加项目及质量要求

| 序号 | 检修项目 | 质量标准 |
| --- | --- | --- |
| 1 | 空气罩和密封圈拆装 | 做好标记，恢复正常 |
| 2 | 线棒出槽口处检查清扫 | 清洁，无异常 |
| 3 | 槽契检查、打紧 | 端楔无空响，单个普楔空响不超 1/3，相邻普楔无连续空响 |
| 4 | 定子内膛检查 | 无异物，无异常 |
| 5 | 定子各部清扫 | 清洁，无异物 |
| 6 | 定子接头检查，涡流试验 | 不良接头予以处理 |
| 7 | 磁极表面清扫、检查 | 清洁，无异常现象 |
| 8 | 定子喷漆 | 均匀光亮，无流柱、滴淌 |
| 9 | 出口封闭母线软接头检查 | 接头紧固，无变色等异常现象 |

（4）机组C级检修项目及质量要求，见表5-7。

表5-7 机组C级检修项目及质量要求

| 序号 | 检修项目 | 质量标准 |
|---|---|---|
| 1 | 定子线圈上、下端部及绑线检查、清扫 | 清洁，无油垢，绑扎牢固，绝缘无损伤及异常现象 |
| 2 | 上、下端槽契检查 | 槽契及垫条无松动，绑线牢固 |
| 3 | 空气罩和密封圈检查 | 无松动、异常现象 |
| 4 | 定子线芯上、下端检查 | 硅钢片无松动、过热、断裂现象 |
| 5 | 电子汇流环、发电机出口及中性点引出线、中性点消弧线圈检查清扫 | 清洁，接头及绝缘无过热、电晕现象，固定紧固 |
| 6 | 转子引线检查清扫 | 固定紧固，绝缘良好 |
| 7 | 励磁滑环检查清扫及碳刷更换 | 清洁、无异常 |
| 8 | 顶转子油泵电动机检查 | 绝缘电阻、直流电阻合格，轴承运转正常 |
| 9 | 吸尘器清扫、检查 | 清洁、工作正常 |
| 10 | 加热器清扫、检查 | 清洁、工作正常 |
| 11 | 风洞内照明回路及灯具检查 | 工作正常、无破损 |

（5）维修项目与质量要求，见表5-8。

表5-8 维修项目与质量要求

| 序号 | 检修项目 | 质量标准 |
|---|---|---|
| 1 | 风洞内部巡回检查 | 引线接头，线棒端部及绝缘盒等无异常现象 |
| 2 | 滑环及电刷检查 | 无发热、火花及电刷卡死等异常现象 |
| 3 | 中性点及消弧线圈检查 | 无异常现象 |
| 4 | 发电机局放仪检查 | 无异常现象 |

（6）其他项目及质量要求，见表5-9。

表5-9 其他项目及质量要求

| 序号 | 检修项目 | 质量标准 |
|---|---|---|
| 1 | 定子接头绝缘材料剥除 | 接头处绝缘材料清理干净，线圈铜线无损伤、无散股变形 |
| 2 | 定子接头整形 | 上下层线棒接头竖直无变形、径向一致 |
| 3 | 定子接头焊接 | 焊料填充饱满，焊缝无气孔、平整无毛刺 |
| 4 | 重新打紧定子槽契 | 端楔无空响，单个普楔空响不超1/3，相邻普楔无连续空响，槽楔通风槽与铁心通风槽中心偏差不大于3mm |
| 5 | 定子下线 | 线圈与铁心槽口结合紧实，线圈紧靠槽底及端箍环，线圈上下端斜边间隙均匀，线圈绑扎牢靠，耐压合格 |
| 6 | 磁极接头连接 | 接触面平整，连接紧固，接触电阻合格，包绝缘后耐压合格 |
| 7 | 磁极主绝缘修理 | 预试满足DL/T 596—2015《电力设备预防性试验规程》要求 |
| 8 | 磁极匝间绝缘修理 | 预试满足DL/T 596—2015《电力设备预防性试验规程》要求 |
| 9 | 拆装滑环绝缘柱、刷架 | 安装水平、固定牢靠，刷架与滑环间隙均匀 |
| 10 | 拆装转子引入线接头 | 接触面平整，连接紧固，接触电阻合格，包绝缘后耐压合格 |

## 第二节　发电机定子检修

定子是水轮发电机机组的重要部件，定子是承受上部机架及装置在上部机架上其他部件的质量，并承受电磁扭矩和不平衡磁拉力，承受绕组短路时的切向剪力的部件，由机座、铁芯、上下齿压板、线棒、绕组、拉紧螺杆等部件组成。机组 A 级检修期间应对定子的各部件进行全面检查，对影响机组安全稳定运行的问题及时彻底解决。

以某电厂单机容量 250MW 的立式混流式水轮发电机为例介绍定子的检修工艺。

### 一、定子检修准备工作

1. 检修应具备的条件

检修应具备的条件：转子已经吊出。

2. 检修准备工作

（1）现场已搭设检修用临时脚手架，满足现场施工需要。

（2）场地布置妥当，各部件放置地点已确定。

（3）检修所用的工器具及材料已全部到位。

3. 主要安全措施

（1）高处作业应系好安全带，防止高空坠落。

（2）交叉作业应做好防止落物和人员坠落措施。

（3）做好相关设备的保护工作，防止检修过程中损坏设备。

### 二、定子检查处理

（1）定子铁芯检查。检查定子铁芯衬条，定位筋应无松动、脱焊，拉紧螺栓应无松动，点焊处无脱焊。如果定子铁芯松动，应进行拉紧螺栓的打紧处理，其方法是可先选 2～3 个拉紧螺栓，做应力测量的紧固力试验，应力应达到设计规范要求，然后再对其他螺栓进行统一拧紧。对定子铁芯与机座的组合缝间隙进行测量检查，机座组合缝用 0.05mm 塞尺检查要求不能通过。允许有局部间隙，用大于 0.10mm 的塞尺检查，深度不超过组合面宽度的 1/3，总长度不应超过周长的 20%，铁芯组合缝间隙要求为 0，组合缝螺栓及销钉周围不应有间隙。若不合格，则应进行定子组合缝的加垫处理工作。加绝缘纸垫的厚度应比实际间隙大 0.1～0.3mm，加垫后铁芯组合螺栓紧固，铁芯组合缝不得有间隙。定子内膛用压缩空气清扫，间隙应清洁无阻塞，无其他异常情况。

（2）齿压板检查。检查齿压板螺栓应无松动，如果有个别齿压板的压指与铁芯都有间隙，可调整紧固顶丝，如果有个别压指与铁芯有间隙，可在局部加垫，并点焊紧固处理。

（3）定子紧固螺栓检查。用扳手检查定子所有紧固螺栓，应无松动。若有螺栓松动，则应进行紧固处理。所有的焊缝应无开裂或脱焊现象，若有，应及时点焊牢固。对定子大型紧固螺栓进行探伤检查，不合格的要进行更换。

（4）消防管道、加热器检查。检查消防管道各部位应无破裂，消防喷嘴应无堵塞，管路应无锈蚀；检查加热器本体应清洁无油污、无积尘，测量直流电阻及绝缘电阻应合格；检查加热器控制回路应动作正常；检查加热器控制柜内设备及线号标识应完善，图实应相符，柜体应完好无缺陷，各部位防火封堵应完善。

（5）中性点设备检查。使用干净白布和无水乙醇对中性点设备各部位卫生清扫干净；检查中性点接头应无过热、松动现象；检查电流互感器应固定牢靠，二次侧端子接线应无松动，测量绝缘电阻及直流电阻应合格；检查电极及引线各部位应固定牢靠，外观应无过热、电晕放电等异常，连接螺栓应紧固无松动；检查消弧线圈各部位接头应紧固无松动，接头及绝缘应无过热放电等异常，耐压试验应合格。

（6）出口电流互感器、出口封闭母线软接头检查。使用干净白布和无水乙醇对中性点设备各部位卫生清扫干净；检查电流互感器应固定牢靠，二次侧端子接线应无松动，测量绝缘电阻及直流电阻应合格；检查出口封闭母线软接头应紧固无松动，各部位应无过热变色等异常。

（7）定子线棒检查。按照 GB/T 7894—2009《水轮发电机基本技术条件》的要求对定子进行相关电气试验，各项试验数据应满足 DL/T 596—2015《电力设备预防性试验规程》要求。对定子线棒进行外观全面检查，各部位应无损坏、无变色、无放电痕迹等异常情况。检查线棒出槽口部位绑绳应无松动。用干净白布及无水乙醇对各部位清扫干净，注意不能使用化学清洗剂清扫。

（8）定子清扫。将定子各部位清扫干净，对有锈蚀的部位进行除锈刷漆，检查各通风口应无异物。注意定子检修时，应严禁铁屑、焊渣掉入定子铁芯的各处缝隙，线棒端部应防止铲焊或锤击时碰伤。

## 三、定子铁芯重新叠装

定子长时间运行后，检查确认定子铁芯不符合技术要求时，应重新叠装。

### （一）叠片前准备工作

#### 1. 定子铁芯中心确认

在上机架上安装平衡梁，平衡梁与机架安装位置间加绝缘垫，平衡梁上安装球心器，球心器上悬挂重锤下引至尾水底环位置（钢琴线选择 0.30mm 以减少误差），使用钢琴线找中心的方式测量尾水底环处钢琴线至底环距离，调整钢琴线至机组固定部分中心位置，在定子机座外侧对称位置（选择 $x$、$y$ 方向）制作基准点，测量此时基准点至钢琴线距离，并以此数据为中心柱调整的基准。

#### 2. 定子测圆架安装

（1）将中心柱与底座组装就位后，根据返点的数据调整测圆架中心柱的中心，使测圆架中心柱与定子机座同心度不大于 0.3mm（4 个方向），并固定中心柱。

（2）调整测圆架中心柱的垂直度，在测圆架中心柱两个相互垂直的方向上悬挂钢琴线，用内径千分尺测量其垂直度不应大于 0.02mm/m。

（3）测圆架中心柱垂直度合格后，再次校核中心柱与定子机座同轴度应在 0.05mm

以内。利用在转臂上放置水平仪（精度0.02mm/m）的方法检验中心柱转臂水平度，使水平仪的水泡在转臂处于任意回转位置时，均能保持在精度规定的范围。

（4）利用中心测圆架转臂，重复测量圆周上任意点的半径误差不得大于0.02mm，旋转一周测头的上、下跳动量不得大于0.10mm。

（5）测量精度满足要求后，应对底座进行可靠固定，随后复测中心测圆架垂直度、同心度等符合要求。

（6）在中心测圆架的使用过程中，应分阶段校核中心测圆架的准确性。

3. 定子铁芯拆除、叠片前准备

在定子基坑内搭设作业平台，拆除定子绕组，测量记录铁芯长度，测量时应均匀选取多个测点，取平均值；将旧片全部拆除，对定子基坑卫生进行清扫；使用定子测圆架测量此时定位筋内径数值，按照设计值对所有数据进行分析，对于超差较大的定位筋应现场进行处理，必要时需刨除原定位筋托板，具体按照如下方法进行操作。

（1）定位筋调整。定位筋下端面高程至下齿压板顶面设计高程应符合图纸要求，在拆除前在定位筋与托板间打入小钢楔，防止叠片拆除过程中定位筋下沉。

用测圆架测量定位筋在各托板处的内圆半径，定位筋搭焊内径$A\pm0.20$mm（$A$为机组设计内径值）；定位筋半径差小于$-0.80$mm的需要刨掉托板重新焊接，半径差大于0.20mm，可打磨筋后鸽尾斜边，打磨量不能超过0.20mm，超差过大无法通过少量打磨进行处理的需刨除。具体工艺如下。

1）刨除。

a. 同一定位筋刨除托块不能一次全刨，应先刨除1、3、5环或2、4、6环，调整并焊接1遍后，再对其他3环进行处理。

b. 相邻的定位筋应错开施工，如一个刨除1、3、5环，相邻的一个应刨除2、4、6环。

c. 气刨不能将焊缝刨穿，避免伤到母材，焊缝快刨透时改为角磨机磨除。用角磨机将焊缝打磨平整。

2）调整。

a. 调整时应先将未刨除的托块楔块拔出，已刨除的托板楔块打紧。

b. 在定位筋的托板下方对称打2个钢钎，调整好定位筋扭斜和半径。

c. 在定位筋左右两侧各装1个双头顶柱，调整好弦距，弦距偏差应小于0.3mm，调整过程中使用定位筋弦距检查样板进行检查控制。

3）焊接。

a. 为控制变形，采用交错焊接，即焊完1、3、5、7号定位筋后，再焊2、4、6、8号定位筋。

b. 托板焊接前，定位筋半径预留$-0.20$mm左右（靠近圆心方向）的偏差，以弥补焊接变形。

c. 托板两侧应对称焊接，焊接方向为由内到外，即从靠近自己的部位起焊，分段焊接。

d. 每道焊缝焊完后用风镐敲击消除应力，冷却后，再焊第二道焊缝。

e. 焊缝分4道完成，焊接高度应满足设计要求，托板焊接顺序示意如图5-1所示。

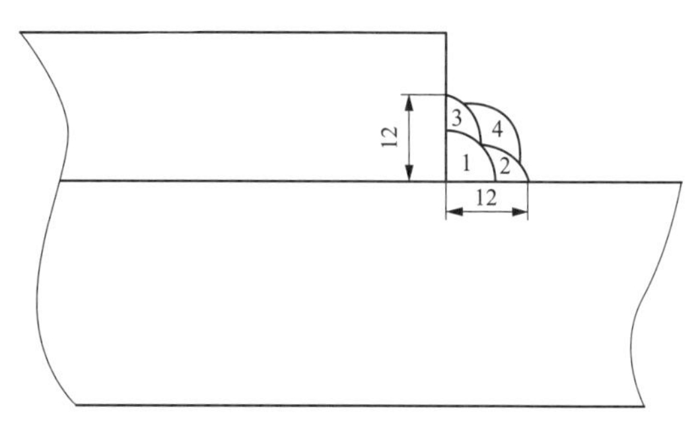

图5-1　托板焊接顺序示意

对于定位筋半径差较小的定位筋可通过定位筋背部与拖块间的小钢楔进行调整。

（2）定位筋调整后检查。使用内径千分尺测量基点定位筋至中心柱内径数值，并以此基点作为测圆架起始点，复核中心柱垂直度及同心度合格后，测量全部定位筋各环内径数值。定位筋托块满焊后内径满足厂家设计要求，定位筋半径偏差在−0.20～0.20mm，扭斜小于或等于0.10mm，定位筋背侧与托板间隙大于或等于1mm；定位筋径向、切向倾斜小于0.05mm/m，通过悬挂钢琴线的方式进行检查测量，区别于定位筋表面扭斜值；同高度相邻两筋半径差小于0.30mm，相邻定位筋弦距差小于0.30mm（弦距测量通过定位筋弦距样板进行测量控制）。

（3）下压指测量调整。使用全站仪测量全部下压指高程，需满足整圆波浪度（各压指相互高差）小于或等于2mm，相邻两块压指的高差小于或等于0.50mm，各压指内圈与外圈高差0～0.50mm，使用定子扇形冲片检查下压指与冲片齿中心偏差小于1mm。超差的视具体情况进行堆焊或打磨以保证下压指数据合格。

完成后全面清理机座、定位筋及下压指，对定位筋及下压指表面进行包裹保护，完成后表面整体喷涂绝缘漆。

（二）定子叠片

1. 定子叠片的一般要求

（1）补偿片使用原则与方法。现以某电厂定子叠装为例，该电厂定子铁芯用50W250（0.5mm厚）冷轧无取向硅钢片的冲片叠成，硅钢片的两平面涂有F级绝缘漆。定子铁芯与定子机座之间采用双鸽尾筋连接固定方式，两端用定子齿压板及拉紧螺杆将铁芯牢固地夹紧。铁芯外径为$\phi$10 200，内径为$\phi$9270，高2350mm，共432槽；总共分6层环板，定位筋共108根，铁芯由65段铁片和64层通风槽片叠装而成，其中第1、2、64、65层铁片高度为34mm，其余各段高度30mm，通风槽片高度6mm，全圆共36张扇形片，每张片12个线槽，两端叠成阶梯形，采用分段压紧工艺，最终压紧前经4次预压，预压压力130MPa，每次预压完成后保压8h，完成第65段叠片后，使用齿压板及穿心螺杆进行第5次预压，预压压力130MPa，整体压紧后（最终压力80MPa）进行铁损试验，试验合格后进行最后压紧，压紧压力80MPa，压紧方式采用液压拉伸器的方式。

当铁芯叠片至398、938、1370、1910mm高度时（根据实际测量预压螺杆、预压套管、垫圈、下齿压板、机座大齿压板、预压扇形压板、预压螺母等的高度，计算出铁芯每次预压实际叠片高度)，根据实际预压情况，用补偿片来调整铁芯波浪度，补偿片可由普通扇形冲片剪裁制作，也可用绝缘垫制作，根据现场实际情况在不同部位增加补偿片以调节铁芯波浪度，使用补偿片按照以下原则。

1）第一次预压前，原则上不进行补偿片添加。

2）铁芯上、下两段阶梯不能叠入径向补偿片。

3）补偿片必须放在单段铁芯的中部，在两层同样冲片间只允许安装一层补偿片，补偿片安放时不用错开 1/3 位置与下一层叠片同时起头，同时结束。

4）铁芯每次预压后，根据测量高度确定叠片至下一次预压铁芯补偿层数，确定补偿片叠入层数，并做好相关记录。

(2) 铁芯装压的紧密度要求。为防止由于机械振动、温度变化及电磁综合作用而引起铁芯松动，并使铁芯保持一个规则的形状而不致发生严重的散张现象，在铁芯装压过程中，除要求达到一定的尺寸外，还要保证铁芯有一定的装压紧度。定子铁芯采用定压、定尺寸装配法，即铁芯在设计给定的压力下，按图纸给定的尺寸标准装压，从而把铁芯质量限制在设计计算值的范围内。

装压压力与质量之间的稳定关系是采用规定的叠压系数来保证，叠压系数 $K$ 是铁芯装压质量的一个标志。它等于铁芯的计算平均高度与实际平均高度的比值，即

$$K=\frac{h_1}{h_2}$$

式中　$h_1$——铁芯计算平均高度，mm；

$h_2$——铁芯实际平均高度，mm。

铁芯叠压系数与下列因素有关：

1）冲片厚度。冲片厚度的均匀程度、表面状态、毛刺情况、绝缘种类等。

2）装压时扇形片鸽尾槽与定位筋鸽尾的配合情况，压力大小及其均匀程度、预压次数等。

3）要使叠压系数稳定，还要严格控制影响装压质量的其他因素。

4）叠压系数按设计图纸要求。

(3) 铁芯装压的准确度要求。铁芯装压准确度包括槽形尺寸、铁芯波浪度和铁芯高度公差、铁芯内径公差等，上述参数均需符合设计及工艺要求。

1）槽形尺寸。由于硅钢片呈波浪形，叠片错牙及装压时产生波状翘曲等，不可避免地使装压后的铁芯槽形尺寸小于冲片的槽形尺寸，这就是叠片误差，在装压过程中用槽样棒、整形棒及通槽棒来保证槽形尺寸的设计值。

2）铁芯的波浪度与铁芯高度偏差。铁芯波浪度及铁芯高度偏差随铁芯高度增加而稍有变化，要求铁芯圆周方向波浪度不大于设计和标准，铁芯平均高度与设计图纸的偏差应满足设计或标准要求。

3）铁芯内径。定子铁芯内径圆度和尺寸超差会产生单边磁拉力，引起铁芯振动。所

以在叠片时，需采取工艺措施来保证铁芯内径公差符合设计图纸的要求。

（4）定子叠片需使用专用工器具。使用的专用工器具分为整形工具、测量工具及预压工具，主要包括层夹（配合深度游标卡尺测量单段铁芯高度）、紧量刀、槽样棒、槽楔槽样棒、整形棒、通槽棒、扇形压板、预压套管、预压螺杆（含配套的垫圈及螺母）等。

（5）定子冲片介绍。

1）阶梯扇形冲片。端部定子扇形片的每 6 片在厂内粘接成整体，在工地现场将厂内粘接好的每摞定子扇形片进行叠装，摞间错 1/3 扇形片叠片，摞间使用“3543 硅钢片粘接胶”将相邻的两摞定子扇形片粘接牢固，粘接面积不小于 80%，使端部阶梯定子扇形片粘接成整体。定子叠片过程中第 1、65 段处使用。

2）普通扇形冲片。水轮发电机定子铁芯由数万片以上的扇形冲片叠装而成，靠扇形片外圆一端冲有 $R3$ 半圆形标记孔，用于辨别扇形片的正反面，叠装过程中需保证此半圆形标记始终在叠装人左手位置；为减少铁芯的涡流损耗，扇形片两面均匀刷有绝缘漆。为配合绝缘销的安装，普通片中有部分冲片轭部增加有 3 个 $\phi20$ 销孔，只在第 1、65 段处使用。

3）定子通风槽片。采用径向通风系统的水轮发电机，在铁芯叠片高度方向上每隔 30mm 叠一个通风沟。由扇形片以及点焊于扇形片上的通风槽钢及衬口环组成通风槽片，再由通风槽片叠成通风沟。铁芯叠完后，在通风槽片表面喷浅灰色硝基内用磁漆。

2. 定子叠片具体工艺

（1）定子叠片。

1）叠装前检查冲片质量。对于缺角、有硬性折弯、冲片齿部或齿根断裂、齿部槽楔槽尖卷曲的冲片应挑出处理或报废，表面绝缘漆膜脱落的冲片不得使用；从装箱冲片中取出冲片，用检验过的内径千分尺测量该冲片厚度，在冲片接合面拐角处各测量 4 个点厚度，记录数值，作为以后计算的依据，每批冲片均需抽取数张进行测量，通风槽片同样需要进行测量，作为计算每段铁芯高度的依据。

2）按照定子铁芯装配图先进行定子下端阶梯片叠装。阶梯片为粘结片，由厂家粘结好后现场进行叠装，阶梯片共 3 个阶梯，每个阶梯高度 6mm，由 2 层粘结片组成，每层阶梯片突出宽度均为 6mm，阶梯片间涂刷硅钢片胶黏剂，应保证粘接面积不少于 81%，随后叠 28 层左右的轭部带有 $\phi20$ 销孔的冲片，整形完成后将绝缘销（$\phi19.7$）涂刷室温固化涂刷胶 HEC56102 后装入销孔内，并用橡胶锤打紧。

3）按图纸要求叠装第一段铁芯普通片，可随机选取一个位置起始，但注意不能与上一层的阶梯片接缝处重合，需要错开 1/3 叠装，按照同一个圆周方向依次堆叠，层与层之间错开 1/3 叠装，叠片过程中最好由一人完成该层全部 36 张扇形片的叠放，完成后再重新起始新的一层，可避免错叠、漏叠。当叠片高度为 30mm 左右时，每张冲片放 2 个槽楔槽样棒和 2 个槽样棒，槽样棒正对定位筋。槽样棒、槽楔槽样棒高出已叠冲片

100mm。随铁芯叠片高度提高，相应调整槽样棒、槽楔槽样棒高度，保证新叠片必须有槽样棒、槽楔槽样棒定位。

4）铁芯叠装普通冲片，每叠完一段铁芯后需进行下列工作。

a. 叠片完成后叠片背部会比较松散，因此需要在定位筋根部冲片上放置绝缘垫块，沿定位筋方向用橡皮锤或铜锤向下垂直敲打垫块，使冲片背部紧密靠实在定位筋上。

b. 用整形棒整理槽形，整形时将整形棒放入槽形内，如果能顺利通过说明槽形合格不需整形，对于出现卡涩的地方可使用铜锤将整形棒轻敲入槽内，注意整形棒顶端不要接触扇形冲片齿底，整形时用铜锤左右敲击整形棒尾部，切记不要向内敲打整形棒（会使定子铁芯内径数值增大，不利于后期内径的调节），槽形整理的过程中还必须使用穿心螺杆孔整形工装对叠片上的穿心螺杆孔进行整形。每段整形完成后使用通槽棒及穿心螺杆的成品绝缘套管分别对槽形及穿心螺杆孔进行检查，合格后方可安装通风槽片进行下一段的叠装；叠通风槽片前需仔细检查通风槽钢是否脱落，通风槽片当作普通扇形冲片参与叠片，与普通扇形冲片错开叠装，通风槽片起始位置可任意选择，但不能与上一层的叠片接缝重合，需错开 1/3 放置；每小段铁芯厚度及通风槽片厚度累加后到第一次预压高度时进行第一段预压，需要注意的是叠片每段设计值 30mm，其中，包括通风槽片底部的扇形片厚度。

c. 每完成 1 段铁芯的叠装都需测量铁芯高度，并做好相关记录，单段铁芯高度公差为 $H\pm0.50$mm（$H$ 为图纸铁芯单段高度）；每完成 3 段铁芯的叠装后需使用内径千分尺、测圆架测量调整铁芯绝对半径，建议按照设计值 0.15～0.20mm（此数据为经验数值，由每次叠压后实际内径的变化情况最终确定，由于铁芯压紧过程中不可能做到受力完全均匀，且力的方向垂直向下，因此，实际叠压过程中定子铁芯的压紧后半径会出现不规则的数值变化，如果按照标准半径进行调节数值会出现较大误差，甚至超过设计标准值）控制此阶段的铁芯内径值，共 36 点，点的选取最好是扇形片中间位置处的定位筋。

d. 详细记录每单段铁芯实际叠装普通定子冲片层数、补偿片实际叠入层数及补偿片叠入铁芯具体段数（根据测量需要叠入补偿片），作为下一段铁芯叠片及以后机组安装时叠片的参考。

e. 叠片过程中，当铁芯高度接近环板位置时，需要提前将无法从定子基座空气冷却器挂装孔进入处定位筋背部的小钢楔拔出，每层环板处拔除 36 个，其余 72 个小钢楔需叠片完成后拔除，等叠片完成，且最终压紧后拔除剩余所有的小钢楔，第 6 环小钢楔在安装上部齿压板前需全部拔出。

（2）铁芯分段预压。

1）铁芯叠片至 398、938、1370、1910mm 高度时各预压一次（根据实际测量预压螺杆、预压套管、垫圈、下齿压板、机座大齿压板、预压扇形压板、预压螺母等的高度，计算出铁芯每次预压实际叠片高度），总共预压 4 次。预压时在铁芯上部叠一层废冲片，以保护铁芯。

2）每次分段压紧铁芯，将铁芯上部槽样棒放入槽底，分段压紧铁芯结束后，再将槽样棒重新调整放在正常叠片位置。

3）将铁芯上 108 根穿心螺杆分成 6 个等分区（视液压拉伸器泵组的拉伸头个数定），在每个等分区内按顺时针做好起始点标记，每次拉伸由 6 人分别操作一台拉伸器，按顺时针方向依次向前移动，拉紧顺序为先拉紧每张叠片中间的预压螺杆，再拉紧两侧的预压螺杆。

4）拉伸过程中在预压螺杆底部及顶端分别安装百分表，计算预压螺杆到设计伸长值时的压力，图纸技术要求穿心螺杆预紧力 159kN，对应螺杆拉伸值为 2.30mm。预压螺杆分两种，规格分别为 M36×1360mm 及 M36×2360mm，短螺杆伸长量为 1.20mm，长螺杆伸长量为 2.10mm。实际预压过程中按照 130MPa 作为预紧压力，拉伸过程中按照 50、100、130MPa 共 3 次完成预压螺杆的拉紧，先顺时针方向按 50MPa 压紧预压螺杆，再逆时针方向按 100MPa 压紧预压螺杆，最后顺时针方向按 130MPa 压力压紧所有的预压螺杆。

5）预压完成后，测量铁芯高度，共 12 个测点（每个测点测量部位包括扇形片的齿部、齿底及叠片背部），测量完成后计算各部位叠压系数（叠压系数不小于 0.96）、波浪度数值（齿部与齿底高差范围 1.50～2.50mm），分析整体波浪度（波浪度不大于 10mm）情况，确定下一阶段是否增加补偿片；测量铁芯内径，测量过程中可选择全部测量奇数层或偶数层（但是必须保证测量层数超过本段叠片总层数的一半）；检查槽形，使用通槽棒从上到下检查槽形情况，需能自由通过；用 90°直角尺和塞尺测量扇形压板与定位筋角度，记录上述数据，根据数据确定补偿片的种类和层数，使用紧量刀检查铁芯紧度，标准为单掌之力紧量刀进入量少于 3mm。

6）每次预压需要保压 8h，每次预压结束后松开预压螺母，取下压紧工具及扇形压板等，拉伸器布置与预紧时相同，拆除时可按照顺序依次拆除，区别于拉紧时，其余各段铁芯叠装和预压工艺相同，第 3 次预压过程中需更换预压螺杆。

（3）铁芯最终压紧。

1）按照以上工序完成 4 次预压，随后完成铁芯最后叠装，其中，第 65 段先叠装 28 层轭部带销钉孔的冲片后安装阶梯片，安装完成后按与第 1 段相同的工序安装绝缘销；铁芯叠片全部完成后，将槽样棒放入槽底，槽样棒、槽楔槽样棒高出冲片 50mm（防止压紧过程中阶梯片受力不均发生错位）；用整形棒沿铁芯槽全长逐槽整形一次，用通槽棒逐槽检查槽形，应能顺利通过槽形。

2）用 500V 绝缘电阻表测穿心螺杆绝缘电阻大于或等于 25MΩ，并做记录。

3）安装上齿压板使用成品穿心螺杆进行预压，预紧拉力 130MPa，完成此次预压后换装碟形弹簧、绝缘套管、绝缘垫片等配件（具体安装参考图纸），原则是拆一根换一根拉紧一根，定子铁芯最终压紧拉力 80MPa，实际操作过程中可将拉伸器每 3 个一组，分

2组对称布置，一次拉伸同一张冲片上的3根穿心螺杆，按照相同的方法完成所有穿心螺杆的配件安装和最后拉紧（上齿压板安装时，需要调整压指中心与定子冲片齿部中心偏差小于或等于1mm且上齿压板压指齿尖部分不能超过叠片）。穿心螺杆最终拉紧后方可将定位筋上端的锁定螺母把紧，螺母把紧力矩为863N·m，并测量该位置处碟形弹簧压缩量（选取10%，设计值1.89mm）。完成所有配件更换后3个一组，对称布置将所有的穿心螺杆按照80MPa的最终拉紧力拉紧，此过程中需挑选10%的穿心螺杆测量计算伸长量（设计值2.30mm），以及该位置碟形弹簧压缩量（设计值3.45mm）。

4）最后压紧完成后拔出全部槽样棒、槽楔槽样棒。

5）用紧量刀检查冲片齿部紧量，单手用力推入深度小于3mm。

## 四、定子线棒更换

### （一）定子线棒拆除前准备工作

转子已吊出机坑，机坑内根据现场施工条件已搭建施工平台，对于只有少量线棒需要处理的，可适当拆除一定数量的磁极，保证作业人员可进行现场施工，此时需要对转子与定子间的空气间隙进行可靠封堵，防止绝缘盒拆除过程中大量的绝缘盒碎片及绝缘胶碎块落入空气间隙中，下部绝缘盒拆除前应对下风洞相关设备做好可靠遮盖，同时对转子上部孔洞进行可靠封闭，防止人员在施工过程中跌落。

按照图纸对定子线槽进行编号，并将发电机出口引线、发电机中性点引线及跨桥引线等特殊位置的线棒进行记录。

### （二）定子线棒拆除

#### 1. 绝缘盒拆除

使用铁柄起或平口凿将绝缘盒及其内部灌注胶去除，去除时应注意控制力度，清除线棒与并头板间灌注胶时注意不能损坏线棒端部绝缘或对线棒铜股线造成损伤；对于上、下层线棒间不通过并头板而使用银焊片焊接的线棒，清除绝缘胶时一定要注意不要损伤线棒铜股线；灌注胶在不损坏线棒的前提下应尽可能的清理干净，否则在并头板焊开的过程中将产生大量带烟雾的有害气体并延长加热时间，线棒端部长时间过热将影响端部主绝缘，增加后续绝缘处理的工作量，甚至导致该线棒报废。

#### 2. 并头板焊开

（1）将中频焊机吊入检修现场，中频焊机应提前确认摆放位置，并可靠固定，布置好中频焊接使用需要的水源和电源，注意电源开关容量及电源电缆规格须满足中频焊机启动及运行过程中电流要求。

（2）用湿石棉布对线棒端部绝缘进行保护，将中频焊机感应线圈夹紧线棒并头板；启动中频焊机，调整中频焊机功率，待并头板受热发红，焊料熔化，用扁铲将并头板与定子线棒端头分开，过程中应不断用喷壶对石棉布进行湿润降温，在焊开线棒并头板过程中及时清理焊料，避免烧伤和损坏其他线棒绝缘；按照相同的方法依次将上、下两层线棒并头板焊开；跨桥引线及汇流环引线因加热所需感应圈规格不同可最后单独焊开。

（3）现场作业人员必须要具备相应的特种作业资质，并经现场安全学习且考试合格，熟悉中频焊机的使用及常见故障情况处置方法，必须确保焊机在使用过程中水源供水可靠、水质清洁。

（4）现场做好必需的通风措施，提前在焊接位置布置轴流风机，并使用风管将焊接产生的烟尘引出施工现场；作业人员必须做好相应的保护措施，使用专用的电焊手套，戴防毒面具。

3. 线棒槽楔及垫块退出

割除线棒下端槽楔的绑绳，将封底槽楔拆除，使用木锤敲打退槽楔工具（可现场根据槽楔形状特点制作专用工具），将槽楔及槽内垫条自下而上退出；槽楔全部退出后，拆除槽口垫块、斜边垫块及适形垫，割除线棒与端箍间绑线，绑线及垫块敲除过程中应控制好敲击力度，注意垫块松动情况，不能损伤相邻线棒绝缘，禁止重锤敲打。对于一部分较紧的槽楔可用铁柄起直接破除。

4. 线棒拆除

（1）上层线棒拆除。线棒拔出前在定子线棒上端固定一根合成纤维吊带（纤维绳），使用桥机吊住线棒，也可现场制作龙门架，悬挂手拉葫芦对线棒进行固定，防止线棒在拆除过程中突然松动下坠，在线棒上、下槽口处系上抬绳（尼龙绳或腊旗绳），将抬杠穿入绳中，抬杠一端与铁芯接触，形成杠杆，抬杠与铁芯接触端必须使用羊毛毡或其他柔性材质进行包裹保护，使用时与铁芯接触处铺垫较厚的木板，防止抬线棒时损伤定子铁芯，工作人员上、下一起用力将定子线棒向槽外抬出，过程中在上、下端部用橡皮锤桥敲击线棒，使其振动更容易拔出，上层线棒拔出后，取出层间垫条；对于较长的线棒转运过程中必须由双人手持直线段两端进行搬运，避免线棒产生弯曲变形。

（2）上下层线棒中间及下层线棒与槽底之间安放有测温元件，用250V绝缘电阻表测量对地绝缘应大于20MΩ，用万用表检查单组回路应无开路，回路间应无短路，测量直阻，与同型号合格的电阻测温计比较应无明显差别，用220V试验电压耐压1min应无损坏，对于不合格的测温元件装复时应进行更换。

（3）下层线棒拆除。下层线棒拔出前应先拔出压在其端部的上层线棒，下层线棒拔出前应先拆除相应的斜边垫块，拆除端部绑扎，按照与上层线棒拔出相同的方法，拔出下层线棒，若线棒在槽内过紧时，可在中部通风沟处增加抬绳数量，实在拆卸困难的可使用手拉葫芦向外拉出线棒。

5. 定子铁芯卫生清扫及检查

使用环氧条及百洁布清理铁芯槽内两侧及槽底的残余胶体和槽衬纸，再使用酒精、白布将槽内卫生清扫干净，最后使用低压气对定子进行整体吹扫。注意槽内两侧及槽底清理过程中严禁使用金属工器具，防止损坏铁芯或破坏铁芯表面绝缘造成片间短路。

6. 定子铁芯槽内喷涂 1235 半导体漆

（1）全面检查定子机座、铁芯及铁芯每槽，确保以上部位无任何异物。

（2）使用塑料膜对上、下齿压板做好覆盖保护，使用美纹纸胶带粘贴铁芯外表面齿部，并确保粘贴紧实，该过程中注意对胶带的选择，不建议使用布基胶带、透明胶带、警示胶带进行防护，上述胶带在拆除后容易留胶在铁芯表面，将额外增加清理工作。

（3）铁芯槽内均匀喷涂 1235 低阻半导体漆一层，喷涂应均匀，无挂漆和漏喷现象，半导体漆不能喷到槽部之外，喷漆过程中若不小心将半导体漆喷到槽部以外的地方，应立即用丙酮擦拭干净。

7. 线棒现场修复

根据线棒拆卸过程中的常见情况，可对拆卸下来的线棒进行如下分类，见表 5-10。

**表 5-10　　拆卸线棒常见分类**

| 类别 | 特　征 | 处　理　意　见 |
|---|---|---|
| Ⅰ类 | 线棒变形 | 报废 |
| Ⅱ类 | 线棒无变形，主绝缘无损伤 | 现场修复 |
| Ⅲ类 | 线棒无变形，主绝缘有损伤 | 返厂修复 |

（1）线棒表面清理。

1）使用锋钢刀清理线棒表面槽衬纸、涤纶毡、胶滴、漆瘤等缺陷。

2）使用砂纸打磨线棒直线段，直至露出内部低阻层。

3）使用砂纸打磨线棒端部表面杂物，打磨平整即可。

4）使用角磨机配百叶磨片打磨线棒焊接面，直至无氧化层。

5）清理过程中不能损坏线棒主绝缘层，焊接面打磨时需确保表面平整。

（2）线棒表面刷漆。

1）使用白布浸渍酒精清理干净线棒表面，晾干 2h 以上后转运至无尘空间（修复前应提前搭建一处封闭的检修场地）。

2）在线棒直线段刷低阻漆 HEC56611，室温干燥 24h 以上。

3）在线棒端部刷环氧红瓷漆 9130，室温干燥 24h 以上。

4）线棒直线段低阻层和端部需分别清理，避免把低阻材料带到端部表面；端部刷红瓷漆 9130 前必须仔细检查清理，确认无低阻漆滴落附着在端部表面后方可进行后续工作。

（3）线棒端部末端绝缘烧损处理。

1）使用锋钢刀清理碳化层，并修成 40mm 长的锥形过渡段。

2）使用云母带补包主绝缘，层间刷室温固化胶 HEC56102，补包层数以主绝缘相平为宜，每层需包扎紧实。

3）使用热塑膜包绕补包处，拉紧并打结，干燥定型后拆除。

4）云母带使用前应提前放置烤箱烘烤，烘烤温度40℃，烘烤时间2h为宜。

（三）定子线棒安装

1. 端箍环修复安装

（1）将端箍环表面玻璃丝带清理干净，对表面进行修磨，表面无毛刺，清理过程中不能损坏端箍绝缘。

（2）对端箍环绝缘破坏部位两侧沿周向各削成70mm的小斜坡。

（3）使用白布将表面擦拭干净，采用半叠绕方式将云母带缠绕至端箍绝缘损坏位置，至少包绕18层，层间均匀涂刷室温固化胶HEC56102，云母带包绕时必须拉紧，不能有空鼓和缝隙。

（4）均匀选择24槽（可根据现场实际情况自由选择），分别槽底吊挂未浸渍的涤纶毡，挑选形状较好的下层线棒直接嵌入选定的24槽内（此时的下层线棒不做任何处理，仅对端箍的定位进行辅助），使用压线工具和压线垫条固定线棒。

（5）使用桥机将端箍环吊放于上齿压板的绝缘支架卡口内，调整端箍环与下层线棒端部的配合间隙至均匀；随后固定绝缘支架上的螺栓并锁固，使用浸渍好的定向玻璃丝带将端箍环与绝缘支架绑扎牢固。

2. 定子测温电阻装配

（1）在测温电阻安装位置刷1235半导体漆，距引线头10mm内不刷漆；待漆晾干后使用250V绝缘电阻表检查测量电阻对地绝缘，应大于20MΩ，使用万用表测量其电阻应符合Pt100分值表。

（2）将测温电阻按照所在槽号进行编号标记，根据测温电阻埋入位置计算接入端子箱所需屏蔽导线的长度，截取对应长度的屏蔽导线，并做好对应的编号。

（3）将测温电阻与对应屏蔽导线对接，接头处进行绝缘处理：将引线与屏蔽导线接头搭接20mm，使用锡焊焊接牢固，先用热塑套管对6个导线接头分别进行收缩，再在热塑套管外面分别套小黄腊管，在小黄腊管外面整体套大黄腊管，最后使用浸渍过环氧胶（HEC56102）的定向玻璃丝带包绕紧实，待定向玻璃丝带干透后表面均匀涂刷环氧胶6101。

（4）根据定子测温装置图，将测温电阻沿定子铁芯通风槽片的通风沟放置到对应的槽部，将定子测温电阻沿定子基座内部支柱放置到基座上部，并沿电缆桥架敷设到端子箱内；值得注意的是测温电阻在安装及线棒耐压试验前、后均需分别用万用表检查电阻值，并与之前数据进行有效比较，以此来判断测温装置的好坏。

3. 下层线棒嵌入

（1）按照图纸确定定子铁芯1号槽，之后每5槽标记1次，随后对以下位置进行标注，详见表5-11。

表 5-11　　线棒安装位置分类

| 序号 | 描　述 | 标　注　内　容 |
|---|---|---|
| 1 | 普通引线位置 | 备注上层、下层 |
| 2 | 超长特引位置 | 备注上层、下层 |
| 3 | 测温电阻位置 | 备注层底、层间、上、中、下 |

（2）涤纶毡浸渍 HDJ138 胶，随后在端箍环上进行铺设，铺设完成后表面包绕玻璃丝带，玻璃丝带包绕过程中无空鼓和缝隙，包绕完成后在表面再涂刷一层 HDJ138 胶。

（3）在槽底铺设 HEC51611 半导体防晕带，将 4mm 厚的涤纶毡充分浸渍 898 半导体胶，拧出多余的胶后在现场晾干，晾干程度以手摸涤纶毡有湿润感但又不粘手为标准，浸渍过的涤纶毡应控制在 4h 用完，放置测温电阻的位置应提前在涤纶毡上剪出对应的空间。

（4）将半导体无纺布平铺，表面刷 HEC56600 半导体胶，根据铁芯槽的宽度确定无纺布层数，无纺布层间刷 HEC56600，随后将线棒直线段对齐放置在无纺布上，按 U 形对折无纺布，各层无纺布应完全贴实线棒。

（5）在线棒下端部槽口位置绑白布，将线棒对齐槽口，使用标尺调整上端部伸出高度（根据设计要求可现场制作标准件作为标尺），高度调整合格后，上、中、下位置人员同步用力，将线棒部分推入铁芯槽内，随后使用橡皮锤敲打线棒垫板（厚环氧板），将线棒嵌入槽底贴实；上、下微调线棒高度，确保斜边间隙均匀，最后在槽内铺设压线垫条，使用压线工具固定线棒，常温下需加压固化 16～24h，方可解除压力，取下压线工具及垫条，按照相同的方法完成剩余线棒的安装工作。

（6）待下层线棒全部安装完成后进行线棒绑扎，使用白色油性笔标出上、下端绑绳位置线，统一高度，随后用浸透 HDJ-138 胶的人字带，参照位置线将线棒与端箍环绑扎牢固，绑扎不应少于 3 层，绑绳应拉紧并与线棒贴实，绑绳不能出现“喇叭口”、卷边、打结等现象，绑扎完成后在绑绳表面均匀涂刷 HDJ-56102 胶。

（7）绑绳完成后进行斜边垫块的安装，使用白色油性笔标出斜边垫块位置线，方便统一安装高度，使用酒精清洗斜边垫块，清洗完成后晾干，将包裹斜边垫块的涤纶毡浸透 HDJ-138 胶，取出后拧出多余的胶；现场根据斜边间隙选择合适的斜边垫块，裁剪涤纶毡，随后使用涤纶毡 U 形包裹斜边垫块，使用木锤轻敲斜边垫块至指定安装位置，过程中调整斜边垫块高度至位置线；使用浸透 HDJ-138 胶的人字带将斜边垫块与线棒绑扎牢固，绑扎不应少于 3 层，绑扎完成后在绑绳表面均匀涂刷 HDJ-56102 胶。

（8）斜边垫块安装应注意以下事项：斜边垫块的厚度组合应以安装后的斜边间隙均匀为标准；斜边垫块安装完成后与线棒前后端的距离应均匀；涤纶毡剪裁长度与垫块尺寸相适应，不宜过长或过短；绑绳应拉紧，并与线棒和斜边垫块贴实；绑绳不能出现“喇叭口”、卷边、打结等现象。

（9）按照以上工序完成下层线棒嵌入所有的工作后，对线棒端部、绑绳、多余槽衬纸及线棒槽部滴落的半导体胶等进行全面清理，确保各个部位无多余的杂质、尖角、毛刺。

（10）将所有测温电阻进行短路接地处理，检查线棒绑绳所使用的胶已完全固化，随后仔细确认各部位无异物遗留，对下层线棒整体进行绝缘测量，同时抽取20%槽进行槽电位测量，以上工作全部完成且无异常情况后对下层线棒进行整体耐压试验。

4．上层线棒嵌入

（1）根据实际情况使用环氧条实配层间端箍厚度，端箍两侧使用浸渍HDJ-138胶的涤纶毡填充，使用玻璃丝带半叠包绕后表面刷HDJ-138胶，过程中可用木楔子或扎带临时固定层间端箍，应注意层间端箍的高度与端箍环高度要保持一致，层间端箍的环氧条应错开接续，最后应及时取掉临时固定用的木楔或扎带，防止遗漏。

（2）参照下层线棒下线、绑扎方法进行上层线棒嵌入。

（3）对线棒直线部位周向、轴向错位进行检查调整，完成后进行上层线棒整体耐压试验。

5．槽楔及槽口垫块安装

（1）槽楔安装由内至外分别为半导体垫条、波纹板、内楔和外楔。安装时先进行下端槽楔定位，随后进行单槽槽楔适配、楔下垫条厚度适配，适配完成后使用专用的打槽楔工具进行正式安装，先打下1/3左右位置，随后用木锤轻轻敲打槽楔表面，通过声音检查是否有空响，如果存在空响则需退出槽楔，根据松紧情况增加或减少垫条数量（厚度）后打紧槽楔；安装时应注意槽楔缺口与通风沟应对齐（如果错位情况严重，应对槽楔进行适当修磨以保证定子通风效果），端楔应无空响，普楔允许有不超过槽楔长度1/3长度的空响，但相邻槽楔空响不能连续；打槽楔过程中若对槽楔造成了损伤，应将损伤部位修复平整，并涂刷室温固化胶HEC56102。

（2）对槽口垫块进行公母配对，根据槽口垫块外形尺寸及压紧时伸缩量对涤纶毡进行裁剪后浸HDJ-138胶，折U形对齐包绕线棒槽口，随后将母块的宽头放入，并对齐涤纶毡，将公块窄头敲入直至和母块平齐，最后将公母块一起敲入直至和线棒侧面平齐；过程中应注意，配对槽口垫块的大头应朝向定子外侧，槽口垫块应和齿压板压齿贴实。

（3）全部工作完成后，对上、下层线棒进行全面检查清扫，确认无异常后进行整体耐压试验。

6．并头套焊接

（1）使用专用工器具将单组上、下层线棒校正平齐，校正后的线棒需确保与连接板搭接不少于45mm；使用油布沿线棒端部铺设底部防水层，使用防火布铺设防火层并确保紧贴线棒端部，将棉布浸水后缠绕在线棒端部并锁紧，线棒保护工作完成后使用大力钳将两块并头板夹紧同槽上下层线棒端部，最后在线棒与连接板中间添加银焊片，调整连接板至平齐。注意并头板与线棒端部间隙应尽量调整至最小，以防止焊料在焊接过程中流失，导致虚焊或搭接电阻过大，且并头板焊接面应稍粗糙以确保与焊料的充分结合，必要时可使用砂纸打磨并头板焊接面；操作中频焊机，按照设备操作规范（需提前进行试焊工作）进行焊接工作，焊接过程中和焊接完成后均应对焊接部位附近线棒上的浸水棉布进行喷水直至线棒端部铜股线降至常温，以防止长时间高温引起线棒端部绝缘碳化造成线棒损坏。

（2）焊接时，应先使用夹紧工具将并头板和感应线圈一起夹紧后方可进行下一步通电加热。

（3）焊机输出功率应根据线棒截面积而定，截面小的线棒取下限值，截面大的线棒取上限值，钎焊加热时间宜相同。当加热到钎料熔化后，应再次夹紧感应线圈，同时对结合面缝隙添加钎料，添加时应先对并头板下部缝隙进行填充，待下部填满后再添加上部缝隙和侧面缝隙，直至所有焊缝钎料填满并呈 R 状为止。为确保焊接质量和良好的焊缝外观，在断电后须立即使用手电筒对各部位进行检查，出现钎料凹陷等异常情况及时重复加热填料，以获得最佳效果。加热过程中为避免温度过高烧熔并头板，应采用间歇通电法，将温度维持在钎焊参数范围内。钎焊温度可采用观察焊件颜色的方法来控制，正常钎焊温度焊件呈橘黄色，如焊件发白，则温度过高。焊接完成后，待温度下降至约400℃时方可卸掉感应线圈夹紧工具，进行下一个接头的钎焊工作。

（4）全部钎焊工作完成后应进行相关检查和清理工作，焊缝四周钎料应饱满呈 R 状且无凹陷现象，单个结合面不允许出现连续 2 个以上直径超过 1mm 的气孔，表面烧熔的并头板应进行更换，钎焊质量不合格的并头板允许补焊 1 次；检查完成后须使用锉刀清理焊瘤、打磨金属毛刺，并对金属面氧化层进行清理，所有并头板和线棒应清理出金属光泽；之后检查线棒端头高出并头板的长度，对于超出 5mm 的线棒端头部分应进行锯除，然后使用破布和无水乙醇对接头各部位清理干净；最后检查线棒端部绝缘受损情况，对于出现端部绝缘层碳化的线棒应铲除烧焦受损部位，然后按照线棒现场修复工艺要求对端部绝缘进行处理。

7. 绝缘盒灌注

（1）绝缘盒准备。使用直磨机将绝缘盒内壁打磨粗糙，用白布蘸无水乙醇（丙酮）清洗干净绝缘盒，并烘烤干燥，随后使用电话纸和胶带对绝缘盒表面进行包裹防护，完成以上处理工作后绝缘盒存放备用，过程中注意防尘。

（2）灌注胶准备。搭设灌注胶保温棚，棚内设置加热器用于保持棚内温度在 30～35℃（低温条件下进行施工），使用搅拌器分别对灌注胶 A、B 组分单向低速搅拌均匀，搅拌时应保持单一搅拌方向；将搅拌后的灌注胶放置于保温棚内静置，直至灌注胶表面聚集气泡消散后方可使用。

（3）上端绝缘盒灌胶。

1）使用白色记号笔在线棒上划出绝缘盒安装基准线，沿基准线绑扎支架（可用扁铁、木板），在支架上铺设木楔，再在木楔上放置 E 形板，使用胶带固定；逐个套装绝缘盒，并调整轴向和周向水平度，随后锁紧支架和木楔，防止水平度发生变化；将调好的封口腻子 HDJ-18 敷设在 E 形板上，然后套入绝缘盒，将绝缘盒均匀按压在封口腻子上，调整好水平度和垂直度，完成后使用塑料薄膜覆盖绝缘盒防尘，待封口腻子完全固化后即可进行灌胶；实际施工过程中应注意以下几点：E形板裁剪应尽量实配线棒宽度，避免间隙过大；线棒根部及绝缘盒封口处腻子应敷设紧实，防止发生漏胶，相邻绝缘盒应间隙均匀，无紧挨现象，线棒端部主绝缘伸入盒内长度应不低于40mm，绝缘盒上端面与线棒上端部距离应不低于5mm，绝缘盒内壁与并头板的间隙应对称均匀。

2）使用漏斗先向每个绝缘盒内灌注少许灌注胶（覆盖底部即可），检查绝缘盒底部有无漏胶，若有漏胶现象，应先补充环氧腻子封堵漏点，检查无异常后分两次完成注胶工作，第一次灌胶后待灌注胶无气泡冒出再进行第二次灌胶，最后可使用热风枪加热表面灌注胶加速气泡冒出，灌注时溢出的绝缘胶须及时使用酒精布进行擦拭。

3）下端绝缘盒灌胶：使用白色记号笔在线棒上划出绝缘盒安装基准线，搭设绝缘盒支撑平台，将绝缘盒套入，调整均匀；按照相同的方法将灌注胶分两次灌满绝缘盒，在环氧灌注胶未固化前调整绝缘盒水平度及高度，线棒端部主绝缘深入盒内长度不低于40mm，绝缘盒下端面与线棒下端部距离应不低于5mm，绝缘盒内壁与并头板的间隙应对称均匀；若灌注胶固化后胶面低于绝缘盒口，需要补胶至平齐。

8. 引出线焊接及绝缘包扎

引出线焊接方法同并头板焊接方法一致，仅需将焊机加热用感应圈更换为适配的规格尺寸。焊接完成后使用锉刀将焊接表面的毛刺、焊渣及焊瘤清理干净，表面打磨光洁后用酒精擦拭干净，用云母带采用半叠绕方式包绕至少18层，层间刷室温固化胶HEC56102，包扎完成后在最外侧包绕一层热塑膜，使用热风枪加热锁紧，待绝缘层完全固化后再拆除热塑膜。注意在使用云母带包扎时，每层缠绕都必须拉紧，不能留有空隙，局部空隙可在包绕时使用浸胶云母带进行填充。

9. 整体卫生清扫及喷漆

对定子进行整体卫生清扫，全面清理定子内工器具及材料，使用低压气对定子表面及通风槽内部进行吹扫；卫生清扫完成后定子整体均匀喷涂绝缘漆。

10. 定子整体干燥

通常采用以下2种方式对定子进行干燥，一种是在定子下方放置足量履带式加热板或碳化硅加热板，随后使用篷布对定子整体进行遮盖；另一种是将发电机三相定子绕组串联连接，由直流电焊机并联提供低压大电流进行加热；定子干燥过程中应定时测量定子表面温度，达到40℃后，应控制温升不超过每小时8～10℃，达到75～85℃后保温24h。

## 五、定子局部检修

### （一）定子线棒局部更换

在正常的检修过程中基本不会对所有的线棒进行拆除，然后再重新下线，最常见的是发现单根线棒出现损坏或电腐蚀严重等缺陷，不符合设备正常运行要求而不得不对其进行更换，分为上层线棒局部更换及下层线棒局部更换；上层线棒处理相对简单，仅需根据线棒位置拆除对应位置磁极及损坏的上层线棒即可，而下层线棒则可能需拆除2～3

个磁极（必要时还需要进行盘车），拆除一个节距的上层线棒及损坏的下层线棒。

1. 拆除前准备工作

（1）准备好定子线棒更换所需工具、材料、焊机、焊料和环氧胶等一系列所需物资。

（2）对于单机容量较小的机组可采用在风动内对称布置手拉葫芦，使用手拉葫芦拉动转子后人工进行盘车，对于容量较大的机组不适宜人工盘车的机组则需要通过安装盘车装置进行盘车。

（3）确定损坏线棒具体位置及需要连带拆除的线棒，并做好相关标记。

2. 磁极拆除

（1）综合考虑检修现场设备布置、临时电源取用，起重设备吊装等因素选择施工位置，施工场地确认后对以上部位的上机架盖板进行拆除，随后拆除相应位置的挡风板，直至露出内部的磁极及定子。

（2）拆卸阻尼环和励磁绕组接头，去除磁极键端部焊点，当磁极键较紧不易拔出时可提前半小时在磁极键上倒入煤油，在浸润了结合面的铅油、锈点后将磁极键拔出。

（3）在磁极铁芯 T 尾下端，用千斤顶和枕木将磁极托住，确保千斤顶受力后顶紧，或者使用扁平吊装带或钢丝绳对磁极进行兜吊，钢丝绳与磁极接触的位置必须垫入钢丝绳垫或厚羊毛毡，以防损坏磁极表面绝缘。

（4）用拔键器卡住磁极大键，为防止拔脱伤人，拔键器应用绳子绑扎固定，然后对起吊吊钩进行找正，使用手拉葫芦向上缓慢提升，将大键拔出；当大键拔已拔出一段长度时，可用卡扣将大、小键卡在一起拔出，拔出的键应编号保管。

（5）在起重设备挂钩上悬挂手拉链条葫芦（葫芦吨位根据磁极自重进行选择），使用手拉葫芦进行磁极的起升，起升过程中应调整挂钩位置，确保磁极不出现卡死或刮擦现象，同时应在磁极与定子间放入杉木板（钓鱼板），确保起升过程中不与定子发生刮擦，待磁极起升到 1/4 位置时，用拉紧绳对磁极进行周向的捆扎保护，在磁极中部及底部进行同样的捆扎，防止磁极完全脱离燕尾槽后发生倾倒。

（6）将磁极吊运至指定位置后放倒，对于自重较小的磁极可在地面布置足够的柔性缓冲后直接进行放倒，而自重较大的则需要制作相关的专用工器具，配合手拉葫芦将磁极在空中进行翻身，再平放至指定的地点。

（7）在磁极吊出后的空腔内搭设临时检修平台。

3. 线棒拆装

参考本节所述定子线棒更换工艺进行。

4. 磁极组装步骤

（1）组装前应先彻底检查磁轭 T 尾槽内和磁极 T 尾，确保无杂物，并对高点、毛刺等缺陷进行修磨，处理完毕后清扫干净。

（2）按编号对磁极键进行检查、清扫，清除表面污渍、锈蚀等。

（3）在磁轭 T 尾槽下端提前放置专用垫块和压板，然后将两根短键厚端向下、斜面朝外，按编号放入T尾槽两侧，分别落在专用垫块的两侧平面上。

（4）吊起磁极找正位置，将磁极缓慢落在T尾槽限位块上。

（5）在两根长键的斜面上涂抹铅油（二硫化钼），再将其斜面朝里，薄端向下，按编号分别与短键相配，插入键槽然后将长键打入；若长键在打紧后依然松动，应拔出检查其结合面的接触情况，并进行处理，要求其接触的长度达到全长的70%以上为宜。若接触面长度已符合要求，而端部接触不好，可在端部加处理垫，且垫片应加在小键背面，且头部应折弯。

（6）可用测圆架进行测量转子（磁极）圆度，应符合下列要求。

1）测圆架本身刚度良好，中心架转臂重复测量圆周上任意点的误差不大于0.1mm。

2）测点应设在每个磁极极掌表面中轴线上，测点表面漆应消除干净，测量过程中测圆架应始终保持转动平稳。

3）测量部位应有上、下两个部位。检查转子磁极圆度，各半径与平均半径之差不应大于设计空气间隙值的±4%。

（7）转子测圆过程中可利用测圆架检查磁极高程偏差，应符合下列要求。

1）铁芯长度小于或等于1.5m的磁极，高程偏差不应大于±1.0mm；铁芯长度大于1.5m的磁极，高程偏差不应大于±2.0mm。

2）额定转速在300r/min及以上的发电机转子，对称方向磁极挂装高程偏差不大于1.5mm。

（8）将长、短键的上端点焊牢固。

（9）检查键的下端不应露出磁轭下平面，键上端露出长度应为200mm，多余的部分应切除。

（二）定子绝缘电阻降低处理

发电机组长期停机备用或更换线棒后，易受到潮湿空气、水滴、灰尘、油污和腐蚀性气体的侵袭，将导致定子绝缘电阻下降。若不及时检查处理，机组运行时可能引起绕组击穿烧毁。

轻度受潮的情况下，一般开机空转几小时即可恢复绝缘。开机空转时，注意关闭机组空气冷却器冷却水，视情况打开发电机上机架盖板进行通风。

受潮严重的情况下，应使用电流干燥或外部热源加热干燥。对于大型机组，在转子尚有部分绝缘的情况下，使用三相短路干燥是最简捷的方法。

1. 三相短路干燥法

（1）三相短路干燥需要发电机本身具备运转条件，转子可使用备用励磁（带同轴励磁机的发电机则无此限制），定子各部测温点巡检正常。在发电机出口母线上安装三相短路母排，母排的截面按发电机额定电流考虑，与母线连接时应保证良好接触。

（2）如果发电机带有中性点励磁用串联变压器（自复励磁系统），则应采用短路母排将次串联变压器短接，否则长期通流有可能烧损此变压器。同样，中性点的消弧线圈或接地变压器等都应退出。

（3）带有专用短路开关的发电机，如果短路开关容量允许，则直接使用此开关短路即可，不需另接短路母排。干燥前开关投入后，应切断其操作电源。

（4）注意应关闭机组空气冷却器冷却水，水内冷发电机应切断内冷却水；发电机上部盖板视情况开若干通风孔。

（5）启动发电机至额定转速后，渐加励磁电流，此时发电机励磁方式应采用手动方式，其他如自动、强励等方式均应退出。

（6）视情况缓慢增加励磁，使定子电流缓慢升至50%额定电流，以温升不大于10℃为宜，受潮严重的发电机每小时测取一次（轻度受潮的发电机可每0.5h测一次，判断依据也以0.5h为度）绝缘电阻和绕组、铁芯的温度。具体的绝缘值应参照该发电机的历史数据。一般吸收比大于1.6或极化指数大于2，绝缘电阻连续5h稳定不再变化，则干燥过程可结束。不同的发电机情况不一，应视定子绕组温度情况适当增减电流，以保持定子绕组温度稳定。一般干燥过程中，以控制定子绕组最高温度比较适宜。若用外置酒精温度计测量，绕组温度不应超过70℃；使用埋入式电阻温度计测量时，不应超过80℃。

（7）发电机短路干燥时使发电机工作在异常状态，各部位发热量较大，干燥过程中应注意加密巡查，过程中如有异常情况应首先降下励磁电流，切断励磁开关后再停机检查处理。在发电机短路干燥的过程中，短路点应安排专人监护。

（8）干燥过程结束后，缓慢降低励磁电流到零，切除励磁开关，然后拆除短路线。

2. 外加电流干燥法

当不能采用短路干燥法或条件不具备时，发电机只能采用外加电流干燥或外加热源干燥。

受电源容量限制，很难采用交流加热方法，一般采用直流电流进行加热，视电源大小，将发电机三相绕组串联，也可根据情况将分支解开再串联成一个回路，串联只要连成回路即可，不必考虑电流实际流向。考虑到大型发电机电流都较大，又是多支路，因此按绕组分支加入直流较好，否则可能没有效果。加入的直流电流的大小以分支额定电流的70%为宜。通流加热过程中，同样要考虑各连接线的大小和接触面的问题，以防止加热时造成接头过热损伤绝缘。定子、转子分别加热，电源可采用电动盘车的电源或其他通过整流来的电源。小容量的发电机也可采用多台直流焊机并联供电的方法。

3. 外加热源法

在发电机风洞内，将定子上、下部挡风板打开，在定子、转子绕组下部布置电热板或其他红外加热设备，注意不要使用有明火的电阻丝炉。

（三）线棒绝缘损坏检修

机组运行中若发现线棒绝缘损坏，应视线棒绝缘损坏具体情况，采取对线棒局部修补绝缘或更换线棒的方法进行检修处理。线棒表面有轻微局部损伤，可在损坏处包2～4

层原质绝缘带，并刷涂原质绝缘漆进行补强；线棒主绝缘严重损坏，则需局部修复主绝缘或更换线棒。修复时绝缘带包扎工艺要求如下。

（1）半叠包准确。使用绝缘带按螺旋形方向绕包线棒时，要求绝缘带互相重叠的宽度为带宽的一半，即要求半叠包。绕包线棒弯曲部位时，应使绝缘带在圆弧外侧面上呈半叠包状态，此时圆弧内侧面上绝缘带重叠的宽度大于带宽的1/2。

（2）包带拉力适当。若包带拉力过大，会使云母带拉裂，绝缘严重破坏；若包得过松，则会使厚度增加，层间存有空隙，同样使电气强度下降。从冷藏室取出的绝缘材料，应在室温中放置24h后才可使用。

（3）绝缘搭接。当部分绝缘破坏时，应将绝缘层切削成60～80mm的锥体以便新旧绝缘能很好地吻合。新绝缘包扎时，包扎带各层与该锥体搭接。

（4）每层的绕包方向应相同，每隔1～3层涂一层环氧树脂绝缘漆。上、下层间对缝应错开，包扎层数应符合绝缘规范，可参考极间连线的绝缘包扎层数。

### （四）定子铁芯局部检修

发电机运行时铁芯受热膨胀，受到附加力，使漆膜受压变薄，加之漆膜老化收缩，使片间紧密度降低，产生松动。当铁芯硅钢片收缩0.3%时，铁芯片间压力则会降低到原始值的1/2，铁芯松动会产生振动，使绝缘漆膜进一步变薄，松动进一步加剧。此外，铁芯两端齿压板变形，压指和通风槽钢变形、开焊、脱落、折断等也会引起铁芯松动。铁芯松动位置多发生在上、下两端的铁芯段和通风沟两侧。铁芯中段和整体铁芯松动的机会很小。铁芯松动会产生较大的电磁振动和噪声，同时将磨损定子绕组的绝缘，危害极大。检查铁芯松动通常用手锤轻轻敲击铁芯两端齿部和齿压板，如果松动，会发出哑声，伴有冲片缝隙向外喷锈或灰尘现象。

#### 1. 铁芯局部松动

当铁芯局部齿部出现轻微松动时，可先用清洗剂对铁芯松动部位进行清洗，去除以上位置的油污和锈迹，通过低压空气吹扫、面粉团沾取等方式对异物进行彻底清理，再用绸布擦拭干净，随后用尖刀片撬开冲片，先涂抹一层防锈漆，再根据缝隙的大小用0.05～0.5mm厚、已涂刷环氧树脂的云母片塞紧；如果铁芯松动缝隙过大，则用1～3mm厚的层压绝缘板做成楔块用木锤打入缝隙，将铁芯撑紧；对于不宜塞绝缘材料的，可通过使用压缩空气将环氧树脂胶吹进空隙的方法进行处理。对于很轻微的松动，也可在铁芯清理干净后只涂刷环氧树脂胶。

#### 2. 铁芯两端松动检修

当铁芯两端松动时，可制作楔形钢条插入压指与铁芯之间，打紧后焊接牢固。

#### 3. 铁芯整体松动

对于使用螺栓拉紧结构的铁芯，可将螺栓的螺母按照厂家提供的扭矩值逐个进行紧固，或者按照规定的拉伸值对铁芯进行压紧。压紧铁芯过程中应注意铁芯的波浪度，根据GB/T 8564—2003《水轮发电机组安装技术规范》的要求，铁芯上端槽口齿尖的波浪度允许值见表5-12的规定。

表 5-12　铁芯上端槽口齿尖的波浪度允许值　mm

| 铁芯长度 $l$ | $l<1000$ | $1000\leqslant l<1500$ | $1500\leqslant l<2000$ | $2000\leqslant l<2500$ | $l\geqslant 2500$ |
|---|---|---|---|---|---|
| 波浪度 | 6 | 7 | 9 | 10 | 11 |

## 六、定子电腐蚀及处理工艺

### （一）电腐蚀原因

发电机槽内定子线棒表面和槽壁之间，由于松动、填充材料收缩老化等原因形成间隙而产生高能量的电容性放电，这种放电所产生的加速电子，对定子线棒表面产生热和机械作用，同时，放电使空气电离而产生臭氧及氮的化合物，化合物与水分发生电气化学反应，引起线棒表面防晕层、主绝缘、槽模和垫条出现烧损和腐蚀现象，称为电腐蚀。根据电腐蚀发生部位的不同可分为外腐蚀和内腐蚀两种。

1. 外腐蚀

外腐蚀是指发生于防晕层和槽壁之间的腐蚀。

（1）轻微腐蚀。线棒防晕层变色，由黑灰色变成深褐色。

（2）较重腐蚀。线棒防晕层呈灰白色，并有蚕食现象，局部变酥，部分主绝缘外露。

（3）严重腐蚀。线棒防晕层大部分或全部变酥，主绝缘外露、出现麻坑。槽模和垫条呈蜂窝状。

2. 内腐蚀

内腐蚀是指发生于防晕层和主绝缘之间的腐蚀。

（1）轻微腐蚀。线棒防晕层内表面和主绝缘外表面略有小白斑。

（2）较重腐蚀。线棒防晕层内表面和主绝缘外表面呈黄白色。

（3）严重腐蚀。线棒防晕层内表面和主绝缘外表面一片白色，有大量白色粉末。

### （二）电腐蚀处理工艺

（1）用石榴砂纸对槽口进行处理，将槽口电腐蚀部位周围进行打磨，清除白色粉末和红瓷绝缘漆，露出低电阻防晕漆（5mm 左右），对于电腐蚀比较严重，并已涉及了线棒高阻防晕层部位的线棒，需要对线棒高阻防晕层部位进行打磨处理，同样露出 5mm 左右低阻漆，保证线棒槽口电腐蚀部位周围都至少有 5mm 的低阻防晕层表露在外。处理完毕后加热烘烤 24h，对发电机槽口进行干燥处理。待槽口干燥后，对线棒电腐蚀处理部位和处理后显露的 5mm 原有低阻防晕层用低电阻半导体漆进行涂刷覆盖，使新旧半导体漆重叠连接可靠。

（2）对电腐蚀已波及槽口内部的线棒，应退出槽口首根槽楔，清除线棒上半导体硅胶，露出低电阻漆，将发电机线棒槽口处硅钢片和齿压板上的油漆与铁锈清除干净，包括线棒与硅钢片间隙中的杂质也要清除干净，保证电腐蚀面处理平整干净。处理完毕后加热烘烤 24h，对发电机槽口进行干燥处理。待槽口干燥后，对线棒电腐蚀处理部位和处理后显露的 5mm 原有低阻防晕层用低电阻半导体漆进行涂刷覆盖，使新、旧半导体漆重叠连接可靠。将线棒电腐蚀侧的硅钢片表面与处理后的齿压板表面涂刷低电阻半导体漆，尽量刷入线棒与硅钢片之间的间隙中，以保证线棒的低阻半导层与硅钢片和齿压板通过低电阻半导体漆相连接，再加热烘烤，保证其全面干燥。将槽楔回装，用 N189 半导硅胶将槽楔与线棒间间隙填充饱满，再对槽口电腐蚀面与齿压板之间的空隙用 N189 半导硅胶填充，保证线棒低阻防晕层与齿压板和硅钢片可靠连接，形成电动势平衡过渡面。

（3）待槽口处理完毕并干燥后对半导体漆表面涂刷绝缘红瓷漆，对半导体漆进行保护。

（三）电腐蚀预防措施

为消除槽内电腐蚀，必须减小防晕层表面同槽壁间的间隙，使槽内不产生火花放电，具体措施如下。

（1）下线前定子铁芯槽内喷两遍低阻半导体漆。

（2）减小绕组与槽壁的间隙，尽量紧密配合，间隙大的地方用半导体垫片塞紧，以防绕组表面防晕层与铁芯槽壁之间形成容性放电。

（3）所有槽内垫条均采用半导体材料或半导体适形材料。

（4）减小电动机定子绕组直线段表面防晕层的低阻半导体漆的电阻系数。

（5）加强线棒紧固，减小磨损。

## 第三节　发电机转子检修

发电机转子是水轮发电机组的转动部件，由转轴、支架、磁轭、磁极、集电装置等部件组成，用于产生磁场、转换能量和传递转矩。立式水轮发电机组转子的吊装是整个机组检修过程中最重要的步骤，同时也是机组检修中起吊重量最大的部件。以某水电厂为例，发电机转子为无轴式结构，转子结构由转子支架、磁极、磁轭、磁极、绕组（线棒）等部件组成。转子的装配总质量为 856t，起吊轴质量为 25t，螺栓共重 2t，起吊平衡梁重 57t，转子直径 16 580mm，装配后总高度为 2300mm，总质量为 950t。转子起吊示意，如图 5-2 所示。

### 一、转子吊装流程

（一）转子吊装前的准备工作

1. 桥机的检查

（1）检查桥机定期检验证，应在合格的时间内。

（2）检查桥机供电电源，与桥机运行无关的负荷已从动力盘拉开，厂用电分段运行，桥机所在厂用段各种其他负荷已减到最小。

（3）桥机的各种保险完好，并现场有备品。

（4）桥机的行程限制器、接触器、荷重控制器等防护装置完好，动作可靠。

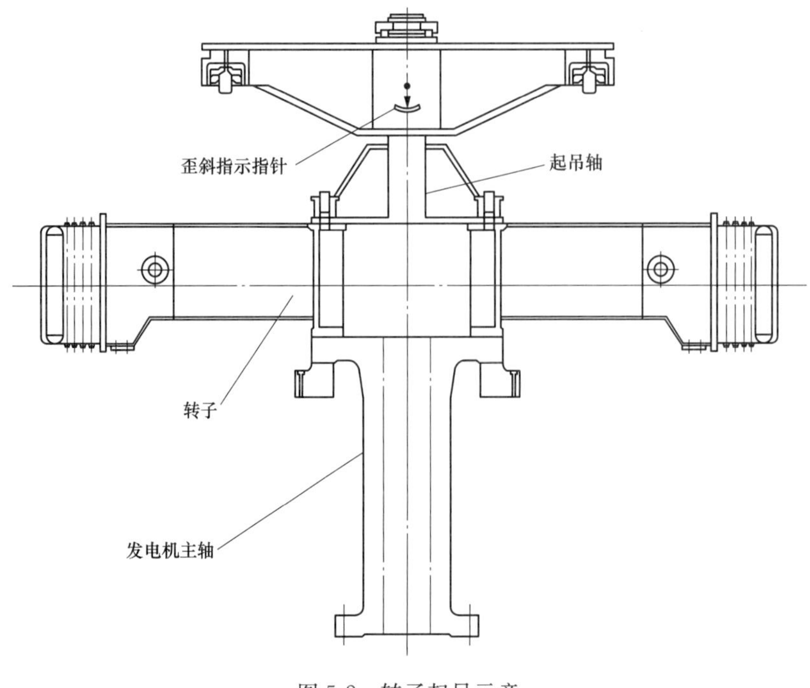


图 5-2 转子起吊示意

（5）各种电气回路、滑线经全面检查和试验，合格；电机运行正常。

（6）各受力部分螺栓检查无松动。

（7）制动器的衔铁冲程、弹簧压缩长度、闸瓦间隙已调整合格，制动器动作灵活可靠。

（8）防止制动器动作失灵时的人工加闸措施已做好，人工加闸人员已培训合格。

（9）桥机传动齿轮无严重磨损，润滑油位正常、油质合格，各部轴承正常，传动轴、行走车轮及轨道无裂纹、变形、严重磨损等缺陷。

（10）桥机大车轨道和小车轨道的接头符合要求，间隙合格，错位处已修磨成平滑过渡。

（11）吊钩无裂纹、变形，滚筒钢丝绳固定点牢固，钢丝绳无断股、严重磨损等现象，符合安规要求。

（12）桥机启动、运行、停车声响正常，无发热和振动过大等现象。

（13）将两台桥机中间侧防冲撞装置拆除，装上并车连锁杆，操作桥机并车试验；检查并车后电气部分和机械部分有无异常情况，桥机起升机构和行走机构运行是否同步，操作是否灵活。

2. 起吊工具的检查

（1）操作 1 号桥机运行，将转子起吊平衡梁从基础孔内吊出，摆放在主安装场地面上。

（2）转子起吊前，必须对平衡梁的焊缝及制造质量进行仔细检查，确认合格。检查起吊平衡梁轴承部位是否有润滑油，连接轴销动作是否灵活，对平衡梁的卡环和轴承内的滚珠应进行分解清洗，滚珠不能有裂纹，安装时滚珠须入位，转动灵活。

（3）将两台桥机的主钩放置到起吊平衡梁轴孔内，然后将轴销定位，检查轴销是否锁定，限位与主钩连接是否牢固可靠。

（4）两车已并联好，提升减速箱已切换低速挡位。

（5）预装吊具，保证吊具与起吊轴配合良好。

（6）拆除顶轴，顶轴法兰处垫片进行编号，垫片若是分层，详细记录每层的数量，垫片放置部位方位做好记录，搭接部位划线，法兰上面也要划线或弹八字形两根线，有专人负责。测量顶轴与转子中心体法兰止口的配合间隙（设计值为 0.10～0.15mm）。安装起吊轴、起吊平衡梁，起吊轴与转子中心体连接完好，起吊前水平调整至 0.02mm/m 内。

3. 场地布置

安装场地布置转子支墩（共 24 个，沿圆周均布），同时将转子支墩的顶部磨平，测量高程、水平，加垫将支墩调平，高程偏差在 0.5mm 以内，在支墩上放置小方木。

（二）转子吊出应具备的条件

（1）将转子重量落在风闸上，并将风闸锁定牢固。

（2）检查发电机空气间隙，间隙大于 15mm，做好记录。

（3）拆卸上机架，并吊出。

（4）拆卸上端轴，并吊出。

（5）拆卸推力轴承密封盖板。

（6）将镜板与推力头分开。

（7）将转子上部的引风板、挡风板及支架做好记号后拆除，放在指定位置，拆除的螺栓分类保存好。

（8）拆除励磁引线，将拆除的设备放在指定位置，防止损坏。

（9）拆除发电机轴与水轮机轴的连接螺栓，将螺栓保护好放在指定位置，并做好记号。

（10）将发电机轴与水轮机轴分离，止口脱开。

（11）拆除推力挡油筒，放置于水车室检修平台上，推力轴承油槽气密封盖分瓣解体放置于风洞的指定位置。

（12）转子中心体补气装置支架已与补气管分离。

（三）转子吊出

（1）操作桥机同步和单动，调整起吊平衡梁水平，在 0.02mm/m 内。

（2）将桥机开到机坑正中心位置，将起吊平衡梁和转子起吊轴连接牢固。

（3）桥机不受重力的情况下，测量桥机主梁的上拱度，做好数据记录。

（4）将行走机构的大、小车车轮与轨道中心定位处，用红色油漆做好记号（方便转子吊入时，找准中心位置）。

（5）检查起吊轴与转子的连接螺栓是否紧固，并用超声波探伤仪进行无损探伤。

（6）在起吊转子之前，水车室的起重指挥人员和其他专业人员必须到位，拉空气间隙的工作人员必须到位，桥机制动器抱闸和电源开关等处监护人员必须到位，发电机推力油槽监护人员必须到位，桥机大梁绕度测量人员必须到位（总指挥：1 人，起重指挥：1 人，起重专业人员：6 人，桥机司机：2 人，水平监视：2 人，电源监视：2 人，主钩抱闸监视：4 人，空气间隙监视：44 人，法兰监视：2 人，风闸监视：2 人，安全监视：4 人，发电机专业人员：6 人，水轮机专业人员：4 人）。

（7）检查起吊运输通道，确认通道无障碍物。

（8）操作桥机，主钩一挡慢慢上升，将转子向上稍稍吊起，确认桥机承担了转子的全部负荷，停止 5min，检查桥机的各项技术数据有无异常，确认正常。

（9）操作主钩二挡慢慢上升，当主钩上升到 30mm 时，停止 10min，桥机监护人员检查桥机各机构有无异常情况，桥机大梁挠度开始测量（测量下挠度数据，确认在允许范围内）。

（10）操作主钩二挡上升、下降三次，检查制动器抱闸有无溜钩现象；如没有溜钩现象，则正式起吊。

（11）当主钩开始上升时，工作人员每隔一个磁极位置设置一人手持 10mm 厚的木板条上、下抽动，检查转子的水平状况；如果有木板条在运行过程中抽不动，则改并车为本车单项操作调至水平。

（12）操作主钩二挡上升到 1500mm 时，检查起吊平衡梁的水平状况；如果不水平，则改并车为本车单项操作调至水平位置。

（13）当转子下端发电机大轴法兰面上升高于▽66.82 时，停止上升，检查起吊转子通过的线路有无障碍物，操作小车行走机构向下游侧移动，使大轴法兰与 1 号机楼梯完全错开时停止，操作桥机向右岸移动至厂房门口停止，向上游移动小车使大轴与上机架完全错开为止，再操作桥机向右岸移动至放置位置。

（14）将转子吊至主安装场受力基础定位处时，操作桥机大、小车行走机构，将发电机大轴调至基础定位孔中心，然后操作主钩二挡慢慢下降，当发电机大轴法兰面离基础定位处还有 300mm 时，停止下降。

（15）将转子主受力支墩均匀摆放在基础定位面铁板上，将所有的受力支墩调至水平位置，并加固牢固，防止受力后移动，将发电机大轴下部法兰螺孔与基础定位孔内的预埋螺栓对正。

（16）操作桥机主钩一挡慢慢下降，当转子的制动环和受力支墩水平面发生接触时，停止下降，检查转子制动环和受力支墩接触是否到位，受力是否均匀、是否牢固可靠。

（17）操作桥机二挡慢慢下降，当起吊平衡梁受力卡板不受力时，停止下降，拆除受力卡板；注意：拆除的受力卡板要在起吊平衡梁上捆绑牢固，防止高空坠落。

（18）转子制动环和受力支墩接触牢固可靠后，用4个50T的千斤顶在转子中心体底部加以支撑。

（19）将基础定位孔内预埋螺栓的螺母装上，螺母应安装到位，用手拧紧即可。

（20）将推力头表面清理干净，然后均匀涂抹黄油，并覆盖油纸，油纸与黄油应黏合良好、无空隙。

（21）转子吊出后对24个风闸高程进行测量，并详细记录数据。

（22）测量桥机大梁挠度的专业人员，对桥机大梁进行复测；根据起吊前的测量数据和起吊后的测量数据进行对比，看桥机大梁弹性变形是否回位。

（23）操作桥机上升和下降，将平衡梁拆除，并将平衡梁放在主安装场受力基础孔处。

（四）转子回装

（1）对机坑进行检查，相关设备已安装到位。

（2）全面检查桥机和起吊工具，确认合格。

（3）安装平衡梁，连接起吊轴，确认合格。

（4）检查24个风闸的高程和水平已调整到起吊前的数据，风闸锁定螺母固定好。

（5）基础定位孔内预埋螺栓的螺母已拆除。

（6）转子起吊前，用水平仪测转子水平，转子水平度小于0.02mm/m。

（7）各工作人员就位。

（8）试起吊，全面检查桥机，确认合格。

（9）将转子沿厂房下游侧移动至3号机机坑内。

（10）转子吊入时，根据桥机行走机构的大、小车车轮和轨道的相对记号进行找正。

（11）当吊至转子制动环与风闸300mm时，检查风闸是否在正确位置，是否已锁好。

（12）转子吊入后，必须保证发电机轴与水轮机轴的中心偏差不大于0.05mm。

（13）在转子吊入就位时，如果推力头与镜板相连的44个M56螺栓孔错位，造成螺栓安装较困难时，可通过在油槽壁上水平成90°位置固定两个5t手拉葫芦，葫芦的吊钩与镜板侧面吊耳连接，同时采用螺旋千斤顶顶住镜板的侧面，用葫芦拉、千斤顶推，一点点地推动镜板，达到48个螺栓的顺利就位，然后将螺栓对称上紧，螺栓紧固力矩5000N·m。

（14）将主轴螺栓孔对准后，把转子重量落在风闸上，拆除转子起吊装置，操作桥机上升和下降，将起吊平衡梁与起吊轴的连接承重卡板松开，并将承重卡板用绳索固定在起吊平衡梁上（防止高空落物伤人），然后将起吊平衡梁吊出，放至安装场受力基础孔处。

（15）用专用的液压拉伸器将发电机大轴和水轮机大轴法兰组合面螺栓把紧，其螺栓的设计理论伸长值为1.11mm。

（16）联轴螺栓安装完毕后，用超声波无损探伤的方法对全部螺栓进行检验，检查螺栓是否正常。

（17）依次将引风板、挡风板及支架按记号进行装复。

（18）装复励磁引线。

（五）安全注意事项

（1）起重必须有专人指挥，专人操作，并设专职监护人。

（2）起吊前检查所有拆卸部位是否与连接部分彻底脱离。

（3）起吊前应调试检查并车后桥机的同步性及制动器的可靠性。

（4）指挥联系方式采用对讲机或口哨。

（5）起吊重物下，严禁站人。

（6）检查钢丝绳的受力情况与起吊重物的接触情况。

（7）桥机操作人员在没有听清楚起重信号时，严禁操作。

（8）起重指挥人员，指挥信号必须清楚响亮。

（9）桥机操作人员只允许单项机构操作，严禁双项及多项机构操作。

**二、转子常见故障及处理**

1. 转子不平衡

转子不平衡是引起设备机械振动的主要原因，当转子的重心与轴线不重合时，转子在旋转过程中就会产生不平衡的离心力或力偶，从而引发设备振动。不平衡转子在运行过程中产生的动载荷，会引起机组的振动，产生噪声，加速轴承磨损，造成转子部件高频疲劳破坏和支撑部分的某些部件强迫振动损坏，降低设备的使用寿命，严重时甚至发生机毁人亡的重大设备事故。

转子不平衡而产生的激振力是造成发电机组振动的主要原因，其大小与转子转速的平方成正比。转速越高，激振力越大，在支承系统的刚度及其他条件一定的情况下，产生的振幅也就越大。振动频率与转子的频率相同。

转子不平衡分三种：第一种是静不平衡，静不平衡可在重力状态下确定。第二种是动不平衡，如果在一个转子上各偏心质量合成 2 个大小相等、方向相反，但不在同一直径上的不平衡力，则转子在静止时虽然获得平衡，但在旋转时会出现一个不平衡力偶。第三种是混合不平衡，如果一个转子上既有静不平衡又有动不平衡，就称为混合不平衡，是转子失衡的普遍状态，特别是长度和直径比较大的转子，容易产生混合不平衡。

为消除转子不平衡力或力偶引起的危害，必须精确测出不平衡质量所在的方位和大小，然后用增加平衡质量或去掉平衡质量的方法使转子达到平衡。常用的分析方法有振动幅值分析法、频谱分析法、相位分析法、特征分析法。

2. 转子碰摩

转子动、静件间发生碰摩通常是由其他故障导致的间接结果。转子不平衡，轴线不正，定子、转子间有异物都能引发动、静件间的碰摩。在机组安装或检修期这类问题尤其突出，因此应严格按照检修规程进行作业，检查定、转子上的易松动部件，防止以上部件落入空气间隙中，同时施工时对空气间隙进行可靠遮盖，人员进出风洞履行登记制度，对随身携带的物件进行详细登记，离开时一一清点确认，都可有效避免以上情况的发生。

3. 定子、转子空气间隙不均匀

参照国家标准规定，定子、转子空气间隙实测值一般应保持在（0.92～1.08）$\delta$，其中，$\delta$ 为实测空气间隙平均值。空气间隙严重超差会导致磁拉力不均匀，引起机组上导、下导及水导轴承摆度增大，机组旋转中心线偏离机组轴线，使导轴承温度过高，严重时可能引发导轴瓦烧损等事故发生。通过调节转动部件中心位置的方法来调整空气间隙值，实际操作过程中还应综合考虑镜板水平、导轴承中心、主轴密封及转轮迷宫环间隙等，应确保所有参数符合规范要求。

**三、转子磁轭检修**

转子磁轭又称轮环，用于形成发电机的磁路部分，并固定磁极和产生飞轮力矩，机组实际运行过程中还承受扭矩、离心力及热打键所产生的配合力等。直径小于 4m 的磁轭可用铸钢或整圆的后钢板组装而成，直径大于 4m 的磁轭则由 3～5mm 的钢片充成的扇形片交错叠装而成，用双头螺栓紧固成一个整体，并通过键固定在转子支架上；磁轭的外圆处有 T 形槽，用于固定磁极。

1. 转子磁轭的常规检修项目

转子磁轭的常规检修项目，见表 5-13。

**表 5-13　　转子磁轭的常规检修项目**

| 序号 | 检修项目 | 技术要求 |
|---|---|---|
| 1 | 磁轭外观检查 | （1）检查转子磁轭各部位拉紧螺栓，螺栓、螺母无松动。<br>（2）对电焊及结构焊缝进行检查应无开裂和脱焊。<br>（3）观察磁轭应无下沉情况。<br>（4）磁轭冲片及通风槽片应清洁，无损坏、油污、毛刺、锈蚀，平整，无毛刺、焊接高点，导风带不得高于衬口环。<br>（5）磁轭的垂直度情况。<br>（6）转子制动环无变形，表面无裂纹、毛刺，螺杆凹入制动环面深度应大于 2mm。<br>（7）如果磁极圆度超差，还要检查磁轭圆度。<br>（8）磁轭中心偏差符合技术要求。<br>（9）磁轭高度偏差符合技术要求。<br>（10）制动板波浪度符合厂家要求 |
| 2 | 磁轭键检查 | 磁轭键焊缝无松动、开裂 |

2. 转子磁轭常见故障及处理方法

（1）磁轭键焊缝开裂。

1）脱焊处处理前应对现场做好防护措施，在磁极和定子铁芯处应铺设防火布，对空气间隙处进行封堵，防止打磨、焊接过程中产生的火花、焊渣落入磁极和铁芯中，导致设备出现损伤。

2）对脱焊处的焊缝进行打磨，直到可看到两根磁轭键搭接的位置为止；打磨完毕后对打磨部位进行清理。

3）对打磨部位进行补焊，应根据磁轭键材料和厂家要求选择合适的焊条，焊接过程中注意消除应力，焊接完成后对焊渣进行清理，并对工作区域进行清理，防止焊渣落入空气间隙，必要时对焊接完成后的焊缝进行探伤检查，保证焊接质量。

（2）转子磁轭松动及下沉。以法兰面为基准对磁轭下沉量进行测量检查，如果出现下沉情况应重新对磁轭拉紧螺杆进行拉紧。磁轭冲片压紧后应进行检查，确保符合安装时对铁片压紧度的要求；如果发现磁轭和支臂有径向和切向位移，则应打紧磁轭键，以克服磁轭松动。

## 四、转子磁极及引出线检修

### 1. 转子磁极引出线工艺及要求

在将转子吊出机坑的检修中，为使转子上端轴顺利吊出或是对转子大轴引线进行检修时，均需要将转子引出线与大轴引出线连接点进行分离，检修完成后又要求可靠恢复；转子大轴与支臂处的励磁引线连接点大多采用螺栓连接，接触面搪锡或镀银，以减少接触位置电阻。对于搪锡的连接点，拆卸时剥开接头绝缘层，拆卸固定绝缘板，熔开接头位置搪锡，随后对连接螺栓进行拆除；安装时应确保搪锡良好，螺栓连接牢固，安装完成后对表面按绝缘规范包绝缘。胶干后刷低温干燥环氧树脂漆或188号聚酯晾干红瓷漆1～2遍。

### 2. 铜排接触面现场搪锡工艺

对铜排表面进行清洗，打磨表面氧化层。铜排搪锡时，可采用电极加热或乙炔焰加热，待铜排达到合适温度后及时添加松香和锡焊；锡焊熔化后，迅速用干净的白布擦拭干净，以保证有较好的搪锡面。

### 3. 铜排接触面现场电刷镀银工艺

铜排接触面现场电刷镀银的工艺流程如下。

（1）使用砂纸打磨接触面，去除表面氧化膜。

（2）溶剂除油。使用丙酮对待镀部位进行清洗。

（3）电净。工件接负极，镀笔接正极，进行电化学除油，电净后立即用水冲洗。

（4）铜活化。通过铜活化液的腐蚀作用、电化学阳极溶解作用，以及络合剂的络合作用去除铜材表面的氧化膜，直至露出新鲜的纯铜表面；铜活化处理后的工件表面呈紫铜本色，冲洗干净后即具备电刷镀银的条件。

（5）预镀。工件接负极，镀笔接正极，为防止置换层，加强结合力，预镀镍层（或浸银）。

（6）电刷镀银。镀笔接电源正极，工件接负极，镀笔饱蘸镀液后在镀件上滑动，在铜排接触面上镀上一层平整均匀的银层，镀银完成后立即使用清水冲洗。

（7）电刷镀银层晾干后，在其表面均匀涂抹一层防氧化液。

（8）最后检查镀银面镀层厚度、防氧化剂是否均匀。

## 五、转子磁极检查及检修

### 1. 转子磁极检查及更换原则

发电机常规检修中需对转子磁极进行检查，主要检查磁极线圈与磁极铁芯间有无电晕及放点痕迹，表面绝缘漆有无干裂、脱落，内外绝缘有无损坏和老化；当磁极出现以下缺陷时必须进行更换。

（1）磁极绕组对铁芯放电导致绕组与铁芯间隔绝缘纸被击穿。

（2）磁极线圈匝间短路。

（3）磁极绕组接头处过热烧熔，绝缘老化严重。

### 2. 磁极常见故障及处理方法

磁极常见故障及处理方法，见表 5-14。

**表 5-14　磁极常见故障及处理方法**

| 现　象 | 原　因 | 处　理　方　法 |
|---|---|---|
| 绝缘电阻低 | 绕组表面脏污，油污灰尘较多 | 气体吹扫，磁极绕组表面清扫 |
| | 绕组与铁芯间有异物毛刺 | 利用交流耐压高压试验设备进行加压放电，对毛刺进行烧蚀，加压应不超过转子额定电压的 5 倍 |
| | 磁极引线环氧绝缘支撑脏污 | 对绝缘支撑块进行清扫，脏污严重的绝缘块进行表面打磨，涂刷环氧绝缘胶，对破损及绝缘无法修复的绝缘块进行更换 |
| | 磁极铁芯与绕组短路 | 分段查找故障磁极，拆除磁极及铁芯，更换绕组绝缘材料 |
| | 磁极绕组受潮 | 开启风机、加热器、除湿机进行干燥处理 |
| | 绝缘老化 | 更换磁极或绕组 |
| 绕组匝间开裂 | 绕组引线柱拉紧螺栓松动位移 | 调节紧固螺栓，并涂螺纹锁固胶；开裂缝隙用氧浸渍胶填充 |
| | 铁芯紧固螺栓松动 | 检查铁芯紧固螺栓松动及止动块情况；紧固螺栓，焊接止动块 |
| 阻尼条松动 | 连接螺栓松动 | 紧固连接螺栓，更换螺栓锁定片，连接螺栓间加中强度螺纹锁固胶 |
| 磁极绕组直流电阻超标 | 磁极连接片发热接触不良，接触电阻过大 | 分段查找故障磁极，对接触面进行打磨，涂抹导电膏，紧固螺栓 |
| | 磁极绕组焊接部位缺陷 | 分段查找故障磁极，更换磁极绕组或磁极 |
| | 磁极绕组匝间绝缘损坏、老化 | 分段查找故障磁极，更换磁极绕组或匝间绝缘层 |
| | 磁极绕组连接片焊接部位断股 | 分段查找故障磁极，重新焊接 |
| 磁极绕组开路 | 磁极连接片烧断 | 更换连接片 |
| | 绕组烧断 | 更换磁极或绕组 |

### 六、滑环装置检修

水轮发电机组的滑环装置由集电环、电刷、刷握、刷架等构成，其作用是通过静止的电刷和旋转的集电环环面接触，给转子绕组施加励磁电流。

（一）滑环装置常规检修项目

1. 滑环装置常规标准及非检修项目

（1）滑环装置常规标准检修项目。

1）恒压弹簧清扫、检查或更换，恒压弹簧压力测试。

2）电刷检查及更换。

3）电刷与集电环接触面检查、处理。

4）刷架清扫、检查或调整。

5）刷握清扫、检查或调整。

6）滑环装置绝缘件清洗、检查或更换。

7）励磁电缆清扫、检查。

8）大轴引线接头（集电环接头）清扫、检查。

9）滑环室清扫、检查。

10）滑环装置检修前及检修后的绝缘电阻测试。

（2）滑环装置的非标准检修项目。滑环装置非标准检修项目根据具体情况编制，一般有集电环接触面研磨、绝缘件改造更换、刷握换型、励磁电缆换型、电刷全部更换滑环装置的拆卸和安装等。

2. 滑环装置的清扫、检查

清扫滑环时，应对滑环装置进行彻底检查。

（1）集电环检查。

1）集电环安装时应与轴同心，晃度应符合设备技术条件的规定；当无规定时，其晃度不宜大于0.05mm。

2）集电环安装的水平偏差一般不宜大于2mm。

3）集电环接触面应无变色、过热现象；接触面不应有麻点或凹沟，表面不平度不大于0.50mm，否则应研磨集电环接触面，使表面粗糙度值达到$Ra$1.6～$Ra$0.8μm。

4）集电环的上、下环之间的绝缘件应无脏污，外观完好，无变色、过热现象。

5）大轴引线接头（集电环处接头）应固定牢固，无松动和过热变色。

6）集电环接触面应无变色、过热现象，其运行温度应不高于120℃。

7）集电环被油污染后，应研磨集电环接触面，使其表面光洁、无油膜，以确保集电环与电刷的接触面无油腻。

（2）刷架、刷握检查。

1）刷架固定牢固，整体应无晃动，且位置正确。

2）刷架支撑杆和上、下刷架间的绝缘件应无脏污、外观完好，无变色、过热现象，刷架无接地的可能。

3）接至刷架的励磁电缆，不应使刷架受力，励磁电缆固定牢固。

4）励磁电流引线及接头应无过热现象、绝缘良好，引线表面无破损，接头连接紧固，电缆及引线绝缘损坏处应进行包扎处理。

5）刷握外观干净无破损、表面无过热引起的变色；与电刷接触面检查光滑，无毛刺、碳腻。

6）刷握应布置整齐，固定牢固；刷握与集电环间隙进行检查应有2～4mm间隙，刷握垂直方向偏离集电环旋转方向为5°。

7）使用500V或1000V绝缘电阻表对刷架的绝缘电阻进行测试，其绝缘值应不低于2MΩ。

（3）电刷装置拆装。

1）拆除前应做好相关原始记录，做好相关配件的相对位置记号和连接顺序，必要时在记录本上做出示意图。

2）拆除电缆、导电环，拆除刷握和刷杆等。

3）用清洗剂或酒精清洗所有零部件，清除表面的灰尘和油污（电刷除外），绝缘件老化或损伤的应进行更换。

4）将刷杆的绝缘套管套到刷杆座上，并进行初步固定。

5）将导电环安装到刷杆上，以集电环为基准调好导电环的垂直度和径向位置，位置调整合格后对刷杆进行紧固。

6）对刷握进行装复，刷握应排列整齐，刷盒间的距离应相等，同时，刷盒与集电环间的间隙应保持一致，并在同一平面上。

7）对电刷进行装复，电刷引出线与导电环间连接牢靠，接触良好。

8）对电刷接触面弧面进行研磨。

9）测量并调整电刷压力，应符合相关要求。

10）对电缆或铜排进行恢复。

3. 电刷更换

（1）电刷更换原则。

1）每个电刷有1/4刷辫出现断股，或者电刷长度磨损至低于原长度的1/2时应进行更换。

2）电刷边缘应无剥落现象，电刷更换时应选择相同型号的电刷。

3）应对被油污染的电刷进行更换，超过电刷总数1/3的电刷被油污染的应更换所有的电刷。

（2）电刷更换要求。

1）同一滑环装置上应安装使用同一型号的电刷，检修过程中更换的新电刷必须与旧电刷型号相同。

2）更换新电刷后，应研磨电刷接触面弧面，使电刷与集电环的弧度相吻合，接触面积应不小于单个电刷截面积的75%。

3）单次更换电刷的数量不宜超过电刷总数的1/3；如果对于更换数超过总数的1/3的，应待更换的电刷与集电环磨合后，再更换剩余的电刷；因特殊情况更换电刷超过电刷总数的1/3的，发电机开机调试过程中应先不带负荷空转1～2h后方可带负荷运行。

4）新电刷接触面为平面，与滑环接触面较少，如果单次更换的电刷数量较少则可不做处理，允许在机组运行过程中自动磨合；如果更换的电刷稍多，则应将电刷接触面进行研磨，使其与滑环弧度相同才可使用；如果没有专用的圆弧面，可将砂纸铺在滑环圆弧面上，将电刷初磨一定的弧形，随后用金相砂纸磨合接触面，电刷磨合完成后用干净的布将电刷和滑环面擦拭干净，应确保电刷与滑环面间无残留的砂纸颗粒。

5）电刷与刷握间应有0.10～0.20mm的间隙，并抽动检查其灵活度，电刷与刷架连接螺栓应紧固，保证刷辫与刷架接触良好。

6）刷握边缘距离滑环表面应有约(5±3)mm的间隙，刷握一般应垂直对正滑环安装，但也有厂家设计要求电刷与滑环垂直面间有一个很小的角度（接触倾角$\alpha$），实际安装时应注意调整角度。

7）弹簧安装应牢固可靠，且不与刷辫发生卡磨，各电刷之间的压力误差应不超过±10%。

### （二）滑环装置常见故障及检修

#### 1. 集电环表面磨蚀

（1）定期检查集电环磨损情况，并定期进行修复保养，防止电刷跳火；定期对集电环极性进行调换，使两极集电环损蚀程度保持均匀，可有效地延长集电环的使用寿命。

（2）检查发现集电环滑动面出现斑点、刷痕、轻度磨损等损伤时，应先用锉刀将表面凸起的划痕去除，然后使用油石在转动的情况下进行研磨；待表面故障消除后，再使用金相砂纸进行表面抛光，表面粗糙度达到$Ra1.6$～$Ra0.8\mu m$。

（3）集电环滑环表面存在烧伤、沟槽，表面凹凸程度比较严重的，有1mm左右，损伤面积占金属表面积的20%～30%时，一般采用车削的方法进行处理；车削所使用的车刀必须锋利，注意控制给刀量，一次切削深度0.10mm左右，切削线速度为1～1.5m/s，加工后同轴度误差不大于0.03～0.05mm；车削完成后，使用金相砂纸对表面进行抛光，表面粗糙度应达到$Ra1.6$～$Ra0.8\mu m$。

（4）对于滑环磨损不均，导致外圆圆度不符合的，使用车削的方式进行修圆，车削圆后使用上述方法进行抛光。

（5）滑环检查有裂纹的，应根据裂纹情况进行补焊车削，情况严重的应进行更换。

#### 2. 滑环碳粉堆积

由于滑环积油、电刷质量不满足要求、集电环表面有毛刺、弹簧卡子力度不合适等将导致滑环处碳粉堆积过多，从而引起滑环打火和转子一点接地等故障；检修及日常维护过程中应对滑环进行清扫，对于检查不合格的电刷应及时进行更换，打磨集电环表面高点、毛刺，做到早发现、早处理。

## 第四节　机组轴线检查和处理

为保证水轮发电机组运行的稳定性，检修时需对机组大轴轴线进行检查。通常采用盘车方式检查机组轴线的摆度。

### 一、机组大轴轴线的标准

GB/T 8564—2003《水轮发电机组安装技术规范》对机组轴线的允许摆度值推荐了具体的数据，详见表 5-15。

表 5-15　　机组轴线的允许摆度值（双振幅）

| 轴名 | 测量部位 | 摆度类别 | 轴转速 $n$(r/min) | | | | |
|---|---|---|---|---|---|---|---|
| | | | $n<150$ | $150\leqslant n<300$ | $300\leqslant n<500$ | $500\leqslant n<750$ | $n\geqslant750$ |
| 发电机轴 | 上、下轴承处轴颈及法兰 | 相对摆度(mm/m) | 0.03 | 0.03 | 0.02 | 0.02 | 0.02 |
| 水轮机轴 | 导轴承处轴颈 | 相对摆度(mm/m) | 0.05 | 0.05 | 0.04 | 0.03 | 0.02 |
| 发电机轴 | 集电环 | 绝对摆度(mm) | 0.50 | 0.40 | 0.30 | 0.20 | 0.10 |

注　1. 绝度摆度：绝度摆度指在测量部位测出的实际摆度值。
2. 相对摆度：绝对摆度（mm）与测量部位至镜板距离（m）之比。
3. 在任何情况下，水轮机导轴承处的绝对摆度不得超过以下值：
转速在 250r/min 以下的机组为 0.35mm。
转速在 250～600r/min 以下的机组为 0.25mm。
转速在 600r/min 及以上的机组为 0.20mm。
4. 以上均指机组盘车摆度，并非运行摆度。

机组检修时，如果盘车检查大轴轴线的摆度超出表 5-15 的数据，应对大轴轴线进行校正，直到满足要求。

### 二、机组大轴轴线的检查方法

#### （一）盘车方式介绍

根据不同的动力方式，在检修中测量机组轴线摆度主要有三种盘车方式：机械盘车、电动盘车、自动盘车。

机械盘车是将盘车架固定在推力头或端轴上，利用人力推动或利用桥机、钢丝绳、滑轮等使机组大轴旋转进行盘车。

电动盘车是在定子、转子绕组中通直流电形成定子磁场和转子磁场，由于极性相同相排斥和极性相异相吸引，转子被驱动旋转。

自动盘车是利用自动盘车装置驱动机组旋转，是近几年逐步得到广泛应用的一种盘车方式。自动盘车装置主要由机架、驱动电机、减速机构、连轴机构、离合机构等5部分组成。利用发电机端罩和上机架的连接螺栓孔将机架和发电机上机架连接，连轴机构连接到发电机端轴或推力头上，通过驱动电机、减速机构驱动连轴机构连同发电机转子缓慢旋转进行盘车，到达盘车停点位置时，通过离合机构使转动部分与固定部分脱离。自动盘车旋转平稳、匀速，操作灵便、停点准确，对盘车不造成径向干扰、测量数据相对精确。

根据推力轴承不同的支撑方式，盘车又分为刚性盘车和弹性盘车。刚性支撑结构的机组采用刚性盘车方式，在靠近推力轴承的导轴承处，使用轴瓦将大轴抱紧进行盘车。弹性支撑结构的机组，采取抱两个导轴承的盘车方式，其中一个导轴承靠近推力轴承。如果满足刚性盘车的条件，弹性支撑结构的机组，尽量采取刚性盘车。

（二）盘车前准备工作

（1）拆除影响盘车的机组各部件，包括发电机集电环、水轮机主轴密封、发电机导轴承有关部件、水轮机导轴承有关部件、推力轴承有关部件。

（2）将机组主轴调整到中心位置附近，推动主轴，检查自由状况。

（3）检查推力轴承的状况，确认支撑合格。

（4）安装盘车装置。

（5）抱紧导轴承。对于刚性盘车机组，抱紧贴近推力轴承的导轴承；对于弹性盘车机组，增加抱紧另一个导轴承。导轴承对称抱一半的轴瓦，一般不少于四块瓦（$\pm x$、$\pm y$方向）或五块瓦，每块瓦按单边间隙0.03～0.05mm调整好。导轴承的瓦面涂抹洁净的汽轮机油。

（6）在推力瓦与镜板之间加注润滑油。

（7）检查发电机空气间隙、水轮机迷宫环间隙，空气围带间隙，确认无异物，且基本均匀。

（8）在集电环、上导（下导）、镜板、主轴法兰、水导测点处按圆周的逆时针方向划线八等分，并对测点进行顺序编号，八个测点编号从上至下方向要一致，八个测点读数应在一条垂线上，在$+x$、$+y$方向装设百分表，百分表应装设牢固（百分表短针预压3～5mm，长针调整到零位，注意百分表指针上的螺帽在预压之前是否拧紧）。

百分表架设位置示意，如图5-3所示。

（9）检查主轴测量盘车测点部位的整个圆周不能有高点或凹点，同时应做好清洁工作。

（10）检查通信工具，联络信号良好、通话清晰。

（11）准备好记录表格。

（三）盘车方法

（1）试盘车：正式盘车前应进行空载测试，检查盘车装置动作是否正常。如果为反

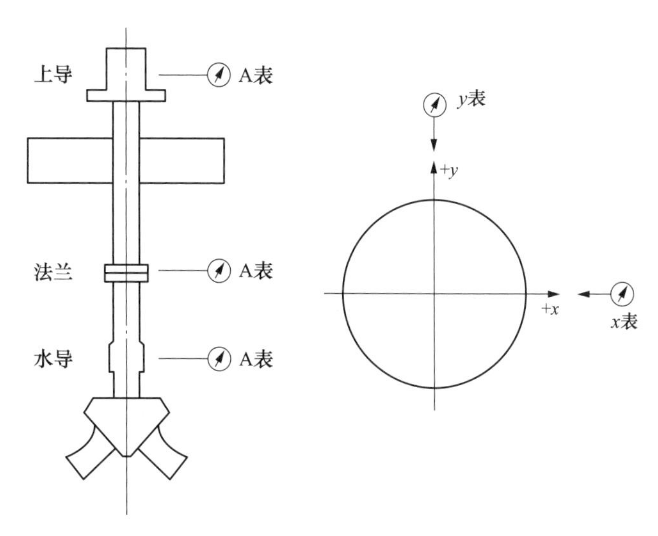


图 5-3 百分表架设位置示意

方向，可调整操作机构的转换开关。试运行过程中仔细观察盘车装置动作是否平稳，响声是否正常，如果有异常应马上停止进行检查，以免损坏机组设备。

(2) 正式盘车：操作盘车机构将转子转至 $y$ 方向正对 1 号点，$x$ 方向正对 7 号点，将百分表指针对零，然后使其顺时针方向转动一个测点，停稳后通知所有测量人员开始进行读数，以此类推，最后一个测点应回到起始点，依次记录 9 个测点的读数，形成机组盘车数据记录表。

(四) 盘车过程中注意事项

(1) 盘车前应仔细检查转动部位，符合盘车条件。

(2) 实际盘车过程中，限位轴承处应不间断喷涂透平油作润滑剂。

(3) 在盘车的间歇，人员暂时休息时，百分表测针不要与被测部位相接触。

(4) 每盘一次车开始前百分表的指针必须对零，盘车回位（机组转动一圈）的数据必须记录，应确保测量数据的准确性，发现某点数据存在问题时应及时提出来，并查找原因。

(5) 为确保数据准确，至少要进行三次盘车，盘车结果应是正弦曲线，如有误差则必须重盘。抱紧主轴处的摆度不能超过 0.06mm。

(6) 盘车现场派专人监护（发电机风洞、转轮）。

(7) 盘车过程中遇到异常情况立即通知指挥现场负责人。

(五) 盘车数据整理和分析

1. 基本概念

(1) 全摆度。同一测量部位对称两点的百分表读数之差称为全摆度。以 8 点测量为例，对称两点具体指的是 1 点—5 点、2 点—6 点、3 点—7 点、4 点—8 点。上导处的全摆度值为

$$\phi_a = \phi_{a180} - \phi_{a0} = e \tag{5-1}$$

式中　$\phi_a$——上导处的全摆度值；

$\phi_{a180}$——上导轴承处旋转180°时读数；

$\phi_{a0}$——上导轴承0°时的读数；

$e$——主轴的径向位移值。

法兰处的全摆度值为

$$\phi_b = \phi_{b180} - \phi_{b0} = 2j + e \tag{5-2}$$

式中　$\phi_b$——法兰处的全摆度值；

$\phi_{b180}$——法兰处旋转180°时读数；

$\phi_{b0}$——法兰处0°时读数；

$j$——法兰处的倾斜值。

（2）净摆度。同一测点各部分的全摆度与靠近推力轴承的导轴承（悬式一般指的是上导轴承）处的全摆度的差。用字母$\phi_{ba}$、$\phi_{ca}$分别表示法兰处、水导处的净摆度值。

$$\phi_{ba} = \phi_b - \phi_a \tag{5-3}$$

$$\phi_{ca} = \phi_c - \phi_a \tag{5-4}$$

式中　$\phi_{ba}$——法兰处的净摆度值；

$\phi_{ca}$——水导处的净摆度值；

$\phi_c$——水导的全摆度值。

将式（5-1）和式（5-2）代入式（5-3），可得$\phi_{ba}=2j$，说明主轴处净摆度是此处主轴倾斜度的2倍。

2. 盘车数据准确性分析

如果盘车数据准确真实，8点的净摆度值，在坐标图上应是正弦曲线。如果曲线发生畸变，说明盘车数据不可靠，应查明原因，重新盘车。

检查推力轴承镜板外缘的轴向摆度，如果过大，盘车数据不能使用。

采取最小二乘法对盘车数据进行分析，方法简单迅速，能够快速判断盘车数据是否可靠，并且能计算出最大摆度值及方位。

根据有关文献的分析，对于水轮发电机组传统8点盘车法，用最小二乘法对摆度数据进行拟合，拟合曲线为

$$F(x) = P\sin x + Q\cos x + C$$

其中，

$$P = \frac{1}{4}\sum_{i=1}^{8} y_i \sin x_i$$

$$Q = \frac{1}{4}\sum_{i=1}^{8} y_i \cos x_i$$

$$C = \frac{1}{8}\sum_{i=1}^{8} y_i$$

式中　$y_i$——盘车净摆度值，0.01mm；

$x_i$——盘车时测点对应的角度值，(°)；

$C$——摆度曲线在计算公析纵坐标上的偏移值，0.01mm。

3. 示例

某电厂为全伞式结构机组，单机容量250MW，采用弹性油箱支柱式推力轴承，有上导轴承、下导轴承、水导轴承三个导轴承。在A级检修中，盘车对机组轴线进行了检查。用Excel表格对水导轴承的摆度进行分析和计算，机组轴线检查记录，见表5-16。

表5-16　　机组轴线检查记录

| 机组号 | | | 2号机 | | | 检修时间 | | | 年　月　日 | | | | |
|---|---|---|---|---|---|---|---|---|---|---|---|---|---|
| 分部工程 | | | | | | 施工单位 | | | | | | | |
| 测量人 | | | | | | 记录人 | | | | | | | |
| $y$方向（起点为1号点，单位：0.01mm） | | | | | | | | | | | | | |
| 测量部位（轴号） | | | 1 | 2 | 3 | 4 | 5 | 6 | 7 | 8 | 9 | $P/Q/C$ | |
| 角度（$x_i$） | | | 0 | 45° | 90° | 135° | 180° | 225° | 270° | 315° | 360° | | |
| $\sin x_i$ | | | 0 | 0.707 | 1 | 0.707 | 0 | −0.707 | −1 | −0.707 | 0 | | |
| $\cos x_i$ | | | 1 | 0.707 | 0 | −0.707 | −1 | −0.707 | 0 | 0.707 | 1 | | |
| 绝对摆度 | 集电环 | | 0 | 3 | 0 | −5.5 | −5 | −6 | −10 | −9 | −1 | | |
| | 上导 | | 0 | −1.5 | −2.5 | −3 | −4 | −2.5 | −1 | 0 | 0 | | |
| | 下导 | | 0 | 0 | −1 | −0.5 | 0 | 0 | 0 | 0 | 0 | | |
| | 镜板轴向 | | | | | | | | | | | | |
| | 主轴法兰 | | 0 | 1 | 3 | 1 | 0.5 | −6.5 | −3.5 | −6.5 | −2 | | |
| | 水导 | | 0 | 5 | 11 | 15.5 | 15 | 9 | 3 | −1.5 | 0 | | |
| 水导摆度计算 | 水导与下导摆度差实测值 | $y_i$ | 0 | 5 | 12 | 16 | 15 | 9 | 3 | −1.5 | 0 | $C$ | 7.313 |
| | | $y_i\sin x_i$ | 0 | 3.535 | 12 | 11.312 | 0 | −6.363 | −3 | 1.060 5 | 0 | $P$ | 4.636 |
| | | $y_i\cos x_i$ | 0 | 3.535 | 0 | −11.312 | −15 | −6.363 | 0 | −1.060 5 | 0 | $Q$ | −7.550 |
| | 水导与下导摆度差修正值 | $F(x)=P\sin x_i+Q\cos x_i+C$ | 0 | 5.25 | 11.95 | 15.928 2 | 14.86 | 9.37 | 2.68 | −1.30 | −0.24 | | |

将水导轴承的实际测量摆度数据和用最小二乘法拟合后的数据绘制成曲线，水导轴承理论、实际净摆度曲线对比，如图5-4所示。

从图中可看出，实际测量的数据绘成曲线后成正弦曲线，与拟合的理论曲线吻合得非常好，从图形上对盘车过程中测量的数据进行评估，能直接看出测量数据的准确性和可靠性。

（1）最大摆度计算。根据表5-16数据，$P=4.636$，$Q=-7.55$，$C=7.313$

水导轴承处最大偏心值 $e=\sqrt{P^2+Q^2}=\sqrt{4.636^2+7.55^2}=8.86$

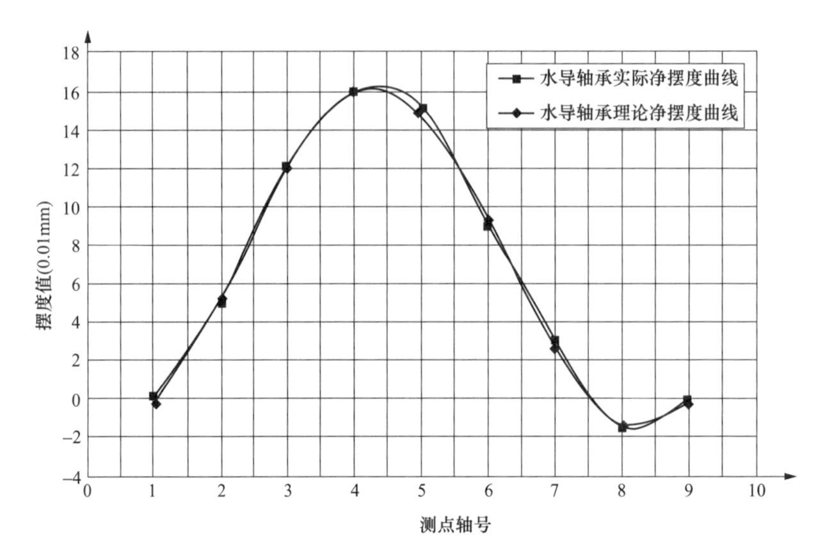


图 5-4　水导轴承理论、实际净摆度曲线对比

最大摆度 $2e=17.72$

（2）最大摆度的方位确定。最大摆度的方位通过两种方法确定，第一种方法，将摆度曲线画好，从图上度量出来，本例中，最大摆度在 4 号点和 5 号点之间，偏离 4 号点 13.5°。

第二种方法，通过计算法确定。

水导处的摆度曲线方程式为

$$F(x)=P\sin x_i+Q\cos x_i+C=4.636\sin x_i-7.55\cos x_i+7.313$$

可通过插值逼近法计算，在 4 号点和 5 号点之间，求取 $F(x)$ 值最大的点。本例中，$x_i=148.5°$，由于 4 号点为 135°，因此，最大摆度偏离 4 号点 $148.5°-135°=13.5°$。

也可通过函数计算方法求解水导处的摆度曲线方程式

$$F(x)=P\sin x_i+Q\cos x_i+C=4.636\sin x_i-7.55\cos x_i+7.313$$

## 第五节　发电机导轴承检修

发电机一般在转子的上方或下方布置有 1～2 个导轴承。导轴承的结构形式通常为分块瓦式，导轴瓦的调整结构有抗重螺栓、抗重块加调整垫、楔子板式等。导轴承可单独布置，也可与推力轴承组合在一起。

### 一、上导轴承解体、装复步骤

以单独布置的分块瓦结构上导轴承为例进行说明，其他类同。

上导轴承的结构，如图 5-5 所示。

（一）检修准备

（1）场地布置妥当，各部件放置地点已确定。

（2）检修所用的工器具及材料已全部到位。

（3）上导油槽内的油已全部排出，关闭其供排油阀门。

（二）主要安全措施

（1）关闭进水口工作闸门，并可靠切断其操作油源。

（2）将压力钢管消压至零。

（3）切断上导冷却水水源。

（三）拆除步骤

1. 施工前应具备的条件

（1）检修前盘车已完成。

（2）补气阀已拆除。

（3）机帽已拆除。

（4）集电环已拆除。

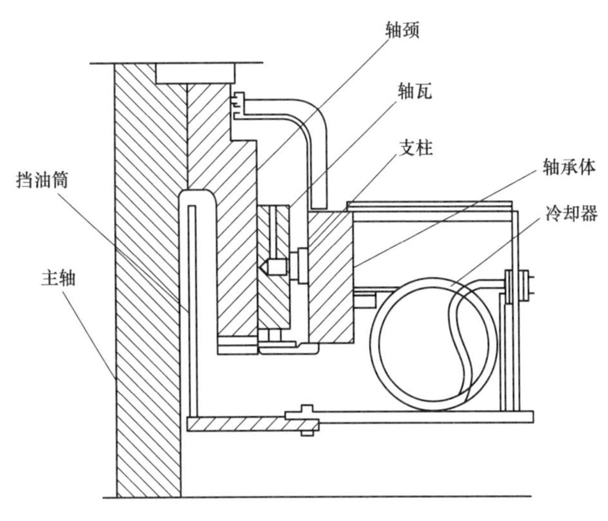


图 5-5　上导轴承的结构

2. 密封盖拆除

（1）上导轴承的解体应在油槽润滑油已排尽，摆放场地已准备好的前提下进行。

（2）拆除之前用塞尺测量气密封间隙，并做好记录。拆除上导轴承气密封的管路及各部位的自动化监视探头。将密封盖分别做好记号，用扳手将密封盖之间的连接螺栓拆除，然后松掉密封盖的地脚螺栓，所拆除的螺栓用破布包好，并注明所属位置，放在油盆内。然后将 6 块密封盖抬出，放在指定位置。

3. 油槽盖拆除

（1）将 12 块油槽盖分别做好记号。

（2）拆除油槽盖板上的油气管路。

（3）用扳手将油槽盖板上的螺栓拆除，螺栓用破布包好，做好标注放在指定的油盆内。

（4）将油槽盖板取掉放在指定位置。

4. 测量上导瓦间隙

（1）将上导瓦及油槽内的余油初步清扫干净。

（2）联系仪表专业人员将 12 块上导瓦的测温探头拆除。

（3）将上导瓦全部抱紧后，将 12 块瓦隔一块提出一块，用千斤顶在没有提出的一块上导瓦对称的位置上进行顶轴，在要测量间隙的瓦前面将一块百分表安装在该瓦对应的轴领处进行读数，并在该瓦 90°的位置上同样打一块百分表进行监测，在顶轴的同时用一字起检查被顶瓦旁边的瓦是否可以移动，如果不能移动则停止顶轴将不能移动的瓦提出，直到要测量的上导瓦上的百分表读数不变为止，记录该瓦位置的百分表读数，即为该瓦间隙，同时观察九十度方向的百分表是否对零。松掉千斤顶，检查百分表的读数是否为零，若不为零则用千斤顶进行顶轴，直到百分表的读数都为零。测量完 6 块瓦后，将提出的瓦放入，已测量的瓦提出来，重复以上步骤，直到将 12 块上导瓦间隙全部测量记录。

5. 吊出上导瓦

（1）将每块上导瓦的编号标注在其对应的油槽内壁上，便于装复。

（2）用 M16 的吊耳穿在轴瓦上的螺孔内，用钢管穿过吊耳，两人同时用力将上导瓦依次提出。

（3）轴瓦下面平铺一块橡皮垫，用白布将轴瓦包起来，防止轴瓦损坏，放在指定的位置。

6. 冷却器解体

（1）拆除冷却器的进排水管道，将水尽可能排出去。

（2）冷却器由 12 个紫铜管绕成的 $\phi400$ 螺旋型结构组成，做好标记后，拆除相互之间的连接法兰螺栓及固定螺栓后，将冷却器吊出油槽。

（3）将冷却器清扫干净，检查铜管是否有伤痕和腐蚀现象。

（4）将冷却器连接起来，进行整体试压，压力 0.4MPa，时间 30min，要求无渗漏。

7. 挡油筒拆除

（1）用记号笔在挡油筒底部做好记号，便于装复。

（2）将底部的连接螺栓对称拆除 4 个，安装 4 个全螺纹的导向杆，每个导向杆带有两个螺帽，然后紧固螺帽。

（3）用电动扳手拆除其余的螺栓，螺栓用破布包好，做好标注放在指定的油盆内。用塑料布围成一个环形用来接油槽内剩余的油。

（4）同时缓慢的松掉 4 个导向杆上的螺帽，挡油筒沿着导向杆慢慢下降。将挡油筒降落在下面的枕木上，然后松掉导向杆。

**（四）上导轴承装复**

1. 装复应具备的条件

（1）机组轴线已检修合格。

（2）推力瓦的受力检查和调整已完成。

（3）主轴已调整到中心位置。

（4）各部件已检修完毕。

2. 挡油筒装复

（1）将油槽底板及挡油筒清扫干净，更换新的密封条。

（2）对应解体之前的记号，对称在四个位置安装导向杆，四人同时缓慢用力紧固导向杆上的螺帽，使挡油筒慢慢上移。上移过程中可能会因上移速度不一致导致发卡现象，因此要有专人严密监视四个方向的上移高度，随时调整上移的速度。

（3）待挡油筒随导向杆到位后，将其余的螺栓全部带紧，然后松掉导向杆，装复最后的四颗螺栓，并带紧。

（4）将上导油槽清扫干净后做煤油渗漏试验，要求 8h 无渗漏。

3. 冷却器装复

（1）将冷却器的螺旋型结构连接法兰结合面清扫干净后，把它们依次固定在油槽座上，更换密封垫装复连接法兰。

（2）装复油冷却器的进排水管道，然后进行整体试压，要求在压力 0.4MPa，30min 内无渗漏现象。

4. 上导瓦装复及间隙调整

（1）检查上导瓦的磨损情况，并根据需要对上导瓦进行挑刮瓦花处理，然后将轴瓦清扫干净。

（2）将轴颈部位清扫干净。

（3）检查并确认主轴在机组中心位置。

（4）将导轴瓦及调整装置放入轴承油槽内的安装位置。

（5）在轴颈处 $x$、$y$ 位置架设百分表，用以监视主轴径向的移动，防止调整轴瓦间隙过程中机组主轴不发生平移。

（6）检查导轴瓦绝缘，每块瓦的绝缘电阻应不小于 50MΩ。

（7）调整轴瓦间隙。

采用楔子板或特制的千斤顶等在瓦背两侧将导轴承瓦顶靠到轴颈上，对称将所有导轴承瓦抱紧，过程中同时监视百分表读数不能变动确保主轴不发生移动，导轴承间隙调整，如图 5-6 所示。按照间隙计算结果对各导轴瓦间隙进行调整。

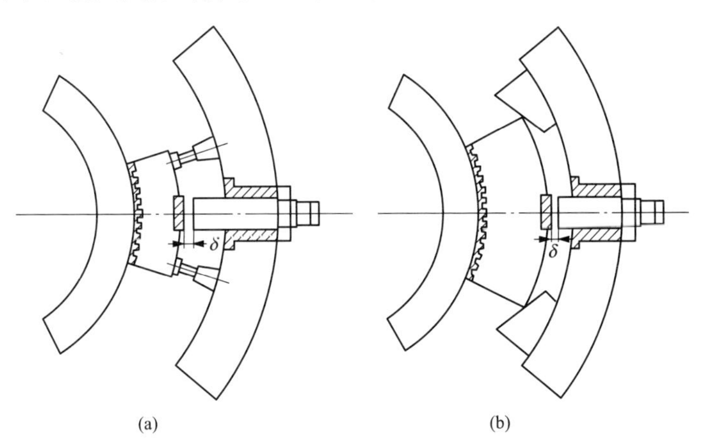


图 5-6　导轴承间隙调整

（a）使用千斤顶；（b）使用楔子板

$\delta$—轴瓦调整间隙值

分块式导轴瓦间隙允许偏差不应大于±0.02mm，但相邻两块瓦的间隙与要求值的偏差不大于0.02mm。间隙调整后，可靠锁定调整装置。

5. 油槽清扫

瓦间隙调整完成后对油槽内进行彻底清扫，防止遗留任何无关物品在油槽内，并用灰面团粘出油槽内的细小污渍，确保油槽干净无异物。

6. 装复测温探头

将轴瓦和油槽的测温探头安装好。

7. 油槽盖装复

（1）装复之前仔细检查油槽内是否有异物，防止工器具等遗落在油槽内。

（2）更换密封垫后，对应编号将油槽盖板装复。

（3）装复油气管道。

8. 密封盖装复

（1）仔细检查油槽内是否有异物，防止工器具等物品遗落在油槽内。

（2）更换O形密封条及各密封盖之间的密封垫。

（3）按照标记依次将密封盖放置到位，在装复过程中严密监视O形密封条，防止脱落。

（4）紧固连接螺栓及固定螺栓，紧固过程中时刻用塞尺测量密封盖与大轴之间的间隙，使之均匀间隙不小于0.75mm。

（5）装复油气管道。

9. 其他

将各管道和金属表面除锈刷漆，按照技术规范的要求进行着色刷漆及标示流向，保持外表美观。

## 二、上导轴承部件检修及工艺

### （一）上导瓦的检查和处理

检查上导瓦表面有无脱壳、硬点、裂纹，并做好记录。对于轴电流烧灼的痕迹可用细油石打磨，再用无水乙醇及白布擦拭干净，然后用弧面磨具包细毛毡，蘸适量的研磨膏磨光，最后再进行挑花。如果刀花局部不清晰或存在大片连续亮点，则用刀刃为弧面的刮刀修刮或挑花；当瓦面接触面积达到整个瓦面的70%以上且接触点达到每平方厘米1～3个点时为合格。

### （二）轴领的检查和处理

用无水乙醇对轴领进行清洗，检查表面有无高点或烧损痕迹，使用天然油石打磨高点或毛刺，然后使用氧化铬M5～M10的研磨膏与汽轮机油调和，倒在细羊毛毡上进行抛光。轴领抛光时应沿着轴领周向逆时针方向进行，抛光过程中注意不要破坏轴领圆度。轴领抛光后使用无水乙醇清洗干净，随后在轴领表面涂抹凡士林，并贴油纸进行防锈处理。

### （三）油槽检查

检查油槽内壁有无锈蚀、脱漆现象，对于脱漆的地方进行清洗，随后补刷聚氨酯耐油漆；对于有开焊、裂纹等缺陷，应对以上位置进行补焊处理，处理完成后应进行相应的探伤检查；导轴承装复前应检查确认内部无遗留工器具及材料，使用白布对油槽内卫生进行擦拭，最后用面团仔细进行清扫；油槽装复后应做4～8h的煤油渗漏试验，要求无渗漏现象。

（四）机组中心的调整

1. 机组中心调整的要求

在发电机部分，当空气间隙均匀时，才能保证转子上的电磁力平衡，减少发电机的振动。在水轮机部分，当转轮的上迷宫环和下迷宫环间隙均匀时，才能减少作用在转轮上的水力不平衡力，保证水轮机的稳定运行。

水轮发电机组安装和检修时，发电机空气间隔的误差必须控制在一定范围内，水轮机的上迷宫环和下迷宫环间隙的误差不能超过一定的数据。GB/T 8564—2003《水轮发电机组安装技术规范》对误差做出了明确的规定。

在机组中心调整过程中，应尽量调整空气间隙及迷宫环间隙在规定范围内，并使转动部分旋转中心线尽可能与机组固定部分中心线重合。

2. 调整方法

在圆周方向均分8点，测量发电机空气间隙，根据要求，找出发电机轴的移动数值和方位。

在圆周方向均分8点，测量水轮机上迷宫环和下迷宫环的间隙，根据要求，找出水轮机轴的移动数值和方位。

综合以上空气间隙、上迷宫环、下迷宫环的调整数据和方位，对水轮发电机轴的位置进行调整，直至三个部位的间隙均满足制造厂的设计要求。

（五）导轴承间隙调整

立式水轮发电机组一般布置有上导（下导）、水导等2～3个导轴承，通过导轴承，保证机组转动部分的旋转中心与固定部分的中心同心。

导轴瓦间隙的确定有计算法和作图法。

1. 计算法

由于制造和安装的误差，机组轴线盘车检查合格后，各导轴承处摆度仍然存在。因此，在机组调整导轴承瓦间隙时，应根据设计的总间隙值结合盘车过程中测定的摆度值来确定各导轴承处瓦的间隙分配值，一般遵循摆度大的方向间隙应该小些的原则（但不宜小于0.03mm）。

（1）悬式机组导轴承瓦间隙计算方法。

1）主轴调整到机组中心位置，发电机导轴承和水轮机导轴承全部进行调整。此时，上导轴承各块瓦的间隙均等于设计间隙，下导轴承和水导轴承的间隙根据盘车摆度进行计算。

上导轴承瓦间隙调整公式为

$$\delta_{a0}=\delta_{a180}=\delta'_{a}$$

式中　$\delta_{a0}$——上导轴承瓦间隙调整值，mm；

$\delta_{a180}$——$\delta_{a0}$对侧瓦间隙调整值，mm；

$\delta'_{a}$——上导轴承瓦设计间隙，mm。

下导轴承瓦调整间隙计算公式为

$$\delta_{b0}=\delta'_{b}-\frac{\phi'_{ba}}{2}=\delta'_{b}-\frac{L_{b}\phi_{ba}}{2L_{1}}$$

式中　$\delta_{b0}$——下导轴承瓦间隙调整间隙，mm；

$\delta'_{b}$——下导轴承瓦设计间隙，mm；

$\phi'_{ba}$——下导轴承处净摆度，mm；

$\phi_{ba}$——法兰处净摆度，mm；

$L_{b}$——上导轴承瓦中心至下导轴承瓦中心的距离，mm；

$L_{1}$——上导轴承瓦中心至法兰处的距离，mm。

下导轴承瓦$\delta_{b0}$的对侧间隙计算公式为

$$\delta_{b180}=2\delta'_{b}-\delta_{b0}$$

式中　$\delta_{b180}$——$\delta_{b0}$对侧的间隙，mm。

2）机组主轴在中心位置，水轮机导轴承不动，调整上导轴承和下导轴承时，根据主轴盘车摆度计算上导轴承和下导轴承的间隙。

先用千斤顶或专用顶丝在水导轴承处将主轴固定牢固，随后用千分表测出水导轴承瓦8个方向（或4个方向）的实际间隙值，测点选择应与下导瓦位置一致，然后按照下列公式计算上、下各导轴承瓦的间隙值。

上导轴承瓦调整间隙计算公式为

$$\delta_{a0}=\delta_{c}+\frac{\phi_{ca}}{2}-(\delta'_{c}-\delta'_{a})$$

式中　$\delta_{c}$——水轮机导轴承瓦调整间隙，mm；

$\phi_{ca}$——水轮机导轴承处净摆度，mm；

$\delta'_{c}$——水轮机导轴瓦设计间隙，mm。

上导轴承瓦$\delta_{a0}$的对侧间隙计算公式为

$$\delta_{a180}=2\delta_{a}-\delta_{a0}$$

下导轴承瓦调整间隙计算公式为

$$\delta_{b0}=\delta_{c}+\left(\frac{\phi_{ca}}{2}-\frac{\phi'_{ba}}{2}\right)-(\delta'_{c}-\delta'_{b})$$

或

$$\delta_{b0}=\delta_{c}+\left(\frac{\phi_{ca}}{2}-\frac{L_{b}\phi_{ba}}{2L_{1}}\right)-(\delta'_{c}-\delta'_{b})$$

下导轴承瓦$\delta_{b0}$的对侧间隙计算公式为

$$\delta_{b180}=2\delta'_{b}-\delta_{b0}$$

（2）伞式机组导轴承轴瓦间隙计算方法。

1）伞式水轮发电机组，由于推力轴承安装在下机架上，与悬式机组相比，上、下导轴承工作条件进行了互换，因此在计算轴瓦间隙的公式也相应的进行了互换。

主轴调整到机组中心位置，发电机导轴承和水轮机导轴承全部进行调整。此时，下导轴承各块瓦的间隙均等于设计间隙，上导轴承和水导轴承的间隙根据盘车摆度进行计算。

上导轴承瓦间隙调整计算公式为

$$\delta_{a0}=\delta'_{a}-\frac{\phi_{ab}}{2}$$

式中　$\phi_{ab}$——上导轴承处净摆度值，mm。

上导轴承瓦 $\delta_{a0}$ 对侧间隙计算公式为

$$\delta_{a180}=2\delta'_{a}-\delta_{a0}$$

下导轴承瓦调整间隙计算公式为

$$\delta_{b0}=\delta_{b180}=\delta'_{b}$$

2）机组主轴在中心位置，水轮机导轴承不动，调整上导轴承和下导轴承时，根据主轴盘车摆度计算上导轴承和下导轴承的间隙。

先用千斤顶或专用顶丝在水导轴承处将主轴固定牢固，随后用千分表测出水导轴承瓦 8 个方向（或 4 个方向）的实际间隙值，测点选择应与下导瓦位置一致，然后按照下列公式计算上、下各导轴承瓦的间隙值。

上导轴承瓦间隙调整计算公式为

$$\delta_{a0}=\delta_{c}+\left(\frac{\delta_{cb}}{2}-\frac{\delta_{ca}}{2}\right)-(\delta'_{c}-\delta'_{a})$$

上导轴承瓦 $\delta_{a0}$ 的对侧间隙计算公式为

$$\delta_{a180}=2\delta'_{a}-\delta_{a0}$$

下导轴承瓦调整间隙计算公式为

$$\delta_{b0}=\delta_{c}+\frac{\phi_{cb}}{2}-(\delta'_{c}-\delta'_{b})$$

下导轴承瓦 $\delta_{b0}$ 的对侧间隙计算公式为

$$\delta_{b180}=2\delta'_{b}-\delta_{b0}$$

3）对于采用弹性油箱支柱式推力轴承的水轮发电机组，由于推力轴承具有良好的自调节性能，因此，在盘车数据合格的前提下，各导轴承处瓦间隙值可按设计值进行均放。如果主轴不在中心位置，可从平均值中减去偏心值。

2. 图解法

作图法方法简便，对上导、下导、水导都适用，每块瓦间隙调整完成后，可保证所有瓦面均在同一个圆周上。

3. 计算法与作图法确定瓦间隙实例

（1）计算法。计算最大净摆度的大小和方位。

以靠近推力轴承处的导轴承为依据进行计算。当靠近推力轴承的导轴承为上导轴承时，计算水导轴承处的最大净摆度时，以水导轴承的摆度减去上导轴承的摆度得到净摆度，然后再计算最大净摆度的大小和方位。当靠近推力轴承的导轴承为下导轴承时，计算时，减去下导轴承的摆度。设最大净摆度为 $2e$（$e$ 为最大偏心距），瓦的中心线与 $e$ 的夹角为 $\alpha$，设计单边间隙为 $\delta_0$，则瓦的调整间隙为

$$\delta = \delta_0 - e\cos\alpha$$

以表 5-15 数据为例进行计算。

水导瓦设计单边间隙 $\delta_0$＝0.2mm，$e$ 位置示意，如图 5-7 所示。最大摆度位于 4 号和 5 号盘车点之间，偏离 4 号点 13.5°（详见本章第四节的计算）。

将实际水导瓦（中心线）位置对应到相同的坐标系中，可计算出各块导轴承瓦处调整间隙值，各水导瓦与 $e$ 位置示意，如图 5-8 所示。

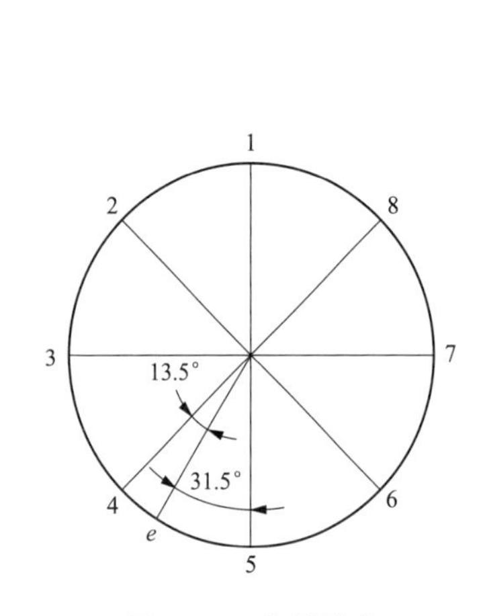


图 5-7　$e$ 位置示意

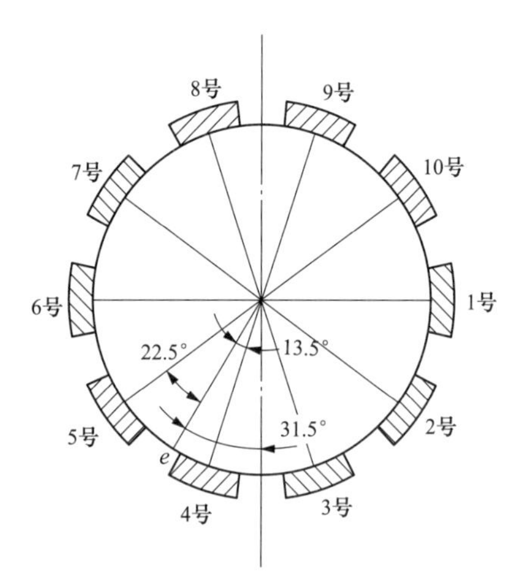


图 5-8　各水导瓦与 $e$ 位置示意

根据图 5-7 和图 5-8，各块瓦（中心线）与最大摆度位置的关系如下。

1 号瓦：121.5°；2 号瓦：85.5°；3 号瓦：49.5°；4 号瓦：13.5°；5 号瓦：337.5°；6 号瓦：301.5°；7 号瓦：265.5°；8 号瓦：229.5°；9 号瓦：193.5°；10 号瓦：157.5°。水导轴承瓦的调整间隙如下。

$$\delta_1 = 0.20 - 0.0886\cos 121.5° = 0.25$$

$$\delta_2 = 0.20 - 0.0886\cos 85.5° = 0.19$$

$$\delta_3 = 0.20 - 0.0886\cos 49.5° = 0.14$$

$$\delta_4 = 0.20 - 0.0886\cos 13.5° = 0.11$$

$$\delta_5 = 0.20 - 0.0886\cos 337.5° = 0.12$$

$$\delta_6 = 0.20 - 0.0886\cos 301.5° = 0.15$$

$$\delta_7 = 0.20 - 0.0886\cos 265.5° = 0.21$$

$$\delta_8 = 0.20 - 0.0886\cos 229.5° = 0.26$$

$$\delta_9 = 0.20 - 0.0886\cos193.5° = 0.29$$

$$\delta_{10} = 0.20 - 0.0886\cos157.5° = 0.28$$

（2）作图法。作图法是利用CAD技术，将主轴和轴瓦的位置按比例绘制在图上，然后在图上直接量出轴瓦间隙的大小。以水导轴承为例，具体步骤如下。

1）根据盘车数据计算水导轴承偏心值 $e$ 的大小和方位。

2）以水导轴承的轴颈直径画圆。

3）以上述圆的中心为起点，根据水导轴承处 $e$ 的大小和方位画出线，并等量延伸到对称位置。

4）以上述对称位置为起点，以水导轴承的轴颈直径数据加上2倍设计间隙为直径画圆，此为轴瓦圆。

5）以水导轴承的轴颈圆为中心，在图上画出所有轴瓦中心线的位置。

6）在上述各条轴瓦中心线上，量出轴颈圆与轴瓦圆之间的长度，即为各块水导轴承瓦的调整间隙。

以表5-15数据为例作图。

1）根据表5-15的计算成果，最大偏心距 $e$=0.0886mm，位于4号与5号盘车点之间，偏离4号点13.5°。

2）水导轴承的轴颈直径为 $\phi$1750，以此为直径作轴颈圆。

3）以轴颈圆的中心为起点，画出 $e$ 的大小和方位线，并等量延伸到对称位置。

4）以上述对称位置为起点，以水导轴承的轴颈直径数据 $\phi$1750 加上2倍设计间隙（2×0.2mm）为直径画圆。

5）以水导轴承的轴颈圆为中心，在图上画出所有轴瓦中心线的位置。

6）在上述各条轴瓦中心线上，量出轴颈圆与轴瓦圆之间的长度。例如，量出4号瓦间隙为0.11mm。

轴承圆与间隙圆，如图5-9所示。

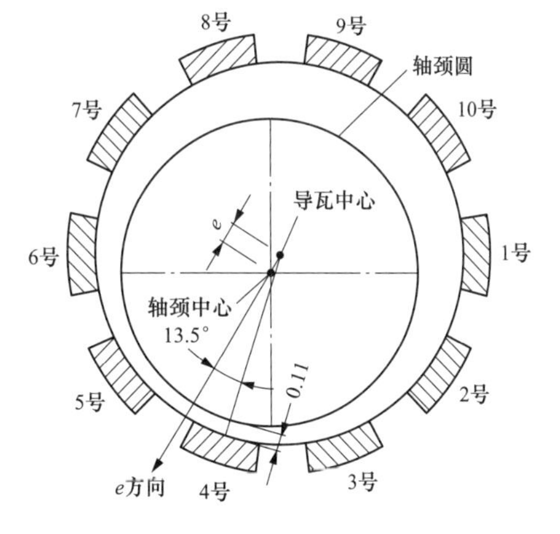


图5-9　轴承圆与间隙圆

# 第六节　发电机推力轴承检修

## 一、推力轴承解体、装复步骤

以布置在发电机转子下方的弹性推力轴承为例，推力轴承结构，如图5-10所示。

### （一）检修准备

（1）场地布置妥当，各部件放置地点已确定。

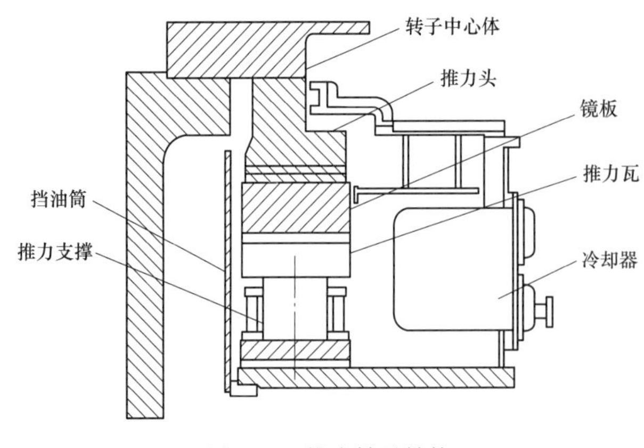


图 5-10 推力轴承结构

（2）检修所用的工器具及材料已全部到位。

（3）推力油槽内的油已全部排出，关闭供排油阀门。

（二）主要安全措施

（1）停机。

（2）关闭进水口工作闸门，并可靠切断其操作油源。

（3）将压力钢管消压至零。

（4）切断推力冷却水水源。

（5）切断推力气密封气源。

（三）施工前具备的条件

（1）上机架已吊出。

（2）发电机轴与水轮机轴已分开。

（3）推力挡油筒已拆除，转子具备起吊条件。

（四）拆卸步骤

1. 推力油冷器拆除

（1）推力轴承的解体应在油槽润滑油已排尽（打开推力轴承油槽底部放油阀，应没有油流出），摆放场地已准备好的前提下进行。

（2）关闭推力油冷器的进水阀，将水管内的水尽量排空。

（3）将油冷器的供排水管与油冷器对应做好编号，拆除油冷器供排水法兰连接螺栓，用油盆将余水接住，然后拆下供排水弯管放到指定的地点。

（4）油冷却器供排水弯管拆下来后，应立即用闷板将其供排水管封堵，以防误操作造成风洞进水。

（5）松开油冷器的固定螺栓，用专用推车将 18 台油冷器全部抽出，放在专用的油盆里，擦干净上面的油滴，并用塑料薄膜盖好。

（6）转子吊出后，用桥机将油冷器吊出风洞，放在指定地点，进行清扫试压。

（7）初步清扫推力油槽内卫生，用海绵将油槽内剩油吸干，以便于后续工作开展。

2. 弹性油箱弹性值测量

（1）联系电气专业人员接好顶转子油泵电源。

（2）检查活动导叶的位置（如果导叶在 70%至全开状况下，应严密控制转子顶起的高度在 10mm 以内，以免水轮机转轮和导叶相碰撞），检修密封确已退出。

（3）用 18 块百分表分别打在每块推力瓦的正面，每块表预压 4mm。然后在镜板和弹性油箱支撑座之间打一块百分表，预压 7mm，用来监视转子的顶起高度。

（4）将转子顶起，百分表调零，落下转子，记录每块表的读数，即为各弹性油箱的压缩量。

（5）重新将转子顶起，看百分表是否回到零，如果百分表没有回到零，则读数减去没有回零的差值，才是该块的压缩量。

（6）将得到的数据详细记录，以备检修使用，然后将转子放下。

（7）打开刹车柜内制动器下腔供气阀，用低压气将制动器下腔及管路中的油排走，干净后关闭制动器下腔供气阀。

（8）打开刹车柜内制动器上腔供气阀使制动活塞回归。

3. 油槽密封盖拆除

（1）将与推力油槽密封盖相连接的油气水管道做好记号，分别全部进行拆除。

（2）将密封盖依次做好记号。

（3）松开密封盖的固定螺栓（M20×45）及连接螺栓，将密封盖分瓣取出抬放至指定地点。

（4）拆卸下来的螺丝分类做好记号放在汽轮机油内保存，做好防止损坏的措施。

（5）检查各密封橡皮垫，如发现破损或失去弹性，应予以更新。

4. 油槽大盖的拆除

（1）将与推力油槽大盖相连接的油气水管道做好记号，分别进行拆除。

（2）将油槽大盖的安装位置做好记号。

（3）拆除油槽大盖连接处的销钉，然后松开固定螺栓，将螺栓分类保存，待转子吊出后，用桥机将油槽大盖整体吊出。

（4）查看密封条的损坏程度，进行更换（$\phi$8 耐油橡皮条，长度为 18 660mm）。

5. 推力挡油筒拆除

（1）在下机架中心体处焊接 4 个吊点，用 20mm 厚的钢板自制，要求每个吊点与紧挨的挡油筒固定螺栓在一个直线上。

（2）拆除挡油筒对称 4 个固定螺栓，安装专用导向杆，用螺帽将挡油筒固定牢靠，拆除其余全部螺栓，放于指定地点。

（3）每个导向杆处安排一人，带有扳手及钢板尺，同时缓慢的松脱导向杆下部的螺帽，使挡油筒缓慢下降，并随时用钢板尺检查四个方位的下降高度，要求下降速度相同。

（4）挡油筒下降一定高度后，在四个吊点安装 4 个手拉葫芦，与吊点对应的螺孔上安装专用吊耳，使手拉葫芦与吊耳连接受力后，拆除四个导向杆。

（5）四人同时操作手拉葫芦，一人监视挡油筒在四个方位的下降速度，使挡油筒落在水车室内的检修平台上，并在其下面安放四个方枕木。

6. 镜板拆除

（1）松开推力头与镜板的连接螺栓（M56，44 个均布），对称留下 4 个不动，待其余螺栓全部拆除后，将剩余 4 个螺栓同步拆除，将镜板与推力头分开。做好记号后将螺栓按顺序取出，放在盛有汽轮机油的油盆内防止生锈。

（2）推力头吊出后，检查推力头与镜板结合面的密封条及止口，内圈长度约10 080mm，外圈长度约12 875mm。

（3）测量镜板的安装高程、水平度，对称分4点在$+x$、$+y$、$-x$、$-y$进行，并做好原始数据的详细记录，以备装复时进行调整参考。

（4）在四个对称的起吊孔安装M90的吊环，穿好起吊钢丝绳，在其转折处和摩擦点垫以较厚的橡皮或破布加以保护好，将镜板平稳的吊出风洞。通过手拉葫芦将镜板翻面，使镜面朝上，并涂抹一层洁净的汽轮机油，贴一层蜡纸，放在一个专用的油盆内，油盆内放置少许汽轮机油，防止锈蚀。然后在上面盖一个保护作用的专用油盆，防止落物砸伤镜板。

7. 推力瓦拆除

（1）核对推力薄瓦和厚瓦的相对编号，并做好记录，联系热工人员拆卸测温元件、保护的引出线。

（2）松开薄瓦挡板的固定螺栓，然后以专用抽瓦架正对推力瓦位置，把吊环套上腊旗绳后拧入轴瓦螺孔，将推力薄瓦平稳的抽出。仔细检查推力瓦是否有脱壳、裂纹等现象。

（3）将薄瓦用桥机吊出风洞，涂抹一层洁净的汽轮机油，放在专用的木箱内，放在指定地点做好防止落物碰伤的措施。

（4）松开厚瓦的挡板，在厚瓦里外的起吊孔分别安装吊环，用桥机将厚瓦按顺序依次吊出，放在指定地点，下面要垫有橡皮或羊毛毡的枕木，涂抹一层洁净的汽轮机油，并以干净橡皮或羊毛毡盖好，做好防止落物碰伤的措施。

8. 弹性油箱检查

（1）将弹性支撑彻底清扫干净，检查螺栓应无间隙。

（2）测量弹性支撑的安装高程、水平度，并做好详细记录，以备安装时参考校核。

（3）对弹性支撑做探伤检查。

（五）推力轴承装复

（1）推力轴承的装复待下机架安装就位后进行。

（2）复核推力支撑高程、水平，需要满足要求。

1. 推力瓦装复

（1）用白布和灰面将厚瓦表面清扫干净，注意灰面的使用技巧。

（2）将厚瓦进行吊装，就位后用内外的定位轴及定位块进行定位。

（3）薄瓦装复前检查塑料瓦面有无脱壳、裂纹、砂眼、划伤等现象，检查塑料瓦面应无铜丝露出等现象，以外径千分尺测量推力瓦四个角上距边60mm点厚度，并记录推力瓦面的磨损情况，用500V绝缘电阻表测瓦面绝缘电阻值应大于100MΩ，如上述情况严重，应分析磨损原因，否则应考虑更换新瓦。

（4）按照拆卸的相反顺序装复薄瓦，塑料瓦表面应涂抹一层洁净的汽轮机油。

(5) 以塞尺检查薄瓦和厚瓦的配合间隙，要求局部间隙不大于0.03mm，否则，应抽出重新以天然细油石打磨至合格。

(6) 联系试验人员将装复推力瓦测温元件及保护的引出线。

2. 镜板的装复

(1) 检查镜板的光洁度，若镜板表面有划伤、毛刺等现象，严重的话予以处理；用755清洗集将螺丝孔内的杂物清洗干净。

(2) 将镜板表面的油污用白布及灰面清扫干净，去掉镜板上面旧的密封条，将止口用755清洗剂清洗干净后，更换成新的密封条。

(3) 参照拆除步骤［3、7］的操作，将镜板吊装到位。

(4) 用水平仪检查镜板的水平度，要求镜板的水平度不大于0.02mm/m，必要时可调换推力瓦。

(5) 测量镜板安装后对称4点的高程，与步骤［7、2）得到的数据进行比较。

(6) 安装完毕后，用超声波无损探伤的方法对镜板紧固螺栓进行抽检，检查螺栓是否正常。

3. 推力挡油筒的装复

(1) 待转子及下机架装复后，把挡油筒各部位清扫干净，特别是结合面及密封槽位置，不能有任何异物。

(2) 检查无误后安装O形密封条，确保密封条全部拉伸，并进入槽内，切口平滑，黏结牢固可靠，并且在结合面处涂抹平面密封胶。

(3) 四人在下机架中心体处，检查手拉葫芦有无异常，然后同时操作使挡油筒上升速度相同，一人进行指挥检查，防止挡油筒倾斜产生刮擦损坏设备。

(4) 对称安装四个导向杆，通过葫芦提升使导向杆进入挡油筒固定螺孔，待手拉葫芦行程到极限位置时，在每个导向杆下部安装2个螺母并拧紧，松开手拉葫芦并拆除。

(5) 通过拧紧螺母将挡油筒顶到安装位置，装复固定螺栓，拆除导向杆，用电动扳手将螺栓全部对称打紧后，按要求打好锁定片。

4. 推力油槽大盖的装复

(1) 用灰面及破布将法兰面清扫干净，防止杂物进入止口影响密封效果。

(2) 将新的密封条安放在密封槽内后，用桥机把油槽大盖整体吊入安装位置。

(3) 用销钉先把油槽盖定位，再安装固定螺栓，待所有螺栓都安装后，再分别对称紧固固定螺栓。

5. 油槽密封盖装复

(1) 将密封盖疏齿密封上的羊毛毡更换为新的，清除各结合面上的杂物。

(2) 更换密封橡皮垫，按顺序依次安装分瓣的密封盖，安装时密封盖方位要正确。

(3) 装复时检查其轴向和径向间隙要满足设计要求，羊毛毡压入沟槽后既应与主轴接触密闭，又不应压的太紧，以0.5mm塞尺插入检查，应能轻松滑过一圈。

（4）在所有螺栓都安装后再进行对称紧固。

6. 推力油冷器装复

（1）推力油冷器应无碰伤变形，装复前应将油槽彻底清扫干净，油冷器应做水压试验，压力为0.4MPa，历时30min无渗漏现象，否则要进行处理。

（2）试压合格后将油冷器表面的油污及水渍清扫干净，密封条全部更换为新的（$\phi$8.5耐油橡皮条）。

（3）用丝锥将螺丝孔全部清扫一遍，便于安装。

（4）仔细检查推力轴承各部件装复位置正确，无物件遗留，油槽彻底清扫干净。

（5）根据拆卸时的相反顺序，按照油冷器的编号进行装复，安装时，注意检查密封条是否有损坏及跑出止口的现象，及时做好处理。

（6）对推力油槽充油，检查油冷器密封完好，无渗漏现象。

（7）装复气密封管道，将结合面的密封垫全部更换，防止漏气。

7. 其他

将各管道和金属表面除锈刷漆，按照设备检修规程的要求进行着色刷漆及标示流向，保持外表美观。

（六）安全注意事项

（1）检修中的起重作业应由专业起重人员指挥、操作，由于起吊的都是大型精密部件，因此作业中应采取保护措施，避免部件损伤、变形。

（2）高处作业及临悬空面的工作，必须系安全带或采取其他保护措施。

（3）在挡油筒处工作须搭设牢固的脚手架，并系好安全带。

（4）避免工作过程中大量跑油跑水现象，工作现场的油渍水渍要及时清理，避免人员滑倒、摔伤。

（5）检修过程中，应对各部件的装配做详细的标记和记录，以备装复时作为参考，避免错装。

（6）进行拆卸及安装大型螺栓工作时，禁止戴手套抡大锤，工作现场应加强通风。

（7）进行电焊及切割作业时，做好防火措施。

（8）所有电动工具及卷线盘都需要经过检验合格，防止人员触电。

**二、推力轴承主要部件检修及工艺**

（一）推力油冷器的检修

（1）做好外观检查，发现明显损坏的部位应及时修复。不能修复时应更换推力油冷器。

（2）做好推力油冷器的清扫工作。不仅对外观进行清扫，对推力油冷器油管内部也应做好检查。

（3）做好推力油冷器的渗漏试验检查，对使用时间不长的推力油冷器，用水加压到1.25倍工作压力做渗漏试验，保压30min要求无渗漏。对于使用时间过长的推力油冷器，建议用 1.5 倍工作压力做检查，及时发现可能存在的质量问题。

（二）推力瓦的检查和修复

目前使用的水轮发电机推力瓦按瓦面材料分为巴氏合金瓦（乌金瓦）和氟塑料瓦。机组运行中，推力瓦承受较大的压力。如果推力瓦凸凹不平，有局部高点，由于受力集中，就会发生烧瓦事故或造成瓦面严重磨损。在检修时，巴氏合金的推力瓦瓦面不符合技术要求时需要研刮。若氟塑料瓦不符合技术要求，大部分情况都只能更换。

1. 巴氏合金推力瓦的研刮

(1) 刮刀的选用及操作方式。轴瓦进行粗刮时，一般采用平板刮刀，这种刀多用废旧锯条改制而成。它比弹性刮刀富有刚性、刮削量大。轴瓦精刮时，一般选用弹性刮刀，其刀身为弹簧钢制成，具有一定弹性。弹性刮刀又有平头和弯头刮刀之分，平头刮刀适用于大而深的刀花，弯头弹性刮刀适用于窄而长的刀花，弹簧刮刀形式，如图 5-11 所示。

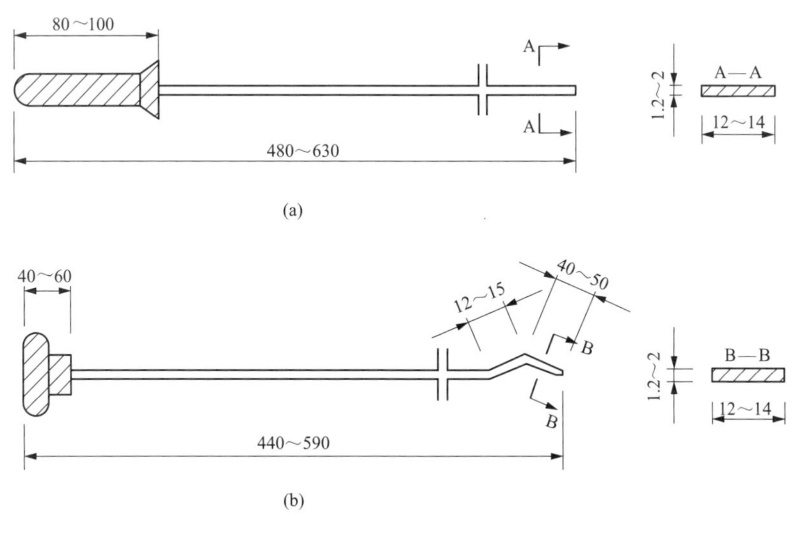


图 5-11　弹簧刮刀形式

(a) 平头弹簧刮刀；(b) 弯头弹簧刮刀

刮瓦的姿势通常是右手握住刮刀柄，四指自然轻握且大拇指在刀身上边，左手和右手上前面压住刀身并距刀头 50～100mm，用腹部顶住刀柄。挑花时，左手控制下压，右手上抬，同时用刮刀的弹性与腹部的弹性相互配合。要求下刀要轻，然后重压上弹，上弹时速度要快，这样的瓦花在下刀后上弹时过渡呈圆弧状。这也是刮瓦的难点所在，需要长时间练习摸清动作要领。刮瓦时应保持刀刃锋利，找好刀的倾角，否则常常会造成打滑或划出深沟而挑不起来等现象。

(2) 刮瓦的工艺。水电厂在机组检修中刮瓦工艺一般是指挑花。当瓦面原有的瓦花不明显，有大量连片的光滑区域时，可对瓦面进行一次全面的挑花处理，否则只需将已连片磨光的部分进行挑花即可。瓦面处理后，瓦花应均匀整齐。刀花花纹形式，如图

5-12 所示。

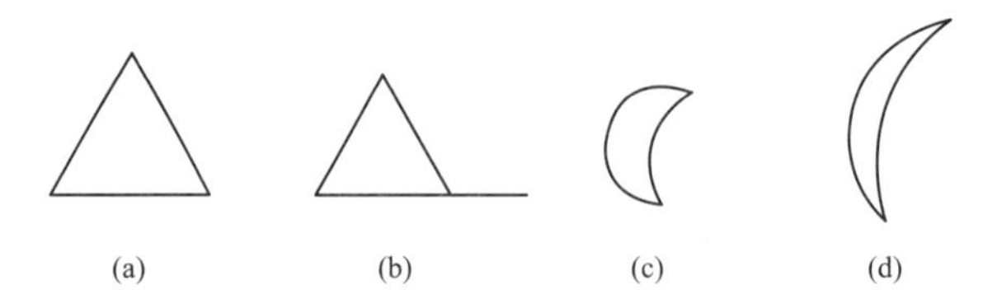


图 5-12 刀花花纹形式

（a）三角形；（b）旗形；（c）燕尾形；（d）月牙形

瓦花主要有三角形、旗形、燕尾形和月牙形四种形状。三角形刀花应用较广泛，这种花纹形大纹深，运行时瓦面易于存油，较为实用和易于掌握。

刀花深处为 0.03～0.05mm，位置在下刀侧与花纹中部之间，采用光滑较缓的弧面过渡到瓦面上，其边缘应无毛刺和棱角。为避免刀迹重复，刮瓦时前后两次刀花应成 90°。三角形刀花方向性不明显，可不规定刮瓦方向；燕尾形和月牙形刀花，前后两次刀迹可按大致 90°方向控制。

（3）刮瓦标准。挑花后，瓦面接触点的数量应满足设计要求。一般瓦面积较大的，刀花也要大些，单位面积上的点数要少一些，可按每平方厘米 1～2 个接触点控制；瓦面积较小的，刀花也要小些，单位面积的可接触点要多些，可按每平方厘米 2～3 个接触点来控制。刀花应交错排列、整齐美观。刀花断面应成楔形，下刀处应呈圆角。切忌下刀处呈一深沟，抬刀时刮不成斜面。

2. 弹性金属塑料瓦的检修和维护

弹性金属塑料瓦拆出后应测量瓦型与氟塑料层（弹性层）厚度，仔细检查氟塑料瓦面是否有划伤和碰出伤痕，用 600 号以上的耐水砂纸（可加水或肥皂水）及 05 号金相砂纸砂去高点及毛刺，但不可将该处打磨出凹坑。

检查瓦底、瓦底沉孔或键槽及测温孔是否存有铁屑，应清理干净，对其毛刺应用锉刀及油石将其清除掉。

检查氟塑料层与钢基有无脱壳，表面有无裂纹，铜丝是否裸露及存在严重划痕，出现下列情况之一的，应进行处理或更换。

（1）氟塑料层与钢基局部脱壳。

（2）瓦面出现裂纹或凹凸不平。

（3）瓦面表面铜丝裸露，无法处理。

（4）氟塑料层表面磨损量超过出油边斜断面的 1/2 而又无法修复时，且停机前瓦温始终不正常的。

（5）深度为 0.2mm 的表面划痕每套轴瓦上超过 4 条，但在每块轴瓦上超过一条，长度超过 50mm 的。

氟塑料瓦出现下列缺陷时，需经处理后方可使用。

（1）深度为0.2mm、长度不超过50mm的表面划痕，每块轴瓦上经处理不超过1条，每套轴瓦不超过4条的。

（2）经处理后，连续的水平划痕每块深度超过0.05mm，边缘部分长度不大于20mm；每块在相邻水平划痕之间距离不小于3.5mm，总面积不超过轴瓦表面积的15%的。

（3）轴瓦表面个别铜丝裸露，用平头或圆头工具能将其轻轻打下，且低于水平段1mm以下的。

（4）个别硬物嵌于表面，取出后又未穿透氟塑料层，且直径小于2mm的。

轴瓦与托瓦应接触良好。在未加荷载时，接触面的间隙0.03mm的塞尺通不过，不允许接触面上有局部凹凸不平的现象，加转动部分重量后，接触面的间隙0.02mm的塞尺通不过，否则要研磨检查接触面，接触点至少应达到每平方厘米1点。

弹性金属塑料瓦使用注意事项如下。

（1）氟塑料瓦与巴氏合金瓦相比，其主要优点是熔点较高，瓦面单位压力可提高到巴氏合金瓦的2倍；静摩擦系数很小（约0.07），只有巴氏合金瓦的1/3～1/5。

（2）盘车时应先顶起转子，用油枪向各瓦面上注入少量清洁的汽轮机油，落下转子后应尽快盘车，超过1h以上或盘车2～3圈后，或者盘车力矩明显增大时，均应顶起转子重新向各瓦面上注油。盘车方向应与机组正常转动方向一致；不允许采用冲水或过水的方法盘车。盘车后应抽瓦检查，检查瓦面是否有磨损，如有划痕应进行处理。

盘车时启动力矩＝0.07×机组转动部分重量×推力轴承支点半径

（3）允许停机15天内不顶转子直接启动，但推力油槽充油后的首次开机前应顶起转子，若瓦面磨损达进油边型面深度（约0.1mm），则每次开机前应顶起转子。

（4）允许“热态”和“冷态”启动机组，对各种带负荷工况及推力轴承的各项常规试验均不受限制。

（5）正常停机时，最低刹车转速允许降到10%额定转速，一般应在15%～20%额定转速下进行加闸制动。允许惰性停机，但次数应尽量少。

（6）镜板的粗糙度、波浪度是影响氟塑料瓦使用寿命的重要因素，因此要求镜板粗糙度 $Ra \leqslant 0.64\mu m$，波浪度小于或等于0.05。

（7）氟塑料瓦的报警温度在正常（最高）稳定的瓦温上增加5～6℃，停机温度在报警温度上增加2～5℃。因为巴氏合金瓦的瓦体温度比瓦面温度低5～10℃，并且反应较迅速。而氟塑料瓦由于导热性差，其导热系数约为巴氏合金瓦的1/130，氟塑料瓦表面温度与瓦体温度差值为20～30℃，且反应速度慢，有时要迟20～30min。

（8）机组运行中要重视氟塑料瓦的瓦温变化幅度。因为巴氏合金瓦的温度上升速度快，相对危害轻，一旦烧瓦也不伤害镜板，而且烧损的瓦经过研刮可重复使用。而氟塑料瓦则不同，对温度上升迟缓，会延长危害时间，扩大事故。一旦烧瓦则氟塑料层熔化，青铜丝外露，将祸及镜板。氟塑料瓦的烧损程度取决于发现温升超限到停机之间的时间长短，时间越长，镜板和氟塑料瓦烧损的程度越严重。

对于暂时不使用的氟塑料瓦，应妥善做好防锈措施并保管好。按巴氏合金瓦规定的仓库条件存放，最低温度不低于5℃，每隔1年应检查一次防锈情况，必要时重新进行防锈包装。重新包装前，先用干净的软布或绸布加酒精或汽油将瓦面擦洗干净，弹性复合层四周侧面宜用毛刷或牙刷加酒精刷洗干净。底面及四周的金属表面应用汽油将其上的油脂、锈斑、污物清洗干净。然后将整个氟塑料瓦（主要是瓦面弹性复合层）浸泡在清洁的汽油中24h后取出，滴干汽油。将轴瓦金属层表面的汽油擦洗干净，再用防锈油脂涂抹全部金属表面。用专用油脂刷涂氟塑料瓦面，最后用专用的气相包装纸包装好放入包装箱内。包装时应特别注意勿碰伤、划伤瓦面。轴瓦包装放箱时，允许瓦面对瓦面重叠放置，但瓦面之间必须垫以均匀厚度的软材料，重叠放置的瓦块数不应超过4块，单块轴瓦质量超过100kg或瓦厚超过70mm者不宜重叠放置。

（三）镜板缺陷处理

1. 镜板磨损处理

发电机推力轴承对镜板精度和粗糙度的要求很高，如果大修中发现镜板经长时间运行后损坏严重，如镜板磨偏或表面出现发毛或锈蚀等现象，应返厂进行精车及研磨处理。

2. 镜板空蚀破坏的处理

有些机组的推力轴承镜板较薄，推力头的刚性远远大于镜板，因此可将推力头视为刚体。推力轴承承重时，较薄的镜板在分块推力轴瓦的支持下会发生弹性变形；机组运转时，镜板就会出现周期性的波浪形蠕变，镜板的周期性波浪变形，如图5-13所示。镜板与推力头的结合面在处于两块相邻推力轴瓦之间的位置处产生了缝隙（这一现象在盘车时可观察到）。当缝隙位置的镜板旋转到推力轴瓦支持部分时，缝隙就被压合，而未被推力轴瓦支持的部分就又产生缝隙。在缝隙产生的瞬间，由于体积突然扩大，产生真空，油被吸入，在负压作用下，油中生成气泡；而在缝隙被压合的瞬间，气泡被压缩而突然破裂，将产生具有破坏力的冲击波，形成推力头和镜板结合面间的冲击剥蚀破坏。这个气泡产生—压缩—突然破裂的过程，在机组运转过程中周而复始，会愈加严重，这就是镜板的空蚀破坏。这种空蚀破坏会使镜板结合面出现麻点、坑穴，减少受力面积，而且随着机组继续运转，空蚀区将逐步扩大，形成恶性循环。这种恶性循环不但破坏了轴线，促使机组摆度增大，而且会加剧轴承甩油。特别是有些机组在推力头和镜板间垫有绝缘垫，当发生空蚀破坏时，损坏了的绝缘垫会使轴线倾斜、摆度增大，使轴承甩油问题更为突出。

为克服镜板空蚀，可在推力头与镜板之间加装O形密封圈，其位置如图5-14所示。

在车O形密封圈沟槽之前，应将被空蚀破坏的镜板车削和磨平，表面粗糙度不得大于0.4μm，两面的不平行度不大于0.05mm。并应注意，在加工密封沟槽前应盘车使摆度合格，加工密封沟槽后再进行一次盘车，其摆度符合要求后方可使用。

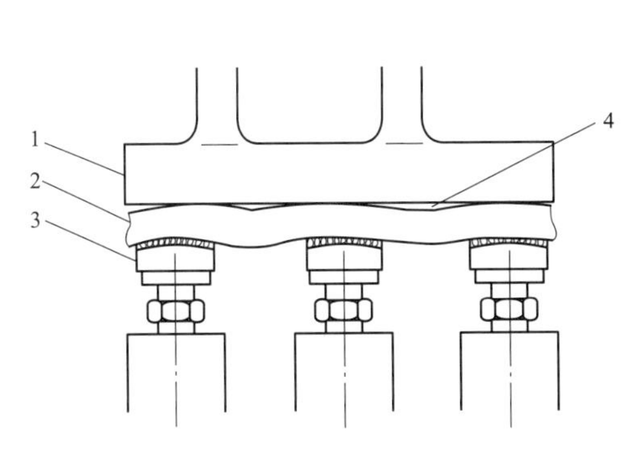


图 5-13　镜板的周期性波浪变形

1—推力头；2—镜板；3—推力瓦；4—间隙

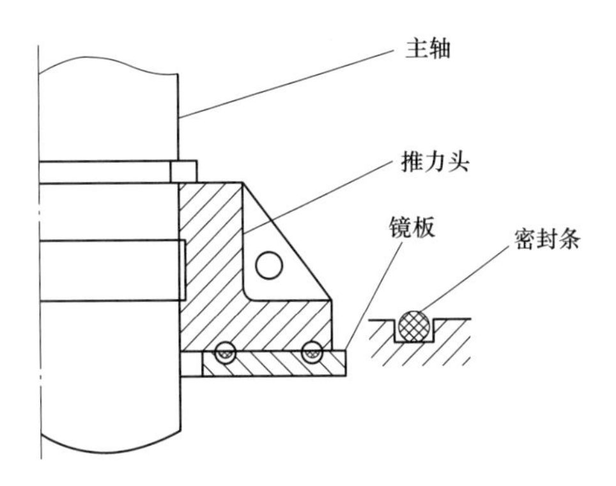


图 5-14　推力轴承增加 O 形密封

3. 镜板研磨

（1）镜板研磨机介绍。镜板表面粗糙度达不到技术要求时，需进行研磨。使用人工研磨时，由于不能保持恒定的研磨力，不能保证镜板表面的平整。使用机械研磨，最大的特点是能保证研磨过程中磨具与镜板接触压力的稳定，保证研磨后镜板表面的平面度。

常用的镜板研磨机结构示意，如图 5-15 所示。由于不同的结构，机械式的镜板研磨机有三种形式。

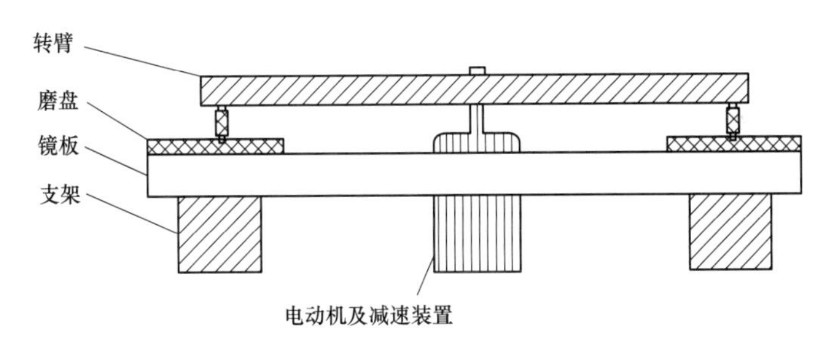


图 5-15　常用的镜板研磨机结构示意

1）固定研磨块式（如图 5-16 所示）。该研磨机采用电动机提供旋转动力，通过减速齿轮将转速降至 8～10r/min 带动转臂旋转。转臂两端分别固定一块推力瓦，瓦面朝下。研磨时，推力瓦上包两层细毛毡，在转臂的带动下沿镜面滑动，靠推力瓦的自重施加压力，在研磨剂的作用下起到研磨镜板的作用。由于推力瓦面平整，可保证细毛毡较好地接触镜面。同时，由于推力瓦与转臂间沿竖直方向可自由移动，研磨时可确保不破坏镜面的平面度。

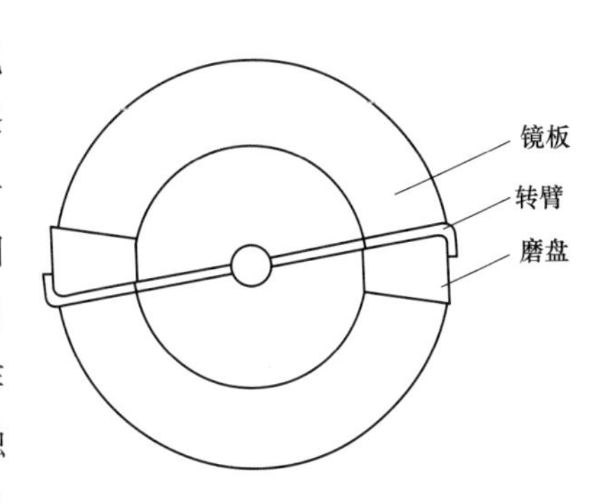


图 5-16　固定研磨块式

固定研磨块式研磨机具有结构简单、组装方便等优点，在早期机组检修工作中得到推广使用。但因自身结构限制，镜板研磨效果及效率方面存在缺陷。

扇形推力瓦位置相对固定，在转臂的带动下只能沿镜面滑动，细毛毡与镜面接触点在镜面上做环形运动，轨迹不发生变化。由于镜面不同部位的磨损程度不同，使不同部位细毛毡研磨时损耗程度也有所不同，导致镜面各环面的研磨效果也不一致，长时间研磨后会在镜面上生成细小的同心划痕。若要消除这些同心划痕，只能通过频繁更换细毛毡的方法，以减少同心划痕的数量，但不能彻底根除这些划痕，同时也延长了研磨周期。

该研磨机靠推力瓦自重提供研磨时所需的压力，不能根据研磨情况进行调节，所以只能靠增加研磨时间达到镜板研磨的目的，增加了检修期间的工作量。

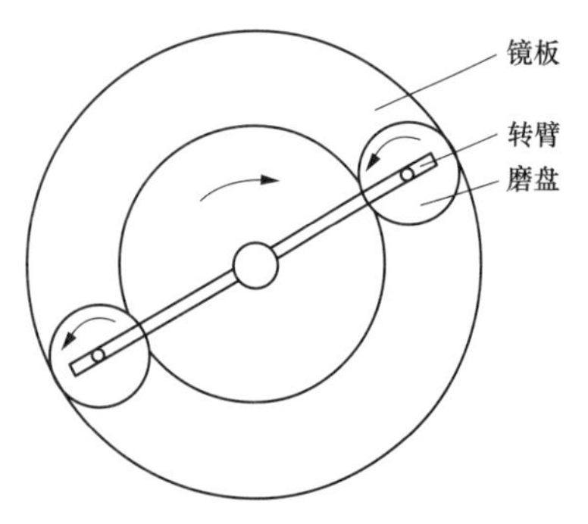

图 5-17　旋转磨盘式结构

2）旋转磨盘式。由于固定研磨块式镜板研磨机存在研磨周期长、研磨后镜面留有同心划痕的缺陷，若使推力瓦在研磨过程中发生自转，即可消除同心划痕，原来的推力瓦研磨块可用圆形磨盘取代，旋转磨盘式结构，如图 5-17 所示。

圆形磨盘与转臂间采用滚珠轴承连接，磨盘可发生自转。在研磨过程中，磨盘在转臂的带动下沿镜面进行公转，同时在离心力和摩擦力的作用下发生自转，从根本上解决了细毛毡运行轨迹不能变化的问题，使细毛毡不停变化研磨姿态，细毛毡各研磨区域损耗一致，延长细毛毡的使用时间，减少了更换次数，可缩短研磨周期。

3）液压旋转磨盘式。由于旋转磨盘式研磨机仍然使用电动机和减速齿轮，因此研磨机运行时噪声较大，并且减速齿轮连续运行时间不超过 30min，必须采用间歇式运行方式，限制了研磨机能力的发挥。因此，在传统的旋转磨盘式镜板研磨机的基础上发展出一种使用液压马达作为动力机构的研磨机。该套装置由油泵系统、液压马达、转臂、研磨盘和支架组成。其液压马达在带动转臂旋转的同时，可给转臂提供下压力，增加磨盘的压力，从而提高研磨效率。停止研磨时，液压马达转轴可自动升高，使磨盘离开镜板，起到保护镜面的目的。

（2）镜板研磨工艺。

1）在确定的镜板放置现场搭设施工棚（镜板放置地点应避开起重设备大件吊装时的行进路线，检修过程中严禁重物从镜板上方经过），施工棚采用架子管支撑，上下左右铺设彩条布或油布，防止施工过程中异物掉落损坏镜板。

2）检查并调整镜板研磨机，要求研磨机主轴垂直度小于或等于 0.03mm/m，调整完成后可靠固定研磨机。

3）将镜板平稳放置在研磨机上，用白布、绸布和无水乙醇清洗镜板表面，清洗完成后表面涂抹干净的汽轮机油，依次覆盖防锈油纸、羊毛毡、橡胶垫；除研磨机本身的支撑外，建议再加三组支墩和千斤顶，千斤顶与镜板接触面间加橡皮垫作为保护。

4）用精度为 0.02mm/m 的框式水平仪测量镜板水平，根据测量结果调整镜板水平，保证镜板水平度小于或等于 0.02mm/m。

5）制作研磨盘，在电动研磨机三个木质旋转圆盘上包上两层海军呢抛光布作研磨具，绒布厚度 5～7mm，以保证磨料的吸附和防止绒布破损而损坏镜板。

6）去除镜板表面覆盖的保护，再次用无水乙醇、白布、绸布清洗镜面，最后用白绸布擦拭干净。

7）用酒精白布清洗研磨盘后，将转臂装入研磨机主轴，锁紧轴端螺钉，将研磨盘轻轻放置在镜面上，调整研磨盘位置，将轴芯通过转臂孔插入研磨盘中心孔，轴芯端面与研磨盘中心孔间留 3～5mm 间隙，保证转臂不对研磨盘有压力而影响其自转，拧紧芯轴固定螺钉和防松螺母；研磨盘分三个位置布置，分别偏内侧、外侧及在镜面中间位置以保证研磨均匀，研磨盘应能用手转动，无卡阻现象，相对位置示意，如图 5-18 所示。

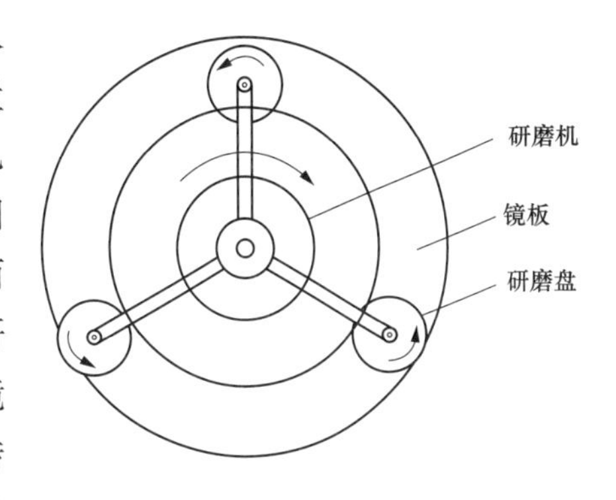

图 5-18　相对位置示意

8）加适量汽轮机油，启动研磨机，转臂顺时针旋转，观察研磨盘绕轴转动情况，研磨盘应匀速转动无停滞现象，研磨机转臂应转动平稳。

9）粗磨。将适量 W10 金刚石研磨膏与汽轮机油调匀（按 1∶2 的质量比稀释），调制好的研磨剂呈乳化状、翠绿色，用丝绸过滤后备用；均匀研磨镜面光洁度达到 0.1μm（表面粗糙度检测仪检查），镜板表面不可辨别刮擦痕迹为止，研磨时间在 10 天以内，研磨过程中应每隔 30min 左右添加一次研磨料，研磨不能在当天完成的应用油纸、羊毛毡对镜面进行保护。

10）细磨。更换新的绒布，每次研磨过程中应加强检查，防止绒布破损对镜面造成损伤，将适量 W5 金刚石研磨膏与汽轮机油调匀，均匀研磨镜板，研磨时间控制在 5 天以内。

11）抛光。更换新的细绒布，细绒布本身浸汽轮机油作研磨剂，抛光时间 5 天以内。

12）研磨完成后按顺序拆卸芯轴、研磨盘、支臂等，用汽轮机油、白布擦洗去除镜面表面污渍，随后用酒精、白布彻底清洗镜板，最后用白绸布擦干。

13）使用合像水平仪检查镜板水平度，水平度在 0.02mm/m 以内，使用表面粗糙度检测仪检查粗糙度，粗糙度 $Ra$0.1μm，检查过程中应轻拿轻放量具防止损伤镜面，检验合格后覆盖油纸、羊毛毡进行保护等待回装。

特别注意，在镜板研磨过程中应确保镜板水平度小于或等于 0.02mm/m，每天开始研磨工作前应对水平度进行检查；每一步研磨完成后都需要更换新的海军呢，研磨过程中时刻注意检查绒布有无破损，对于表面损坏的应及时进行更换；研磨过程中使用的研磨溶液应用丝绸进行过滤，确保无杂质，不同阶段的研磨液严禁混用，研磨过程中每隔30min左右添加一次研磨料；镜板研磨工棚应做好现场封闭，防止灰尘落入，严禁与水、酸碱、盐性物质接触，无关人员在研磨期间禁止进入施工现场，禁止用手触摸镜面，禁止使用硬物检查镜板；每日结束研磨工作后必须使用油纸、羊毛毡、橡胶垫对镜板进行遮盖保护，离开工作现场应设置隔离拉杆，并悬挂“禁止进入”警示牌。

（四）推力瓦支撑部件检修

1. 刚性支柱式推力轴承检修

（1）绝缘垫板的安装检查。正式安装时，将绝缘垫板清理干净，有两层时要交错叠放垫入。绝缘垫板安装后，轴承对地绝缘用500V绝缘电阻表检查应不低于1MΩ。

（2）轴承部件的安装检查。组装油槽挡油管时，其组合面须加橡胶垫（或密封圈）密封。组装后应使用煤油进行渗漏试验，持续4h应无渗漏现象。然后按图样尺寸及编号安装各支柱螺栓、托盘和推力瓦。其中，要注意先用无毛屑的白布和无水酒精将推力瓦表面仔细擦拭干净，再在瓦面均匀涂抹一层薄的洁净熟猪油作为润滑剂，并采取必要的防护措施，严防灰尘脏物黏附在瓦面上。

（3）镜板吊装及调水平。对于镜板背面有密封槽的，应在镜板吊装前按设计要求装好密封条，再用无水酒精和白布将镜板仔细擦拭干净，安装专用吊耳。起吊镜板时尽量使用柔性吊装带，吊装翻身过程中要注意保护吊点附近的镜面，工作人员不能用手碰触镜面。

镜板吊装前，在推力瓦中选择以等边三角形位置对称分布的三块或以在各象限点对称分布的四块推力瓦作为调节瓦，降低其他推力瓦高度。镜板吊装到位后，通过旋转调节瓦的支柱螺栓调整镜板水平及高程。镜板高程应按推力头安装后的镜板和推力头的预留间隙值来确定。预留间隙按下式计算，即

$$\delta = \delta_b - h + \alpha - f$$

式中 $\delta$——发电机镜板与推力头之间的预留间隙，mm；

$\delta_b$——发电机主轴法兰盘与水轮机主轴法兰盘之间的预留间隙，mm；

$h$——水轮机应提升的高度，mm；

$\alpha$——镜板与推力头间应加绝缘垫厚度，mm；

$f$——承重机架的挠度，mm。

镜板高程调整合格后微调镜板水平，用框式水平仪在$x$、$y$轴方向测量镜板水平，使其水平误差在0.02～0.03mm/m。然后在成90°方向架设两块百分表监视镜板顶面，在不破坏镜板水平的情况下旋转其余支柱螺栓，将其余推力瓦上升，并紧贴镜板。调整完毕后用油枪向镜面喷涂洁净的汽轮机油，以防止镜面生锈。

2. 弹性油箱式推力轴承的检修

液压支柱式推力轴承的安装和刚性支柱式推力轴承的安装大体相同。它们的主要区别是弹性油箱部分，其他部分可参照刚性支柱式的安装程序来进行。

（1）绝缘垫板安装。弹性油箱和底盘是结合在一起的整体，当油槽底盘清扫干净后，先放上绝缘垫，再放上弹性油箱和底盘，再用带有绝缘的销钉定位后，将螺栓紧固。

（2）安装轴承各部件。仔细清扫弹性油箱波纹部分。对于需要用应变仪进行推力轴承受力调整的机组，应在选定的油箱壁上贴放规定数量的应变片，最后安装轴承各部件。

先测量底盘上部支架的有关尺寸，再将它吊放就位。吊放后应检查支座与底盘之间接触是否均匀，如果接触不良，需吊出重新研刮配合面；如在内外圈有整圈不接触的情况，需吊出支架进行再加工。弹性油箱的套筒旋至底面时也应有良好的接触状态，否则也要进行研刮处理。

（3）镜板调整。用弹性油箱确定镜板高程和水平时，除考虑机架挠度外，还应考虑油箱承载后本身产生的压缩变形值（一般为0.5～1mm）。为此需相应提高镜板的安装高程，使镜板在轴承处于弹性状态下能保持水平。调整镜板水平的步骤如下。

1）在弹性油箱均布的圆周上，选三个呈等边三角形分布的瓦位，把油箱的套筒旋至底面拧紧，使这三个油箱临时变为刚体，其余推力瓦就处在较低位。

2）升（降）该三块瓦的支柱螺栓，达到调整推力瓦高度，使镜板水平误差小于0.02mm/m。

3）调整其余支柱螺栓，使其余各瓦都与镜板均匀接触。

4）把先调整过的三块瓦位下的套筒旋起，这时全部油箱都处于弹性状态，镜板仍应保持水平。

（4）其他部件安装。镜板调整后，用与刚性支柱式推力轴承同样的方法和步骤来进行套装推力头、连接镜板等工序，最后使整个机组转动部分重量，借助于制动器油压操作转移到镜板上，待盘车和调整受力合格后，再进行油冷却器和其他部件的安装。

对于装有液压减载装置的推力轴承应先进行性能调试，并对所有管路及器件清扫检查及进行耐压试验。先顶起转子使瓦与镜板脱开，开启高压油泵来冲洗管路观察每块瓦内外油室的油柱大小及高度，并用控制阀来调整；落下转子后，精调每块瓦的油室压力，使之达到设计要求，并使油泵出口压力为油室的2倍。

（五）热套推力头

对于推力头与主轴采用过渡配合的机组，推力头安装时必须进行热套。推力头安装工艺如下。

（1）测量检查推力头与主轴配合尺寸。推力头套装前，在同一室温下用同一内径和外径千分尺测量推力头孔径和主轴的直径，以校核推力头和主轴配合尺寸。检查结合面表面，去除高点和毛刺，用绸布和无水乙醇清理干净。特别注意检查平键及键槽处，如有挤压变形和拉伤痕迹应先用油光锉锉削，用金相砂纸将处理面打磨平整，再将平键和键槽清理干净，最后将平键安装到位。

（2）热套推力头。由于推力头和轴采用过渡配合，因此需要加热推力头使之膨胀，以便于推力头顺利安装到位。一般采用电加热法，其加热温升公式为

$$\Delta t = \frac{K}{\alpha D_0}$$

式中　$\Delta t$——推力头加热温升,℃;

$K$——选定的推力头内径总膨胀量，mm;

$\alpha$——钢材的膨胀系数，$\alpha = 1.1 \times 10^{-5}$;

$D_0$——推力头内孔直径，mm。

推力头加热实际应达到的温度为

$$t = \Delta t + t_0 + \Delta t$$

式中　$t$——推力头加热后应达到的温度,℃;

$t_0$——安装现场室温,℃;

$\Delta t$——考虑推力头从热态经吊运及套装过程中可能下降的温度,℃。

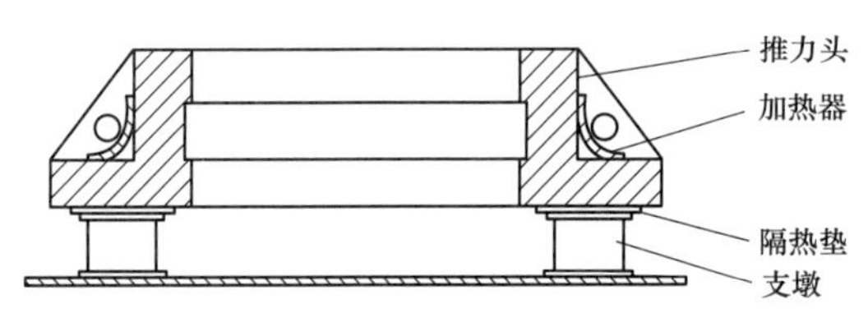

图 5-19　推力头加热热源布置

热工具有电炉和电热毯两种，以电热毯加热方式为例，推力头加热热源布置，如图 5-19 所示。

推力头放置在垫有隔热毯的千斤顶或钢质支墩上，为减缓散热速度，推力头距地面高度不超过 300mm，电热毯应放置在靠近推力头外壁，加热时覆盖石棉布进行保温。加热过程中每隔 10～15min 应测量记录推力头各部位温度，推力头温升应控制在 15～20℃/h，最长加热时间不能超过 3.5h，防止因加热时间过长导致推力头机械性能发生变化。当推力头膨胀量达到要求后，撤去电热毯，吊起推力头，用框式水平仪找平，推力头水平控制在 0.15～0.20mm/m 以内。吊离地面 1m 左右时用白布清理推力头内孔和底面，然后吊往发电机轴上，以推力头内孔键槽与发电机轴上平键为准对正方位，迅速下降套装。套装前可在发电机轴结合面上喷涂适量汽轮机油进行润滑，套装到位后应复查推力头与镜板之间间隙，待推力头自然冷却后再对号安装卡环。

（六）推力头与镜板的连接

根据拆卸时镜板和推力头的相对位置对准销钉孔、销钉按编号安装。安装时可对镜板位置进行微调，用铜棒使销钉轻轻敲击打下可安装位，避免强行打入销钉。待所有销钉安装完毕，安装镜板螺栓，将机组转动部分重量完全转移到推力轴承上后，再对称均匀地紧固推力头镜板连接螺栓。

（七）转动部分重量转移

机组 A 修回装阶段，发电机轴与转子连接完成后，机组转动部分重量全部落在制动器上，推力轴承的支撑装复后，需要将转动部分重量转移至推力轴承上。由于机组装有偶数个制动器，在转子吊装前已垫有合适高度的环氧树脂垫板（制动风闸），因此可将制动器均匀分为两组，交替作用完成转换任务。

首先利用制动器充高压油将转子顶起，使用锁定螺母将第一组制动器锁定，旋下第二组制动器的锁定螺母，然后撤油压排油。第二组制动器活塞复位后，取出一部分垫板，剩下的环氧树脂垫板厚度以顶起转子后锁定第二组制动器，第一组制动器可落下取出垫板为准。再次顶起转子，旋下第一组制动器锁定螺母，将第二组制动器锁定，撤压后取出第一组制动器上的部分垫板，按前面的步骤逐步将所有垫板取出，降低转子高度，最终将转动部分重量转移到推力轴承上。

### 三、发电机轴承常见故障及分析

#### （一）发电机轴承绝缘检查

由于转子四周和定子之间的空气间隙不等，定子有效铁芯周围每片接缝的配置不对称，当发电机运行时，发电机各部磁通分布就不均匀，磁束就不平衡。不平衡的磁束与转动的轴相切割，就产生了轴电动势。该电动势能够损坏转子的轴领、轴瓦巴氏合金等。为此，对于横轴的发电机，应将励磁机与机组的基础板之间加以绝缘；对于悬吊式的水轮发电机，其上部导轴承和推力轴承均应用绝缘垫与定子外壳相绝缘，也可在推力头与镜板之间再加一层绝缘垫，以加强绝缘，这样就可避免轴电流所引起的损坏事故。

对于竖轴水轮发电机，在轴瓦安装前，应使用1000V绝缘电阻表检查上部导轴承每块瓦的绝缘电阻，其值不得低于50MΩ。安装后，将轴瓦的绝缘垫相互联系起来，再测量绝缘电阻。当推力轴承和上、下导轴承全部安装完毕和注油前，可将转子顶起，测量发电机推力轴承的整个绝缘电阻，其值应不小于5MΩ。如果要在油槽注油后测量轴承绝缘电阻，则可在轴承座上连接一根导线至油槽外面进行测量。在转子顶起、油槽充油的情况下，总的绝缘电阻值应不低于0.5MΩ。

在发电机运转条件下，可用测量轴电压的方法检查轴承绝缘。测量时，应使用高内阻、小量程的交流电压表，一端接地（发电机外壳），另一端可通过铜网刷接发电机转子的轴（励磁机侧）。由于转子在转动，测量时应特别小心，防止袖口、导线、头发等卷进发电机。轴电压的大小无规定标准，为便于以后比较，最好在空载额定电压和额定负荷下测量，并记录下转子的电流值。

大修期间，在推力轴承拆装前启动液压泵，使制动器顶起转子，用1000V绝缘电阻表测量推力轴承座与机架间的绝缘垫电阻值，其对地绝缘电阻值应大于1MΩ。如果绝缘电阻值不符合要求，应检查绝缘垫板是否受潮或其他原因。

#### （二）推力瓦温度过高的处理方法

水轮发电机的推力瓦，以前均采用锡基轴承合金制成，最高允许温度为70℃，运行时温度通常控制在50～60℃为宜，超过60℃时属于偏高，达到70℃即发出信号，到75℃时事故停机。

推力瓦温偏高的处理主要有以下措施。

（1）消除瓦温增高的因素。各块瓦温差过大的原因大致如下。

1）各块瓦受力调整不均匀。推力瓦之间温差过大一般是由于没有调好瓦的受力，瓦温高者是受力较大所引起，应适量减轻其受力，将瓦适当调低，或者采用普遍刮削的方法，把温度较高的推力瓦普遍刮削1～2遍，使瓦面稍有降低，以减少受力，降低瓦温。此外，也可将温度较低的推力瓦略微抬高，以分担荷重。

2）推力瓦刮瓦质量不良。有时，推力瓦刮削粗糙会导致瓦温偏高，因此需将温度较高的推力瓦抽出检查，并做必要的瓦面修刮。

3）某些推力瓦的灵活性受卡阻。推力瓦支柱端部采用球面结构，转子顶起的状态下，推力瓦可左右晃动。对于温度较高的推力瓦，应检查其灵活性，看是否受卡阻。推力瓦挂钩与固定部分连接时，也应检查挂钩间隙是否正常，防止因间隙过小导致推力瓦不能自由晃动。

4）推力瓦挡块间隙偏小。对于温度较高的推力瓦，应检查其挡块间隙是否足够。间隙过小会影响楔形油膜的形成，也影响冷油进入瓦面，轻者引起瓦温过高，重者会造成烧瓦事故。

5）瓦变形过大。瓦厚度不够会产生过分的机械变形，热油与冷油温差较大会使瓦产生较大的热变形。过大的变形会使瓦面承载面积减小，单位受力增大而导致瓦温增高。

6）$P_v$值偏大。推力瓦单位面积受力 $P$ 增大会使摩擦损耗增加；同样，推力瓦平均摩擦速度 $v$ 增大也会使摩擦损耗增加，因此 $P_v$值较大的推力轴承必然会使瓦温较高。较高的瓦温只要稳定，仍是安全的。

（2）提高冷却器的冷却效果。平均瓦温过高时，通常均从改善冷却效果来降低瓦温。首先，测量油冷却器进、出水温度和推力瓦进油边冷油温度。冷却器进、出水温差通常在3～5℃为宜。冷却水温差过大时，说明冷却水量不足，应设法增大冷却水过流量，其办法如下。

1）首先检查油冷却器内部有无堵塞（汛期尤其应注意）。

2）在可能的情况下，适当增大冷却器进水压力。

3）加大冷却器进出水管直径，增加冷却器进、出水流。

推力瓦进油边冷油与冷却器进水温度之差，在高温季节应小于10℃。温差过大时，说明冷却器冷却效果不好，应更换冷却容量较大的冷却器，或者在冷却管上增加散热片，增加接触面积，以提高冷却容量。

（3）改进油循环。推力瓦进油边冷油温度不仅受油冷却器的影响，同时还受到油循环的影响。因此，应改进油循环，提高油冷却器换热性能，降低冷油温度，从而降低瓦温。常用方法如下。

1）合理改进挡油板的位置，以降低循环油流阻力；增大冷却器过油面积；减少热油涡流死区。

2）加大油冷却器铜管间距，以增大过油面积，减少油流阻力，提高冷却器循环油量。

3）改变油冷却器布置形式，使其接近热源及处于油流速度较高的区域，以提高冷却温差及过油量。

（三）水轮发电机轴承甩油处理

机组运转时，发电机推力轴承和导轴承油槽中的油或油雾跑出油槽的现象称为轴承甩油。立式水轮发电机轴承密封，但因结构形式各异，制造和安装质量的高低，以及运行工况的优劣，常会发生情况不一的甩油现象。轴承甩油不仅浪费润滑油，污染机坑，还会污染定子和转子的绕组，加速绝缘的老化。有的机组因甩油严重，以致运行油位下降过低，引起烧毁导轴瓦，造成被迫停机。因此，应采取必要措施防止轴承甩油。

轴承甩油有两种情况：一种是油质通过旋转部件内壁与挡油管之间，甩向发电机内部，称为内甩油；另一种是油质通过旋转部件与盖板缝隙甩向盖板外部，称为外甩油。

1. 内甩油

（1）内甩油原因分析。机组在运行时，由于转子旋转鼓风，推力头或导轴承滑转子内下侧至油面之间容易形成局部负压，把油面吸高或涌溢而甩溅到发电机内部，形成内甩油。此外，挡油管与推力头或导轴承滑转子内圆壁之间往往因制造及安装的原因，产生不同程度的偏心，使设备之间的油环很不均匀。如果这种间隙设计很小，则相对偏心率会增大。这样，当推力头或导轴承滑转子内壁带动其间静油旋转时，将起着近似于偏心液压泵的作用，使油环产生较大的压力脉动，并向上窜油，甩溅到发电机内部。

（2）内甩油的处理方法。

1）旋转件内壁加装挡油圈。挡油圈有两种形式，一种是封闭式挡油圈，如图 5-20 所示，挡油圈与挡油管之间间隙很小。另一种是开放式挡油圈，如图 5-21 所示，挡油圈与挡油管之间间隙较大。在推力头（或滑转子）内侧加装挡油圈，如有少量漏油到上面去，遇到挡油圈后掉下。

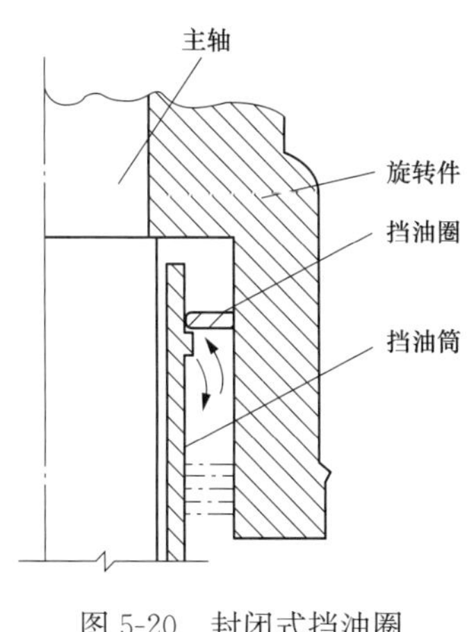

图 5-20　封闭式挡油圈

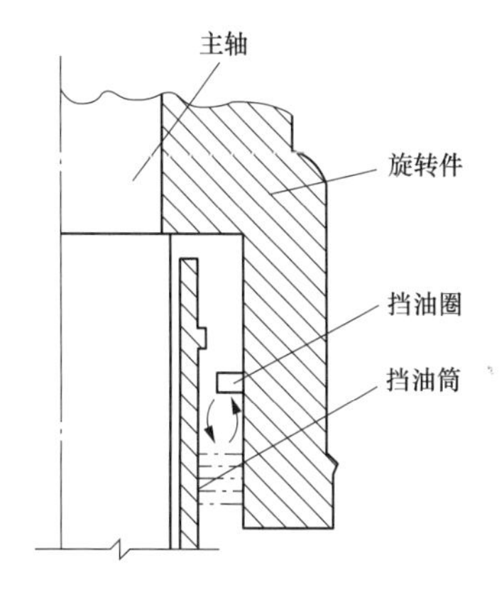

图 5-21　开放式挡油圈

2）在旋转件内壁车阻尼沟槽。沟槽是斜面式的，且斜面向下，使上涌油流在沟槽中起阻尼作用，沿斜面下流。

3）在挡油管上加装梳齿迷宫挡油管。以此来加长阻挡甩油的通道，增大甩油的阻力。部分通过第一、二道梳齿的油流，也将被聚集在梳齿油管中，从管底连通小孔流回油槽。

4）在可能的条件下，适当增加挡油管的高度，防止挡油管溢油。对于中、低速水轮发电机，油面至挡油管顶端的距离为150～180mm。

5）加大旋转件与挡油管之间的间隙。使相对偏心率减小，降低油环的压力脉动值，从而保持了油面的平稳，防止油液的飞溅上窜。

6）加装稳流挡油管。稳流挡油管与旋转件间隙较小，一般为10～15mm以下。实际上，它相当于阻旋装置，以增大内甩油阻力。部分甩出来的油进入稳流挡油管与挡油管之间，又回到油槽中去。而稳流挡油管与挡油管之间是静止的，不会因旋转件的运动而使其油面产生波动。

7）在旋转件上钻稳压孔。孔径为20～40mm，圆周等分布置3～6个孔，使里外通气平压，防止内部负压而使油面吸高甩油。

2. 外甩油

（1）外甩油的原因。机组运行中，推力头和镜板外壁将带动黏滞的静油运动，使油面因离心力作用向油槽外壁涌高、飞溅或搅动，易使油珠或油雾从油槽盖板缝隙处溢出，形成外甩油。

此外，随着轴承温度的升高，油槽内的油和空气体积膨胀而产生了内压。在内压的作用下，油槽内的油雾随气体从盖板缝隙处溢出。

（2）外甩油的处理方法。

1）采用迷宫式密封。轴承密封盖一般由合金铝铸成。为加强密封性能，在旋转件与盖板之间设4～6个深槽，分布于上、下两端。盖板与旋转件的间隙为0.5～1mm。这样，在密封部位就形成了多次扩大和缩小的局部流体阻力，使渗漏的油气混合体的压力减小，从而防止它从密封盖与旋转体之间泄漏；另外，还在密封盖上端两个槽内嵌入工业毛毡，并调整好其与旋转件接触的松紧，既提高了密封效果，又能防止外部杂物进入油槽。

2）采用气封迷宫式密封。在迷宫式密封盖的中间部分通入压力空气，使槽内产生一定的静压，从而阻止油气混合体向外泄漏。通常，该气流来自发电机转子风扇的高压区。为改善压力空气入口条件，管路的入口处应做成喇叭状，并使口部对准迎风面。

3）采用梳齿式密封。在这种密封结构中，除有扩大、缩小外，还有多次拐弯摩阻。另外，梳齿内缘与机内空间相连，而外缘与油槽相连，因外缘周速大于内缘周速，使梳齿内的油雾压向外缘，流回油槽。为加强密封作用，可在固定的梳齿中部引入压力空气。

4）阻旋装置。阻旋装置是一种薄壁罩结构，外形与旋转件相似（挡油圈）。它的作用是将润滑油与旋转件隔开，使润滑油不受旋转件黏附作用的影响（即不与旋转件一起旋转或不被搅动），使这一区域的油稳定。在油槽油面线附近，最容易产生油气混合、油雾溢出及油随同旋转产生抛物线油面。装设阻旋装置可使油面较平稳。

5）安装呼吸装置。在油槽盖上装一形如烟囱的装置，即气窗。气窗的作用是使油槽与大气静压连通。气窗的上部装有防滴罩，避免杂物落入。窗内有迷宫结构的隔板，当油气通过该装置时，压力减小，油气凝成油滴，又流回油槽。气窗分流了大部分油气混合物，可使挡油管上部和密封盖与旋转件之间的间隙溢出的油气减少。实践证明，气窗可提高密封效果，减少或消除甩油。

6）合理选择油位，机组加注轴承油时不要将油面加得过高。对内循环推力轴承而言，其正常静止油面不应高于镜板上平面。导轴承正常静止油面不应高于导轴承瓦的中心。推力瓦与导轴承瓦处于同一油槽时，其油位应符合两者中高油位的要求。超过上述油位时，既对降低轴瓦温度无效，又加剧了轴承甩油。

## 第七节　机　架　检　修

立式水轮发电机的机架通常由中心体和数个支臂组成。其一般采用钢板焊接结构。某大型立式水轮发电机组上机架和下机架的检修工艺介绍如下。

### 一、上机架拆卸

（1）将机罩、补气阀、集电环、补气管、集水盆、上导油槽密封盖、机架上盖板的外圈等部件及其连接螺栓拆除（拆除的设备和螺栓必须做好记号）。

（2）将上机架 12 个受力支墩放置于主安装场就位，底部垫平，在每个支墩的顶部垫放方形小枕木，起自动调平作用。

（3）测量上导瓦间隙值、上机架与定子基础板的组合缝间隙值、上机架水平度、高程、中心等数据并记录，上机架中心测量可采用内径千分尺测油槽壁至轴领距离的方法确定，测量前需将油槽内壁测点处的油漆处理干净，测量水平、高程、中心的测点要做记号，装复时在同一位置进行复测。

（4）将上机架 12 个千斤顶对称松开，并吊出。

（5）拆除上导瓦、上导挡油筒、上机架引风板吊架、机架钢丝绳吊点处盖板及横梁等部件。

（6）将上机架支臂与定子支臂的连接螺栓拆除，若上机架支臂与定子支臂之间加有调整垫片，应进行编号并做好记录，以便装复时使用。

（7）拆除机架下盖板的外圈及其横梁。

（8）将 $\phi56\times30\ 000$mm 一对钢丝绳分别固定在 1、4、7、10 号支臂的吊孔上，所拆除的盖板及横梁做好标记，防止安装时将顺序颠倒。上机架高为 2000mm，机罩高为 2700mm，钢丝绳穿好后桥机主钩至上机架吊点中心的垂直距离为 5331mm，桥机起升高度为 10 948mm。

(9) 将起吊钢丝绳穿好后，在支臂吊孔处和钢丝绳摩擦处垫半圆铁管臂或较厚的橡皮和破布保护钢丝绳。

(10) 检查上机架与其他设备是否还有连接部分未拆除，若没有连接部分，将具备起吊条件。

(11) 操作桥机主钩一挡慢慢上升，使钢丝绳稍受力后，停止上升。检查钢丝绳与支臂的接触受力情况。

(12) 操作桥机主钩一挡慢慢上升，将上机架起升10mm后，停止上升。检查钢丝绳的受力情况和上机架的水平情况，在起吊过程中，上导油槽应派专人监护，确保油槽壁不碰撞上导轴颈。

(13) 操作桥机主钩二挡慢慢上升，将上机架起升到300mm后，停止5min，检查制动器抱闸和起吊钢丝绳有无异常情况。

(14) 操作主钩用二挡上升和下降重复三次，检查钢丝绳受力情况及制动器抱闸有无溜钩现象。如没其他异常情况，将正式起吊上机架。

(15) 操作桥机主钩三挡上升，当上机架底部高于∇66.82mm时，停止起升。然后操作桥机大车向主安装场运行（在操作桥机大车运行时，要保证上机架的平稳，控制运行速度）。

(16) 当桥机大车行走到主安装场指定位置上空时，停止行走。操作桥机主钩二挡下降，将上机架降至12个受力支墩上，使上机架支臂与支墩上的枕木接触牢固。

(17) 上机架起吊受力分析（说明：下述计算中采用的公式取自《起重工》，2008年出版；依据GB/T 3811—2008《起重机设计规范》中的规定，此处选取的钢丝绳安全系数应不小于5.6，下述计算中的钢丝绳安全系数取6，符合规范要求）。

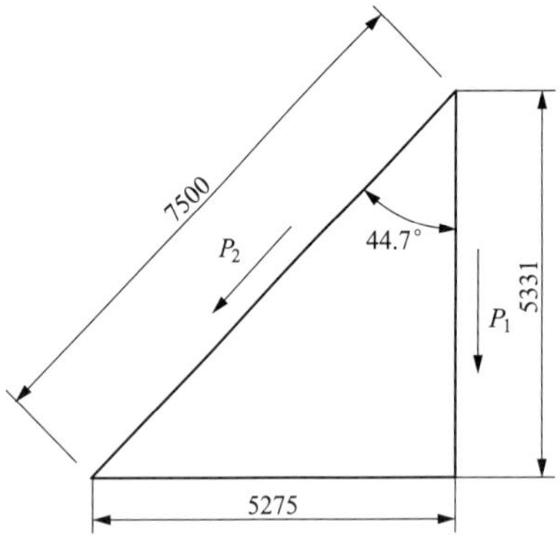

图5-22　钢丝绳受力计算示意

机架装配质量85.35t，上挡风板质量25t，上盖板质量36t，上盖板外圈质量7.86t，上机架的起吊质量＝85.35＋25＋36－7.86＝138.5t。

拟利用一对6×37＋FC圆股纤维芯钢丝绳起吊，公称抗拉强度1670MPa，单根长30 000mm，分成4股，一共8股，每股净长7500mm。

钢丝绳受力计算示意，如图5-22所示。

根据图5-22计算单股钢丝绳受力为

$$\begin{aligned}\text{单股钢丝绳受力}(S) &= \text{起吊荷重}(Q)/[\text{钢丝绳股数}(M)\cdot\cos A] \\ &= 138.5\times1000\times10/(8\times\cos44.7^\circ) \\ &\approx 243\ 564\text{N}\approx244\text{kN}\end{aligned}$$

单股钢丝绳最小破断拉力 $F$＝单股钢丝绳受力（$S$）·安全系数($K$)＝$244\times6$＝1464kN，因为钢丝绳直径 $d^2$＝1464/0.49，可算得 $d$＝54.66mm。因选用的 $\phi56$ 钢丝绳

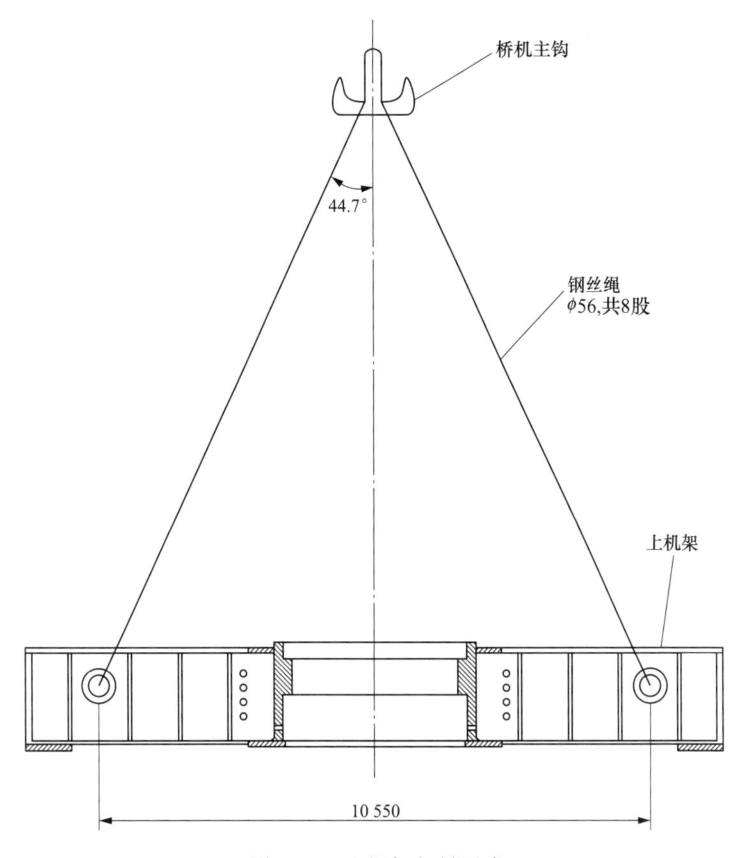


图 5-23　上机架起吊示意

直径大于 54.66mm，所以是安全的。

上机架摆放在安装场定置位置时，其顶面距地面高度为 2700mm，若要将上机架顺利吊放于定置位置，则吊钩距底面的高度至少为 $h$＝5331＋2700＝8031mm。

桥机主钩的极限起升高度（钩底至地面）为 10 948mm，因此选取的钢丝绳长度符合起吊要求。

## 二、上机架回装

（1）上机架回装前打磨、清扫上机架和定子之间的结合面及定位销。

（2）将上机架平稳吊入至定子上端基础位置，按原来的记号安装就位，拧紧基础螺栓（拧紧力矩 4000N·m 左右），测量上机架的高程差不大于±1.0mm（其高程为∇65.298m），水平不超过 0.1mm/m，中心误差不超过 1mm。

（3）装复横梁、上机架下盖板、上机架千斤顶。装复横梁时，将横梁从上机架内抽出，外端系上绳子，由一名人员在坑洞外围拉住，横梁装复后紧接着装复盖板。

（4）装复上机架千斤顶时，碟形弹簧对称受力，按安装记录的预紧压力进行装复，打表监视。千斤顶装复时，检查碟形弹簧与千斤顶螺杆接触是否均匀，若发现接触不均现象，则根据二者之间的间隙大小，制作厚度合适的铜垫，在千斤顶支座与上机架之间添加合适的铜垫后，紧固千斤顶时消除间隙，使千斤顶螺杆端部与碟形弹簧接触均匀。

（5）上机架与基础板的组合缝以 0.05mm 的塞尺检查，深度不超过组合面宽度的 1/3，总长不应超过周长的 20%，组合螺栓及销钉周围不应有间隙，组合缝的错牙不超过 0.10mm。

（6）安装完毕后，用超声波无损探伤的方法对上机架紧固螺栓进行检验，检查螺栓是否正常。

三、下机架拆卸

（1）转子、推力油槽盖板、油冷器、推力瓦、镜板等设备和部件已全部拆除吊出，推力挡油筒悬挂在下机架内，并已支撑、挂绑牢靠；拆除的设备和螺栓必须做好记号。

（2）下机架放置支墩已就位，并且已用水准仪将高差调整至 2mm 以内，每个支墩上放 2 根 150mm×150mm 的枕木。

（3）用水准仪在镜板上端面外缘 $xy$ 四个坐标轴方向测量高程。

（4）用水平仪在镜板上端面测量外缘 $xy$ 四个坐标轴方向测量水平。

（5）测量 24 个制动器的顶面高程，并做好记录。

（6）测量下机架与基础面之间的间隙，并做好详细记录。

（7）拆除制动管、供排水管路、进排油管路。

（8）在两处做好下机架与基础板的位置记号。

（9）将下机架支臂与预埋基础面的基础螺栓拆除。

（10）将 $\phi$62×35 000mm 一对钢丝绳分别固定在 1、4、7、10 号支臂的吊孔上，下机架高为 3800mm，钢丝绳穿好后桥机主钩至下机架吊点中心的垂直距离为 7390mm，桥机起升高度为 10 948mm。

（11）将起吊钢丝绳穿好后，在支臂吊孔处和钢丝绳摩擦处垫以较厚的橡皮或破布保护钢丝绳。

（12）起吊时，每个下机架支臂处设一人监护。

（13）检查下机架与其他设备是否还有连接部分未拆除，若没有连接部分，准备进行试起吊。

（14）操作桥机主钩一挡上升，使钢丝绳稍受力后，停止上升。检查钢丝绳与支臂的接触和受力情况。

（15）操作桥机主钩一挡上升，将下机架起升 10mm 后，停止上升。检查钢丝绳的受力情况和下机架的水平度（0.1mm/m）。

（16）操作桥机主钩二挡上升，将下机架起升 300mm 后，停止 5min，检查制动器抱闸和起吊钢丝绳有无异常情况。

（17）操作主钩用二挡上升和下降重复三次，检查钢丝绳受力情况及制动器抱闸有无溜钩现象。如没有溜钩现象和其他设备异常情况，正式起吊下机架。

（18）操作桥机主钩三挡上升，当下机架底部高于∇66.82 时，停止起升。然后操作桥机大车向主安装场移动；在操作桥机大车运行时，要保证下机架的平稳，控制运行速度。

（19）当桥机大车行走到主安装场指定位置上空时，停止行走。操作桥机主钩二挡下降，将下机架降至受力支墩上，检查下机架支臂与支墩接触的牢固情况；此时，起吊钢丝绳承受80%的重量。

（20）如果正常，操作桥机主钩二挡下降，当主钩上的钢丝绳不受力时，将松掉主钩上的钢丝绳。

（21）下机架起吊受力分析（说明：下述计算中采用的公式取自《起重工》，2008年出版；依据GB/T 3811—2008《起重机设计规范》中的规定，此处选取的钢丝绳安全系数应不小于5.6，下述计算中的钢丝绳安全系数取6，符合规范要求）。

下机架装配总质量为175.870t，弹性油箱质量为11.82t，下风罩质量为12.4t，下机架起吊质量＝175.870＋11.82＋12.4＝200.09t。

拟选用一对6×37＋FC圆股纤维芯钢丝绳起吊，公称抗拉强度1670MPa，单根长35 000mm，4个吊点，一共8股，每股净长8750mm。

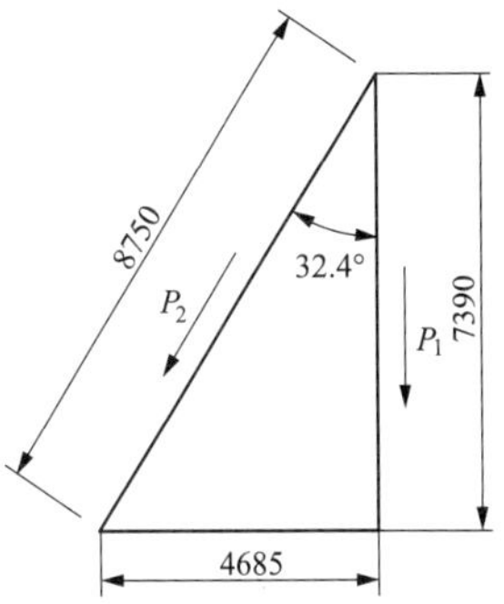

钢丝绳受力计算示意，如图5-24所示。

图5-24　钢丝绳受力计算示意

根据图5-24计算单股钢丝绳受力为

$$\text{单股钢丝绳受力}(S)=\text{起吊荷重}(Q)/[\text{钢丝绳股数}(M)\cdot\cos A]$$
$$=200.09\times1000\times10/(8\times\cos32.4^\circ)$$
$$\approx296\ 227\text{N}\approx296.2\text{kN}$$

单股钢丝绳最小破断拉力($F$)＝单股钢丝绳受力($S$)·安全系数($K$)＝$296.2\times6=1777.2$kN

钢丝绳直径$d^2=1777.2/0.49$　计算得到$d=60.22$mm

因此，选用的$\phi62$钢丝绳，直径大于60.22mm。

下机架摆放在安装场定置位置时，其顶面（不含推力油槽壁）距地面高度为3160mm。

若要将下机架顺利吊放于定置位置，则吊钩距底面的高度至少为$h=7390+3160=10\ 550$mm。

桥机主钩的极限起升高度（钩底至地面）为10 948mm＞10 550mm，因此，选取的钢丝绳长度符合起吊要求。

## 四、下机架回装

（1）检查接力器、顶盖、控制环已安装好。

（2）下机架安装前打磨清扫结合面及定位销。

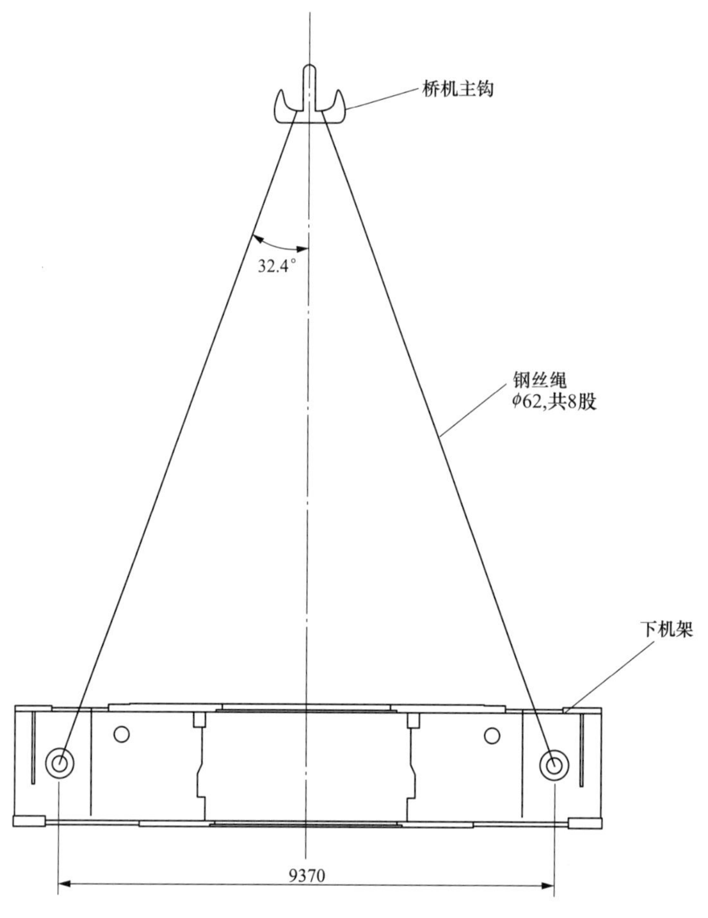


图 5-25　下机架起吊示意

（3）将下机架平稳吊入基础位置，拧紧基础螺栓（拧紧力矩 4308N·m）。

（4）测量镜板上端面 $xy$ 坐标轴方向 4 个点的高程，高程差与拆卸前比较不超过 ±0.10mm，测量镜板上端水平，与拆卸前比较，不超过 0.01mm/m。

（5）下机架与基础板的组合缝以 0.05mm 的塞尺检查，深度不超过组合面宽度的 1/3，总长不应超过周长的 20%，组合螺栓及销钉周围不应有间隙，组合缝的错牙不超过 0.10mm。

（6）安装完毕后，用超声波无损探伤的方法对下机架紧固螺栓进行检验，检查螺栓是否合格。

## 第八节　制动系统检修

### 一、制动系统概述

发电机组制动系统一般由制动器、油气管路、手动及自动控制装置和顶转子高压油泵组成。制动器俗称风闸，常见风闸外形，如图 5-26 所示。其作用主要有三个：首先是发电机转速降到机组加闸制动转速（推力轴承金属瓦机组为 30%～35%额定转速、推力轴承塑料瓦机组为 15%额定转速）时，投入低压气（0.5～0.7MPa）加闸制动，使发电机组迅速停稳；其次是在发电机组安装或检修期间，用高压油注入制动器顶起转子，将发电机组转动部分的重量转移到制动器的缸体上，再通过缸体传送到机坑基础上；第三是当使用氟塑料推力瓦的发电机组停机时间较长，需要再次开机启动时，制动器通过注入高压油顶起转子，使推力瓦与镜板之间重新建立起油膜。

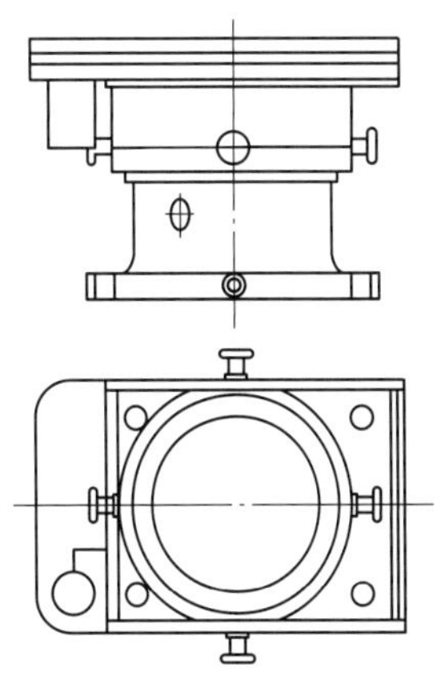

图 5-26　常见风闸外形

## 二、制动系统常见故障分析

制动系统常出现个别制动器起落不灵活，在使用中制动器制动后无法复归的现象。出现这种情况时，只能人工强行撬下，这样既给运行人员和检修人员带来很大的工作量，又推迟了开机时间，给电力生产带来较大的损失。

一般制动系统中制动器故障出现次数比较多，其中又以串气故障最多，其次是制动柜故障，管道系统泄漏和高压油泵故障出现次数相对较少。

### （一）制动器串气、串油

制动器出现串气、串油故障时通常有如下现象：复归时制动器下腔压力升高，活塞无法下落；制动器投入时活塞上下窜动，有喘振现象；顶转子时从上腔排气管排油或活塞外缘处有油溢出，顶转子不成功等。制动器串气一般是由于密封圈破损或失去弹性。

制动器在制动时通入 0.7MPa 的压缩空气，顶转子时下腔通入高压汽轮机油，长年使用后，工业用气和汽轮机油中所含的水分和杂质会积存在制动器下腔内无法完全排除，造成活塞缸内壁锈蚀，使原本光滑的活塞腔内壁变得凸凹不平。当活塞上下移动时，密封圈与锈蚀的内壁摩擦造成损伤，久而久之就会出现大面积破损，制动器出现上下腔串气现象。密封圈磨损严重时甚至发生断裂，使制动器完全不能工作。同时，活塞腔锈蚀的氧化物也会在使用过程中移动到其他制动器的活塞腔里，加速其他制动器的活塞密封磨损，缩短整个制动系统的无故障运行时间。遇到这种情况时，必须对制动器进行解体检查，检查活塞腔内锈蚀情况并记录，用细砂纸将锈蚀部位打磨光滑，清扫活塞腔内杂质，更换新密封圈。

### （二）制动系统管道泄漏

制动系统管道分为上腔管道和下腔管道两部分，上腔管道用于气动复归，下腔管道用于制动和顶转子。发电机组制动系统管道使用无缝钢管焊接而成，管道与制动器间使用金属软管连接，有一字法兰连接和管螺纹连接两种方式，使用的密封垫有紫铜垫、聚四氟乙烯垫和金属石墨缠绕垫三种，制动系统管道泄漏一般出现在连接密封处，而管道焊接点出现泄漏现象较少。连接处出现泄漏主要是由于密封垫失去弹性或发生永久变形，连接的螺栓松动后密封垫压紧力不够也会导致泄漏。管道法兰处出现泄漏时需要更换法兰密封垫，更换工作必须在机组停机，制动系统退出使用状态下进行。法兰连接时必须把密封垫放置在正确位置，对称紧固螺栓，保证法兰间隙均匀，但紧固力矩不能过大，否则过分的挤压会使密封垫变形甚至断裂，损坏法兰和连接螺纹。

（三）制动柜内阀门漏气

制动柜内阀门漏气，多数是由于阀门达到使用年限后阀芯密封材料老化，出现漏气现象。闸阀出现漏气时，先做阀芯紧固或密封更换处理；若仍有泄漏，则需更换阀门。利用铜球阀代替闸阀，可缩短阀门操作时间，提高阀门的可靠性。

（四）制动柜内电磁阀漏气

电磁阀漏气现象多发生在电磁阀进出口接头处，主要是接头密封失效造成，一般进行更换接头密封处理。

电磁阀损坏多表现为电磁铁线路出现故障不动作；阀芯发卡动作不灵活。前者与电气线路有关，出现损坏的概率较小；后者与电磁阀的质量寿命和管道内杂质含量有关。尤其是制动器油气共用一个工作腔，每次顶转子后，有大量的残油留在制动器工作活塞的底部及管路中，汽轮机油携带杂质通过电磁阀时部分杂质积存在电磁阀阀芯里，导致阀芯发卡磨损。

（五）顶转子油泵故障

顶转子油泵的常见故障有油管接头漏油、电动机损坏、泵损坏等。在使用过程中，要注意保证管接头连接正确、供电线路接线正确、油泵电动机转向正确，以及泵内使用的汽轮机油清洁无杂质。

（六）制动风闸磨损过大

风闸是制动器的摩擦部件，又称制动块。发电机组制动时通过风闸与制动环间发生摩擦起到制动作用，因此，风闸的材质必须满足耐磨、摩擦系数高、抗压强度高、摩擦过程中产生粉尘量小等要求。另外，由于发电机组风洞内油雾较多，风闸在接触汽轮机油后自身还必须保持足够大的摩擦系数，以满足发电机组制动的要求。发电机组制动器原来使用较多的是石棉制动风闸，该制动风闸制动时会产生大量的石棉粉尘，影响发电机组风洞内运行环境，并且石棉是致癌物质，不利于人体健康。另外，石棉制动风闸受油雾污染后摩擦系数有所降低，导致发电机组制动时间有所延长。

随着技术的进步，对人体健康影响较小的非金属无石棉制动风闸在水电厂里大量使用。非金属无石棉制动风闸主要由树脂（起结合作用）、丁腈橡胶（增加抗磨性及韧性）、氧化铁（起中合作用）、促进剂（促进成形）、酸锌（增加强度）、硅石粉（增加耐磨性及冲击性）、针状粉（增加抗拉力及抗压性能）等配方组成。

非金属无石棉制动风闸表面粗糙度相当于 $Ra$12.5μm；抗压强度大于 30MPa；冲击强度大于 2.5MPa；布氏硬度为 HB25～HB35；浸水 24h 的吸水率小于 0.09%；浸油 24h 的吸油率小于 0.05%；在 0.7MPa 气压下连续制动，线速度为 20m/s，温度为 300℃时，摩擦系数大于 0.45，磨耗系数小于 0.04mm/h；在 300℃时保温 30min，没有烧伤、裂纹及永久变形。实际应用表明，非金属无石棉制动风闸具有制动效果良好、摩擦粉尘量小、环保等优点。

### 三、制动器检修步骤

(1) 制动器拆卸前应完成以下测量：制动器风闸与制动环间隙，制动器高程，并做好相关记录。

(2) 拆卸制动管路及制动器行程开关。

(3) 拆卸制动器固定螺栓，注意检查制动器底部是否有调整垫片，对于有调整垫片的应该记录垫片位置，并测量垫片厚度，使用警示胶带将垫片牢固固定在原位置；随后将制动器吊至检修场地。

(4) 解体制动器，将活塞整体吊出，解体前注意做好相关部件的相对位置记号；特别注意通过碟簧复归的制动器需记录碟簧的安装顺序，避免安装顺序错误导致风闸无法正常工作。

(5) 清洗制动器活塞和缸体，检查有无破损或严重磨损情况；有毛刺的地方用细油石修磨光滑，更换活塞密封圈，活塞一般为双层结构，注意不要遗漏密封圈。

(6) 在油缸内壁涂抹一层清洁的汽轮机油，将活塞连同密封圈一同压入活塞缸，过程中可用铜棒轻轻敲打活塞四周，以便于活塞顺利压入缸内，压入过程中注意观察密封圈，避免出现密封圈被剪断的情况。

(7) 用工字钢制作一个制动器压力试验限位框架，将制动器固定在框架内，连接试压油泵（顶转子油泵），用汽轮机油对制动器进行压力试验，将油压升至设计要求，保压 30min，压力下降应不超过 3%，且检查活塞应无明显渗漏。

(8) 泄压后用压缩空气将制动器缸体内余油吹扫干净，装复制动器，制动器装复完成后复测拆卸前的数据，数据偏差较大的应进行调整。

### 四、制动系统改进措施

#### 1. 制动器密封材料的改进

将制动器的滑动 O 形密封改造成滑动 L 形密封，同时，将密封材质由橡胶材质改为聚四氟乙烯材质，用胀圈施加预紧力，胀圈设计成与活塞间有不小于 0.5mm 的浮动量，即使活塞中心对于活塞缸中心有些许偏差，而胀圈始终保持与活塞缸同心，确保密封性能不变，从而有效地解决了 O 形密封条随制动器活塞运动而扭曲导致活塞发卡和串气的问题。

2. 制动器活塞缸的改进

在制动器的活塞缸内壁镶嵌上聚四氟乙烯衬套，有效地解决了制动器的活塞缸内壁锈蚀而导致活塞发卡和串气的问题。

3. 制动器活塞的改进

将制动器的活塞外圆镶嵌上聚四氟乙烯围带，活塞的金属部分不与活塞缸内壁直接接触，围带与活塞缸内壁为滑动配合，由于聚四氟乙烯是最好的自润滑轴承材料，加上活塞缸内壁经过精磨加工，粗糙度小，因此，摩擦阻力小，又由于是单活塞结构，导向长；导向越长，其导向的作用越大，活塞越不发卡。

4. 风闸与活塞连接部分的改进

将制动器的活塞与风闸之间的连接螺钉外加钢套筒，使活塞与风闸之间保持有不小于2mm的距离，即活塞与风闸之间有足够的活动空间；同时，活塞与风闸之间的连接结构改造成球面柱，相当于万向节，可使风闸任意转动方向而不受限制；球面柱用蝶簧支撑，机组制动时，蝶簧被压缩，球面柱起到万向节的作用；当用油压顶转子时，风闸落到活塞端面上，增大接触面积，防止风闸变形。另外，蝶簧的反弹作用还会使滑动密封由静摩擦变成动摩擦，减小复位阻力。

5. 制动系统加装集尘装置

集尘装置由集尘盒、吸尘柜、控制箱和管路四部分组成。在制动器托板上安装集尘盒，随风闸的抬升而抬升，制动器的运行带动集尘盒的操作。集尘盒的两边直接与制动环相接触，出口边则是一锥形盒，盒的上部与制动环相接，盒的底部为通风孔。通风孔处安装软管与吸尘柜相连，吸尘柜内设两级过滤装置、容器和真空泵，真空泵受控制箱控制实现自动操作。机组制动时，制动器顶起带动集尘盒上升，集尘盒收集风闸摩擦产生的粉尘，同时，吸尘柜内的真空泵自动启动，起到吸尘作用。设置集尘装置后，有效地减少了风洞内设备积尘量，改善了设备的运行环境。

## 第九节　冷却系统检修

### 一、空气冷却器结构形式

水轮发电机运行时，发电机定子和转子会产生大量热量，需要冷却介质进行冷却。使用空气冷却的大中型水轮发电机一般都装设有空气冷却器，空气冷却器也称为热交换器。发电机内的热空气，通过空气冷却器进行冷却，温度降低后进入发电机内部冷却铁芯和绕组，然后再经过空气冷却器冷却，进入发电机内部，循环进行，发电机内电气损耗产生的热量通过空气冷却器的冷却水带走。在发电机运行时，可根据发电机温度的高低，减少或增加冷却水量。

空气冷却器由多根冷却水管，上、下承管板，密封橡皮垫和上、下水箱盖等零部件组成。

一般情况下，空气冷却器通过支架固定在定子机座壁上，沿圆周等距分布。可用螺栓直接固定在定子机座壁上，或者用压板压紧冷却器使其紧靠定子机座壁上，同时用滚轮支撑冷却器的重量。对于单路轴向通风系统的双水内冷发电机，将空气冷却器置于转子下面的下机架支臂之间。空气冷却器布置示意，如图 5-27 所示。

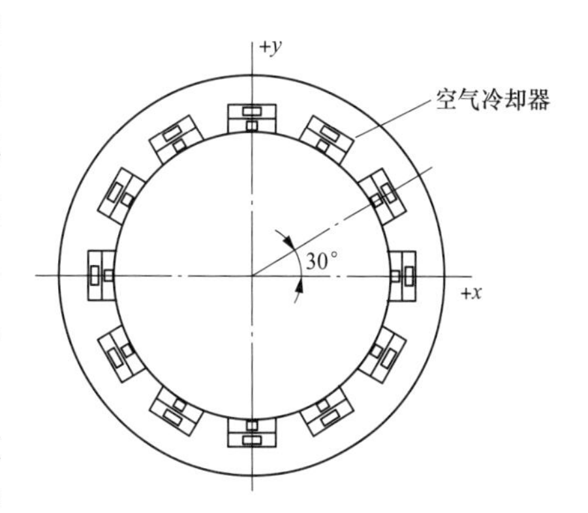

图 5-27　空气冷却器布置示意

发电机的多个空气冷却器采用并联方式通过阀门连接到环形进出冷却水管上。优点是某个空气冷却器发生故障时，可将其单独关闭而不影响其他空气冷却器的运行。此外，也有采用两个空气冷却器串联后再互相并联的连接方式。

大、中型水轮发电机一般装设 4～18 个空气冷却器。空气冷却器容量取发电机的散热量加上 10%～15%余量。当某一个空气冷却器退出运行时，其他空气冷却器仍能带走全部损耗，不会影响发电机的正常运行。

水轮发电机的空气冷却器的冷却水管通常为立式布置，也有采用水平布置的。两种布置方式的空气冷却器，在参数计算及结构设计方面相同。

## 二、空气冷却系统的检修和常见故障处理

空气冷却系统主要包括空气冷却器、冷却水管道、相关阀门及附件。空气冷却器常见的形式有绕簧式、针刺式、叠片式和双金属翅片管四种，主要参数比较见表 5-17。

**表 5-17　　几种空气冷却器主要参数比较**

| 形式 | 换热系数[kW/($m^2$·℃)] | 每米散热面积（$m^2$） | 每米散热容量（kW） |
|---|---|---|---|
| 绕簧式 | 0.06 | 0.665 | 0.718 |
| 针刺式 | 0.08 | 0.8 | 0.85 |
| 叠片式 | 0.02 | 0.664 | 0.255 |
| 双金属翅片管 | 0.04 | 0.92 | 0.762 |

从表 5-17 中可看出，针刺式结构整体性能优于其他三种结构形式的空气冷却器，在选择时可优先考虑。

### （一）空气冷却系统的检修

空气冷却系统包括空气冷却器、阀门和供、排水管道的检修。

（1）空气冷却器的清洗。发电机长期运行后，空气冷却器冷却管道的外表面会附着一些油污和灰尘，空气冷却器冷却管道的内壁会结垢，这些因素影响空气冷却器的冷却效果，必须对其进行清理。

空气冷却器外表面附着的一些油污和灰尘，可用清洗剂或高压水进行冲洗。清洗水垢的办法有两种：一是机械方法，就是物理清除法；另一种是化学法。机械方法是用铁

丝刷或用铁丝裹上布条在管内来回拖动，把管内的水垢消除掉。化学方法就是根据水垢一般为碱性物质的特点，用专用冲洗液把水垢溶解掉，如用浓度不超过5%的稀盐酸溶液进行循环清洗，一般清洗6h。若是冬季检修，可将溶液加热到70°～80°，加快清洗速度以提高清洗效果。稀盐酸溶液清洗后用清水冲洗干净。为防止酸性腐蚀，也可用5%的苏打溶液循环清洗10min，最后用清水冲洗干净。

（2）为防止出现负压泄漏，在机组停机断水前，应先关闭所有进、出水阀门，通水时应先打开进水阀通水，最后打开排水阀。

（3）对新制作的空气冷却器，必须按规定充水试压进行严密性检查试验，水压0.60MPa保压至少60min无渗漏。

（4）空气冷却器在回装前必须按规定进行渗漏试验，在1.25倍工作压力水压下（不得低于0.40MPa），保压至少30min无渗漏时才能进行回装。

（5）在A级检修和B级检修期间，应对整个空气冷却系统进行充水压试验，进行渗漏试验检查，在1.25倍工作水压下保压至少30min无渗漏。

（6）对于空气冷却器泄漏部位较多的机组，说明空气冷却器已严重老化，在机组检修期间，应更换全部空气冷却器。

（7）对管道和阀门泄漏点比较严重的机组，在A级检修和B级检修期间，应对整个空气冷却系统进行全面改造。

（8）管道应做好外观检查，做好防腐处理。

（9）长期运行的阀门应进行解体检修，做好渗漏试验检查。

（二）空气冷却系统泄漏和堵塞

1. 堵塞原因分析

机组技术供水系统采用坝前取水和蜗壳取水，水中含有大量杂物，如泥沙、上游飘下的垃圾、树枝等。机组空气冷却系统使用的阀门主要为闸阀，在实际运行过程中，铜螺母或阀杆磨损使阀盘脱落、阀门被异物卡阻使阀门不能有效关闭，特别是铜螺母或阀杆磨损造成的阀盘脱落后导致泥沙等杂物在此沉积堵塞。机组管路采用的是焊接管，管道内壁不光滑，很容易导致泥沙沉积，甚至贝壳类生物聚集形成堵塞。

2. 泄漏原因分析

（1）机组技术供水系统采用坝前取水和蜗壳取水，水质具有以下特点：①石英砂含量大，平均含量为1.2kg/m$^3$，最大含量为10.5kg/m$^3$，石英砂对阀门的部件冲刷较严重，对传动部分磨损大；②水中含有大量杂物，如塑料、棉纱等。机组技术供水系统使用的阀门主要为明杆闸阀，在实际运行过程中，阀门经常出现故障，铜螺母或阀杆磨损使阀盘脱落、阀门被异物卡阻使阀门不能有效关闭，主要表现为阀门内漏、外漏现象较严重。

（2）机组管路采用的是焊接管，经过长时间运行，焊缝因锈蚀而造成的穿孔漏水现象越来越严重，并开始威胁机组可靠运行。

(3) 应力问题。空气冷却器的冷却管为铜管，采用冷弯加工而成，在弯曲处存在残余应力，同时，在温度作用下的胀缩会造成管路弯曲处的应力集中。铜管的管头是通过机械胀连工艺连接到承管板上的，胀连工艺会造成连接处的残余应力，并在一定的温度梯度下产生较大的热应力，在连接处的局部范围造成应力集中。正反向供水倒换、水压的波动及内外壁温差的变化都会造成管路中应力发生周期性的变化，造成管路的疲劳破坏而导致空气冷却器的冷却管铜管漏水。

(4) 泥沙磨损及江水的腐蚀。随着环境的破坏，江水中泥沙和腐蚀物的含量较高，在运行过程中，铜管路会有不同程度的磨损和腐蚀。

(5) 负压现象。空气冷却器的冷却水取水口在上游，依靠水位差供水。机组在停机断水时，空气冷却系统内出现负压现象。在外部负压状态下，会产生较大的压差，导致空气冷却器的铜管管头处胀口。

(6) 管路的老化。一般情况下，铜管的使用寿命为8～10年，当材料老化时就不能满足热负荷和机械负荷的要求。同时，橡胶密封的老化也容易导致水腔之间串水。

(三) 空气冷却器堵塞和泄漏的处理

1. 堵塞的处理

(1) 在机组运行状况下，开启机组技术供水系统的加压泵，并频繁倒换技术供水的正反向，反复进行冲刷，一般可将堵塞的泥沙疏通。

(2) 在机组临时停机消缺状况下，拆开上、下端盖，用冷却管疏通专用设备接上高压水（如消防水源）配合通条逐根进行疏通。

(3) 在机组停机检修状况下，可将空气冷却器拆卸后，逐根进行疏通，然后装上并进行打压试验。

2. 泄漏的处理

(1) 在抢修和临检时，如果泄漏部位不多，可首先找到泄漏的铜管并做好标记，再拆开上、下端盖，采用锥度为1∶20、长度适宜的铜锥销（小头比铜管内径小2mm左右）堵死泄漏铜管两端的胀口，报废该铜管回路以阻止泄漏。必要时，更换上、下端盖处的橡胶皮密封垫。在发电高峰期间，可将单个空气冷却器的进、出水阀门关闭严实后，在不停机的情况下进行该项工作，但必须做好防止水飞溅到定子铁芯和电气设备上的安全措施。

(2) 对串水的空气冷却器，首先拆开上、下端盖，更换上、下端盖处的橡胶皮密封垫。

(3) 个别空气冷却器泄漏，而发电机组又不能停机时，可将这个空气冷却器的进、出水阀门关闭严实后使该空气冷却器退出系统。

**三、油冷却器的结构和形式**

油冷却器布置在推力轴承和导轴承的油槽内，其主要功能是将油槽中的热油通过油冷却器进行热交换后得到冷却，再参与轴承油循环系统运行。油冷却器可根据轴承尺寸、损耗和油槽的布置选择不同类型的油冷却器。

油冷却器按其结构形式、尺寸大小和不同的换热容量，大致可分为以下五种类型。

（1）扇形瓣式油冷却器。油冷却器的形状呈扇形（半环式），扇形瓣式油冷却器，如图 5-28 所示。冷却器布置在油槽内对称的位置，由两瓣组成圆形，结构简单，安装、维修方便，适用于中、小型轴承内循环冷却的油槽。

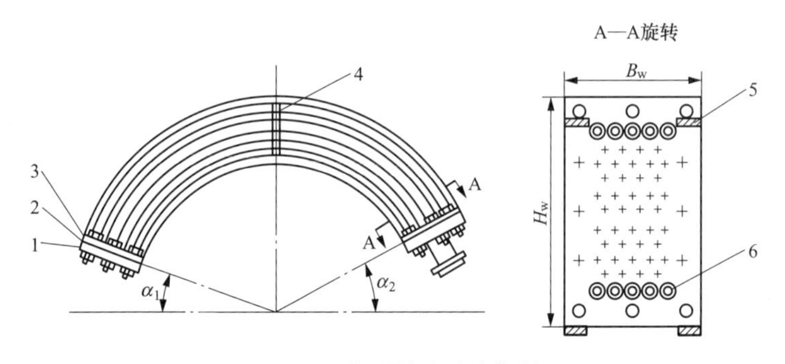


图 5-28　扇形瓣式油冷却器

1—水箱盖；2—橡皮垫；3—胀管承管板；4—承管板；5—加固环；6—冷却管

（2）抽屉式油冷却器。抽屉式油冷却器采用 U 形管装配而成，如图 5-29 所示。油冷却器安装在油槽壁上，适用于大、中型水轮发电机推力轴承内循环冷却系统的油槽，具有拆装方便的特点。

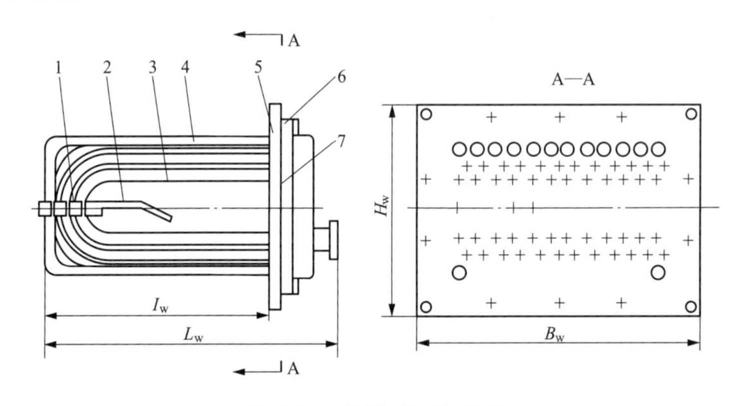


图 5-29　抽屉式油冷却器

1—管夹；2—挡油板；3—冷却器；4—加固管；5—承管板；6—水箱盖；7—橡皮垫

（3）盘式油冷却器。盘式油冷却器的结构形状呈弧形，如图 5-30 所示。其结构简单、便于拆装，水路多为单路在半圆内反复绕行，结构紧凑，可在小容积油槽内布置。这种油冷却器适用于小型水轮发电机导轴承内循环冷却系统的油槽。

（4）螺旋管式油冷却器。螺旋管式油冷却器采用铜管螺旋绕制呈螺旋弹簧形，如图 5-31 所示。该形式的油冷却器结构简单，水路连接方便，每个油槽间隔布置一个，适用于导轴承油槽周向分隔的结构。

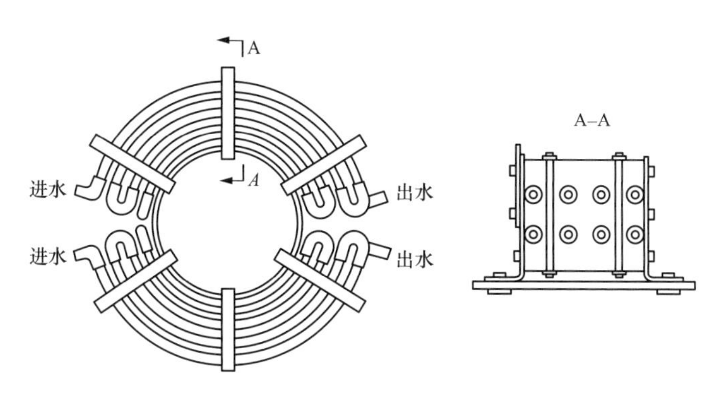


图 5-30　盘式油冷却器

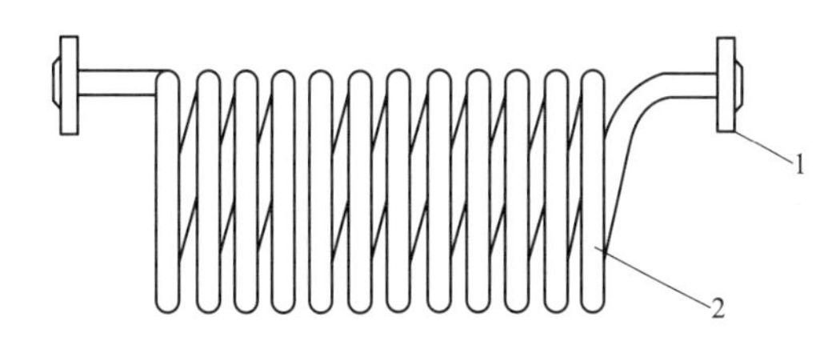


图 5-31　螺旋管式油冷器

（5）枕箱式油冷却器。枕箱式油冷却器呈枕箱形，冷却管为直管状，一般在特殊结构中采用，枕箱式油冷却器，如图 5-32 所示。

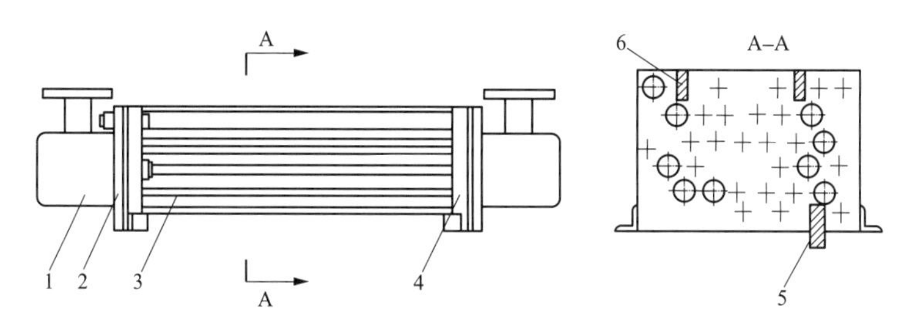


图 5-32　枕箱式油冷却器

1—水箱盖；2—橡皮垫；3—冷却管；4—胀管承管板；5—挡油板；6—加固板

## 四、油冷却器的检修

油冷却器的检修工作主要包括以下三个方面。

1. 油冷却器拆卸和清洗

油冷却器分解水箱盖后，除去水箱盖和两端承管板上的泥、锈、铜管内的泥污，全部清洗干净并干燥后，将水箱盖和承管板的表面涂刷一层防锈漆，漆干后便可组装进行水压试验。

2. 水压试验

油冷却器检修后，一般用 1.5 倍的工作压力做水压试验，持续 30min 不得渗漏。

3. 渗漏处理

油冷却器打压时如果发现渗漏，可按以下方法进行处理。

（1）若管子和承管板接合处渗漏，可重新胀管或用环塑料修补。

（2）若因铜管裂纹而渗漏，可用铜焊料修补。

（3）因铜管腐蚀严重而无法修补时，可用堵头将铜管两端堵住并锡焊，但堵住的管子不宜过多，一般不超过总管数的10%，否则应更换新油冷却器。

（4）渗漏严重的铜管，如可能进行更换时，可换上新管，按胀管工艺胀紧。

## 第十节　出线设备及中性点设备检修

### 一、发电机出口母线检修

出口母线是将电能输出至电网的通道和载体。其一般分软铜母与硬铜母，也有采用高电缆结构。选择母线时，其截面必须保证允许通过额定电流而不过热，温升稳定，整体安全、可靠。

软铜母并非多股软编制铜母，是指抗拉强度、伸长率更好的紫铜铜排，其导电能力强，但结构稳定性差。硬铜母应用相对广泛，其形式有方形、圆柱形，结构上可分空心与实心，常见结构为方形实心铜排。高压电缆占用空间小、维护量少，但价格昂贵。

出口母线检修注意事项如下。

（1）检查共箱封闭母线箱体连接处的接地铜辫连接是否牢固、箱体外壳是否连成一体。

（2）距母线150mm外的钢支架、结构及混凝土中的钢筋因漏磁而产生的温升不应超过30K。

（3）共箱封闭母线的外壳可当作接地体，但外壳各段必须有可靠的电气连接，其中至少有一段外壳可靠接地。接地导体的截面具有通过最大短路电流的能力；当母线点通过短路电流时，离接地点最远处外壳的感应电压不超过24V。

（4）高压电缆作为发电机引出线的结构，检修时只需对外壳检查有无缺陷、损伤、绝缘及保护层有无破损，屏蔽层接地是否牢固可靠。

（5）出口母线相关电气试验数据合格，试验项目及要求可查阅DL/T 596—1996《电力设备预防性试验规程》中封闭母线试验项目和要求的内容。

### 二、发电机中性点设备

1. 发电机中性点接地方式及作用

（1）中性点不接地。当发生单相接地故障时，其故障电流就是发电机三相对地电容电流，当此电流小于5A时，并没有烧毁铁芯的危险。发电机中性点不接地方式，一般适用于小容量的发电机。

（2）中性点经单相电压互感器接地。实际上这也是一种中性点不接地方式，单相电压互感器仅用来测量发电机中性点的基波和三次谐波电压。这种接地方式能实现无死区的定子接地保护。

（3）中性点经单相变压器高阻接地。发电机中性点通过二次侧接有电阻的接地变压器接地，实际上就是经大电阻接地，变压器的作用就是使低压小电阻起高压大电阻的作用，这样可简化电阻器结构、降低造价。大电阻为故障点提供纯阻性的电流，同时大电阻也起到了限制发生弧光接地时产生过电压的作用。注意发电机起励升压前要检查接地变压器上端的中性点接地开关合好。

（4）中性点经消弧线圈接地。在发生单相接地故障时，消弧线圈将在零序电压作用下产生感性电流，从而对单相接地时的电容电流起补偿作用（采用过补偿方式，以避免串联谐振过电压）。这种方式可以实现高灵敏度的定子接地保护。

（5）中性点直接接地。在这种接地方式下，接地电流很大，需要立即跳开发电机灭磁开关和出口断路器（或发电机-变压器组出口断路器）。

2. 中性点设备检修

（1）编制检修所需的材料、备品备件、一般工器具、专用工器具等计划。

（2）查找设备缺陷记录，查阅以往设备检修记录。

（3）拆卸中性点靠中性点消弧线圈侧盖板，并将相关拆卸件放置到指定位置。

（4）拆除中性点C相和B相连接板，对于有两层连接板的应先拆除下层，拆到连接板最后一颗螺栓时应先用环氧树脂棒顶住引线（防止螺栓完全松脱后，引线掉落压伤人员或损坏附近设备），所有拆卸下来的连接板应按顺序摆放整齐，螺栓清点数量，并妥善保管。

（5）中性点消弧线圈检修。检查消弧线圈表面有无电弧烧伤痕迹，操作杆支撑绝缘子有无破裂；对消弧线圈卫生进行彻底清扫，并进行相关试验检查。

（6）中性点卫生清理及CT检查。对中性点每相母线管壁卫生、绝缘子、引出母线卫生进行清扫，检查中性点支撑绝缘子外观有无破裂，检查CT螺栓有无松动并进行紧固，CT二次接线端子紧固检查。

（7）中性点屏柜外部卫生清扫。对屏柜外部卫生进行清扫，检查固定相关二次电缆，对中性点引出线母管孔洞进行封堵，相序标示完善。

（8）检修完成后按照与拆卸顺序相反的步骤进行中性点恢复。

3. 电流互感器的试验项目、周期和要求

电流互感器的试验项目、周期和要求可查阅DL/T 596—1996《电力设备预防性试验规程》。

## 第十一节　发电机电气试验

### 一、定子绕组的绝缘电阻、吸收比或极化指数

1. 试验意义

测量发电机定子绕组的绝缘电阻是检查发电机绝缘状态最简单和最基本的方法，它

能有效地发现绝缘局部或整体受潮、脏污和贯穿性的绝缘缺陷。

测量发电机定子绕组的吸收比或极化指数，主要是判断绕组绝缘的受潮程度。由于定子绕组的吸收现象比较明显，所以测量吸收比和极化指数能较快地发现绝缘的受潮情况。

2. 试验方法

（1）选择绝缘电阻表。根据发电机的电压等级正确选择绝缘电阻表的额定电压。定子绕组额定电压在1000V及以上时，选择2500V绝缘电阻表，量程一般不低于10 000MΩ；额定电压在1000V以下时，用1000V绝缘电阻表。对于大型发电机，测量吸收比和极化指数时应尽量采用大容量的绝缘电阻表，即选用最大输出电流1mA及以上的绝缘电阻表，可得到比较准确的测量结果。

（2）测量步骤。

1）拆除或断开被测试发电机与其他设备的连线。试验时发电机本身不得带电，定子绕组与母线，以及其他连接设备必须断开，尽可能避免外部的影响。

2）将发电机充分放电。试验前将被测试发电机定子绕组充分放电，放电时间不少于5min。采用绝缘棒等工具进行放电，不得用手碰触放电导线。

3）测量方法。测量定子绕组相间及相对地的绝缘电阻，测量引线应具有足够的绝缘强度。试验时，被试相接绝缘电阻表L端子，非被试相短接接地，再接绝缘电阻表E端子，屏蔽接G端子。将绝缘电阻表水平放稳，试验前对绝缘电阻表本身进行检查。

对于发电机型绝缘电阻表，转动绝缘电阻表至额定转速后，将带屏蔽的连接线L接到被测绕组，同时记录时间，读取相应的绝缘电阻值。测量过程中，绝缘电阻表应保持平稳的额定转速。

对于整流电源型绝缘电阻表，将绝缘电阻表的接地端E接地，用带屏蔽的连接线将L端与被试绕组相连，然后接通绝缘电阻表电源开始测量。

测量吸收比和极化指数时，接通被试绕组后，同时记录时间，分别读出15s和60s（或1min和10min）时的绝缘电阻值。

读取绝缘电阻值后，对发电机型绝缘电阻表应先断开火线（L端），然后再将绝缘电阻表停止运转，以防止被试绕组对绝缘电阻表反充电而损坏绝缘电阻表；对带保护的整流电源型绝缘电阻表，可不受断开至被试绕组高压端的连接线与将绝缘电阻表断开电源的顺序限制。

测量完毕后，应将被试绕组充分放电，并接地。

3. 测量结果的判断

（1）绝缘电阻值的判断

影响发电机定子绕组绝缘电阻的因素有很多，主要有温度、湿度、表面脏污、受潮、剩余电荷、感应电压、绝缘材料质量、尺寸等。由于受到这些因素的影响，使绝缘电阻的测量数值较为分散，所以DL/T 596—1996《电力设备预防性试验规程》中对定子绕组绝缘电阻值未做具体数值规定，而是根据多年积累的经验自行规定，同时还规定，若在相近试验条件（温度、湿度）下，绝缘电阻值降低到历年正常值的1/3以下时，应查明原因。各相或各分支绝缘电阻值的差值不应大于最小值的100%。

（2）通过吸收比和极化指数判断

当发电机定子绕组绝缘受潮或脏污时，不仅绝缘电阻值下降，而且吸收特性的衰减时间缩短，吸收比减小。由于吸收比对绝缘受潮反应灵敏，所以可采用吸收比$R_{60s}/R_{15s}$对绝缘进行分析判断。同时，由于发电机定子绕组电容量及介质初始极化状况的差异，有时吸收比值尚不足以反映吸收的全过程，还可采用极化指数，即10min时的绝缘电阻与1min时的绝缘电阻的比值来分析判断定子绕组的绝缘状况。它不仅能更为准确有效地判断绝缘性能，而且在很大范围内与定子绕组的温度无关。

DL/T 596—1996《电力设备预防性试验规程》中对发电机定子绕组吸收比和极化指数的规定为沥青浸胶及烘卷云母绝缘吸收比不应小于1.3或极化指数不应小于1.5；环氧粉云母绝缘吸收比不应小于1.6或极化指数不应小于2.0。

### 二、转子绕组绝缘电阻测量

1. 试验意义

测量发电机转子绕组的绝缘电阻，可初步了解转子的绝缘状况，检查绕组绝缘材料受潮和受污染的情况。

2. 试验方法

转子绕组绝缘电阻的测量，一般分为静态和动态两种。

（1）静态测量。当发电机转子在静止状态时，拔出滑环上的碳刷，使用1000V绝缘电阻表测量。试验时，先将正负极滑环短接接地放电，然后将绝缘电阻表L端子接转子滑环上，E端子接转子大轴上，测量时间1min，然后记录绝缘电阻值。

（2）动态测量。可在发电机空载或带负载状态下测量转子绕组的绝缘电阻。

1）空载测量。将发电机与系统断开，励磁回路进行灭磁，拔出滑环上的碳刷，在各种转速下直接测量转子绕组的绝缘电阻，然后绘制出绝缘电阻与转速的关系曲线图，可从曲线图判断绝缘电阻受离心力作用的影响，以及转子绝缘电阻和转速的关系。

2）负载测量。负载测量一般采用电压表法。测量前首先保证励磁回路绝缘良好，使用内阻为200 000Ω/V的万用表，先测量正负极滑环之间的电压$U_k$，再依次测量正极滑环对轴电压$U_+$和负极滑环对轴电压$U_-$，则转子绕组对轴绝缘电阻值（MΩ）为

$$R_i = R_V\left(\frac{U_k}{U_+ + U_-} - 1\right) \times 10^{-6}$$

式中　$R_V$——万用表内阻，Ω。

通过改变负荷大小、转子绕组的温度，在不同负荷下测量出绝缘电阻值，绘制绝缘电阻与负荷的关系曲线图。根据曲线图，可判断绝缘电阻和温度的关系，以及在高温下转子绕组的绝缘状况。

3. 测量结果的判断

根据 DL/T 596—1996《电力设备预防性试验规程》规定，转子绕组的绝缘电阻值在室温时一般不小于 0.5MΩ。

## 三、定子绕组泄漏电流和直流耐压试验

1. 试验意义

测量直流泄漏电流和绝缘电阻的原理基本相同，不同之处是测量直流泄漏所用的电源一般采用可调的直流装置，所加的试验电压比较高，而且采用准确度更高的微安表测量泄漏电流，能更灵敏的发现绝缘缺陷。

进行直流泄漏电流和直流耐压试验时，可从电压和电流的关系曲线中判断绝缘状况，在绝缘尚未击穿前就能发现缺陷。因为直流电压是按照电阻分布的，所以直流耐压试验比交流耐压试验能更有效地发现端部缺陷和间隙性缺陷。而且直流耐压击穿时对绝缘的损伤比较小，所需的试验设备容量也小。

2. 试验方法

（1）试验接线。定子绕组泄漏电流和直流耐压试验接线，如图 5-33 所示。V 为高压整流元件，一般采用高压硅堆。一般将微安表接在高压侧，并加以屏蔽，以消除强电场杂散电流的干扰影响。被试相绕组短接后接高压，非被试相绕组短接后接地。

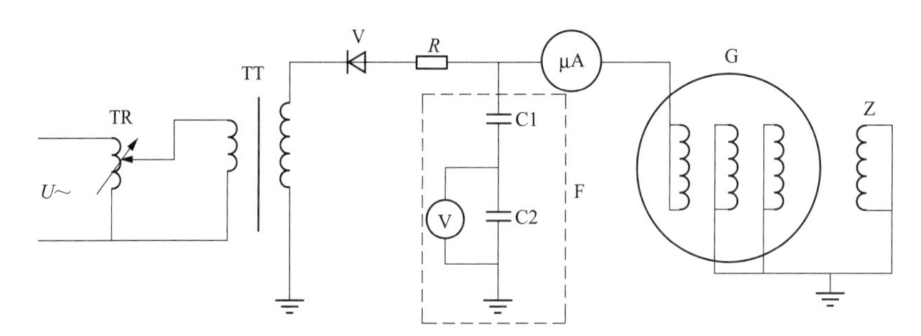


图 5-33　定子绕组泄漏电流和直流耐压试验接线

TR—调压器；TT—试验变压器；R—保护电阻；V—整流二极管；
F—电容分压器；G—试品发电机定子绕组；Z—转子绕组

（2）测量方法。试验应在发电机停机后清除污秽前的热状态下进行。处于备用状态时，可在冷态下进行试验。由于温度对泄漏电流影响较大，所以尽量每次在相近的温度下进行测试。试验电压按每级 $0.5U_n$ 分阶段升高，每阶段停留 1min，读取泄漏电流值。测试时施加的发电机定子绕组直流耐压试验电压，见表 5-18。

**表 5-18　发电机定子绕组直流耐压试验电压　(kV)**

| 项　目 | 试　验　电　压 |
|---|---|
| 全部更换定子绕组，并修好后 | $3.0U_n$ |
| 局部更换定子绕组，并修好后 | $2.5U_n$ |

续表

| 项　　目 | | 试 验 电 压 |
|---|---|---|
| 大修前 | 运行20年及以下者 | $2.5U_n$ |
| | 运行20年以上与架空线直接连接者 | $2.5U_n$ |
| | 运行20年以上不与架空线直接连接者 | $(2.0\sim2.5)U_n$ |
| 小修时和大修后 | | $2.0U_n$ |
| 交接时 | | $3.0U_n$ |

3. 试验结果分析判断

将试验电压值保持规定的时间后，如被试相绕组无破坏性放电，微安表指针没有向增大方向突然摆动，则认为直流耐压试验通过。

泄漏电流的数值不仅和绝缘的性质、状态有关，而且和绝缘的结构、发电机的容量等有关，因此，不能仅从泄漏电流的绝对值简单地判断绝缘是否良好，主要是通过观察其温度特性、时间特性、电压特性及长期以来的变化趋势进行综合分析判断。

（1）根据规程标准判断。DL/T 596—1996《电力设备预防性试验规程》规定：在规定试验电压下，各相泄漏电流的差别不应大于最小值的100%；最大泄漏电流在20μA以下者，相间差值与历次试验结果比较，不应有显著的变化；泄漏电流不随时间的延长而增大。另外，泄漏电流随电压不成比例显著增长时，应注意分析；如果不符合上面要求两条之一者，应尽可能找出原因并消除，但并非不能运行。

（2）根据泄漏电流的异常情况，判断故障。

1）泄漏电流随时间的延长而增大，说明有高阻性缺陷和绝缘分层、松弛或潮气侵入绝缘内部。

2）泄漏电流剧烈变化，如果电压升高到某一阶段，泄漏电流出现剧烈摆动，表明绝缘有断裂性缺陷，大部分在槽口或端部绝缘离地近处，或者出线套管有裂纹等。

3）各相（或分支）泄漏电流相差较大，超过DL/T 596—1996《电力设备预防性试验规程》的规定，缺陷可能在远离铁芯的端部，或者是套管脏污。

4）泄漏电流随电压不成比例显著增长，则表明绝缘受潮或脏污。

5）充电现象不明显或无充电现象，泄漏电流增大，这种情况大多是受潮、严重的脏污，或者有明显贯穿性缺陷。

4. 注意事项

（1）按试验原理接线，并由专人认真检查试验接线和表计倍率、量程，调压器零位及仪表的初始状态，尤其是检查仪器外壳是否已可靠接地，确认正确无误后，方可通电加压。

（2）施加试验电压时，应从零开始，然后均匀分级进行升压，不可太快，但也不必太慢，以免造成在接近试验电压时试品上的耐压时间过长。

（3）升压过程中若出现击穿、闪络等异常现象，应马上降压至零，然后断开试验电源，查明原因。

（4）试验完毕，先将调压器降到零位，然后断开电源，一般需等被试品的电压降至1/2试验电压以下时，将被试品通过电阻接地放电，最后直接接地放电。经过充分放电后，才能更换试验接线或结束试验，拆除接线。另外，对附近电气设备有感应静电电压的可能时，也应予以放电或事先短路接地。

### 四、定子绕组交流耐压试验

1. 交流耐压试验的意义

交流耐压试验是鉴定电力设备绝缘强度最有效和最直接的方法。定子绕组的交流耐压试验，是发电机最重要的绝缘试验项目之一。交流耐压试验的试验电压与发电机的工作电压波形和频率一致，作用于绝缘内部的电压分布及击穿性能等同于发电机的工作状态。从劣化或热击穿的观点来看，交流耐压试验是检验发电机主绝缘状况的一种直接而有效的方法。因此，在发电机制造、安装、检修及预防性试验中，交流耐压试验成为必做的一个试验项目。

2. 试验设备

交流耐压试验所用的设备通常有试验变压器、调压设备、过流保护装置、电压测量装置、保护球间隙、保护电阻及控制装置等，其中，关键设备为试验变压器、调压设备、保护电阻及电压测量装置。

（1）试验变压器。在选用试验变压器时，主要应考虑以下几个因素。

1）电压。根据被试发电机的试验电压，选用具有合适额定电压的试验变压器。试验电压较高时，可采用多级串接式试验变压器。应检查试验变压器所需低压侧电压是否与现场电源电压、调压器相配。

2）电流。电流按下式计算：

$$I=\omega C_{x}U$$

式中 $I$——试验变压器高压侧应输出的电流，mA；

$\omega$——角频率（$2\pi f$）；

$C_{x}$——被试发电机电容量，μF；

$U$——试验电压，kV。

3）试验电源容量。所需电源容量 $P$(kVA）按下式计算：

$$P=\omega C_{x}U^{2}\times10^{-3}$$

试验时，按 $P$ 值选择试验变压器容量，一般不得超载运行。

（2）调压设备。调压器应尽量采用自耦式，若容量不够，可采用移圈式调压器。调压器的输出波形应接近正弦波，为改善电压波形，可在调压器输出端并联一台电感、电容串联的滤波器。

常有的调压器有自耦调压器、移圈调压器、接触调压器和感应调压器。由于移圈调压器的输出电压波形在某一范围内有较大的畸变，因此现场不宜使用移圈调压器。

（3）保护电阻器。试验变压器的高压输出端应串接保护电阻器，用来降低被试品闪络或击穿时变压器高压绕组的过电压，并能限制短路电流。

此保护电阻的取值一般为0.1～0.5Ω/V，并应有足够的热容量和长度。该电阻的阻值不宜超过30kΩ，否则正常工作时会引起回路产生较大的压降和功耗。保护电阻器可采用水电阻器或线绕电阻器，线绕电阻器应注意匝间绝缘的强度，防止匝间闪络。保护电阻器的长度选择原则：当被试品击穿或闪络时，保护电阻器应不发生沿面闪络，它的长度应能耐受最大试验电压，并有适当裕度。

3. 试验电压的选择

交流耐压试验电压不能低于发电机绝缘可能遭受过电压作用的水平。发电机定子绕组的接线方式一般都是星形接线，绕组对地承受着相电压 $U_{ph}$，当发生故障造成一相接地时，另外两相对地电压升高至线电压 $U_L$，因此试验电压不能低于发电机的工作线电压，否则将失去交流耐压的意义。

另外，主要考虑大气过电压（雷电等）和操作过电压（如断路器操作引起的过电压等）的作用。对于大气过电压，依据我国目前大气过电压保护水平和运行经验，基本能够防止它对发电机的侵袭。而且在发电机出厂试验时，已进行了大气过电压保护水平试验，对现行的交流耐压来说，绝缘水平有相当的裕度，故交流耐压值只从操作过电压考虑。操作过电压在大多数情况下，其幅值不超过 $3U_{ph}$，约等于 $1.7U_L$，实际上一般都不大于 $1.5U_L$。另外再考虑我国发电机绝缘水平，不宜把试验电压值定得太高。依据DL/T 596—1996《电力设备预防性试验规程》规定，发电机定子绕组交流耐压的试验电压为 $1.5U_L$。通过长期的实践证明，这个规定是科学的、合理的，能确保发电机安全运行。

4. 交流耐压对绝缘的影响

交流耐压试验具有积累效应。所谓积累效应是指固体有机绝缘在较高的交流试验电压作用下，绝缘中的一些弱点会更加发展，每次试验都对绝缘造成新的损伤积累，这种现象称为积累效应。在进行交流耐压试验时，定子绕组绝缘承受的电压远远高于正常运行时的电压，多次试验对绝缘产生的积累效应会降低发电机的使用寿命。

（1）绝缘的击穿电压和加压时间的关系

定子绕组绝缘在试验电压作用下，随着加压时间的延长，击穿电压会降低。因为绝缘内部不可避免会存在气体，在强电场作用下，气体游离和绝缘氧化，使云母绝缘遭受损伤，加压时间越长，则绝缘损伤越严重，继而使击穿电压降低。大量试验证明，只有当试验电压在5倍额定电压以上时，才能在1min内击穿绝缘。

（2）加压次数对绝缘的影响

一般发电机的设计使用寿命为30年，如果每2年进行一次交流耐压试验，使用期内共需试验15次（实际上，因大修周期延长，交流耐压试验次数少于15次）。经过大量研究和试验证明，发电机运行30年后，在3.7倍额定电压的试验电压下维持1min，才会使绝缘击穿。

所以，在发电机的30年寿命内，在1.5倍额定电压下耐压1min，共15次交流耐压试验形成的积累效应造成的损伤不会使发电机的绝缘击穿。

5. 试验方法

（1）试验接线。发电机定子绕组交流耐压试验接线，如图5-34所示。其控制保护回路不做详细介绍，只对发电机的特点说明如下。

发电机是具有大电容的电气设备，进行交流耐压试验时，要考虑谐振、击穿时故障扩大和操作过电压等情况的发生。

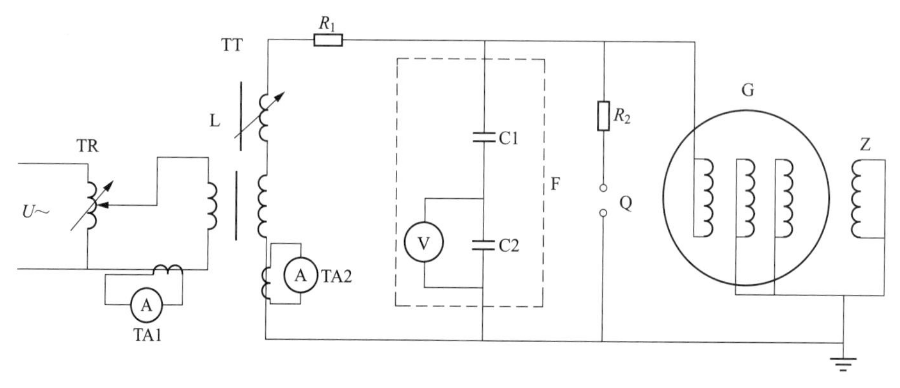


图5-34　发电机定子绕组交流耐压试验接线

TR—调压器；TT—试验变压器；TA1、TA2—电流互感器；F—电容分压器；Q—保护球隙；G—被试发电机定子绕组；$R_1$—限流电阻；$R_2$—球隙保护电阻；Z—转子绕组

图5-34中限流电阻$R_1$的作用是防止发电机绝缘击穿时的电流过大，避免烧坏定子铁芯；使高压试验变压器不致过热和产生过大的电动力矩而损坏；防止产生高频振荡。对于发电机而言，一般限流电阻$R_1$选用0.5～1Ω/V，但也要考虑与过流保护的配合。

球隙限流电阻$R_2$除防止当球隙放电时过大的电弧烧坏球隙外，更重要的是防止球隙放电时产生陡波头而击穿定子绕组的匝间绝缘，这对有并联支路和有匝间绝缘的发电机尤为重要。球隙限流电阻$R_2$(kΩ）的选择与被试发电机的电容成反比，其近似计算为

$$R_2 \geqslant \frac{2\sqrt{2}U_T}{3\alpha C_x}$$

式中　$\alpha$——允许波头的陡度，$\alpha$＝5kV/μs；

$C_x$——被试发电机电容量，μF；

$U_T$——试验电压的有效值，kV。

（2）一般规定。进行耐压试验时，应将发电机被试绕组的首尾两端短接，非被试绕组也应短接，并与外壳连接后接地。交流耐压试验时加至试验电压后的持续时间，如无特殊说明则均为1min。

升压必须从零开始，切不可冲击合闸。在40％试验电压以前，升压速度不严格控制，在40％试验电压后，应均匀升压，按每秒约3％试验电压的速率升压。耐压试验后，

迅速均匀的降压到零，然后切断电源。

（3）试验步骤。

1）在进行交流耐压试验前，应先进行其他绝缘试验，合格后再进行交流耐压试验。例如，先检查并测量定子绕组的绝缘电阻，并进行直流泄漏和直流耐压试验，如发现严重受潮或存在严重缺陷，需消除缺陷后才能进行交流耐压试验，并保证所有试验设备仪器仪表接线正确，指示准确。在耐压试验前后均应测量绝缘电阻。

2）所有试验设备和仪表接好后，在空载条件下调整球隙保护间隙，使放电电压在试验电压的1.1～1.15倍，并调整电压在1.05倍试验电压下维持2min不放电，然后降压至零位，断开电源。

3）经过限流电阻$R_1$在高压侧短路，调整过流保护跳闸的整定值。

4）电压及电流保护调试检查无误，各种仪表接线正确后，将高压引线接到被试发电机绕组上，接通电源后进行试验，开始升压。

5）升压过程中应密切监视高压回路，监听被试发电机有无异响。升至试验电压开始计时，并读取试验电压。耐压时间到后，立即降压至零，然后断开电源。试验中如无破坏性放电发生，则认为通过耐压试验。

6）在升压和耐压过程中，如发现电压表指针摆动很大，电流表指示急剧增加，调压器往上升方向调节，电流上升、电压基本不变甚至有下降趋势，被试发电机冒烟、焦臭、闪络、燃烧或发出击穿响声（或断续放电声），应立即停止升压，立即降压并停电后查明原因。

如果查明这些现象是由绝缘部分引发的，则认为被试发电机交流耐压试验不合格。如确定被试发电机的表面闪络是由于空气湿度或表面脏污等所致，应将发电机干燥处理后，再进行试验。

7）如果耐压试验进行了数十秒钟，中途因故失去电源，使试验中断，在查明原因，恢复电源后，应重新进行全时间的持续耐压试验，不可仅进行“补足时间”的试验。

6. 交流耐压试验的结果判断

对于绝缘良好的发电机，在交流耐压试验中不应击穿。

（1）交流耐压击穿的判断

一般情况下，如果试验中出现下述现象：电流表突然上升，过流保护动作跳闸，并听到发电机内部有放电声响，闻到烧焦气味或发现冒烟等现象；电压表指针剧烈摆动或电压表指示明显下降，电流表指示剧烈增加等，可能绝缘已击穿，必须立即将调压器调回零位，然后断开试验电源，再测一下绝缘电阻值，其值很小或为零，则进一步证明绝缘已击穿。

（2）谐振产生误判

在交流耐压升压过程中，由于各种参数的变化，有可能产生谐振，引起电流或电压突变，误认为绝缘击穿。

1）串联谐振。在升压过程中，电压略微升高一点，而电流剧烈增加，这可能是由于产生了串联谐振。被试发电机相当于一个电容，产生容抗，试验变压器和调压器的漏抗，组成 LC 串联回路。当升压过程中，由于参数的变化，引起 $X_L = X_C$，则构成串联谐振。这时试品上的电压升高，甚至超过试验电压值，而此时 $X_L = X_C$，电路中的总阻抗减小，使电流急剧增加。一般情况下，发电机的容抗和试验变压器的漏抗很难达到接近或相等，不会发生串联谐振。

2）并联谐振。在升压过程中，电压略微升压，而电流反而下降，则可能产生了并联谐振，也就是电流的铁磁谐振。这种情况下如果是变阻器调压，电流减小会使变阻器上的压降大大减小，使试验变压器输出电压快速升高，就会危及发电机的绝缘，造成绝缘击穿。如果采取措施，满足下列条件，可避免这种铁磁谐振的发生：

$$C_x > 1.3 \frac{P_N}{U_N^2} \times 10^6$$

或

$$C_x < 0.08 \frac{P_N}{U_N^2} \times 10^6$$

式中 $C_x$——发电机电容，pF；

$P_N$——试验变压器额定容量，kVA；

$U_N$——试验变压器额定电压，kV。

7. 交流耐压试验的注意事项

（1）容升效应和电压谐振。

1）容升效应。由于发电机是大电容的容性设备，在交流耐压时，容性电流在绕组上产生漏抗压降，造成实际作用到被试绕组上的电压值超过按变比计算的高压侧所应输出的电压值，产生容升效应。被试发电机电容及试验变压器漏抗越大，则容升效应越明显。因此，在进行发电机交流耐压试验时，要直接在被试绕组上进行电压测量，以免被试绕组受到过高的电压作用。

2）电压谐振。由于发电机的电容与试验变压器、调压器的漏抗形成串联回路，一旦发电机的容抗与试验变压器、调压器漏抗之和相等或接近时，发生串联电压谐振，造成被试发电机端电压显著升高，危及试验变压器和发电机的绝缘。所以在做发电机交流耐压时应注意预防发生电压谐振，为此，除在高压侧直接测量试验电压外，还应在被试发电机上并接球隙进行保护。必要时可在调压器输出端串接适当的电阻，以减弱电压谐振的程度。

（2）电压波形。试验电压由于电源波形或试验变压器铁芯饱和，以及调压器的影响致使电压波形发生畸变，当电压不是正弦波时，峰值与有效值之比不等于 $\sqrt{2}$ ，其中的高次谐波（主要是三次谐波）与基波相重叠，使峰值增大。由于过去现场一般使用电压表测量电压有效值，所以被试发电机上可能受到过高的峰值电压作用，应改用交流峰值电压表测量。

为避免试验电压波形畸变，可采用以下措施。

1）避免采用移圈式调压器。

2）电源电压应采用线电压。

3）试验变压器一般应在规定的额定电压范围内使用，避免使用在铁芯的饱和部分。

4）可在试验变压器低压侧加滤波装置。

（3）低压回路保护。为保护测量仪表，可在测量仪表输入端上并联适当电压的放电管或氧化锌压敏电阻器、浪涌吸收器等。

控制电源和仪器电源可由隔离变压器供给，或者在所用电源线上分别对地并联0.047～1.0μF的油浸纸电容器，防止被试发电机闪络或击穿时，在接地线上产生较高的暂态地电位升高过电压，将仪器或控制回路元件反击损坏。

（4）过电压保护装置的规定。进行交流耐压试验时，试验回路中应具备过电压、过电流保护，可在升压控制柜中配置过电压、过电流保护的测量、速断保护装置。另外，还应在高压侧设置保护球间隙，该球间隙的放电电压在发电机试验电压的1.1～1.15倍，并且应在现场施加已知电压进行整定。

（5）更换高压接线安全问题。交流耐压试验结束，降压至零并断开试验电源后，被试发电机绕组中残留的剩余电荷，自动反向经过试验变压器高压绕组对地放电，因此，被试发电机对地放电问题不像直流耐压试验那样重要。但对于需要更换高压接线，有较多人员换线操作的工作，为防止电源侧隔离开关或接触器不慎突然来电等意外情况，在更换接线时应在被试发电机上悬挂接地放电棒，以保证人身安全，并采取措施；在再次升压前，先取下放电棒，防止带接地放电棒升压。

（6）防止合闸过电压。当使用移圈调压器进行交流耐压试验，电源突然合闸时（此时调压器已在零位），有时会在被试发电机上产生较高电压的合闸过电压，使被试品闪络或击穿。为防止此情况的发生，应在移圈调压器输出到试验变压器一次绕组之间，加装一组隔离开关。先将调压器电源合闸后，再合上此隔离开关。

**五、转子绕组交流耐压**

1. 试验意义

转子绕组交流耐压试验是检查转子绕组绝缘缺陷的有效方法。在工地组装的水轮发电机转子在安装工序过程中需要进行交流耐压试验，检查磁极在运输、吊装过程中是否存在绝缘损伤。

2. 试验方法

转子绕组的交流耐压试验方法和定子绕组的交流耐压试验方法类似，由于单个磁极甚至整个转子绕组对地电容很小，而且试验电压很低，电容电流很小，因此，所需的试验变压器容量也不需要很大，普通的试验变压器一般就能满足试验要求。

转子在组装过程中，单个磁极、集电环、引线、刷架交流耐压标准及绝缘要求，均应按照表 5-19 规定的标准进行检查。

**表 5-19　　单个磁极、集电环、引线、刷架交流耐压标准及绝缘要求**

<table>
<tr><th colspan="2">部件名称</th><th>交流耐压标准（V）</th><th>绝缘电阻（MΩ）</th></tr>
<tr><td rowspan="2">单个磁极</td><td>挂装前</td><td>$10U_N+1500$，但不得低于 3000</td><td rowspan="2">≥5</td></tr>
<tr><td>挂装后</td><td>$10U_N+1000$，但不得低于 2500</td></tr>
<tr><td colspan="2">集电环、引线、刷架</td><td>$10U_N+1000$，但不得低于 3000</td><td>≥5</td></tr>
</table>

**注**　$U_N$ 为发电机转子额定电压，V。

显极式和隐极式转子全部更换绕组并修好后，额定励磁电压小于或等于 500V 时交流耐压试验电压为 10 倍额定励磁电压，但不低于 1500V；额定励磁电压大于 500V 时，交流耐压试验电压为 2 倍额定励磁电压加上 4000V。

显极式转子大修时及局部更换绕组并修好后，交流耐压试验电压为 5 倍额定励磁电压，但不低于 1000V，不大于 2000V。隐极式转子局部修理槽内绝缘后及局部更换绕组并修好后，交流耐压试验电压为 5 倍额定励磁电压，但不低于 1000V，不大于 2000V。

3. 试验结果判断

交流耐压试验耐压时间为 1min，在耐压过程中，如不发生放电、闪络和击穿，耐压后的绝缘电阻和耐压前无明显变化，则认为交流耐压试验通过，绝缘合格。

**六、定子和转子绕组直流电阻测量**

1. 试验意义

测量发电机定子和转子绕组直流电阻（包括绕组的铜导体电阻、焊接头及引出线电阻）主要是检查绕组焊接头的焊接质量、绕组有无匝间短路、引出线有无断裂、多股绕线并绕的绕组有无断股等；由于工艺问题而造成的焊接头接触不良（如虚焊）；特别是在运行中长期遭受电动力的作用或受短路电流冲击后，使焊接头接触不良的问题更加恶化而引起发热，发热后又使电阻增加，如此恶性循环，而使焊锡熔化、焊头开焊。在相同的温度下，线棒铜导体及引线电阻基本不变，所以测量整个绕组的直流电阻，基本上能了解焊接头的质量状况，确保发电机安全运行。

2. 定子绕组直流电阻测量

（1）电流电压表法。电流电压表法又称电压降法。电压降法的测量原理是在被测绕组中通以直流电流，因而在绕组的电阻上产生电压降，测量出通过绕组的电流及绕组上的电压降，根据欧姆定律，即可算出绕组的直流电阻。这种测试方法简单，但准确度不高、灵敏度低，现在基本不采用。

（2）平衡电桥法。应用电桥平衡的原理来测量绕组直流电阻的方法称为电桥法。常用的直流电桥有单臂电桥和双臂电桥两种。由于定子绕组直流电阻比较小，因此，一般采用双臂电桥测量，测量时应注意以下几个方面。

1）电桥准确度不应低于 0.5 级。

2）测量端子应接触良好，必要时应打磨测点表面。当测量线的电流引线和电压引线分开时，应将电流引线夹于电压引线的外侧。

3）测量时，先接通电流回路，待电流达到稳定值后，再合上检流计开关。测量结束后，应先断开检流计开关，再断开电源，以免在测量时绕组上产生的自感电动势损坏检流计。

（3）数字式直流电阻测试仪测量。数字式直流电阻测试仪是以高速微控制器为核心，采用高速 A/D 转换器及程控电流源技术，达到非常好的测量效果及高度自动化测量功能，其精度高、测量范围宽、数据稳定、重复性好、抗干扰能力强、保护功能完善，并具有充放电速度快、体积小、重量轻、便于携带、测量迅速、使用方便等特点。自检和自动校准功能降低了仪器使用和维护的难度，是测量直流电阻的理想设备。目前，基本上采用数字式直流电阻测试仪进行直流电阻的测量。

（4）测量结果判断。

1）DL/T 596—1996《电力设备预防性试验规程》规定：水轮发电机各相或各分支的直流电阻值，在校正了由于引线长度不同而引起的误差后相互间差别，以及与初次（出厂或交接时）测量值比较，相差不得大于最小值的 1%。超出要求者，应查明原因。

2）GB 50150—2016《电气装置安装工程 电气设备交接试验标准》规定：各相或各分支绕组的直流电阻，在校正了引线长度不同而引起的误差后，相互间差别不应超过其最小值的 2%；与产品出厂时测得的数值换算至同温度下的数值比较，其相对变化不应大于 2%。

3）测得的直流电阻值与初次测得数值相比较时，必须将电阻值换算到同一温度，通常历次直流电阻测量值都换算到 20℃时的数值。换算公式为

$$R_2 = R_1\left(\frac{T + t_2}{T + t_1}\right)$$

式中　$R_1$——温度 $t_1$ 时的电阻值；

　　$R_2$——温度 $t_2$ 时的电阻值；

　　$T$——计算用常数，其中铜材料为 235，铝材料为 225。

4）相对变化可从 U、V 和 W（或分支）大小排列次序判断。如果每次都是 $R_U > R_V > R_W$，说明相对变化正常；如果 $R_W > R_U > R_V$，则说明 W 相已经不合格。

（5）注意事项。

1）在测试前应对发电机定子绕组充分接地放电。

2）测量时电压、电流接线点必须分开，电压接线点在绕组端头的内侧，并尽量靠近绕组，电流接线点在绕组端头的外侧。

3）应分别测量每相（或分支）绕组的直流电阻，方便进行对比。

4）直流电阻应在冷状态下测量，必须准确测量绕组的温度。测量时绕组表面温度与周围空气温度的允许偏差为±3℃。

5）定子绕组的直流电阻值很小，GB 50150—2016《电气装置安装工程　电气设备交接试验标准》和DL/T 596—1996《电力设备预防性试验规程》中规定的允许误差也很小，所以测量时必须非常谨慎仔细，否则将引起不允许的测量误差，导致判断错误。

6）测量时，通过被测绕组的试验电流应不超过其额定电流的20%。

3. 转子绕组直流电阻测量

（1）测量方法。测量方法基本和定子绕组相同。

（2）测量结果判断。

1）应在冷状态下测量转子绕组的直流电阻，测量时绕组表面温度与周围空气温度之差不应大于3℃。测量数值与换算至同温度下的产品出厂数值（交接或大修）的差值不应超过2%。

2）显极式转子绕组，应对各磁极绕组进行测量；当误差超过规定时，还应对各磁极绕组间的连接点电阻进行测量。

3）如果现场经过3次以上测量，应把3次以上测量结果的平均值作为一个基准值，以后测量时和基准值比较，试验结果比较准确。

**七、转子绕组的交流阻抗和功率损耗**

1. 试验意义

测量转子绕组的交流阻抗和功率损耗，是检测转子绕组匝间短路最简单、有效的方法。当转子绕组出现匝间短路时，转子绕组有效匝数就会减少，使转子电流增大，绕组温度升高，限制机组无功输出，引起机组振动增大，进而引起停机或其他严重事故。因此，DL/T 596—1996《电力设备预防性试验规程》规定：在发电机安装、交接和大修时，都要进行转子交流阻抗和功率损耗测量，来判断转子绕组是否存在匝间短路。

2. 转子绕组发生匝间短路的原因

引起转子绕组匝间短路的原因主要有以下几种。

（1）制造工艺不良。转子绕组制造和整形等工艺过程存在缺陷，毛刺和倒角没有完全去除，在运行过程中刺穿绝缘造成匝间短路。绕组固定不牢固，运行过程中发生移位，破坏绝缘，引起匝间短路。

（2）安装过程中，施工粗糙，没做好防护措施。例如，磁极焊接时金属碎屑或焊渣等物质附着在绕组层间，破坏层间绝缘而引起匝间短路。

（3）运行过程中，在长期机械振动、电动力、热应力的作用下，转子绕组产生变形、位移，绝缘材料磨损、脱落、老化或受潮、脏污等都有可能造成绕组匝间短路。

3. 试验方法

（1）试验接线。转子绕组交流阻抗和功率损耗试验接线，如图5-35所示。

（2）试验仪器。选择合适的测量仪器，包括调压器、交流电流表、交流电压表、有功功率表。

（3）测量方法。向转子绕组施加交流电压，然后读取电压、电流和功率损耗值，施

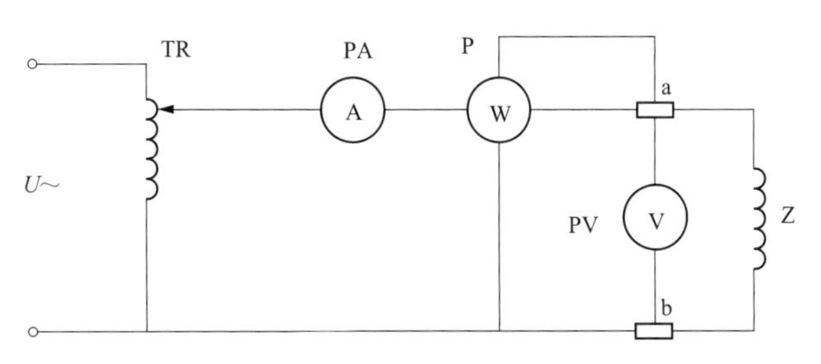


图 5-35　转子绕组交流阻抗和功率损耗试验接线

TR—调压器；PA—交流电流表；PV—交流电压表；P—功率表；

a、b—转子滑环；Z—转子绕组

加的电压大小通过调压器调节。然后按照下式计算出交流阻抗值 $Z$

$$Z=\frac{U}{I}$$

式中　$Z$——交流阻抗值，Ω；

$U$——测量电压，V；

$I$——测量电流，A。

测量前，应用调压器升降压多次，以消除转子剩磁的影响。每次试验应在相同条件、相同电压下进行，试验电压的峰值不超过额定励磁电压。

4. 影响交流阻抗测量结果的因素

转子绕组交流阻抗和功率损耗的测量结果受诸多因素的影响，主要因素如下。

（1）转子磁极是否挂装。转子的单个磁极在挂装前后，交流阻抗值并不相同。下面以某电厂 1 号机转子为例来具体说明，该电厂的转子有 20 个磁极，转子绕组的额定电压为 270V。表 5-20 为挂装前单个磁极交流阻抗数据。

**表 5-20　　挂装前单个磁极交流阻抗数据**

| 磁极编号 | 交流阻抗（Ω） | 磁极编号 | 交流阻抗（Ω） |
|---|---|---|---|
| 1 | 2.06 | 11 | 2.04 |
| 2 | 2.05 | 12 | 2.08 |
| 3 | 2.06 | 13 | 2.09 |
| 4 | 2.09 | 14 | 2.09 |
| 5 | 2.09 | 15 | 2.05 |
| 6 | 2.06 | 16 | 2.04 |
| 7 | 2.05 | 17 | 2.08 |
| 8 | 2.06 | 18 | 2.05 |
| 9 | 2.09 | 19 | 2.07 |
| 10 | 2.05 | 20 | 2.08 |

表5-21为挂装后连接前单个磁极交流阻抗数据。

**表5-21　　挂装后连接前单个磁极交流阻抗数据**

| 磁极编号 | 交流阻抗（Ω） | 磁极编号 | 交流阻抗（Ω） |
|---|---|---|---|
| 1 | 3.741 | 11 | 3.752 |
| 2 | 3.732 | 12 | 3.748 |
| 3 | 3.755 | 13 | 3.760 |
| 4 | 3.765 | 14 | 3.763 |
| 5 | 3.787 | 15 | 3.720 |
| 6 | 3.738 | 16 | 3.747 |
| 7 | 3.730 | 17 | 3.750 |
| 8 | 3.727 | 18 | 3.727 |
| 9 | 3.757 | 19 | 3.770 |
| 10 | 3.745 | 20 | 3.715 |

从表5-20和表5-21中可看出，转子磁极在挂装后，磁极的交流阻抗值要比挂装前大很多，这是因为磁极在挂装后绕组之间存在的漏磁通通过转子磁轭形成相互的匝链，增大了每个磁极的交流阻抗。

（2）转子磁极是否已连接。当转子磁极挂装好并连接后，测出单个磁极的交流阻抗要比没连接时大，磁极挂装并连接后单个磁极交流阻抗数据，见表5-22。这是由于磁极在连接后，磁极相互之间除漏磁通外，还存在相互匝链的磁通阻抗，导致交流阻抗值变大。

**表5-22　　磁极挂装并连接后单个磁极交流阻抗数据**

| 磁极编号 | 交流阻抗（Ω） | 磁极编号 | 交流阻抗（Ω） |
|---|---|---|---|
| 1 | 5.933 | 11 | 5.900 |
| 2 | 5.933 | 12 | 5.933 |
| 3 | 5.933 | 13 | 6.000 |
| 4 | 5.900 | 14 | 5.967 |
| 5 | 5.933 | 15 | 5.933 |
| 6 | 5.933 | 16 | 5.933 |
| 7 | 5.900 | 17 | 6.033 |
| 8 | 5.900 | 18 | 6.000 |
| 9 | 5.900 | 19 | 6.033 |
| 10 | 5.933 | 20 | 6.000 |

（3）试验电压的高低。转子绕组是一个具有铁芯的电感线圈，线圈本身的电阻值很小，而电抗占绝大部分。在测量转子绕组交流阻抗时，随着试验电压升高，电流随之增

加，磁场强度 $H$ 也增高。

磁阻公式为

$$R_{m}=\frac{NI}{\phi}=\frac{L}{\mu S}$$

式中　$R_{m}$——磁阻；

$\phi$——磁通量；

$N$——线圈匝数；

$L$——磁路长度；

$I$——电流；

$\mu$——磁导率；

$S$——铁芯截面积。

根据磁化曲线，转子铁芯在未达到饱和状态的情况下，随着电流 $I$ 增加，磁导率 $\mu$ 也增加，磁阻 $R_{m}$就减小，磁导 $\Lambda$ 增大，电抗就变大，所以转子绕组交流阻抗值随着电压的升高而增大。表 5-23 为某水电厂 3 号发电机（型号为 SF140-64/13500）检修后转子膛内交流阻抗和功率损耗试验数据，当试验电压从 50V 升到 250V，交流阻抗从 75.30Ω 升到 88.25Ω。

**表 5-23　　某水电厂 3 号发电机检修后转子膛内交流阻抗和功率损耗试验数据**

| 电压（V） | 电流（A） | 阻抗（Ω） | 功率损耗（W） |
|---|---|---|---|
| 50 | 0.664 | 75.30 | 15 |
| 100 | 1.282 | 78.00 | 55 |
| 150 | 1.846 | 81.26 | 116 |
| 200 | 2.356 | 84.89 | 198 |
| 250 | 2.833 | 88.25 | 299 |

（4）短路及短路状态。当转子绕组发生匝间短路时，其功率损耗增加比阻抗下降值明显。一般情况下，短路部位的电阻都是从大到小一直降到零，最后转为金属性短路，在短路电阻逐渐下降的过程中，其交流去磁效应慢慢增强，阻抗值就随之变小。而且短路部位发生在不同位置，对交流阻抗的影响也不同，因为短路发生在转子端部、直线部位、槽口部位，其交流去磁效应分别不同。

（5）转子在定子膛内还是膛外。当转子在膛内时，转子的磁场通过定子铁芯形成回路，磁阻比在膛外时要小，磁导却比在膛外要大，由于电抗与磁导的平方成正比，所以转子在膛内的交流阻抗值比在膛外要大。同时，与功率损耗 $P$ 相应的电阻中，除绕组本身的电阻、转子本体铁损的等效电阻外，还要包括定子铁损的等效电阻在内，因此在相同电压下，在膛内的功率损耗要比在膛外的大。

当转子在膛外时，转子的交流阻抗主要取决于试验电压、频率、转子本体和绕组的几何尺寸。在其功率损耗相应的电阻中，仅包含转子本体铁损的等效电阻和绕组铜损的电阻，没有定子铁损的等效电阻在内，所以交流阻抗值和功率损耗值均比膛内时小。

（6）转子本体的剩磁。转子本体的剩磁，也会影响交流阻抗值的大小。测量交流阻抗时，如果转子本体的剩磁与所加的交变磁通同方向时，会起到助磁的作用；当剩磁与交变磁通方向相反时，则起到消磁的作用。所以在测量转子交流阻抗时，有剩磁时测得的值要比无剩磁时小。因此在测量前，要先检查转子本体的剩磁情况，当剩磁较大时用直流去磁，剩磁较小时用交流去磁。在实际测量工作中，为减小剩磁的影响，在静态测量交流阻抗和功率损耗时，应从高电压（额定电压）逐渐做到低电压，在动态测量交流阻抗与转速的关系时，试验电压应尽量接近转子的额定电压，以提高测量的准确度。

（7）静止和转动。实际测量工作中表明，在恒定的交流电压下，转子绕组的交流阻抗和功率损耗值均随转子转速的变化而变化。一般随着转子转速升高，转子绕组交流阻抗值下降，功率损耗上升。出现这种情况的原因为随着转子转速的升高，线圈离心力增大，线圈压向槽楔，使转子线圈与槽楔的距离变小，槽磁导和计算磁导也随之减小，在恒定电压下磁势 $F$ 为一定值，由磁势公式 $F=\phi R_{m}$（$\phi$ 为磁通，$R_{m}$为磁阻），因为磁阻与磁导成反比，即磁阻增加，则磁通 $\phi$ 减小，电抗就变小，阻抗下降。另外，转子转速的升高，使槽楔和线圈的离心力增大，槽楔和转子齿的接触更加紧密，阻尼作用增强，去磁效应增加，引起交流阻抗值下降，功率损耗增加。

在上述不同条件下所测的交流阻抗值均不相同，相互间差别也较大。只有将以上这些外部因素综合考虑，才能准确判断转子绕组交流阻抗的测量结果。

5. 试验结果判断

DL/T 596—1996《电力设备预防性试验规程》规定，在发电机大修时，要进行转子绕组的交流阻抗和功率损耗测量，交流阻抗和功率损耗值自行规定；在相同试验条件下与历年数值比较，不应有显著变化。

通过测量交流阻抗和功率损耗值来判断转子绕组的匝间短路，是比较灵敏且有效的方法。由于影响转子交流阻抗测量的因素有很多，因此在实际测量工作中，必须充分考虑各种影响因素，并综合分析，确保测量结果的准确性，以便正确判断转子绕组是否存在匝间短路。

本试验可用动态匝间短路监测法代替。

6. 注意事项

（1）试验用电压应采用线电压，并同时测量电源频率，以避免相电压中谐波分量的影响。

（2）每次试验应在相同条件、相同电压下进行，并且试验电压应尽量接近额定电压，试验电压峰值不超过额定励磁电压。

（3）当转子在膛内测量交流阻抗时，会在定子绕组中产生感应电压，因此，必须将定子绕组与外部电路断开。

## 八、定子铁芯磁化试验

1. 试验意义

发电机定子铁芯磁化试验，是检查定子铁芯绝缘情况的有效方法。如果铁芯在运行中发生片间短路，则在交变磁通通过时，涡流损失将增大，引起局部过热，加速铁芯绝缘和定子线圈绝缘的老化，严重时可造成铁芯烧伤和线圈击穿的事故。DL/T 596—1996《电力设备预防性试验规程》中规定，重新组装、更换、修理硅钢片后或有必要时应进行此项试验。所谓必要时是指发电机定子绕组发生故障，定子铁芯受到损坏或运行中发现定子有局部高温，以及在大修检查中怀疑铁芯绝缘有短路等。

下面以某水电厂2号发电机定子铁芯为例，讲述定子铁芯磁化试验。该水电厂共有4台250MW水轮发电机组，定子铁芯由某电机厂供货，硅钢片牌号为50w250，每片厚度为0.500mm。定子铁芯外径 $D_1$ 为10 200mm，内径 $D_{i1}$ 为9270mm，铁芯长度 $l$ 为2350mm，机座净高2480mm，定子铁芯轭部质量 $m$ 为129 895kg。

2. 试验原理

在发电机定子铁芯上缠绕励磁绕组，绕组中通入工频交流电流，交流电流使定子铁芯中产生磁场，因而产生涡流和铁磁损耗，促使铁芯发热，如果铁芯中有片间绝缘受损或劣化，受损和劣化部位将产生较大涡流，温度上升很快。用布置在铁芯上、中、下部位的温度计或红外线热成像仪测量铁芯的温度，计算出温升和温差；用红外线成像仪查找局部过热点；在铁芯上缠绕测量绕组，测量其感应电压，测量功率损耗，计算铁芯单位质量损耗。根据测量结果与设计要求进行比较，检验定子铁芯的制造、安装质量和绝缘状况。

3. 试验计算

(1) 定子铁芯断面，如图5-36所示。

(2) 定子铁芯基本参数如下。

1) 定子铁芯外径 $D_1=1020(\text{cm})$。

2) 定子铁芯内径 $D_{i1}=927(\text{cm})$。

3) 定子铁芯长度 $l=235(\text{cm})$。

4) 定子铁芯叠压系数，取 $k_{Fe}=0.97$。

5) 定子通风道宽 $b_v=0.66(\text{cm})$。

6) 定子通分道数 $n_v=64$。

7) 定子轭部磁场强度取 $H=2.0$(安匝/cm)。

8) 定子槽深 $h_s=17.704(\text{cm})$。

9) 硅钢片密度 $\rho=7.6\text{kg/dm}^3$。

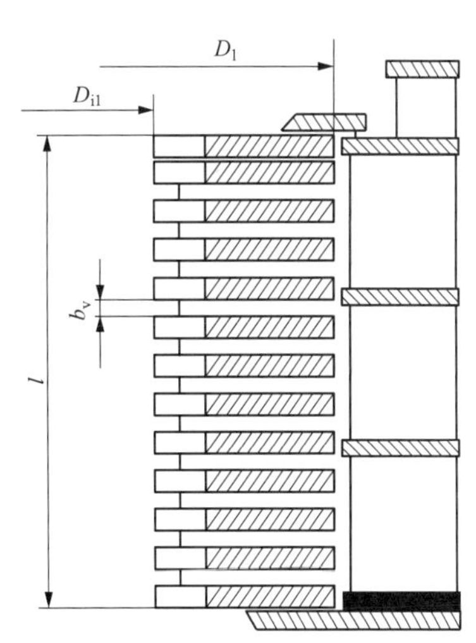


图5-36　定子铁芯断面

$D_1$—定子铁芯外径；$D_{i1}$—定子铁芯内径；$l$—定子铁芯长度；$b_v$—定子通风道宽

(3) 励磁线圈匝数与励磁电流计算。

1) 定子铁芯净长：

$$l_u=k_{Fe}(l-b_vn_v)=0.97\times(235-64\times0.6)=190.702(\text{cm})$$

2) 定子铁芯轭高：

$$h_{ys}=\frac{1}{2}(D_1-D_{i1})-h_s=\frac{1}{2}(1020-927)-17.704=28.796(\text{cm})$$

3）铁芯轭部截面积：

$$Q = l_u h_{ys} = 190.702 \times 28.796 = 5491.454\,792(\mathrm{cm}^2)$$

4）励磁线圈匝数 $W_1$ 由励磁线圈电压 $U_1$ 确定，按式（5-5）计算后取整：

$$W_1 = \frac{U_1}{4.44 fQB} \times 10^8 \tag{5-5}$$

式中 $U_1$——励磁线圈电压；

$f$——试验电源频率，取 50Hz；

$B$——试验时定子铁芯轭部磁通密度，水轮发电机取 $1.0\times10^4$Gs。

5）励磁线圈电流 $I$ 按式（5-6）计算：

$$I = \frac{\pi(D_1 - h_{ys})H}{W_1} \tag{5-6}$$

式中 $H$——硅钢片在 1.0T（水轮发电机）时的磁场强度，其值由制造厂给定，取 $H=$ 2.0（安匝/cm）。

总励磁安匝 $IW_1$ 按式（5-7）计算：

$$IW_1 = \pi(D_1 - h_{ys})H = 3.14 \times (1020 - 28.796) \times 2 = 6224(\text{安匝}) \tag{5-7}$$

选择不同的励磁电压计算出励磁线圈匝数和励磁电流数据，见表 5-24。

**表 5-24　励磁线圈匝数与励磁电流数据**

| 序号 | 励磁电源 $U_1$(V) | 励磁线圈匝数 $W_1$ | 励磁电流 $I$(A) | 结论 |
|---|---|---|---|---|
| 1 | 400 | 3 | 2075 | 电缆载流量不满足 |
| 2 | 10 000 | 82 | 76 | 满足要求 |

由表 5-24 可看出，第一个方案选择 400V 的励磁电压，励磁电流达到 2075A，目前电缆无法满足这个要求。第二个方案选择 10 000V 的励磁电压，励磁电流 76A，电缆能满足试验要求。根据以上计算结果，确定试验参数为：励磁线圈电压为 $U_1=10\,000$V，励磁绕组电流 $I=76$A，为均匀绕线，励磁线圈匝数取整，$W_1$ 取 80 匝。

（4）定子铁芯轭部质量。定子铁芯轭部质量按式（5-8）计算：

$$\begin{aligned} m &= \pi(D_1 - h_{ys})Q\rho \\ &= 3.14 \times (1020 - 28.796) \times 5491.454\,792 \times 7.6 \times 10^{-3} = 129\,895(\mathrm{kg}) \end{aligned} \tag{5-8}$$

（5）电源容量。试验电源容量 $S$ 按式（5-9）计算：

$$\begin{aligned} S &= K_S U_1 I \times 10^{-3} \\ &= 1.1 \times 10\,000 \times 78 \times 10^{-3} = 858(\mathrm{kVA}) \end{aligned} \tag{5-9}$$

其中，$K_S$ 一般取 1.1，或根据实际需要确定。

试验电源应是合格的交流电源，其容量应满足式（5-9）计算得出的电源容量值。

（6）励磁线圈与测量线圈

1）励磁线圈。励磁线圈匝数 $W_1$ 取 80 匝，按式（5-6）计算得出的励磁电流 $I$ 为

78A，按多股软铜线载流量 4.0A/mm² 计算，所需励磁电缆芯线截面积为 78/4.0＝20mm²，选用 1 根 25mm² 不带屏蔽及铠装的软电缆进行缠绕。预计电源侧到定子铁芯单根电缆长度为 100m，缠绕于定子铁芯的长度约为 800m，电缆总长为 1000m。

2）测量线圈。励磁线圈在四个方向对称布置，测量线圈 $W_2$ 布置在相邻两励磁线圈的中间位置，并取 1 匝，则测量线圈电压 $U_2$ 按式（5-10）计算出为 125V，选择量程为 150V 的电压表。

$$U_2 = U_1 \frac{W_2}{W_1} = 10\,000 \times \frac{1}{80} = 125(\mathrm{V}) \tag{5-10}$$

（7）励磁电源选择

该电厂 10kV 厂用Ⅲ段接于 2 号高压厂用变压器，额定容量为 4000kVA，满足试验电源容量要求。于是选用 10kV 厂用Ⅲ段母线柜内的 10kV 作为励磁电源，电源从 10kV 厂用Ⅲ段备用开关 336 开关接取，取线电压。二次电压取 10kV 厂用Ⅲ段电压互感器测量端子柜上电压监测，电缆经 336 开关后部下端引出，沿通道经 3 号机励磁变压器上方通风孔到达发电机层，再引至试验场地。

所取电源开关 336 的保护重新进行整定，以免缺相运行时造成开关跳闸，电流互感器变比为 100∶1A，速断按 4 倍整定即 312A，二次电流整定为 3.12A，时间整定为 100ms；过流按 1.2 倍整定即 94A，二次电流整定为 0.94A，时间整定 0.2s。

（8）测量仪器仪表

使用的仪器、仪表的准确度不低于 0.5 级，使用功率因素为 0.2 的低功率因素瓦特表。测量用仪用互感器的准确度为 0.2 级。温度测量采用红外线热成像仪和红外测温枪，试验用仪器、仪表清单，见表 5-25。

**表 5-25　　试验用仪器、仪表清单**

| 名称 | 型号 | 准确级 | 数量 |
|---|---|---|---|
| 10kV 开关 | VD4M 1206-25 | | 1 |
| 10kV 电压互感器 | JDZF11-10 | 0.5 级 | 1 |
| 电压表 | D26-V | 0.5 级 | 2 块 |
| 电流表 | T24-AV | 0.2 级 | 1 块 |
| 低功率因素瓦特表 | D34-W | 0.2 级 | 1 块 |
| 电流互感器 | LZZBJ9-10A | 0.2 级 | 1 只 |
| 红外线热成像仪 | FLUKE Ti55FT-20 | 不超过±2℃ | 1 台 |
| 红外测温枪 | FLUKE572 | 不超过±2℃ | 3 只 |
| 单芯橡套绝缘铜芯软电缆 | 10kV，25mm² | | 1000m |
| 铜芯聚氯乙烯绝缘软电缆 | 400V，2.5mm² | | 100m |
| 10kV 热缩套管 | 10kV | | 10 根 |
| 绝缘电阻表 | FLUKE1550C | | 1 块 |

4. 试验方法

(1) 试验接线。定子铁芯磁化试验接线原理，如图 5-37 所示。

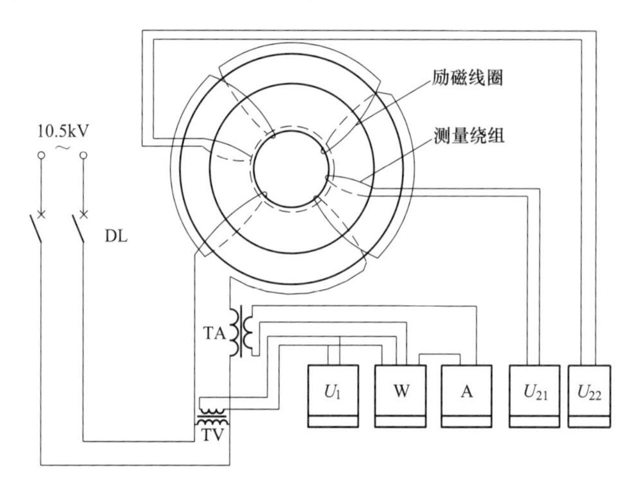


图 5-37 定子铁芯磁化试验接线原理

$U_1$—励磁电压测量电压表；$U_{21}$、$U_{22}$—感应电压测量电压表；

A—励磁电流测量电流表；W—低功率因素瓦特表；

TV—电压互感器；TA—电流互感器；DL—断路器

(2) 准备工作。

1) 对定子铁芯进行全面清扫，检查通风沟、上下端部等位置、各环板间，保证各处无残留金属物件，定子铁芯膛内不可存放金属容器等物。

2) 将定子铁芯、绕组及所有测温元件可靠接地，并测量定子铁芯拉紧（穿芯）螺杆的绝缘，避免定子拉紧（穿芯）螺杆接地。

3) 将所有槽线棒取出（定子线棒还没下线）。

4) 检查试验仪器、仪表满足试验要求，试验用电源的开关经调试合格，然后不带负荷分、合闸操作 3 次，正常。

5) 检查供电电缆是否已具备试验条件，10kV 开关的保护根据需要再进行重新整定。

6) 准备 4 台对讲机和 4 个手电筒，电源开关现场有专人进行监护。接取电源前，对电缆进行绝缘电阻测量，绝缘应符合规范要求。

(3) 试验布置。

1) 定子铁芯试验区域布置，如图 5-38 所示。

2) 在测量区域设置两张桌子，放置测量仪器仪表，按图 5-37 接线。

3) 励磁电源布置。铁芯磁化试验在机坑内进行，电缆从厂用 10kVⅢ段 336 开关下端引出沿通道直接到达试验场地。

4) 励磁线圈布置。按均匀励磁的需要，按图 5-37 在定子铁芯截面 $+y$、$-y$、$+x$、$-x$ 四个区域对称缠绕，励磁线圈必须按同一方向缠绕，缠绕时尽量使所有缆线紧绕在

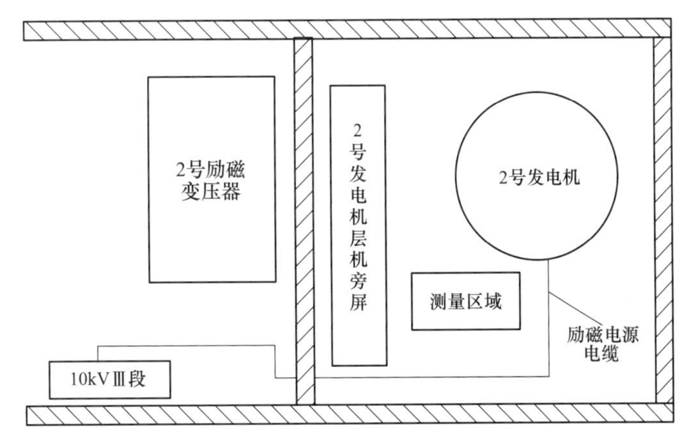


图 5-38　定子铁芯试验区域布置

铁芯上，避免缆线进入线槽内，励磁线圈与铁芯接触的棱角部位垫设绝缘材料。试验期间可能需要的绕组数的变更，励磁电缆长度需留有缠绕定子铁芯两圈约 20m 的余量。

5）测量线圈的布置。为检查铁芯磁场是否均匀，在铁芯定子的 $+x$ 和 $-y$ 中间、$+y$ 和 $-x$ 中间位置分别布置测量线圈，测量线圈采用 $2.5mm^2$ 的导线，按图 5-37 缠绕，绕 1 匝，分别引至 $U_{21}$ 与 $U_{22}$ 并接线。测量线圈应在两组励磁线圈中间位置布置，并只包绕定子铁芯。

6）温度的测量。试验前，应测量定子铁芯初始温度和环境温度，二者温差应不超过 5K。采用红外线热成像仪和红外测温枪对铁芯的上部、中部、下部，表面进行扫描测温，测温布置剖面，如图 5-39 所示。初步判断后，对发现的异常区域采用点温枪进行测量、重点监视各过热区域的温度。

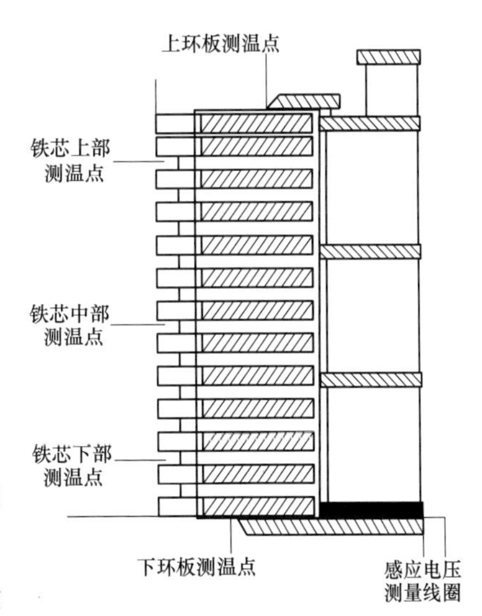


图 5-39　测温布置剖面

7）试验中，试验区域封闭。

（4）试验步骤。

1）试验的操作人员、记录人员、监视人员、测量人员全部安排就位，关闭有可能照射到定子铁芯上的所有强光源。

2）合上试验电源开关给铁芯励磁，进行试验性试验，检查铁芯及测量仪器表计有无异常，并测量线圈的感应电压，要求测量值在计算值 125V 的 90％～105％，如果不在范围内，调整励磁电缆的线圈匝数。

3）同时观察励磁电流值，不得超过过流整定值（不能超过试验设备容量范围），然后拉开试验电源开关。

4）各部位正常后，按照数据记录表记录初始值，再合上试验电源开关，同时开始计时。

5）试验过程中应密切监测定子铁芯温升、振动和噪声情况。每隔十五分钟记录励磁线圈端电压，测量线圈端电压、励磁线圈电流和功率，并用红外线热成像仪随时监测各部位温度，选择4个位置测量定子铁芯上、中、下部的温度，并进行记录。

6）由各次测得的结果计算实际磁通密度、功率损耗、单位铁损耗、最高铁芯温升和最大铁芯温差。

7）试验持续90min，试验正常完成后，重新检查压紧螺杆力矩值，如果力矩值减小，重新拧紧压紧螺杆。

8）整个试验完成后，拆除试验连线及励磁绕组、测量绕组等电缆线，所有试验仪器、仪表拆除、退场，然后将试验区域清理干净。

（5）试验终止及重新开始。

1）试验终止及重新开始必须由试验总指挥下令，一般情况下，其他人无权下令终止或重新开始试验。

2）下列情况下，试验终止。

a. 整个试验持续90min后。

b. 折算到1T时，铁芯的最高温升超过25K。

c. 折算到1T时，铁芯或机座间的最高温差超过15K。

d. 试验过程中出现冒烟、局部发热严重、振动和异常响声过大等现象。

3）重新开始试验。当试验因异常情况终止后，应检查处理异常点，处理完后经电厂各方检查验收认为合格后，方可重新开始试验。

5. 试验注意事项

（1）试验区域全封闭，无关人员严禁入内。

（2）在试验过程中，设立专人负责试验336开关柜的操作、监护，开关后部接线处应设置临时围栏，并悬挂“止步，高压危险”标示牌。

（3）在试验区域设置足够数量且符合使用要求的干粉灭火器。所有消防设备由专人负责，并经使用培训。

（4）试验过程中任何人不得双手同时触及铁芯，如有必要只能单手接触铁芯，严防触电事故的发生。

（5）励磁线圈和测量线圈布置完毕后都要进行绝缘电阻测量，绝缘合格后才能投入使用，严禁测量线圈短路。

（6）试验过程中观察电缆温度（一般在50～60℃），当温度达100℃左右时要注意，励磁电缆绕线尽量紧凑，不能松散。

6. 试验结果判断

（1）试验标准。磁密在1T下，试验经过规定时间后，发电机铁芯最大温升不大于

25K，相同部位（定子齿或槽）最大温差不大于15K，单位损耗不大于1.3倍参考值，在1.4T下自行规定。

（2）90min时的试验数据。实测定子铁芯最高温差 $\Delta T_0$ 为9.1K，定子铁芯相同部位最高温升 $\Delta T_{\max 0}$ 为10.4K，测量线圈电压 $U_2$ 为124.9V，励磁线圈电流 $I$ 为75.4A，实测功率 $P$ 为198.24kW。

（3）单位损耗计算。试验时的实际磁通密度 $B$：

$$B=\frac{U_2}{4.44fQW_2}=\frac{124.9\times 10\ 000}{4.44\times 50\times 5491.454\ 8\times 1}=1.024\ 5(\mathrm{T})$$

折算到磁通密度1.0T时的单位损耗 $P_1$：

$$P_1=\frac{P}{m}\times\left(\frac{1.0}{B}\right)^2=\frac{198\ 240}{129\ 895}\times\left(\frac{1.0}{1.024\ 5}\right)^2=1.454(\mathrm{W/kg})$$

折算到磁通密度1.0T时最高温差：

$$\Delta T_1=\Delta T_0\left(\frac{1.0}{B}\right)^2=9.1\times\left(\frac{1.0}{1.024\ 5}\right)^2=8.7(\mathrm{K})$$

折算到磁通密度1.0T时最高温升：

$$\Delta T_{\max 1}=\Delta T_{\max 0}\left(\frac{1.0}{B}\right)^2=10.4\times\left(\frac{1.0}{1.024\ 5}\right)^2=9.9(\mathrm{K})$$

（4）试验结论。2号机定子铁芯磁化试验，试验经过规定时间后，实际磁通密度为1.024 5T，折算到磁通密度1.0T时，最大温升 $\Delta T_{\max 1}$ 为9.9K<25K，相同部位（定子齿或槽）最大温差 $\Delta T_1$ 为8.7K<15K，最大温升和温差都满足规程要求；单位损耗 $P_1$ 为1.454W/kg，不大于1.3倍参考值（厂家标准90min时单位损耗是1.365W/kg），符合厂家技术要求，2号机定子铁芯磁化试验合格。

### 九、定子绕组端部表面电位测量

1. 试验意义

水轮发电机定子绕组引线手包绝缘及端部绝缘盒结构存在缺陷时，直流耐压试验和交流耐压试验很难发现这些绝缘缺陷。表面电位测量试验主要检测定子绕组端部绝缘的密实性及相对绝缘强度，能有效发现定子绕组端部的绝缘缺陷。然而，定子绕组端部绝缘施加直流电压测量这个试验项目在DL/T 596—1996《电力设备预防性试验规程》中对水轮发电机没做明确要求，因此，对水轮发电机，定子绕组端部表面电位测量是一个新的试验项目，能对定子线棒端部绝缘起到监测作用，进一步提高了发电机安全运行的可靠性。

2. 试验方法

表面电位的测量，首先将要测试的绝缘盒和手包绝缘部位包裹上一层锡箔纸，然后在绝缘的一侧施加直流试验电压，电压值为发电机的额定电压，同时测量另一侧的泄漏电流和电压值。根据加压部位的不同，分正接线加压和反接线加压。

正接线加压是在定子绕组上加压，用静电电压表和串入100MΩ电阻的微安表测量手包绝缘外包锡箔纸处的电压值及泄漏电流值。该方法是将定子绕组 A、B、C 三相首尾相连并短接，然后在绕组上加直流电压，测量部位的电压一般比较低，对试验人员和试验设备都比较安全，测量结果准确度高，水轮发电机组一般采用此试验方法。

反接线加压是在绝缘盒和手包绝缘外的锡箔纸上加压，将定子绕组 A、B、C 三相首尾相连并短接，经 100MΩ 电阻串接微安表接地，测量其泄漏电流值和电压值。此试验方法是通过绝缘杆支撑高压引线，逐个对包有锡箔纸的部位加压进行测试，由于水轮发电机定子直径一般比较大，试验过程中还需不停的移动试验设备和高压引线，裸露的高压部位给试验人员和设备造成极大的安全隐患。因此，水轮发电机定子绕组端部表面电位测量一般不采用反接线加压。

3. 正接线加压表面电位测量法

（1）试验接线。正接线加压表面电位测量原理，如图 5-40 所示。

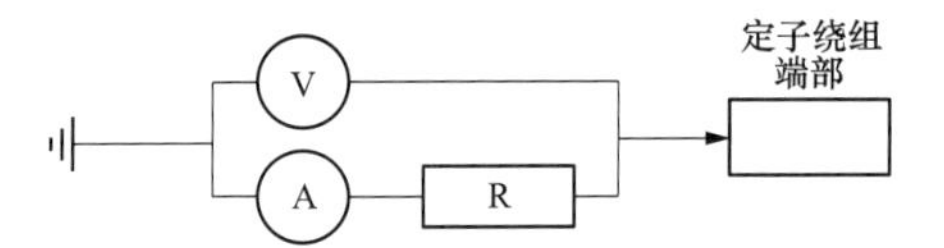


图 5-40　正接线加压表面电位测量原理

（2）试验设备。

1）发电机直流耐压试验装置。

2）高压绝缘手套一副。

3）绝缘靴一双。

4）发电机表面电位测试仪（已将 100MΩ 电阻和微安表集成在测试仪中）。

（3）试验过程。

1）将发电机定子绕组出口和中性点的软连接拆除，与母线断开，并保持足够的安全距离。

2）给被试部位编号，包括端部绝缘盒、引线的手包绝缘及其他可疑的部位。

3）用锡箔纸将被试部位的外表面包裹起来，锡箔纸要包裹紧密，不能有大面积的空隙，相邻锡箔纸不能搭接，以防锡箔纸与绝缘表面构成电容，检测杆接触产生放电电流，影响测量结果。对于绝缘盒，锡箔纸应将绝缘盒与定子线棒处充分包住，此部位容易因灌胶不充分而存在缺陷。

4）将定子 A、B、C 三相短接，测量绝缘电阻，绝缘电阻合格后再进行加压。用发电机直流耐压试验装置给定子绕组施加直流电压，试验电压为发电机的额定电压，升至试验电压后保持电压稳定。

5）试验人员穿绝缘靴，并戴绝缘手套，将表面电位测试仪接地端可靠接地，开启仪器电源，待其启动后用测试仪探针依次接触每个用锡箔纸包好的测试部位，注意人与带电部位保持安全距离，读取试验数据时，应等数据显示稳定后再记录。

6）试验结束后，关闭仪器电源，先对定子绕组进行充分放电，再逐个对绕组端部绝缘盒及引线接头所包的锡箔纸对地放电，最后再拆除包在绝缘盒上的锡箔纸，此时应注意防止锡箔纸碎屑掉进发电机定子膛内和线棒中。

（4）试验结果判断。目前，国家、行业标准中对水轮发电机定子绕组端部绝缘盒和手包绝缘表面电位测量标准无明确的规定。DL/T 596—1996《电力设备预防性试验规程》中有一项“定子绕组端部绝缘施加直流电压测量”，规定 200MW 及以上的国产水氢氢汽轮发电机在 $1.0U_n$ 直流试验电压下标准如下。

1）手包绝缘引线接头，汽机侧隔相接头的泄漏电流不大于 20μA；100MΩ 电阻上的电压降值不大于 2000V。

2）端部接头（包括引水管锥体绝缘）和过渡引线并联块的泄漏电流不大于 30μA；100MΩ 电阻上的电压降值不超过 3000V。

水轮发电机定子绕组端部表面电位测量，可参照行业规程中汽轮机标准、参考国内外其他水电厂水轮发电机定子端部绝缘盒故障处理经验及根据厂家要求，制定相应的标准值，保证设备安全运行。

（5）试验注意事项。

1）试验区域应装设围栏，并悬挂“止步，高压危险!”标识牌，试验过程中，所有通道应派专人看守，禁止非试验人员进入。

2）该试验属于高压带电作业，应按照带电作业的要求进行。

3）测量人员应穿绝缘靴，戴绝缘手套，并注意带电部位。绝缘手套、绝缘靴和发电机表面电位测试仪的测量杆要试验合格。

4）加压人员与测量人员应时刻保持联系，防止误加压。

4. 应用实例

（1）某水电厂检测实例。某水电厂 3 号发电机，型号 SF255-36/10200，额定功率 255MW，额定电压 15.75kV，额定电流 10 386A，由某大型电机厂生产。在 2017 年 2 月，进行发电机定子线棒改造，将原发电机定子线棒进行绝缘处理后与一部分发电机厂家新购线棒一起装入铁芯槽部，在定子线棒并头焊接完，并做好端部绝缘盒和引线手包绝缘后，进行了表面电位测量试验。

试验采用正接线加压法，定子绕组 A、B、C 三相短接施加直流电压，试验电压为发电机的额定电压 15.75kV，选用 KDG-Ⅱ型发电机表面电位测试仪，对提前包好的端部绝缘盒和手包绝缘进行测试，测得的表面电位大于 1kV 的有 36 处，某水电厂 3 号发电机表面电位试验数据，见表 5-26。

**表 5-26　　某水电厂 3 号发电机表面电位试验数据**

| 绝缘盒编号 | 表面电位（kV） | 绝缘盒编号 | 表面电位（kV） |
|---|---|---|---|
| 10（上） | 2.7 | 160（上） | 5.7 |
| 15（上） | 3.3 | 228（下） | 3.7 |
| 25（下） | 5.7 | 229（上） | 2.8 |
| 68（上） | 9.0 | 257（上） | 5.4 |
| 94（上） | 8.3 | 424（上） | 6.2 |

从表 5-26 中可看出，发电机定子绕组绝缘盒表面电位相对都比较大，最高达

9.0kV，超过定子绕组上所加试验电压的一半还多。由于国家、行业标准中对水轮发电机的端部绝缘盒和手包绝缘表面电位无明确的规定，经过电机制造厂、试验单位和电厂三方协商，在参考国内其他水电厂水轮发电机定子绕组端部绝缘盒故障处理经验，以及根据现场实际情况，最终确定表面电位合格标准为不大于 1kV，因此，3 号发电机共有 36 处绝缘盒的表面电位数据超过此标准，须对其进行处理。

现场将有缺陷的绝缘盒敲掉后，将定子线棒的端部绝缘过渡部分的截面再打磨掉一小部分，尽可能去除有缺陷的绝缘，同时，使过渡斜面更加平缓、顺滑，打磨好后再严格按照绝缘盒制作的工艺流程重新灌制新绝缘盒。等绝缘盒固化后进行表面电位测量，某水电厂 3 号发电机表面电位复测数据，见表 5-27。

**表 5-27　　某水电厂 3 号发电机表面电位复测数据**

| 绝缘盒编号 | 表面电位（kV） | 绝缘盒编号 | 表面电位（kV） |
|---|---|---|---|
| 10（上） | 0 | 160（上） | 0 |
| 15（上） | 0.1 | 228（下） | 0 |
| 25（下） | 0.1 | 229（上） | 0 |
| 68（下） | 0.2 | 257（上） | 0 |
| 94（上） | 0 | 424（上） | 0 |

有缺陷的绝缘盒处理后，表面电位均显著下降，全部在合格标准范围之内，达到了预期处理效果。

（2）原因分析。从 3 号发电机定子绕组端部绝缘盒的处理情况看，由于定子线棒改造中使用了拆下来的旧线棒，仔细检查后发现表面电位超标的绝缘盒绝大部分是旧定子线棒的端部绝缘盒，经过分析判断，原因为旧线棒在拆除和装复的过程中，线棒端部在反复的高温作用下，导致靠近线棒并头部位的端部绝缘老化甚至发生部分碳化的现象，线棒在绝缘处理时不彻底，端部仍有一部分老化的绝缘没有打磨掉，导致绝缘盒底部泄漏电流增大，表面电位升高。

经过处理后的绝缘盒表面电位数据全部合格，基本上都为零，说明处理方法是正确的，采取的措施很好的解决了表面电位超标问题，证实了前面的判断。3 号发电机定子绕组端部绝缘盒表面电位超标问题的成功解决，为处理其他发电机的同类问题提供了借鉴经验。

（3）试验总结。可在水轮发电机检修中，方便的开展定子绕组端部表面电位测量试验。通过对发电机定子绕组端部表面电位的测量，能发现常规试验中不易发现的定子绕组端部的绝缘盒和手包绝缘等处的隐蔽性缺陷，及时排除设备隐患，确保发电机健康稳定运行。

## 十、定子槽部线圈防晕层对地电位测量

1. 试验意义

定子线棒在发电机运行过程中，受到电磁力、机械振动的作用，槽楔松动及安装质

量的影响，容易出现电腐蚀和局部放电，引起防晕层损坏。因此，在运行中发现检温元件电位升高，检修时发现槽楔松动或防晕层损坏，应进行定子槽部线圈防晕层对地电位测量。

2. 试验方法

（1）退出槽楔测量示意，如图5-41所示。

（2）测量前应先退出待测槽的槽楔，给发电机定子绕组施加额定相电压。将接有高内阻电压表的金属滑块（可用紫铜或黄铜材料）沿线棒的表面轴向移动，测出线棒表面各点对地电位值。

（3）如果槽楔不方便退出，也可用探针在定子铁芯通风沟处测出线圈对地电位。但是测点范围有局限性，其测量结果也没有退出槽楔时准确。

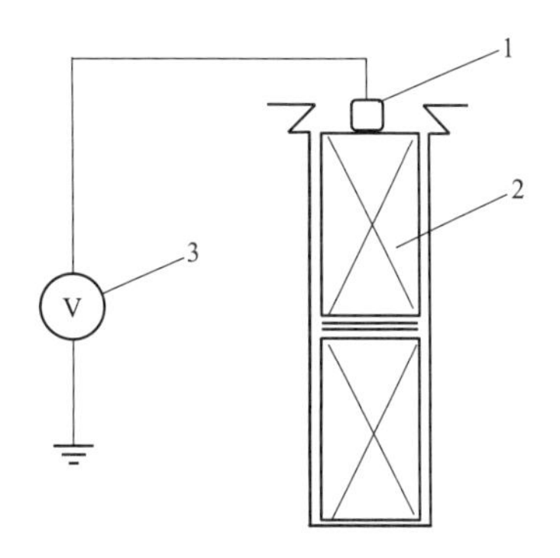


图5-41　退出槽楔测量示意
1—金属滑块；2—线棒；
3—高内阻电压表

（4）若定子槽内线棒间装有测温元件，可采用测量测温元件感应电压的方法。根据现场经验，如线棒防晕层完好，此感应电压一般小于5～6V，防晕层破坏时，能高达数百伏。但应注意，如检温计外敷绝缘垫未遭破坏，线棒防晕层虽遭破坏，其感应电压也不会太高。

（5）有条件时也可采用超声检测法。在抽出转子后，对定子施加额定相电压，用超声波接收仪在定子膛内沿各槽移动（贴近但不接触）探测，记录放电部位。

3. 测量结果判断

（1）DL/T 596—1996《电力设备预防性试验规程》规定，用高内阻电压表测量绕组表面对地电压值，不大于10V。

（2）用超声波测量时，可根据放电点的分布情况来判断线棒的电腐蚀情况。如果放电点沿整槽分布，则为槽放电。若放电点无规律性，没有槽放电，一般为绝缘内部放电。如果发生槽口放电，可能是防晕层断裂、槽口绝缘损坏和防晕层处理不良等。

# 第六章　混流式机组检修调试

## 第一节　机组保护传动试验

**一、试验目的**

继电保护装置的传动试验又称整组动作试验，可检验继电保护装置的安装是否与设计原理和接线图相符，装置与各继电器整定值的计算和整定是否妥当，各继电器的性能是否可靠，动作顺序是否符合要求，回路内各导线连接是否正确；断路器跳闸动作状况是否良好，以及相应的信号装置显示是否正确无误等。

**二、试验条件**

（1）发电机-变压器组保护及发电机出口开关检修完成，保护装置送电后，机组开机调试前。

（2）保护装置已进行定值检核试验，定值满足要求，各回路完好。

（3）保护装置基本处于与正常运行完全一致的状态。

（4）据现场设备实际运行情况，对同一保护所作用的所有出口断路器，凡具备合闸条件的，可同时合上一起做传动试验，避免重复性工作。

（5）现场断路器操作及状态确认须其他专业人员及运行值班人员配合进行。

（6）安全措施完好，核查无误。

**三、试验方法**

（1）在控制电源有电情况下，采用外加激励使电流（电压）保护回路的值达到电流（电压）的整定值，则对应继电器应动作，其触点接通（或切断）断路器跳闸控制回路，使之相关的保护元件（如时间继电器、中间继电器等）按预定的程序要求相继动作，使试验保护功能相对应的断路器正确跳闸。

（2）由输入量端子排通入与故障状态相符的模拟量电压、电流及开关量信号，模拟与实际运行状态完全相同的故障状态的方式，严禁用短继电器接点、短接等人工强制的方式，严禁误动非试验范围内的其他运行断路器。

**四、试验步骤**

（1）确认发电机保护跳闸矩阵。明确发电机差动保护、发电机过流保护、发电机过电压保护、发电机失磁保护、发电机复合电压过流保护等已配置保护的跳闸出口矩阵。

（2）确定发电机保护跳闸出口矩阵通道与实际断路器的对应关系。例如，“通道 A”

对应“跳发电机出口断路器”，“通道B”对应“跳发电机灭磁开关”，“通道C”对应“停机（自动停机流程停机）”，“通道D”对应“跳发电机主变压器高压侧断路器”等。

（3）与运行值班人员联系，结合现场运行方式，合上所有满足合闸条件、需进行传动试验的保护动作相对应的断路器，并在需监视动作出口接点的设备屏柜安排专业人员做好准备，并有专人监护。

（4）根据发电机保护图纸，投入预试保护的功能连片及预跳断路器的出口连片。检查确认模拟量及开关量输入量端子外侧已做好隔离，防止反送电。在发电机保护屏柜端子排内侧，加入与故障状态一致的激励量，模拟某一套保护动作。为保证动作可靠，保证动作时间测量准确，对于过量保护，可加入保护动作定值的1.2倍的交流激励量，对于欠量保护，可加入0.8倍的交流激励量。

1）通过模拟发电机区内故障，任一侧电流通道加故障电流使差动保护动作，验证发电机差动跳发电机出口断路器。检查差动保护正确动作，跳发电机出口断路器、励磁开关等与跳闸矩阵相符的动作出口断路器是否可靠跳开。

2）通过模拟发电机区内故障，电流电压通道加故障电流电压，满足动作逻辑使某一后备保护动作。验证发电机后备保护动作可靠跳开断路器。检查发电机后备保护动作可靠，跳发电机出口断路器等与跳闸矩阵相符的动作出口断路器能可靠跳开。

3）在断路器动作出口的同时，检查监控报警与实际动作情况一致，验证保护装置至监控系统信号的正确性，检查监控系统动作信号与断路器实际动作一一对应。

4）分别记录保护动作值、动作时间、发电机保护两端所加的电流电压量、差动保护的制动电流量及差动电流量、保护出口动作节点及开关跳闸线圈等相关量。

5）分别给发电机保护装置施加80%额定工作电压，以及给断路器控制电源施加80%额定工作电压，施加与100%额定工作电压及操作电压相同的交流量，保证断路器正确跳开或跳闸接点正确导通。

6）为防止灭磁开关故障异常跳闸，失磁保护延时动作或拒动导致切除故障时间较长，部分机组配置灭磁开关联跳发电机回路，传动试验按下列方法进行：现地合上励磁系统灭磁开关，由专业人员模拟励磁系统故障跳灭磁开关，励磁柜发励磁系统故障，跳发电机出口断路器回路应接通，断路器无延时跳开，现地检查确已跳开。

7）对另一组保护带断路器传动试验。

（5）断路器本体及操作箱试验。校验断路器的防跳、闭锁、监控信号是否正常。

1）当断路器在合位，保持操作手柄在合位，加量使保护跳闸命令保持。检查断路器跳闸后不再反复分合，校验断路器的防跳功能可靠。

2）在断路器本体短接$SF_6$气压低接点，使断路器$SF_6$压力低动作，检查监控系统报$SF_6$压力低信号，加量使保护动作但断路器拒动，验证$SF_6$压力低闭锁功能可靠。

3）释放断路器操作弹簧能量，使“弹簧未储能”动作，检查监控系统报弹簧未储能信号，加量使保护动作但断路器拒动，验证弹簧未储能闭锁功能可靠。

4）在断路器本体短接接点，使断路器 $SF_6$ 压力闭锁操作动作，检查可靠闭锁断路器操作回路，加量使保护动作但断路器拒动，验证 $SF_6$ 压力闭锁功能完善。

5）拉开断路器操作电源断路器，两路操作电源分别试验，检查监控系统报“断路器操作电源消失信号”，验证电源中断信号正确可靠。

（6）寄生回路检查。检查保护装置及断路器操作回路是否有寄生回路，防止影响保护的正常动作。

1）投入出口压板，只投入第一组操作电源，检查并确认第二组操作回路对地没有电压。

2）投入出口压板，只投入第二组操作电源，检查并确认第一组操作回路对地没有电压。

3）投入本发电机-变压器组间隔的所有交直流电源空气断路器，逐个拉合每个直流电源空气断路器，分别测量该断路器负荷侧两极对地，两极之间的交、直流电压，确认没有寄生回路。

（7）水机保护传动试验。水机保护是机组水力机械保护的简称，是一种防止机组水力机械事故如过速、烧瓦等的保护装置，将直接动作机组停机或关闭工作闸门。水机保护跳闸分为事故停机、紧急事故停机。

1）在水机保护柜上投入最小压力阀动作、调速器事故低油位、调速器事故低油压联片。

2）事故停机传动试验，此时不落闸门，动作于停机（以某电厂实际紧急事故停机逻辑为例）：模拟调速器压油槽压力低动作事故信号，监测水机保护屏紧急事故停机继电器动作是否正常、监控系统报警是否正常、现场设备动作是否正常。若均正常则试验合格。

3）紧急事故传动试验，此时落闸门（以某电厂水机保护配置为例）：分别在现地操作模拟最小压力阀动作、二级过速、一级过速且主配拒动，以及导叶空载以上动作、调速器压油槽事故低油位动作（三取二，两个取自压油槽事故低油位开关量信号，另一个取自压油槽油位的模拟量低于预定值判据）、调速器压油槽事故低油压动作（三取二）、水机保护屏事故落门按钮动作；监测水机保护事故落门继电器、紧急事故停机继电器动作是否正常、监控系统报警是否正常、现场设备动作是否正常。若均正常则试验合格。

**五、注意事项**

（1）确定功能连片及出口连片确已投入，核查正确。

（2）确定所试验断路器状态正常，远方及现地分合可靠，无其他缺陷。

（3）确定安全措施及继电保护安全措施布置正确，无影响相关运行设备的因素。

（4）确定试验仪器合格、接地可靠，所加激励量相位、角度、单位核查正确。

（5）断路器状态需至现地核查无误，禁止仅凭远方信号判断。

（6）80%额定工作电压下整组传动及二次回路验证试验，严格按照反事故措施要求进行，防止在直流电源波动情况下的保护拒动。

（7）水机保护传动试验时需实际动作事故配压阀、进水口闸门，为防止试验过程中人员误入试验区域，水车室及进水口闸门区域在试验过程中需有专人监护。

## 第二节　励磁小电流试验

### 一、试验目的

励磁小电流试验的目的是创造一个模拟环境以检查励磁调节器的基本控制功能、脉冲可靠触发能力、晶闸管完好性等，具体为检查同步信号回路的相序和相位，检查调节器的脉冲触发，检查晶闸管功率桥均能可靠开通，检查晶闸管输出波形。

### 二、试验条件

（1）励磁系统送电。

（2）断开功率输出与发电机转子线圈的连接。

（3）断开阳极到励磁变压器的接线。

（4）将试验模拟负载接入整流柜的输出侧。

（5）由厂用电辅助电源作为励磁他励交流试验电源。

### 三、试验方法

励磁系统的小电流试验是利用厂用电辅助电源作为励磁系统的他励交流试验电源，励磁输出接小负载，用改变移相触发的控制信号方式检查励磁输出与控制信号的对应关系。以某发电厂自并励励磁系统为例，小电流试验方法如下。

试验前检查晶闸管的正反向电阻，确保电阻值在兆欧以上。断开整流输出与发电机转子的连线，将试验模拟负载（电阻值要合适，150Ω 左右，在触发角度为 0°时的输出电压下，能够承受电流大于 2A 的要求；在小于 90°控制角时要保证晶闸管能够导通）接入整流输出侧；断开阳极到励磁变压器的接线，用试验电源直接接入阳极（小电流试验原理，如图 6-1 所示），作为试验用功率电源，阳极送电后在调节器内检查同步信号回路的

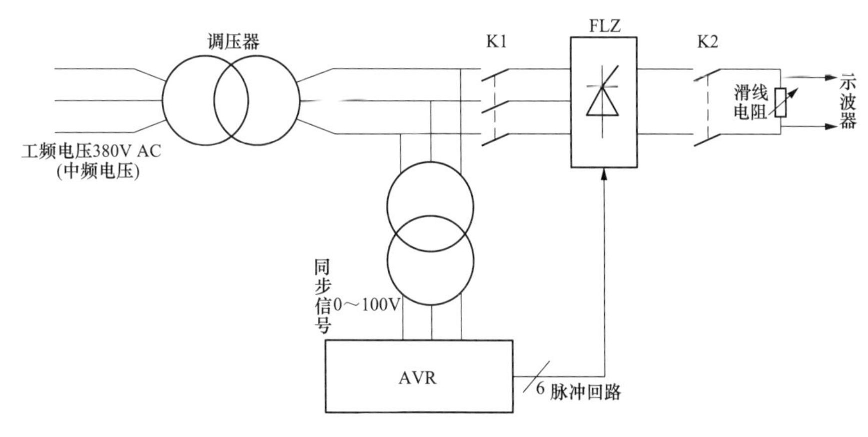


图 6-1　小电流试验原理

相序和相位；最后进入励磁投入操作，观察整流柜的输出电流、电压，检查整流柜及调节器柜的脉冲触发情况及晶闸管的导通情况。

**四、试验步骤**

（1）断开整流输出与发电机转子的连线。

（2）将试验模拟负载接入整流输出侧，并接入示波器采用“直流（DC）”挡观察波形，可合灭磁开关的合灭磁开关，不能合灭磁开关的要临时短接跳灭磁开关封脉冲接点。

（3）拉开起励电源熔断器及初励继电器，防止误起励；断开阳极开关，防止对励磁变压器反送电；合上试验电源开关，给阳极送电。

（4）将辅助 PLC 切停，防止误动，无辅助 PLC 的直接进入下一步。

（5）确认调节器双套电源全部在开启状态，修改励磁调节器运行方式，点击“模式切换”，选择“定角度”方式，将双套调节器设置为定角度控制方式（部分励磁通过修改参数设置为他励模式或试验模式）。观察主界面，机组状态为“A 套等待”“B 套等待”状态，无故障、告警和限制信号，“闭环方式”显示为“定角度”。若为工频电源，观察同步频率应为 50Hz，同步相位应为 120°，同步相序为正序。

（6）短转或在 PLC 强制转速令，模拟“转速令”。

（7）将调节器“现地/远方”切换开关，切至“现地”位置。

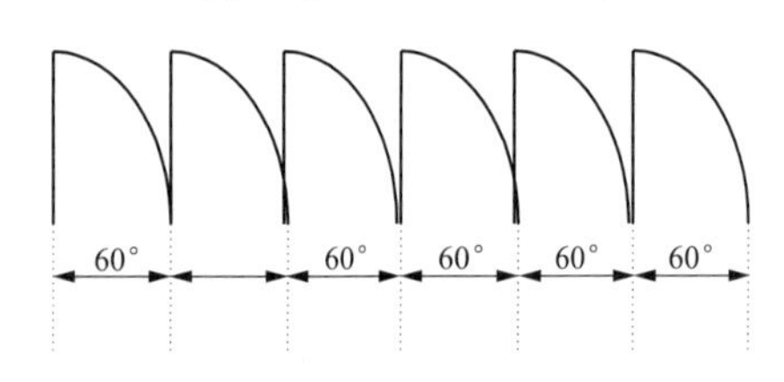


图 6-2　小电流试验 60°输出波形

（8）短接调节器“建压令”，无辅助 PLC 的可直接按“就地建压”按钮，观察调节器为“A 套空载”“B 套空载”状态，定角度初值通常为 100°。按增磁钮将角度增加到 60°，观察输出波形是否正确。小电流试验 60°输出波形，如图 6-2 所示。

对于工频系统，上述 6 个波头在示波器 $x$ 轴上应为 20ms；对于 500Hz 中频系统，上述 6 个波头在示波器 $x$ 轴上应为 2ms；对于 400Hz 中频系统，上述 6 个波头在示波器 $x$ 轴上应为 2.5ms；对于 350Hz 中频系统，上述 6 个波头在示波器 $x$ 轴上应为 2.86ms。

（9）测量交流电压 $U_2$、直流电压 $U_d$，通过“参数管理”，可调整补偿角度，使 $U_2$、$U_d$ 和触发角度 $\alpha$ 满足 $U_d = 1.35 \cdot U_2 \cdot \cos\alpha$，并确认波形正确。

（10）分别以 A、B 套为主，做每个整流柜的小电流试验，并记录相关数据。通过增减磁，使触发角度从逆变角到强励角，观察输出波形与输出电压是否正确。在 60°做两套调节器相互切换，记录切换时直流输出电压波动，如果有偏差修改“补偿角度”，确保两套输出电压基本相等，输出波形一致，使偏差在允许范围内（阳极电压为 100V 时，允许偏差为 0.5V）。

（11）确定角度范围，将角度范围临时放开至 5°～170°，如果角度在 10°～160°应增减磁，波形和直流输出电压均正常，则最终角度应放在 10°～150°。如果角度在 10°之前已经翻转，出现异常波头，则最小角度应比翻转角度大 5°；如果角度在 160°之前已经翻转，出现异常波头，则最大角度应比翻转角度小 20°。确定最大、最小角度后，修改参数，将“空、负载最大角度、最大角度”设为最大角度，将“空、负载最小角度、最小角度、定角度最小角度”设为最小角度，定角度初值设 100°。

（12）试验完成后，将所有修改过的参数及设置恢复成试验前状态，所有接线、开关位置等恢复成试验前状态。

### 五、注意事项

（1）试验过程中阳极开关没有断开、阳极电源接线错误导致反送电或电源短路造成设备损坏或伤人。

（2）负载电阻功率小导致设备损坏或伤人。

（3）试验未做防误初励措施（拉开起励电源及起励继电器），因误初励导致设备损坏。

（4）风洞未经验收或人员未撤离，因未完全断开整流输出与发电机转子的连线，导致转子带电损坏设备或伤人。

（5）试验过程中由于人员精神状态不佳，误短接端子，仪器接线错误，误操作控制按钮，走错间隔等，导致设备损坏，非计划停运，严重者导致人员受伤。

## 第三节 调速器无水试验

### 一、试验目的

检测调速器系统的整体调节性能、功能和静态特性，检测调速器油压装置的工作性能。

### 二、试验条件

（1）流道未充水。

（2）油压装置功能调试。油压装置各控制柜检修已完成，调速器机械部分检修已完成，具备充油升压条件，油压装置具备送电条件。

（3）调速器各部件调试。调速器电气部分检修已完成，具备送电条件。

（4）调速器系统功能试验。调速器单元调整试验完毕，调速器处于自动运行方式。

（5）调速器系统静态特性试验。调速器单元调整试验完毕，调速器处于自动运行方式，模拟机组负载工况，频率给定为额定值，试验分为切除人工频率死区和投入人工频率死区两种情况进行。

### 三、试验方法

调速器无水调试分为油压装置功能调试、调速器各部件调试、调速器系统功能试验、调速器系统静态特性试验。

（1）油压装置功能调试。油压装置需要检查调试的主要有油泵及压力油罐检查、压力信号器整定、安全阀调整、导水机构最低操作油压试验等，具体试验方法详见试验步骤。

（2）调速器各部件调试。调速器各部件调试包括工作电源检查、电气信号检查、机械液压系统调试、人机界面检查等，具体试验方法详见试验步骤。

（3）调速器系统功能试验。调速器系统功能试验主要是检查各种控制信号是否正确接至调速器，以及调速器是否能正确动作，包括开机、停机、并网、增减负荷、工作模式切换、紧急停机及故障模拟等试验，检查调速器应用软件工作是否正确，机械液压系统各机械液压元件动作是否正常，具体试验方法详见试验步骤。

（4）调速器系统静态特性试验。调速器系统静态特性试验主要包括测频环节静态特性检查与调速器整机静态特性测试。测频环节静态特性检查的试验方法为用频率信号发生器产生的频率信号输入调速器的测频输入端，变更频率信号发生器输出的频率，检查调速器人机界面上的频率显示，检查是否一致，以便确定测频环节是否工作正常。调速器整机静态特性试验主要是以蜗壳无水情况下，用频率信号发生器输出的频率信号代替机组频率，实测一定 bp 值下调速器接力器的行程，以得到机组频率与接力器行程的关系特性曲线，借以评价调速器的静态品质指标。

**四、试验步骤**

1. 油压装置功能调试

（1）油压装置充油试验。

1）通过机组永久过滤装置向调速器回油箱注油。

2）开启油泵回路的全部阀门。

3）分别打开油泵的排气堵塞，确认无空气时，拧紧堵塞。

4）在压油泵电源断开的情况下，分别打开压油泵电动机上部保护罩，用手顺时针旋转油泵电动机风扇，检查油泵动作无卡阻。

5）油泵送电，在控制柜上点动操作，分别检查油泵的旋转方向，应正转。

6）压油泵的空载试验。

7）将压油槽压力升至最小压力阀动作值之上，压油槽油位升至最低油位值之上。

8）检查接力器附近无影响接力器动作的工作，控制环及蜗壳内导叶附近无影响导水机构运动的工作，且有专人监护。

9）微微开启主供油阀检修阀，向调速系统充油。

10）充油过程中，检查各处管路是否渗油，如无异常，将主供油阀开至全开。

11）操作主配手操机构，向导叶全开、全关方向反复动作直至排尽接力器、管道内空气。动作过程中检查接力器和控制环是否正常，如有异常，立即关闭主供油阀。操作过程中若压油槽油压、油位降至最低值以下，应暂停操作，手动操作油泵向压油槽打油至“油压装置充油试验”第 7 条要求。

12）在控制柜上手动操作油泵向压油槽打油，至机组正常运行时最高油位（在打油过程中，关注回油箱油位）。

13）压油槽压力调整正常。通过补气，油压调节至机组正常运行状态下最高值。

14）再次手动操作油泵将压油槽油压调整至正常工作压力，根据压油槽油压正常时对应的回油箱油位对回油箱油量进行调整。

15）调速系统充油完成后，关闭机组主供油阀检修阀。

（2）油压装置定值检查。

1）油泵工作方式及启停定值检查。检查油泵轮换工作方式是否正常；检查主用泵启/停实测值是否与定值存在偏差；检查备用泵启/停实测值是否与定值存在偏差。

2）调速器回油箱和压油槽上自动化元器件定值检查。检查回油箱各控制油位开关能否正常动作且实际动作值是否与定值存在偏差。

3）调速器压油槽定值。

a. 检查压油槽各控制油位开关能否正常动作且实际动作值是否与定值存在偏差。

b. 检查压油槽各压力开关是否动作正常且实际动作值是否与定值存在偏差。

4）漏油泵定值。检查主用泵启/停实测值是否与定值存在偏差；检查备用泵启/停实测值是否与定值存在偏差；检查漏油泵各控制油位开关能否正常动作且动作实测值是否与定值存在偏差。

5）自动补气装置检查。检查自动补气动作/停止压力、油位实测值是否与定值存在偏差。

（3）油压装置电气部分试验内容。

1）油压装置电气柜上电前回路检查。

a. 交、直流220V输入电源线由独立电缆输入，进入指定接线端子，此时不得送电。

b. 信号输入屏蔽线按照要求接入，电缆屏蔽线应单边接入油压装置各屏柜内接地端子。

c. 电源回路及信号回路绝缘检查合格。

2）上电检查。

a. 上电前，确认油压装置PLC、人机界面、电源模块及柜内负荷空气开关等元器件的电源已断开。

b. 先通入交流220V电源，测量上一步骤中断开的各电源电压是否正确，并记录当前工作电源的电压值，无异常后再通入直流220V电源。

c. 检查完毕，断开电源，恢复线路。

d. 再次上电后，观察10min，无明显烧焦、异味、放电声等，如发现异常，应立即切断电源。

3）信号校验检查。

a. 开关量输入（DI）检查。根据系统资料，从输入端分别对启/停油泵控制令等油压装置DI信号进行检查，要求信号短接后PLC信号无误，触摸屏信号显示无误。

b. 开关量输出（DO）检查。根据系统资料，对PLC及工控机输出信号进行检查，要求信号开出无误，触摸屏信号显示无误。

c. 模拟量信号整定。对压力罐压力信号、油位信号、回油箱油位信号进行整定校验，要求实际压力、油位信号与电气显示一致。

d. 故障模拟试验。对油压装置故障信号进行模拟，要求故障信号准确。

（4）油压装置机械部分试验内容。位移及电-液转换器试验如下。

1）转动和松开手柄反复数次，确认转换器中复中弹簧的预紧螺母锁紧；检查滑套运动灵活性，要求无受力不均匀和卡阻现象。

2）转换器自复中定位精度：松开手柄，转换器复中，将百分表顶在滑套的底部，调整好并记录百分表原始读数；向开机或关机方向转动手柄，然后松开手柄，记录百分表此时读数与原始读数差值，重复三次。

3）手柄正/反（开/关）向旋转，到滑套启动，角度死区小于 10°。

2. 调速器各部件调试

（1）调速器机械部分试验。

1）主配压阀试验。记录导叶接力器容积、行程、直径试验油压，检查主配压阀活塞在任一位置无卡阻，行程符合设计要求。

2）位移及电-液转换器试验。

a. 转动和松开手柄反复数次，确认转换器中复中弹簧的预紧螺母锁紧；检查滑套运动灵活性，要求无受力不均匀和卡阻现象。

b. 转换器自复中定位精度：松开手柄，转换器复中，将百分表顶在滑套的底部，调整好并记录百分表原始读数；向开机或关机方向转动手柄，然后松开手柄，记录百分表此时读数与原始读数差值，重复三次。

c. 手柄正/反（开/关）向旋转，到滑套启动，角度死区$<10°$。

3）接力器中间平衡位置调整检查。

a. 检测要点。接力器开至 50%位置，在正常工作油压下，用百分表在规定时间内测量主接力器在开向或关向的静态漂移量，并做记录。若漂移量超出设计要求，必须调整机械零点位置，直到漂移量在设计值的范围之内。

b. 要求。必须向关方向漂移，静态漂移量小于每 10min 接力器行程的 1%。

漂移量计算式为

$$\Delta S=\frac{S_{\Delta t}-S_0}{\Delta t}$$

式中 $\Delta S$ ——静态漂移量，mm/10min；

$\Delta t$ ——测定开始到结束的间隔时间，要求为 10min；

$S_0$ ——检测开始前百分表的读数，mm；

$S_{\Delta t}$ ——检测间隔 $\Delta t$ 时间后的百分表读数，mm。

4）主配压阀开/关机时间调整范围测定。在主配压阀机械零点调整结束后，固定引导阀阀芯与位移转换器滑套，满足开关机时间范围测定条件后，分别把开/关机时间调整螺母调整在开向/关向极限位置，测量主配压阀开/关机时间，并做记录。

5）开/关机时间整定。根据调速器要求整定时间，实际整定结果要求在±0.5s。在工作油压下，调整开、关机时间螺母与主配压阀时间限位块之间的距离。分别从正、反两个方向最大角度旋转转换器的手柄（轮），用秒表测量主接力器全关到全开、全开到全关的时间，并做记录。

6）调速器静态耗油量测定。在工作油压下，测定每分钟耗油量，并记录油温。

7）切换阀性能试验。对于自复中/比例阀切换阀，手动（电动）操作手/自动切换阀，确认比例阀/自复中能否交替正常工作。

8）急停阀性能试验。急停阀性能试验必须在调速器试验正常后才能进行，做试验时，先将调节阀调整到事故配压阀动作最慢的位置，动作正常后，再对动作时间进行整定。在试验过程中详细记录急停阀动作/复归线圈的动作电压，急停阀的位置开关保证正确安装且动作灵敏，反馈信号输出正常。

a. 急停。接力器在100%开度位置，按下“急停”按钮，接力器快速至全关，且全关状态一直保持。

b. 复归。按下“复位”按钮，接力器恢复至正常工作状态（调速器断电时接力器仍处于全关位，可纯机械手动开启或关闭接力器）。

9）事故配压阀及最小压力阀试验。

a. 事故配压阀动作试验。手动操作事故配压阀上的事故停机电磁阀，事故配压阀活塞动作应灵活、无卡阻现象。在试验过程中详细记录事故配压阀动作/复归线圈的动作电压，阀组位置开关保证正确安装且动作灵敏，反馈信号输出正常（事故配压阀试验应配合最小压力阀动作试验）。

b. 最小压力阀动作试验。操作事故配压阀的事故电磁阀，使事故配压阀处于正常工作位；降低试验压力油罐的油压，调整最小压力控制阀设定值。应调整到当压力油罐压力下降到定值压力时，事故配压阀此刻应活塞动作，事故配压阀事故关机，并对试验结果进行详细记录，试验中最小压力阀反馈信号应准确。

c. 锁锭电磁阀动作试验。对于配备锁锭的接力器来说，手动动作锁锭电磁阀，锁锭电磁阀动作应灵活、无卡阻现象，锁锭投退应正常，反馈信号应正确，试验过程中详细记录锁锭电磁的动作/复归电压值。

（2）调速器电气柜上电前线路检查。

1）交、直流220V输入电源线由独立电缆输入，进入指定接线端子，此时不得送电。

2）调速器信号输入屏蔽线按照要求接入，电缆屏蔽线应单边接入调速器接地端子。

3）在调速器电气柜端子排上测量急停阀、复归阀线圈电阻及切换阀线圈电阻，并对试验结果进行详细记录。

（3）上电检查。

1）上电前，确认微机控制器、人机界面、传感器等贵重元器件的电源已断开。

2）先通入交流220V电源，测量上一步骤中断开的各电源电压是否正确，并记录当前工作电源的电压值，无异常后再通入直流220V电源。

3）检查完毕，断开电源，恢复线路。

4）再次上电后，观察10min，无明显烧焦、异味、放电声等，如发现异常，应立即切断电源。

（4）信号校验检查。所有远方开入必须从端子上短接进行检查，所有开出信号必须在端子上测量进行检查。

1）开关量输入（DI）检查。根据系统资料，从输入端分别对开机令、停机令、远方增减令、导叶增减令等调速器DI信号进行检查，要求信号短接后PLC信号无误，工控机信号显示无误。

2）开关量输出（DO）检查。根据系统资料，对PLC及工控机输出信号进行检查，要求信号开出无误，工控机信号显示无误。

3）转速信号装置检查。对于配备专门的转速信号装置的调速器系统来说，要检查转速信号装置设定动作值，检查动作是否正确。要对转速信号装置模拟量输入与输出信号进行校验，满足精度要求。

（5）接力器电气反馈调整试验。调速器处于机手动状态。手动将导叶接力器关到全关位置，将传感器稍稍拉出5～10mm，此时先不固定，慢慢拉开传感器至接力器全开位置。确认传感器行程足够之后，关闭接力器并固定传感器。记录全关、全开位置的反馈数据，通过程序或画面调整，使导叶接力器全关时开度数值为0.10%～0.50%，全开时对应开度数值99.50%～99.90%。对试验结果进行详细记录。

（6）调速器与监控系统接口试验。所有进监控系统的开入信号必须从端子上短接进行检查，所有从监控系统开出信号必须在端子上测量进行检查，并将试验结果进行详细记录。

（7）控制环调整试验。调速器位于闭环控制，改动给定值，观察开度值跟踪情况，要求给定值与实际开度差值在0.2%内。记录控制环中各参数。

3. 调速器系统功能试验

（1）模拟开停机试验。

a. 机频信号正常开机。将导叶置于全关位置，切调速器“自动”工作，从端子短接调速器“开机令”信号，观察记录调速器动作过程。

b. 无机频信号开机。断开调速器机频输入，将导叶置“手动”处于全关位置，切调速器于“自动”位置，从端子短接调速器“开机令”信号，观察记录调速器动作过程。

c. 模拟停机试验。调速器空载自动运行工况，从端子短接调速器“停机令”信号，观察记录调速器关闭过程。

（2）模拟空载扰动试验。调速器自动开机至空载，将开限值设置于当前导叶开度1.5倍的位置，设定调速器跟踪频率给定值。改变频率给定数值，修改PID参数，录取±4Hz（48～52Hz）空载频率扰动试验曲线。观察调速器频率跳变时接力器动作过程。

（3）模拟空载摆动试验。完成空载扰动试验后，置参数为扰动最佳参数值，调速器置“自动”位置，记录连续三次3min摆动值。

（4）模拟并网试验。调速器处于自动空载位置，机频为（50±0.05）Hz时，短接断路器信号，操作面板现地增加/减少旋钮，或者短接端子远方增加/减少信号，观察接力器是否按要求动作（不得出现振荡现象）。

（5）模拟甩25%负荷试验。调速器处于自动空载位置，从端子短接断路器信号，操作面板增加/减少旋钮或短接远方增加/减少信号，将导叶接力器开度置于40%开度位置附近。接力器位置稳定后，模拟断路器分闸，观察动作过程。

（6）模拟甩100%负荷试验。调速器处于自动空载位置，短接断路器信号，操作面板增加/减少旋钮或短接远方增加/减少信号，将导叶接力器开度置于最大开度位置（开限位置）。接力器位置稳定后，模拟断路器分闸，观察动作过程。

（7）一次调频模拟试验。调速器模拟负载工况，将导叶开启到50%±1%，调速器切自动，开限设定到99.9%。将机频从50.00Hz开始，以0.05Hz的步长递增或递减记录一次，使接力器行程单调上升或下降一个来回，观察接力器动作过程及一次调频动作情况。

（8）插值运算参数校核试验。

1）启动开度校核试验。使用程序中默认的开机空载开度曲线，据此视不同形式机组确定第一开机开度和第二开机开度接点值。输入不同水头，自动开机至空载状态。观察记录不同水头下的第一开机开度、第二开机开度是否符合曲线要求。

2）最大出力限制线校核试验。根据最大出力限制曲线，模拟合断路器，调速器进入模拟负载状态。输入不同水头值，在不同水头下操作，操作导叶接力器增/减旋钮，模拟增加负荷至最大值（最大出力限制值或负载开限值），检查是否与曲线符合。

（9）切换试验。

1）手/自动切换试验。空载、负载时机频信号端子接入（50±0.05）Hz频率信号，记录切换前后导叶开度。

2）调节模式切换试验。模拟负载状态下，机频端子上接入（50±0.02）Hz频率信号，在触摸屏上切换调节模式。记录切换前后导叶开度。

3）双机主用切换试验。对于冗余配置的调速器系统，A、B主用切换试验在空载、负载时，机频信号端子接入（50±0.05）Hz频率信号，记录切换前后导叶开度；切断双机通信，人为造成调速器事故，观察双机之间主用机的切换。要求：主用机事故切通信中断时自动切换到从机工作，双机均事故时导叶切手动工作。

4）电源切换试验。调速器工作在模拟负载状态下，导叶自动，机频（50±0.05)Hz。先后切除直流、交流电源，观察接力器变化情况，检查是否有明显扰动。先后接通交流、直流电源，观察接力器变化情况，检查是否有明显扰动。

（10）故障、事故静态模拟试验。分别断开机频信号、网频信号、功率反馈、故障灯应点亮，并发出故障报警。对于冗余配置的调速器来说，试验应分别进行。

1）空载故障模拟。断开机频信号，断开导叶反馈试验。将试验结果进行详细记录。

2）负载故障模拟。断开机频信号，断开导叶（桨叶）反馈试验。将试验结果进行详细记录。

3）模拟 PLC 故障。PLC 程序内置 PLC 故障位，模拟 PLC 故障，调速器自动切手动，同时发出报警信号。

4. 调速器系统静态特性试验

（1）测频环节静态特性检查。在额定频率±5Hz 内，发频值与收频值最大偏差不得大于 0.01Hz，其他范围不得大于 0.02Hz。

1）机频测量试验。使用频率信号发生器发出模拟机频信号，将此信号接入调速器机频端子，依次改变机频在 10～80Hz 间发频。对试验结果进行详细记录。

2）网频测量试验。使用频率信号发生器发出模拟网频信号，将此信号接入调速器网频端子，依次改变网频在 45～55Hz 间发频。对试验结果进行详细记录。试验完毕，拆除信号发生器接线。

3）模拟实际机端电压频率测量试验。将市电接入调压器输入端，将输出端电压调至 120V，分别接入机频和网频输入端，观察 10min，记录机频与网频变化最大值与最小值。

4）齿盘测频回路试验。使用频率信号发生器发出模拟机频信号，将此信号接入调速器机频端子，依次改变机频在 10～80Hz 间发频。将机频输出信号接入齿盘通道。

5）人工频率失灵区检查。实际测量频率失灵区不大于设定值的 10%。

（2）调速器整机静态特性测试。

1）负载工况：将导叶开启到 50%±1%，调速器切自动，开限设定到 99.9%，切频率模式且跟踪频率给定值。

2）检查确认开度给定为 50%±1%，残压机频为 50.00Hz，功率给定为 0，频率给定为 50.00Hz，设置合适的 PID 参数。

3）将机频从 50.00Hz 开始，以 0.001Hz 的步长递增或递减，每间隔 0.30Hz 记录一次，使接力器行程单调上升或下降一个来回，记录机频和相应导叶接力器行程值。

4）要求试验过程中不得在频率单向变化时出现接力器动作反向的现象，如果出现，请重新检查发频装置、控制部分程序和 PID 参数。

5）试验时切除人工频率死区，分别绘制频率升高或降低的静态特性曲线。每条曲线在接力器行程 10%～90%内测点不少于 8 点。根据试验结果计算永态转差系数 bp、转速死区 ix、线性度误差 ε。试验进行两次，试验结果取其平均值。

6）投入人工频率死区，按上述方法进行试验，根据试验结果绘制曲线，求得相应数值。

（3）通信试验。连接好通信电缆（选用专用计算机通信电缆），按调试软件要求设定站号、波特率、数据位、停止位、奇偶校验位、工作模式等。保证通信上行、下行量的正确性和可靠性。采用串口调试助手工具软件，下行数据代码，判断通信工作是否正常。

（4）触摸屏显示校验。切换触摸屏画面，查看切换是否自如，画面是否清晰，布局是否合理，观察显示数据、状态、故障是否正确。将修改参数项目进行修改，校验修改是否成功，部分修改的数据能否掉电保持（如PID参数、人工水头等）。

（5）调速器综合漂移试验。调速器置自动运行工况，在接力器活塞部位安装百分表，检查接力器的位移，试验时间8h。记录接力器最大位移值和位移规律。

**五、注意事项**

（1）试验过程中关注油温及油泵电动机本体运行情况，应避免高温度状态下进行试验，静态特性试验频率点应根据气温适当设置，时刻关注油泵启停情况。

（2）试验过程中参数修改前后要做好详细记录，PLC程序异动前要做好程序备份。

（3）试验过程中短接线、回路异动、元器件强制等临时措施在试验完成后必须恢复试验前状态，并确认无误。

（4）油压装置充油过程要仔细检查管道、阀门及机械接头的渗漏情况，出现异常应停止充油，处理完毕，检查正常后再充油。

## 第四节　流道充水试验

**一、试验目的**

检查机组检修后流道系统各充水阀门工作状况是否良好，记录充水时间；检查人孔门、顶盖、导叶密封、测压管路等设备是否漏水，充水管路是否畅通；检查各管路的压力、流量等非电量测量监视系统是否正常。

**二、试验条件**

（1）坝前或上游水位满足要求，尾水已具备充水条件，对于长引水水电厂或一洞多机引水电厂，引水隧洞至调压井段已充水，相关联的未投运机组的进水阀及旁通阀已安装调试完成，且处于可靠关闭状态，对于多机共尾水电厂，相关联的未投运机组的尾水阀门安装调试完成，且处于可靠关闭状态。

（2）确认进水口检修阀门和工作闸门处于关闭状态，水轮机进水阀处于关闭状态，蜗壳取/排水阀、尾水管排水阀处于关闭状态，调速器、导水机构处于关闭状态，尾水闸门处于关闭状态。流道内检修工作全部完成，人员、设备、物质已全部撤离，人孔门已封闭。机组进水口工作闸门或工作阀门应检修完成，具备紧急关闭功能。

（3）厂房检修排水系统、渗漏排水系统运行正常，检修排水井盖板已封闭。

（4）与充水有关的各楼道和各楼梯照明应充足，照明备用电源可靠，通信设施完备且试验正常，事故交通道路畅通，标识清晰且正确。

（5）主机各层场地已清理干净，各部位监视人员已到位，在线监测系统已准备到位。

**三、试验方法**

充水试验应在蜗壳及尾水消压操作后，机组恢复运行前进行，主要分为尾水充水试验、压力钢管及蜗壳充水试验、技术供水系统调试试验。

**四、试验步骤**

1. 尾水充水试验

（1）开启尾水充水阀充水，并在尾水管进人门放水阀和顶盖测压表处监视尾水位，记录充水时间及尾水位。

（2）检查尾水位以下土建部位及各进人门、蜗壳排水盘型阀、顶盖，导水机构及空气围带，测压系统管路等部位应不漏水，同时，应关注各测压表计的读数。

（3）充水过程中必须密切监视各部位渗漏水情况，确保厂房及其他机组设备安全，发现漏水等异常现象时，应立即停止充水进行缺陷处理，必要时将尾水管内水排空，漏水处理完毕再次充水。

（4）尾水平压且各部分正常后，将尾水门提起，锁锭在门槽顶部。

2. 压力钢管及蜗壳充水试验

（1）机组已做全面检查，无异常。

（2）调速系统油压装置正常运行，并处于手动关机位置（导叶全关，控制环锁锭投入）。

（3）退出检修密封，投入主轴密封水。

（4）确认进水口检修门已提起。

（5）开启进水口工作门平压阀向钢管内充水，监视蜗壳水压变化，排水管是否漏水，充水过程中压力钢管通气应畅通。

（6）充水过程中，检查蜗壳进人门及盘形阀、伸缩节、顶盖、导叶密封、各测压表计及管路应不漏水，同时，应监视水力机械测量系统中各压力表计读数变化情况。

（7）充水平压后，检查平压信号无异常全提工作门，记录钢管充水时间，工作门启闭时间及上、下游水位。

（8）压力钢管充满水后应对进水口、压力钢管的混凝土支墩等水工建筑物进行全面检查，观察是否有渗漏、支墩变形、裂缝等情况。

（9）观察厂房内渗漏水情况及渗漏水排水泵排水能力和运转可靠性。

（10）进水口布置有工作闸门的电厂应进行下滑特定距离自提试验，模拟闸门下滑，闸门应能正常提升至全开；进水口布置有球阀（蝶阀）应检测开关阀动作顺控流程是否正确。

（11）以自动或手动方式使工作闸门在静水中做启闭试验，记录调整闸门启闭时间及表计读数，有条件时还应做远方或集控模式自动启闭操作试验，闸门应启闭可靠。

（12）对于设有事故下紧急关闭闸门的操作回路，则应在闸门控制室的操作柜和中央控制室分别做静水中紧急落门试验，检查闸门启闭情况，并测定关闭时间。

3. 技术供水系统调试试验

（1）蜗壳充水后，从技术供水蜗壳供水阀至排水管顺序逐步小开度打开阀门（考虑到管路排气问题，可小开度打开排水阀），对技术供水系统充水、滤水器排气，同时，检查设备、管路、阀门各部位渗漏情况，必要时关闭蜗壳供水阀门进行处理。

（2）利用蜗壳取水对技术供水系统管路进行冲洗和系统通水，检查各阀门、管道、滤水器、自动化元件，处理渗漏点。

（3）关闭技术供水蜗壳取水阀，从技术供水坝前取水阀至排水管顺序逐步小开度打开阀门（考虑到管路排气问题，可小开度打开排水阀），对技术供水系统充水、滤水器排气，同时，检查设备、管路、阀门各部位渗漏情况，必要时关闭技术供水坝前取水阀进行处理。

（4）检查各类传感器标定正常，按设计整定值调整主供水管及其分支管路的压力、流量，使各部工况符合设计要求。

（5）按设计整定值调整各空气冷却器供水支管压力、流量，符合设计要求。按设计整定值调整上导、推力、水导油冷却器供水管压力、流量，符合设计要求。按设计整定值调整主轴密封供水管压力、流量，符合设计要求。

**五、注意事项**

（1）充水试验前仔细检查流道内人员、设备、物质已全部撤离，人孔门已封闭。

（2）试验前仔细检查水轮机各部状态，满足标准要求。

（3）充水试验中各试验操作人员应与相应运行设备保持足够的安全距离，保证人员及运行设备安全。

（4）充水试验过程中密切关注各管路及密封的运行情况，保证各监测点的通信畅通。

（5）尾水充水后进行静水状态下导叶全开、全关动作试验前，应在水车室进人部位设置警示标示，提醒无关人员勿靠近导叶操作机构，防止夹伤。

## 第五节　开 停 机 试 验

**一、试验目的**

检查机组各机械部件运转是否正常，检查机组计算机监控系统自动开停机流程是否正确，检查检修后各控制装置包括机组各自动化元件动作是否正常。

**二、试验条件**

1. 手动开停机试验条件

（1）确认机组充水试验中出现的各种问题已处理好。

（2）冷却润滑水系统已投入，水压、流量正常，润滑油系统、操作油系统工作正常，油槽油位正常。

（3）排水系统、气系统处于自动运行状态。

（4）机组轴瓦、油槽等部件原始温度、上下游水位数据等已记录。

（5）已完成发电机顶转子试验。

（6）漏油装置处于自动运行状态。

（7）机组主轴密封加压泵已投入，主轴密封水压正常，进水口闸门在全开位置。

（8）调速器处于准备工作状态，并应符合以下要求。

1）调速器主供油阀已开启，调速器液压系统已接通压力油，油压、油位指示正常；油压装置处于自动运行状态。

2）调速器滤油装置位于工作位置。

3）调速器处于机械“手动”或电气“手动”位置。

4）调速器的导叶开度限制位于全关位置。

（9）与机组相关的设备应满足以下要求。

1）发电机出口开关断开。

2）发电机转子集电环碳刷已研磨好，并安装完毕，碳刷拔出。

3）水机保护和测温装置已投入。

4）已拆除所有试验用的接地线、短接线。

5）利用标准的外接频率表监视机组转速。

6）电气制动停机装置短路开关处于断开位置。

7）发电机灭磁开关断开。

8）机组现地控制单元 LCU 已处于工作状态。

9）机组在线状态监测装置已处于工作状态。

10）计算机监控系统已送电投入运行，机组具备自动开机条件。

2. 自动开机试验条件

（1）检修后各项验收完成，压力钢管充水，机组手动开机试验正常，机组具备自动开机条件，调速器处于自动运行方式，机组各附属设备均处于自动状态。

（2）检查试验机组开机满足以下条件。

1）检查待试验发电机出口断路器处于“分闸”位置。

2）主变压器高压侧断路器、隔离开关处于“合闸”位置。

3）灭磁开关 FMK 断开位置。

4）调速器处于“自动”位置，调速器无故障。

5）LCU 在远方控制。

6）机组附属设备均处于远方自动控制状态。

7）投入所有水力机械保护。

8）检查自动开机条件已具备。

9）励磁系统置自动方式。

3. 事故停机试验条件

机组静态水机保护模拟试验均动作正常。

**三、试验方法**

此项与试验步骤重复较多，试验方法应简明扼要，重点放在试验步骤上。

1. 手动开机试验

（1）拔出接力器锁锭。

（2）手动打开调速器的导叶开度限制机构，手动点动开启导叶，机组开始转动后，由各部观察人员检查和确认机组转动与静止部件之间无摩擦或碰撞情况。

（3）确认各部位正常后，手动打开导叶启动机组，当机组转速接近50%额定值时，暂停升速，观察各部运行情况。检查无异常后继续增大导叶开度，使转速升至额定值，机组空转运行。

（4）当达到额定转速时，校验电气转速表指示应正确。记录当前水头下机组的空载开度。

（5）在机组升速过程中，应加强各部位轴承温度的监视，不应有急剧升高及下降现象。机组启动达到额定转速后，在半个小时内，应每隔5min测量一次推力瓦及导轴承瓦的温度，以后可每隔30min记录一次推力瓦及导轴承瓦的温度，并绘制推力瓦及各部位导轴瓦的温升曲线，观察轴承油面的变化，油位应处于正常位置范围。机组运行至温度稳定后标好各部油槽的运行油位线，记录稳定的温度值，此值不应超过设计规定值。

（6）机组启动过程中，应密切监视各部位运转情况，如发现任何不正常现象，应立即停机检查。

（7）监视水轮机主轴密封及各部位水温、水压。

（8）记录各部位水力测量系统表计读数和机组监测装置的表计读数。

（9）测量记录机组运行摆度，其值应小于0.7倍轴承总间隙或符合GB/T 11348.5《旋转机械转轴径向振动的测量和评定》规定值。

（10）测量、记录机组各部位振动，其值应不超过相关GB/T 11348.5规定。

2. 手动停机试验

（1）操作开度限制机构进行手动停机，当机组转速至15%～20%额定转速时，手动投入机械制动装置直至机组停止转动，解除制动装置使制动闸复位。

（2）停机后投入接力器锁锭。

3. 自动开机试验

（1）自动开机试验应分别进行现地与远方自动开机试验，并对具有分（步）操作、常规操作、可编程控制、计算机监控系统等控制方式的装置分别进行。

（2）自动开机前确认调速器处于“自动”位置，机组各附属设备均处于自动状态。

（3）确认所有水力机械保护回路均已投入，且自动开机条件已具备，首次自动启动前应确认接力器锁锭及制动器实际位置与自动信号回路相符。

（4）自动开机，应检查机组自动开机顺序是否正确，检查技术供水等辅助设备是否正确投入，检查推力轴承高压油顶起装置的工作情况、调速器系统的工作情况，记录自发出开机脉冲至机组开始转动、至机组达到额定转速的时间，检查测速装置触点动作是否正确。

（5）自动开机，模拟各种机械与电气事故，检查事故停机回路与流程的正确性与可靠性。

4．自动停机试验

（1）自动停机试验应分别进行现地与远方自动停机试验，并对具有分步操作、常规操作、可编程控制、计算机监控系统等控制方式的装置分别进行。

（2）应检查机组自动停机顺序是否正确，自动化元件动作是否正确可靠，记录自发出停机脉冲至转速达到制动转速所需的时间，记录自制动器动作到机组全停的时间，检查测速装置触点动作是否正确，调速器及自动化元件动作是否正确，当机组转速降至设计规定转速时，推力轴承高压油顶起装置应能自动投入，当机组停机至自动停止高压油顶起装置时，应能自动解除制动器。

**四、试验步骤**

1．手动开机试验

（1）在机旁小室或机组控制中心调速器电气控制柜采用手动方式开机，检查各项动作准确。

（2）将开度限制机构限制在空载启动开度值，逐步打开导叶至机组开始转动，监视人员检查和确认机组转动部分与静止部件之间无摩擦或碰撞。如有异常响声，立即手动紧急停机。

（3）逐步增加机组转速至50%额定转速，检查齿盘测速装置，继续观察机组运行情况应无异常。

（4）将机组转速增至75%额定转速，检查无异常后，转速升至100%额定转速运行。开机过程检查电气转速继电器相应触点动作时的转速。

（5）在机组升至额定转速后半小时，记录机组各处的振摆值，并不得超过规定的最大值。

（6）机组在额定转速下运行，进行瓦温温升试验，在初期运行半小时内，每隔5min记录一次各部瓦温的温度，半小时后每隔10min测量记录一次各部瓦温及油槽油温。瓦温达到稳定值，记录稳定的温度值。

2．手动停机试验

（1）在机旁小室调速器电气控制柜采用机手动方式停机，检查停机令下达是否正确。

（2）检查机械制动装置自动投入是否正确，记录自制动器加闸至机组全停的时间。

（3）当机组停机后应能自动停止油顶起装置，并解除制动器。

3. 自动开机试验

（1）在中央控制室操作员工作站下达“自动开机到空载”令。检查空载令下达是否正确，检查各项动作准确、动作时间是否符合设计要求。

（2）自动开机应记录和检查下列各项。

1）检查机组自动开机流程执行情况是否正确。

2）检查技术供水等辅助设备的投入情况是否正确。

3）检查机组转速上升情况。

4）检查调速器系统的工作情况，录制调速器自动开机过程曲线。

5）记录自发出开机脉冲至机组开始转动所需的时间。

6）记录自发出开机脉冲至机组达到额定转速的时间。

7）检查测速装置的转速触点动作是否正确。

8）以上记录和检查可在监控系统分步操作中验证。

（3）自动开机记录和检查项目。

1）检查机组自动开机流程是否正确，检查技术供水等辅助设备的投入情况。

2）检查调速器系统的动作情况。

3）记录自发出开机脉冲至机组开始转动所需的时间。

4）记录自发出开机脉冲至机组达到额定转速的时间。

5）检查测速装置的转速触点动作是否正确。

4. 自动停机试验

（1）在中央控制室操作员工作站下达“自动停机”令。检查停机令下达是否正确，检查机组转速降至设计规定转速时，电气制动自动投入情况。若电气制动未投入成功，检查机械制动投入情况，确保机械制动正确投入。

（2）机组在额定转速下运行，进行瓦温温升试验。

（3）LCU 选择控制方式：现地控制。

（4）在现地操作站发出正常停机命令：机组转速下降至 60%额定转速时，电气制动自动投入。

（5）注意电气制动投入是否按设定转速启动，如不能启动，应采用手动控制方式启动。

（6）自动停机应记录和检查下列各项。

1）根据停机顺控程序，检查停机过程正确性，各自动化元件动作是否正确可靠，检查调速器系统的工作情况。

2）记录自发出停机脉冲至机组转速降至电气制动转速所需的时间。

3）记录导叶全关到零转速的时间、停机命令发出到停机程序完成时间。

4）检查电气制动装置自动投入是否正确，记录电气制动启动至机组全停的时间。

5）检查测速装置的转速触点动作是否正确，调速器及自动化元件动作是否正确。

6）记录以下动作时间：发开机令到机组转速为 $1\%N_e$ 时间、发开机令到机组转速为 $100\%N_e$ 时间、发停机令到导叶全关时间、发停机令到机组转速为 $60\%N_e$ 时间、发停机令到机组转速小于 $1\%N_e$ 时间、发停机令到机组停机程序完成时间、停机制动启动到退出时间，并与机组运行规程对比是否在合格范围内。

5. 事故停机试验

（1）机组在空载运行状态。

（2）一般在发电机保护装置开出“电气事故”出口信号或水机保护柜上按下“LCU事故落闸门按钮”，模拟事故停机进行事故停机。

（3）模拟并保持发电机电气事故动作信号，检查紧急事故停机流程是否正确启动和执行，检查机组电气制动是否正确动作、正常投入和退出。

（4）机组调速器无水调试完成后，应根据机组事故停机条件进行水机保护事故模拟试验。例如，机械过速保护、电气过速保护、剪断销剪断保护、导瓦温度过高、主轴密封水中断、油槽油位过高等，结合实际动作条件进行模拟试验。

**五、注意事项**

（1）试验过程中安排专人监视机组运行情况，如有异常情况立即进行紧急停机操作，查明原因后再次开机。

（2）试验前检查调速器、水轮机等涉及开停机试验的工作面是否有人工作，确保无人工作后再进行试验。

（3）水机保护事故模拟试验应在停机状态下进行，必须确保模拟试验涉及的元器件动作可靠。

（4）手动开停机试验严格按照操作票及作业指导书进行。

（5）手动停机试验结束后，应现场检查制动器的位置，确保制动器位置正确，不影响下次开机。

## 第六节　机组空转试验

**一、试验目的**

检查导轴承处的摆度，轴承的瓦温、油温，上机架的水平振动，下机架的垂直振动，顶盖的振动。对机组进行动平衡试验，判断并消除可能存在的转子动不平衡，优化机组的运行状态。检查调速器的动作灵活性、稳定性，转动部件与固定部件的装配情况。

**二、试验条件**

（1）主机周围各层场地已清理干净，吊物孔盖板已盖好，通道畅通，照明充足，指挥通信系统布置就绪，各部位运行人员已到位，振动摆度等测量装置运行正常。

（2）确认充水试验正常。

（3）启动高压油顶起装置顶起发电机转子。对于无高压油顶起装置的机组，在机组启动前应用高压油泵顶起转子，油压解除后，检查发电机制动器，确认制动器活塞已全部落下。装有弹性金属塑料推力轴瓦的机组，首次启动时，也应顶一次转子。

（4）各部冷却水、润滑水投入，水压、流量正常，润滑油系统、操作油系统工作正常，各油槽油位正常。

（5）渗漏排水系统，高、低压压缩空气系统按自动方式运行正常。

（6）上、下游水位，各部原始温度等已记录。

（7）漏油装置处于自动位置。

（8）调速器调试合格且处于自动运行位置。

（9）机组现地控制单元已处于工作状态，已接入外部调试检测终端，并具备安全监测、记录、打印、报警机组各部位主要运行参数的功能。

（10）技术供水系统投运正常。各部冷却水（空气冷却器、上导、推力、水导）水压、流量正常。

## 三、试验方法

（1）记录机组开机前各轴承油位、瓦温、油温、水压、振摆等初始数据。

（2）手动启动主轴水密封加压泵，检查主轴密封水压力正常、主轴密封水示流正常。

（3）手动开启调速器主供油阀，拔出导叶锁锭。

（4）将调速器切“现地”“手动”控制方式。

（5）在电气柜或机械柜使用手动方式增加导叶开度，控制机组转速分别升至50％额定转速、75％额定转速做短时停留，期间检查机组转速信号是否正常，各部位振动、摆度是否异常，各部位有无异响，确认无误后将机组转速升至100％额定转速。

（6）将调速器切“自动”“远方”控制方式，持续观察半小时内机组各部位振动、摆度情况、温升情况、是否存在异响、是否有渗漏等，并以一定周期记录所有数据。

## 四、试验步骤

（1）在水车室、发电机内风洞、集电环处、廊道蜗壳等机组关键部位，安排人员聆听机组的声音，检查异常现象，在水力测量间检查水压。

（2）确认所有制动闸全部在落下位置。

（3）退出液压锁锭。

（4）选用调速器为手动模式，将开度限制机构限制在10％～20％开度，逐步打开导叶至机组开始转动，监视人员检查和确认机组转动部分与静止部件之间无摩擦或碰撞。如有异常响声，立即手动紧急停机。

（5）逐步增加机组转速至50％额定转速，检查齿盘测速装置，继续观察机组运行情况，应无异常。

（6）将机组转速增至75％额定转速，检查无异常后，转速升至100％额定转速运行。开机过程检查电气转速继电器相应触点动作时的转速。

（7）在机组升至额定转速后半小时，记录各处所测技术数据，并汇总至总指挥，所测量数据（测振测摆系统）不得超过机组 GB/T 11348.5 的范围。

(8) 瓦温温升试验及运行检查。

1) 机组在额定转速下运行，进行瓦温温升试验。

2) 在初期运行半小时内，每隔 5min 记录一次各部瓦温的温度，半小时后每隔 10min 测量记录一次各部瓦温及油槽油温。瓦温达到稳定值时，记录稳定的温度值。

3) 监视轴承油面的变化，油位应处于正常位置。在温度稳定后，记录标记各部油槽的运行油位线。

4) 监视水轮机主轴密封及各部水温、水压，记录水轮机顶盖排水泵运行情况和排水工作周期。

5) 记录各部水力测量系统表计读数和机组检测装置的表计（包括发蜗壳差压、机组流量）。

6) 测量发电机残压及相序，相序应正确。

### 五、注意事项

(1) 试验前应确认发电机空气间隙检查合格，各转动部位与固定部位结合处无遗留任何可能造成卡塞或产生刮擦的物品。

(2) 试验前检查紧急通信工具是否工作正常，人员到达指定位置后报告就位情况。

(3) 首次点动试验过程中出现异常情况立刻紧急停机，查明原因确保无误后再次开机。

(4) 试验过程中每个数据记录点停留固定时间，数据记录安排专人进行。

(5) 人员在现场检查或记录数据时，要与转动部位保留足够的安全距离。

(6) 各项振摆、温度数据应与检修前数据进行对比，如有恶化，应立即停止试验，查明原因。

## 第七节　机组空载试验

### 一、试验目的

记录调速系统动态特性，验证机组空载运行时调速器 PID 参数的选择是否最佳，测量机组自动控制方式下的频率摆动值，检查励磁装置调节特性、手/自动切换功能及起励特性。

### 二、试验条件

(1) 开、停机试验正常，空转运行正常。

(2) 调速器空载试验：调速器无水试验正常，调速器处于自动运行方式。

(3) 励磁系统空载试验：励磁系统小电流试验正常，励磁处于自动运行方式。

### 三、试验方法

1. 调速器空载试验

机组频率信号、导叶接力器行程信号接入调节系统综合测试仪，空载扰动、空载摆动试验阶跃值按 DL/T 507《水轮发电机组启动试验规程》规定设置，试验要求按 DL/T 507 规定严格执行。

2. 励磁系统空载试验

机端电压、励磁电压、励磁电流等信号接入电量记录分析仪，试验要求按 DL/T 507 规定严格执行。

**四、试验步骤**

1. 调速器空载扰动试验

(1) 把试验所需采集的信号准确地接入调速器性能测试仪。试验接线，如图 6-3 所示。

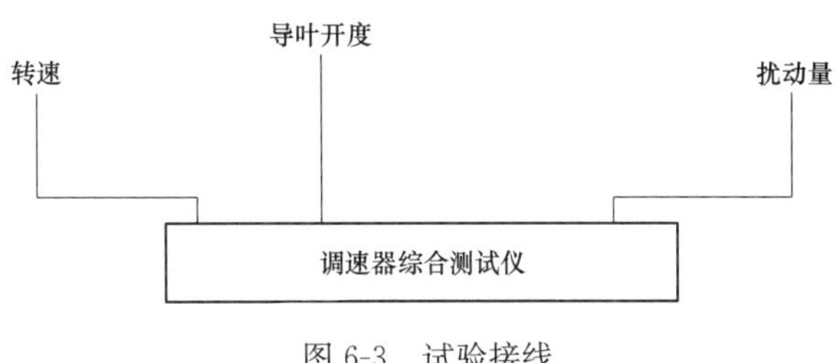


图 6-3　试验接线

(2) 对调速器施加±2Hz/±4Hz 的频率阶跃扰动，用调节系统综合测试仪记录频率扰动过程的机组频率、导叶接力器行程的变化情况。根据机组过渡过程变化情况，反复调整调速器参数，选取超调量小、波动次数少、稳定快的一组调速器参数，提供空载运行使用。试验分别在调速器处于 A、B 套可编程控制器运行方式下进行。

(3) 空载扰动试验记录如下数据：分别记录扰动量（%）在“4%（50～48)Hz”“4%（48～50)Hz”“8%（50～46)Hz”“8%（46～50)Hz”情况下的调节时间（s）、调节次数（次）、超调量（%）等数据。

2. 调速器空载摆动试验

(1) 用调节系统综合测试仪记录机组在空载稳定运行时的机组频率、导叶接力器行程的变化情况，记录时间 3min（为观察到有大致固定周期的摆动，可延长至 5min）。

(2) 根据试验结果计算调速器空载转速摆动值。试验连续进行 3 次，试验结果取其平均值。对于配置冗余的调速器系统，试验也应分别进行。

(3) 如试验测量得到的调速器自动空载转速摆动值超过 DL/T 507 规定的要求，应进行手动运行工况下的空载摆动试验，测量其空载转速摆动值。

(4) 分别记录“手动”“自动”状态下的“频率变化范围（Hz）”“频率变化幅度（Hz）”“转速摆动相对值（%）”“转速摆动相对值平均值（%）”数据。

3. 调速器手/自动切换试验

机组处于空载运行状态，分别进行调速器主/备用控制器控制下的手/自动切换试验，转速、接力器应无明显摆动，记录切换前后的开度值。

分别记录机组空载状态下“手动到自动”“自动到手动”状态切换下的“切换前开度（主）”“切换后开度（主）”“切换前开度（备）”“切换后开度（备）”值，并与“切换过程中，导叶接力器开度变化不超过 0.5%”对比，检测是否符合要求。

4. 调速器主/备用控制器切换试验

机组处于空载运行状态，进行调速器主/备用控制器切换试验，转速、接力器应无明显摆动。检测标准：切换过程中，导叶接力器开度变化不超过1%。

5. 调速器控制模式切换试验

机组处于空载运行状态，分别进行调速器主/备用控制器控制下的控制模式切换试验，转速、接力器应无明显摆动。检测标准：切换过程中，导叶接力器开度变化不超过±1%。

分别记录每台控制器由“开度模式”切“频率模式”“功率模式”的前后开度；由“功率模式”切“频率模式”“开度模式”的前后开度；由“频率模式”切“开度模式”“功率模式”的前后开度数据。

6. 调速器故障模拟试验

（1）机组处于空载运行状态，分别进行调速器主/备控制器运行方式下的频率断线、开度反馈断线、功率断线、水头断线等断线故障模拟试验，另外，还应进行电源消失故障、频率故障等故障模拟试验，故障模拟均应能按照系统设计要求动作，在进行大故障模拟时，可断开停机出口回路，避免故障模拟过程中不必要的停机发生。

（2）记录空载状态下，“断开机频”“断开网频”“断开导叶接力器反馈”“断开功率反馈”“断开水头反馈”“AC220电源消失”“DC220电源消失”“电源均消失”等故障情况下的开度数据。

7. 空载运行时励磁系统试验

（1）投入励磁，发电机自动升压至额定机端电压，并录制自动起励波形。

（2）发电机稳定在额定机端电压，励磁模式由“电压闭环”切换至“电流闭环”方式，并录制“模式切换”波形，观察触发角度和直流输出电压应无明显波动。

（3）励磁自动方式下运行，现地切换励磁调节器至备套，记录“主/备”调节器切换时的波形，观察触发角度和直流输出电压应无明显波动。

（4）励磁系统阶跃试验。

1）励磁自动方式下运行，进行励磁系统阶跃试验，阶跃试验是通过在电压给定上叠加阶跃量来实现的，目的是为了校验当前电压闭环的PID参数是否满足机组动态特性的要求，其中，超调量、超调次数、调节时间应满足要求。

2）如果当前电压给定为100%，机端电压为100%，阶跃量为5%，阶跃方式为下阶跃，开始阶跃试验后，电压给定立即置95%，此时调节器根据采样的机端电压值和电压给定之差，通过PID参数计算出触发角度，调节机端电压，使其达到95%。录波观察机端电压上升的时间、振荡的次数、达到稳定的时间，可评测励磁系统的动态响应特性。

3）标准规定：阶跃量为发电机额定电压的5%，超调量不大于阶跃量的30%，振荡次数不大于3次，上升时间不大于0.6s，调节时间不大于5s。

（5）整流柜风机试验。

1）通常整流柜风机回路分为“手动/自动”两种状态。在送上风机电源后，置“手动”状态时，风机启动，风机停风和整流柜故障灯应该消失。置“自动”状态时，如果

“发脉冲”，或者有“油（主）开关合”信号，风机启动，否则，风机停风。检查端子节点信号是否正确。对于有主、备用风机电源切换回路的，需要做两路电源相互切换的试验。切换逻辑应正确，对应的输出信号应正确。对于有双风机的整流柜，应分别检查每台风机的操作回路，并做两台风机相互切换的试验。

2）在风机切换及启停过程中，密切关注风机启停情况，模拟风机电源故障或其他故障，检查风机切换逻辑是否正常。

（6）励磁系统PT断线试验。机端电压为100% $U_n$，主备用控制器均工作在正常自动状态，断开主用套机端电压单相输入信号，模拟主用套PT断线故障，调节器应能切至备用套工作，主用套切至手动运行。同样，模拟双套控制器PT断线故障，双套控制器应切至“电流闭环”运行。

（7）灭磁开关手动分合试验应正常，保护开出跳灭磁开关动作应正常，开关位置反馈输出正确，在自动开停机试验过程中，电制动功能投退应正常。

（8）在额定定子电压时，按调节器现地逆变按钮，退出励磁，录制逆变灭磁波形。

（9）励磁系统V/F限制试验。机端电压为100% $U_n$，主备用控制器均工作在正常自动状态，降低机组转速，使机组频率逐步降低到45Hz，录制动作过程中的波形，在从50Hz降低到47.16Hz的过程中，机端电压和电压给定保持不变，转子电流逐渐上升；在到达47.16Hz时，调节器报出V/F限制，机端电压下降；在47.16Hz降低到45Hz的过程中，机端电压持续下降；在到达45Hz时，调节器自动逆变停机。

（10）空载跳灭磁开关试验。机端电压为100% $U_n$，主备用控制器均工作在正常自动状态，通过模拟开出跳灭磁开关命令，录制逆变灭磁波形。

### 五、注意事项

（1）调速器空载扰动试验时，频率扰动量设置必须在确认无误后进行，为避免机组开停机频繁，调速器故障模拟试验时建议甩开调速器故障/事故开出至监控系统的信号回路。

（2）调速器空载试验前检查开度限制设置是否正确投入且满足试验要求。

（3）励磁系统空载试验前必须检查小电流试验临时设置的参数，以及试验接线已恢复。

## 第八节　机组过速试验

### 一、试验目的

检查机组过速装置动作的准确性和可靠性。

### 二、试验条件

（1）手动开/停机正常。

（2）电气过速、机械过速装置检查正常。

（3）在线监测装置运行正常。

（4）水机保护各项模拟试验动作正常。

（5）确认机组已完成调速器空载试验，各项性能指标正常；机组振动摆度符合 DL/T 507《水轮机组启动试验规程》要求。

（6）机组导轴承瓦温符合 DL/T 507 要求。

**三、试验方法**

（1）断开调速器至 LCU 的主配拒动回路，手动开机至额定转速，待机组稳定后将导叶开度继续增大，使机组转速上升到额定转速的 115%，观察测速装置触点的动作情况，动作正常后回到额定转速。

（2）如机组运行无异常，将转速升至设计规定的过速保护整定值，监视电气、机械过速保护装置及水机保护的动作情况，必要时调整过速保护装置。

（3）过速试验过程中应密切监视，并记录各部位振动与摆度值，记录各部轴承的温升情况及发电机空气间隙的变化，监视是否有异常响声。

**四、试验步骤**

（1）过速试验控制回路措施：将机组转速模拟量信号、一级过速开关量信号、二级过速开关量信号接入电量录波仪进行录波。利用机组在线监测系统记录试验过程中的机组振动、摆度、水压脉动等数据。

（2）将调速器切“手动”“现地”控制方式。

（3）手动增加导叶开度，使机组转速上升至一级过速信号动作。

（4）继续手动增加导叶开度，使机组转速上升至二级过速信号动作。

（5）检查机械、电气过速装置及水机保护的动作情况，如过速装置未按整定值动作，则应手动减小导叶开度降至转速正常后停机。

（6）机组过速试验停机后检查。

1）检查发电机定子基础板及上机架千斤顶的状态有无变化。

2）重点全面检查发电机转动部分的转子磁极键、磁轭键、阻尼环、磁极引线及磁极压紧螺杆等有无异常情况。

3）按机组首次启动停机后的检查项目对机组做全面检查。

a. 检查机组各部位螺栓、销钉、锁片及键是否松动、脱落。

b. 检查机组转动部分的焊缝是否开裂。

c. 检查发电机上下挡风板、风圈、导风叶是否松动、断裂。

d. 检查风闸磨损情况及动作灵活性。

e. 相应水头下，空载开度触点是否准确。

f. 各油槽油位开关位置是否准确。

4）试验记录。

a. 手动开机升速过程中，监测机组转速信号装置，校核其整定值。

b. 记录电站上、下游水位，机组一级过速和二级过速动作时的导叶开度值。

c. 记录机组一级过速与二级过速动作时的机组流量变化。

d. 记录过速前后及过速动作时的机组振动与摆度值。例如，“上导摆度 $x/y$(μm)”“水导摆度 $x/y$（μm）”“上机架振动 $x/y/z$（μm）”“下机架振动 $x/y/z$(μm)”“顶盖振动 $x/y/z$（μm）”“机组流量（$m^3/h$）”“上游水位（m）”“下游水位（m）”。

e. 记录过速前、中、后各部轴承的瓦温及油位变化。例如，“上导瓦温”“推力瓦温”“水导瓦温”“上导油位”“推力油位”“水导油位”。

f. 记录“机组号”“转速装置型号”“摩擦轮转速继电器动作实际值”“机械过速摆动作实际值”。

**五、注意事项**

（1）调速器电气装置与机械装置必须专人监护，调整导叶开度应缓慢逐步进行。

（2）过速试验中密切关注过速装置节点动作情况，做好节点动作时的机组转速记录。

（3）过速后，检查机组停机工况，确认开机条件满足，仔细检查机组紧固件、流道、风洞等部位。

## 第九节 发电机零起升流试验

**一、试验目的**

（1）检查发电机短路范围内所有电流互感器二次回路极性及接线是否正确。

（2）检查发电机短路范围内所有电流互感器线性度与饱和特性是否正常。

（3）检查定子三相电流的对称性，录取发电机短路特性（绘制在额定转速下的定子电流与励磁电流关系曲线）和灭磁特性曲线（灭磁过程中，励磁电压反向并保持恒定，励磁电流按直线规律衰减，直至励磁电压和电流为零，即为理想灭磁曲线）。

（4）检查发电机短路范围内电流互感器相关的继电保护装置测量值、相序及工作情况。

（5）检查表计的指示正确性。

（6）额定电流下横差保护电流值测量。

**二、试验条件**

（1）测定转子绝缘应良好，检查碳刷接触良好。

（2）机组具备开机条件。

（3）检查短路范围内所有电流互感器二次接线无开路。

（4）检查试验机组各断路器、隔离开关、接地开关均在试验要求位置，各相电气指示、机械指示均正确。

（5）合上短路开关，检查确已到位，并采取可靠防误动措施。若需采用短接线进行短路升流试验，确保短接线容量满足要求，接线可靠、接触良好。

（6）退出发电机-变压器组保护屏内除跳灭磁开关外的所有出口连片。

（7）定子电流、励磁电流及励磁电压接入电量分析仪，检查接线正确。

（8）自并励励磁系统，短路升流是他励的接线方式。检查励磁装置处于“他励”工作模式。

**三、试验方法**

（1）手动开机至额定转速，机组各部位运转应正常。

（2）手动合灭磁开关，通过励磁装置手动升流至25%额定定子电流，检查发电机各电流回路的准确性和对称性。

（3）检查各继电保护回路的极性和相位，检查测量表计接线及指示的正确性，必要时绘制相量图。

（4）在发电机额定电流下，测量机组振动与摆度，检查碳刷及集电环工作情况。测量发电机轴电压，检查轴电流保护装置。

（5）在发电机额定电流下，跳开灭磁开关检验灭磁情况是否正常，录制发电机在额定电流时灭磁过程的示波图。

（6）录制发电机三相短路特性曲线，最大电流值为发电机额定电流的1.1倍，每隔10%定子额定电流记录定子电流与转子电流。

（7）测量定子绕组对地绝缘电阻、吸收比及极化指数，应满足如下要求，如不能满足，应采取措施进行干燥。

1）绝缘电阻（换算到100℃时）。

$$R \geqslant \frac{U}{\left(1000+\frac{S}{100}\right)}$$

式中 $R$——绝缘电阻，MΩ；

$U$——定子额定电压，V；

$S$——发电机额定容量，kVA。

2）40℃以下时，绝缘电阻不小于1.6；极化指数不小于2.0。

（8）升流试验合格后模拟水机事故停机，将所有开关位置、接线、参数恢复到试验前状态。

**四、试验步骤**

（1）试验条件均已满足，并布置到位，机组以额定转速运行。

（2）励磁调节器置“他励”模式，某些需将励磁设为“短路升流”模式或投入“短路升流”功能。由厂用电辅助电源作为励磁他励交流电源，直接接入晶闸管整流桥阳极。他励交流电源送电，若为工频电源，观察同步频率应为50Hz，同步相位应为120°，同步相序为正序。

（3）合上脉冲投切开关。分合一次灭磁开关，确保灭磁开关分合均正常的情况下，合上灭磁开关。

注意：试验整个过程中，均安排人员在灭磁开关前把守。当调节器给出开机令后，密切关注转子电流值，若超过正常值时（空载额定电流的 50%），直接分灭磁开关，或者同时直接降低或关断励磁电流，确保机组和设备的安全。

（4）在满足开机条件后，给调节器“就地建压”令，此时，转子电流应为零。确认正常后，临时将保护电流上限值设为 100%。

（5）通过“增磁”减小角度。当角度减小到 90°以下时，逐渐有转子电流输出。观察主界面定子电流随着转子电流的增加而增加。根据现场试验方案的要求，增减定子电流到相应的值。

（6）当定子电流达到最大时，根据实际的转子电流值（来自于电厂监控或灭磁柜上分流计测量计算）校核励磁界面“转子”控件中指示的转子电流值。在有偏差时，可通过在“采样系数及变比设置”中，对“转子 A 相电流采样系数”“转子 B 相电流采样系数”“转子 C 相电流采样系数”进行调整。

注意：一般情况下在 CT 变比正确的情况下无需调整，采样系数无需改变。

（7）当转子电流不是在 90°出现输出时，表示补偿角度有偏差，可借此核准补偿角度。

注意：由于某些机组转子电感较大，以至于晶闸管续流不好。若角度小于 86°时，仍然没有转子电流输出，需要立即停止试验，在发电机转子两端并接续流电阻。

（8）在短路升流时，角度降低到 90°以下（如 87°），而转子电流还没有，再升到 86°，转子电流一下上升很多，定子电流也上升较多，或者更严重的情况是，角度一直降低，而转子电流始终为零。这种情况，需要在转子上并联一个 50～200Ω 相应功率的电阻（通过开关投退），使晶闸管在一开始就续流导通。确认出现转子电流后，再将电阻断开，然后继续做升流试验。

（9）通过手动“增磁”减小角度，逐步增加励磁电流，使发电机定子电流升至额定值的 10%，检查保护、励磁系统、电测等 CT 二次电流在此低位定子电流的平衡度。

（10）继续升流至 50%，检查发电机各保护电流回路的极性和相位正确。在短路电流为 10%$I_e$、30%$I_e$、50%$I_e$、75%$I_e$、100%$I_e$ 时，记录短路范围内所有电流互感器的电流 $I_A$、$I_B$、$I_C$、$I_O$ 的幅值及相角，并判别相序是否为正序。

（11）发电机电流升至额定值后，检查集电环及碳刷工作情况，测量机组振动和摆度。

（12）发电机在额定电流时跳灭磁开关，录制发电机在额定电流时灭磁开关灭磁过程示波图。

（13）再次手动升流，按定子额定电流的 10%步长增加，逐点读取上升区域励磁电流、定子电流。升至额定电流的 105%，做发电机上升区域短路特性曲线，记录给定值为 5%、10%、20%、30%、40%、50%、60%、70%、80%、90%、100%、105%时，

励磁电流 $I_f$ 及定子电流 $I_G$。其间，检查定子绕组、封闭母线、短路开关各部位各接头温度。

（14）升流过程中检查励磁变压器差动及电流保护接线的正确性。

（15）发电机短路电流降至额定电流，按定子额定电流的10%逐步减小，逐点读取下降区域励磁电流、定子电流，做发电机下降区域短路特性曲线。记录给定值分别为105%、90%、80%、70%、60%、50%、40%、30%、20%、10%、5%时，励磁电流 $I_f$ 及定子电流 $I_G$。

（16）将所有开关位置、接线、参数恢复到试验前状态。将开机保护电流上限值由100%恢复默认值（默认值为80%空载额定转子电流对应值）。

**五、注意事项**

（1）升流试验过程中要严防CT回路开路，导致设备损坏或伤人。

（2）升流过程中（特别是短路时），应采用红外测温仪监测短路范围内及短路点附近构架的发热情况，防止设备过热损坏。

（3）发电机出口短路装置的拆除必须在发电机停机的状态下，安全措施确认无误后进行，防止人员触电。

（4）试验接线错误、各开关位置不正确导致损坏设备，设备接线及开关位置检查必须核对无误。

（5）投续流电阻前应解开起励电源模块输出电缆，并用绝缘胶带包好，防止升流试验投续流电阻导致起励电源模块烧坏。

## 第十节　发电机零起升压试验

**一、试验目的**

（1）发电机电气一次部分检查。

（2）机组各电压互感器伏安特性及二次回路检查。

（3）消弧线圈二次电压回路检查。

（4）励磁系统整流回路均流检查。

（5）检查发电机空载特性曲线。

**二、试验条件**

（1）发电机及出口、发电机中性点、封闭母线、发电机出口断路器系统GCB、短路开关、主变压器等设备回装及试验工作已完成。

（2）二次设备已检修试验完成。

（3）发电机出口电压互感器一次熔断器良好，二次开关已合上，TV柜投入工作位置。

（4）检查试验机组各断路器、隔离开关、接地开关均在试验要求位置，各相电气指示、机械指示均正确。

（5）检查电制动短路开关在断开位置，并采取可靠防误动措施。

（6）检查励磁系统接线为正常运行的接线方式，各状态与励磁正常运行前状态一致。

（7）检查励磁处“现地”位置，模式为“电压闭环”方式，退出励磁“软起励”功能。

（8）投入发电机-变压器组保护除跳主变压器高压侧断路器、母联断路器及跳10kV开关等影响运行设备外所有出口连片，水机保护投入，空气冷却器投入。

（9）检查发电机碳刷已装，与集电环接触良好。

（10）机组正常运行，定子铁芯绕组、各部位轴承温度均已稳定，升压时，检查记录各监测部位振动和温度。

**三、试验方法**

（1）自动开机至空转后机组各部运行应正常。测量发电机升流试验后的残压值，并检查三相电压的对称性。

（2）对于高阻接地方式（接地变压器接地）的机组，应选在发电机出口设置单相接地点，开机升压，递升接地电流，直至80%接地保护装置动作。检查动作正确后拆除临时接地线，接入接地保护装置。

（3）对于注入式接地保护，试验时退出发电机接地保护跳闸出口，测速装置和调速器测频回路取线电压，发电机不加励磁，利用残压额定空转运行，在中性点接地变压器上端引接接地线监视100%（外加低频信号20Hz）接地保护动作情况。随后，分别改接不同接地电阻，检查保护动作情况。试验完成后，取下接地变压器上端的地线，复归保护信号。

（4）手动升压至25%额定电压值，并检查下列各项。

1）发电机及引出母线、发电机断路器、分支回路等设备带电是否正常。

2）机组运行中各部振动及摆度是否正常。

（5）升压至50%额定电压，跳开灭磁开关检查灭弧情况，录制示波图。

（6）继续升压至发电机额定电压值，检查带电范围内一次设备运行情况，测量二次电压的相序与相位，测量电压互感器二次开口三角输出电压值，测量机组振动与摆度；测量发电机轴电压，检查轴电流保护装置。

（7）在额定电压下跳开灭磁开关，检查灭弧情况，并录制灭磁过程示波图。

（8）零起升压，每隔10%额定电压记录定子电压、转子电流与机组频率，录制发电机空载特性的上升曲线。

（9）继续升压，当发电机励磁电流升至额定值时，测量发电机定子最高电压。对于有匝间绝缘的发电机，在最高电压下应持续5min，进行此相试验时，定子电压以不超过1.3倍额定电压为限。

（10）由额定电压开始降压，每隔10%额定电压记录定子电压、转子电流与机组频率，录制发电机空载特性的下降曲线。

（11）对于装有消弧线圈的机组，进行发电机单相接地试验，在机端设置单相接地点，断开消弧线圈，升压至50%定子额定电压，测量定子绕组单相接地时的电容电流。根据保护要求选择中性点消弧线圈的分接头位置；投入消弧线圈，升压至100%定子额定电压，测量补偿电流与残余电流，并检查单相接地保护信号。

**四、试验步骤**

（1）调速器置“自动”方式，开机至空转，测量发电机升流试验后的残压值，并检查三相电压的对称性。

（2）将励磁调节器电压给定值设置为10%$U_e$。

注意：在灭磁开关前安排人员把守，当调节器给出开机令后，观察转子电流值超过正常值时（空载额定电流的50%），直接分灭磁开关，或者关闭调节器电源，确保机组和设备的安全。

（3）在具备开机条件的情况下，退出励磁“软起励”功能，点调节器“就地建压”令。

（4）检查电压给定值，应在10%～15%$U_e$。当机组残压过高，或者出现机端电压上升后又回到零，起励失败的情况，可根据需要调高电压给定值。

（5）发电机零起升压至定子电压为10%$U_e$时，调节器无其他异常显示。观察两套调节器测量的三相定子电压应基本相同；观察测量的转子电流应基本相同；观察测量的同步电压应基本相同；观察两套的机端频率和同步频率应在（50±0.5）Hz内，两套的同步相序和机端相序正确。确认以上信息正确的情况下，通过调节器“现地增磁”令，使机端电压升高。

（6）试验过程中应派专业人员在发电机TV柜、发电机风洞内监视设备运行情况，派专业人员测量各组TV三相电压相序、幅值及开口三角电压值、消弧线圈二次电压值。

（7）检查各组TV二次输出应正常，检查所有有关盘柜中TV电压及相序，各电压变送器输入、输出及各指示表计的指示正确性。

（8）通过调节器“现地增磁”令，继续按30%$U_e$、50%$U_e$、75%$U_e$、100%$U_e$升压，检查发电机、封闭母线、TV、盆式绝缘子等带电一次设备运行情况，复核二次电压相序及相位，测量机组各部振动、摆度、温升等值。

（9）在额定电压下跳开灭磁开关，检查灭弧情况，并录制灭磁过程示波图。

（10）再次逐步升压至100%$U_e$，升压过程中每隔10%$U_e$记录定子电压、转子电流及机组频率，录制发电机空载特性的上升曲线。检查发电机、封闭母线、TV、盆式绝缘子等带电一次设备运行情况，复核二次电压相序及相位，检查发电机-变压器组保护装置中性点消弧线圈内电压互感器采样值是否正确。

（11）继续分阶段按10%$U_e$降压，降压过程中每隔10%$U_e$记录定子电压、转子电流及机组频率，录制发电机空载特性的下降曲线。

(12) 记录励磁电压给定为 $10\%U_e$、$30\%U_e$、$50\%U_e$、$75\%U_e$、$100\%U_e$ 时，发电机出口电压互感器的 $U_{AB}$、$U_{BC}$、$U_{CA}$、$3U_0$ 的幅值及相角，并判断相序是否正确。发电机出口电压互感器根据作用可分为保护、励磁、测量，均需要检查记录其二次值。用万用表测量二次回路端子电压，并与设备显示值进行对比。

(13) 将所有开关位置、接线、参数恢复到试验前状态，投入励磁“软起励”功能。

**五、注意事项**

(1) 检查试验机组各断路器、隔离开关、接地开关均在试验要求位置，各相电气指示、机械指示均正确，防止因设备实际状态错误，升压导致设备损坏。

(2) 再次检查主变压器油冷却装置正常投入运行，所有保护均在投入位置；派人到发电机出口及主变压器低压侧电压互感器、主变压器和厂用工作变压器去查看设备状态及监听设备的声音，若有异常，及时汇报并停止试验。

(3) 避免试验前检查不到位，设备未完全恢复或检修材料未完全清除，导致后续试验不能正常进行或机组失控造成设备损坏。

(4) 投入发电机-变压器组保护除跳主变压器高压侧断路器、母联断路器及跳 10kV 开关等影响运行设备外所有出口连片，水机保护投入，空气冷却器投入。防止连片投入不正确，导致误跳或拒动，损坏设备。

(5) 防止未退出励磁“软起励”功能，按建压令直接升至额定电压，因设备本身故障导致事故扩大。

## 第十一节　同期试验

**一、试验目的**

自动准同期装置改造、同期用电压互感器更换或同期电压回路发生变化时，须进行同期试验。以此来验证同期点两侧电压回路及同期装置内部回路的正确性，保证频率、幅值、相位在允许范围内发出合闸脉冲，经过导前时间，使断路器在待并侧和系统侧电压相位角约等于 0°时合闸，最大程度的减少对机组和系统的冲击，防止机组非同期并网，保证机组及系统稳定。目前，大型混流式水轮机组并网主要采用自动准同期的差频并网方式。同期试验主要包括三项内容：核相试验、假同期试验和自动准同期试验。

**二、试验条件**

(1) 同期装置检修或改造已完成、电压互感器安装及接线合格。

(2) 同期装置静态试验已完成，内部配线正确无误，装置送电调试合格。

(3) 系统具备同期试验必需的运行方式。

**三、试验方法**

主要包括核相试验、假同期试验和自动准同期试验。

(1) 核相试验。核相试验是指核实需要合环或并列的两个电源系统电压的相序是否一致、正确。应确保一次设备在同一系统中，检查二次电压相位是否一致。

（2）假同期试验。在核相试验正常的基础上，假同期试验主要检查同期装置的电压回路和待并断路器的合闸控制回路接线正确、完好，并测试同期断路器的合闸时间，以此确定同期装置的导前时间。须断开同期断路器靠近系统侧隔离开关，隔离开关辅助接点接通，系统电压通过辅助触点进入同期回路，模拟同期并网过程。

（3）自动准同期试验。在核相及假同期试验正确无误的条件下，合上待并断路器靠近系统侧隔离开关，待并机组按正常运行方式启动，投入自动准同期，模拟正常并网过程。录取波形分析并网效果。

**四、试验步骤**

以机组为联合单元接线、出线为双母线带母联开关的运行方式为例。

1. 开关同期装置核相试验

（1）母线由联络运行倒换至单母运行时，按照调度部门定值单要求，投入母差保护屏上单母运行功能连片。试验过程中发电机-变压器组保护正常加用，或者按照规程及调令要求投退。

（2）系统单母运行，运行机组与非试验出线挂另一条母线上，试验机组及母线挂试验母线上。

（3）按照调令操作合上核相试验路径上的断路器、隔离开关，保证试验断路器两侧PT采样取自同一电压源。

（4）按照调令进行试验机组带变压器及试验母线升压操作。

（5）在同期装置电压输入回路分别测量试验断路器两侧电压幅值相位，接入录波装置录取波形。

（6）试验完成后，停下试验机组，断开试验路径上的断路器、隔离开关。

（7）按照系统要求进行恢复送电操作。

（8）按照调令要求恢复修改的保护定值，核对无误。

2. 机组出口断路器假同期试验

（1）在断路器现控柜内解除隔离开关分闸闭锁断路器合闸的电气回路。

（2）合上主变压器高压侧与系统连接的隔离开关。

（3）拉开试验断路器相连的隔离开关，并拉开其操作电源，防止误合。

（4）试验发电机零起升压至额定，投入同期装置，自动选择同期点，观察在0°时发出合闸脉冲。

（5）观察在初设定的均频和均压控制系数下的并网速度，多次改变均频和均压控制系数，重复上述试验，记录测试结果，找出能快速促成频率、电压满足并网条件的均频和均压控制系数值作为整定值。

（6）录波装置波形，合闸脉冲是否在压差基本为0时发出。若误差较大可适当更改导前时间获得最佳合闸效果。

（7）同期装置调频调压功能试验：手动设置机组频率和电压，投入同期装置，机组应按下列方式动作。

1）如待并侧频率低于系统侧频率，并超过频差整定值或两侧同频，装置发出加速脉冲，调速器加速。

2）如待并侧频率高于系统侧频率，并超过频差整定值，装置发出减速脉冲，调速器减速。

3）如待并侧电压低于系统侧电压，并超过压差整定值，装置发出升压脉冲，励磁升压。

4）如待并侧电压高于系统侧电压，并超过压差整定值，装置发出降压脉冲，励磁降压。

5）恢复同期装置合断路器回路，观察在0°时发出合闸脉冲，断路器正常合上。

6）接入录波器，同期装置假同期试验合闸波形，如图6-4所示。

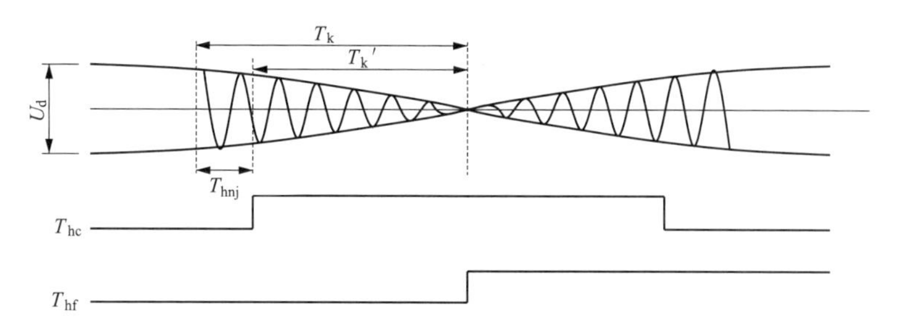


图6-4　同期装置假同期试验合闸波形

$U_d$—脉振电压；$T_k$—断路器合闸时间（导前时间）；$T_k'$—录波时测得的断路器合闸时间；$T_{hc}$—合闸脉冲信号；$T_{hf}$—断路器辅助接点动作信号（假设辅助接点动作与主触头同步）；$T_{hnj}$—装置内部继电器动作时间

3. 发电机出口断路器手准、自准并网试验

（1）合上发电机出口断路器相连的隔离开关。

（2）在监控系统选择发电机出口断路器同期点，机组启动后按正常运行程序启动同期装置。先进行手准后自准，投入同期装置后，装置将完成并网。

（3）并网后检查录波图，可准确确定断路器动作时间和并网效果，同期装置自准并网合闸波形，如图6-5所示。

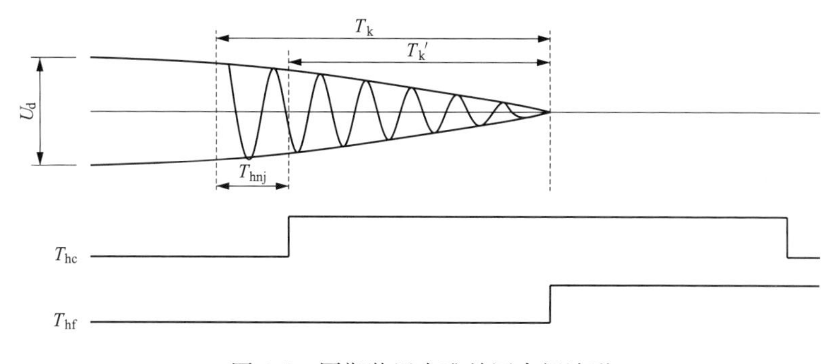


图6-5　同期装置自准并网合闸波形

（4）检查系统运行正常。

**五、注意事项**

（1）充分做好试验前策划，使试验能安全、可靠、紧凑、有序地进行，尽量减少断路器、隔离开关的操作次数。

（2）试验前，现场要认真做好试验中的危险点分析和有关事故预防措施。

（3）试验过程中若发生试验设备故障或试验异常情况，应立即停止试验，并做好隔离，待查明原因或将问题解决后方可继续进行试验，防止影响运行设备。

（4）试验方案尽量缩小影响范围，保证系统安全稳定。

（5）试验记录、检查项目到位，保证试验过程不反复，防止误做、漏做项目。

（6）保护定值的投退严格按照试验规程、运行规程或上级调度指令定值通知单进行，试验完成后核对是否已恢复。

## 第十二节　甩负荷试验

**一、试验目的**

检验压力管道系统的抗冲击能力；检验水轮发电机组各机械部件结构、性能是否满足设计要求；检验水轮机、发电机、轴承等故障情况下的振动幅度是否在合格范围；检验轴瓦在故障情况下的温度变化情况；检验调速器、励磁装置、高压开关、控制系统、保护系统、信号系统等整机质量体系，如电压升高与限制情况、调速器响应与紧急关闭情况等。

**二、试验条件**

（1）机组充水后各项试验正常。

（2）将调速器的稳定参数选择在空载扰动所确定的最佳值。

（3）调整好测量机组振动、摆度、蜗壳压力、机组转速（频率）、接力器行程发电机气隙等电量和非电量的监测仪表。

（4）所有继电保护及自动装置均已投入。

（5）自动励磁调节器的参数已选择在最佳值。

（6）机组并网带负荷运行正常。

**三、试验方法**

（1）机组并网带负荷稳定运行30min，无任何异常现象。

（2）新安装机组或大修后机组按额定有功负荷的25%、50%、75%、100%分别进行四次甩负荷试验，其他按照DL/T 507《水轮发电机组启动试验规程》进行。记录有关数值，同时应录制过渡过程的各种参数变化曲线及过程曲线。

（3）机组甩负荷试验分别记录各个阶段甩负荷前、中、后的以下数据：机组负荷

(MW)、记录时间、机组转速（r/min）、导叶开度（%）、导叶关闭时间（s）、调速器调节时间（s）、蜗壳实际压力（MPa）、大轴法兰运行摆度（μm）、上导运行摆度、水导运行摆度、上下机架振动（水平＋垂直）、定子基座振动（水平＋垂直）、转速上升率（%）、水压上升率（%）、永态转差系数［指示值（%）、实际值（%）］、抬机量（μm）。

$$\text{转速上升率}=\frac{\text{甩负荷时最高转速}-\text{甩负荷前稳定转速}}{\text{甩负荷前稳定转速}}\times 100\%$$

$$\text{蜗壳水压上升率}=\frac{\text{甩负荷时蜗壳最高水压}-\text{甩负荷前蜗壳水压}}{\text{甩负荷前蜗壳水压}}\times 100\%$$

$$\text{实际调差率}=\frac{\text{甩负荷后稳定转速}-\text{甩负荷前稳定转速}}{\text{甩负荷前稳定转速}}\times 100\%$$

（4）同时，记录甩负荷试验时的基本运行参数：上游水位、下游水位、运行水头等。

**四、试验步骤**

（1）观察并记录每次甩负荷波形，分析每次的最高频率、调整时间和蜗壳压力上升率，如有异常，应立即停止试验，重新核对调保计算值。

（2）第一次增加到100%负荷时，稳定10min后，将负荷减至75%负荷位置，然后增到100%负荷位置，以观察接力器或拐臂是否有卡阻现象。

（3）记录关键数据：试验水头（m）。

（4）甩25%负荷试验，记录试验曲线及关键数据：最高频率（Hz）、蜗壳水压（MPa）接力器不动时间（s）（要求小于0.2s）。

（5）甩50%负荷试验，记录试验曲线及关键数据：最高频率（Hz）、最低频率（Hz）转速调整时间（s）（要求超过稳定转速3%额定值以上的波峰不超过两次；转速调整时间小于40s）。

（6）甩75%负荷试验，记录试验曲线及关键数据：最高频率（Hz）、最低频率（Hz）、转速调整时间（s）（要求超过稳定转速3%额定值以上的波峰不超过两次；转速调整时间小于40s）。

（7）甩100%负荷试验；记录试验曲线及关键数据：最高频率（Hz）、最低频率（Hz）、转速调整时间（s）（要求超过稳定转速3%额定值以上的波峰不超过两次；转速调整时间小于40s）。

（8）机组甩负荷试验后应仔细检查压力钢管、尾水过流部位、机械转动部件、顶盖等机组各部的运行状况，甩负荷时应密切关注转速装置及过速保护装置的动作情况，如出现异常情况，应有保证手动紧急停机的应急措施。

**五、注意事项**

（1）若进水口闸门已落，应检查闸门全关指示灯亮，位移行程指示为零，油缸下腔油压为零。

（2）检查确认各轴承油槽油色、油位正常，无甩油、渗漏油，各管道、接头无漏油、漏水现象。

（3）检查确认水密封装置无损坏，顶盖积水未增多，导水叶全关且接力液压锁锭已投。

（4）检查确认剪断销有无剪断，过速摆动作情况。

（5）检查确认上导、水导间隙有无明显增大。

（6）检查确认调速器、压油泵工作是否正常，水机保护动作是否正确。

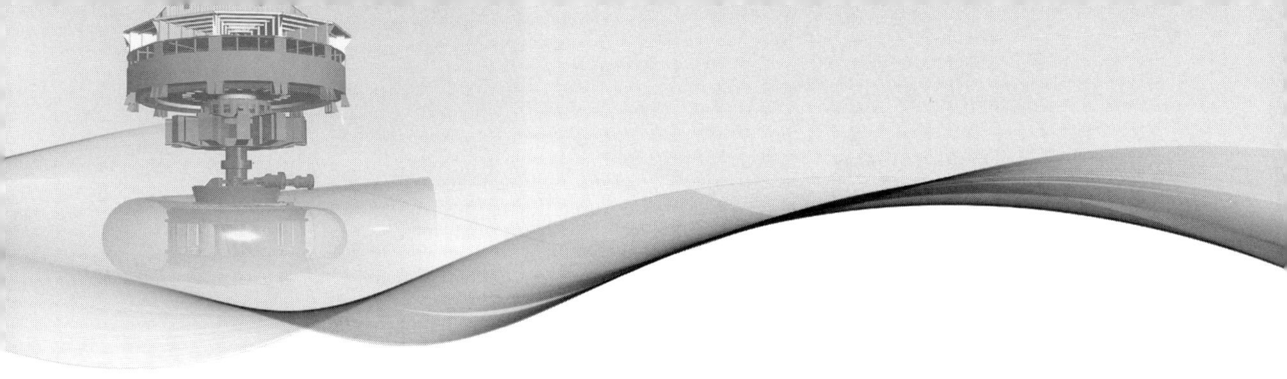

# 第七章　混流式机组运行维护

## 第一节　机 组 正 常 运 行

目前，混流式电厂水轮发电机组开/停机方式一般包括三种方式：上位机（中控室或远程集控中心、电力调度控制中心）自动或分步开/停机；下位机（现地机组 LCU）上执行开/停机流程；现地手动分步开/停机三种方式。

正常情况下，水轮发电机组的开/停机操作以自动开/停机方式为主，当机组检修调试或自动方式不成功时，经主管生产厂领导或总工程师批准，可采用电手动开/停机方式，执行电手动开/停机时，必须对开/停机条件进行详细检查，并严格执行操作票制度和操作监护制度。

水轮发电机以自动准同期为基本并网方式，在同期装置动作不正常或事故、零起升压并网等的情况下，可采用手动准同期方式。大型混流式水轮发电机组严禁采用自动自同期方式进行并网。

### 一、开机前的检查

#### （一）新安装或检修后发电机投运前必须满足的条件

（1）水轮机、发电机及其辅助设备，继电保护和自动装置及监视装置调试完毕，符合电厂现场运行规程规定要求。

（2）现场设备标志齐全，场地整洁，对设备进行全面检查，确认设备上无遗留物件，人员已全部撤出。

（3）全部电气设备检查完毕，发电机定子回路的绝缘电阻和励磁回路的绝缘电阻合格。

#### （二）开机前，必须具备的条件

（1）机组处于“备用”运行状态，蜗壳已充水，检修闸门、尾水闸门开启。

（2）机组的机械、电气设备及其控制回路正常。

（3）油、气、水系统均恢复正常运行方式。

（4）机组 LCU 切“远方”控制。

（5）机组辅机（含压油泵、漏油泵、技术供水泵等）工作正常，且在“自动”位置。

### 二、开机条件及开机流程

#### （一）机组开机前应满足的条件

（1）进水口闸门（或蝶阀、球阀）、尾水闸门全开。

（2）机械制动装置的制动块已复位。

（3）水机保护无动作、故障信号，保护出口压板正常投入。

（4）发电机-变压器组保护无动作、故障信号，保护出口压板正常投入。

（5）机组推力、上导、下导、水导轴承油槽油位正常。

（6）油压装置油位、油压正常。

（7）调速器置“自动、远方”位置，无故障信号。

（8）励磁系统置“自动、远方”位置，且无故障信号。

（9）漏油装置正常。

（10）检修气密封已退出。

（11）停机流程已复归。

（12）发电机冷却、润滑系统正常。

以上条件需全部满足才能执行开机流程。有条件不满足，应检查分析原因，处理好后满足全部条件才能开机。

（二）自动开机准同期并网流程

自动开机流程可执行“分步”开机，例如，当监控系统下令“开机至空转”时，开机流程开机至空转，此时机组转速上升至 100% $N_e$；当监控系统下令“开机至空载”，将投入励磁装置，机组机端电压升至 100%$U_e$，机组全电压运行；当监控系统下令“开机至发电”，此时会启动同期装置，发电机同期并网。计算机监控系统自动开机时，一般分以下步骤进行，只有前一个步骤全部完成后才会启动和执行下一个步骤。机组开机至发电态流程执行如下。

（1）开启技术供水阀，检测导轴承油冷却水、发电机空气冷却器、主轴密封润滑水示流正常。

（2）启动辅机系统；如设置有主轴密封加压泵电厂会启动主轴密封加压泵；采用外循环冷却的电厂启动循环油泵等。

（3）启动调速器压油泵（采用连续运行方式的压油泵需启动调速器压油泵）、开启主供油阀（部分电厂停机后关闭主供油阀）。

（4）检查机械制动确已退出、退出调速器导叶液压锁锭。

（5）退出停机电磁阀。

（6）启动调速器开机。

（7）机组转速上升至 90%$N_e$ 时，投入励磁装置。

（8）机组转速上升至 95%$N_e$，投入自动准同期装置，经同期后并网（设定有自动加机组出力的电厂，在并网正常后机组出力自动调整至设定值）。

并网的发电机机组可根据调令或按 AGC 功能带调度指定的负荷运行。

（三）调相机组开机流程

当系统无功功率不足时，调相机组接到调相令后将逐步关闭导叶，同时，利用低压气源将尾水管内水位压低，减少有功损耗和水轮机磨损。调相运行机组从并网电网吸收有功功率，向并网电网发出无功功率。

（四）停机电磁阀和液压锁定的作用

装设有停机电磁阀的机组，停机态时在“投入”位置，可保证即使调速器比例伺服阀或步进电机误动，接力器不会动作，一般事故时可进行事故停机。

混流式电厂机组一般安装有锁锭装置。液压锁锭将机组导叶锁定在全关位置，机组运行时开机程序自动开启导叶液压锁锭，在机组开机时，通过开机程序控制液压锁定电磁阀打开液压锁定装置。停机时，停机程序自动投入导叶液压锁锭，保证机组导叶不因为外界因素的干扰而误动。

在开机时要先打开液压锁定，再退出停机电磁阀。

（五）励磁系统介绍

某水电厂励磁系统（自励式），如图 7-1 所示。

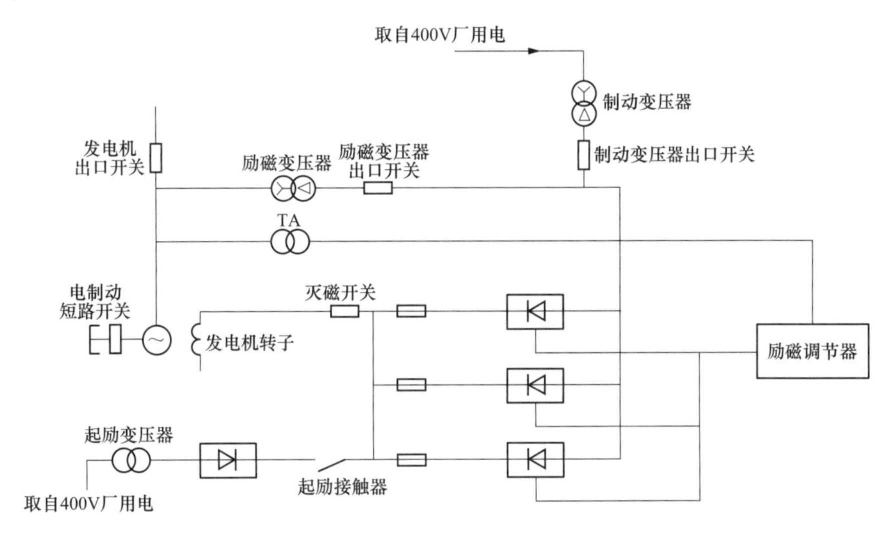


图 7-1　某水电厂励磁系统（自励式）

起励：采用自励式励磁系统的发电机，励磁系统启动时，因定子电压很小，励磁变压器出口开关合闸后，励磁晶闸管整流桥需要外接导通电压才能正常工作。

励磁系统投入流程：当发电机转速达到 90%$N_e$ 时，监控下达投励磁指令，自动合上励磁变压器出口开关，进行建压，建压同时起励接触器自动合上，400V 交流电经起励变压器降压经晶闸管整流后变成直流方式，为机组励磁晶闸管整流桥提供导通电压，定子电压升压至额定值 20%时，起励接触器自动断开。

完成起励后的励磁系统一次回路：发电机定子→励磁变压器→励磁变压器出口开关→晶闸管整流桥→灭磁开关→发电机转子滑环→发电机转子。

通过调节晶闸管整流桥增加励磁电压，在发电机转子上建立旋转磁场，旋转磁场通过电枢反应在定子上感应出交流电，使发电机定子升压至 100%$U_e$。

正常运行时为自励方式：发电机出口开关合闸，励磁变压器的交流电经励磁变压器出口开关，经晶闸管整流，将交流转变为直流，通过灭磁开关送至发电机转子滑环，转子转动产生旋转磁场。正常停机或空转时经晶闸管导通角变化将机组无功减小至零，逆变灭磁后通过励磁变压器出口开关断开励磁回路。

为保证励磁系统功率及可靠性要求，混流水轮发电机组一般采用2～3组整流桥并列运行方式。以某水电厂励磁为例，励磁系统采用三组晶闸管整流桥并联运行，当一组整流桥故障时，励磁系统仍可带满负荷运行并可以强励；两组整流桥故障时，励磁系统可保证发电机带额定负荷和额定功率因素运行，但限制强励；三组整流桥故障时，励磁系统跳闸，退出运行。

### 三、机组停机

水轮机组停机方式一般有正常停机和事故停机，事故停机又分为电气事故停机和水机保护动作停机。水机保护动作停机按故障性质的不同，可分为（水机）事故停机、（水机）紧急事故停机。

#### （一）自动停机（含电气制动）流程

自动停机流程可采用“分步”停机的方式，例如，当监控系统下令停机至空载时，断开发电机出口断路器；当监控系统下令停机至空转时，停机流程退出励磁系统装置；当监控系统下令“停机”时，执行全部停机流程（“发电态”为机组带负荷正常运行；“空载态”为发电机励磁系统运行，带很少有功功率；“空转态”为发电机转速为100%$N_e$，励磁系统退出）。

大型混流式机组，停机前应自动减少有功功率、无功功率（必要时手动减少有功），进相（机组无功功率为负，从系统吸收无功功率）深度过大时，要调整机组无功功率至零，以免机组励磁退出时在机端产生过电压。

混流式水轮发电机组在正常运行时，机组停机以自动停机方式为主，自动装置动作不良可手动帮助，自动停机一般有以下步骤。

第一步：降低发电机组有功功率、无功功率至空载。

第二步：断开发电机出口断路器。

第三步：退出励磁系统装置。

第四步：给调速器下停机令，导叶全关。

第五步：投入停机电磁阀。

第六步：投入液压锁锭。

第七步：发电机转速下降至50%～70%$N_e$时，投入电气制动（大型水轮发电机组一般采用电气制动方式，中小容量混流式水轮发电机组一般不设置电气制动装置，未设置电气制动的机组此步骤跳过）。

第八步：转速下降至15～30%$N_e$额定转速时，投入机械制动（风闸）。

第九步：转速下降至零，退出电气制动和机械制动。

第十步：机械制动风闸复位。

第十一步：停运主轴密封加压泵及辅机的冷却油泵（未设置加压泵的关闭供水阀）。

第十二步：关闭技术供水总阀。

（二）停机流程说明

1. 机组灭磁方式

机组停机灭磁一般采用逆变灭磁和非线性电阻灭磁。正常停机时，采用逆变灭磁；当发生电气事故停机时，灭磁开关将直接跳闸，灭磁方式为灭磁开关辅助接点连接非线性电阻（或线性电阻）灭磁。

逆变灭磁是指利用三相全控桥的逆变工作状态，控制角 $\alpha$ 由小于 90°的整流运行状态，突然后退到 $\alpha>90°$的某一适当角度，此时励磁电流改变极性，以反电势形式加于励磁绕组，使转子电流迅速衰减到零的灭磁过程。

线性电阻灭磁是用线性电阻作为耗能器件，随着转子电流的降低，电阻上的电压也降低，电阻上的耗散功率成倍地降低，相对来讲，灭磁时间较长。非线性电阻的电阻特性不同，电流降低时，电阻上的电压不是成比例地下降（降低很少或基本不降低，取决于非线性系数），在非线性电阻上耗散的功率相对线性电阻就要大一些，灭磁时间较短。

2. 电制动和机械制动

采用电气制动方式的机组，正常停机时采用“电气制动”停机方式，机械制动可不投入。电气制动未投入时，停机程序会自动投入机械制动。未设置电气制动的水轮发电机组，不执行电气制动，而单纯采用机械制动停机。

电气制动投入/退出流程如下。

机组停机，机组转速降至 50%～70%$N_e$ 时，电气制动投入，励磁系统启动，励磁由制动变压器供电（此时励磁为他励方式），励磁变压器低压侧开关和电制动短路开关合闸，机组定子出口三相短路，转子绕组加载励磁电流，电枢反应的交轴分量，产生反转力矩，使机组转速快速下降至零。转速到零后，由停机程序断开励磁变压器低压侧开关和电制动短路开关，退出电制动。

机械制动投入/退出流程如下。

机组停机时，长时间在低转速空转会破坏推力油槽油膜，造成推力轴承烧瓦。机械制动一般采用高压油或压缩空气驱动，机组停机过程中，在机组转速降低到 10%～30%$N_e$ 时投入，使制动风闸与制动环摩擦，迅速降低机组转速，机组转速降为零时，制动风闸复位。

机械制动优点是运行可靠、使用方便、通用性强，用气压（油压）损耗能源较少，制动中对推力瓦油膜有保护作用；缺点是制动器的制动板磨损较快，粉尘会污染发电机，影响冷却效果，导致定子温升增高，降低绝缘水平，加闸过程中，制动环表面温度急剧升高，可能产生热变形或出现风闸分裂现象。

一般采用电气制动的水电厂，正常停机时以电气制动为主，机械制动为辅，当电气事故（如发电机的纵差保护、横差保护、失磁保护、不对称过负荷保护等发电机保护动作）或励磁系统故障、短路开关故障、灭磁开关（FMK）故障时，会闭锁电气制动，停机程序自动在10%～30%$N_e$时投入机械制动。

部分电厂根据情况在停机流程中加入电气制动与机械制动混合制动的方式，即机组转速在50%～60%$N_e$时投入电气制动，在转速下降至10%～30%$N_e$时投入机械制动，共同作用于停机，在机组转速为0%$N_e$时，退出电气制动，复归机械制动风闸。

（三）发电机保护动作停机

发电机是水电厂运行的重要设备，发电机故障分为内部故障和外部故障。在出现故障时，发电机保护要能够迅速切除和隔离故障。发电机保护动作结果是停机、跳FMK，闭锁电气制动。针对不同的故障类型和不正常运行状态，按照发电机容量大小、类型等具体情况，发电机保护一般配置要求如下。

（1）针对发电机的定子绕组及其引出线的相间短路，应装设纵差动保护。

（2）针对直接连于母线的发电机，当定子绕组单相接地的故障电流大于规定的允许值时，应装设有选择性的接地保护装置。对于发电机-变压器组，当发电机容量在100MW以下时，应装设保护区不小于定子绕组串联匝数90%的定子接地保护；当发电机容量在100MW及以上时，应装设保护区为100%的定子接地保护。定子接地保护带时限动作于信号，必要时也可动作于切除发电机。

（3）对于发电机定子绕组的匝间短路，当定子绕组星形接线、每相有并联分支且中性点侧有分支引出端时，应装设横差保护。

（4）对于发电机外部短路引起的过电流，可采用下列保护方式。

1）负序过电流及单元件低电压启动过电流保护。

2）复合电压启动的过电流保护。

3）过电流保护。

4）带电流记忆的低压过电流保护，用于自并励发电机。

（5）对于不对称负荷或外部不对称短路引起的负序过电流，一般在50MW及以上的发电机上装设负序过电流保护。

（6）由对称负荷引起的发电机定子绕组过电流，应装设接于一相电流的过负荷保护。

（7）对于发电机定子绕组过电压，应装设带延时的过电压保护。

（8）对于发电机励磁回路的一点接地故障，应装设专用的励磁回路一点接地保护。

（9）对于发电机励磁消失的故障，在发电机不允许失磁运行时，应在自动灭磁开关断开时连锁断开发电机的断路器；对采用半导体励磁，以及100MW及以上采用电机励磁的发电机，应增设反应发电机失磁时电气参数变化的专用失磁保护。

（10）对于转子回路的过负荷，在100MW及以上，并采用半导体励磁系统的发电机上，应装设转子过负荷保护。

（11）对于因快速阀门（蝶阀、球阀、进水口工作闸门）突然关闭而出现的发电机变电动机运行的异常运行方式，为防止发电机损坏，部分电厂装设逆功率保护。

（12）对于300MW及以上的发电机，应装设过励磁保护。

为保证发电机-变压器组保护可靠动作，发电机保护采用双重化配置，每套保护及跳闸回路有独立的直流供电，跳闸动作指令发至发电机出口断路器2个不同的跳闸线圈，确保故障情况下，发电机出口断路器能够可靠的断开。

（四）水机保护动作停机

混流式水电厂水机保护动作停机一般有事故停机和紧急事故停机。水电厂一般会设置专用的水机保护屏，当机组发生水机事故时，动作机械保护停机，并同步启动监控系统停机流程。

（1）下面以某电厂水机保护配置为例（该电厂无下导轴承），说明水机事故停机保护配置。

1）水导轴承瓦温度过高。

2）推力轴承瓦温度过高。

3）上导轴承瓦温度过高。

4）上导｜水导｜推力轴承油槽油混水。

5）上导事故油位过高｜过低。

6）水导事故油位过高｜过低。

7）推力事故油位过高｜过低。

8）水导油槽油温过高。

9）上导油槽油温过高。

10）推力油槽油温过高。

11）调速器电气柜上按停机阀投入按钮。

12）调速器机械柜上按停机阀投入按钮。

13）密封润滑水中断15s＋导叶不在全关位置。

14）压油槽油压过低（压油槽变送器送出电气信号）。

15）压油槽油位过低（机械回路根据油压直接动作）。

16）水机保护电磁阀电源消失。

17）非并网工况下，调速器电源消失，监控系统开出紧急停机信号。

18）运行过程中比例伺服阀电源消失。

因为导轴承（上导、下导、水导、推力）及导轴承油箱温度测量值，油位计测量值可能存在故障导致水机保护误动作，为提高发电机运行可靠性，案例中的电厂在水机保护1）至10）装设了保护出口压板，正常运行中只投入上导、水导、推力轴承温度过高压板，在动作程序中设置了当每套轴承有3个点温度同时过高才动作停机。

事故停机动作结果：跳开发电机出口断路器，停机电磁阀停机动作，调速器停机控制投入，同时，启动机组正常停机流程。

（2）某电厂水机保护紧急事故停机保护配置（以下条件任一条件触发动作）。

1）最小压力阀动作（调速器控制油路上设置机械保护）。

2）事故配压电磁阀动作。

3）机组转速达 108%$N_e$＋主配拒动＋4s 延时。

4）紧急关闸门联动。

5）机组过速 150%$N_e$。

6）水机保护手动紧急停机按钮。

7）电气事故（由发电机-变压器组保护出口）。

紧急事故停机动作结果：跳发电机断路器，调速器停机控制投入，事故配压阀停机位置，同时，启动机组正常停机流程。

（3）某电厂水机保护紧急落进水口工作闸门保护配置。

1）中控室模拟屏后将机组投退开关置“投入”，按下机组紧急落门按钮，紧急落进水口工作闸门（一般装设在中控室内，便于值班员应急操作）。

2）中控室监控系统上机组紧急落闸门。

3）机组过速 150%$N_e$。

4）LCU 手动紧急落进水口闸门按钮动作（一般装设在机组控制室，便于调试时应急操作）。

5）机组达飞逸转速 150%$N_e$，转速继电器动作。

6）事故停机时，剪断销剪断。

紧急落进水口闸门动作结果：跳发电机断路器，落进水口闸门，事故配压阀停机位置，同时，启动机组正常停机流程。

**四、AGC/AVC 运行**

以下列举涉及的具体操作步骤，因不同的系统或不同的厂家可能略有不同。

（一）自动发电控制功能

自动发电控制（Automatic Generation Control，AGC），是指利用计算机和通信技术实时跟踪上级调度下达的实时有功值或短期发电计划，通过电厂或机组的自动控制调节装置，实现所控电厂机组的负荷自动调节、开停机控制与安全经济运行，以达到电网调度机构的有功控制目标。

AGC 一般应具备以下基本功能：在现地 AGC 控制模式下，由运行人员给定全厂总有功，保证本厂有功成组的各台机组实现自动发电目标；在远方控制模式下，电网调度直接下达全厂总有功，再通过 AGC 实现自动发电目标，同时还可根据电网需要，实现远方遥控各台机组的开、停机功能。

AGC 控制一般应设有以下功能因子。

（1）全厂总有功容量范围。

（2）AGC 调节步长上限。

（3）最大可参与 AGC 试验机组数。

（4）单台机组调节范围。

（5）全厂有功调节允许误差。

（6）有功增加频率上限闭锁。

（7）有功减少频率下限闭锁。

（8）AGC 基本运行周期。

（二）机组振动区设置

混流式机组在特定水头和负荷工况下，机组振动会急剧增加，这个运行工况区域被称为机组振动区。机组长期运行于振动区会导致机组基础部分固定螺栓松动、调速器压力油管脱落、上导轴承滑转子位移超标、导水机构部件磨损、过速保护装置出现误动、水工建筑物开裂、二次回路设备误动等问题，因此，机组不允许长期在振动区运行。

2009 年，俄罗斯萨扬水电厂因发电机组长期运行在振动区，2 号机组事故造成全厂 10 台机组受损，厂房破损，导致 75 人死亡，损失 130 亿美元。为避免类似事故发生，通常会在 AGC 控制程序设置振动区，使机组避开振动区运行，在负荷调整需穿越振动区时，会通过快速加减负荷通过。振动区设置应通过振动试验确定，表 7-1 为某混流式电厂通过振动试验制定的机组运行振动区。运行值班人员应按照表 7-1 根据水头变化，及时在 AGC 控制画面中修正禁止运行区。

**表 7-1　某混流式电厂通过振动试验制定的机组运行振动区**

| 净水头 | 禁止运行区（MW） | 限制运行区（MW） | 稳定运行区（MW） |
|---|---|---|---|
| 54m 水头 | 0～160 | 160～185 | 185～250 |
| 53m 水头 | 5～150 | 0～5，150～183 | 183～250 |
| 52m 水头 | 10～140 | 0～10，140～182 | 182～250 |
| 51m 水头 | 15～130 | 0～15，130～180 | 180～250 |
| 50m 水头 | 14～134 | 0～14，134～176 | 176～250 |
| 49m 水头 | 13～138 | 0～13，138～172 | 172～250 |
| 48m 水头 | 12～142 | 0～12，142～168 | 168～250 |
| 47m 水头 | 11～146 | 0～11，146～164 | 164～250 |
| 46m 水头 | 10～150 | 0～10，150～160<br>220～250 | 160～220 |

（三）AGC 功能保护

AGC 数据或设备发生异常时，保证机组不发生负荷波动、溜负荷、机组误动等事故，为此设置软件保护措施。

（1）以下故障会导致 AGC 自动退出、报警，并保持全厂有功出力不变。

1）远动通信站掉电、复位。

2）操作员站掉电。

3）监控系统的机组量测故障。

（2）以下故障不会导致 AGC 退出，但是会产生报警。

1）监控系统上下游水位值、净水头越过上下限。

2）AGC 有功给定指令越机组调节上下限。

3）AGC 有功给定与全厂有功实发值差值（ACE）大于全厂机组有功总负荷的 10%。

4）监控系统的 LCU 离线。

5）调度 RTU（调度与 AGC 通信系统）掉电/复位，“远方”位置切换为“本地”。

6）调度遥调指令断线，保持当前总出力不变，“远方”位置切换为“本地”。

（四）AGC 运行时调节精度与调节速度问题

AGC 调节过程的考核指标主要为调节精度与调节速度，以“华中区域并网发电厂辅助服务管理实施细则”与“华中区域发电厂并网运行管理实施细则”为例，水电机组 AGC 调节性能应达到如下要求。

调节速度：≥80% $P_n$/min

调节精度：≤±3%

其中，$P_n$ 为全厂最大单机容量，以 240MW 计算，则机组在最优工况下应达到的调节速度为 192MW/min。

影响调节精度与调节速度的主要因素是调速器调节速度，调节器调节参数可通过调速器试验进行参数整定；但另一个外在的影响因素——低水头运行工况也非常关键，水头问题需要进行运行方式调整。

水轮机导叶开度-出力特性曲线，如图 7-2 所示。

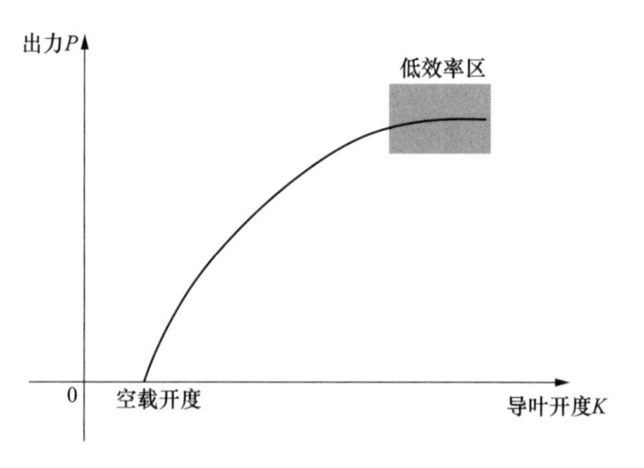


图 7-2　水轮机导叶开度-出力特性曲线

根据图 7-2 可知，当水轮机导叶开度增加到一定值时会进入低效率区，在低效率区内，导叶开度增大时，有功功率值增加缓慢；导叶开度减少时，有功功率减少缓慢。而水头越低时，进入该区间就会越早。分析历史运行情况与考核情况可发现，机组在低水头工况运行时，大负荷区间（开度大于 85%）的调节速度会明显低于高水头工况。

因此，低水头下应根据实际情况，通过设置机组调速器导叶开限方式，避免 AGC 调节速率和精度不达标而产生考核电量。

（五）AGC 运行操作

1. AGC 投入操作

机组 AGC 控制有“成组”控制和“单机”控制两种模式。“成组”模式的机组负荷由 AGC 装置统一进行负荷分配，“单机”模式的机组由电厂值班员手动进行设置，适用于机组开机后躲过振动区的人工调整、微调负荷等方式下的人工操作。机组停机后控制方式会自动变成“单机”模式。如果电厂的机组全停，或者机组全部处于“单机”模式，AGC功能会自动退出。

AGC功能投入，首先要投入AGC的“厂控”模式，该模式下，需要值班员设定“全厂给定”数值，AGC会自动将“全厂给定”分配至各“成组”模式机组，“单机”模式机组不接受AGC控制。

例如，某电厂有3台机组带550MW负荷运行，2台设置“成组”模式各带150MW负荷运行，1台设置为单机，带200MW负荷运行，“全厂给定”应设置为500MW。当调度下令该电厂带700MW运行，则“成组”模式机组负荷为各带250MW，“单机”模式机组仍然保持200MW负荷运行。

AGC功能投“远方”控制前，务必检查“厂控”模式下“全厂给定”数值一致，将“控制权方”投“远方”方式，即可实现AGC接受调度指令，自动按调度给定曲线运行。

“厂控”AGC的操作步骤如下。

(1) 进入AGC控制画面，检查无异常报警，测量数据正常。

(2) 确保至少已有一台机组投入有功成组。

(3) 将AGC功能投入：此时全厂有功给定将不再跟踪全厂实发值。

(4) 将负荷分配方式投入。其中，“全厂给定”方式为由操作员直接输入全厂总有功的方式；“负荷曲线”方式为根据当日计划负荷曲线自动给定全厂总有功的方式，可通过单击“曲线设置”直接进入负荷曲线设置画面。一般选“全厂给定”控制方式。

(5) 将闭环方式投入。闭环方式下AGC命令将下发到机组，开环方式AGC命令不能下发。

(6) 当需要调整“全厂总有功给定”时，将全厂有功目标值填入对话框并确定，AGC即开始在AGC可控机组间进行负荷调整。注意每次新的有功给定与当前实发值之差（全厂ACE）不得超过全厂机组有功总负荷的10%，并且必须在AGC有功可调上下限值之间，否则AGC将返回报警，不进行操作。

(7) 当需要开某台机组时，将该机组保持在有功单机，下开机令，带合理负荷。在该机组开机后有功增加的同时，其他AGC可控机组将进行有功调整，待各机组运行状态稳定后，即可将新启动的机组投入有功成组，此时新并网机组处于AGC负荷分配控制。

(8) 当需要停运某台机组时，将该机组切至有功单机，调减负荷（同时其他AGC可控机组将进行有功调整），下发停机指令，等待机组运行状态稳定。

2. AGC退出运行操作

(1) 在全厂AGC方式栏内单击“功能退出/投入”对应按钮，选择“退出”并确定，将AGC功能退出。AGC功能退出，则闭环、远方方式和AGC功能选择也将自动退出，AGC将不再进行计算，包括全厂ACE、有功可调、平均水头等实时数据的更新也将停止，所有机组保持当前负荷不变。

（2）可将相应的机组退出有功成组，待下次 AGC 投入前再设置为有功成组方式。

（六）自动电压控制功能介绍

自动电压控制（Automatic Voltage Control，AVC）：利用计算机和通信技术，实时跟踪电网调度机构下达的实时无功值或系统电压目标值，保证电力系统电压的稳定，控制电厂无功功率在机组间的合理分配。

AVC 一般应具有以下基本功能。

（1）在厂内 AVC 控制模式下，由运行人员给定全厂总无功，保证本厂无功成组的各台机组实现自动电压控制目标。

（2）在厂内 AVC 控制模式下，由运行人员给定母线电压上、下限，保证参与无功成组的各机组实现自动电压控制目标。

（3）在厂内 AVC 控制模式下，由运行人员给定母线电压上、下限曲线，通过 AVC 转为总无功给定，保证参与无功成组的各机组实现自动电压控制目标。

AVC 主要功能参数及说明如下。

（1）全厂总无功容量范围。

（2）最大可参与 AVC 机组数。

（3）单台机组无功上、下限值。

（4）全厂无功控制误差：3Mvar（防止 AVC 频繁动作）。

（5）母线电压上限：根据调度给定的季电压曲线给定。

（6）母线电压下限：根据调度给定的季电压曲线给定。

（7）电压调差系数：10Mvar/kV（可在 5～15Mvar/kV 之间修改）。

（8）分配方式：平均分配/等功率因数分配。

（9）给定方式：总无功给定/电压曲线给定/电压给定。

（10）AVC 闭锁：无功功率最大进相深度，AVC 闭锁减无功。无功功率最大迟相深度，AVC 闭锁增无功。

（七）AVC 运行操作

1. AVC 投入操作

（1）进入 AVC 画面，检查无异常报警，测量数据正常。

（2）确保至少已有一台机组投入无功成组（不一定在可控状态）。

（3）将 AVC 功能投入。

（4）在全厂 AVC 控制方式投入：其中，“电压给定”方式为由操作员输入母线的电压上下限；电压曲线方式为根据当日计划电压曲线来给定母线的电压上下限；“总无功给定”方式为由操作员直接输入全厂无有功的方式。一般采用“电压给定”控制方式。

（5）将闭环方式投入。闭环方式下 AVC 命令将下发到并网运行的机组。

（6）选择无功在机组间的分配方式，有平均分配方式在不同机组间分配无功。

2. AVC参数设置操作

AVC参数设置由运行维护人员进行操作，需总工程师批准，当班值班员许可后方可进行。母线电压上限、母线电压下限按照调度下发的电压曲线进行设定，AVC参数包括单台机组无功限值、全厂无功控制误差、母线电压上限、母线电压下限，AVC基本运行周期。

3. AVC退出操作

点击“功能退出/投入”对应按钮，选择“退出”并确认，则AVC控制方式就将自动退出。

（八）AGC运行中可能发生的问题

AGC运行时，机组的有功变送器故障情况下，将会引起AGC动作异常。

以华中电网某水电厂AGC运行中出现故障案例，说明AGC故障保护功能及处理方法：

故障前，该电厂3台机总有功577.83MW、无功8.77Mvar，其中1号机组192.78MW、2号机组198.55MW、3号机组186.5MW，AGC运行正常。

故障时，监控上显示“有功设定值越变幅”“有功步长过大报警”，调度给定总有功583.465MW，电厂总有功反馈值为384.54MW（实际值为573.54MW），检查原因为3号机组有功变送器故障，导致AGC上3号机组有功显示为0。此时因有功设定值与实发值差值大于单步越变幅限值100MW，AGC未执行分配，电厂实际总负荷未变化。

发现这种现象时，应核对出线线路总有功和电厂总有功差值，判断AGC采集数据是否正常。经检查发现3号机组导叶开度远大于有功为0时的开度，判断3号机组有功功率测量出现问题。解决方法：退出AGC功能，将全厂机组切单机控制，同时开出备用机组，3号机组停机处理故障。

需要注意的是，在3号机组有功变送器故障时，监控系统（上位机）停机程序不能执行减有功至空载的步骤，此时若采用紧急停机或拉开发电机出口开关的方法，会造成甩负荷的事故，造成电网频率波动、机组转速上升，发电机的端电压徒增。正确的停机方法是先在调速器上人为手动降低3号机组导叶开度至空载位置，再执行停机程序或电手动方式停机。

**五、一次调频功能**

电力系统运行的主要任务之一是控制电网频率，保证发电出力和用电负荷的动态平衡。一次调频是指电网的频率一旦偏离额定值时，电网中机组的控制系统就自动地控制机组有功功率的增减，限制电网频率变化，使电网频率维持稳定的自动控制过程。当电网频率升高时，一次调频功能要求机组利用其功能快速减少负荷，反之，机组快速增加负荷。例如，华中电网规定电网标准频率为50Hz，偏差不应超过±0.2Hz，华中电网按（50±0.1）Hz控制。电源侧（水电、火电、核电、风电等）的供电功率与负荷侧的用电功率之间的平衡被破坏会引起电网频率波动。因为电网负荷的用电功率是经常变化的，因此，电网频率控制的实质是根据电网频率偏离50Hz的方向和数值，实时在线地通过发电机组的调速系统和电网自动发电控制系统（AGC），调节能源侧的供电功率以适应负荷侧用电功率的变化。为达到（50±0.1）Hz控制标准，在电网频率超出（50±0.05）Hz时，电网需要做出调整。

1996年，华中电网总负荷在3000万kW以内，网调会指定某电厂在电网频率超出（50±0.05）Hz时进行有功调节操作，保持电网频率符合要求，这种指定的电厂称为调频电厂，一般由大型混流式机组的水电厂担任。随着电网的发展及用电负荷增加（例如，2018年华中电网最大负荷超过15 000万kW），一个或几个电厂已无法完成调频任务，这时就需要全电网并网机组共同参与频率调节，在电网频率超出（50±0.05）Hz时，通过调节各机组所带的负荷，使之与电网负荷相平衡，这一过程即为一次调频。

二次调频主要针对变化幅度较大、周期较长的负荷波动。电网调度机构根据用电分析，下达发电运行曲线，由各并网电厂根据调度指令调整负荷或接受调度AGC的AGC指令，进行负荷调节，实现机组负荷的自动调整。

一次调频是机组调速系统根据电网频率的变化，自发的调整机组负荷以恢复电网频率，二次调频是人为或人工设置方式调整并网机组的负荷。

## 六、机组黑启动

### （一）黑启动

黑启动是当系统故障导致电厂与系统解列，机组全停，外来电源全部中断，全厂失电后，利用厂内备用电源、柴油发电机或蓄电池组、备用电源等，启动发电机组，以孤网运行方式恢复厂用电及电网的开机方式。混流式水电厂因启动速度快，多数具备黑启动能力。

### （二）混流式机组黑启动因素分析

（1）进水口闸门、调速器系统。混流式机组进水口闸门、调速器采用油压控制，发生全厂停电的情况下，进水口闸门可保持全开，压油槽有“储能”作用，可保证调速器接力器动作要求。如果发现压油槽油压下降较快，可考虑手动补气提高油压。

（2）直流系统。电厂直流系统配有蓄电池组，其容量应保证在黑启动期间开关操作、保护、监控系统、通信直流供电不中断。

（3）技术供水。混流式电厂技术供水一般采用蜗壳取水或坝前取水方式，或者两种混合的方式，满足黑启动时冷却、润滑水要求。低水头电厂或采取尾水取水供水方式的电厂需要考虑恢复加压泵运行电源。

（4）黑启动期间排水系统运行。水电厂设有专用的集水井，可保证黑启动期间排水要求，但如果处理时间较长，需要考虑厂区集水井排水要求。

（5）励磁运行条件。一般混流式机组励磁系统装置运行前，需要起励电源，给晶闸管装置提供导通电压，同时，晶闸管运行时发热较大，因此黑启动时需要考虑两个方面的问题：励磁系统起励问题（允许残压起励的机组除外）和励磁系统冷却问题。部分电厂将起励变压器和励磁风机电源合一，可简化黑启动条件。

综上所述，黑启动电源至少包括起励变压器和励磁风机电源；部分机组需提供调速器油泵电源、技术供水加压泵电源、开机必备的辅机电源，以及自动保护装置和断路器控制系统等电源。

（三）黑启动电源选择方案

(1) 使用保安电源恢复的方式。当全厂停电时，采用保安机组带机组黑启动电源，开机并网，迅速恢复正常厂用电运行方式。

(2) 采用柴油机供电的方式。由柴油机提供机组黑启动所需的厂用电，因为柴油机功率偏小，采用柴油机供电时，需切除不参与机组黑启动的所有厂用负载，机组黑启动成功后，迅速恢复正常厂用电运行方式。

(3) 采用外来电源的方式。当全厂停电时，采用外来电源带机组黑启动电源，开机并网，迅速恢复正常厂用电运行方式。

(4) 蓄电池组起励的方式。部分水电站设计了直流系统的蓄电池组为晶闸管装置提供导通电压，实现励磁投运、机组定子正常建压，达到黑启动的目的。但是蓄电池组容量有限，一旦蓄电池电压过低，可能造成全厂自动化设备、开关、保护等设备操作、控制失灵，造成非常严重的后果。采用蓄电池组做黑启动电源方式，一定要满足紧急情况下的控制操作需要，经过充分的试验。若有其他黑启动方式，尽量避免使用蓄电池组起励方式。

## 第二节　并　网　操　作

### 一、并网的定义及作用

（一）并网的定义

独立发电厂或小电力系统与相邻电力系统发生电气连接，进行功率交换的行为称为并网。

（二）并网的作用

小电网并入大电网，单台发电机在电网中占有的比重会下降，单个大用户在电网占的比重也会下降，客观上提高了电力系统抗干扰的能力，提高了电力系统运行的稳定性。并网运行还可相互支援，统一调度，充分利用资源，实现资源的优化配置，提高供电可靠性，减小备用容量，可使用高效率的大容量机组。

### 二、并网方式及其特点

发电机与系统并网方式有两种：准同期并网方式和自同期并网方式。

（一）准同期并网方式

准同期并网方式即准确同期并网方式，该方式是将发电机升速到 $90\%N_e$ 时先投入励磁，$95\%N_e$ 时投入同期装置，当检测到发电机端电压、频率、相位与并网点的系统侧电压、频率、相位大小接近相同时，同期装置发出合闸命令将发电机出口断路器合闸，完成机组并网。

准同期并网方式的特点是操作复杂、并网过程较长，但对系统和发电机冲击较小，因此，发电机正常并网时一般采用准同期并网方式。

（二）自同期并网方式

自同期并网方式即自动同期并网方式，该方式是在相序正确的条件下，先启动发电机组升速，当机组转速接近同步转速时合上发电机出口断路器，将发电机投入系统，然后再投入励磁，在原动机转矩、异步转矩及同步转矩等作用下，将发电机拖入同步运行。

自同期并网方式的最大特点是并网过程短、时间少、操作简单。在系统电压和频率降低的情况下，仍有可能将发电机并入系统，容易实现自动化。但由于发电机并网时未加励磁，相当于把一个有铁芯的电感线圈接入系统，会从系统中吸收很大的无功电流导致系统电压降低，并且合闸时会产生很大的冲击电流，对电网和发电机均有影响。因此，自同期并网方式仅在小容量发电机上采用，大中型发电机均采用准同期并网方式。

## 三、准同期并网方式与条件

（一）准同期并网方式

准同期并网包括以下三种方式。

（1）手动准同期方式。手动准同期方式是指发电机的频率调整、电压调整、合闸操作时机等都由运行人员手动进行，只是在控制回路中装设了非同期合闸的闭锁装置（同期继电器），用以防止由于运行人员误发合闸脉冲造成非同期合闸。

（2）半自动准同期方式。半自动准同期方式是指发电机电压和频率的调整由手动进行，同期装置能自动地检查同期条件，并选择合适的时机发出合闸脉冲。

（3）自动准同期方式。自动准同期方式是指同期装置能自动地调整频率，至于电压调整，有些装置能自动地进行，也有一些装置没有电压自动调节功能，需要靠发电机的自动调节励磁装置或由运行人员手动进行调整。当同期条件满足后，同期装置能选择合适的时机发出合闸脉冲。

（二）准同期并网的条件

发电机与系统之间无特殊规定时，应采用准同期并网且必须满足以下条件。

（1）发电机出口相序与系统的相序相同。

（2）待并发电机组与系统频率基本相等，频差不大于0.5Hz。

（3）待并发电机组与系统两侧电压基本相等，220kV及以下系统电压差不大于额定值的20％。

（4）并列开关两侧电压的相位角相同。

## 四、手动准同期

（一）手动准同期并网操作方法

机组准同期并网一般采用自动准同期方式并网。若自动准同期装置故障或自动准同期并网不成功时，可进行手动准同期并网操作，但过程复杂，应由熟悉设备、经验丰富的值班员进行操作，值长监护。手动准同期并网操作方法如下。

(1) 将发电机转速升到额定值，然后合上灭磁开关，给发电机增加励磁，定子电压从零升到额定值。

(2) 通过调整发电机转速和励磁电流，使其频率、电压与系统频率、电压相等。

(3) 同期表指针缓慢旋转，其指针与“同期点”只差一个小角度（该角度是根据开关从操作机构动作到开关触火完全接触的时间得出的）时合上发电机主开关。

(4) 断开发电机同期开关，适当接带部分负荷。

(二) 手动准同期并网注意事项

为防止非同期并网，应注意以下几点。

(1) 发电机转速达额定值时，才能加励磁升压。

(2) 手动准同期闭锁回路可靠投入。

(3) 全厂同期钥匙在同一时间上只允许一片钥匙投入且只选择一个同期点。

(4) 同步表指针必须均匀缓慢转动一周以上，证明同步表无故障后方可进行并网操作。

(5) 同步表指针经过同期点不平稳或有跳动现象时，不得合闸。

(6) 同步表指针在同期点上指示不动时，不得合闸。

(7) 同步表指针旋转过快时，不得合闸。

(8) 因人员反应及断路器动作固有时间影响，一般应提前一定角度（15°）进行合闸操作。

(9) 手动准同期操作时必须严格按相关操作规程进行。

**五、非同期**

(一) 非同期的定义

发电机的电压、相位及频率与系统不符合实际并网条件的并网，称为非同期并网。

(二) 非同期的现象

发电机非同期并网时，会产生强大的电流冲击，定子电流表剧烈摆动，定子电压表也随之摆动，发电机剧烈振动，并发出轰鸣声，其节奏与表计摆动相同。

(三) 非同期的危害

同步发电机在不符合准同期并列条件时与系统并列，为非同期并列，非同期并列是发电厂的一种严重误操作事故，它对有关设备（如发电机及其与之相串联的变压器、开关等）破坏力极大，严重时，会将发电机绕组烧毁，端部严重变形，即使当时没有立即将设备损坏，也可能造成严重的隐患。就整个电力系统来讲，如果一台大型机组发生非同期并列，有可能使这台发电机与系统间产生功率振荡，扰乱整个系统的正常运行，甚至造成崩溃。

1. 电压不相等，其他条件满足

电压不相等时并网，发电机与系统之间产生的电压差将在发电机与系统之间产生回流，会引起发电机绕组发热，定子绕组端部在电动力作用下受损。

2. 频率不相等，其他条件满足

频率不相等时并网，发电机转速与系统频率之间具有相对运动，如果这个差值相对较小，则发电机与系统之间的自同步作用会将发电机拉入同步；如果频率相差较大，发电机会出现向系统发出有功功率或吸收有功功率现象，发电机产生振动，严重时导致失步。

3. 相位不同，其他条件满足

相位不相同并网时，发电机端电压与系统电压之间的相位不同时会出现电压差 $\Delta U$，当两者之间相位差为 180°时，$\Delta U$ 最大，最大值是额定电压的两倍。在此情况下进行合闸并列，冲击电流可能达到带并电源额定电流的 20～30 倍。冲击电流会产生巨大电动力，并引起发电机绕组发热，造成发电机损坏。

（四）引起非同期并网的原因

（1）待并发电机与电网系统电压不等。

（2）待并发电机与电网系统电压相位不一致。

（3）待并发电机与电网系统频率不等。

（4）自动准同期并网时，同期装置故障。

（5）自动准同期并网时，操作人员没有按操作票操作。

（6）手动准同期并网时，操作人员没有按操作票操作。

（7）手动准同期并网时，同步表故障。

（8）新安装或大修后的机组投入运行前没有进行发电机相序检查核相，有关的电压互感器二次回路检修后没有进行核相。

（9）相关的表计指示不正确。

（五）防止非同期并网的措施

1. 发电机非同期并网的处理

发电机发生非同期并网时，应立即减少有功功率、增加无功功率，根据事故现象及时进行针对性的判断处理。当发电机无强烈振动和轰鸣声，表计摆动能很快趋于缓和时，则不必解列停机，机组会被系统拉入同步；当发电机发生强烈振动，表计摆动不衰减时，应立即解列停机，经检查确认机组无损坏后，方可重新开机并网。

2. 设备变更时坚持定相

发电机、变压器、电压互感器、线路新投入（大修后投入），或者一次回路有改变、接线有更动，并网前均应定相。

3. 防止并网时人为发生误操作

值班人员应熟知同期回路及同期点。在同一时间里不允许投入两个两期电源开关，以免在同期回路发生非同期并网。手动准同期并列时，要经过同期继电器闭锁，再允许相位差合闸。严禁将同期短接开关合入，失去闭锁，在任意相位差合闸。两路分别接自不同频率的电源系统，不准直接并网。此时，倒换要采取“瞬间停电”的办法，即手动拉开电源断路器使母线瞬间失电，然后合上另一路电源给母线供电。电网电源联络线跳闸，未经检查同期或调度下令许可，严禁强送或合环。

4. 保证同期回路接线正常、同期装置动作良好

同期（电压）回路接线如有变更，应通过核对相序试验检查无误、正确可靠，同期装置方可使用。同期装置的闭锁角不可整定过大，自动（半自动）准同期装置应通过假同期试验、录波检查特性（导前时间、频差、压差正常），方可正式投入使用。采用自动准同期装置并网的同时也可将手动同期装置投入。通过同期表的运转来监视自动准同期装置的工作情况，特别注意观察是否在同期表的同期点并网合闸。断路器的同期回路或合闸回路有工作时，对应一次回路的隔离开关应断开并锁定，以防断路器误合入、误并网。

5. 同期系统的运行

同期系统的操作应编入运行规程，明确操作任务、操作要求、操作程序和注意事项，规程每年进行一次复核，并随设备改造及时修订。手动准同期的运行操作必须由经过手动准同期操作培训合格的人员担任，严禁未经培训合格的人员以手动准同期方式进行实际操作。同期并网正常宜采用自动准同期并网方式，同期点的并网操作应由有经验的主值班员及以上岗位担任监护人，经培训合格的运行人员担任操作员。在监控系统工作站（上位机）或现地单元上进行断路器合闸操作时，应区分检同期、检无压合闸两种状态，禁止检同期和检无压模式的自动切换。同期装置参数写保护锁只能由继电保护专业人员解开，其他人员不得解锁，参数整定密码应保密，不得公开。

6. 准同期并网时应遵循的原则

同期检查闭锁继电器必须处于投入状态，同步表最长运行时间不得超过 15min 或按产品说明书规定。完成同期并网操作后，应立即将准同期装置复位。进行同期并网操作时，禁止检修人员在同期回路进行工作。

发生下列情况之一，禁止进行并网操作。

（1）同步表旋转过快、跳跃或（需要进行待并侧调整的并网操作）同步表停在零位不动。

（2）待并发电机的原动机转速不稳定。

（3）同期点断路器异常。

（4）同步表与自动准同期装置动作不一致。

（5）同期回路有工作，未通过定相法或假同期法确认同期回路接线的正确性前。

（6）同期装置的电源所在的直流系统发生接地故障时，禁止使用该装置进行并网操作，防止直流两点接地造成非同期并网事故。

7. 同期系统的检验

同期系统应编制检验规程，明确检验周期、项目和内容，规程应每年进行一次复核，设备改造后应及时修订。同期系统的检验周期应按 DL/T 995《继电保护和安全自动装置检验规程》中相关的标准执行。按单元机组配备的同期装置应结合机组大小修进行，列入机组大小修标准项目进行管理，且发电机同期系统应结合机组大修进行全面检验，每年结合机组小修至少进行一次自准假并网试验和手准假并网试验。公用的同期装置应视设备运行情况尽量安排足够的时间进行定期检验。定期检验应包含微机自动准同期装置、同期检查闭锁继电器、中间继电器、电压表、频率表、同步表（或组合式同步表）等。用定相法，每年至少进行一次各同期点同期回路接线的正确性检查。

（六）二次接线错误引起的非同期并网案例

某电厂在改造完成后，发现 6 号机组在每次同期并网时都会引起 330kV 母线电压及频率的波动，尤其是在 2016 年的 2 次并网过程中均产生了较大的冲击电流。6 号机组停机期间，组织专业人员对引发同期并网时出现较大冲击电流的各种因素和环节进行逐项分析和排查。

处理经过：检查故障录波动作情况发现，发电机-变压器组、线路故障录波装置均有录波记录，录波报文为电流突变量启动录波，三相电流幅值大幅增加，330kV 母线电压幅值降低，且有畸变。检查分布式控制系统（Distributed Control System，DCS）运行监控记录，发现发电机励磁电流、无功功率、有功功率在机组并网瞬间均有较大增幅。

检查同期装置定值及性能。检查同期装置定值如下：允许频差为±0.2Hz，允许压差上限为 0、下限为－11V，导前角 20°，导前时间 160ms，均符合要求；核查新更换的同期装置送检试验报告，压差闭锁、频差闭锁、角差闭锁动作值符合整定值要求；调频、调压性能完好，同步指示、同期合闸脉冲正确动作，未发现异常。

在 6 号机组停机前对同期装置上电检查，发现装置测量机端电压与系统的幅值、频率均相同，但相位相差 66°。正常情况下，机组并网后机端电压与系统电压相位应保持一致或有很小的测量误差，而此时有 66°的相位差，说明电压二次回路存在接线错误，使测量值与实际值不符，导致机组在并网时与系统实际有 60°的相位差，造成非同期并网。停机后对二次回路检查发现，设计图纸要求将 330kV 母线 PT 开口三角形 a 相电压引入同期装置，而现场实际是将 330kV 母线 PT 开口三角形 a、b 相电压矢量和接入了同期装置。机端电压与 330kV 母线 PT 开口三角形 a、b 相电压矢量和有 60°的相位差，机端电压超前高压侧电压 60°。也就是说，当同期装置认为机端电压与系统电压达到同步时，实际上主变压器高压侧一次电压与 330kV 母线一次电压之间是有 60°相位差的。当装置发出合闸命令后，发电机与系统非同期并网，因此会产生较大的冲击电流。

解决方案：此接线错误为扩建改造时施工单位未按图施工造成的，由于 330kV 母线仍在运行中，PT 二次回路带电改线安全风险较大，因此，需设法在发电机侧对二次回路进行修改以满足同期需要。同期点两侧电压有以下 2 种选取方式。

（1）当机端电压取$U_{AC}$时，330kV 电压取母线 PT 开口三角形 a 相电压。

（2）当机端电压取$U_{BC}$时，330kV 电压取母线 PT 开口三角形 a、b 相电压矢量和。

现场选用第 2 种方式对二次回路进行改造，在同期柜内将机端电压$U_{AC}$改为$U_{BC}$接线方式。回路改造后，60°的测量误差消除，重新开机后机组并网一次成功，并网时电流正常，系统无波动。运行中检查机端电压与系统电压幅值、频率均正常一致，相位相差为6°（属正常 PT 制造误差及同期装置采样误差）。

（七）断路器故障引起的非同期并网案例

发电机出口断路器是送出电能的重要设备之一，断路器一旦出问题，特别是非同期并网，产生的后果是非常严重的，可能损坏发电机线棒端部，由于生产和更换线棒的时间较长，需要较长时间才能恢复发电，将发生很大的经济损失。

以某水电厂为例，某水电厂 3 号机组在 2012 年 7 月开机并网发电过程中，同期装置发出并网信号，发电机出口断路器 3QF 第一次没有合闸完成，跳闸之后发生了无同期信号的非同期合闸并网现象。对该台断路器进行低电压试验、分合闸时间检查试验等均在合格范围内，没有检查出异常。2014 年 5 月开机并网过程中再次发生的非同期并网故障与 2012 年 7 月几乎完全相同。通过认真分析和研究这两次非同期并网故障，查找故障原因，并采取相应的措施。

2014 年 5 月某天，该电厂 3 号机组开机，9:57，3QF 合闸并网时，出现非同期合闸现象，立即组织人员到现场进行处理。实际现象是 3 号机组第一次并网的时间是 9:56:21，同期装置发出了合闸并网信号，断路器动作但未合闸到位并跳闸，时间隔约 8s 即 9:56:29，断路器再次合闸并到位，产生了非同期并网，上位机报非同期合闸信号并伴随发电机很大的冲击声音，发电机层的部分花铁板被震动移位。对发电机定子、转子，特别是对定子上、下端部线圈进行了重点检查，检查后没有发现异常。对定子做了直流耐压、绝缘电阻、吸收比、直流电阻试验，对转子做了直流电阻试验。试验数据与 2012 年的数据进行比较没有大的变化，满足规程要求。检查 3 号机组出口断路器 3QF，发现辅助转换开关松动，3QF 在运行、清扫、预试过程中，经过多次的分合闸动作，产生震动，引起机构箱内辅助转换开关的两颗没有加防松措施的固定螺栓松动移位，在分合闸时，引起辅助转换开关内的电接点移位，在本次合闸回路提前断开，使合闸脉冲持续时间太短，达不到设定值 5s，造成断路器合不上闸，出现和 2012 年 7 月发生的并网合闸现象完全一样的合闸现象。当在 3QF 储能完毕即储能时间约 8s 时，现场试验测定与主控室状态一览表一致，又具备了一次合闸的条件，而由于合闸电信号一直保持，致使合闸线圈励磁，铁芯也一直把合闸启动板顶住，断路器关闭则合上了，而此时早已过了同期点而引发非同期合闸事故。

该电厂还详细检查了二次控制操作回路，试验发现了防跳闭锁不在本体而在保护盘上，合闸线圈在没有储能的条件下仍然处于带电状态，在设定的 300ms 时间后，没有使合闸线圈控制回路失电的措施，保持时间过长，只要断路器储能就产生合闸，经过相关部门讨论同意取消了保护盘上的防跳闭锁继电器，修改了合闸控制操作回路，使发电机不再产生非同期并网事件。

## 第三节 运 行 维 护

发电机组正常运行过程中，应时刻监视设备运行参数，密切关注设备运行情况，加强各部位的巡视检查工作，定期进行试验和维护，并通过对设备健康状况进行诊断分析及分级管理，使机组能高效经济运行。

### 一、运行监视

一般情况下，监控系统实时采集的数据有发电机有功功率、无功功率、定子电压、定子电流、转速、转子电流、转子电压、工作水头、导叶开度等；发电机定子铁芯温度、三相绕组温度、转子温度等；发电机的推力轴承瓦温、推力轴承油温、导轴承瓦温、导轴承油温、水导轴承瓦温、水导轴承油温、发电机热风温度、冷风温度等；机组各部位振动振摆数据等。

#### （一）日常运行时应关注的内容

(1) 监视各表计和测量数据变化趋势，定期对以上数据进行分析是否超出规程范围、是否有明显变化，否则应查明原因。

(2) 及时调整机组有功功率和机端电压，力求经济运行，应尽量避免机组在振动区和空蚀区内长时间运行。

(3) 监视发电机运行状况，包括油、气、水各系统运行情况，监视各部位温度、油位、油压、水压和冷却器，以及辅助设备（如油泵等）是否正常。

(4) 根据水头的变化及时调整导叶开度，尽量保持机组在高效率区运行。根据上游水库来水量及系统调度要求，合理决定开机台数，尽量减少不必要的开、停机。

#### （二）发电机正常运行情况下应满足的要求

(1) 为保证机组运行水头，机组应在水库允许的正常水位范围内运行。同时，发电机原则上不允许超额定出力运行，无调相功能的发电机不允许调相运行，无进相功能的发电机不允许进相运行。

(2) 发电机在额定电压、额定功率因数和额定频率下连续运行时，定子线圈及铁芯温度最高不得超过设计定值，发电机运行电压的变动范围在额定电压±5%以内且功率因数为额定值，其额定容量不变。发电机运行的最高允许电压为额定电压的105%，最低不得低于额定电压的95%；此时，定子电流不得超过额定值的105%且转子电流不得超过额定值。当发电机的运行电压高于定值时，此时定子电流允许值相应减少，但不得超过额定值。

(3) 频率的变动范围不超过±0.5Hz时，发电机可按额定容量运行，当发电机频率高于或低于额定值时，应防止发电机励磁电压及电流异常过高或过低，注意定子电流及有功、无功负荷的变化，防止发电机过负荷。

（4）事故情况允许发电机定子线圈短时过负荷运行，同时，允许转子线圈有相应的过负荷。发电机过负荷时应密切监视各部温度，各部温度不得超过允许值，并做好记录，包括过负荷电流的大小和时间，及时调整有功、无功负荷，尽快恢复正常。

（5）经试验具备短时超额定出力能力的发电机组，在一定条件下可短时超额定出力运行，但应密切监视机组各部温度（空气冷却器、定子线圈、定子铁芯、机组各部轴承油温、瓦温、调速器油温、励磁风机风温），使各部温度不得超过允许值，注意监视励磁变压器温度、主变压器线圈温度及油温，如有异常，立即降低机组负荷，同时注意监视机组导叶开度，不超过规定的限值，注意监视机组无功、机端电压及定子、转子电流不超过允许值，应用红外点温计注意监视转子滑环的温度，注意与绝缘接触部分温度不超过限值。

（三）水轮机正常运行情况下应满足的要求

（1）机组进水口拦污栅及拦污排是机组正常运行时，防止上游漂浮物进入引水道的重要保护设施，应定期进行检查和清理，汛期水位变化大和水库水位低时应加强巡视拦污排。机组拦污栅压差超过额定值时，根据水情、发电等实际情况安排起重专业人员使用清污机开展拦污栅清污工作。必要时可停机进行清污，以保证拦污栅压差不超过额定值。

（2）水轮发电机组进水口工作闸门是机组重要保护设备，无论机组处于运行或备用状态，均应处于完好状态，交/直流电源正常投运，油泵及液压系统工作正常，因工作要求需短时拉开进水口工作闸门直流电源开关时，应派专人值班。

（3）进水口工作闸门（蝶阀）液压系统应有系统的控制方式，以满足各种情况下的需求。机组检修闸门提至全开后，应做下滑闸门自动提门试验和模拟水机紧急事故落门试验。

（4）机组因调峰、振动区运行及系统故障使机组产生冲击时，可能会导致水轮机产生异常振动，此时应注意监视机组各运行参数的变化，视情况及时进行调整工况。

（5）调速器必须维持机组出力和转速在规定范围，并满足电网一次调频要求。能够实现调度下达的功率指令，调节水轮机组有功功率，满足电网二次调频要求，还应完成机组开机、停机、紧急停机等控制任务。

（6）机组的一次调频参数设置应合理，保证调速器的各项指标满足要求。一次调频投入后，要加强对机组参与一次调频后运行情况的监视和分析，发现异常时要立即进行汇报和处理。

## 二、设备巡视

设备巡视是通过高质量的现场巡检工作来提高设备维护水平，其目的是掌握设备运行状况及周围环境的变化，及时发现设施缺陷和危及安全的隐患，采取有效措施，保证设备的安全和系统稳定。

（一）一般设备巡视要求

（1）高压设备单独巡视人员需经电力安全规程考试合格，并经厂部下文批准。

（2）巡检人员巡视设备时应按规定配置、携带巡视工器具。

（3）进行设备巡视检查时，还应对设备区域的消防设施、火灾报警设施、劳动防护与应急救援设施、生产通信设施、设备标志标号和安全警示标识、设备围栏、门窗、锁具、墙、屋顶渗漏，以及设备区域周围环境与卫生状况等情况进行检查。

（4）巡视人员提前做好巡视过程的危害辨识和风险评估，巡视过程中不得做与生产无关的事，应做到设备巡视“五到”“三比较”。

1）五到。设备巡视时应做到眼到（应看到的地方看到）、耳到（应听到的地方听到）、手到（应摸到的地方摸到）、鼻到（应闻到的地方闻到）、想到（应想到的要点不漏掉）。

2）三比较。设备巡视时与规程比较、与同类设备比较、与前次检查比较。

（二）巡视时应注意的要求

（1）保持与带电、转动、运行和试验设备之间的安全距离，不得移开或越过常设安全遮栏，不得移动、拆除已设各类标示牌和临时安全遮拦。

（2）注意各类孔洞盖板、吊物孔、爬（楼）梯、集水井、廊道和孔洞，防止坠落、滑跌与碰撞等人身意外伤害，防止误碰设备。

（3）严禁乱动设备，严禁触摸设备带电部分、转动部分和其他影响人身或设备运行安全的危险部分。

（4）开关保护盘柜柜门应注意轻开、轻关，防止保护装置与自动控制装置误动。

（5）变压器室、发电机风洞、水轮机室、配电室、保护室等重要位置巡视检查完毕后，应随手将设备柜门关好（或将门锁好）。

（6）遇到威胁人身、设备安全的紧急情况，设备巡检人员应立即采取措施进行处理，防止情况恶化，事后立即汇报电厂生产部门或电厂应急指挥中心。

（7）应保证GIS室通风良好，进入$SF_6$气体区域时应先通风15min，不得在$SF_6$设备附近长时间停留。若$SF_6$气体泄漏警报仪有报警时，不得进入$SF_6$设备区域进行巡视，应通知专业人员进行检测。

（8）雷雨天气禁止巡视室外高压设备、设施。

（三）设备巡视工作分类

（1）日常巡视。各部门巡视人员按照规定的时间、路线、地点、项目进行巡检，并检查巡检完成情况符合要求。

（2）专业巡检。为预防机组非计划停运，设备维护部门按专业分工进行的针对性专项巡视。

（3）专项巡视。设备维护部门电气工程师每月中旬对变压器、发电机出口离相母线等大电流部件、充电装置、逆变装置等发热量大的自动化元器件用红外测温仪测量温度，并做好数据记录；设备维护部门机械工程师对技术供排水系统，发电机、变压器、调速器回油箱、励磁风机冷却系统进行重点检查。

（4）加密巡视。遇到以下情况时，额外增加设备巡回检查次数。

1）系统运行方式改变。

2）主设备满负荷运行持续15天（视各厂实际情况而定，15天仅为参考值）。

3）存在缺陷或异常的运行设备。

4）特殊方式下运行。

5）主汛期，大风、暴雨、冰冻、高温等恶劣气候环境。

6）新投运设备、检修消缺后的设备、改造后的设备、事故后投运的设备。

7）有重大活动期间，保电等其他特殊需要的。

### （四）混流式机组日常巡视内容及标准

#### 1. 发电机巡视内容及标准

（1）发电机运行声响平稳，振动、摆度、噪声不超过标准，风洞内无异味。

（2）大轴与发电机转子联轴螺杆、螺母及锁锭片完好，螺栓无松动，各构件无裂纹，转子轮毂无裂纹，发电机转子与线圈连接螺杆、螺母及止动块完好，螺栓无松动、各构件无裂纹。

（3）定子线棒端部无火花、放电、滴胶现象。

（4）空气冷却器工作正常，各进、排水阀位置正确，水压正常。

（5）推力油槽油位、油色正常，无渗漏油现象。

（6）发电机中性点刀闸位置正确，消弧线圈工作正常，出口TV柜内无异声、异味、放电现象。

（7）机组现地控制柜（LCU）电源正常，控制方式开关位置正确，无告警信号。

（8）发电机-变压器组保护屏电源正常，压板投退正确，电气量显示正确，无告警。

（9）励磁系统电源正常，控制方式开关位置正确，冷却风机运行正常，无焦味、过热、异常振动和响声；励磁各屏柜上表计、信号指示正确，与当时运行情况相符，无异常和故障报警信号，电气量显示正确，无告警信号，励磁变压器、电气制动变压器运行正常，保护正确加用，整流桥运行和均流情况良好，励磁主回路各接头、触头无过热现象，各开关位置正确。

（10）发电机碳刷无发红、火星、松动、脱落、磨损过度，引线无断股，大轴补气阀工作正常，无异声、异常振动。

（11）机组测温屏各表计显示正确，瓦温正常，温差偏差不超过规定值。

（12）发电机辅机控制柜上辅机控制方式开关位置正确，辅机运行正常，无告警。

（13）机旁动力屏各电源开关位置正常，三相电压指示正常。

（14）机械制动柜气源气压正常，各阀门位置正确，制动闸、气管无渗漏、异响、油污。

2. 调速器巡视内容及标准

（1）电源供电正常，控制方式与当前运行工况一致。

（2）压油泵各部件、螺栓无松动、裂纹，运行声音平稳，无异响、焦味，转向正确，运行电流为额定电流，打油时间在正常范围内。

（3）压油槽油压、油位、油色正常，各压力表接头、管道、法兰无渗漏油，主配压阀组无抽动。

（4）回油箱各部管路无渗漏油，回油箱油位、油温、油色正常。

（5）调速器管道、金属结构螺栓无松动、构件无裂纹、渗油现象。

3. 水车室巡视项目

（1）机组停机备用时，接力器液压锁锭在“投入”位置，机组运行过程中，液压锁锭在“退出”位置，接力器无异常抽动现象。

（2）水密封无甩水，顶盖积水不深，顶盖排水泵备用正常，顶盖泄压排水管无焊缝破裂漏水现象。

（3）气密封在退出状态，各阀门位置正确，空气围带气压为零。

（4）剪断销无剪断，连杆、连接销无上串现象，无阻碍导叶开关的异物。

（5）水导油槽油位、油色正常，无漏油、甩油现象，呼吸器、加油孔无渗油。

（6）齿盘测速装置外观无异常，过速摆在复归状态。

（7）水轮机运行声响平稳，振动、摆度、噪声不超过标准，导叶开度与实际运行工况相符，且与监控系统上一致。

（8）主轴密封水流量、压力符合技术供水系统运行规范，运行无刮碰声音，平稳无异常，各构件、紧固件无松动、裂纹、渗水。

（9）无阻碍调速器导叶开度反馈装置动作的异物。

（10）转轮室金属结构螺栓无松动现象，构件无裂纹、渗水。

（11）接力器及各连接管道无渗漏，漏油箱油位正常，漏油泵控制开关切自动。

（12）机组运行中应特别关注水车室顶盖表面、控制环表面、水车室脚踏板、水轮机轴与发电机轴连接法兰是否出现漏水。

4. 技术供水系统巡视项目

（1）机组各部轴承、空气冷却器、主轴密封、主变压器净水池等各部供、排水正常，供、排水阀门全开，调节阀开度适当，技术供水压力、流量符合技术供水系统运行规范，示流装置运行正常。

（2）技术供水室控制箱及滤水器闸阀控制箱内各交/直流电源开关均在合闸位置，柜内继电器外观完好无异味，接线无松脱，控制箱门上各指示灯指示正确，各控制方式开关位置正确。

（3）技术供水各管路、阀门及接头无漏水，管道、金属结构螺栓无松动、构件无裂纹、渗水现象。

5. 其他巡视项目

（1）压力钢管充水后，尾水管、蜗壳、伸缩节无剧烈震动，管道、金属结构螺栓无松动、构件无裂纹、渗水现象，伸缩节无松动、裂纹、断裂。

（2）尾水管、肘管测压、测振装置无异常。

（3）水力测量间各阀门位置正确，管道接头无渗漏水，各水压表指示正常，拦污栅前后压差不超过额定值。

（五）专业巡检内容及标准

混流式机组专业巡检按设备分类有水轮发电机组、调速器系统、励磁系统、监控系统、发电机-变压器组保护等，由于设备配置型号的不同，专业巡检的侧重点也有所不同，以某水电厂水轮发电机组设备专业巡视为例，内容如下。

（1）外观检查。机组外观无异常，运行声音无异常，各类设备干净整洁，设备标识标签正确清晰。

（2）水轮机各部位振动摆度。水导轴承、顶盖、尾水管振动摆度在规定范围内，水导油色、油温、油位正常，主轴密封系统正常。

（3）发电机。上导轴承摆度、上下机架振动在规定范围内，推力轴承、上导轴承油色、油温、油位无异常，空气冷却器风温、水温正常。

（4）技术供排水。机组冷却供水流量、压力正常，主轴密封加压泵振动在规定范围内。

（5）“六件”（紧固件、连接件、结构件、密封件、过流部件和转动部件）的检查。紧固件、结构件、连接件无松动、丢失、破损。

（6）“反措”检查。水轮机伸缩节所用螺栓符合设计要求，检查伸缩节漏水情况。

**三、设备维护**

设备维护是指为防止设备性能劣化或降低设备失效的概率，按事先规定的计划或相应技术条件的规定，进行的保养（清扫、润滑、调整等）、试验和消缺工作。设备维护分为日常维护和定期维护。日常维护是指设备在运行或备用期间，为防止设备性能劣化，定期进行的保养（清扫、润滑、调整等）和消缺工作。定期维护是指每年在设备停机、停电期间，集中进行保养（清扫、润滑、调整等）、试验和消缺工作。

（一）日常维护内容

1. 发电机日常维护项目

（1）定子温度巡视检查，与其他机组、规程、历史数据进行对比分析，一旦发现在同样运行情况下定子温度偏高，立即进行检查，找出原因并处理。

（2）定期清扫发电定子线棒，以保证表面的清洁。定期检查定子线棒端部，绑带有无松动，齿压板有无位移，并做好记录。检查定子绕组绝缘老化情况，检查绝缘是否有损伤，是否有电晕腐蚀现象。

（3）定期清扫转子磁极和绕组。定期检查转子线圈接头、阻尼绕组接头、励磁绕组接头及引线绝缘等。检查转子对地绝缘，测量值不低于 0.5MΩ。定期测量转子与定子铁芯之间空气间隙值，检查是否符合设计要求。

(4) 定期检查滑环的颜色和磨损情况，滑环表面要求无凹陷划痕且光滑平整。每季度倒换滑环极性一次，延长滑环使用寿命。检查碳刷弹簧的压力，刷握与集电环表面的距离一般为 3～4mm。碳刷在刷盒内应能自由移动，更换碳刷时应用细砂布反复摩擦碳刷表面，使碳刷磨成圆弧形，使碳刷底面与集电环表面良好接触。定期清扫滑环，保持滑环碳刷的清洁。定期清理碳粉吸尘装置，确保设备高效运行。

(5) 检修时检查推力轴瓦面、镜板有无磨损、划痕等现象。检查组合轴承上下端盖、导轴承外壳是否有漏油现象。检查组合轴承的轴向总间隙应符合要求。测量导轴承瓦与轴之间的间隙，应符合设计要求。定期记录不同工况下导轴承与组合轴承温度，与同运行工况机组进行对比。

(6) 检查冷却水泵运行工况，密封是否漏水，轴承运行是否有异常响声。检查记录冷却水流量、温度；每季度对冷却水进行杂质检查及化验分析。检查冷却水系统阀门、管道、法兰的渗漏情况，发现缺陷及时处理。检查冷却水系统表计压力，检查压差与前次是否有变化。

(7) 检查发电机风机运行情况，振动及噪声是否超过允许值。

(8) 检查制动系统管道、阀门、法兰是否有漏气缺陷，发现缺陷及时处理。检查、测量制动闸制动片厚度，小于设计值厚度的 2/3 时进行更换。检查制动环有无裂纹及固定螺栓有无松动。

(9) 每季度对润滑油进行取样试验，各项指标均应在合格范围内，发现问题及时处理。定期清扫轴承油箱，发现有异物应及时分析原因。

(10) 制定发电机“六件”检查内容，对发电机定子、转子和主轴等重要部件开展定期检查试验。

2. 水轮机日常维护项目

(1) 定期对机组不同工况下主轴密封漏水量进行测量，做好记录。每周对不同负荷工况下漏水量开展对比分析，根据漏水量结果判断主轴密封运行状态。

(2) 定期对水轮机导轴承间隙进行测量，并与上次进行对比分析。定期检查水轮机导轴承盖有无甩油情况。

(3) 检查导水机构动作情况，外轴承、调速环动作是否灵活。检查导叶接力器实际开度与导叶开度是否一致；检查弯曲连杆是否动作；检查液压管道焊缝、法兰是否有渗漏，管道固定是否可靠；检查导叶外轴承是否有渗漏；定期检查导叶立面、端面间隙，对不符合设计要求的进行调整。

(4) 定期检查转轮室空蚀情况，测绘空蚀深度、面积、位置，并做好记录；定期测量转轮室厚度；检查转轮室运行时有无异常声响，有无桨叶刮碰的声音；定期检查桨叶与转轮室的间隙；定期检查伸缩节密封情况，发现有渗水及时调整螺栓；发现伸缩节密封件老化、密封效果减弱时进行更换。

（5）定期对机组在线监测装置进行检查，记录机组各工况下振摆数据，发现异常数据及时进行现地检查，核实系统数据与现场情况。做好对比分析，及时处理设备存在的安全隐患。

（6）制定水轮机“六件”检查内容，对导水机构、转轮室、伸缩节、转轮及主轴等重点部位按要求开展定期检查试验。

3. 调速器日常维护项目

（1）定期清洗、切换精密过滤器。

（2）定期检查油泵工作效率。

（3）定期检查校核油位、温度、压力变送器。

（4）检查自动补气装置动作是否正常。

（5）定期对压油槽人孔门、连接螺栓、压油槽本体焊缝等进行无损探伤检查。

（二）定期维护内容

水轮发电机组运行中运行及维护人员部分定期工作有气系统排污、熄灯检查、电动机方式切换、备用电动机绝缘摇测等，一般周期如下。

（1）气系统排污，一般为一周1～2次。

（2）熄灯检查，一般为一周1次。

（3）电机方式切换，一般为两周1次。

（4）备用电动机绝缘摇测，一般为两周1次。

（5）全厂避雷器动作次数记录，一般为一月1次。

（6）蓄电池浮充电压测量，一般为一月1次。

（7）雨淋阀试验，一般为一季1次。

全厂设备轮换分为自动切换轮换与手动操作轮换，如机组辅机设备主备用切换、排水系统水泵切换、弧门油泵主备用的切换等由PLC程序自动进行轮换控制；高压气机的主备用切换、调速器漏油泵切换等属手动轮换设备。一般规定的设备轮换主要指手动轮换设备的切换。

设备定期试验主要指设备日常维护试验项目，设备检修试验项目按照技术监督各专业标准执行。

进行定期工作前应了解系统、设备的运行方式、运行情况和存在的问题，并做好事故预想和危险点预测，采取必要的防范措施。定期工作过程中若发现异常情况，应中止工作，待原因查明后才能继续进行。定期工作中若发现缺陷，应及时通知专业人员处理，暂时不能消除的缺陷应做好必要的安全措施，若发现较严重的缺陷，应及时向设备管辖专业人员、厂领导汇报。

# 第八章　混流式机组典型故障分析与处理

随着国内外水电行业的快速发展，技术日趋成熟，混流式水轮发电机组运行稳定性大幅提升，但部分混流式水轮发电机组因设计、制造、安装等原因，加之机组运行监测手段不够，运行和维护不到位，仍暴露出较多设备故障，且不少故障具有一定的典型性、代表性，现将混流式水轮发电机组部分典型故障及处理方法介绍如下。

## 第一节　水轮机常见故障与处理

混流式水轮机是由转轮、导水机构、顶盖等多个部件组合而成的将水能转换成机械能的设备。水轮机的故障与其设计、制造、安装、运行、检修维护等各环节紧密相关，故障产生的主要原因归纳如下。

（1）设计不合理，设备选型不正确。

（2）制造加工工艺和安装质量不合格。

（3）运行中受到外部介质侵蚀、交变载荷长期作用、零部件间的相互摩擦等因素，产生磨损、气蚀、裂纹、振动超标等。

（4）检修工艺不正确、维护不当、人员误操作等。

本节主要介绍了机组振动和摆度超标、机组过速、机组紧固螺栓断裂、导轴承轴瓦温度过高、导轴承甩油、转轮气蚀及裂纹、过流部件磨损、顶盖水位异常、导叶漏水偏大及裂纹、导叶剪断销剪断、引水压力钢管伸缩节漏水等水轮机常见故障类型，并一一选取了相关典型故障案例，简述了故障现象产生的原因和处理方法，以供参考。

### 一、机组振动和摆度超标

水轮发电机组的振动和摆度是衡量机组设计、制造、安装和检修质量的综合性技术指标，是反映机组运行状态的重要参数。由于水力、机械、电气等各方面因素的影响，水轮发电机组在运行中产生振动和摆度是不可避免的，但异常的振动和摆度将威胁机组的安全稳定运行，缩短机组的使用寿命。因此，必须对水轮发电机组的振动、摆度予以足够的重视，了解它们的基本规律，及时进行检查、分析和判断，制定减小振动和摆度的措施，将其控制在允许范围内。根据GB/T 8564《水轮发电机组安装技术规范》，水轮发电机导轴承处测得轴的相对运行摆度值（双幅值）应不大于轴承总间隙值的75%。

引起水轮发电机组振动和摆度超标的主要原因如下。

（1）设计不合理、制造加工质量不达标，如机组结构刚强度不足、制造加工精度偏低等。

（2）机组轴线不正。

（3）轴瓦间隙偏大、导轴承缺陷等。

（4）转子质量不平衡。

（5）紧固件、连接件疲劳磨损或断裂。

（6）转子绕组短路、空气间隙不均匀、磁极极性不对、转子磁极交直流阻抗不平衡、转子绝缘不良等。

（7）水力不稳定、水力不平衡、空腔气蚀、卡门涡、尾水涡带等。

**【典型案例】**某电站发电机下导轴承摆度偏大故障[1]

（一）故障现象

某电站安装有6台单机容量为600MW的混流式水轮发电机组，转子上方设有上导轴承，转子下方设有推力轴承和下导轴承，下导轴承的油槽和推力轴承的油槽分开设置，推力轴承和下导轴承布置在下机架上。该电站机组投运后，下导轴承摆度随机组运行时间增长而逐渐增大且不能稳定，很快就超过了GB/T 8564《水轮发电机组安装技术规范》机组运行摆度（双幅值）不大于75％轴承总间隙的要求（下导轴承总间隙为0.6mm），同时也超过了下导轴承的总瓦隙要求。在此期间，机组的上导轴承摆度略有增大，但变化不太明显。下导轴承摆度增大后，水导摆度变小且变得稳定。机组因摆度过大而停机，当停机时间超过8h以上时，机组再冷态开机，各部摆度正常。机组负荷调整对摆度产生的影响较小，机组各部振动无明显变化，各部压力脉动也无明显变化。

（二）原因分析

引起机组振动摆度异常的原因主要有以下几方面因素：机械不平衡、电磁不平衡、水力不平衡。机械不平衡一般反映为振动频率与转速一致，且与转速平方成正比。电磁不平衡主要反映为振动随励磁电流增大而明显增大。而水力不平衡一般反映为振幅随负荷或接力器行程的增减而增减。此外，制造安装质量、螺栓紧固件松动等因素均可引起振动摆度异常，需要结合现场情况一一进行分析判断。

（三）处理方法与过程

1. 水轮机与发电机连轴螺栓伸长值校核

经校验，连轴螺栓伸长值满足设计要求，与下导轴承摆度异常无关。

2. 推力轴承受力检查调整

通过在每块推力瓦上架设2块百分表的方式进行测量，测得弹性油箱最大压缩值与最小压缩值之差为0.066mm，符合设计要求，且镜板水平不大于0.02mm/m。

3. 动平衡试验及配重处理

通过变转速试验发现，随着转速的增加，主轴的摆度明显变大，上机架水平振动显著增加，其振动幅值与机组转速的平方近似成正比关系，下机架垂直振动也明显增大，表明机组转动部件存在明显的质量不平衡，在100%额定转速条件下，上导摆度已超过轴承的总间隙。在运行15min后，上导摆度和上机架的水平振动进一步增大。

经过多次配重并开机至空转和升流过程中，上导、下导摆度改善效果较为明显，但开机到空载或带负荷工况下，下导摆度仍然没有得到有效改善。

4. 发电机气隙及其他部件检查

（1）检查各方位平均气隙均在设计范围之内，且平均气隙趋势变化不大。

（2）转子圆度合格，发展趋势无明显增长现象。

（3）两次开机过程中的气隙值对比无变化，说明磁极在机组停机后基本恢复到原来位置，弹性、伸缩性较好。

（4）检查下导轴领轴向限位块的焊缝无异常。

（5）检查下导轴承轴瓦抗重螺栓锁片的把合螺栓存在松动现象，下导轴承油槽接触式密封弹簧硬度较大，密封块动作不灵活。

将下导轴承油槽盖板接触式密封条拆除，再次开机并网后的15天内，通过在线监测装置测得下导轴承摆度 $x$ 向的最大值为0.138mm、$y$ 向的最大值为0.138mm，并且摆度一直稳定。利用百分百人工测得数据也基本一致。下导轴领温度最高为25.4℃，且轴领四周温度一致。

更换弹簧调整硬度适当、密封块动作灵活的接触式密封后，机组下导摆度一直稳定无异常，下导摆度异常现象得到彻底地解决。

**二、机组过速**

当机组转速超过铭牌规定的额定转速时，则表征机组过速。当机组转速升高至某一定值以上（一般超过额定转速的140%以上），机组转动部分离心力急剧增大，引起机组振动与摆度显著增大，将可能造成转动部分与固定部分的碰撞，发生主机设备损坏事故。为防止机组发生过速事故，目前多数电站设置过速限制器、事故电磁阀或事故油泵，并装设水轮机主阀或快速闸门。引起机组过速的主要原因如下。

（1）调速器元器件工作异常，如阀芯发卡、程序参数设置存在漏洞等，引起调速器失控。

（2）受外界因素影响，发生剪断销剪断。

（3）电网突发故障，出现孤网运行或频率超过允许值。

（4）设备安装不规范、检修调试工作不到位。

（5）人员误操作等。

【典型案例】某电站开机过程中出现机组过速故障[3]

（一）故障现象

某电站安装有3台单机容量为60MW的混流式水轮发电机组，调速器为BWT-80-4.0微机调速器主结构，如图8-1所示。2016年10月14日，该电站2号水轮发电机组在开机过程中，机组达到额定转速后调速器未能正确动作回关导叶，导致机组转速持续上升，在达到电气一级过速转速（115% $N_e$）时，因主配压阀拒动造成调速器故障导致机组转速继续上升。当转速达到电气二级过速（140% $N_e$）时，紧急事故停机仍未能正常动作，转速持续上升达到机组机械过速条件，但机组机械过速保护（最后一重保护）亦未能正常动作，机组处于十分危险的状态。最终紧急下令关闭球阀，球阀正确动作切断水源，转速缓慢降至零。

（二）原因分析

（1）调速器电位移转换器自复中弹簧无法实现自复中功能，使压力一直接通主配压阀的下腔，导致导叶迅速开启而不能关闭，发生机组过速。

（2）球阀控制柜内事故关闭球阀电磁阀阀芯发卡，导致事故关闭球阀流程无法进行。

（3）发电机机械过速保护装置因飞摆不能甩出，同时，球阀控制柜内机械过速液控阀阀芯堵塞导致在转速达到机械过速情况下球阀关闭流程无法进行。

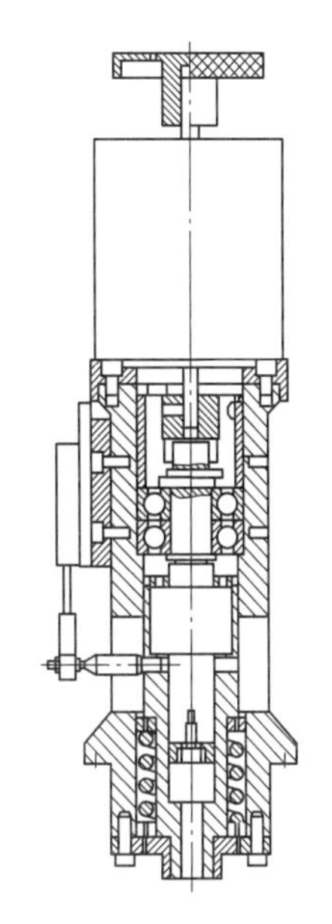

图 8-1 调速器主结构

（三）处理方法与过程

（1）更换调速器电位转换器，并对球阀控制柜内事故关闭电磁阀、机械过速液控阀等阀组进行清洗，现场模拟球阀事故关闭动作正常。

（2）检查发电机、水轮机转动部件无异常后重新做机组无水试验，调速器部分和机组开机流程正常，模拟机组事故停机正常和手动切换机械过速装置动作正常。

**三、机组紧固螺栓断裂**

螺栓是水电站设备部件之间重要的连接件，因紧固件失效导致重大设备事故的案例不胜枚举。引起螺栓断裂的主要原因如下。

（1）长期处于交变应力作用下，产生疲劳断裂。

（2）制造加工质量不合格。

（3）强度等级选择不合理，选用过低或过高的强度等级，偏离了设计规定，均有可能引起螺栓断裂。

（4）预紧力不当。

（5）腐蚀。

（6）材料及热处理不合格。

【典型案例】某电站水导油槽顶盖把合螺栓断裂故障

（一）故障现象

某电站安装有 4 台单机容量为 250MW 的混流式水轮发电机组。水导轴承采用斜楔油浸式分块瓦轴承，除轴承轴瓦为铸钢外，其余均为钢板焊接结构，轴瓦浇筑巴氏合金。2015 年 9 月 2 日，巡视人员发现 1 号机组水导轴承油槽出现振动异常。现场测量水导轴承摆度无异常，但油槽有轻微晃动现象。经停机检查发现，该机组水导轴承油槽顶盖把合螺栓松动，对松动螺栓进行紧固时发现部分螺栓断裂。

图 8-2　现场水导螺栓断裂情况

水导油槽共有 40 个双头螺栓与顶盖把合，其中 14 个在拆除过程中已断裂，其他螺栓经敲击试验有 10 个出现断裂，7 个存在裂纹，9 个无异常。对水导轴承油槽 20 个定位圆锥销进行拆卸检查无异常，现场水导螺栓断裂情况，如图 8-2 所示。

（二）原因分析

根据螺栓断裂面外观分析，断裂螺栓为时效疲劳屈服断裂。该电站机组在振动区运行频次较多，机组振动、摆度偏大，在长期的往复交替和周期循环应力作用下，水导轴承油槽顶盖把合螺栓中存在缺陷或预紧力最大的螺栓疲劳失效首先发生断裂，然后产生连锁效应，螺栓逐个断裂。断裂数量达到极限时，油槽发生晃动。此外，定位销安装不规范也是原因之一。

（三）处理方法与过程

（1）更换水导油槽顶盖把合螺栓，其中，新更换的螺栓安装前应进行无损探伤检测和理化抽检试验合格。

（2）机组避开振动区运行。

**四、导轴承轴瓦温度过高**

导轴承轴瓦一般情况下包括有径向支撑的轴承轴瓦与轴向推力的轴承轴瓦，主要有水导轴承轴瓦、下导轴承轴瓦、上导轴承轴瓦和推力轴承轴瓦，其主要作用是约束大轴的摆动，将大轴限制在一定范围内旋转。

引起导轴承轴瓦温度过高的主要原因如下。

（1）冷却水流量偏小或中断、水质不合格、冷却水管路堵塞。

（2）轴瓦润滑油位偏低或润滑油中断。

（3）润滑油油质不合格，存在大量杂质或水分，以及润滑油牌号选择错误。

（4）大轴轴领存在变形或其他缺陷。

（5）轴瓦间隙调整不当或轴瓦本身存在质量问题。

（6）机组振动、摆度过大。

（7）导轴承设计不合理或安装、检修不当。

（8）自动化元器件损坏或误报警。

因归属于水轮机部件的水导轴承和归属于发电机部件的上导轴承、下导轴承、推力轴承产生的故障类型基本类似，为避免故障重复描述，水轮机和发电机导轴承故障全部归纳到本节中介绍，第二节发电机常见故障与处理中不另叙述。

【典型案例】某电站机组运行时水导轴瓦温度升高故障[4]

（一）故障现象

某电站共装设9台单机容量为700MW的混流式水轮发电机组。水导轴承采用稀油润滑、非同心分块瓦自润滑轴承，轴承的冷却方式为外加泵油循环结构，共有24块巴氏合金瓦，布置在顶盖中心体内（水导轴承结构示意，如图8-3所示）。2011年3月22日，该电站6号机组带560MW运行，当机组运行38min后，运行监盘人员发现水导轴承1号轴瓦和15号轴瓦（两块瓦呈空间对称分布）瓦温均为51℃，上升速度较快，且仍有缓慢上升趋势，查看水导其他轴瓦温度曲线，除1、15号轴瓦外其余瓦温均在50℃以下，且稳定不变。查看上导轴承和下导轴承轴瓦的温度曲线，没有发现异常。水导轴承1、15号轴瓦暂未达到温度限制值（报警温度为65℃，事故停机温度为70℃）。检查机组技术供水系统的水压、流量、水导外循环油泵的运行情况、水导油位等参数，未发现异常。将备用水导外循环冷却器进行切换后，1、15号水导轴瓦的温度依旧呈上升趋势。工作人员对测温电阻及回路进行了逐一测量，测温电阻及回路正常。

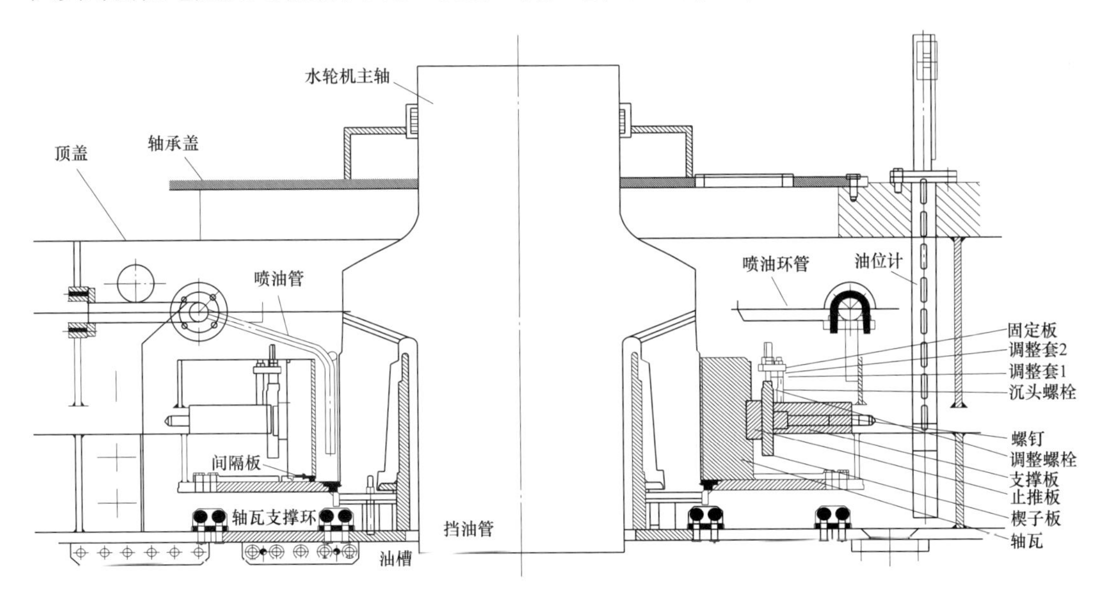

图8-3 水导轴承结构示意

（二）原因分析

（1）水导瓦楔子板调整螺杆松动，导致楔子板下降，瓦间隙减小。

（2）水导瓦背支撑板松动，导致瓦间隙发生变化。

（3）水导瓦冷却油管喷嘴发生堵塞。

（4）水导油位可能降低，导致瓦面缺油。

（5）测温元件不准确。

（6）轴瓦的活动性受限。

（7）喷油管与轴领之间的间隙过小，造成喷油管与轴领刮碰，划伤轴领，导致瓦面损伤，温度升高。

（三）处理方法与过程

1. 水导油槽油位检查及测量

现场检查水导油槽的油位在定值范围内，未见异常。水导油槽油位计无发卡现象，工作正常。

2. 水导瓦测温元件外部检查

检查测温回路接线正确，测温电阻及回路进行逐一测量，未发现测温电阻及回路异常。

3. 水导瓦间隙调整楔子板背部支撑板松动检查

检查楔子板背部支撑板的固定情况，未发现固定支撑板的 2 个圆柱头内六角螺杆与顶盖支持环板发生松动现象。

4. 喷油管路喷油情况及喷油管与轴领间隙检查

启动水导外循环油泵，进行喷油管通油检查，发现油孔喷油均匀，喷油量符合规定要求，未见异常。喷油管与轴领间隙在 15mm 左右，与轴领无刮碰。

5. 水导瓦楔子板调整螺杆检查

检查 1 号水导轴瓦楔子板的调整螺杆，发现该调整螺杆与楔子板已经松脱，楔子板已落下，轴瓦与轴领的间隙为 0，即本案例原因分析的第 1 条。检查其余轴瓦的楔子板调整螺杆，未见松动。对 1 号水导轴瓦抽瓦后发现瓦面中部已有轻微的磨损现象，旋转方向检查无毛刺，不影响瓦继续运行。15 号水导轴瓦面检查无异常。由于 1 号水导轴瓦间隙的减小，造成轴瓦总间隙变小，从而也造成对侧的 15 号水导轴瓦温度升高。

对 1 号水导轴瓦的楔子板调整螺杆、螺孔进行清理，螺纹部位重新涂锁固剂拧紧，装回原调整套管，拧紧 2 个锁紧螺母，恢复 1 号水导轴瓦的原间隙值。

6. 水导轴瓦的活动性检查

对 24 个水导轴瓦之间的间隔板进行检查，发现 6-7 号、9-10 号、10-11 号、16-17 号瓦之间的 4 块间隔板与轴瓦之间的间隙过小（0.05mm 塞尺无法通过），拆出后，进行现场打磨处理，保证间隙在 2mm 左右。

**五、导轴承甩油**

混流式水轮发电机组导轴承分为上导轴承、下导轴承、推力轴承和水导轴承，导轴承油冷却器通常内置于油槽内，这一设计导致轴承油槽过大，盛油量较多，油槽内汽轮机油冷、热循环效果差，轴承冷却效果不理想。为解决油槽过大和冷却效果不佳这一问题，目前很多新投产机组将导轴承油槽设计为上下自吸式油泵循环、油冷却器外置循环、油槽高油位运行、增加外置油泵循环等方式来解决，但实际运用中常常出现各种各样的问题，特别是油雾扩散、导轴承的严重甩油问题特别突出，严重的直接影响机组安全隐定运行，环境严重污染等。引起导轴承甩油的主要原因如下。

(1) 导轴承油封破损。

(2) 轴承油槽密封不严或破损，引起油雾。

(3) 轴承油槽润滑油加注过高。

(4) 轴承设计不合理，存在设计缺陷或制造安装不合格。

【典型案例】某电站水导轴承严重甩油故障[5]

(一) 故障现象

某电站安装有6台单机容量550MW的混流式水轮发电机组。水导轴承形式为筒式稀油瓦，自润滑不可调型，瓦面为免刮巴氏和金，改造前水导轴承结构示意，如图8-4所示。

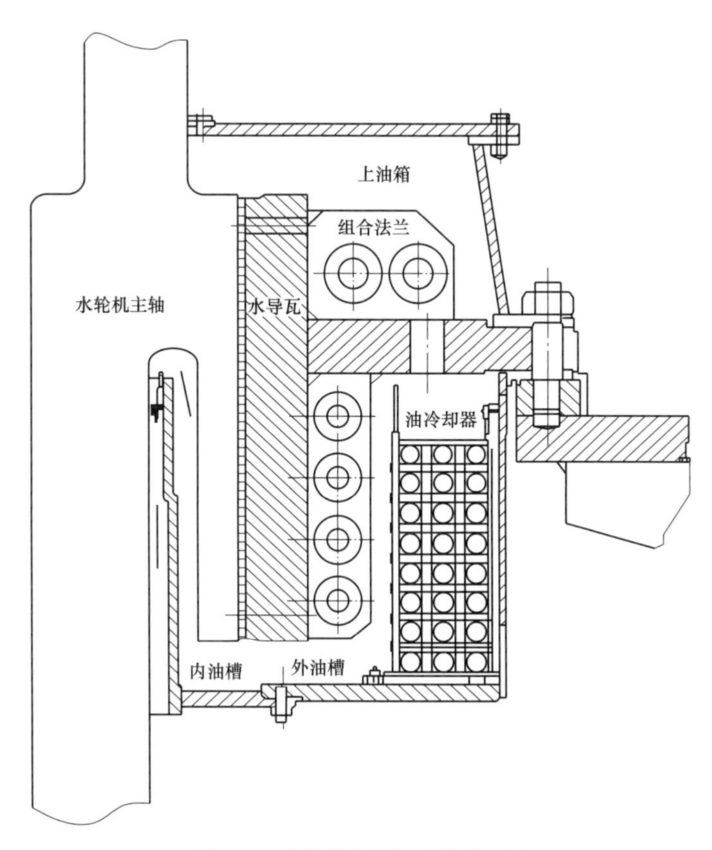


图8-4　改造前水导轴承结构示意

(1) 机组自从首次启动就发生了甩油现象，机组开机稳定运行时，水导甩油程度与运行油位有关，油位越高，甩油越严重，根据72h试运行经验，如要维持正常油位，需每小时向水导加注汽轮机油7kg。

(2) 无论运行油位高低，开机后的前1h甩油最为严重，正常油位时，前10min甩油6kg，前1h约17kg。

（3）水导油主要从内挡圈甩出，在轴承盖板与大轴的密封毛毡处，也有油雾喷出。

（4）在上油盆油位浮子开关安装孔处测量油位时，明显感到油槽内部油旋转强烈，油位波动较大。

（5）从轴瓦顶部排油孔排出的油呈泡沫状。

（6）轴承温升与油位高低无明显关系，处于一个较低稳定值。

（二）原因分析

（1）内挡油圈仅高出正常静油位 53mm，旋转的油流会形成反抛物线油面使油大量越过内挡油圈的高度而溢出。

（2）内挡油圈为薄壁焊接结构，其内表面与大轴轴领之间的间隙偏小，由于内外油盆无严格的定位措施，加之制造安装等原因，导致挡油圈与大轴不同心，从而产生类似于偏心泵的作用，旋转的大轴轴领会把油槽内的油带起，并在轴领内表面形成爬油。

（3）水导瓦由 4 瓣组成，法兰把合，水导瓦背与冷却器挡板之间有一个环形的空间（宽约 126mm），由旋转的轴领造成的油流在此空间内急速流动，但由于 4 个法兰的阻挡，高速的油流在此四个纵向把合法兰猛烈碰撞，引起轴承油位严重起伏波动，加重甩油，也使油中产生大量泡沫。

（三）处理方法与过程

（1）在内挡油圈内表面顶部焊接安装 2 道挡油环，挡住上溢的油。

（2）在内挡油圈表面略低于正常油位的位置安装叶栅，叶栅在内挡油圈内壁上成右旋 10°布置，使旋转油流产生适当的向下分力，充分降低此处的油位。

（3）在轴瓦法兰外围安装一圈孔板，导顺油流，削弱旋转油流与轴瓦把合螺栓的碰撞。孔板由 4 瓣组合而成，分别在水导瓦的背面和组合法兰上钻孔攻丝，用螺栓固定，改造后水导轴承结构示意，如图 8-5 所示。

### 六、转轮气蚀及裂纹

气蚀是指流体在高速流动和压力变化条件下，与流体接触的金属表面上发生洞穴状腐蚀破坏的现象，其特征是先在金属表面形成许多细小的麻点，然后逐渐扩大成蜂窝状洞穴。造成水轮机气蚀破坏的原因是多种多样的，除水轮机本身外，还与通流部件的材料性能、制造工艺水平、河流水质、运行情况、检修质量、水轮机的吸出高度等因素有关[7]。根据气蚀在水轮机中发生的部位不同，一般有翼型气蚀、空腔气蚀和间隙气蚀及局部气蚀等几种，其中，翼型气蚀是混流式水轮机主要的气蚀形式，一般指发生在转轮叶片上的气蚀。混流式转轮翼型气蚀主要部位示意，如图 8-6 所示。

转轮裂纹可分为规律性裂纹和非规律性裂纹两类。规律性裂纹是指不同叶片上的裂纹具有大体一致的规律，所有叶片都开裂，裂纹的部位和走向也大致相同。非规律性裂纹则只在个别叶片上发生，或者不同叶片上裂纹的部位、走向和其他特征各不相同。

失效分析结果表明，绝大多数规律性裂纹是疲劳裂纹，断口呈现明显的贝壳纹。叶片疲劳来源于作用其上的交变载荷，而交变载荷又由转轮的水力自激振动引发，这可能

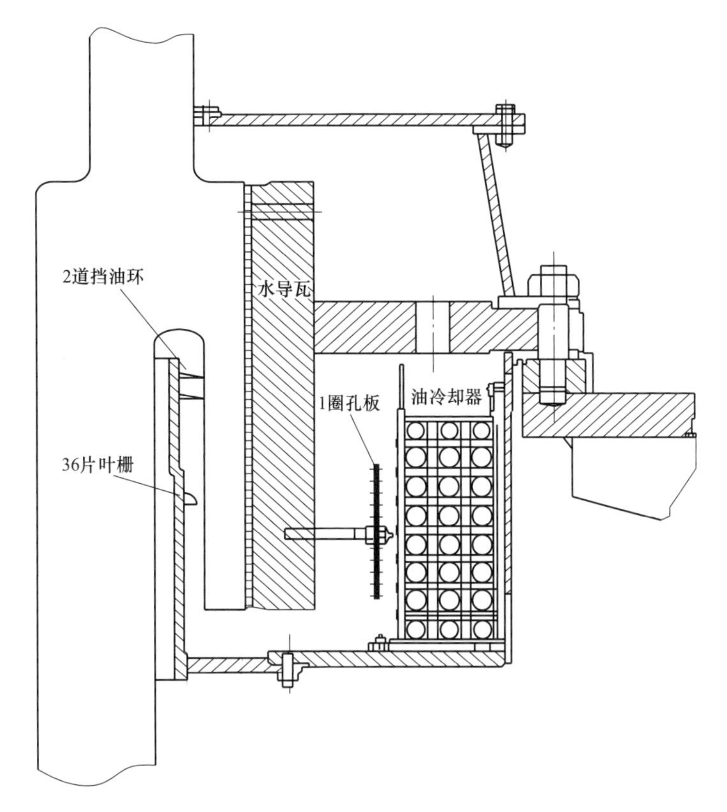


图 8-5　改造后水导轴承结构示意

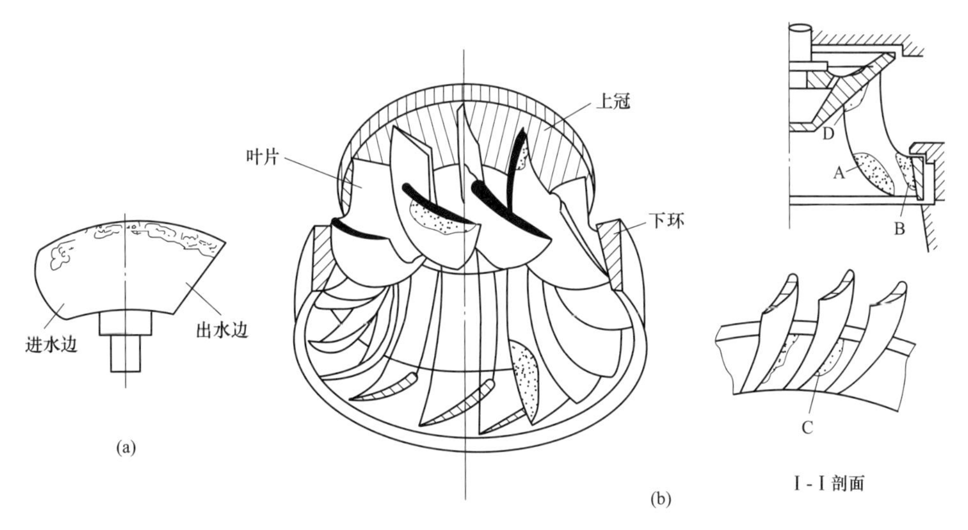


图 8-6　混流式转轮翼型气蚀主要部位示意

是卡门涡列、水力弹性振动或水压力脉动所诱发。

转轮非规律性裂纹有的呈网状龟裂纹，有的呈脆性断口，也有的呈疲劳贝壳纹，这类裂纹多数由材料不良或制造工艺质量缺陷造成。

【典型案例】某电站转轮气蚀故障[8]

（一）故障现象

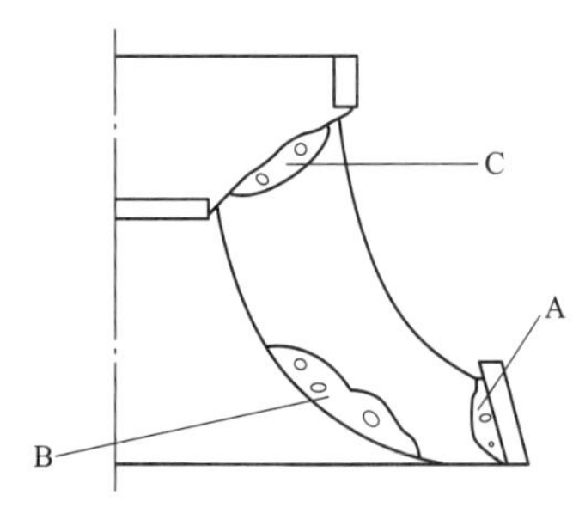

图 8-7 转轮气蚀部位示意

某电站安装有单机容量为 175MW 的混流式水轮发电机组，转轮上冠材料为 ZG20SiMn，转轮叶片及下环材料为 ZG06Cr13Ni6Mo。该电站对某台机组进行检修时发现转轮上冠两叶片之间存在严重气蚀，此外，转轮叶片、下环也有不同程度的气蚀，转轮气蚀部位示意，如图 8-7 所示。其中，A 区为转轮叶片背面与下环靠近处；B 区为转轮叶片背面下半部出水边；C 区为转轮上冠的叶片背后（每个叶片背后）。图 8-7 中，A、B 区域气蚀较轻，C 区气蚀最为严重。经测量，最严重气蚀区域长度 800mm、宽度 110mm、深度 15mm，发生气蚀的区域有 14 处。

（二）原因分析

机组处于非最优运行工况，长期在低水头下运行，低水头下机组运行时间占整个运行小时数的 1/2，在这种运行工况下，机组振动增大，尾水补气量大，水轮机尾水管内压力脉动增大，导致水轮机气蚀也随之增大。根据 DL/T 444《反击式水轮机气蚀损坏评定标准》规定，在 8000h 基准运行时间内，允许超负荷运行时间为 2%，低负荷运行时间为 10%，实际运行时间不足或超过 8000h，其允许超负荷与低负荷运行时间按上述同样百分比计算。该电厂机组低水头、低负荷及空载运行时间较长，运行时间远远超出标准和厂家设计要求，超出了水轮机气蚀保证值。

（三）处理方法与过程

（1）对已产生气蚀的部位，使用堆焊的方式进行补焊，并按原线型打磨光滑。

（2）合理制定机组运行方式，减少水轮机空载运行小时数，同时，尽量避开气蚀严重的运行工况区域。此外，通过合理优化水库调度，提高水能利用率，尽可能使机组运行在设计水头上，从而减轻水轮机气蚀程度。

（3）后续可进行转轮的结构性改造，将转轮更换为不锈钢转轮，设计合理的翼形，选择更加合适的转轮型号等。

## 七、过流部件磨损

水轮机过流部件磨损机理较为复杂，磨损的部位主要有转轮叶片、上冠下环内表面、导叶及尾水管里衬等。磨损主要分为气蚀磨损、泥沙冲蚀磨损、气蚀和泥沙冲蚀复合磨损，以泥沙冲蚀磨损居多。泥沙冲蚀磨损主要是水流中携带的沙粒对零部件表面反复冲击出现破坏的磨损现象。气蚀一般指在低压流动的液体中，溶解的气体或蒸发的气体溃灭时对材料表面形成高压射流冲击造成的破坏现象。

【典型案例】某电站活动导叶下轴颈磨损超标故障

（一）故障现象

某电站安装有 2 台单机容量为 18MW 的立轴混流式水轮发电机组，转轮材质为 ZG06Cr13Ni4M0 不锈钢，顶盖和底环过流面设有抗磨板，抗磨板材料为 S135，顶盖止漏环材料为 1Cr18Ni9Ti，导叶材料为铸钢 ZG06Cr13Ni5M0。该电站所处流域汛期来水中夹带大量泥沙，通过引水隧洞流入机组转轮室，致使水轮机过流部件磨蚀，磨损部位主要集中在导叶上端面与顶盖配合部位、活动导叶根部、转轮叶片出口及转轮下环内侧，泥沙磨损部位，如图 8-8 所示。

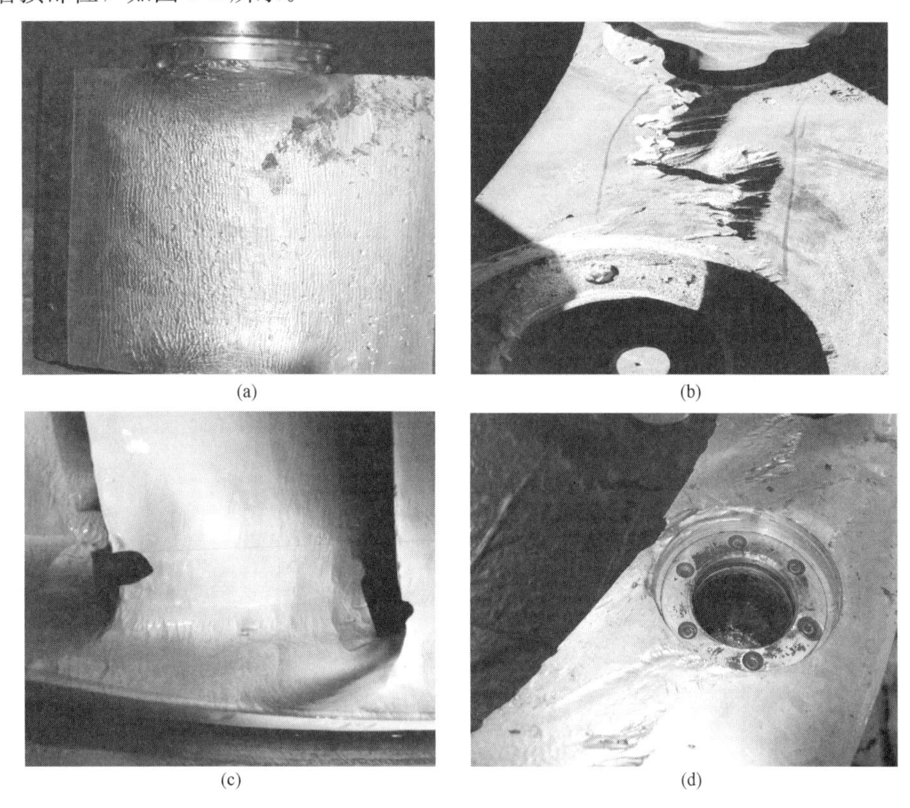

图 8-8　泥沙磨损部位

（a）导叶磨损情况；（b）顶盖磨损情况；（c）转轮磨损情况；（d）底环磨损情况

（二）原因分析

该电站水库平均入库悬移质输沙量为 22.7 万 t，含沙量为 0.459kg/m³，悬移质汛期（6～9 月）输沙量 20.9 万 t，悬移质汛期（6～9 月）含沙量为 0.586kg/m³，推移质年输沙量为 3.41 万 t，再加上机组转速高（额定转速为 600r/min），致使水轮机的过流部件磨损严重。

（三）处理方法与过程

采用团聚烧结型的碳化钨（WcCoCr）作为喷涂材料，喷涂施工时按照操作程序设置参数，包括气体和煤油的流量、气体压力、送粉量等。按照之前编制完成的机械手程序进行喷涂，每遍涂层厚度不大于12μm，工件在喷涂过程中基体温度不超过120℃。喷涂过程中应注意观察喷涂参数是否异常，如有异常应立即中止喷涂。喷涂过程中应随时监测涂层状态，确保涂层厚度均匀，无台阶、裂纹、脱落等缺陷。涂层性能指标，见表8-1。

**表8-1　　涂层性能指标**

| 项目清单 | 要　求 | 标　准 |
|---|---|---|
| 涂层典型成分 | 碳化钨 | |
| 涂层厚度 | 碳化钨，≥300μm | ASTM-C633 |
| 涂层黏合强度 | ＞70MPa | ASTM-C633 |
| 孔隙率 | ＜1% | |
| 宏观硬度 | ＞68HRC | |
| 显微硬度 | ＞1200HV200 | NEN-EU 5 |

## 八、顶盖水位异常

顶盖水位异常主要指顶盖实际水位高于设计值，顶盖水位上涨速度大于顶盖排水速度，或者顶盖水位显示异常的一种故障。水轮机顶盖排水方式主要分为两种，即自流排水和水泵强迫排水。引起顶盖水位异常的主要原因如下。

（1）顶盖排水通道堵塞。

（2）顶盖排水泵故障，无法启泵。

（3）顶盖水位信号器异常。

（4）主轴密封失效。

（5）顶盖裂纹、紧固件松动或断裂、密封破损失效。

（6）导叶套筒漏水。

（7）真空破坏阀无法复归。

（8）导叶轴颈密封失效。

【典型案例】某电站主轴密封喷水导致顶盖水位上升故障

（一）故障现象

某电站安装有3台单机容量为140MW的立轴混流式水轮发电机组。主轴密封采用分瓣结构，通过H形橡胶密封和平板橡胶密封组合方式作为其工作密封，外通冷却润滑水可对密封进行润滑，冷却水设计压力0.2～0.3MPa，主轴密封结构形式，如图8-9所示。2015年1月23日，2号机组运行时主轴密封呈现漏水明显偏大，水流呈喷射状。因水流较大，顶盖自流排水难以及时排走顶盖内的水，导致顶盖水位快速上涨，顶盖内两台潜水泵同时启动仍不能使顶盖水位下降。通过临时加装两台潜水泵抽水，水位才得以控制，部分漏水通过水导轴承内侧油槽与大轴之间的间隙（20mm）进入水导油槽内，引起水导油槽进水。

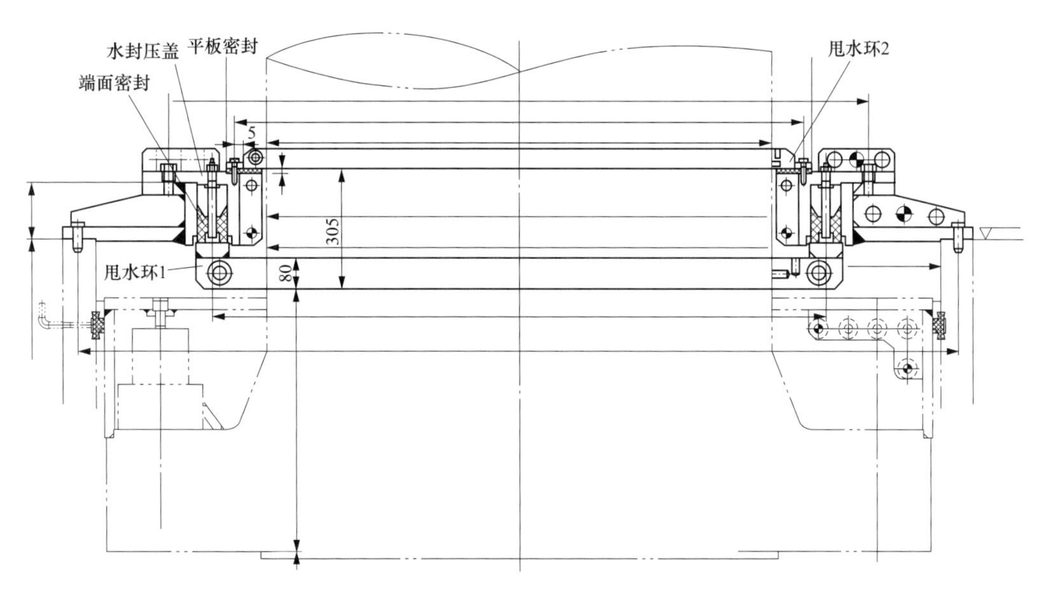


图 8-9　主轴密封结构形式

（二）原因分析

1. 润滑水量、水压过大

根据厂家说明书，主轴密封润滑水流为125L/min，允许压力为0.2～0.3MPa，而实际运行过程中，润滑水量接近600L/min，在如此大的水流作用下，润滑水经端面密封润滑孔下泄后反冲至平板密封处，造成漏水偏大。

2. 主轴密封安装不当

未严格按照正确的检修工艺和图纸要求进行安装，例如，端面密封安装后动作不灵活、平面密封与甩水环间隙值不符合设计要求等原因都将导致密封效果大幅下降，引起漏水增大。

3. 水封压盖螺栓孔滑丝

水封压盖整体使用了材质为ZL102铝合金材质，力学性能较低，材质较软，与平板密封压环相配合的螺栓孔在多次的检修拆装过程中容易引起螺栓孔滑丝现象，从而导致平板密封压环无法压紧，水流经压环间隙喷射而出。

4. 密封损坏失效

机组运行过程中，如果主轴密封平板密封或端面密封破损，将难以起到有效密封作用，同样将引起主轴密封漏水偏大。

（三）处理方法与过程

（1）在主轴密封润滑水总管上增设流量计，用于适时监测主轴密封水流量；更换可用于调整水压和流量的专用阀门，将主轴密封水流量调整至厂家设计范围。

（2）进一步规范检修作业标准，严格按照设计规范标准进行安装，包括螺栓紧固力矩要求、密封间隙要求等。

（3）实施主轴密封结构换型改造。一是可将现有的水封压盖螺栓孔采用钎焊工艺重新扩孔浇筑不锈钢材料，从而增加螺栓孔刚强度，避免引起螺栓孔滑丝现象。二是彻底改进主轴密封结构，可将其改为端面恒压自调节式结构端面恒压自调节式主轴密封示意，如图 8-10 所示，有效地解决主轴密封漏水偏大安全隐患。

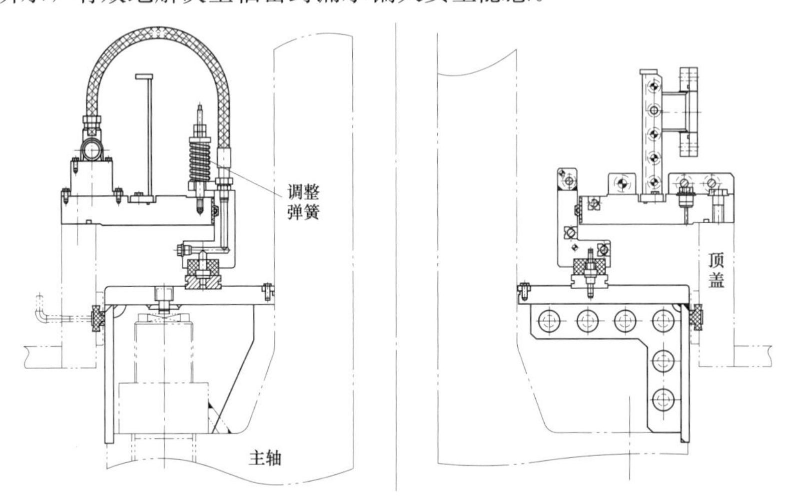


图 8-10　端面恒压自调节式主轴密封示意

## 九、导叶漏水偏大及裂纹

导叶漏水量在一定范围内是允许的，根据 GB/T 15468《水轮机基本技术条件》5.7.1 规定：在额定水头下，圆柱式导叶漏水量不应大于水轮机额定流量的 3‰，圆锥式导叶漏水量不应大于水轮机额定流量的 4‰。如果超过上述允许的范围，将有可能引起机组蠕动，机组停机困难，甚至有可能加剧气蚀破坏。此外，导叶漏水量过大还会降低水轮机的运行效率，尤其是调相机组运行时压气频繁，严重影响机组的稳定、经济运行。引起导叶漏水量偏大的主要原因为导叶立面间隙过大、导叶端面间隙过大、导叶轴颈密封损坏、导叶啮合面密封失效等。

导叶裂纹主要发生在导叶端部。产生导叶裂纹的主要原因如下。

（1）导叶铸造缺陷，内部存在夹渣、气孔或细小裂纹。

（2）导叶焊接缺陷，部分导叶为两种不同材质拼焊而成，异种钢焊接时工艺把关不到位，使焊缝内部存在夹渣、气孔等焊接缺陷，亦或焊接应力释放不彻底，存在应力集中等。

（3）水力因素影响。

【典型案例】某电站导叶漏水偏大引起机组蠕动故障

（一）故障现象

某电站安装有 3 台单机容量为 50MW 的水轮发电机组。活动导叶 24 片，采用 ZG20SiMn 整铸结构，导叶全长 2320mm，导叶立面采用不锈钢金属密封，导叶接触面

（立面）全高头部进水边设有5mm厚、20mm宽的不锈钢密封条，尾部出水边堆焊5mm厚、20mm宽不锈钢层，导叶上下端面采用15mm后的不锈钢覆盖。自1号机组安装完成后开始充水调试开始，机组导叶一旦全关到位后，水车室内立即发出“嗡……”刺耳的啸叫声，后来2号、3号机组投产后也同样发出同样的啸叫声。为消除该异常啸叫声，电站采取了更换导叶端面密封条、增大导叶接力器压紧行程、在导叶轴部与底环轴孔间增加塑料密封等方法，均未彻底改善。

2、3号机组投产运行半年后，突然在停机过程中风闸刚退出时发生蠕动现象。在机组检修时发现导叶端面密封条已脱落，多次更换导叶端面密封条后机组蠕动现象仍未消除。在增加导叶接力器压紧行程，将导叶压紧行程从5.0mm增大到7.0mm后，机组蠕动现象有所改善，但仍未消除。机组停机流程中增加了防蠕动程序，即在机组停机后发现机组有转速时立即投入制动风闸，该种方法未能从根本上解决问题。

（二）原因分析

根据GB/T 15468《水轮机基本技术条件》换算成该电站导叶允许漏水量为0.8m$^3$/s，通过试验测得三台机组导叶总漏水量为5～7m$^3$/s，平均每台机组的导叶漏水量约为2m$^3$/s，导叶实际漏水量远大于国标允许漏水量，正是由于导叶的大量漏水造成机组啸叫和蠕动。

（三）处理方法与过程

1. 检测导叶形变及漏水部位

采用在导叶底部啮合密封处加测试块的方法对导叶的形变情况进行检测，即在导叶底部啮合密封处加200mm×2mm×50mm（长×宽×高）的冷轧板，然后接力器给压，测量接力器压紧情况下导叶立面各部位间隙，通过测量结果可看出，导叶刚度偏小。在正常情况下导叶进水边与出水边上部首先接触，导致导叶关闭力全部集中在导叶顶部，导叶下部在水推力作用下被推开，造成导叶漏水。

2. 导叶修形有限元分析

根据前述试验，参考高水头电站混流式机组导叶形状，对导叶立面进行切削修型处理，通过有限元分析计算，导叶上端面处的修形量为1mm，修形范围为从上端面开始至距离上端面1400mm距离的范围，无水、只有足够操作力矩作用情况下，修形实施前后结果汇总，见表8-2。在给定导叶上轴端的切向位移与水压下，修形实施前后的结果汇总，见表8-3。

**表8-2　　无水、只有足够操作力矩作用情况下，修形实施前后结果汇总**

| | 未修形情况 | | 修形后情况 | |
|---|---|---|---|---|
| 操作油压（MPa） | 4.2 | 6.0 | 4.2 | 6.0 |
| 计算得到导叶轴上端的最大切向位移（mm） | 0.404 | 0.607 | 0.56 | 0.73 |
| 最大应力（MPa） | 130.5 | 196.5 | 122.7 | 184.1 |
| 最大应力位置 | 啮合边上端 | 啮合边上端 | 导叶上轴端 | 导叶上轴端 |

表 8-3　在给定导叶上轴端的切向位移与水压下，修形实施前后的结果汇总

| 结果 | 未修形情况 | | 修形后情况 | |
|---|---|---|---|---|
| 操作油压（MPa） | 4.2 | 6.0 | 4.2 | 6.0 |
| 计算输入导叶上轴端的切向位移（mm） | 0.4 | 0.6 | 0.56 | 0.7 |
| 对应导叶上端轴的转角（$\times 10^{-3}$弧度） | 3.48 | 5.22 | 4.87 | 6.09 |
| 最大变形（mm） | 2.68 | 2.59 | 2.157 | 2.178 |
| 最大应力（MPa） | 151.7 | 200.7 | 123.4 | 144.6 |
| 最大应力发生位置 | 啮合边上端 | 啮合边上端 | 导叶轴的本体连接处 | 导叶轴的本体连接处 |
| 最大间隙（mm） | 0.93 | 0.79 | 0.1 | 0.065 |
| 平均间隙（mm） | 0.61 | 0.49 | 0.072 | 0.035 |

导叶立面间隙在修形改善方案实施后有明显改善效果，改善方案实施前导叶最大应力为200.7MPa，发生在导叶立面啮合边上端，改善方案实施后因此部位被修形，该处应力有所改善。

3. 导叶返厂修形处理

根据导叶修形计算结果，将导叶返厂进行修形处理。处理后机组停机后水车室内的啸叫声已消失，漏水声明显减小，机组蠕动现象未再发生。

## 十、导叶剪断销剪断

导叶剪断销是水轮机导叶的保护装置。正常情况下，导叶在动作过程中，剪断销有足够的强度带动导叶转动，当剪力大于正常操作应力的1.5倍时，剪断销就会剪断，使导叶脱离控制，从而保护其他活动部件不继续受到损坏，避免事故扩大。机组剪断销剪断时，一般出现导叶剪断销剪断信号灯亮、机组振摆增大、短时间内产生原因不明的负荷增大等故障现象。引起剪断销剪断的主要原因如下。

（1）活动导叶间被异物卡住。

（2）各导叶连杆尺寸调整不当或锁紧螺母松动。

（3）活动导叶密封件破损。

（4）水轮机控制环抗磨板磨损严重，间隙不合格。

（5）活动导叶端面间隙调整不当。

（6）活动导叶开、关速度过快，使剪断销突然受到较大冲击力。

（7）接力器压紧行程偏大。

（8）接力器水平值不合格等。

【典型案例】某电站机组运行时剪断销多次剪断故障[9]

（一）故障现象

某电站安装有3台单机容量为210MW的立式混流水轮发电机组。2006年2月，该

电站2号机组在运行中水导瓦瓦温异常升高，机组不能持续高负荷运行，测量机组水导振动摆度较大，现场检查发现14、15、16号导叶的剪断销已被剪断，但由于当时导叶的剪断销信号器未安装到位，“剪断销剪断信号”并未发出。同年6月6日，2号机组运行中有几块水导瓦瓦温异常升高，且都在同一侧。检查发现2号机组9、21号导叶剪断销均已被剪断。

（二）原因分析

1. 导叶端面间隙过小

测量2号机组导叶端面间隙，发现部分导叶下端面间隙过小，3、7、8、13、18、22号等均超过平均间隙的20%。检查导叶下端面与底环工作面上有明显摩擦和拉伤痕迹，不符合GB/T 8564《水轮发电机组安装技术规范》6.3.2的要求，即导叶端面间隙调整在关闭位置时测量，内、外端面间隙分配应符合设计要求，导叶头、尾部端面间隙应基本相等，转动应灵活。由于部分导叶下端面间隙过小致使机组运行中导叶出现卡阻和摩阻，从而加大了剪断销剪切应力。

2. 接力器水平值和控制环间隙不合格

2号机组大修拆机前测量接力器水平值不带锁锭侧外低里高，水平值为0.28mm/m；带锁锭侧接力器外高里低，水平值为0.355mm/m，超出GB/T 8564《水轮发电机组安装技术规范》中的允许范围，即接力器在活塞处于全关、中间、全开位置时，测量筒或活塞杆水平不应大于0.10mm/m。此外，2号机组控制环由于抗磨块磨损严重，测量控制环径向间隙为$+y$方向为1.3mm，$+x$方向为0.3mm，控制环间隙同样超标。

3. 双联臂轴套严重磨损与销子配合间隙过大

2号机组大修时检查双联臂轴孔与拐臂销子及控制环销子的配合间隙严重超标，由于配合间隙的超标会使机组调整负荷时导叶动作不灵活、受力不均匀，双联臂传递力矩时产生非水平分量，造成剪断销被剪断。

4. 接力器压紧行程过大

GB/T 8564《水轮发电机组安装技术规范》规定对于摇摆式接力器，压紧行程测量方法为导叶在全关位置，接力器自无压升至工作油压的50%时，其活塞移动值为压紧行程。该电站压紧行程测量方法不正确，导致每次检修调整后的压紧行程大于厂家设计值要求，导叶全关时会使剪断销一直有较大的受力。

5. 导叶中轴孔和下轴孔存在偏心

通过挂钢琴线对$\pm x$、$\pm y$方向的4个导叶中轴孔相对下轴孔的偏心值进行了测量（装上顶盖定位销），通过数据可看出各方向导叶轴孔间的偏心方向不一致、偏心值大小不等。由于各导叶轴孔间存在不规律的偏心，使机组运行中导叶受力不水平导致剪断销憋劲，此外还使部分导叶局部端面间隙有所减小，增加了导叶端面摩擦力矩。

（三）处理方法与过程

（1）重新调整导叶上、下端面间隙合格。

（2）在接力器法兰后通过加减铜垫重新调整接力器水平值。实际调整为带锁锭侧0.08mm/m、不带锁锭侧0.10mm/m，满足规程要求。

（3）在控制环±$y$方向的立抗磨块后面增加铜垫、在控制环底抗磨板后加铜垫，调整控制环+$y$方向径向间隙为0.26mm，+$x$方向径向间隙为0.19mm。

（4）重新加工双联臂轴套，使其与双联臂孔有0.05～0.17mm过盈量，与拐臂销子及控制环销子有0.05～0.17mm配合间隙。

（5）重新按规程的测量方法调整接力器压紧行程至厂家设计要求范围内。

（6）更换新剪断销，清理导叶下端面毛刺及高点，彻底清除干净底环抗磨板上的高点毛刺。

## 十一、引水压力钢管伸缩节漏水

引水压力钢管伸缩节是水电站引水压力钢管的重要安全装置，其主要用途是使压力钢管管段能自由伸缩，以适应钢管在使用环境条件下可能出现的轴向伸缩、弯曲和错动，减少或消除压力钢管由于上述变位而引起的应力效应，满足电站发生异常情况时压力瞬间波动引起的压力钢管变形，保障安全运行。引水压力钢管伸缩节漏水多是由于中心未调整合格、盘根损坏或压缩量不够、裂纹、螺栓断裂等原因引起。

【典型案例】某电站压力钢管伸缩节漏水故障

### （一）故障现象

某电站安装有5台单机容量为240MW的混流式机组。引水系统采用一机一管的单独供水方式，压力钢管自上游端至下弯段设计用18～22mm/16Mn钢板，水平段用36mm/SM58Q高强钢板，伸缩节及厂内延伸段为40mm/62U高强钢板。该电站某号机组伸缩节于2008年出现渗水情况，结合机组检修于2011年对伸缩节密封盘根进行了更换，但从充水运行情况来看，伸缩节漏水情况反而出现增大的状况。因伸缩节前端的压力钢管中心与伸缩节后端的凑合节中心无法调整，2012年结合机组检修对伸缩节内圈4道环焊缝疑似缺陷部位进行补焊处理，检修后机组充水运行时，伸缩节漏水现象仍未得到改善。伸缩节在处理前的漏水量为1.28L/min，根据2015～2017年期间一年半的监测漏水量情况，在同水头的情况下有不断增大的趋势。

### （二）原因分析

该电站压力钢管伸缩节结构为套管式，设计伸缩值12mm，伸缩缝处布置封闭式拱波板与套管段的填料箱组成的双层密封结构，压力钢管伸缩节剖面，如图8-11所示。伸缩节在不同季节温度条件下的伸缩直接对拱波板造成拉拽或挤压作用，且其金属材料自身在运行中还承受着由于交变应力与腐蚀共同作用的应力腐蚀，这两方面因素共同作用可能造成拱波板出现裂纹或其他类型的缺陷。

此外，由于混凝土结构沉降及其他原因，造成前端的压力钢管中心与伸缩节后端的凑合节中心在竖直方向上偏差约10mm，安装时存在着间隙大的部位未填满，间隙小的部位通过人工切削盘根方式也存在切削后的尺寸与对应安装部位间隙不匹配的情况，难

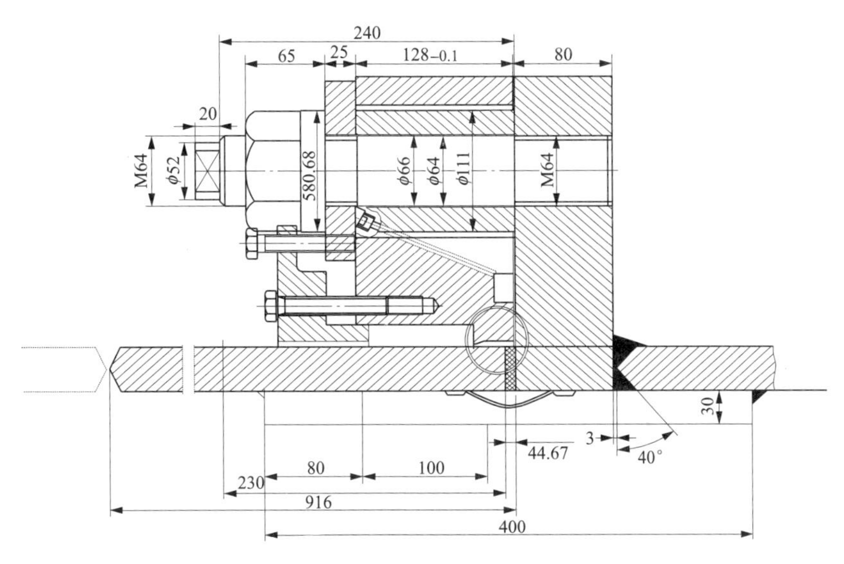


图 8-11　压力钢管伸缩节剖面

以控制 GFO 盘根在与安装部位尺寸不匹配条件下的防渗漏效果。

（三）处理方法与过程

（1）对拱波板进行整体渗透无损检测，并对缺陷位置详细标记，疑似位置进行复探确认。

（2）对存在裂纹等缺陷的部位进行焊接。焊前将拟焊接区域加热至 200～300℃再施焊，焊后将焊接区域加热至 650～720℃，再覆盖绝热保温材料进行保温，加热温度通过红外成像仪精密监测控制。

（3）所有缺陷严格按照处理方案要求工艺进行处理，并复探合格。

## 第二节　发电机常见故障与处理

混流式水轮发电机是由定子、转子、机架等多个部件组合而成的将机械能转换成电能的设备。发电机故障与其设计、制造、安装、运行、检修维护等各环节密切相关，故障产生的主要原因如下。

（1）设计欠合理。

（2）制造加工质量不达标。

（3）运行中受到交变载荷长期作用，零部件间的相互摩擦等因素。

（4）安装、检修、维护不当。

（5）人员误操作等。

本节主要介绍了发电机过电压、发电机失磁、发电机振荡、发电机温度异常升高、定子绕组绝缘击穿和短路、定子线棒槽口电晕、定子线棒绝缘盒漏胶和开裂、定子铁芯松动、定子铁芯端部冲片窜出、定子铁芯短路、定子接地、转子接地、非同期并列、转子中心体筋板裂纹、转子中心体渗水、轴承轴瓦磨损或烧瓦、机械制动异常投入等发电机常见故障类型，并一一选取了相关典型故障案例，简述了故障现象、产生的原因和处理方法，以供参考。

## 一、发电机过电压

发电机过电压是指发电机运行过程中出现电压异常升高的故障现象。出现不允许的过电压时，可能导致发电机定子绕组绝缘遭受破坏，因此，在水轮发电机上应装设过电压保护装置，一旦触发过电压保护的动作出口条件，过电压保护装置就会出口动作跳灭磁开关、断路器，以达到停下机组的目的。引起发电机过电压的主要原因如下。

（1）发电机励磁系统故障，发生强励。

（2）水轮发电机甩负荷。

（3）发电机绕组对地非金属性短路，发生接地电弧。

（4）线路过电压通过变压器进入发电机绕组等。

【典型案例】某电站发电机过电压保护动作故障[10]

（一）故障现象

某电站安装有 4 台单机容量为 150MW 的混流式水轮机，发电机励磁系统采用自并激晶闸管励磁方式。该电站在某号机组发电机小修后，进行零起升压试验过程中，当手动投入励磁时，发电机定子过电压保护动作，机组停机。故障过程中，励磁系统没有发出任何信号。

（二）原因分析

励磁电流控制器一N03 板件上 Y97 放大器损坏，导致励磁电流闭环调节失效，进而导致定子电压失控，直至定子过电压保护动作。

（三）处理方法与过程

（1）更换励磁电流控制器一N03 板件上 Y97 放大器。

（2）定期检查励磁手/自动切换功能，发现问题及时处理，确保自动电压调节方式故障时能自动切换到手动励磁电流调节方式运行。

（3）若发电机励磁系统自动调节通道故障，机组被迫手动励磁方式运行时，应严密监视转子电流、定子电压等情况，并根据负荷变化情况，及时调整励磁电流，尽量减少手动励磁运行时间。

## 二、发电机失磁

发电机失磁是指水轮发电机正常运行过程中，励磁电流突然全部或部分消失的故障现象。引起发电机失磁的主要原因如下[11]。

（1）励磁变压器故障跳闸。如变压器存在绝缘制造缺陷或运行中绝缘缺陷逐步恶化，产生放电现象，导致励磁变压器保护动作跳闸。

（2）灭磁开关跳闸。

1）DCS上误发灭磁开关跳闸指令。

2）出口继电器故障发出灭磁开关跳闸指令。

3）灭磁开关跳闸按钮接点吸合发出跳闸指令。

4）就地手动分开灭磁开关。

5）灭磁开关控制回路电缆绝缘下降。

6）开关本体机械跳开灭磁开关。

7）直流系统瞬时接地导致灭磁开关跳闸等。

（3）励磁滑环打火。例如，碳刷压簧压力不均，造成部分碳刷电流分布不均，致使个别碳刷电流过大，引起发热，或者碳刷存在脏污现象，污染了碳刷和滑环接触面，造成部分碳刷和滑环接触电阻增大继而出现打火等。

（4）直流系统接地。

（5）励磁调节系统故障。

（6）整流柜全停。

【典型案例】某电站励磁装置异常失磁导致发电机与系统解列故障[12]

（一）故障现象

某电站安装有2台单机容量为34MW的混流式水轮发电机组，励磁系统采用自并激晶闸管整流励磁系统，并采用微机型励磁调节器，具有独立的双调节通道，采用双自动通道带手动功能构成。2015年7月17日，该电站某号机组因励磁装置异常，无功由3.2Mvar突增至48.89Mvar，励磁系统强励动作，励磁电流急剧升高，发电机励磁过负荷动作。随后，励磁调节仍然调节异常，机端电压下降，直至低励限制，发电机失磁保护动作出口，发电机与系统解列。

（二）原因分析

（1）发电机励磁调节器总线故障，AVR与IPU之间通信时断时续，致使IPU跟踪AVR输出值出现阶跃现象，阶跃较大时造成过励磁或欠励。

（2）励磁系统定期维护工作存在遗漏，未定期对光纤收发器的各个接头清洗及CAN总线的端子拧紧。

（三）处理方法与过程

（1）将励磁设备断电后，清理调节柜和功率柜卫生，紧固各端子排螺丝，并将CAN总线光纤收发器的各个接头都进行清洗处理，光纤收发器端子的螺丝紧固。

（2）对发电机定、转子及出口PT绝缘进行测量，绝缘合格。

（3）对发电机、出口断路器、机端PT柜等进行详细检查，确认外观无异常、设备无损坏。

（4）制定CAN异常需复归操作作业卡。

### 三、发电机振荡

正常情况下，发电机和电力系统都在稳定状态下运行，当电力系统中发生某些重大扰动时，发电机与电力系统的有功平衡将遭到破坏，此时必须立即改变发电机的输出功率，响应电力系统的变化，发电机在响应系统的暂态过程中，发生功角时大时小，来回变化，转子速度环绕同步转速时高时低的循环过程，就叫振荡。振荡有两种类型：一种是振荡的幅度越来越小，功角的摆动逐渐衰减，最后稳定在某一新的功角下，仍以同步转速稳定运行，称为同步振荡；另一种是振荡的幅度越来越大，功角不断增大，直至脱出稳定范围，使发电机失步，发电机进入异步运行，称为非同步振荡。引起发电机振荡的主要原因如下。

（1）线路输送的有功功率超过静稳定极限。

（2）系统短路。

（3）发电机特别是大容量机组突然跳闸。

（4）非同期并列。

（5）调速器失灵。

**【典型案例】**某电站机组多次振荡故障[13]

（一）故障现象

某电站安装有6台单机容量550MW的混流式水轮发电机组。由于各方面原因，该电站曾发生过多起振荡故障，表现如下。

1. 某电网引起的低频振荡

2001年8月3日，该电站系统电压在532～539kV波动，总有功功率在2460～2590MW波动，系统频率在49.195～50.105Hz波动，2～6号机组有功功率在20～30MW波动，无功功率在10～20Mvar波动。

2. 机组功率波动

2002年3月1日，6号机组有功功率475MW，无功功率－115Mvar，6号机组励磁电压值跳变，最低－113V、最高450V，无功功率在－75～－142Mvar波动，500kV母线电压在526～530kV波动。2004年12月20日，1号机组负荷由515MW上升后突降到340MW，又上升到513MW。

3. 机组励磁电压波动

2004年1月11日，2号机组减有功功率至350MW时，3号组励磁电压波动范围为120～250V，无功功率在－45～－130Mvar波动。

（二）原因分析

（1）电网故障。

（2）电力系统稳定器（PSS）补偿参数不完善。

（3）机组运行方式不合理。

（4）旧励磁装置逻辑原理不合理。

该电站旧励磁系统逻辑框图，如图8-12所示，从图中可看出，如果增磁操作太多，造成AVRREF值远大于V/Hz限制动作值，机组励磁长期在V/Hz控制环作用下运行，对机组稳定不利。如果减磁操作太多，使 AVRREF 值太小，也将造成机组励磁长期在 P/ Q 控制环的作用下运行，对机组稳定也是不利的。机组长时间在上述两种工况下运行，可能造成机组励磁异常波动。

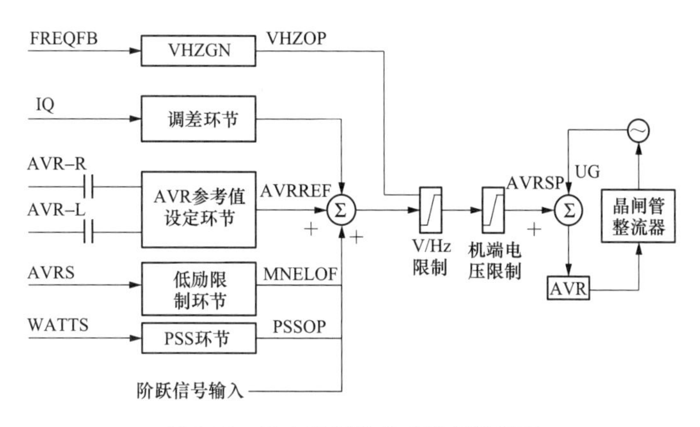


图 8-12 该电站旧励磁系统逻辑框图

（三）处理方法与过程

（1）改造励磁系统。选用控制逻辑合理的励磁系统，特别是 PSS 输出不能受励磁本身限制功能的削弱。

（2）调整机组运行参数。暂时提高 V/Hz 限制定值，由 1105 改为 1107。

（3）优化励磁 PSS 参数。

（4）规范机组运行方式。

在对机组进行有功、无功功率调整时，不得人为造成励磁系统各种限制、保护功能动作。合理安排机组运行方式，避免机组长期在水轮机涡带区运行。

**四、发电机温度异常升高**

水轮发电机温度异常是比较常见的故障类型，一般来说，发电机温度升高不会立即对发电机的工作效率和安全带来影响，但一旦温度上升过高，则应仔细查找原因，并予以及时有效地处理和解决。

引起发电机温度异常升高的主要原因如下。

（1）冷却装置故障。如冷却水水压或水量不足，管路堵塞、破裂；阀芯脱落；空气冷却器铜管破裂等。

（2）发电机过负荷。

（3）温度测量元件故障。

（4）三相电流不平衡等。

【典型案例】某电站发电机温度偏高故障[14]

（一）故障现象

某电站共装有 5 台单机容量为 350MW 的混流式水轮发电机组，发电机采用密闭自循环空气冷却，共有12组冷却器，通风类型采用双路径向无风扇通风。自2008年6月以来，该电站5号机组大部分时间在300MW负荷以下运行，功率因数在进相0.95～0.99，定子线圈温度比以往偏高。5号机组在有功功率344MW，定子电流为11 034A（额定定子电流为12 474A）时，定子线圈温度高达113.7℃，不符合DL/T 751《水轮发电机运行规程》中规定的最高85℃的温升上限，并出现了定子绝缘盒、端部线棒等开裂的缺陷，严重影响了机组的安全稳定运行。

（二）原因分析

（1）挡风板密封不严，发电机漏风。

（2）用铜量偏少，设计参数偏高。

（3）股线过厚，涡流系数大。

（4）定子线棒形状不佳，槽形高宽比小，散热能力较差。

（三）处理方法与过程

1. 通风系统改造

在转子支架上增加挡风圈。对定子压板间的间隙、定子压指后挡风圈与铁芯的间隙进行封堵。对挡风板围屏与定子线圈之间的缝隙进行封堵。在转子磁轭上增加导风叶和挡风圈。在定子上、下端增设挡风立圈。转子磁轭叠片由每层1片改为每层2片。封堵转子支架下端进风口。

2. 定子改造

（1）增加定子铁芯高度，将定子铁芯槽深由149mm增加到172mm，铁芯由1800 mm增加到1820mm。上层线棒电密变为$j_{1上}=2.152A/mm^2$，下层线棒电密变为$j_{1下}=2.62A/mm^2$。

（2）铁芯内径由原$\phi$18 130单边增加3mm，扩为$\phi$18 136，使气隙基本接近设计值。

（3）通风系统局部改善，在上、下铁芯端部与齿压板间增加一条风路，冷却铁芯端部及压指、压板，解决发电机失稳的问题。

**五、定子绕组绝缘击穿和短路**

定子绕组绝缘击穿和短路是指发电机组运行中或预防试验时定子绕组被击穿的现象。引起定子绕组绝缘击穿和短路的主要原因如下。

（1）定子绕组绝缘老化。

（2）定子绕组局部过热。

（3）定子绕组外部短路或非同步合闸的过电流冲击。

（4）定子绕组制造工艺不良。

（5）定子绕组线槽中或端部有金属异物。

（6）定子绕组松动产生振动磨损绝缘。

【典型案例】某电站水轮发电机定子绕组绝缘击穿故障[15]

（一）故障现象

某电站总装机容量为1080MW，发电机冷却方式采用密闭自循环空气冷却。2010年4月25日，该电站进行4号机组定子绕组大修前交流耐压试验，试验电压为工频23.5kV，加压时间1min。在对V相1分支进行调谐加压至10kV左右时，突然出现电压表指针迅速归0情况。将控制台调压旋钮调0后，分别用5000、2500V绝缘电阻表测V相定子绕组对地绝缘电阻阻值均为0Ω。此时，V相绝缘、耐压试验已通过，W相绝缘试验通过、耐压试验未进行。在进行发电机定子绕组耐压试验时，发电机出口和中性点软连接已解开，采用首尾短接等电位加压方式。4号发电机定子绕组耐压试验数据，见表8-4。

**表8-4　　4号发电机定子绕组耐压试验数据**

| 相别 | 耐压试验前 | | | 耐压试验后 | |
|---|---|---|---|---|---|
| | 绝缘（MΩ） | 吸收比 | 耐压（kV） | 绝缘（MΩ） | 吸收比 |
| U相 | 1990/582 | 3.42 | 23.5 | 1984/580 | 3.42 |
| V相 | 3082/920 | 3.35 | 10（未通过） | 0 | 0 |
| W相 | 1995/580 | 3.44 | 未进行 | | |

**注**　温度：18℃，湿度：25%。

通过发电机解体检查发现：

（1）全部540槽的槽内定子铁芯最下层硅钢片中，500槽有1～5mm不同程度的溢出现象。

（2）大部分定子铁芯叠片松动，波浪度严重超标。

（3）定子铁芯硅钢片存在整体弯曲现象，水平度超标。

（二）原因分析

1. 定子铁芯压紧方式设计不合理

定子铁芯采用后端拉紧螺杆压紧定位的压紧方式，该方式不能完全、均匀、紧固地压紧全部定子冲片。

2. 实际运行工况影响

（1）机组启、停频繁。该电站机组为调峰机组，运行时间受电网负荷影响较大，机组启动、停机较为频繁。

（2）热胀冷缩因素影响。机组启、停过程中使定子铁芯长期处于冷热不均的环境中，导致铁芯变形。

（3）定子铁芯安装时分段压紧不到位。铁芯压紧采用分段压紧，分别压紧3次后再进行总压，可能存在压紧不到位情况。

（三）处理方法与过程

（1）修复线棒。对线棒绝缘破损处进行修复，绝缘破损程度较轻的线棒，可进行现场处理；较严重的则返厂维修或更换新线棒。

（2）重新拉紧所有拉紧螺杆。重新拉紧所有拉紧螺杆，使定子铁芯波浪度、水平度达到厂家设计要求。

（3）全面清理铁芯。对拆下线棒的铁芯槽进行全面清理，对铁芯硅钢片突出部位进行平整处理。在处理部位将铁芯层间相连铁毛刺清理干净，并涂刷环氧胶。

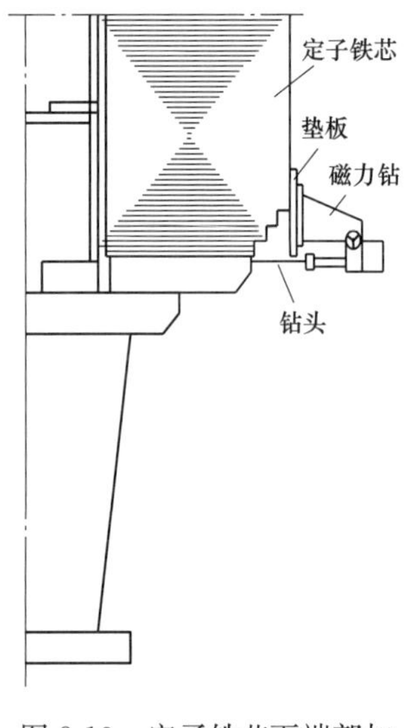


图 8-13　定子铁芯下端部加装垫块示意

（4）修复定子铁芯下端部。按设计图纸加工铁芯压指上的挡块螺孔，并安装挡块，定子铁芯下端部加装垫块示意，如图 8-13 所示。

（5）铁芯修复后铁损试验。

（6）线棒重新下线，并进行电气试验。

**六、定子线棒槽口电晕**

发电机定子线棒槽口电晕是指发电机定子线棒槽口电场集中，当局部位置场强达到一定数值时，气体发生局部电离，在电离处出现蓝色荧光的电晕现象。电晕产生热效应和臭氧、氮氧化物，使线圈内局部温度升高，导致胶粘剂变质、碳化，股线绝缘和云母变白，进而使股线松散、短路、绝缘老化。产生定子线棒槽口电晕的主要原因如下。

（1）海拔因素。海拔越高，空气越稀薄，则起晕放电电压越低。

（2）湿度因素。湿度增加，表面电阻率降低，起晕电压下降。

（3）与端部高阻防晕层及温度有关。如常温下高阻防晕层阻值高，则温度升高，其起晕电压也提高。如常温下高阻防晕层阻值偏低，起晕电压随温度的升高而下降。

（4）与槽部电晕及槽壁间隙有关。线棒与铁芯线槽壁间的间隙会使槽部防晕层和铁芯间产生电火花放电。

（5）与线棒所处部位的电位及电场分布有关。越高越容易起晕，电场分布越不均匀越容易起晕。

【典型案例】某电站发电机定子线棒槽口电晕故障

（一）故障现象

某电站安装有 5 台单机容量为 240MW 的混流式水轮发电机组，发电机定子绕组为双层波绕组，绕组在定子圆周上的相角电压相序分布完全对称，四个支路，星形连接。该电站某号机组检修中发现两个定子线棒下端部出槽口垫块涤纶毡处有白色粉末，随即利用停机机会对其他发电机进行了检查，发现每台机组在相同部位存在不同数量和程度的白色粉末，定子线棒下端部出槽口白色粉末位置，如图 8-14 所示。

（二）原因分析

发电机定子绕组绝缘表面某些部位由于电场分布不均匀、局部场强过高，导致附近空气电离而引起的辉光放电，辉光放电产生的热效应和臭氧，将线棒环氧云母绝缘材料

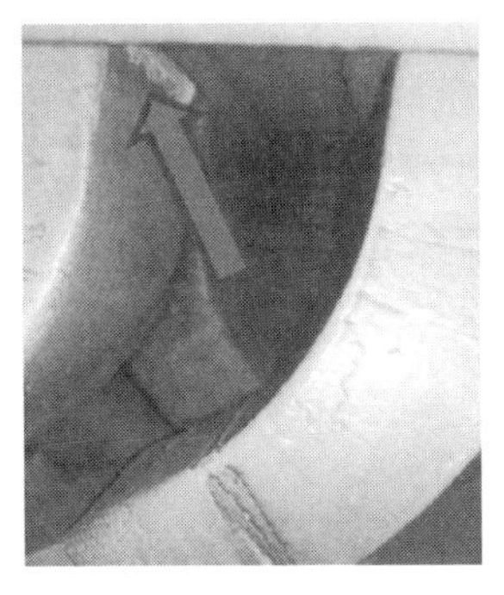

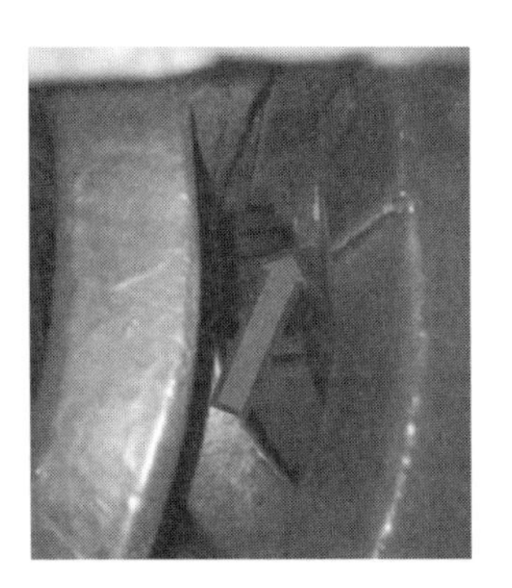

图 8-14　定子线棒下端部出槽口白色粉末位置

腐蚀成白色粉末。

（三）处理方法与过程

（1）拆除需处理线棒处的引风板。

（2）线棒清理前，使用塑料薄膜和保护带将邻近线棒、磁极进行防护，用洁净的酒精布仔细擦拭线棒待修复区域。

（3）拆除槽口块。打出槽口块时注意垫块的方向，应当敲击压块的小头位置将压块敲出。拆除涤纶毡时，尽量避免损坏线棒表面的附加绝缘层。

（4）用酒精白布擦除电晕痕迹，如果无法擦除干净，可用 120 目不含金属颗粒的木用砂皮纸轻柔打磨线棒待修补区域，不能有尖端或毛刺，用酒精白布擦干净线棒表面灰尘，并用吸尘器清理打磨出来的粉尘，再用干燥的压缩空气吹扫一遍。

（5）用记号笔标记出低阻防晕区、高阻防晕区及搭接区域，如图 8-15 所示。

（6）将低阻漆搅拌均匀，从铁芯槽口处延伸 120mm 范围内，用细毛刷涂刷低阻漆 HEC56611，涂刷时要均匀，干燥 24h 以上。

（7）将高阻漆搅拌均匀，从槽口块中间位置开始，延伸至端部 300mm 范围内，线棒低、高阻漆区域示意，如图 8-16 所示。涂刷高阻漆 HEC56615，能涂刷到的面均匀涂刷，干燥 24h 以上。

图 8-15　线棒涂刷低、高阻漆标注区域

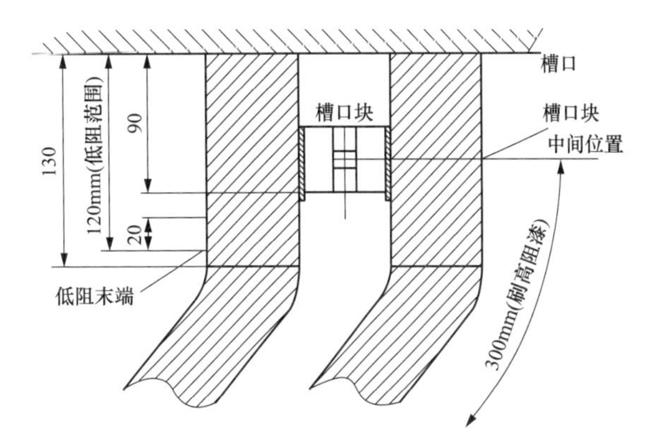


图 8-16　线棒低、高阻漆区域示意

图 8-17　槽口垫块安装现场

（8）把浸渍 HDJ-138 室温固化胶 A、B 组分按重量比 2∶1 的比例调匀，并将涤纶毡在浸渍胶中充分浸透，浸胶的涤纶毡需要稍微晾一会儿使溶剂挥发，在涤纶毡未硬之前，垫在槽口垫块位置，按照下线工艺要求打入槽口垫块，槽口垫块安装现场，如图 8-17 所示。

（9）待涤纶毡固化后，丙酮或甲苯稀释 9130 红瓷漆，并搅拌均匀，在线棒端部涂刷 9130 红瓷漆，室温固化 24h 以上。

（10）对定子绕组进行绝缘电阻、吸收比、极化指数试验、直流耐压及泄漏电流试验，数据与历史数据对比均正常。试验中和试验后检查已处理的槽口电晕位置无异常情况。

（11）装复所拆除的引风板。

## 七、定子线棒绝缘盒漏胶和开裂

定子线棒绝缘盒漏胶、开裂是指发电机定子线棒端部用来密封定子线棒接头的绝缘盒外部出现开裂，绝缘盒内用于填充间隙的环氧树脂胶漏出的现象。引起定子线棒绝缘盒漏胶、开裂的主要原因如下。

（1）线棒接头部位松动或焊接不良。

（2）施工工艺质量不良，如灌注胶现场配比错误、绝缘盒原填充胶灌注工艺缺陷，盒内灌注胶未填实存在间隙或形成空洞等。

（3）封口环氧腻子太薄，容易破裂，不能起到有效的封堵作用。

（4）绝缘盒本身材质和质量不合格。

【典型案例】某电站定子线棒绝缘盒漏胶和开裂故障

（一）故障现象

某电站安装有 3 台单机容量为 140MW 的混流式水轮发电机组，发电机定子绕组为双层杆式波绕组、4 支路星形连接。2016 年 11 月 7 日，该电站某号机组 B 级检修时，检查发现发电机多处定子线棒存在绝缘盒漏胶、开裂现象（如图 8-18 和图 8-19 所示），其中，

图 8-18　绝缘盒漏胶

图 8-19　绝缘盒开裂

定子线棒上端绝缘盒共25处出现漏胶现象，漏胶未完全固化，200、258、275号线棒处漏胶较为严重。

（二）原因分析

（1）施工工艺质量不良，灌注胶现场配比错误造成灌注胶未完全固化，由于线圈正常运行时会有一定的温度，正常情况下比热风温度要高10℃以上，胶体受热更加剧软化。

（2）绝缘盒原填充胶灌注工艺缺陷，盒内灌注胶未填实存在间隙或形成空洞，以及绝缘盒本身材质和质量原因，延展性及强度均不能满足现场要求，从而导致绝缘盒故障。

（三）处理方法与过程

1. 处理方法

（1）漏胶问题处理。清理出现漏胶的绝缘盒，待清理干净后对线棒接头部位直阻进行测量，同时，查找交接时的数据进行对比，以确定直阻偏大是否是影响绝缘盒漏胶的直接原因。若漏胶的绝缘盒线棒接头直阻确实偏大，则需解开线棒接头，重新焊接；若此处直阻并无大的问题，可按照工艺灌注新的绝缘胶。

（2）绝缘盒裂纹处理。根据试验情况对放电绝缘盒进行更换，重新灌注填充胶；其余裂纹绝缘盒可采取手包绝缘加强绝缘的措施，将云母片用环氧树脂胶粘合在绝缘盒裂纹侧，然后用玻璃丝带缠绕多层并固定云母片，最后再整体涂刷环氧树脂胶封合的措施。

2. 处理过程

（1）线棒绝缘盒及跨槽连接线拆除。

（2）绝缘材料干燥处理。

（3）上、下端部绝缘盒安装、灌胶。

（4）跨槽连接线焊接示意，如图8-20所示。

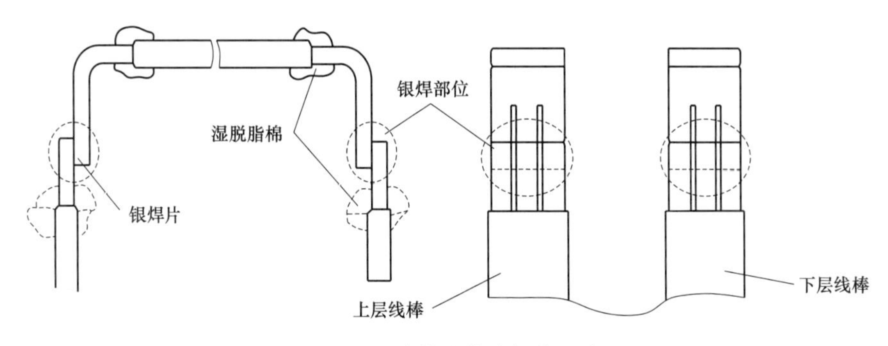


图8-20　跨槽连接线焊接示意

## 八、定子铁芯松动

发电机定子铁芯松动指原本通过上、下齿压板用拉紧螺栓压紧成整体的定子铁芯，其扇形硅钢片层间出现松动现象的故障。定子铁芯松动的情况比较多，如铁芯整体松动、铁芯两端松动、铁芯压指松动等。铁芯松动较为严重时，可导致扇形片移位，切入绕组绝缘层，引起振动增大，危害机组运行。引起定子铁芯松动的主要原因如下。

（1）设计原因。如拉紧螺杆设计不合理、定子槽数设计不合理、定转子铁芯长度不匹配、空气冷却器容量不足或通风槽结构设计不合理，导致通风散热不佳等。

（2）制造原因。如硅钢片冲剪后毛刺偏大、硅钢片漆膜偏薄、铁芯压指或通风槽钢材质不合格、铁芯两端齿压板变形、定子冲片涂漆工艺不良等。

（3）安装原因。如铁芯拉紧螺杆预紧力不够、铁芯波浪度超标或齿压板压指安装水平度及波浪度超标，焊接质量不达标、铁芯叠片压紧时未压实等。

（4）振动原因。如水力振动、机械振动和电磁振动等。

（5）温度原因。发电机开停机及负荷变化，引起铁芯温度变化，使硅钢片间的夹紧力产生松紧变化，会使定子铁芯周期性热胀冷缩，引起铁芯齿部松动。

【典型案例】某电站发电机定子铁芯松动和断齿故障[16]

（一）故障现象

某电站安装有5台单机300MW的混流式水轮发电机组。2005年，该电站5号发电机进行春季预防性试验时，发现409、410号线棒下部槽口之间有微弱放电现象，经检查发现该处定子铁芯叠片下部第一片硅钢片向外伸长20mm。

（二）原因分析

1. 材料方面的原因

（1）定子硅钢片的原因。硅钢片尺寸大小不一，偏差大、硅钢片的平整度较差，不容易被压紧。

（2）硅钢片漆的原因。将有机漆作为绝缘漆使用，涂刷在硅钢片上，在压力和温度的作用下，会产生收缩现象。

2. 设计方面的原因

（1）铁芯齿压条的刚度不够。

（2）定子铁芯下端一般采用小齿压板结构，与采用大齿压板结构比较，铁芯轴向刚度小。

（3）硅钢片漆存在一定的收缩性，没有足够的考虑到这个原因。

（4）铁芯通风槽的钢结构设计不合理，没有考虑到通风流畅。

（5）未充分考虑到运行时，温度过高条件下拉紧螺杆存在热膨胀的问题。

（6）铁芯齿压板存在水平度不能满足要求的问题。

3. 制造方面的原因

（1）硅钢片冲剪后毛刺偏大，去除毛刺不彻底。

（2）焊于齿压板上压指的最终尺寸、形状相互间存在较大差异，致使压指刚度不一。

（3）通风槽钢焊接时，位置尺寸不正确，焊接后变形大。

（4）定位肋板尺寸偏差较大。

（5）定子冲片涂漆工艺不良，漆膜收缩率增大。

4. 组装方面的原因

（1）下部小齿压板相互间高程差异较大。

（2）定位肋板之间的弦距偏差过大。

（3）铁芯叠片压紧时未压实，严重时由于存在波浪度，局部区域冲片层间存在间隙。

（三）处理方法与过程

（1）采用F级新型硅钢片漆。采用附着力更强、收缩率较低、表面硬度高、具有较高抗蠕变功能和无机质含量的新型环氧硅钢片漆，这类漆膜可有效加强定子铁芯运行后轴向压紧力，不易产生松动。

（2）定子铁芯的端部采用新型结构。在定子铁芯最外段的铁芯两端的齿片之间使用环氧树脂涂刷，可有效地提高铁芯齿部的刚度，增大铁芯的稳定性。

（3）应用通风槽钢的新型布置方式。

（4）应用新型铁芯叠片方法。对直径大于10m的定子铁芯，采用十片一组的搭接新型叠片方法，从而有效地降低定子铁芯在运行中因热胀产生的摩擦热应力，提高铁芯抗击运行疲劳的能力。

（5）应用新型的固定定子铁芯的结构。

（6）应用高强度拉紧螺杆。

（7）应用新型蝶形弹簧防铁芯松动。

（8）应用简化组装工艺。采用导向键定位定子铁芯，合理叠压芯片，在机座环板安装环形靠板，合理调整安装间隙，将定子铁芯准确定位。

## 九、定子铁芯端部冲片窜出

发电机定子铁芯端部冲片窜出是指发电机定子铁芯顶部或底部位置的硅钢冲片因铁芯松动等原因发生位移窜出，切割线棒的故障现象。引起发电机定子铁芯端部冲片窜出的主要原因如下。

（1）热应力原因。发电机定子铁芯长期在机组开、停机过程中或调峰调频过程中不断受温度变化引起热胀冷缩。

（2）通风原因。如定子铁芯通风冷却不均匀，引起定子冲片和齿压板间运动不同步。

（3）设计原因。如未充分考虑铁芯端片黏结原因，在机组运行时铁芯热膨胀、停机后冷收缩的反复作用下，定子铁芯端片与压指间的摩擦力大于该片与相邻端片的摩擦力时，该扇形片不随定子铁芯整体位移，端片抗变形失稳能力下降，造成鸽尾变形、端片位移，定子铁芯端片黏结失效。

【典型案例】某电站发电机定子铁芯端部冲片窜出故障

（一）故障现象

某电站安装有4台单机容量为250MW的混流式水轮发电机组，发电机为立轴半伞式密闭自循环空气冷却三相凸极同步发电机。2016年8月22日，该电站3号机组开机后带190MW负荷运行时，定子电压UBC（交采）26.329kV越上上限，随后A/B套发电机基波零序保护动作，电气故障停机。现场检查发现定子铁芯下端部硅钢片窜出，最大8mm，切入下层线棒（定子铁芯槽内定子硅钢片突出，如图 8-21 所示。定子铁芯槽口硅钢片突出，如图 8-22 所示），导致发生线棒金属性接地。电站对其他三台机组检查，发现 1 号、2 号机组定子铁芯下端部硅钢片均存在不同程度的窜出，其中，3 号机组最为严重，2 号机组次之，1 号机组最轻。

图 8-21　定子铁芯槽内定子硅钢片突出

图 8-22　定子铁芯槽口硅钢片突出

1.3 号发电机定子铁芯故障情况

3 号发电机最下层硅钢片窜出部位基本位于 28、11 号硅钢片之间，即面向电站下游方向，最下层硅钢片窜出部位基本位于定子铁芯左半部分，共有 24 片滑移窜出，其中，有 8 片窜出量大于 4mm。3 号发电机定子铁芯窜出硅钢片分布，如图 8-23 所示。

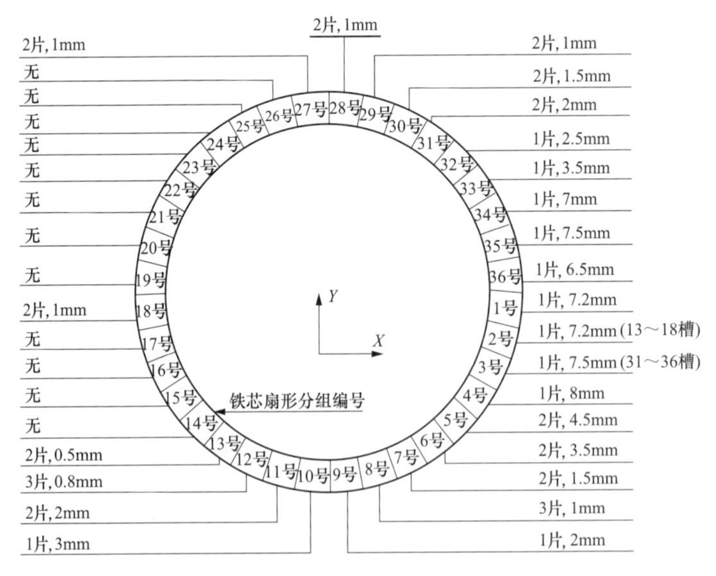


图 8-23　3 号发电机定子铁芯窜出硅钢片分布

2.2 号发电机定子铁芯故障情况

2 号发电机定子铁芯最下层硅钢片绝大部分已窜出，并且呈无规律状态。2 号发电机定子铁芯窜出硅钢片分布，如图 8-24 所示。

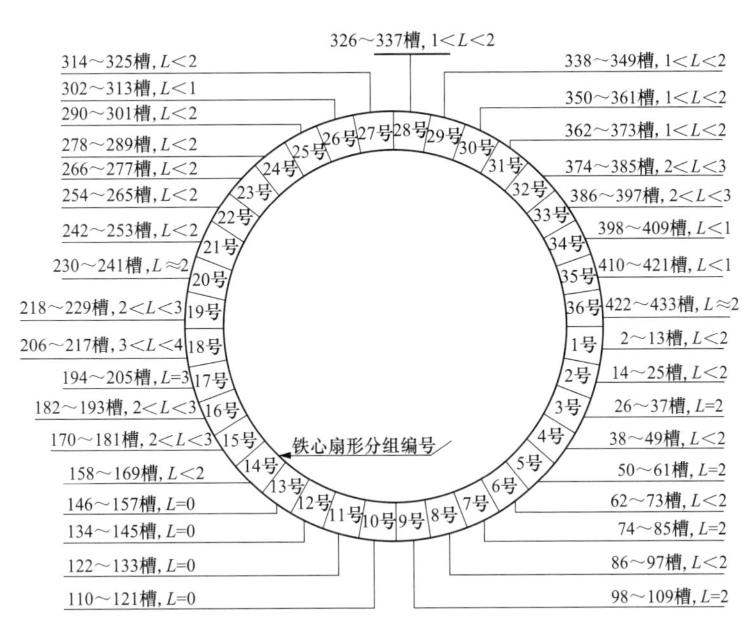

图 8-24　2 号发电机定子铁芯窜出硅钢片分布

3. 1 号发电机定子铁芯故障情况

1 号发电机定子铁芯最下层 9 片硅钢片存在窜出情况，分布在发电机中性点至出口部位，最大窜出量不超过 2mm。1 号发电机定子铁芯窜出硅钢片分布，如图 8-25 所示。

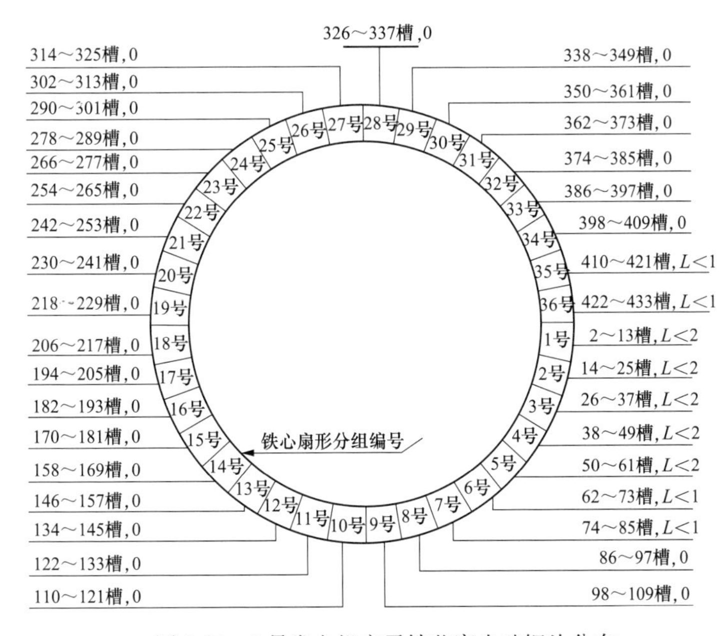

图 8-25　1 号发电机定子铁芯窜出硅钢片分布

（二）原因分析

定子端片黏结失效、端片抗变形失稳能力下降。由于端片黏接失效，紧靠压指的扇形片在机组运行时铁芯热膨胀、停机后冷收缩的反复作用下，当扇形片与压指间的摩擦力大于该片与相邻端片的摩擦力时，发生扇形片不随定子铁芯整体位移的现象，即发生窜片。此外，在定子铁芯长期运行松动、片间存在间隙的情况下，定子铁芯端片抗变形失稳能力下降，造成鸽尾变形、端片位移。

（三）处理方法与过程

(1) 端片抗变形失稳能力下降问题处理。

1) 将硅钢片半闭口鸽尾槽（如图 8-26 所示）改为闭口鸽尾槽（如图 8-27 所示），提升端片抗变形失稳能力，从而避免半闭口鸽尾槽卷曲，铁芯定位筋对硅钢片限位能力失效等问题。

图 8-26　半闭口鸽尾槽

图 8-27　闭口鸽尾槽

2) 在定子铁芯两端第一段硅钢片（包括基本片和阶梯片）每片轭部均匀布置 3 个 $\phi$20 销孔（如图 8-28 和图 8-29 所示），配合安装材质为“环氧层压玻璃布棒”的绝缘销，进一步增加端片抗变形失稳能力。

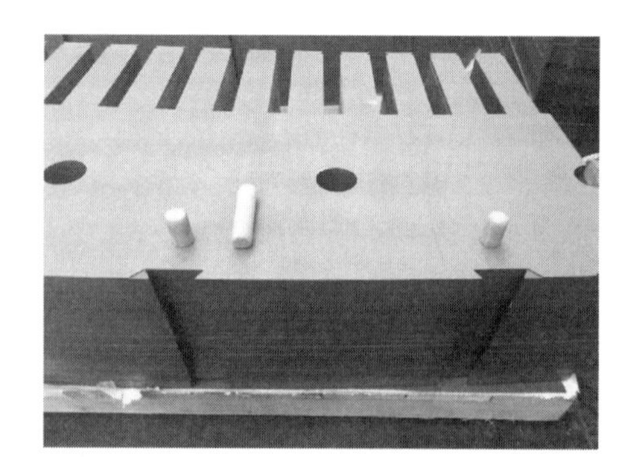

图 8-28　硅钢片轭部加装定位销（一）

图 8-29　硅钢片轭部加装定位销（二）

(2) 定子端片黏结失效问题处理。定子铁芯端部阶梯片每 6 片在制造厂内热压黏接成一体，工地叠片时再进行摞间黏接。端部定子硅钢片的每 6 片在制造厂通过机械设备热压黏接成整体，避免了现场安装时端片人工刷胶不均的工艺风险，保证单片之间黏接牢固。现场安装时只需将每摞端片间错 1/2 进行叠装，摞间使用硅钢片专用黏接胶黏接，黏接面积不小于 80%，每摞端片间错 1/2 叠装方式，如图 8-30 所示。

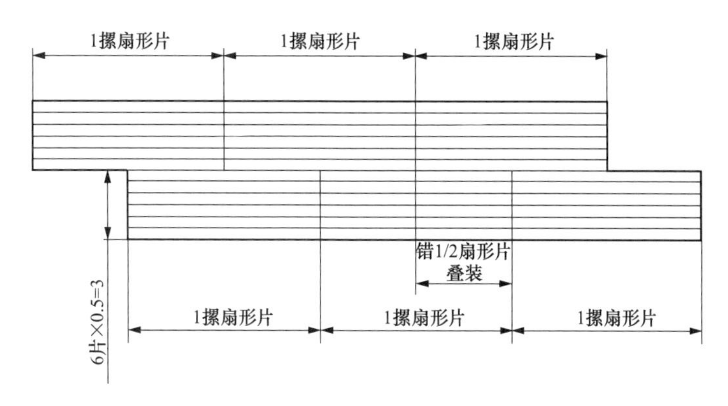


图 8-30　每摞端片间错 1/2 叠装方式

（3）为进一步提升定子铁芯整体性及绝缘性能，采取在上、下压指与硅钢片之间涂抹二硫化钼润滑剂，改变铁芯预压方式和固定方式，改变穿心螺杆绝缘方式的新技术，从而防止定子铁芯端部硅钢片滑移窜出。

1）定子叠装前，在压指与第一层端部冲片之间均匀涂一层二硫化钼，以降低压指与第一层定子硅钢片之间的摩擦系数，进而减小摩擦力，有利于使定子铁芯整体滑动。

2）将铁芯预压方式由原来风动扳手拧紧分段预压改为螺栓拉伸器分段预压，叠片受力更加均匀。

3）将定子铁芯穿心螺杆固定方式由“自锁六角螺母＋碟形弹簧”更换为“圆螺母＋锁定薄螺母＋碟形弹簧”方式，防止机组长期运行后定子铁芯松动。

4）定子铁芯穿心螺杆绝缘方式由分段式绝缘衬套改为全缠绕绝缘套筒结构，并在穿心螺杆端部增加绝缘螺帽，增加了穿心螺杆绝缘性能。

## 十、定子铁芯短路

定子铁芯是定子的主要磁路，由扇形冲片、通风槽片、齿压板、拉紧螺栓、托块、定位筋等部件组成。定子铁芯短路是指用来叠制发电机定子铁芯的原本片间绝缘的硅钢片，因某些部位绝缘被破坏，出现片间短路现象。引起定子铁芯短路的主要原因如下。

（1）制造安装原因使定子铁芯受到损伤。

（2）定子铁芯叠片松弛。

（3）定子铁芯叠片边缘有毛刺。

（4）发电机绕组发生弧光短路。

（5）定子部分铁芯叠片间有金属颗粒等异物。

【典型案例】某电站定子铁芯片间短路故障[17]

（一）故障现象

某电站安装4台单机容量为460MW的混流式水轮发电机组，发电机采用立轴半伞式结构，冷却采用端部回风的密闭循环空气冷却系统。该电站发电机在安装完成后进行过速试验时，一个磁极线圈铜排向外翻出，与定子铁芯相碰，磁极绕组在与定子摩擦过程中在定子铁芯内表面散布了大量半融化状态的铜屑，并使部分通风沟发生闭合现象。

（二）原因分析

（1）定子铁芯装压、下线、起吊和运行过程中，出现定子铁芯被工具或其他硬物碰伤。

（2）机组在运行过程中出现磁极线圈扫膛等事故。

（3）定子铁芯叠片松弛，当发电机运转时，铁芯产生振动而损坏绝缘。

（4）定子铁芯叠片边缘有毛刺或检修时受到机械损伤。

（5）定子部分铁芯叠片被焊锡或铜颗粒短路。

（6）发电机绕组发生弧光短路也有可能造成定子铁芯片间短路。

（三）处理方法与过程

（1）用砂轮、旋转锉、刀片等工具对槽楔通风口端铁芯表面进行打磨处理，去除所有铜屑，直到完全露出正常冲片漆膜线条。

（2）用80-220号砂布砂磨已打磨的部位，以去除毛刺。

（3）用尼龙抛光轮对打磨部位进行抛光处理，除去表面毛刺。

（4）用紧度刀片及刀片撬开冲片，用砂布除去片间的铜毛刺。

（5）用白布擦干净铁芯表面，去除各种杂质。

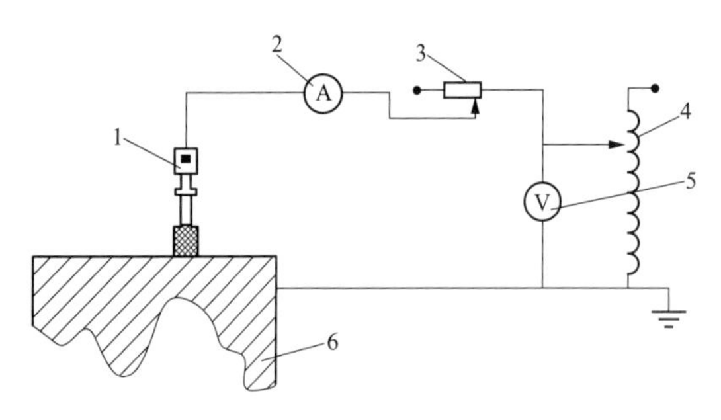


图8-31 电腐蚀修理铁芯接线

1—涂笔；2—安培表；3—滑线电阻；
4—自耦变压器；5—电压表；6—定子铁芯

（6）按电腐蚀修理铁芯接线（图8-31）布置电路，对以上过程产生的毛刺进行酸洗处理：在涂笔（可用钢板尺代替）两头包上毛毡，一端作为手柄，通过直流电焊机、钢板尺、铁芯连成回路，电压36V。将磷酸（或硫酸）溶液浸透钢板尺上的毛毡，涂刷在铁芯上，在一个部位做电解腐蚀时，毛毡与铁芯的接触时间要尽量短，控制在60～90s，反复操作，再用白布加清水、酒精擦干净腐蚀溶液，最后用电吹风进行干燥。

（7）用放大镜对修复处进行外观检查，如有毛刺应重复（2）～（6）工序进行处理。

（8）用仪器对修复处进行检查，如有不合格处按（2）～（6）工序进行处理，直到铁芯符合使用要求。

（9）对铜屑及毛刺清理完成后，将铁芯端部黏接胶的A、B两组分按比例搅拌均匀，用毛刷将胶涂刷在所有处理过的铁芯表面，待固化后做抛光处理。

### 十一、定子接地

定子接地是指发电机定子绕组回路及与定子绕组回路相连接的一次系统发生的单相接地短路。定子接地按时间长短可分为瞬时接地、断续接地和永久接地；按接地范围可分为内部接地和外部接地；按接地性质可分为金属性接地、电弧接地和电阻接地。引起定子接地的主要原因如下。

（1）发电机运行时间长久，绝缘老化。

（2）运行中过负荷，使绝缘因过热而老化加速。

（3）发电机结构设计不合理，引起发电机内部温度过高，加速绝缘老化。

（4）定子线圈制造质量不良，由于制造工艺等原因造成放电，绝缘击穿。

（5）发电机运行中受到大电流冲击（如非同期并列，出口短路等），产生强大电动力，使主绝缘受到损伤。

（6）发电机定转子零部件固定不牢，运行中脱落，打击定子主绝缘，使定子主绝缘损坏。

（7）定子铁芯硅钢片松动、移位，使主绝缘破损接地。

（8）检修或安装时定子主绝缘受到机械损伤。

（9）在进行预防性试验或投运试验时，不适当的降低试验电压，致使有的绝缘缺陷未能及时暴露，运行中遇到过电压或大电流冲击时发生绝缘击穿。

（10）发电机防雷措施不完善，遇到雷击使线圈绝缘击穿。

（11）定子线圈在槽中固定不紧，运行中因振动、蠕动，与铁芯产生摩擦损坏绝缘。

【典型案例】某电站发电机定子单相接地故障[18]

（一）故障现象

某电站共安装32台单机容量700MW的水轮发电机组。2015年10月30日，该电站某机组在正常运行期间监控系统报“A盘发电机保护定子接地保护动作”“B盘发电机保护定子接地保护动作”“A盘发电机保护停机总出口动作、B盘发电机保护停机总出口动作、电气事故停机、保护总出口动作”等信号，电气事故停机流程MARK-1动作，机组解列。

检查发现，发电机399槽与400槽之间、393槽与394槽之间挡风板固定螺栓断裂，在394槽线棒左侧与齿压板之间有2个平垫和1个螺帽，400槽线棒右侧与齿压板之间有1个螺帽。

对发电机定子绝缘电阻测量试验，发现398槽处挡风板下侧有明显放电现象。拆除398槽处挡风板后发现1个蝶形垫片斜插入398槽上层线棒内。

（二）原因分析

1. 直接原因

挡风板受风的压力、振动等因素，加上碟簧失去弹性补偿而松动，碟簧松动后发生窜动摩擦螺杆，导磁材料的碟簧在漏磁作用下有一定程度发热，长时间作用下导致螺杆被切割磨断。螺杆断裂后，碟簧因为导磁被磁极吸附带动到398槽线棒出口位置，槽口位置漏磁场更加严重，碟簧在交变磁场作用下严重发热，并在顺时针旋转的风力作用下逐渐侵入线棒，最后破坏整个主绝缘引起内部铜导体通过垫片对周围铁芯放电。

2. 间接原因

定子挡风板的安装方式设计不合理，在运行过程中存在螺栓、垫圈松动的隐患。

（三）处理方法与过程

（1）将398槽附近磁极拔出，对击穿的线棒进行更换，并修复烧伤的铁芯叠片。

（2）重新选用不锈钢无磁材质螺栓和垫片，并将该螺栓的检查列入机组检修项目，定期进行状态评估。

（3）对挡风板固定设计方式进行改造。

**十二、转子接地**

转子接地是指由于转子绕组过热绝缘损坏，或者转子绕组至滑环的引线和励磁系统的零部件故障接地等原因，使转子绕组与大地发生接触的现象。发电机转子接地有一点接地和两点接地，转子接地还可分为瞬时接地、永久接地、断续接地等。引起转子接地的主要原因如下。

（1）脏污和潮湿因素。如电刷粉末聚积在集电环、刷架和绝缘圈上，未及时清除；碳刷质量不良，碳刷弹簧压力不当，造成碳刷磨损过快；发电机轴承漏油或甩油，油污和碳粉等灰尘混合进入转子和励磁回路；环境脏污，冷却空气质量不好，发电机进风未装设吸尘装置，使大量灰尘吸入；现场潮湿等。

（2）转子绕组受到机械损伤。

（3）转子运行中受到大电流冲击。

（4）灭磁开关选型不当或灭磁电阻开路。

（5）制造工艺不良。

【典型案例】某电站发电机转子一点接地故障[19]

（一）故障现象

某电站装有2台单机30MW的混流式水轮发电机组，采用具有上下两个导轴承的立轴悬式机构。该电站自投产发电以来，多次发生1号发电机转子一点接地故障。

（二）原因分析

（1）电刷粉末聚积在集电环、刷架和绝缘圈上引起的接地故障。

（2）发电机励磁引线在穿轴处绝缘损伤。

（3）励磁交流回路电缆接地引起的转子接地故障。

（4）集电环和电刷间接触不良，碳粉与油雾结合产生油垢，堆积在隔离绝缘圈上引起接地。

（5）电刷选择不当。

（6）机组摆度的影响。

（三）处理方法与过程

（1）加强对电刷、集电环和隔离绝缘板等部位的巡视检查，发现碳粉较多，应及时做好清洁，擦除碳粉、油污等，防止形成接地回路。

（2）可用直流电焊机手动加励磁电流，判断接地点是在灭磁开关回路前还是灭磁开关回路后，即励磁调节器控制回路接地还是转子本身回路接地。根据大轴开口尺寸，对破损橡胶电缆用玻璃丝带层层包扎，层与层之间涂上环氧树脂，增加电缆的绝缘，防止电缆磨破。

（3）对破损的电缆进行更换或包扎。

（4）集电环和电刷间接触处理。

1）当停机转速下降到50％额定转速时，两人同时在下集电环刷握两端，用金相砂纸紧贴集电环，利用机组剩余速度打磨下集电环。每次打磨2.5min，共进行5次，消除集电环上的毛刺，提高集电环的光洁度。

2）严格控制推力油槽油位在正常油位，并对推力油槽进行结构改造，减少油雾产生。

3）定时在风洞内把1号发电机转子的励磁引线正负极进行对换，减少电刷在励磁电流作用下的电气磨损和机械磨损。

4）增加转子回路清扫频率。

（5）尽量选择与集电环材质相当的电刷，对比电刷和集电环材质的洛氏硬度、摩擦因数等进行合理选择，并在实际运行中检验。

（6）通过盘车调整大轴中心线和机组的摆度。

**十三、非同期并列**

非同期并列是指当发电机在不符合准同期条件下带励磁并入电网的故障现象。引起非同期并列的主要原因如下。

（1）人员误操作。

（2）交流电压回路、同期回路故障。

（3）直流系统接地、主开关控制回路故障。

（4）同期检查继电器、自动准同期装置故障。

（5）主开关机械故障。

**【典型案例】**某电站断路器合闸不成功引起非同期并列故障[20]

（一）故障现象

某电站共安装有11台混流式水轮发电机组。2014年5月7日，该电站某号机组执行正常的发电机“空载态”转“发电态”流程中，发电机组出口断路器第一次合闸不成功，第二次非同期合闸。56分20秒，监控上位机报“机组出口断路器分闸复归”，随后监控上位机报“机组出口断路器合闸动作”“机组出口断路器跳闸动作”；56分29秒，监控上位机报“机组发电态动作”。

（二）原因分析

断路器位置辅助接点转换机构严重松动，其传动部分已处于半游离状态。

（三）处理方法与过程

（1）对断路器辅助接点转换开关的安装机构、传动机构、辅助接点端子进行检查和紧固。

（2）将各机组出口断路器防跳回路全部整改为断路器本体箱防跳方式，并取消合闸保持继电器的自保持功能。

**十四、转子中心体筋板裂纹**

转子一般由中心体和若干支臂组成，两者靠螺栓连接，支臂用钢板焊接而成，转子中心体由轮毂、圆盘、立筋和合缝板组成。裂纹是转子中心体筋板最常见的故障之一，产生裂纹的主要原因如下。

（1）转子中心体筋板焊缝应力释放不彻底，存在应力集中。

（2）转子中心体筋板焊缝焊接质量不合格，内部存在夹渣、气孔等焊接缺陷。

（3）转子质量不平衡。

（4）螺栓预紧力不均匀。

（5）调峰调频机组长期在振动区运行或频繁穿越振动区。

【典型案例】某电站转子中心体内侧筋板裂纹故障

（一）故障现象

某电站安装有4台单机容量为200MW的混流式水轮发电机组，水轮发电机转子为三段轴结构，由磁极、磁轭、转子支架及转轴等组成。转子支架为圆盘式斜筋焊接结构，有17个主立筋，分成1个中心体与六个外环组件，到工地焊接成一体，转子中心体筋板布置示意，如图8-32所示。

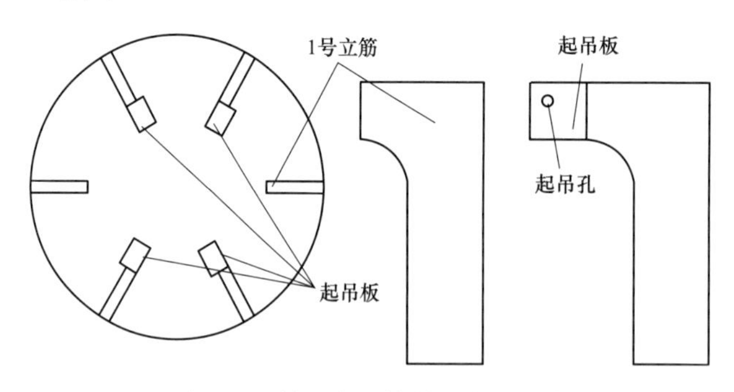


图8-32　转子中心体筋板布置示意

2015年12月，该电站对3号和4号发电机转子中心体内侧筋板的焊缝根部检查发现，3号发电机筋板为贯穿性裂纹，径向长度约730mm，3号发电机转子中心体筋板裂纹，如图8-33所示。4号发电机同一位置贯穿性裂纹长度约15mm，4号发电机转子中心体筋板裂纹，如图 8-34 所示。

图 8-33　3 号发电机转子中心体筋板裂纹

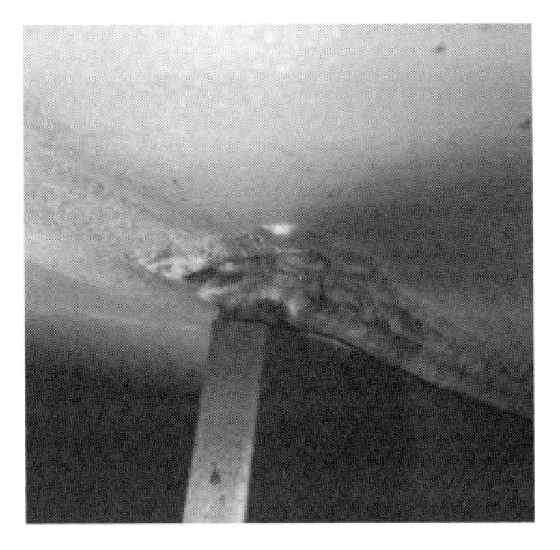

图 8-34　4 号发电机转子中心体筋板裂纹

（二）原因分析

（1）焊缝应力集中。

（2）转子起吊过程中，螺栓预紧力严重不均匀导致筋板受力不均匀，承受了较高的应力。

（三）处理方法与过程

（1）在 1、4 号筋板上加装加强板将集中应力释放，转子支架补强后位置示意，如图 8-35 所示。

（2）进行机组盘车和轴线调整。

（3）开展动平衡试验及转子中心体配重。

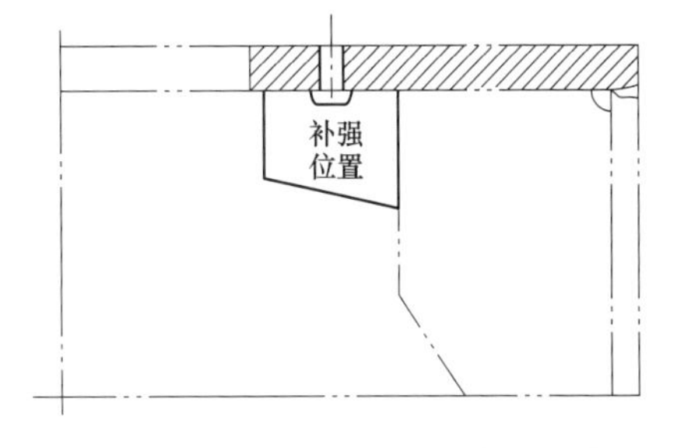


图 8-35　转子支架补强后位置示意

**十五、转子中心体渗水**

立轴混流式水轮发电机组补气方式一般通过置于主轴内的大轴补气管和补气装置来实现。由于大轴补气管和尾水相连，机组运行时，尾水位高于转子中心体高程，若大轴补气的排水管排水不畅、排水管路法兰面密封失效或大轴补气管开裂，均有可能导致转子中心体渗水。

【典型案例】某电站 2 号机发电机转子中心体渗水故障

（一）故障现象

某电站安装有 4 台单机容量为 250MW 的混流式水轮发电机组，机组补气方式采用自然补气，大轴补气管布置于主轴内，补气管由三节构成，其中，转子中心体以下为补气管第一、二节，中心体以上为补气管第三节。2013 年 5 月 13 日，巡视人员发现 2 号机风洞内空气冷却器外表面冷凝水较其他机组明显偏多，测量转子绝缘电阻为 160kΩ（正常值为 500～650kΩ，报警值为 20kΩ，停机值为 5kΩ）。停机检查发现，转子中心体内大轴补气管支承法兰处大量渗水，中心体内部积水约 3cm 深。

（二）原因分析

1. 补气管法兰、焊缝裂纹

补气管第一节上下法兰、第二节补气管下法兰焊缝均存在较严重的裂纹，部分裂纹接近法兰 2/3 圈，补气管法兰表面裂纹，如图 8-36 所示。

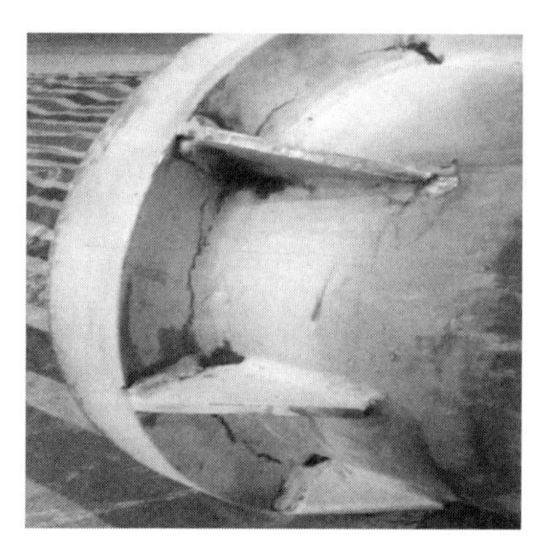
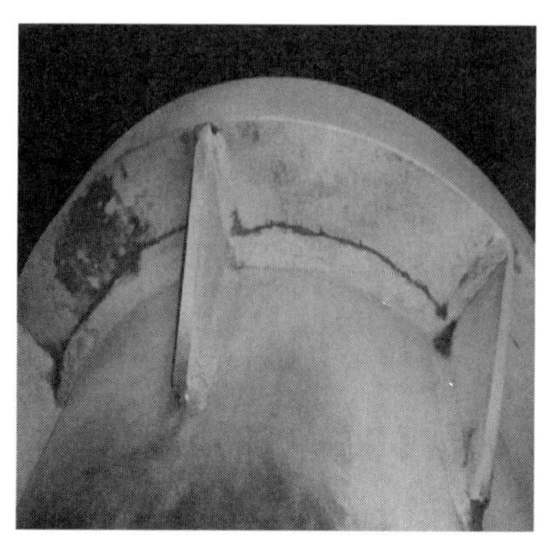

图 8-36　补气管法兰表面裂纹

图 8-37　转子中心体渗水部位

2. 密封条老化失效

补气管第一、二节连接法兰采用 $\phi4$ 耐油橡胶密封条的角密封，补气管第一节底部法兰座采用 $\phi8$ 耐油橡胶密封条的角密封，检查发现全部密封条均已严重老化变形，且作为密封要求较高的补气管采用角密封形式为设计缺陷，转子中心体渗水部位，如图 8-37 所示。

（三）处理方法与过程

（1）对裂纹部位进行补焊处理。

（2）在转子中心体与大轴连接缝处涂抹乐泰 596 胶，防止渗水通过转子中心体与大轴把合缝甩至推力油箱。

（3）在转子中心体、大轴连接法兰与大轴补气管直接安装铝合金盖板，防止渗水在运行时甩至转子。

**十六、轴承轴瓦磨损或烧瓦**

推力轴瓦主要分为巴氏合金瓦和弹性金属塑料瓦（氟塑料瓦）两大类。巴氏合金瓦温升反应速度快，相对危害轻，并且温升引起烧瓦不易损伤镜板；氟塑料瓦温升反应速度慢，延长危害时间，易扩大事故，温升熔化氟塑料层，青铜丝外漏易造成镜板损伤[21]。引起轴瓦磨损或烧瓦的主要原因如下。

(1) 润滑油不足、中断或油循环不通畅。

(2) 润滑油油质不合格，油中混有水分、杂质或异物。

(3) 冷却水水压过低、流量偏低、进水温度过高或水质太差。

(4) 导轴承绝缘不合格。

(5) 轴瓦选择不当或结构设计不合理。

(6) 安装或检修质量不达标。

【典型案例】某电站机组下导轴瓦磨损故障

(一) 故障现象

某电站 4 号机组为立式混流式机组，额定出力 140MW。4 号机组 2014 年 4 月检修时将下导瓦由原来的巴氏合金瓦更换为高分子塑料瓦。2014 年 5 月 19 日，该电站 4 号机组自开机运行后下导瓦温缓慢上升，开机 2h 后，下导瓦温不能稳定，且仍然持续上升，基本保持 50min 左右上升 1℃的速度。机组运行 11h 左右后，下导瓦温开始迅速上升，在带稳定负荷 2.8MW 运行情况下，下导摆度、上机架径向水平振动出现明显增大，下导摆度突增 2 倍，由 100μm 增至 330μm；上机架水平振动突增 1 倍，由 50μm 增至 100μm；其他部位振摆情况无显著变化。十余分钟后，下导瓦温达到最高瓦温，约 52℃（各瓦温相差 1～2℃）。之后瓦温开始迅速下降。下导瓦温到停机时降至 25℃左右。油温情况与瓦温相似，油温最高达到 51℃。

2014 年 5 月 21 日，打开下导油槽盖板，发现油面上漂浮塑料瓦粉末，确定瓦面磨损，轴瓦磨损情况如下。

(1) 所有下导瓦（12 块）瓦面存在高度 95mm 左右磨损面，位于轴瓦最顶端，位置约在下导油盆油面以上，下导瓦损坏，如图 8-38 所示。

图 8-38　下导瓦损坏

(2) 轴领位置，与轴瓦磨损对应位置存在一条高温带，使轴领表面发黑。轴领表面黏附瓦面材质粉末。

(3) 下导瓦间隙较检修调整值明显增大，双边间隙普遍增大 0.3mm 左右（即双边间隙值达到 0.7mm）。

(4) 对上导瓦进行检查，除上导间隙较检修时调整值偏小（双边间隙偏小 0.05mm）外，未有任何其他异常情况。

(二) 原因分析

4 号机组下导瓦磨损的直接原因与检修时下导瓦间隙的分配及塑料瓦的热膨胀特性

相关，经过一定时间的运行，轴领及瓦的热膨胀相差较大而引起轴瓦间隙小于设计值，轴瓦贴合过紧、润滑不良直接引起下导轴承油位以上的瓦面磨损。

（三）处理方法与过程

（1）更换轴瓦，并进行塑料瓦热膨胀特性的现场检测，结合其膨胀量合理确定轴瓦间隙调整值。

（2）加强机组状态监测分析，发现瓦温异常变化、振动摆度增加应及时分析和处理。

【典型案例】某电站机组推力轴承烧瓦故障

（一）故障现象

某电站2号机组为立式混流机组，额定出力20MW。2013年1月29日，该电站2号机组运行3min后，上导瓦首次报温度高，随后推力瓦首次报温度高，温度监测表明推力瓦温度最高达到248℃，上导瓦温度最高达到116℃，油槽油温达到104℃，机组轴承温度保护未动作。1月31日，对机组推力及上导轴承进行了解体检查，情况如下。

（1）上导轴承每块导瓦大面积烧损，推力瓦表面的巴氏合金已全部熔掉。

（2）对镜板进行宏观检查，共发现10条裂纹，其中，9条裂纹长约460mm左右（其中，3条为贯穿性裂纹，从镜面裂到背面），1条短裂纹长约200mm。上导瓦烧损情况，如图8-39所示。推力瓦烧损情况，如图8-40所示。

图8-39　上导瓦烧损情况

图8-40　推力瓦烧损情况

（二）原因分析

2号机组推力上导油冷却器存在砂眼，由于机组停机退出技术供水且长时间未开机，推力上导油槽漏油，并导致缺油现象，监控系统出现推力上导油槽油位过低报警信息未引起重视，加之2号机组温度巡检仪改造换型后温度保护未组态（即温度保护未投入），导致2号机组在推力上导油槽缺油情况下多次开机后推力瓦及上导瓦烧损破坏。

（三）处理方法与过程

（1）对存在砂眼的油冷却器进行焊接修复（无法修复的情况下更换油冷却器），并经打压试验至合格为止。

（2）更换上导瓦及推力瓦，并对与之配合的大轴轴领进行修磨，调整瓦间间隙符合设计要求。

（3）全面清扫上导及推力油槽，确保油槽内干燥无水分和其他杂质。

（4）轴瓦温度保护应正常投入运行。

（5）加强对机组振动的运行监测和趋势分析工作，出现振动摆度异常时应及时检查、跟踪分析和处理。

**十七、机械制动异常投入**

为缩短机组在停机过程中的低速运转时间，防止推力轴承发生半干摩擦和干摩擦，以至烧毁推力瓦，水轮发电机组通常安装有一套强迫制动装置即机械制动（俗称制动风闸）。机械制动既用于停机制动，又用于机组顶转子用。制动时通入低压气（一般为0.5～0.7MPa），顶转子时则通入高压油。机组高转速下投入机械制动，将造成较严重的不良后果，例如，引起制动环变形、龟裂，进而可能发展为疲劳断裂，引起机械制动损坏、发卡、变形等。然而，由于种种原因，机组在高转速下投入机械制动的事件在水电站还是时有发生。其原因主要有测速装置故障、阀门内漏引起窜气、人员误操作等。

【典型案例】某电站机组高转速下风闸自动投入故障[22]

（一）故障现象

某电站安装有6台单机容量为550MW的混流式水轮发电机组，该电站机组制动采取单一机械制动方式，停机时依赖高压油顶起装置和风闸进行制动。

（1）2000年8月4日，该电站5号机组带有功30MW运行过程中，电调柜220V DC消失；5号机组保护总跳闸停机、关闭进水口闸门；风洞内大量冒烟；高压油泵B泵投运；机旁消防声光报警。调速器电调柜上所有表计无指示，所有指示灯不亮。运行人员发现5号机组风洞内冒烟，风闸在投入位置，机组转速较高。

（2）2002年6月18日，3号机组并网运行时，出现3号机组风闸误动现象。

（二）原因分析

1. 故障1原因

5号机电调柜内的Q7直流小空气开关过负荷跳闸，使转速检测回路、导叶开度变送器、功率变送器等失去工作电源，造成机组事故停机。机组停机过程中，调速器检测不到机组转速，误输出转速小于15%额定转速信号送给计算机监控系统，使风闸在高转速下投入，属于设计漏洞。调速器直流电源变送器回路，如图8-41所示。

2. 故障2原因

监控D0开出通道故障引起。

（三）处理方法与过程

1. 故障1的处理

（1）更换Q7额定电流为4A的直流小空气并关，防止调速器电控柜正常运行时Q7

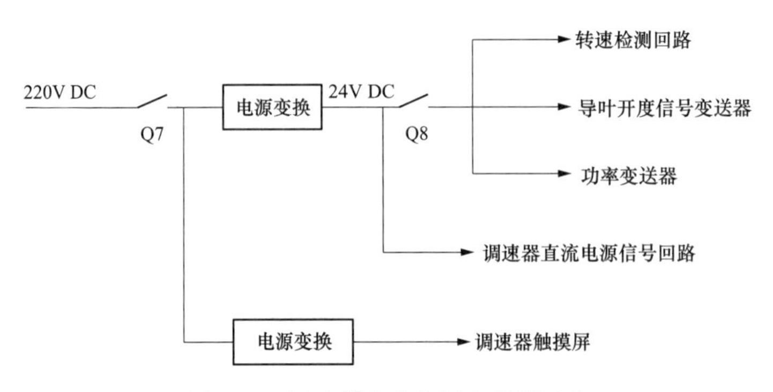


图 8-41　调速器直流电源变送器回路

跳闸掉电。

（2）对调速器电调柜做防止 Q7 跳闸后引起机组事故停机落进水口闸门的改进措施。

（3）对机组监控系统顺控程序进行改进：机组转速大于 17％额定转速若风闸在投入时则撤下风闸，防止机组高转速下误投风闸。

2. 故障 2 的处理

（1）将 3 号机组监控系统投风闸开出通道从 D01.1 改换到备用通道 D01.14，并将相关控制程序做相应修改。

（2）改进风闸控制回路，将原手动控制回路中调速器继电器送过来的转速小于 15％额定转速开关量接点和 GCB 常闭辅助接点改串接在转换开关 SW1 与风闸电磁阀之间，即可防止机组并网运行或高转速运行时风闸误投发生，也不影响风闸的正常撤下。原手动控制回路也不受影响，改进前、后风闸控制回路原理，如图 8-42 和图 8-43 所示。

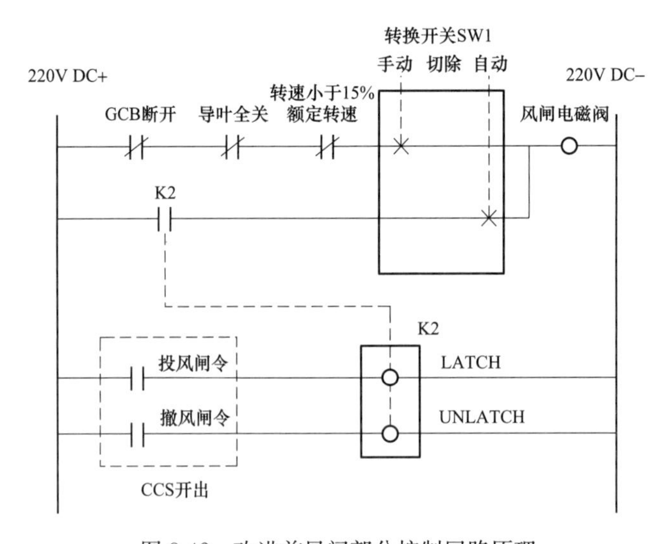


图 8-42　改进前风闸部分控制回路原理

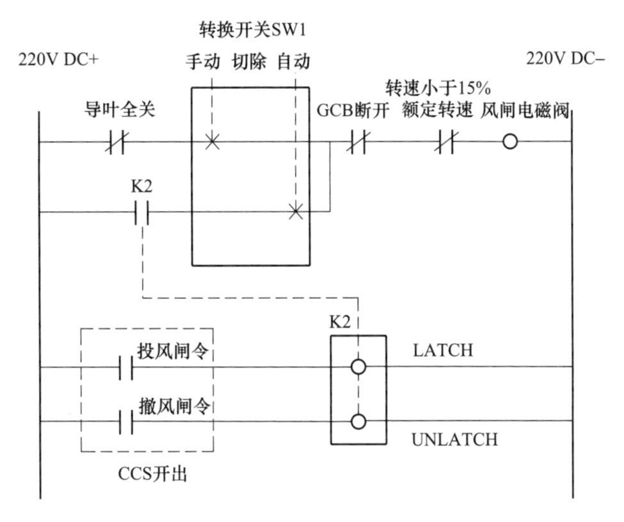


图 8-43　改进后风闸部分控制回路原理

# 参考文献


[1] 敬燕飞．某水电站发电机下导轴承摆度异常原因分析．人民长江第 44 卷增刊（1），2013.

[2] 魏中奉．偏桥水电站 2 号机组振动、摆度过大的分析与处理．低碳世界，2013.

[3] 唐林．水轮发电机组启动过程中发生超速事件的分析．四川水力发电，2018.

[4] 徐刚．龙滩电站 6 号机组水导瓦温升高原因分析及处理．水电站机电技术第 34 卷第 4 期，2011.

[5] 徐文峰，隽军峰，赵海英．二滩水电站水导轴承甩油原因分析及改造．水电站机电技术第 28 卷第 1 期，2005.

[6] 罗利均，李书丽．水轮发电机组推力油槽盖板处的外甩油及油雾外溢问题解决．甘肃水利水电技术，2008.

[7] 王晶．水轮机转轮气蚀的危害及处理．现代企业文化 2009 年 20 期，2009.

[8] 邵克勇．混流式水轮机转轮气蚀分析．1994-2013 中国学术期刊电子出版社，2000.

[9] 熊必文，李茂华．乌江渡发电站 2 号机剪断销多次剪断原因浅析．水电站机电技术第 30 卷第 5 期，2007.

[10] 赵贵文．一起发电机过电压保护动作的分析与探讨．水电站机电技术，2010.

[11] 张天保．浅谈发电机失磁原因及危害 [J]. 中文信息，2015，(10)：68-69.

[12] 吴刚．勐野江水电站励磁系统故障分析及处理．云南水力发电，2016.

[13] 王文新．二滩电站机组振荡现象及原因分析．水电自动化与大坝监测，2007.

[14] 郭金忠．景洪水电站发电机温度偏高原因分析及处理．工程技术，2016.

[15] 姚景涛，刘微微，张柄如，等．水轮发电机定子绕组绝缘击穿原因分析及处理．内蒙古电力技术，2012.

[16] 周柯岩．浅谈大型水轮发电机定子铁芯松动和断齿成因及预防处理措施．中国新技术新产品，2013.

[17] 龚春源，李櫟．水轮发电机定子铁芯片间短路的修复．东方电机第 4 期，2009.

[18] 徐铬，徐波，曹长冲．700MW 水轮发电机定子单相接地故障分析和处理．水电与新能源总第 143 期，2016.

[19] 刘军平．水轮发电机转子接地故障原因及解决措施．电世界第三期，2013.

[20] 李沿锋．一起发电机组非同期合闸事件分析及处理．自动化应用，2017.

[21] 郑海军．浅谈推力瓦的常见故障原因及处理．中国新技术新产品，2014.

[22] 王中元．水轮发电机风闸误投原因分析及处理．水电站机电技术，2014.

[23] 杨天勇，谭文韬，颜晓斌，等．紫兰坝电站水轮机调速系统故障分析与处理．东方电机第 2 期，2014.

[24] 常洪军，陈守峰，张恩博，等．水轮机组负荷调节时调节系统发卡原因分析与研究．水力发电第 37 卷第 3 期，2011.

[25] 刘清华，韦敏．大型水电站机组溜负荷原因的探讨．水电与新能源，2014.

[26] 唐凡，杨永洪．大型水电站励磁系统可控硅击穿故障分析．水电自动化与大坝监测，2015.

[27] 叶启明．富水电站励磁故障分析与处理．湖北水力发电第1期，2001.
[28] 罗婉婷，羊绍军．一起水机保护误动引起跳闸事件的分析与处理．小水电运行与维护第2期，2011.
[29] 胡雄峰，郑应霞，丁国平，等．某水电站机组主轴密封供水中断原因分析及处理．人民长江，2015.